数论：概念和问题

Number Theory:Concepts and Problems

［美］蒂图·安德雷斯库(Titu Andreescu)
［法］加布里埃尔·多斯皮内斯库(Gabriel Dospinescu) 著
［保］奥列格·马史卡洛夫(Oleg Mushkarov)

罗 炜 译

哈尔滨工业大学出版社
HARBIN INSTITUTE OF TECHNOLOGY PRESS

黑版贸审字 08-2018-106 号

内容简介

本书是美国著名数学竞赛专家 Titu Andreescu 教授及其团队编写的数学竞赛数论知识教材.

书中涵盖了整除、最大公约数、算术基本定理、数论函数、同余方程、模 p 多项式、二次剩余、p 进赋值等主题. 通过精彩的例题重点展现了带余除法、裴蜀定理、高斯引理、同余计算、积性函数、费马小定理、强三角不等式、二次互反律、素数估计、局部一整体原则的应用. 课后共有二百多道习题供练习.

本书适合热爱数学的广大教师和学生使用,特别是从事数学竞赛相关事业的人员参考使用.

图书在版编目(CIP)数据

数论:概念和问题/(美)蒂图·安德雷斯库,(法)加布里埃尔·多斯皮内斯库,(保)奥列格·马史卡洛夫著;罗炜译. —哈尔滨:哈尔滨工业大学出版社,2021.3(2023.6 重印)

书名原文:Number Theory:Concepts and Problems

ISBN 978-7-5603-9199-1

Ⅰ.①数… Ⅱ.①蒂… ②加… ③奥… ④罗… Ⅲ.①数论 Ⅳ.①O156

中国版本图书馆 CIP 数据核字(2020)第 231261 号

策划编辑　刘培杰　张永芹
责任编辑　马静怡　李　欣
封面设计　孙茵艾
出版发行　哈尔滨工业大学出版社
社　　址　哈尔滨市南岗区复华四道街 10 号　邮编 150006
传　　真　0451-86414749
网　　址　http://hitpress.hit.edu.cn
印　　刷　哈尔滨市石桥印务有限公司
开　　本　787 mm×1 092 mm　1/16　印张 32.25　字数 608 千字
版　　次　2021 年 3 月第 1 版　2023 年 6 月第 5 次印刷
书　　号　ISBN 978-7-5603-9199-1
定　　价　68.00 元

(如因印装质量问题影响阅读,我社负责调换)

序

数学中的练习题可以训练并加强思维的灵活性，教会你处理具体问题的各种成功方法，通过有趣的问题和解答来丰富数学文化。在一个良好发展的数学理论中，例子和练习能艺术性地展示具体的应用，体现理论结果的强大潜力。而如果一个强有力的理论只用最简单的例子解释，可能会减少读者学习的动力。另一方面，还有大量的题目和练习，看起来是初等问题，却需要清晰的思维和熟练的技巧才能解决。这类题目大多是由于最近五十年广泛举行的数学竞赛活动而产生的。这些题目一般只和个别数学理论建立松散联系，更多的趣味性在于需要多领域的初等知识以及巧妙的解题技术。这些问题常常有深刻的背景，可以看成某些数学理论发展的中间步骤或简单情形。从这个观点看，解题对数学家也是很有帮助的，就像熟悉经典棋谱对棋手的帮助一样。数学家可以在解题中养成识别、构建、解决问题的能力，这些问题可能在理论发展或者证明更深刻结果中起到关键作用。

本书搜集了大量的数学竞赛中的数论题目，这些题目大概按平常的主题分类，例如整除性、最大公约数和最小公倍数、多项式因式分解、同余和 p 进制赋值，等等。这些主题的内容可以在相应的章节中找到，注意这些问题和数论入门教材中典型问题的联系。因为这本书中的题目多是创新的发现或有意的构造，上述联系很多是通过解答所使用的方法体现出来，而不是通过题目本身的内容看出来。

某些题目有一些组合的味道，需要的是良好的观察力——例如（第365页，题2.25）：

求所有的正有理数三数组 (m, n, p)，使得 $m + \frac{1}{np}$、$n + \frac{1}{pm}$ 和 $p + \frac{1}{mn}$ 都是整数。

还有些题目初看起来很奇怪，例如（第463页，题6.8）：

设 p 和 q 是互素的正整数. 证明:

$$\sum_{k=0}^{pq-1}(-1)^{\left\lfloor \frac{k}{p}\right\rfloor+\left\lfloor \frac{k}{q}\right\rfloor}=\begin{cases}0, & 2\mid pq\\ 1, & 2\nmid pq\end{cases}$$

或者（第387页，题3.36）:

序列 $(a_n)_{n\in \mathbf{N}}$ 定义为 $a_1=1,a_{n+1}=a_n^4-a_n^3+2a_n^2+1,n\ge 1$. 证明: 存在无穷多素数, 不整除 $a_1,a_2,\cdots$ 中任何一项.

做题时可以发现, 还需要关于取整函数的几个非平凡结论, 才能解决这个题目.

这本书还包含了一些基本的命题, 大部分是经典的定理, 也有一些专门的结果, 用来解决更进一步的问题. 除了一些有趣的练习, 大多数题目有一定难度, 需要结合扎实的理论知识以及丰富的解题经验.

读完本书可以学到很多. 你是否想知道连续 k 个整数的乘积以及它们的最小公倍数可以最大相差多少? 一系列的结果最终会给出这个答案, 而且你还会看到这个问题的一些变种. 对于素数 p, 费马商

$$\phi(2)=\frac{2^{p-1}-1}{p}\quad \bmod p$$

有一个熟知的调和级数求和展开式. 如果你想知道它的 p 进制展开的高次项, 你可以在 p 进赋值一章中找到相关的知识. 结合 Wolfenstone, Morley 和 Ljunggren 等人不太熟知的经典高次同余结论, 产生了一系列有趣的问题.

并非所有题目都是用来训练解题能力, 通过巧妙的题目安排, 作者把简单的结果组合起来, 得到了对基本数论函数的漂亮理解, 例如 π,σ,τ,ϕ, 它们分别代表素数分布函数、因子数函数、因子和函数以及欧拉函数. 例如, 为何欧拉函数的逆像 $\phi^{-1}(X)$ 的个数可以任意大, 有几个习题可以帮助理解这个现象. 不足为奇, 在上述问题的提出者或者解决者中, 可以碰到很多著名的古代或现代数学家, 从 Gauss, Lagrange, Euler 和 Legendre 到 Lebesgue, Lucas, Hurwitz, 当然还有 Erdös 和 Schinzel. 可以看出, 数学研究和数学解题的界限并不确定.

这篇简短和选择性的概述已经暗示本书可以从多种角度和目的阅读, 而且总是能得到很多收获. 读者可以纵览全部章节然后去细读感兴趣的有关问题. 每次看这本书都应当花时间尝试独立解决其中至少两三个题目. 虽然本书的结构完整有序, 读者还是可以选择跳跃性阅读. 每章在很大程度上是独立并完整的, 即使不完整, 也有准确的链接指向书中已经讨论过的关键结论.

总的来说，准备在数学竞赛中有杰出表现的学生可以从本书收获最多的解题经验，数学家和成人数学爱好者也可以在休闲阅读和尝试解题中获得知识和乐趣。

Preda Mihăilescu
哥廷根数学研究院
2017年五月写于哥廷根
preda@uni-math.gwdg.de

译者序

　　数学竞赛中包含了大量的初等题目，它们需要很强的技巧才能解决。这些技巧显著高于普通的中小学数学知识，又和大学数学有明显区别。初步看去这些技巧像是一些解题定式，深入则发现其更注重敏锐地观察和巧妙地思考。大多数学生和家长以为通过大量刷题可以获得这些解题经验和技巧，但实际上经验和技巧都来源于个人的思考和总结。思维就像一张网，从海量的知识和论述中发现巧妙的思路和有力的方法。

　　从本人的学习过程来看，刷题时经常自问自答的一个问题就是"这种解法的关键步骤是什么"。从一开始的无意识问到后来的习惯性问，这样做的结果是每道题目最终只记住了一点点的东西。相当于对解答的过程做了高度的概括和标记，也有助于对一类题目的普遍解题方法做归纳总结。因为刷题时主要目的还是学到新的技巧和思路，题目的选择也要考虑。个人认为，做自己可以完成 50% – 90% 的题目比较合适，这样有大概的思路，可以过滤掉题目中比较简单平凡的步骤，进而发现题目的难点。如果最终未解决题目，对比题目难点的处理办法，可以找到自己未掌握的部分，经常就是解答的关键步骤或者包含新的技巧。

　　对于某些非常巧妙的题目解答，仅仅发现关键步骤还不能满足学习目的。这时经常问"是怎么想到用这样的方法"。代入解题情境，体会方法使用时题目的状态和特性，将合适的特点与解题方法关联思考，就容易获得正确的经验，熟练了就成为可变化处理问题的技巧。

　　一本好的竞赛知识书主要在于将有类似技巧的题目循序渐进地安排在一起（相对来说，竞赛题目书只要题目列表、解答正确即可）。蒂图（Titu）曾是美国IMO代表队主教练，有丰富的训练经验和资料，又编写过多本数学竞赛的书籍。他的这本《数论：概念和问题》就是一本精品竞赛知识书，有许多独特之处。首先，章节的设计和其他数论图书大有不同，例如将模素数的同余式和模合数的同余式作为标题形成两章来讲解。这本书所提倡的是从同余方程角度思考数学竞赛中的数论问题。一般首先考虑模素数的问题，然后是模素数幂的问题，最后是（经常用中国剩余定理）解决模合数的问题。

　　这本书的深度相当于大学本科的初等数论教材，习题普遍是非平凡的需要思考和解题技巧的竞赛题目。书中所提到的定理都是在解决竞赛题目中真正有用的，覆盖面很广泛。这本书的知识和技巧足够解决IMO和预选题难度的题目。因为这本书的题目非常精彩，有些题目解答译者按作者主要思路，给出了自己的论述。

　　在书写排版方面，这本书基本没有公式编号，也从不引用另外题目的公式。如果需要，则引用定理或命题的结论，偶尔才会引用某定理证明中的方法（一般这种方法就是难于命名的一种处理技巧）。每节的内容安排基本上是理论结果在前面，跟着一些具体题目上的应用。主要定理在逻辑关联性的方面安排较好，严谨性方面相当于大学教材。有趣的是，作者在上下文穿插语言中，基本上都说下一个定理或结果很"重要、有用、关键"，等等。本着中文表达的谦虚性质，没有将这些词完全翻译。可能是由于英文数学论述的特点，或者作者有意为之，很多时候一句断言，作者会把结果写在前半句，原因写在后半句，请读者碰到时注意。这也许是一个好的做法，读者看到结果会不自觉地产生疑问，然后看到原因时恍然大悟，一定程度刺激了读者的思考。每道题目的解答作者经常使用分析法，从结论倒推，得到需要证明的步骤，然后再证明之。还有的时候，作者先声明某个结果，然后给出声明蕴含题目结果的论述，最后证明所声明的部分。

　　数论解题的三板斧（为部分竞赛选手认同）是：取模、不等式和因式分解。旧类型的不定方程基本可以这样搞定。读过这本书，又可以看到两种新的方法：考察素因子类型和考察素因子幂次。希望读者可以从解法的字里行间或者题目之间的联系中总结出更多的方法和技巧。

　　学无止境，吾辈皆需努力。

罗炜

2019年10月写于杭州

396988288@qq.com

引言

本书是根据作者在最近几年AwesomeMath夏令营的讲义修订而成，是初等数论课程的入门书（非标准）。尽管如此，所有理论概念都是从头定义，定理都给出了完整的证明。本书始终用有趣的难题做例子来展示理论结果的应用。书中没有很多高深的概念，但是会有很多用"初等"方法证明的迷人结果，可以测试读者在解题方面的天赋。

本书分成六章，分别着重讲解一个基本的概念或结果。每章又分成几节，分别通过大量的例子，加强描述一个具体的主题，例子基本按难度（作者主观判断）递增排列。前两章大部分内容很初等，也很基本，有助于理解其余的章节。这两章探索的是经典的主题：整除性、同余、带余除法、最大公约数和最小公倍数。由于这些概念比较初等，更多注意力放在了具体的问题和有趣的应用上，例如丢番图方程、有限差分以及组合型的问题。第三章致力讨论算术基本定理以及各种应用。证明了素数的基本性质和唯一分解定理之后，作者强调了它们的应用，又仔细研究了数论函数。这一章有不少非标准或者令人惊奇的结果。第四、第五章致力于有关素数的同余以及素数的分布性质，可以看成本书的核心部分。每个经典同余结果（费马小定理、威尔逊定理、拉格朗日定理和卢卡斯定理）都在第四章进行了深入研究，包括各种应用的例子，如二次剩余、多项式同余方程的解数、包含组合数的同余式以及高阶同余。第五章通过 p 进赋值研究了素数的分布。这部分的内容还算初等，同时也得到了漂亮的不平凡结果。这章的关键结果是勒让德定理和组合数的处理方法，由此得到素数分布的很强结果。最后，在第六章讨论了模合数的同余式，引入了进一步的概念和结果：中国剩余定理、欧拉定理以及它们在原根上的应用。还通过大量的例子来展示这些概念的应用（特别有一整节都是讲同余方程组的）。每一章都包含长长的题目列表，在书的末尾给出了它们的答案。

据我们的经验，通过合适的难题展示，学生更容易体会一个理论工具的美和强大。我们尽力完成这个目标，因此这本书内容比较多，且相应的理论结果也都非常经典和标准。

我们感谢在AwesomeMath夏令营的学生们帮我们试做了本书的大部分题目，而且提供了这里的很多解答。我们也感谢 Richard Stong 细心地阅读了整本书，指出了很多不准确的地方，还提供了很多解答（其中很多解答比我们原有的解答更简洁、更高雅）。

Titu Andreescu

Gabriel Dospinescu

Oleg Mushkarov

目录

第一章　整除　　　　　　　　　　　　　　　　　　　　　　　　　　1

　1.1　基本性质　. . . . .　1

　　1.1.1　整除和同余　. . . . .　1

　　1.1.2　整除和大小　. . . . .　6

　1.2　归纳法和组合数　. . . . .　16

　　1.2.1　归纳证明整除　. . . . .　16

　　1.2.2　组合数算术　. . . . .　19

　　1.2.3　导数和差分　. . . . .　25

　　1.2.4　二项式定理　. . . . .　28

　1.3　带余除法　. . . . .　32

　　1.3.1　带余除法　. . . . .　32

　　1.3.2　组合论证和完全剩余系　. . . . .　35

　1.4　实战题目　. . . . .　42

第二章　最大公约数和最小公倍数　　　　　　　　　　　　　　　47

　2.1　裴蜀定理和高斯引理　. . . . .　47

　　2.1.1　裴蜀定理和辗转相除法　. . . . .　47

　　2.1.2　互素　. . . . .　50

　　2.1.3　模 n 逆和高斯引理　. . . . .　53

　2.2　在丢番图方程和逼近上的应用　. . . . .　60

　　2.2.1　线性丢番图方程　. . . . .　60

　　2.2.2　勾股数　. . . . .　62

　　2.2.3　有理根定理　. . . . .　69

　　2.2.4　法雷级数和佩尔方程　. . . . .　72

　2.3　最小公倍数　. . . . .　85

2.4 实战题目 91

第三章 算术基本定理 **97**

3.1 合数 97

3.2 算术基本定理 100

    3.2.1 首要结论 101

    3.2.2 最小和最大素因子 108

    3.2.3 组合数论 112

3.3 素数的无限性 116

    3.3.1 经典序列中的素数 116

    3.3.2 欧几里得方法 120

    3.3.3 Euler 不等式和 Bonse 不等式 128

3.4 数论函数 132

    3.4.1 经典数论函数 132

    3.4.2 积性函数 137

    3.4.3 欧拉函数 143

    3.4.4 莫比乌斯函数和应用 151

    3.4.5 无平方因子数 153

3.5 实战题目 157

第四章 模素数的同余式 **165**

4.1 费马小定理 165

    4.1.1 费马小定理和素性 165

    4.1.2 一些具体例子 168

    4.1.3 在 $4k+3$ 和 $3k+2$ 型素数上的应用 174

4.2 威尔逊定理 179

    4.2.1 威尔逊定理和素性检验 179

    4.2.2 在二平方和上的应用 185

4.3 拉格朗日定理及应用 190

    4.3.1 多项式同余方程的解数 190

    4.3.2 同余方程 $x^d \equiv 1 \pmod{p}$ 196

    4.3.3 Chevalley-Warning 定理 200

4.4 二次剩余和二次互反律 204

    4.4.1 二次剩余和勒让德符号 204

        4.4.2　模 p 球面点数和高斯和 209

        4.4.3　二次互反律 216

    4.5　包含有理数和组合数的同余式 221

        4.5.1　组合数同余性质：卢卡斯定理 221

        4.5.2　包含有理数的同余式 225

        4.5.3　高次同余：Fleck，Morley，Wolstenholme 229

        4.5.4　亨泽尔引理 235

    4.6　实战题目 239

第五章　p 进赋值和素数分布　　　　　　　　　　　　　247

    5.1　p 进赋值的训练 247

        5.1.1　局部—整体原则 247

        5.1.2　强三角不等式 251

        5.1.3　升幂定理 255

    5.2　勒让德公式 260

        5.2.1　$n!$ 的 p 进赋值：准确公式 261

        5.2.2　$n!$ 的 p 进赋值：不等式 262

        5.2.3　Kummer 定理 266

    5.3　组合数的估计和素数分布 268

        5.3.1　中心组合数和 Erdös 不等式 268

        5.3.2　$\pi(n)$ 的估计 270

        5.3.3　Bertrand 假设 272

    5.4　实战题目 277

第六章　模合数的同余式　　　　　　　　　　　　　　281

    6.1　中国剩余定理 281

        6.1.1　定理的证明和例子 281

        6.1.2　局部—整体原则 286

        6.1.3　覆盖同余式 292

    6.2　欧拉定理 297

        6.2.1　既约剩余系和欧拉定理 297

        6.2.2　欧拉定理练习 300

    6.3　模 n 的阶 305

        6.3.1　基本性质和例子 305

6.3.2 阶的训练 313

6.3.3 模 n 的原根 320

6.4 实战题目 328

实战题目解答   **335**

第一章 整除 335

第二章 最大公约数和最小公倍数 355

第三章 算术基本定理 372

第四章 模素数的同余式 404

第五章 p 进赋值和素数分布 438

第六章 模合数的同余式 460

参考文献   **483**

第一章 整除

第一章比较初等，讨论了整除的性质、同余和带余除法．这些概念后续经常用到，代表了算术的基础，更深入的内容后续在此之上建立．我们会更多地使用非标准的例子或应用，其中一些是非平凡的（例如有限差分和同余方面的应用）．

本书中的变量，如没有明显指出，可以默认是正整数，总是用 $\mathbf{N}$ 表示正整数的集合．

1.1 基本性质

这一节我们引入整除的概念，学习一些基本性质．

1.1.1 整除和同余

我们从整除关系的定义开始．

定义 1.1. 设 a, b 是整数．如果存在整数 c，满足 $b = ac$，则我们说 a 整除 b 并记作 $a \mid b$．

有很多表示 a 整除 b 的等价方法：可以说 b 被 a 整除；可以说 a 是 b 的因子；可以说 b 是 a 的倍数．这些说法在实践中都经常使用．注意若 $a \neq 0$，则说 a 整除 b 等价于说有理数 $\frac{b}{a}$ 是一个整数．而上面的定义也包含了 $a = 0$ 的情形，这时 0 整除 b 当且仅当 $b = 0$．还可以说，每个整数都是 0 的一个因子，而 0 的倍数只有 0．

如果 2 整除整数 n，则说 n 是一个偶数，否则说 n 是一个奇数．偶数有 $\cdots$，$-2, 0, 2, 4, 6, \cdots$，而奇数有 $\cdots, -3, -1, 1, 3, 5, \cdots$．若 n 是奇数，则 $n - 1$ 是偶数．每个整数 n 或者写成 $2k$ 或者写成 $2k+1$ 的形式，其中 k 是某个整数．特别可以得到，两个相邻整数的乘积总是偶数．如果 a 是奇数，比如说 $a = 2k+1$，

则 $a^2 - 1 = 4k(k+1)$ 是 8 的倍数. 因此每个完全平方数 (就是 x^2 形式的数, x 是整数) 或者是 4 的倍数或者是 $8k+1$ 形式的数.

下面的结果总结了整除关系的基本性质.

命题 1.2. 整除关系有如下性质:

(a) (反射性) 对所有整数 a, a 整除 a.

(b) (传递性) 若 $a \mid b$, 并且 $b \mid c$, 则 $a \mid c$.

(c) 若 $a, b_1, \cdots, b_n$ 是整数, 并且 $a \mid b_i$, $1 \le i \le n$, 则 $a \mid b_1 c_1 + \cdots + b_n c_n$ 对所有整数 $c_1, \cdots, c_n$ 成立.

(d) 若 $a \mid b$, 并且 $a \mid b \pm c$, 则 $a \mid c$.

(e) 若 $n \mid a - b$, 并且 $n \mid a' - b'$, 则 $n \mid aa' - bb'$.

证: 所有的性质可以直接从定义出发证明. 我们这里仅仅证明性质 (c) 和 (e), 其他的请读者完成. 对性质 (c), 记 $b_i = ax_i$, 其中 x_i 是某整数. 则

$$b_1 c_1 + \cdots + b_n c_n = ax_1 c_1 + \cdots + ax_n c_n = a(x_1 c_1 + \cdots + x_n c_n)$$

是 a 的倍数. 对性质 (e), 记 $a - b = kn$, $a' - b' = k'n$, 其中 k, k' 是整数. 则

$$aa' - bb' = (b + kn)(b' + k'n) - bb' = n(bk' + b'k + nkk'),$$

所以 $n \mid aa' - bb'$.   □

我们接下来介绍一个关键的记号和定义——同余:

定义 1.3. 设 a, b, n 是整数, 若 $n \mid a - b$, 则我们说 a 和 b 模 n 同余, 并且记作

$$a \equiv b \pmod{n}.$$

下面定理的多数部分是命题 1.2 的重述, 这些在实际计算中常常使用.

定理 1.4. 对所有的整数 a, b, c, d, n, 我们有:

(a) (反射性) $a \equiv a \pmod{n}$.

(b) (对称性) 若 $a \equiv b \pmod{n}$, 则 $b \equiv a \pmod{n}$.

(c) (传递性) 若 $a \equiv b \pmod{n}$, 且 $b \equiv c \pmod{n}$, 则 $a \equiv c \pmod{n}$.

(d) 若 $a \equiv c \pmod{n}$, 且 $b \equiv d \pmod{n}$, 则 $a + b \equiv c + d \pmod{n}$, 并且 $ab \equiv cd \pmod{n}$.

(e) 若 $a \equiv b \pmod{n}$, 则 $ac \equiv bc \pmod{nc}$. 反之, 若 $ac \equiv bc \pmod{nc}$, 且 $c \neq 0$, 则 $a \equiv b \pmod{n}$.

证: (a)(b)(c)(d)或者显然, 或者是命题 1.2 的直接结论. 性质(e)可以直接从定义得到, 留给读者. $\square$

注释 1.5. 在同余式中消去律不总是成立, 也就是说当 $ab \equiv ac \pmod{n}$ 时, 不总是有 $b \equiv c \pmod{n}$ 或者 $a \equiv 0 \pmod{n}$. 例如 $2 \cdot 2 \equiv 2 \cdot 0 \pmod{4}$, 但是 2 和 0 模 4 并不同余. 在后面我们会看到, 当 n 和 a 的公因子只有 ± 1 时, 确实可以在同余式 $ab \equiv ac \pmod{n}$ 中 "消去 a".

我们用具体的题目说明一下同余符号在整除性问题中的应用.

例 1.6. 求 $9^{1\,003} - 7^{902} + 3^{801}$ 的最后一位数字.

证: 我们有

$$9^{1\,003} \equiv (-1)^{1\,003} \equiv -1 \equiv 9 \quad (\text{mod } 10)$$
$$7^{902} \equiv 49^{451} \equiv (-1)^{451} \equiv -1 \quad (\text{mod } 10)$$
$$3^{801} \equiv 3 \cdot (3^4)^{200} \equiv 3 \cdot 1^{200} \equiv 3 \quad (\text{mod } 10)$$

所以,

$$9^{1\,003} - 7^{902} + 3^{801} \equiv (-1) - (-1) + 3 \equiv 3 \quad (\text{mod } 10),$$

最后一位数字是 3. $\square$

例 1.7. 证明: 对任何 $n \in \mathbf{N}$, 整数 $a_n = 11^{n+2} + 12^{2n+1}$ 能被 133 整除.

证: 因为 $12^2 = 144 \equiv 11 \pmod{133}$, 所以

$$a_n \equiv 11^{n+2} + 12 \cdot 144^n \equiv 11^{n+2} + 12 \cdot 11^n$$
$$\equiv 11^n(121 + 12) \equiv 0 \quad (\text{mod } 133).$$

$\square$

例 1.8. (Kvant 274) 分别求具有下列形式的最小数:
(a) $|11^k - 5^l|$; (b) $|36^k - 5^l|$; (c) $|53^k - 37^l|$,
其中 k 和 l 都是正整数.

证： (a) $|11^k - 5^l|$ 的末位数只能是 6 或 4，因此具有形式 $|11^k - 5^l|$ 的数最小是 4. 而 $|11^2 - 5^3| = 4$，所以答案是 4.

(b) 首先有 $11 = |36 - 5^2|$，接下来我们证明这就是最小的数. 假设对某 k 和 l，有 $|36^k - 5^l| \leq 10$. 因为 $36^k - 5^l \equiv 6 - 5 = 1 \pmod{10}$，所以 $36^k - 5^l = 1$ 或者 $36^k - 5^l = -9$. 前者不可能，因为会得到 $0 - 1 \equiv 1 \pmod 4$；后者也不可能，因为会得到 $0 - (-1)^l \equiv 0 \pmod 3$.

(c) 首先看到，这样的数都是 4 的倍数，因为 53^k 和 37^l 都模 4 余 1. 我们证明最小的数是 $16 = |53 - 37|$. 注意到 $53^k \equiv (-1)^k \pmod 9$，$\quad 37^l \equiv 1 \pmod 9$. 所以 $N = |53^k - 37^l| \equiv 0, \pm 2 \pmod 9$，因此 $N \neq 4, 8, 12$. $\qquad\square$

下面的基本定理很常用.

定理 1.9. (a) 若 a, b 是整数，则 $a - b \mid a^k - b^k$ 对所有 $k \geq 1$ 成立.

(b) 更一般地，若 d, n 是正整数，满足 $d \mid n$，则 $a^d - b^d \mid a^n - b^n$ 对所有整数 a, b 成立. 若 n/d 是奇数，则 $a^d + b^d \mid a^n + b^n$ 对所有整数 a, b 成立. 特别地，若 n 是奇数，则 $a + b \mid a^n + b^n$ 对所有整数 a, b 成立.

证： (a) 可以直接从下面的恒等式得到

$$a^k - b^k = (a - b)\left(a^{k-1} + a^{k-2}b + \cdots + ab^{k-2} + b^{k-1}\right).$$

(b) 设 $n = kd$，k 是某正整数，记 $x = a^d$，$y = b^d$，则只需证明 $x - y \mid x^k - y^k$（可由(a)得到）. 当 k 是奇数时，$x + y \mid x^k + y^k$ 可以从下式得到

$$x + y = x - (-y) \mid x^k - (-y)^k = x^k + y^k.$$

$\qquad\square$

注释 1.10. (a) 后面我们会看到，在一些较弱的假设下，由整除关系 $a^m - b^m \mid a^n - b^n$ 可以得到 $m \mid n$.

(b) 恒等式

$$a^n - b^n = (a - b)\left(a^{n-1} + a^{n-2}b + \cdots + ab^{n-2} + b^{n-1}\right)$$

是一个非常基本的公式，在书中会经常用到. 在很多情形下，定理 *1.9* 已足够使用；在某些情形下，需要对 $a^{n-1} + a^{n-2}b + \cdots + b^{n-1}$ 进行更细致的分析.

下面的结果是定理 1.9 用同余式语言的描述.

推论 1.11. 设 a, b, n 是整数，k 是正整数，d 是 k 的正因子：

(a) 若 $a \equiv b \pmod{n}$，则 $a^k \equiv b^k \pmod{n}$.

(b) 若 $a^d \equiv b^d \pmod{n}$，则 $a^k \equiv b^k \pmod{n}$.

(c) 若 $a^d \equiv -b^d \pmod{n}$，且 k/d 是奇数，则 $a^k \equiv -b^k \pmod{n}$.

例 1.12. 利用 $641 = 2^7 \cdot 5 + 1$，证明：$641 \mid 2^{32} + 1$.

证： 首先有 $2^7 \cdot 5 \equiv -1 \pmod{641}$，所以 $2^{28} \cdot 5^4 \equiv 1 \pmod{641}$. 而 $641 = 5^4 + 2^4$，所以 $5^4 \equiv -2^4 \pmod{641}$. 因此 $1 \equiv 2^{28} \cdot 5^4 \equiv 2^{28} \cdot (-2^4) \equiv -2^{32} \pmod{641}$. 正是我们需要的. □

例 1.13. (a) 证明：正整数 n 和它在十进制下数码和的差被 9 整除.

(b) 设 n 是正整数，S_1, S_2 分别是 n 在十进制下奇数位和偶数位上的数码和（n 的最后一位为第 0 位）. 证明：$n \equiv S_2 - S_1 \pmod{11}$.

证： (a) 记

$$n = \overline{a_k a_{k-1} \cdots a_0} = a_k \cdot 10^k + a_{k-1} 10^{k-1} + \cdots + a_0$$

其中 $a_k, \cdots, a_0$ 是十进制下的数码，$a_k \neq 0$. 则

$$n - (a_0 + a_1 + \cdots + a_k) = a_k(10^k - 1) + a_{k-1}(10^{k-1} - 1) + \cdots + a_1(10 - 1)$$

是 9 的倍数，因为根据定理 1.9，每一个 10 的幂减 1 是 9 的倍数.

(b) 证明和 (a) 相同，关键是 $10^i \equiv (-1)^i \pmod{11}$ 对所有 i 成立. □

例 1.14. （Kvant 676）证明：对所有的正整数 n，$1\,981^n$ 的数码和不小于 19.

证： 用 $S(x)$ 表示 x 在十进制下的数码和. 因为 $9 \mid x - S(x)$ 对所有 x 成立，而 $9 \mid 1\,981^n - 1$ （因为 $9 \mid 1\,980$），所以 $9 \mid S(1\,981^n) - 1$. 因此 $S(1\,981^n)$ 是集合 $\{1, 10, 19, \cdots\}$ 中的一个数. $1\,981^n$ 的末位为 1 （因为 $10 \mid 1\,981^n - 1$），所以 $S(1\,981^n) > 1$. 如果 $S(1\,981^n) = 10$，则 $S(1\,981^n - 1) = 9$. 记 S_1，S_2 分别为 $1\,981^n - 1$ 的奇数位、偶数位上的数码和，则 $0 \leq S_1, S_2 \leq 9$. 另一方面，$1\,981^n - 1$ 被 $1\,980$ 整除，因此也被 11 整除. 根据例 1.13 (b)，$S_1 - S_2$ 是 11 的倍数，因此 $S_1 = S_2$. 但是 $S_1 + S_2 = 9$，矛盾. 所以对所有的 n，$S(1\,981^n) \geq 19$. □

例 1.15. 设 $F_n = 2^{2^n} + 1$ 是第 n 个费马数，证明：$F_n \mid 2^{F_n} - 2$ 对所有 $n \geq 1$ 成立.

证： 只需证明 $F_n \mid 2^{F_n-1} - 1$. 注意

$$F_n \mid (2^{2^n} - 1)(2^{2^n} + 1) = 2^{2^{n+1}} - 1.$$

根据定理 1.9，若 $a \mid b$，则 $2^a - 1 \mid 2^b - 1$. 因此只需证明 $2^{n+1} \mid F_n - 1$，等价地，$n+1 \le 2^n$，这是显然的. □

定理 1.9 的直接推论也很有用：

命题 1.16. 若 f 是整系数多项式，则对所有整数 a, b 有

$$a - b \mid f(a) - f(b).$$

因此，若 $a \equiv b \pmod{n}$ 对某整数 n 成立，则 $f(a) \equiv f(b) \pmod{n}$.

证： 记

$$f(X) = c_0 + c_1 X + \cdots + c_m X^m,$$

其中 $c_0, \cdots, c_m$ 是整数，$m \ge 0$. 则

$$f(a) - f(b) = c_1(a - b) + c_2(a^2 - b^2) + \cdots + c_m(a^m - b^m),$$

根据定理 1.9，每个求和项都是 n 的倍数，因此 $f(a) - f(b)$ 也是 n 的倍数. □

例 1.17. 设 f 是整系数多项式，a 是正整数，满足 $f(a) \ne 0$. 证明：存在无穷多个正整数 b，满足 $f(a) \mid f(b)$.

证： 取 $b = a + k|f(a)|$，k 是正整数. 则 $k|f(a)| = b - a \mid f(b) - f(a)$，是 $f(a)$ 的倍数. 因此 $f(a) \mid f(b)$. 由 k 的任意性，结论是显然的. □

1.1.2 整除和大小

本节我们想要强调的另一个整除性质是它和整数集序关系的联系. 下面一个命题粗糙地说明了一个整数的因子不能超过这个数. 注意到 1 是 -2 的因子，但是 1 比 -2 大，因此我们在严格叙述这个命题时需要注意这一点，最终这个命题可如下描述：

命题 1.18. 若 a 整除 b，且 $b \ne 0$，则 $|a| \le |b|$.

证： 记 $b = ac$，则 $c \ne 0$（因为 $b \ne 0$），因此 $|c| \ge 1$，$|b| = |a| \cdot |c| \ge |a|$. □

注释 1.19. 条件 $b \neq 0$ 在命题 *1.18* 中很关键，0 在此是一个很特殊的数：它是唯一一个有无穷多个因子的数. 0 可以被所有整数整除，因为对每个整数 a，都可以写出 $0 = a \cdot 0$. 另一方面，若 $n \in \mathbf{Z}$ 有无穷多个因子，则必有 $n = 0$；否则根据前面的命题，n 的所有因子 d 都满足 $d \in \{-|n|, \cdots, 0, 1, \cdots, |n|\}$，这样 n 就只有有限个因子. 下面的例子是上面观点的应用.

例 1.20. （俄罗斯1964）设 a, b 是整数，n 是正整数且满足 $k - b \mid k^n - a$ 对无穷多个整数 k 成立，证明：$a = b^n$.

证： 对任何整数 k，现在有 $k - b \mid k^n - b^n$. 根据题目条件又有 $k - b \mid k^n - a$，于是

$$k - b \mid (k^n - b^n) - (k^n - a) = a - b^n.$$

由 k 的任意性，$a - b^n$ 有无穷多个因子，因此 $a - b^n = 0$，证毕. $\square$

前面命题的一个推论是下面的性质：

推论 1.21. 若 a, b 是整数，满足 $a \mid b, b \mid a$，则 $|a| = |b|$，即 $a = \pm b$.

证： 当 $a = 0$ 或 $b = 0$ 时结论是显然的. 另一方面，前面的命题给出 $|a| \leq |b|$ 及 $|b| \leq |a|$，因此 $|a| = |b|$. $\square$

例 1.22. 求所有整数 n，满足对所有的相异整数 a, b，有 $a - b \mid a^2 + b^2 - nab$.

证： 恒等式

$$a^2 + b^2 - nab = (a - b)^2 + (2 - n)ab$$

说明 $a - b \mid (2 - n)ab$ 对所有 $a \neq b \in \mathbf{Z}$ 成立. 取 $b = 1, a = k + 1$，其中 k 是一个正整数，可得 $k \mid (2 - n)(k + 1) = (2 - n)k + 2 - n$，因此 $k \mid 2 - n$. 由 k 的任意性，$2 - n$ 有无穷多个因子，因此 $n = 2$. 反之，由完全平方公式，$n = 2$ 确实是问题的一个解. $\square$

例 1.23. （普特南2007）设 f 是一个系数为正整数的非常数多项式. 证明：若 n 是一个正整数，则 $f(n)$ 整除 $f(f(n) + 1)$ 当且仅当 $n = 1$.

证： 首先有 $f(f(n) + 1) \equiv f(1) \pmod{f(n)}$. 若 $n = 1$，这说明 $f(f(n) + 1)$ 被 $f(n)$ 整除. 另一方面，当 $n > 1$ 时，因为 f 非常数并且系数为正，$0 < f(1) < f(n)$. 因此 $f(f(n) + 1)$ 不能被 $f(n)$ 整除. $\square$

例 1.24. (a) 证明：对任何正整数 n，存在不同的正整数 x 和 y，满足对每个 $j = 1, \cdots, n$，$y + j$ 被 $x + j$ 整除.

(b) 假设 x, y 是正整数，满足 $x + j$ 整除 $y + j$ 对每个正整数 j 成立. 证明：$x = y$.

证：(a) 我们有 $x+j \mid y+j$ 当且仅当 $x+j \mid (y+j)-(x+j)=y-x$. 因此只要 $y-x$ 是 $(x+1)(x+2)\cdots(x+n)$ 的倍数即可，例如取 $y=x+(x+1)(x+2)\cdots(x+n)$.

(b) 像(a)中一样推导，可以看出 $y-x$ 必须是 $x+j$ 的倍数，且对所有正整数 j 成立. 注释 1.19 说明 $y=x$，证毕. □

例 1.25. 设 f 是整系数多项式，次数 $n>1$. 属于序列 $f(1),f(2),f(3),\cdots$ 的连续整数个数的最大值是多少？

证： 对于多项式 $f(X)=X+(X-1)(X-2)\cdots(X-n)$，有 $f(1)=1$，$f(2)=2,\cdots,f(n)=n$，因此可以有 n 个连续整数在序列 $f(1),f(2),\cdots$ 中. 下证不会有更多的连续整数.

用反证法，假设能找到 $a_1,\cdots,a_{n+1}$ 以及整数 x，满足 $f(a_i)=x+i$，$1\le i\le n+1$. 则 $f(a_{i+1})-f(a_i)=1$ 是 $a_{i+1}-a_i$ 的倍数. 因此 $a_{i+1}-a_i=\pm 1$ 对所有 $1\le i\le n$ 成立.

$a_1,\cdots,a_{n+1}$ 显然是两两不同的一组数（它们在 f 下的像两两不同），因此在序列 $a_2-a_1,\cdots,a_{n+1}-a_n$ 不会有变号（如果存在某个 i 使得 $a_{i+1}-a_i$ 与 $a_{i+2}-a_{i+1}$ 符号不同，会得到 $a_i=a_{i+2}$）. 因此序列 $a_2-a_1,\cdots,a_{n+1}-a_n$ 或者全为 1，或者全为 -1. 我们可以找到符号 ε，满足 $a_i=a_1+\varepsilon\cdot(i-1)$，$1\le i\le n+1$.

于是 $f(a_1-\varepsilon+\varepsilon\cdot i)=x+i$ 对 $1\le i\le n+1$ 成立. 也就是多项式 $f(a_1-\varepsilon+\varepsilon\cdot X)-x-X$ 有至少 $n+1$ 个不同的根 $1,2,\cdots,n+1$，这与 f 是 n 次多项式矛盾.

因此所求最大值为 n. □

例 1.26. 设 f 是整系数多项式，次数 $n\ge 2$. 证明：方程 $f(f(x))=x$ 最多有 n 个整数解.

证： 设 x,y 是两个不同的整数，满足 $f(f(x))=x$ 和 $f(f(y))=y$. 则 $x-y=f(f(x))-f(f(y))$ 是 $f(x)-f(y)$ 的倍数，而前者反过来又是 $x-y$. 因此必然有 $|f(x)-f(y)|=|x-y|$.

现在考虑整数 $a_1<\cdots<a_d$ 满足 $f(f(a_i))=a_i$ 对 $1\le i\le d$ 成立. 前面表明 $|f(a_i)-f(a_j)|=a_j-a_i$ 对 $i<j$ 成立. 我们将证明 $f(a_1),\cdots,f(a_d)$ 是单调的序列. 实际上

$$|f(a_{i+1})-f(a_i)+f(a_{i+2})-f(a_{i+1})|$$
$$=|f(a_{i+2})-f(a_i)|=a_{i+2}-a_i$$
$$=|f(a_{i+1})-f(a_i)|+|f(a_{i+2})-f(a_{i+1})|,$$

因此 $f(a_{i+1}) - f(a_i)$ 和 $f(a_{i+2}) - f(a_{i+1})$ 有相同的符号，说明序列是单调的.

不妨设 $f(a_1), \cdots, f(a_n)$ 是递增序列（另一种情形类似），则必有 $f(a_{i+1}) - f(a_i) = a_{i+1} - a_i$ 对所有 $1 \le i \le d-1$ 成立. 因此存在常数 c，满足 $f(a_i) - a_i = c, 1 \le i \le d$. 因为 $f(X) - X - c$ 的次数是 n，它最多有 n 个不同根，因此 $d \le n$. $\square$

注释 1.27. 一个推广的题目（其中 $f \circ f$ 替换成 $f \circ f \circ \cdots \circ f$）在 IMO 2006 中出现过.

例 1.28. （城市锦标赛2002）设 $a_1 < a_2 < \cdots$ 是递增的正整数无穷数列，满足 a_n 整除 $a_1 + a_2 + \cdots + a_{n-1}$ 对所有 $n \ge 2\,002$ 成立. 证明：存在正整数 n_0，满足

$$a_n = a_1 + \cdots + a_{n-1}$$

对所有 $n \ge n_0$ 成立.

证： 根据假设，存在正整数序列 $x_{2\,002}, x_{2\,003}, \cdots$，满足对所有 $n \ge 2\,002$，有

$$a_1 + a_2 + \cdots + a_{n-1} = x_n a_n.$$

将对应指标 $n+1$ 的上述关系式与指标 n 的关系式相减，得到

$$x_{n+1} a_{n+1} = x_n a_n + a_n = a_n(x_n + 1) \tag{1}$$

因此，由 $a_n < a_{n+1}$，有

$$x_{n+1} = \frac{a_n}{a_{n+1}}(x_n + 1) < x_n + 1.$$

于是 $x_{n+1} \le x_n$，对所有 $n \ge 2\,002$ 成立.

因为不存在严格递减的正整数无穷序列，所以存在 $n_0 \ge 2\,002$，当 $n \ge n_0$ 时，有 $x_{n+1} = x_n$. 设 $k = x_{n_0}$，则 $x_n = k, n \ge n_0$. 关系式 (1) 变为 $k a_{n+1} = (k+1) a_n, n \ge n_0$.

特别地，$a_n = k(a_{n+1} - a_n), n \ge n_0$ 是 k 的倍数. 记 $a_n = k b_n$，可得 $b_n = k(b_{n+1} - b_n)$，于是 $k \mid b_n$ 对 $n \ge n_0$ 成立，即 $k^2 \mid a_n$ 对 $n \ge n_0$ 成立. 直接归纳可得 $k^j \mid a_n$ 对所有 $j \ge 1$ 和 $n \ge n_0$ 成立. 特别地，$k^j \le a_{n_0}$ 对所有 $j \ge 1$ 成立. 必有 $k = 1$，于是

$$a_1 + \cdots + a_{n-1} = k a_n = a_n$$

对所有 $n \ge n_0$ 成立. $\square$

从整除性和序关系的联系以及奇偶性很容易得到下面的定理：

定理 1.29. 设 n 是非零整数，则存在唯一的整数对 (a, b) 满足 $a \geq 0$，b 是奇数，使得 $n = 2^a \cdot b$.

证： 先证明唯一性．假设 $2^a b = 2^c d$，其中 $a, c \geq 0$，b, d 是奇数．若 $a \neq c$，不妨设 $a < c$，则 $b = 2^{c-a}d$ 是偶数，矛盾．因此 $a = c$，于是 $b = d$．

下证存在性．考虑整除 n 的 2 的幂的集合，此集合是有限集：若 2^a 整除 n，则 $a < 2^a \leq |n|$．因此存在一个最大的整数 a，使 $2^a \mid n$．记 $n = 2^a b$，b 是整数．如果 b 是偶数，则 $b = 2c$，c 是整数，进而 $2^{a+1} \mid n$，与 a 的最大性矛盾．因此 b 是奇数，存在性得证． $\square$

注释 1.30. (a) 从定理 1.29 容易得到，若 a, b 是整数，满足 ab 是 2 的幂，即 $ab = 2^n$，$n \geq 0$ 是整数，则 $|a|$ 和 $|b|$（a 和 b 本身不一定是，可能有符号）也都是 2 的幂．

(b) 从题目的唯一性证明部分可得，若 $n = 2m$ 是偶数，d 是 n 的一个奇数因子，则 d 整除 m．这是我们的第一个在同余式中使用消去律的例子，后面会经常用到．

还有一个实际中也常用的例子如下：

定理 1.31. 若 a 是奇数，则对所有 $n \geq 1$，有

$$2^{n+2} \mid a^{2^n} - 1.$$

证： 看因式分解式

$$a^{2^n} - 1 = (a-1)(a+1)(a^2+1)(a^4+1) \cdots (a^{2^{n-1}}+1).$$

因为 a 是奇数，$(a-1)(a+1) = a^2-1$ 是 8 的倍数，而 $a^2+1, a^4+1, \cdots, a^{2^{n-1}}+1$ 每一个都是偶数，因此 $a^{2^n}-1$ 是 $2^{3+(n-1)} = 2^{n+2}$ 的倍数，证毕．

这个结论也可以对 n 用归纳法证明：当 $n = 0$ 时相当于 $8 \mid a^2 - 1$，这已经证明过．假设已有 $a^{2^n} = 1 + k \cdot 2^{n+2}$，则

$$a^{2^{n+1}} = (a^{2^n})^2 = (1 + k \cdot 2^{n+2})^2 = 1 + k \cdot 2^{n+3} + k^2 2^{2n+4} = 1 + (k + k^2 2^{n+1})2^{n+3},$$

证毕． $\square$

前面两个定理在整本书中都经常用到，下面几个例子说明了如何使用它们．

例 1.32. 设 n 是大于 1 的整数，证明：n 是奇数当且仅当 n 整除 $1^n + 2^n + \cdots + (n-1)^n$．

证：　若 n 是奇数，则 $k^n + (n-k)^n$ 是 n 的倍数，其中 $1 \le k \le n-1$. 因此 $2(1^n + 2^n + \cdots + (n-1)^n)$ 进而 $1^n + 2^n + \cdots + (n-1)^n$ 是 n 的倍数.

若 n 是偶数，记 $n = 2^a m$，m 是奇数. 若 k 是奇数，则 $k^n = (k^{2^a})^m \equiv 1 \pmod{2^a}$；若 k 是偶数，则 $k^n \equiv 0 \pmod{2^a}$. 因此

$$1^n + 2^n + \cdots + (n-1)^n \equiv 2^{a-1} m \pmod{2^a},$$

所以 2^a 不能整除 $1^n + 2^n + \cdots + (n-1)^n$. □

例 1.33. 证明：若 $n > 1$，则 $s = 1 + \frac{1}{2} + \frac{1}{3} + \cdots + \frac{1}{n}$ 不是整数.

证：　设 a 是所有不超过 n 的奇数的乘积，k 是满足 $2^k \le n$ 的最大整数. 下证 $2^{k-1} a s$ 不是整数.

若 $1 \le m \le n$ 且 $m \ne 2^k$，则 m 可以写成 $2^t u$ 的形式，其中 $0 \le t \le k-1$，$1 \le u \le n$ 是奇数. 因此 $m \mid 2^{k-1} a$，$2^{k-1} a \cdot \frac{1}{m}$ 是整数.

于是 $2^{k-1} a s = N + \frac{a}{2}$，$N$ 是某整数. 但是 a 是奇数，$\frac{a}{2}$ 不是整数，于是 $2^{k-1} a s$，进而 s 不是整数. □

例 1.34. 是否存在二元整系数多项式 $f(x, y)$，满足下列条件：

(a) 方程 $f(x, y) = 0$ 没有整数解.

(b) 对每个正整数 n，存在整数 x, y 满足 $n \mid f(x, y)$.

证：　下证 $f(x, y) = (2x - 1)(3y - 1)$ 满足要求. 显然 $f(x, y) = 0$ 没有整数解，因为它的解必须满足 $x = \frac{1}{2}$ 或 $y = \frac{1}{3}$. 现在设 n 是任意正整数，记 $n = 2^k m$，$k \ge 0$，m 是奇数. 注意到 $3 \mid 2^{2k+1} + 1 = 2 \cdot 4^k + 1$（因为 $3 \mid 4^k - 1$），可以记 $2^{2k+1} = 3y - 1$，y 是某整数. 又记 $x = \frac{m+1}{2}$（x 是整数，因为 m 是奇数），则有

$$(2x - 1)(3y - 1) = m \cdot 2^{2k+1}$$

是 n 的倍数. □

例 1.35. （土耳其TST2016）设 **N** 表示正整数集，求所有的函数 $f : \mathbf{N} \to \mathbf{N}$ 满足对所有的 $m, n \ge 1$ 有 $f(mn) = f(m)f(n)$ 和 $m + n \mid f(m) + f(n)$ 成立.

证：　显然对任何正奇数 k，$f(x) = x^k$ 给出题目的一个解. 我们证明这些是所有的解.

首先，看到 $f(1) = 1$，因为 $f(1) = f(1)^2$，并且 $f(1)$ 是正整数. 接下来，考虑 $f(2)$，记 $f(2) = 2^k(2r + 1)$，其中整数 $k, r \ge 0$. 假设 $r > 0$，则

$$1 + 2r \mid f(1) + f(2r) = 1 + f(2)f(r) = 1 + 2^k(2r + 1)f(r),$$

因此 $1 + 2r \mid 1$，矛盾。所以 $f(2) = 2^k$。因为 $f(mn) = f(m)f(n)$ 对所有 m, n 成立，所以 $f(2^n) = 2^{nk}$ 对所有 $n \geq 1$ 成立。而 $6 \mid f(2) + f(4) = 2^k + 4^k$，因此 k 是奇数。

最后，对任何 $n \geq 1$ 和 $d \geq 1$，有 $n + 2^d \mid f(n) + f(2^d) = f(n) + 2^{kd}$。由于 k 是奇数，有 $n + 2^d \mid n^k + 2^{kd}$，因此 $n + 2^d \mid f(n) - n^k$。固定 n，由 d 的任意性可得 $f(n) = n^k$ 对所有 n 成立。（因为 $f(n) - n^k$ 有无穷多个因子，就是 $n + 2^d$ 形式的所有数，其中 $d \geq 1$。） $\square$

我们接下来看一些更难的例子，这些例子大多数使用了前面出现的所有技巧。第一个例子是一个著名的 IMO 题目，现在已经是经典题目。其证明方法（称为无穷递降法）可以追溯到费马，关键用到了整数的有序性。在很多情况下，无穷递降法可以用于证明某个丢番图方程 $f(x_1, \cdots, x_k) = 0$ 没有解或者仅有"平凡解"（指一眼可以看出的那些解）。其思想是，从方程的一个可能解或者非平凡解，导出一个"更小的"解。如果这个"更小"解依旧是非平凡的，可以继续这个步骤。这样会得到一系列越来越小的解，必然会终止。也可以用反证法，直接考虑一个"极小"解，然后得到一个"更小"解导致矛盾。

在研究更难的问题前，先通过一个简单例子来看这种方法是如何成功的。考虑方程

$$x^2 + y^2 = 3z^2,$$

我们将证明此方程只有平凡解，即 $x = y = z = 0$。假设有一个非平凡解 (x, y, z)，则 3 整除 $x^2 + y^2$，通过枚举很容易说明 x, y 必然都是 3 的倍数。记 $x = 3x_1, y = 3y_1$，方程变为 $z^2 = 3(x_1^2 + y_1^2)$，进而 z 是 3 的倍数（否则 $z^2 \equiv 1 \pmod 3$，矛盾），记 $z = 3z_1$，方程又变为 $x_1^2 + y_1^2 = 3z_1^2$，和原方程形式完全相同。因此 (x_1, y_1, z_1) 也是方程的一个解，因为 (x, y, z) 非平凡，(x_1, y_1, z_1) 也非平凡。但是

$$|x_1| + |y_1| + |z_1| = \frac{|x| + |y| + |z|}{3} < |x| + |y| + |z|,$$

所以解 (x_1, y_1, z_1) 比解 (x, y, z) "更小"，这里的意思是解的绝对值之和更小。如果开始考虑的非平凡解要求是使 $|x| + |y| + |z|$ 最小的解，马上得到矛盾。

例 1.36. (IMO 1988) 设 a, b 是正整数，满足 $ab + 1$ 整除 $a^2 + b^2$，证明：$\frac{a^2 + b^2}{ab + 1}$ 是完全平方数。

证： 假设对某 a, b，上面的命题不成立，找一组这样的 (a, b) 并使 $a + b$ 达到最小可能值。设 $a^2 + b^2 = c(ab + 1)$，根据假设 c 不是完全平方数。由于方程关于 a 和

b 对称, 不妨设 $a \geq b$. 二次方程

$$x^2 - bcx + b^2 - c = 0$$

有一个整数解 a. 根据韦达定理, $a' = bc - a = \frac{b^2 - c}{a}$ 是方程的另一个解. $a' = bc - a$ 也是一个整数, 并且因为 $c \neq b^2$ 不是完全平方数, 所以 a' 非零.

我们下证 a' 是正整数. 否则 $a' \leq -1$, 则 $b^2 - c = aa' \leq -a$, 于是 $c \geq b^2 + a$. 接下来

$$a^2 + b^2 = c(ab + 1) \geq (b^2 + a)(ab + 1) = ab^3 + a^2b + b^2 + a > a^2 + b^2,$$

矛盾. 这样 (a', b) 是问题的另一组正整数解. 这时的商 $\frac{(a')^2 + b^2}{a'b + 1} = c$ 不变, 依旧不是平方数. 根据 (a, b) 的最小性, 必有 $a + b \leq a' + b$, 即 $a \leq a'$. 这也不可能, 因为利用 $a \geq b$, 有

$$a' = \frac{b^2 - c}{a} < \frac{b^2}{a} \leq b \leq a.$$

所以实际上, 不会有满足题目中的整除关系但 c 不是完全平方数的反例存在, 证毕. □

例 1.37. （IMO2007）设 a, b 是正整数, 满足 $4ab - 1 \mid (4a^2 - 1)^2$, 证明: $a = b$.

证: 因为 $4ab \equiv 1 \pmod{4ab - 1}$, 所以 $4a^2b \equiv a \pmod{4ab - 1}$. 又由题目条件, $4ab - 1 \mid (4a^2b - b)^2$, 因此 $4ab - 1 \mid (a - b)^2$.

我们像例 1.36 中一样讨论, 设 (a, b) 是满足 $4ab - 1 \mid (a - b)^2$, $a \neq b$, 并且使 $a + b$ 最小的一组解. 不妨设 $a > b$, 记 $(a - b)^2 = c(4ab - 1)$, 然后考虑方程

$$(x - b)^2 = c(4bx - 1)$$

的另一个解

$$a' = 2b(1 + 2c) - a = \frac{b^2 + c}{a},$$

显然 a' 也是正整数, 而且 (a', b) 满足 $4a'b - 1 \mid (a' - b)^2$, $(a' - b)^2 = c(4a'b - 1)$, 这样 $a' \neq b$ 是另一组满足不等条件的解.

根据 (a, b) 的最小性得到 $a + b \leq a' + b$, 所以 $a' \geq a$, $b^2 + c \geq a^2$. 然而由 $(a - b)^2 = c(4ab - 1)$ 可以得出 $c \leq (a - b)^2$, 这样 $a^2 - b^2 \leq (a - b)^2$. 因为 $a > b$, 可得 $a + b \leq a - b$, 矛盾.

因此所假设的满足 $a \neq b$ 的方程的解 (a, b) 不存在, 证毕. □

注释 1.38. 下面是一些类似的题目，都可以用同样的解题过程处理：

(a) 设正整数 a, b 满足 $ab \mid a^2 + b^2 + 1$. 证明： $a^2 + b^2 + 1 = 3ab$.

(b) 设正整数 a, b 满足 $a^2 + b^2$ 被 $ab - 1$ 整除. 证明： $a^2 + b^2 = 5(ab - 1)$.

(c) （AMM11374）设 a, b, c, d 是正整数，满足

$$abcd = a^2 + b^2 + c^2 + 1.$$

证明： $d = 4$.

(d) （USATST2002）求所有的有序正整数对 (m, n)，满足 $mn - 1$ 整除 $m^2 + n^2$.

(e) （USATST2009）求所有的正整数对 (m, n)，满足 $mn - 1$ 整除 $(n^2 - n + 1)^2$.

(f) （Hurwitz）证明：当 $k > n$ 时，方程

$$x_1^2 + x_2^2 + \cdots + x_n^2 = kx_1 x_2 \cdots x_n$$

没有正整数解.

例 1.39. （Kvant）设 p 和 q 是大于 1 的整数，满足 $p \mid q^3 - 1$ 和 $q \mid p - 1$. 证明： $p = q^{3/2} + 1$ 或者 $p = q^2 + q + 1$.

证： 记 $p = qn + 1$，n 是正整数. 则 $qn + 1 \mid q^3 - 1$，所以 $qn + 1 \mid q^3 n - n$. 但

$$q^3 n - n = q^2 \cdot qn - n = q^2(qn + 1) - (q^2 + n),$$

所以 $qn + 1 \mid q^2 + n$. 特别有 $qn + 1 \le q^2 + n$，进一步写成 $n(q - 1) \le q^2 - 1$，因此 $n \le q + 1$.

接下来，$qn + 1 \mid q^3 n^2 - n^2$，且

$$q^3 n^2 - n^2 = q^2 n^2 \cdot q - n^2 = (q^2 n^2 - 1)q + q - n^2.$$

因为 $qn + 1 \mid q^2 n^2 - 1$，因此 $qn + 1 \mid q - n^2$.

现在讨论三种情形. 若 $q = n^2$，则 $p = qn + 1 = q^{3/2} + 1$，属于题目所给结论的情况之一. 若 $q > n^2$，则由上一段得到 $qn + 1 \le q - n^2 < q$，显然矛盾. 最后，若 $q < n^2$，则由上一段得到 $qn + 1 \le n^2 - q$，所以 $q(n + 1) \le n^2 - 1$，$q \le n - 1$. 结合第一段可得 $q = n - 1$，然后 $p = qn + 1 = q(q + 1) + 1 = q^2 + q + 1$，也属于题目所给结论的情况之一，证毕. $\square$

例 1.40. （保加利亚）设 a, b 和 c 是正整数，满足 ab 整除 $c(c^2 - c + 1)$，并且 $a + b$ 被 $c^2 + 1$ 整除. 证明：集合 $\{a, b\}$ 和 $\{c, c^2 - c + 1\}$ 相同.

证: 记 $c(c^2-c+1)=mab$, $a+b=n(c^2+1)$, 其中 m,n 是正整数. 不妨设 $b \le a$, 则

$$mab = c(c^2-c+1) < c(c^2+1) = \frac{c}{n}(a+b) \le 2a\frac{c}{n},$$

因此 $b < \frac{2c}{mn}$.

另一方面, $a \equiv -b \pmod{c^2+1}$, 对方程 $c(c^2-c+1)=mab$ 模 c^2+1 计算, 得到 $1 \equiv -mb^2 \pmod{c^2+1}$, 即 $c^2+1 \mid mb^2+1$. 设 $mb^2+1=r(c^2+1)$, r 是正整数. $mb^2 \ge rc^2$, 和不等式 $b < \frac{2c}{mn}$ 结合得到 $rmn^2 < 4$. 因此 $n=1$, 并且 $rm < 4$.

若 $m > 1$, 则必有 $r=1$. 因此 $mb^2=c^2$, $b \mid c^2$. 因为 $b \mid mab = c(c^2-c+1)$ 及 $b \mid c^2$, 可得 $b \mid c$, 设 $c=kb$, k 是整数. 但是 $k^2=m \in \{2,3\}$, 矛盾. 这样我们有 $m=1$.

现在数对 a,b 和 c, c^2-c+1 有相同的和与积, 是同一个一元二次方程的解, 由此得到题目结论, 证毕. □

注释 1.41. 如果可以利用 $\sqrt{2}$ 和 $\sqrt{3}$ 是无理数, 证明可以更简单一些, 这样马上就能去掉 $mb^2=c^2$, $1 < m < 4$ 的情形.

例 1.42. (罗马尼亚TST2012) 设 $a_1,\cdots,a_n$ 是正整数序列, $a > 1$ 是 $a_1\cdots a_n$ 的倍数. 证明: $a^{n+1}+a-1$ 不能被 $(a+a_1-1)(a+a_2-1)\cdots(a+a_n-1)$ 整除.

证: 假设有

$$a^{n+1}+a-1 = k(a+a_1-1)\cdots(a+a_n-1) \tag{1}$$

其中 k 是整数, 记 $a=ma_1\cdots a_n$, m 是整数. 首先有 $a_1,\cdots,a_n > 1$, 否则例如 $a_1=1$, 则式子 (1) 的右端可被 a 整除, 但是左端不被 a 整除, 矛盾.

关系式 (1) 模 $a-1$ 计算得到 $1 \equiv ka_1\cdots a_n \pmod{a-1}$, 因此 $m \equiv ka \equiv k \pmod{a-1}$. 利用每个 $a_i > 1$ 得到式 (1) 右端不小于 $k(a+1)^n$, 因此 $a^{n+1}+a-1 \ge k(a+1)^n$, 易得 $k < a$ (只需检验 $a(a+1)^n > a^{n+1}+a-1$). 又有 $m < a = ma_1\cdots a_n$. 因此 k,m 是不超过 $a-1$ 的正整数, 并且 $k \equiv m \pmod{a-1}$, 这样 $k=m$.

因为 $m \mid a$, 而 $k \mid a^{n+1}+a-1$, 所以 $m \mid a^{n+1}+a-1$, 进而 $m \mid 1$, 可得 $k=m=1$. 于是

$$a^{n+1} < a^{n+1}+a-1 = (a+a_1-1)\cdots(a+a_n-1),$$

或写成

$$a_1 \cdot\cdots\cdot a_n = a < \frac{a+a_1-1}{a} \cdot\cdots\cdot \frac{a+a_n-1}{a}.$$

这个式子不成立，只需对 $1 \le i \le n$ 将不等式

$$\frac{a + a_i - 1}{a} < a_i \quad \Longleftrightarrow \quad (a-1)(a_i-1) > 0$$

连乘即可得出矛盾. $\qquad\qquad\qquad\qquad\qquad\qquad\qquad\qquad\qquad\qquad\qquad\qquad\square$

例 1.43. （Schinzel）证明存在常数 $c > 0$ 满足性质：如果正整数 a 是偶数，并且不是 10 的倍数，则 a^k 的十进制数码和大于 $c \log k$ 对所有 $k \ge 2$ 成立.

证： 定义序列 $(b_n)_{n\ge 0}$ 为：$b_0 = 0$ 且 $b_{n+1} = 1 + [b_n \log_2(10)]$. 这是一个递增序列，并且 $b_{n+1} \le (1+\log_2(10))b_n$, $n \ge 1$. 于是 $b_n \le c^n$, $n \ge 1$, 其中 $c = 1+\log_2(10)$.

假设 $k \ge b_n$, 记 $a^k = c_0 + 10c_1 + \cdots$ 是十进制下的表达式. 对每个 $2 \le j \le n$, 有 2^{b_j} 整除 a^k. 因为 2^{b_j} 也整除 $c_{b_j}10^{b_j} + c_{b_j+1}10^{b_j+1} + \cdots$, 于是 2^{b_j} 整除 $c_0 + 10c_1 + \cdots + c_{b_j-1}10^{b_j-1}$. 注意最后的这个数是非零的，因为 $c_0 \ne 0$. 这样得到 $2^{b_j} \le c_0 + 10c_1 + \cdots + c_{b_j-1}10^{b_j-1}$. 如果 $c_{b_{j-1}}, \cdots, c_{b_j-1}$ 都是零，则 $2^{b_j} < 10^{b_{j-1}}$, 与序列 $(b_n)_{n\ge 0}$ 的定义矛盾.

因此对每个 $2 \le j \le n$, 数码 $c_{b_{j-1}}, \cdots, c_{b_j-1}$ 中至少一个是非零的. 因此若 $k \ge b_n$, 则 a^k 的数码和至少是 $n - 1 \ge n/2$. 考虑到 $b_n \le c^n$, 对所有 $n \ge 1$, 题目得证. $\qquad\qquad\qquad\qquad\qquad\qquad\qquad\qquad\square$

1.2 归纳法和组合数

这一节的主题是使用归纳法作为工具来证明一些整除性问题或者解决构造性问题. 在此过程中我们会研究组合数的一些基本性质，这些性质能够帮助我们构建一些神奇的同余结果. 对于组合数的研究在这本书中会频繁出现，它们有很好的算术性质. 当前我们尚未发展出足够多的理论，这一节的结果还是比较普通的，这些在后续导出更突出的结果时需要用到.

1.2.1 归纳证明整除

在研究组合数之前，我们花一些时间处理一些整除性问题，其中的关键是归纳法的使用.

例 1.44. 证明：若 n 是 3 的幂，则 $n \mid 2^n + 1$.

证： 我们需要证明 3^k 整除 $2^{3^k} + 1$, 对所有 $k \ge 0$ 成立. 我们对 k 用归纳法证明这一点，$k = 0$ 的情形是显然的. 假设 $3^k \mid 2^{3^k} + 1$, 记 $2^{3^k} = n \cdot 3^k - 1$, n 是整

数. 则

$$2^{3^{k+1}} = (2^{3^k})^3 = (n \cdot 3^k - 1)^3$$
$$= n^3 \cdot 3^{3k} - n^2 \cdot 3^{2k+1} + n \cdot 3^{k+1} - 1$$
$$\equiv -1 \pmod{3^{k+1}},$$

如我们所愿.

我们也可以直接证明这个命题，做因式分解

$$2^{3^k} + 1 = (2+1)(2^2 - 2 + 1)(2^{2 \cdot 3} - 2^3 + 1) \cdots (2^{2 \cdot 3^{k-1}} - 2^{3^{k-1}} + 1)$$

观察到对 $i \geq 0$, 总有 $2^{2 \cdot 3^i} - 2^{3^i} + 1 \equiv 0 \pmod 3$, 因此每个因子 $2^2 - 2 + 1$, $2^{2 \cdot 3} - 2^3 + 1$, $\cdots$, $2^{2 \cdot 3^{k-1}} - 2^{3^{k-1}} + 1$ 都是 3 的倍数，得证. □

注释 1.45. 我们强烈建议读者试着用归纳法证明定理 *1.31*，即用前面例子中的同样方法.

例 1.46. 设 n 是一个正整数，求最大的整数 k，满足

$$2^k \mid (n+1)(n+2) \cdots (n+n).$$

证： 设 $a_n = (n+1)(n+2) \cdots (n+n)$, 序列 $(a_n)_{n \geq 1}$ 的前面几项是 $2, 12 = 3 \cdot 4, 120 = 8 \cdot 15$, 等等. 我们猜想使得 2^k 整除 a_n 的最大的 k 是 n. 我们用归纳法证明这一点. $n = 1$ 的情形是显然的. 为了完成归纳的步骤，我们先找到 a_n 和 a_{n+1} 的一个简单关系，就是

$$a_{n+1} = (n+2) \cdots (n+1+n+1) = (n+2) \cdots (n+n)(2n+1) \cdot 2(n+1)$$
$$= 2(n+1)(n+2) \cdots (n+n)(2n+1) = 2a_n \cdot (2n+1).$$

因为 $2n+1$ 是奇数，整除 $2a_n(2n+1)$ 的最大的 2 的幂次是整除 a_n 的最大的 2 的幂次加 1. 于是根据归纳假设，这个最高幂次是 $n+1$，完成了归纳的步骤. 因此题目的答案是 $k = n$. □

注释 1.47. 将关系式

$$a_{n+1} = 2a_n(2n+1)$$

迭代可以得到有趣的等式

$$(n+1)(n+2) \cdots (n+n) = a_n = 2^n \cdot 1 \cdot 3 \cdot \cdots \cdot (2n-1).$$

这个也能直接证明如下

$$(n+1)(n+2)\cdots(n+n) = \frac{(2n)!}{n!} = \frac{1 \cdot 3 \cdot \cdots \cdot (2n-1) \cdot 2 \cdot 4 \cdot \cdots \cdot 2n}{n!}$$
$$= 1 \cdot 3 \cdot \cdots \cdot (2n-1) \cdot \frac{2^n \cdot n!}{n!} = 2^n \cdot 1 \cdot 3 \cdot \cdots \cdot (2n-1).$$

例 1.48. （Ibero 2012）设整数 a, b, c, d 满足 $a - b + c - d$ 是 $a^2 - b^2 + c^2 - d^2$ 的奇因子. 证明：对所有正整数 n，$a - b + c - d$ 整除 $a^n - b^n + c^n - d^n$.

证： 根据假设 $a - b + c - d$ 整除 $a^2 - b^2 + c^2 - d^2$，但是 $a - b + c - d$ 也整除 $(a+c)^2 - (b+d)^2$，因此整除它们的差 $2(ac-bd)$. 因为 $a - b + c - d$ 是奇数，所以 $a - b + c - d \mid ac - bd$.

我们将用归纳法证明 $a - b + c - d$ 整除 $a^n - b^n + c^n - d^n$ 对所有正整数 n 成立. $n = 1, 2$ 的情形是显然的，假设 $n \geq 3$，并且 $a - b + c - d \mid a^k - b^k + c^k - d^k$，对 $k < n$ 都成立.

记 $e = a - b + c - d$，因为 $a^{n-1} + c^{n-1} \equiv b^{n-1} + d^{n-1} \pmod{e}$，而且 $a + c \equiv b + d \pmod{e}$，我们有

$$(a+c)(a^{n-1} + c^{n-1}) \equiv (b+d)(b^{n-1} + d^{n-1}) \pmod{e}.$$

展开上式并代数变形可得

$$a^n - b^n + c^n - d^n \equiv bd(b^{n-2} + d^{n-2}) - ac(a^{n-2} + c^{n-2}) \equiv 0 \pmod{e},$$

最后的同余关系是 $bd \equiv ac \pmod{e}$ 和 $b^{n-2} + c^{n-2} \equiv a^{n-2} + c^{n-2} \pmod{e}$ 的结果. □

例 1.49. 定义序列 $(a_n)_{n \geq 1}$ 为：$a_1 = 2$，$a_{n+1} = 2^{a_n} + 2, n \geq 1$. 证明：$a_n$ 整除 a_{n+1} 对所有 n 成立.

证： 我们将用归纳法证明 a_n 整除 a_{n+1} 并且 $a_n - 1$ 整除 $a_{n+1} - 1$ 对所有 $n \geq 1$ 成立. $n = 1$ 的情形是显然的. 假设两个整除关系对 $n-1$（$n \geq 2$）成立，现在证明对 n 也成立.

利用递推公式 $a_n \mid a_{n+1}$ 等价于 $2^{a_{n-1}-1} + 1 \mid 2^{a_{n-1}} + 1$，只需证 $\frac{a_{n-1}}{a_{n-1}-1}$ 是一个奇整数. 根据归纳假设这是一个整数，且所有 a_i 是偶数，所以这个商也是奇数.

要证 $a_n - 1$ 整除 $a_{n+1} - 1$，转化为 $2^{a_{n-1}} + 1 \mid 2^{a_n} + 1$，只需验证 $\frac{a_n}{a_{n-1}}$ 是奇整数. 根据归纳假设这是整数，它是奇数可从 $a_n \equiv a_{n-1} \equiv 2 \pmod 4$ 得到（因为每个 $a_i, i > 1$ 都是 2 的高次幂加 2，而 $a_1 = 2$），这样完成了归纳步骤. □

例 1.50. （中国2004）证明每个足够大的正整数 n 可以写成 $2\,004$ 个正整数的求和：$n = a_1 + a_2 + \cdots + a_{2\,004}$，$1 \le a_1 < a_2 < \cdots < a_{2\,004}$，而且 $a_i \mid a_{i+1}$，对所有 $1 \le i \le 2\,003$ 成立.

证： 我们对 k 用归纳法证明下面的命题：存在正整数 n_k，使得所有的 $n \ge n_k$ 可以写成 $n = a_1 + a_2 + \cdots + a_k$，其中 $1 \le a_1 < \cdots < a_k$，且 $a_1 \mid a_2 \mid \cdots \mid a_k$，称这样的一个求和分解是可行的.

命题对 $k = 1$ 是平凡的. 对 $k = 2$ 可以取 $n_2 = 3$ （每个整数 $n > 2$ 写成 $n = 1 + (n-1)$）. 假设 n_k 存在，取足够大的 n （具体多大后续确定），记 $n = 2^r(2m+1)$，其中 r, m 是非负整数. 当 n 很大时，r 和 m 中至少有一个很大.

先看简单的情形：若 m 很大，比如 $m \ge n_k$. 我们先写出 m 的一个可行求和分解 $m = a_1 + a_2 + \cdots + a_k$，然后得到 n 的可行求和分解

$$n = 2^r + 2^{r+1}a_1 + 2^{r+1}a_2 + \cdots + 2^{r+1}a_k.$$

若 r 很大，只需写出 2^r 的一个可行求和分解，然后将每一项乘以 $2m+1$，即可得到 n 的可行求和分解. 记 $r = 2q + r_1$，其中 $r_1 \in \{0, 1\}, q \ge 0$. 同理只需找到 2^{2q} 的一个可行求和分解即可. 设 $2^q \ge n_k$，选择 $2^q + 1$ 的一个可行求和分解 $2^q + 1 = a_1 + \cdots + a_k$，则可以得到 2^{2q} 的长为 $k+1$ 的可行求和分解

$$2^{2q} = 1 + (2^q - 1)(2^q + 1) = 1 + (2^q - 1)a_1 + \cdots + (2^q - 1)a_k.$$

现在可以结束证明：假设 $n \ge 4n_k^3$，则或者 $m \ge n_k$，或者 $2^q \ge n_k$. 否则，

$$n = 2^{2q+r_1}(2m+1) < 2 \cdot n_k^2 \cdot 2n_k = 4n_k^3,$$

矛盾. 上面已经说明了 $m \ge n_k$，或者 $2^q \ge n_k$ 均保证可以得到 n 的长为 $k+1$ 的可行求和分解，因此我们可以取 $n_{k+1} = 4n_k^3$，证毕. $\square$

1.2.2 组合数算术

我们现在用归纳法研究组合数. 回忆若 n, k 是非负整数，$n \ge k$，则定义组合数为

$$\binom{n}{k} = \frac{n!}{k!(n-k)!},$$

其中 $n!$ 是前 n 个正整数的乘积（即 n 的阶乘，规定 $0! = 1$）.

一个重要的结果是 $\binom{n}{k}$ 总是整数（这从定义看不是显然的！）. 这个结果有多种证明，其中最标准的证明是用组合论述说明 $\binom{n}{k}$ 恰好是集合 $\{1, 2, \cdots, n\}$ 的 k

元子集的个数. 这个组合证明的细节留给读者. 下面我们用归纳法证明 $\binom{n}{k}$, $n \geq k \geq 0$ 总是整数. 我们对 $n+k$ 归纳. $n+k=0$ 或 $n+k=1$ 的情形是显然的, 下面还假设 $k \geq 1$ 且 $n > k$（否则总有 $\binom{n}{k}=1$）. 关键是下面的恒等式

$$\binom{n}{k} = \binom{n-1}{k} + \binom{n-1}{k-1},$$

该恒等式可以直接通过定义来检验. 利用归纳假设, 两个数 $\binom{n-1}{k}$ 和 $\binom{n-1}{k-1}$ 都是整数, 因此 $\binom{n}{k}$ 也是整数, 归纳完成. 下面我们用同样的想法证明一个类似的结果, 这个结果用组合方法不容易得到.

例 1.51. 设整数 $q > 1$, n, k 是非负整数, 定义高斯二项式系数 $\binom{n}{k}_q$ 为:

$$\binom{n}{k}_q = \begin{cases} 0, & \text{若 } k > n, \\ \dfrac{(q^n-1)(q^{n-1}-1)\cdots(q^{n-k+1}-1)}{(q^k-1)(q^{k-1}-1)\cdots(q-1)}, & \text{若 } k \leq n, \end{cases}$$

其中当 $k = 0$ 时, 右端规定为 1.

(a) 证明: 对所有整数 $n, k \geq 1$, 有

$$\binom{n}{k}_q = q^k \binom{n-1}{k}_q + \binom{n-1}{k-1}_q.$$

(b) 证明: 对所有 n, k, $\binom{n}{k}_q$ 是整数.

证: 设 $x_n = q^n - 1$, $n \geq 1$.

(a) 若 $k > n$, 则两端根据定义都是 0, 故假设 $k \leq n$. 若 $k = n$, 则等式变为

$$\binom{n}{n}_q = \binom{n-1}{n-1}_q,$$

根据定义, 上式两端都是 1, 显然成立. 若 $k \leq n-1$, 则要证的等式等价于

$$\frac{x_n x_{n-1} \cdots x_{n-k+1}}{x_k x_{k-1} \cdots x_1} = q^k \frac{x_{n-1} \cdots x_{n-k}}{x_k \cdots x_1} + \frac{x_{n-1} \cdots x_{n-k+1}}{x_{k-1} \cdots x_1}.$$

上式两边都除以 $\frac{x_{n-1} \cdots x_{n-k+1}}{x_{k-1} \cdots x_1}$, 最后的关系等价于

$$\frac{x_n}{x_k} = q^k \frac{x_{n-k}}{x_k} + 1$$

或者 $x_n = q^k x_{n-k} + x_k$, 可以直接计算验证.

(b) 可以对 $n+k$ 归纳, 利用(a)中的递推式, 像组合数一样推导即可.   □

例 1.52. （城市锦标赛2009）对所有整数 $n \geq 1$，定义

$$[n]! = 1 \cdot 11 \cdot 111 \cdot \cdots \cdot \underbrace{111\cdots1}_{n \uparrow 1}.$$

证明： 对所有 $m, n \geq 1$，$[n+m]!$ 被 $[n]![m]!$ 整除.

证： 注意到

$$[n]! = \frac{10-1}{9} \cdot \frac{10^2-1}{9} \cdot \cdots \cdot \frac{10^n-1}{9},$$

因此

$$\frac{[n+m]!}{[n]![m]!} = \frac{\prod_{i=1}^{n+m}(10^i-1)}{\prod_{i=1}^{n}(10^i-1) \cdot \prod_{i=1}^{m}(10^i-1)} = \binom{n+m}{m}_{10}.$$

结果是前面的例子在 $q = 10$ 时的特殊情况. □

注释 1.53. 高斯二项式系数是组合数的推广，后者相当于 $q \to 1$ 的极限情形. 很多组合数的公式有相应的高斯二项式系数类似的公式. 例如：二项式定理（本节稍后讨论）的类比是

$$\prod_{k=0}^{n-1}(1+q^k X) = \sum_{k=0}^{n} q^{\frac{k(k-1)}{2}} \binom{n}{k}_q X^k.$$

例 1.54. 证明：对所有正整数 n，$n+1$ 整除 $\binom{2n}{n}$.

证： 有等式

$$(n+1)\binom{2n+1}{n} = (2n+1)\binom{2n}{n} = [2(n+1)-1]\binom{2n}{n}.$$

模 $n+1$ 得到 $\binom{2n}{n} \equiv 0 \pmod{n+1}$. □

注释 1.55.

$$C_n = \frac{1}{n+1}\binom{2n}{n}$$

被称作第 n 个卡特兰数. 这些数有很特别的性质，例如可以证明（需要一些努力）

$$C_{n+1} = \sum_{k=0}^{n} C_k C_{n-k}.$$

卡特兰数在组合问题中经常出现，例如 C_n 是一个凸 $n+2$ 边形通过连接顶点形成一些对角线，分成 n 个三角形的方法数，这只是 C_n 的很多种组合理解中的一个！

例 1.56. （罗马尼亚TST1988）证明：对所有正整数 n，$\prod_{k=1}^{n} k^{2k}$ 是 $(n!)^{n+1}$ 的倍数.

证： 计算得到

$$
\frac{1}{(n!)^{n+1}} \cdot \prod_{k=1}^{n} k^{2k} = \frac{1}{n!^{n+1}} \cdot (1 \cdot 2 \cdot \cdots \cdot n \cdot 2 \cdot 3 \cdot \cdots \cdot n \cdot \cdots \cdot n)^2
$$

$$
= \frac{1}{n!^{n+1}} \left(n! \cdot \frac{n!}{2!} \cdot \cdots \cdot \frac{n!}{(n-1)!} \right)^2 = \frac{n!^{n-1}}{(1!2! \cdots (n-1)!)^2}
$$

$$
= \frac{n!}{1!(n-1)!} \cdot \frac{n!}{2!(n-2)!} \cdot \cdots \cdot \frac{n!}{(n-1)!1!} = \prod_{k=1}^{n-1} \binom{n}{k},
$$

显然是整数. $\qquad\square$

关于 $\binom{n}{k}$ 的一个重要看法是

$$
\binom{n}{k} = \frac{n(n-1)(n-2)\cdots(n-k+1)}{k!}
$$

是一个关于 n 的 k 次多项式，因此可以对不满足 $n \geq k$ 甚至非整数 n，定义 $\binom{n}{k}$. 精确地说，对任何实数（或复数）x，以及非负整数 k，可以定义

$$
\binom{x}{k} := \frac{x(x-1)\cdots(x-k+1)}{k!}.
$$

若 X 是一个变量，则类似定义 k 次多项式

$$
\binom{X}{k} := \frac{X(X-1)\cdots(X-k+1)}{k!}.
$$

这些推广的组合数仍旧满足通常组合数的很多性质，例如递推式

$$
\binom{x}{k} = \binom{x-1}{k} + \binom{x-1}{k-1}
$$

依旧成立. 我们还有基本的：

定理 1.57. 对所有的 $x \in \mathbf{Z}$，以及非负整数 k，都有 $\binom{x}{k} \in \mathbf{Z}$. 也就是说，连续 k 个整数的乘积总是 $k!$ 的倍数.

证： 我们已经对 $x \geq 0$ 的情况进行了证明，现在假设 $x < 0$，记 $x = -y$，y 是正整数，则

$$
\binom{x}{k} = \frac{x(x-1)\cdots(x-k+1)}{k!} = \frac{-y(-y-1)\cdots(-y-k+1)}{k!}
$$

$$
= (-1)^k \frac{y(y+1)\cdots(y+k-1)}{k!} = (-1)^k \binom{y+k-1}{k}.
$$

因为 $\binom{y+k-1}{k}$ 是整数，所以 $\binom{x}{k}$ 也是整数，证毕. □

前面的定理说明多项式

$$\binom{X}{n} := \frac{X(X-1)\cdots(X-n+1)}{n!}$$

在整数点取整数值. 注意到 $\binom{X}{n}$ 不是整系数多项式，除非 $n=1$（首项系数总是 $\frac{1}{n!}$，当 $n>1$ 时不是整数）. 下面的漂亮定理描述了所有在整数点取整数值的多项式（称为整值多项式）.

定理 1.58. 设 f 是 d 次有理系数多项式，使得对任何整数 n，$f(n)$ 是整数. 则唯一存在整数 $a_0, a_1, \cdots, a_d$ 使得

$$f(X) = \sum_{i=0}^{d} a_i \binom{X}{i}.$$

证： 首先证明，对任何有理系数多项式 f，存在有理数 $a_0, a_1, \cdots, a_d$（其中 $d = \deg f$），满足

$$f(X) = \sum_{i=0}^{d} a_i \binom{X}{i}.$$

我们对 $d = \deg f$ 用归纳法证明这一点. $d=0$ 的情形是显然的. 假设命题对次数不超过 $d-1$ 的多项式成立，现在考虑一个 d 次多项式 f. 先选取 a_d 使得 $f(X) - a_d\binom{X}{d}$ 的次数不超过 $d-1$（若 f 的首项系数是 a，则取 $a_d = d!a$）. 根据归纳假设，有

$$f(X) - a_d\binom{X}{d} = \sum_{i=0}^{d-1} a_i \binom{X}{i}$$

对某些有理数 $a_0, \cdots, a_d$ 成立，所以 f 也有所需的形式.

现在假设 $f(n)$ 对所有整数 n 取整数值. 则 $f(0) = a_0$ 是整数，然后 $f(1) = a_0 + a_1$ 也是整数，因此 a_1 也是整数. 假设已有 $a_0, \cdots, a_k$ 是整数，则关系式

$$f(k) = a_0\binom{k}{0} + a_1\binom{k}{1} + \cdots + a_{k-1}\binom{k}{k-1} + a_k$$

说明 a_k 也是整数，归纳可得 $a_0, \cdots, a_d$ 确实都是整数. □

注释 1.59. (a) f 是有理系数多项式的假设可以去掉：任何复系数整值多项式一定是有理系数多项式（留给读者当作练习）.

(b) 前面的证明只用到了 $f(0), f(1), \cdots, f(\deg f)$ 是整数. 可以证明：若有理系数多项式在连续 $\deg f + 1$ 个整数点取整数值，则它在所有整数点取整数值.

(c) 证明中可以看出，对于 n 次复系数多项式 f，总可以找到复数 a_0，$\cdots$，a_n 满足

$$f(X) = \sum_{k=0}^{n} a_k \binom{X}{k}.$$

而且这些数 a_0，$\cdots$，a_n 是唯一的（从定理 1.58 证明的最后一部分得到）. 这些数称为 f 的 *Mahler* 系数. 我们后面可以看到多项式的很多算术性质可以从这些系数中得到（正如多项式的很多代数和分析性质可以从通常系数中得到）.

例 1.60. 设 $a_0, a_1, \cdots, a_n$ 是整数，证明：多项式

$$f(X) = \sum_{k=0}^{n} a_k \binom{X}{k}$$

的系数为整数，当且仅当 $k! \mid a_k$ 对所有 $0 \leq k \leq n$ 成立.

证： 设 $b_k = \frac{a_k}{k!}$，于是

$$f(X) = b_0 + b_1 X + b_2 X(X-1) + \cdots + b_n X(X-1)\cdots(X-n+1).$$

很明显，若 $k! \mid a_k$ 对所有 k 成立，则 f 的系数为整数. 反之，假设 f 的系数是整数，比较 X^n 的系数，说明 b_n 是整数. 然后

$$f(X) - b_n X \cdots (X-n+1) = b_0 + b_1 X + \cdots + b_{n-1} X \cdots (X-(n-1)+1)$$

也是整系数多项式. 比较 X^{n-1} 的系数，得到 b_{n-1} 是整数. 如此继续（或归纳）可得 $b_n, b_{n-1}, \cdots, b_0 \in \mathbf{Z}$，因此 $k! \mid a_k$ 对所有 k 成立. $\square$

例 1.61. 设 f 是首一整系数多项式，次数 $n \geq 1$. 证明：若整数 d 整除 $f(0)$，$f(1)$，$\cdots$，$f(n)$，则 $d \mid n!$.

证： 根据定理 1.58，以及后面的注释，可以看到 $\frac{f}{d}$ 是一个整值多项式. 因此有

$$\frac{f(X)}{d} = \sum_{k=0}^{n} a_k \binom{X}{k},$$

其中 $a_0, \cdots, a_n$ 是整数. 比较两边的首项系数可得

$$\frac{1}{d} = \frac{a_n}{n!},$$

马上有 $d \mid n!$，如愿以偿. $\square$

例 1.62. （普特南）设 $a_1, \cdots, a_n$ 是两两不同的正整数，满足 $a_1 a_2 \cdots a_n \mid (k + a_1)(k + a_2) \cdots (k + a_n)$ 对所有正整数 k 成立. 证明：$a_1, \cdots, a_n$ 是 $1, 2, \cdots, n$ 的一个排列.

证： 应用前面的例子到首一多项式

$$f(X) = (X + a_1 + 1) \cdots (X + a_n + 1)$$

和 $d = a_1 a_2 \cdots a_n$，马上得到 $a_1 a_2 \cdots a_n \mid n!$. 不妨设 $a_1 < \cdots < a_n$，则 $a_1 \geq 1, a_2 \geq 2, \cdots, a_n \geq n$. 但是 $a_1 \cdots a_n \leq n!$，必有 $a_1 = 1, \cdots, a_n = n$（前面的不等式若有严格的，则 $a_1 \cdots a_n > n!$），证毕. $\qquad\square$

1.2.3 导数和差分

我们现在要对多项式的通常系数和 Mahler 系数做一个有趣的平行对比. 根据定义，任何 n 次多项式都可以写成 $P(X) = \sum_{k=0}^{n} a_k X^k$，而且系数 $a_0, \cdots, a_n$ 是唯一的. 定理 1.58 的证明又让我们唯一写出 $P(X) = \sum_{k=0}^{n} b_k \binom{X}{k}$. 怎样才能通过 P 刻画系数 a_k 和 b_k？我们需要下面的定义.

定义 1.63. 若 $P(X) = a_0 + a_1 X + \cdots + a_n X^n$ 是复系数多项式，定义：

(a) P 的导数是多项式

$$P'(X) = a_1 + 2a_2 X + \cdots + n a_n X^{n-1}.$$

一般地，P 的 k 次导数 $P^{(k)}$ 递归定义为：$P^{(1)} = P'$，$P^{(k+1)} = (P^{(k)})'$.

(b) P 的离散导数 ΔP 是

$$\Delta P(X) = P(X + 1) - P(X).$$

递归定义 $\Delta^k P$ 为：$\Delta^1 P = \Delta P$，而

$$\Delta^{k+1} P = \Delta(\Delta^k P) = \Delta^k P(X + 1) - \Delta^k P(X).$$

可以看到，若 P 是非零多项式，则 P' 和 ΔP 的次数严格小于 P 的次数. 重复利用这种看法得到：

定理 1.64. 对任何 n 次多项式 P，$k > n$，则 $P^{(k)} = 0 = \Delta^k P$.

再注意到 $(X^k)' = k X^{k-1}$，因此，多项式 $P_k = \frac{X^k}{k!}$ 满足 $P_k' = P_{k-1}$. 重复利用这个关系得到

$$P_k^{(j)} = \begin{cases} P_{k-j}, & k \geq j, \\ 0, & k < j. \end{cases}$$

因此，对于多项式

$$P(X) = \sum_{k=0}^{n} a_k X^k = \sum_{k=0}^{n} a_k k! P_k(X)$$

以及 $0 \leq d \leq n$，有

$$\frac{P^{(d)}(X)}{d!} = \sum_{k=d}^{n} a_k \frac{k!}{d!} P_{k-d}(X) = \sum_{k=d}^{n} a_k \binom{k}{d} X^{k-d}.$$

特别地，有 $a_d = \frac{P^{(d)}(0)}{d!}$ 对 $0 \leq d \leq n$ 成立. 从前面的公式还可以看出，若 P 是整系数多项式，则 $P^{(d)}$ 的每个系数都是 $d!$ 的倍数，即有整除性 $d! \mid P^{(d)}(a), a \in \mathbf{Z}$.

现在我们研究对于离散导数的类似情况. 我们会看到前面所有结果有相应的离散对应结果. 考虑多项式 $S_k(X) = \binom{X}{k}$，恒等式 $\binom{X+1}{k} = \binom{X}{k} + \binom{X}{k-1}$ 等价于 $\Delta S_k = S_{k-1}$. 因此得到

$$\Delta^j S_k = \begin{cases} S_{k-j}, & k \geq j, \\ 0, & j > k. \end{cases}$$

因此，对任何多项式

$$P(X) = \sum_{k=0}^{n} b_k \binom{X}{k} = \sum_{k=0}^{n} b_k S_k(X)$$

和任何 $0 \leq d \leq n$，我们有

$$\Delta^d P(X) = \sum_{k=0}^{n} b_k \Delta^d S_k(X) = \sum_{k=d}^{n} b_k S_{k-d}(X).$$

因为 $S_j(X) = \binom{X}{j}$，可以得到类似的公式

$$\frac{\Delta^d P(X)}{d!} = \sum_{k=d}^{n} \frac{b_k}{k!} \binom{k}{d} X(X-1) \cdots (X - (k-d+1)).$$

现在可以证明：

定理 1.65. 若 P 是复系数多项式，写成 $P(X) = \sum_{k=0}^{n} b_k \binom{X}{k}$，则系数 $b_0, \cdots, b_n$ 由公式 $b_d = \Delta^d P(0), 0 \leq d \leq n$ 给出. 进一步，如果 P 的系数是整数，则对 $a \in \mathbf{Z}$，有 $d! \mid \Delta^d P(a)$.

证： 对于第一部分，只要将 $X = 0$ 代入恒等式

$$\frac{\Delta^d P(X)}{d!} = \sum_{k=d}^{n} \frac{b_k}{k!} \binom{k}{d} X(X-1) \cdots (X - (k-d+1)).$$

对于第二部分，注意当 $P(X)$ 是整系数多项式时，$\frac{b_k}{k!}$ 是整数（见例 1.60）. 将 $X = a$ 代入前面的公式即可得到结果. □

下面的定理给出了 $\Delta^n P$ 的一个漂亮公式.

定理 1.66. 对任何多项式 P 和 $n \geq 1$，有

$$\Delta^n P(X) = \sum_{k=0}^{n} (-1)^{n-k} \binom{n}{k} P(X+k).$$

证： 我们对 n 用归纳法证明定理，$n = 1$ 的情形是显然的. 假设结果对 n 成立，则

$$
\begin{aligned}
\Delta^{n+1} P(X) &= \Delta(\Delta^n P)(X) = \Delta^n P(X+1) - \Delta^n P(X) \\
&= \sum_{k=0}^{n} (-1)^{n-k} \binom{n}{k} P(X+k+1) - \sum_{k=0}^{n} (-1)^{n-k} \binom{n}{k} P(X+k) \\
&= \sum_{k=1}^{n+1} (-1)^{n+1-k} \binom{n}{k-1} P(X+k) - \sum_{k=0}^{n} (-1)^{n-k} \binom{n}{k} P(X+k) \\
&= \sum_{k=0}^{n+1} (-1)^{n+1-k} P(X+k) \left(\binom{n}{k-1} + \binom{n}{k} \right) \\
&= \sum_{k=0}^{n+1} (-1)^{n+1-k} \binom{n+1}{k} P(X+k).
\end{aligned}
$$

□

定理 1.64 和定理 1.66 的一个直接且有用的推论是：

推论 1.67. 对任何多项式 P 和整数 $n > \deg P$，我们有

$$\sum_{k=0}^{n} (-1)^{n-k} \binom{n}{k} P(X+k) = 0.$$

若 P 的系数是整数，则对所有 $n \geq 0$，有

$$n! \mid \sum_{k=0}^{n} (-1)^{n-k} \binom{n}{k} P(k).$$

证： 第一个论断是定理 1.64 和定理 1.66 的结合. 第二个论断等价于 $n! \mid \Delta^n P(0)$，可由定理 1.65 得出. □

1.2.4 二项式定理

同余式的一个基本工具是：

定理 1.68. （二项式定理）对所有复数 a, b 及整数 $n \geq 1$，有

$$(a+b)^n = \sum_{k=0}^{n} \binom{n}{k} a^{n-k} b^k.$$

证： 我们用归纳法证明，$n = 1$ 的情形是显然的. 假设结论对 n 成立，则

$$(a+b)^{n+1} = (a+b)(a+b)^n = (a+b) \sum_{k=0}^{n} \binom{n}{k} a^{n-k} b^k$$

$$= \sum_{k=0}^{n} \binom{n}{k} a^{n+1-k} b^k + \sum_{k=0}^{n} \binom{n}{k} a^{n-k} b^{k+1}$$

$$= \sum_{k=0}^{n+1} \binom{n}{k} a^{n+1-k} b^k + \sum_{k=0}^{n+1} \binom{n}{k-1} a^{n+1-k} b^k$$

$$= \sum_{k=0}^{n+1} a^{n+1-k} b^k \left(\binom{n}{k} + \binom{n}{k-1} \right) = \sum_{k=0}^{n+1} \binom{n+1}{k} a^{n+1-k} b^k.$$

$\square$

二项式定理写出来是

$$(a+b)^n = a^n + na^{n-1}b + \binom{n}{2} a^{n-2} b^2 + \cdots + b^n.$$

注意若 $n \geq 2$，则右端除了前两项都是 b^2 的倍数，因此得到

$$b^2 \mid (a+b)^n - a^n - na^{n-1}b,$$

这加强了整除关系 $b \mid (a+b)^n - a^n$. 类似的，若 $n \geq 3$，我们可以再进一步得到

$$b^3 \mid (a+b)^n - a^n - na^{n-1}b - \frac{n(n-1)}{2} a^{n-2} b^2.$$

我们实际上可以得到下面比较一般的对于整系数多项式的同余关系：

定理 1.69. 若 P 是整系数多项式，则对所有整数 a, b 和 $N \geq 0$，有

$$P(a+b) \equiv \sum_{k=0}^{N} \frac{P^{(k)}(a)}{k!} b^k \pmod{b^{N+1}}.$$

特别地，当 $N = 1$ 时，有

$$P(a+b) \equiv P(a) + P'(a)b \pmod{b^2}.$$

证： 将 P 写成单项式的整系数线性组合，可以简化为 P 是单项式的情形，记 $P(X) = X^d$，$d \geq 0$ 是整数. 则

$$P^{(k)}(a) = \begin{cases} \frac{d!}{(d-k)!} a^{d-k}, & 若 k \leq d, \\ 0, & 若 k > d. \end{cases}$$

因此，要证的同余式化为

$$(a+b)^d \equiv \sum_{k=0}^{\min(N,d)} \binom{d}{k} a^{d-k} b^k \pmod{b^{N+1}}.$$

这是二项式定理的直接推论. □

例 1.70. 证明：343 整除 $2^{147} - 1$.

证： 因为 $343 = 7^3$，计算得 $2^{147} - 1 = 8^{49} - 1 = (7+1)^{49} - 1$，用二项式定理即可得到结论. □

例 1.71. 设 k 是正偶数，定义序列 (x_n) 为：$x_1 = 1$，$x_{n+1} = k^{x_n} + 1$，$n \geq 1$.
  (a) 证明：x_{n-1} 整除 x_n，对所有 $n \geq 2$ 成立.
  (b) 证明：x_n^2 整除 $x_{n-1} x_{n+1}$，对所有 $n \geq 2$ 成立.

证： (a) 我们对 n 归纳证明，$n = 2$ 的情形是显然的. 假设 $a = x_{n-1}$ 整除 $x_n = k^a + 1$，我们需要证明 $k^a + 1 \mid k^{k^a+1} + 1$. 记 $k^a + 1 = ab$，b 是正奇数. 则

$$k^{k^a+1} + 1 = k^{ab} + 1 = (ab-1)^b + 1 = \sum_{k=0}^{b-1} (-1)^k \binom{b}{k} (ab)^{b-k},$$

最后的等号是因为二项式定理和 b 是奇数（因此 $(-1)^b + 1 = 0$）. 最后的每一个求和项都是 ab 的倍数，结论得证.

  (b) 设 $n \geq 2$，记 $a = x_{n-1}$，则 $x_n = k^a + 1 = ab$，b 是正整数. 我们需要证明 $a^2 b^2$ 整除 $a(k^{ab} + 1)$. 因为 k 是偶数，所以 a, b 是奇数. 应用二项式定理

$$a(k^{ab} + 1) = a((ab-1)^b + 1) = a(1 + (-1)^b + ab^2(-1)^{b-1} + \cdots)$$

中间省略号代表的部分都是 ab 的至少 2 次幂，最后上式是 $a^2 b^2$ 的倍数. □

注释 1.72. 前面例子的一个特殊情况是下面的问题，曾经作为罗马尼亚国家队选拔考试的题目：
  证明：若 n 是一个正奇数，则

$$((n-1)^n + 1)^2 \mid n(n-1)^{(n-1)^n+1} + n.$$

例 1.73. 求一个整系数多项式 f, 满足 $27 \mid 4^n + f(n)$, 对所有 $n \geq 1$ 成立.

证: 用二项式定理展开, 得到

$$4^n = (1+3)^n \equiv 1 + \binom{n}{1}3 + \binom{n}{2}3^2 = 1 + 3n + \frac{9n(n-1)}{2} \pmod{27}.$$

于是我们取

$$f(x) = -\left(1 + 3x + \frac{9x(x-1)}{2}\right),$$

但是问题是这个多项式的系数不是整数. 这个问题可以简单地修补, 只要看到

$$\frac{9n(n-1)}{2} \equiv -9n(n-1) \pmod{27}$$

对所有整数 n 成立. 于是可以取

$$f(X) = 9X(X-1) - 1 - 3X = 9X^2 - 12X - 1$$

$\square$

例 1.74. （城市锦标赛2011）证明: 对所有整数 $n > 1$, 有

$$1^1 + 3^3 + \cdots + (2^n - 1)^{2^n - 1}$$

被 2^n 整除, 但不被 2^{n+1} 整除.

证: 设

$$S_n = 1^1 + 3^3 + \cdots + (2^n - 1)^{2^n - 1}.$$

我们对 n 用归纳法证明 2^n 整除 S_n, 而 2^{n+1} 不整除 S_n. 情形 $n = 2$ 显然. 假设结论对 n 成立, 设 $S_n = 2^n m$, m 是奇数. 注意到

$$S_{n+1} = S_n + \sum_{k=1, 2 \nmid k}^{2^n - 1} (k + 2^n)^{k + 2^n}.$$

二项式定理结合定理 1.31, 得到对奇数 k, 有

$$(k + 2^n)^{k + 2^n} = (k + 2^n)^{2^n}(k + 2^n)^k \equiv (k + 2^n)^k$$
$$\equiv k^k + k^{k-1}2^n\binom{k}{1} = k^k(1 + 2^n) \pmod{2^{n+2}}.$$

于是

$$S_{n+1} \equiv S_n + (1+2^n) \cdot \sum_{k=1, 2\nmid k}^{2^n-1} k^k = 2(1+2^{n-1})S_n$$

$$= 2^{n+1}m(1+2^{n-1}) \pmod{2^{n+2}}.$$

因为 m 和 $1+2^{n-1}$ 都是奇数（$n>1$），所以 2^{n+1} 整除 S_{n+1}，但 2^{n+2} 不整除 S_{n+1}，完成了归纳步骤. □

例 1.75. 证明：有无穷多个正整数 n，满足 $2^n + 3^n$ 被 n^2 整除.

证： 设 n 是满足题目条件的一个正整数，我们要找到一个 $a>1$，使得 $n_1 = an$ 也是一个解. 我们需要证明

$$a^2 n^2 \mid 3^{an} + 2^{an}.$$

根据假设，我们可以记 $3^n + 2^n = bn^2$，b 是正整数. 利用二项式定理得到

$$3^{an} = (3^n)^a = (bn^2 - 2^n)^a = (-1)^a 2^{na} + \sum_{k=0}^{a-1}(-1)^k \binom{a}{k} 2^{nk}(bn^2)^{a-k}.$$

选取 a 是奇数，则需要保证

$$a^2 n^2 \mid \sum_{k=0}^{a-1}(-1)^k \binom{a}{k} 2^{nk}(bn^2)^{a-k}.$$

最简单的方法是加上条件：$a^2 n^2 \mid \binom{a}{k}(bn^2)^{a-k}$ 对所有 $0 \le k \le a-1$ 成立. 如果选择 $b = a$，则前面的整除关系对 $0 \le k \le a-2$ 是平凡的（因为 $(bn^2)^{a-k}$ 是 $(bn^2)^2 = a^2 n^4$ 的倍数）. 对 $k = a-1$ 的情况，因为 $\binom{a}{a-1} = a$，所以对应整除关系也成立. 接下来只需验证 $b > 1$ 是奇数即可（因为 b 整除 $2^n + 3^n$，显然是奇数），归结为证明 $3^n + 2^n > n^2$，可以直接归纳得到.

前面的讨论表明只要找到问题的一个解，就可以找到更大的解. 只需找到至少一个解即可得到无穷多解，而显然 1 是一个解. □

注释 1.76. 我们后面会看到一个类似的问题：$n^2 \mid 2^n + 1$，只有两个正整数解，即 1 和 3.

1.3 带余除法

1.3.1 带余除法

在前面的章节中我们处理了一些整除或同余性质，都是直接从定义出发得到的. 为了将理论拔高，我们要介绍新的想法，而带余除法就是一个伟大的想法. 下面的这个定理的叙述和证明看起来比较简单，但是属于数论的核心内容，初等数论的所有更深刻的内容都依赖于它.

定理 1.77. （带余除法）对所有的整数 $a, b(b > 0)$，存在唯一的整数对 (q, r)，满足 $a = bq + r$，并且 $0 \leq r < b$.

证： 首先证明唯一性. 假设有 $a = bq + r = bq_1 + r_1$，其中 $0 \leq r, r_1 < b$，不妨设 $r_1 \geq r$. 若 $q \neq q_1$，则

$$b > r_1 - r = |r_1 - r| = |b| \cdot |q - q_1| \geq |b| = b,$$

矛盾. 所以 $q = q_1$，于是 $r = r_1$.

现在证明存在性. 设 q 是不超过 $\frac{a}{b}$ 的最大整数. 按定义有 $q \leq \frac{a}{b} < q + 1$，又因为 $b > 0$，可以写成 $0 \leq a - bq < b$，所以取 $r = a - bq$ 即可. $\qquad\square$

前面定理的叙述和证明包含了几种看法，我们在下面的一系列简单注释中给出.

注释 1.78. (a) 我们可能觉得假设 $b > 0$ 不够好，其实这个假设是不影响使用的，因为我们总是可以把 b 替换成 $-b$，然后把 q 替换成 $-q$. 这样对所有的整数 $a, b(b \neq 0)$，都可以唯一找到数对 (q, r)，满足 $a = bq + r$ 和 $0 \leq r < |b|$.

(b) 如果将条件 $0 \leq r < |b|$ 修改为要求 $|r| < |b|$，数对 (q, r) 的唯一性会不满足. 例如：$-3 = -2 \cdot 2 + 1 = -1 \cdot 2 + (-1)$.

(c) 除了选择 q 为 $\frac{a}{b}$ 的整数部分，我们还可以选择最接近 $\frac{a}{b}$ 的整数，这样会得到 $|q - \frac{a}{b}| \leq \frac{1}{2}$. 这时记 $r = a - bq$，则有 $|r| \leq \frac{b}{2}$. 这样做有时会比定理中的方式更有用.

下面的定理是带余除法的用同余语言的一个重述，因为在这本书中我们常常用到同余，因此值得把这个结果明确写出来.

定理 1.79. 对任何整数 $a, n(n \neq 0)$，存在唯一的 $0 \leq r < |n|$，$a \equiv r \pmod{n}$. 也就是说，若 n 是正整数，则任何整数模 n 与 $\{0, \cdots, n-1\}$ 中唯一一个数同余.

定理 1.77 中的两个数 q, r 分别称作 a 除以 b 的商和余数. 有的时候, 我们用 $a \pmod{b}$ 表示 a 除以 $b > 0$ 的余数. 注意定理 1.77 还给出 $a \pmod{b}$ 的等价式子为

$$a \pmod{b} = a - b \left\lfloor \frac{a}{b} \right\rfloor .$$

实际中这不是一个计算 $a \pmod{b}$ 的方便方法, 但是在理论证明问题中很有用. 下面是一个漂亮的经典例子:

例 1.80. 设 n 是正整数, $r(n)$ 是 n 分别除以 $1, \cdots, n$ 的余数的和. 证明: $r(n) = r(n-1)$ 对无穷多个正整数 n 成立.

证: 因为 n 除以 k 的余数是 $n - k \lfloor \frac{n}{k} \rfloor$, 我们有

$$r(n) = \sum_{k=1}^{n} \left(n - k \left\lfloor \frac{n}{k} \right\rfloor \right) = n^2 - \sum_{k=1}^{n} k \left\lfloor \frac{n}{k} \right\rfloor .$$

于是

$$r(n) - r(n-1) = n^2 - (n-1)^2 - \sum_{k=1}^{n} k \left\lfloor \frac{n}{k} \right\rfloor + \sum_{k=1}^{n-1} k \left\lfloor \frac{n-1}{k} \right\rfloor .$$

因为 $\lfloor \frac{n-1}{n} \rfloor = 0$, 可以继续化简为

$$r(n) - r(n-1) = 2n - 1 - \sum_{k=1}^{n} k \left(\left\lfloor \frac{n}{k} \right\rfloor - \left\lfloor \frac{n-1}{k} \right\rfloor \right) .$$

解答的关键是看到 $\lfloor \frac{n}{k} \rfloor - \lfloor \frac{n-1}{k} \rfloor$ 是非零的当且仅当 k 整除 n, 这时 $\lfloor \frac{n}{k} \rfloor - \lfloor \frac{n-1}{k} \rfloor = 1$. 这是因为带余除法式子 $n = qk + r$, 当 $r \geq 1$ 时会得到 $n-1$ 除以 k 的式子 $n-1 = qk + (r-1)$. 这样我们得到

$$r(n) - r(n-1) = 2n - 1 - \sum_{k|n} k .$$

我们接下来需要找到无穷多个 n 满足 $\sum_{k|n} k = 2n - 1$. 所有的 2 的幂满足这个性质, 因为

$$\sum_{k|2^n} k = 1 + 2 + \cdots + 2^{n-1} + 2^n = 2^{n+1} - 1 = 2 \cdot 2^n - 1 .$$

$\square$

计算余数最实用的方法是使用同余, 结合下面的结果:

命题 1.81. 设 a, b, n 是整数，$n \neq 0$. 则 $a \equiv b \pmod{n}$ 当且仅当 a 和 b 除以 n 得到同样的余数（因此这种关系中文称为同余. ——译者注）.

证： 假设 $a \equiv b \pmod{n}$，记 $a = b + kn$，k 是整数. 设 $b = qn + r$ 是 b 对 n 做带余除法得到的式子，则

$$a = kn + b = (k+q)n + r.$$

因为 $0 \le r < |n|$，带余除法的唯一性说明 r 也是 a 除以 n 的余数.

反之，若 a 和 b 除以 n 的余数都是 r，则 n 整除 $a - r$ 和 $b - r$，进而 n 整除 $(a - r) - (b - r) = a - b$，说明 $a \equiv b \pmod{n}$. $\square$

现在我们来看一些计算例子，说明一下前面命题的用法：

例 1.82. 计算 73^{21} 除以 11 的余数.

证： 因为 $73 \equiv -4 \pmod{11}$，所以

$$73^{21} \equiv (-4)^{21} = -4^{21} = -64^7 \equiv -(-2)^7 = 2^7 = 128 \equiv 7 \pmod{11},$$

余数是 7. $\square$

例 1.83. 证明：对所有整数 n，有 $n^3 \equiv 0, \pm 1 \pmod 9$.

证： 对所有整数 n，根据带余除法可以将其写成 $n = 3k, 3k \pm 1$，k 是整数. 若 $n = 3k$，则 $(3k)^3 = 27k^3 \equiv 0 \pmod 9$. 若 $n = 3k \pm 1$，则根据二项式定理，$n^3 = 27k^3 \pm 27k^2 + 9k \pm 1 \equiv \pm 1 \pmod 9$. $\square$

例 1.84. 考虑序列 $(a_n)_{n \ge 1}$，定义为：$a_1 = 2, a_{n+1} = 2^{a_n}$. 求 $a_1 + \cdots + a_{254}$ 除以 255 的余数.

证： 计算前几项，得 $a_2 = 4$，$a_3 = 16$，$a_4 = 2^{16}$，等等. 可以看出当 $n \ge 3$ 时，$a_n \ge 16$. 另一方面，若 $8 \mid k$，则 $255 = 256 - 1 = 2^8 - 1$ 整除 $2^k - 1$. 因为当 $n \ge 3$ 时，$8 \mid a_n$，所以这时有 $a_{n+1} = 2^{a_n} \equiv 1 \pmod{255}$. 因此

$$a_1 + a_2 + \cdots + a_{254} \equiv 2 + 4 + 16 + 251 \equiv 18 \pmod{255}.$$

$\square$

例 1.85. （USAJMO 2013）是否存在整数 a 和 b，满足 $a^5 b + 3$ 和 $ab^5 + 3$ 都是完全立方数？

证：假设存在这样的整数 a,b. 记 $a^5b+3=x^3$, $ab^5+3=y^3$，则

$$(x^3-3)(y^3-3)=a^5b\cdot ab^5=a^6b^6=(ab)^6.$$

根据例 1.83，任何立方数模 9 的余数是 0，1 或 8. 若 $3\mid x$，则 $3\mid x^3=a^5b+3$，所以 $3\mid a^5b$. 因为根据带余除法，a,b 中的每一个模 3 都同余于 0 或 ±1（这里还没讲到素数，因此没法直接得到 3 整除 a 或 b，作者意思应该是将 a,b 的各种余数搭配代入验证. ——译者注），我们可以得到 a 或 b 是 3 的倍数.

不妨设 $3\mid a$（此处的"不妨设"假定有瑕疵，因为前面假设了 $3\mid x$，这样 a,b 不再有同等地位. 修补方式是这样说：无论 x 还是 y 被 3 整除都会得到 ab 被 3 整除，进而无论 $3\mid a$ 或 $3\mid b$ 都会得到后面的矛盾. ——译者注），则 a^5b+3 是 3 的倍数，但不是 9 的倍数，不能是立方数（立方和模 9 是 0，±1 又用了一次）.

所以 x,y 都不能是 3 的倍数，x^3-3 和 y^3-3 模 9 可能是 -2 或 -4，它们的乘积 $(ab)^6$ 模 9 可能是 4，8 或 7，这是不可能的，因为 $(ab)^3\equiv\pm1\pmod 9$，然后 $(ab)^6\equiv1\pmod 9$. □

注释 1.86. 前面例子的证明中包含了一个重要的事实：若 m 整除 $3n$，而 m 不是 3 的倍数，则 m 整除 n.

1.3.2　组合论证和完全剩余系

整数被固定的非零整数 n 除，余数只有有限种可能，这个事实实际非常有用，因为它允许我们使用组合论证解决数论问题. 在这些组合论证中，我们先强调下面的基本的抽屉原则（可从定理 1.79 中直接得出）.

定理 1.87.（抽屉原则）(a) 若 n 是正整数，则任何 $n+1$ 个整数中有两个除以 n 的余数相同.

(b) 若 n 是正整数，则任何 n 个连续整数中恰好有一个 n 的倍数（对每一个 $0\le r<n$，这些连续整数中都恰有一个除以 n 的余数是 r）.

(c) 在一个无穷整数序列中，可以找到无穷多项，除以 n 的余数都相同（特别地，n 整除其中任何两项的差）.

我们先通过几个有趣的例子阐释一下这个定理.

例 1.88. 证明：任何正整数都有一个倍数，其十进制的数码序列包含 20 132 014.

证：设 n 是正整数，选择 k，使得 $10^k>n$. 考虑 $20\,132\,014\cdot10^k+1$, $20\,132\,014\cdot10^k+2$, $\cdots$, $20\,132\,014\cdot10^k+n$ 这 n 个连续整数，每个都以 20 132 014 开始，恰好其中一个是 n 的倍数. □

例 1.89. （Erdös） 证明：任给 n 个整数，总是可以选择其中一些（至少一个），它们的和是 n 的倍数.

证： 设 $a_1, \cdots, a_n$ 是任意的整数，考虑部分和

$$S_k = a_1 + a_2 + \cdots + a_k,$$

其中 $1 \le k \le n$. 若 $S_1, \cdots, S_n$ 除以 n 的余数两两不同，则其中恰好有一个余数是 0，因此某个 S_k 是 n 的倍数，这种情形得证. 否则，存在 $1 \le i < j \le n$，使得 S_i 和 S_j 除以 n 的余数相同，则

$$n \mid S_j - S_i = a_{i+1} + \cdots + a_j.$$

这种情形也得证. □

下一个问题是前面一个的漂亮应用.

例 1.90. （城市锦标赛2002）有一堆卡片，每张卡片上写有 $1, 2, \cdots, n$ 其中一个数字. 已知卡片上所有数字之和是 $k \cdot n!$，k 是整数. 证明：可以将卡片分成 k 堆，使得每堆卡片上的数字之和都等于 $n!$.

证： 我们对 n 归纳来证明，$n = 1$ 的情形显然. 假设结果对 $n-1$ 成立.

若一张卡片上的数字不超过 $n-1$，则称它为"小卡片". 我们只关注小卡片，假设有至少 n 张小卡片. 看其中 n 张小卡片，然后选择其中一部分，使得上面的数字之和是 n 的倍数，必然是 rn 的形式，$r \in \{1, 2, \cdots, n-1\}$. 将这些选择的小卡片用一张"超级卡片"代替，上面写上 r.

如果还有至少 n 张小卡片，则继续这个过程，最后得到很多超级卡片，以及至多 $n-1$ 张小卡片. 剩下的这些小卡片的数字和是 n 的倍数，它们还是可以替换成一张超级卡片. 这样我们会有一些写着 n 的原始卡片和写着 $\{1, 2, \cdots, n-1\}$ 之一的一些超级卡片. 把写着 n 的卡片替换成写 1 的超级卡片.

现在超级卡片上写着 $1, 2, \cdots$ 或 $n-1$，它们的数字和是 $kn!/n = k(n-1)!$. 根据归纳假设，可以把超级卡片分组，每组数字和为 $(n-1)!$. 因为每张超级卡片对应于一组原始卡片，数字和为超级卡片上数字的 n 倍，因此可以将原始卡片分组，每组数字之和为 $n \cdot (n-1)! = n!$. □

例 1.91. （罗马尼亚1996）设 a, b, c 是整数，a 是偶数，b 是奇数. 证明：对任何正整数 n，存在整数 x，满足 $2^n \mid ax^2 + bx + c$.

证: 设 $f(x) = ax^2 + bx + c$, 只需验证 $f(0), f(1), \cdots, f(2^n - 1)$ 模 2^n 的余数互不相同, 于是其中会有一个是 2^n 的倍数. 现在假设存在 $0 \le i < j \le 2^n - 1$, 使得 $f(i) \equiv f(j) \pmod{2^n}$. 于是

$$2^n \mid f(j) - f(i) = a(j^2 - i^2) + b(j - i) = (j - i)(a(i + j) + b).$$

因为 a 是偶数, b 是奇数, 所以 $a(i + j) + b$ 是奇数, 于是必有 $2^n \mid j - i$, 与不等式 $0 < j - i < 2^n$ 矛盾. □

例 1.92. (Kvant 668) 序列 $x_1, x_2, \cdots$ 定义为: $x_1 = 1, x_2 = 0, x_3 = 2$, 且 $x_{n+1} = x_{n-2} + 2x_{n-1}, n \ge 3$. 证明: 对所有正整数 m, 存在无穷多对数列中的相邻项, 都被 m 整除.

证: 考虑数列中项模 m, 记 x_i 的余数为 r_i. 注意数列中的任何相邻三项 r_i, r_{i+1}, r_{i+2} 不但决定了 r_{i+3}, 还决定了 r_{i-1}. 这样我们可以对非正整数 k, 定义 r_k, 而且所得到的序列是周期的.

事实上, 不超过 m 的非负整数三数组的个数不超过 m^3, 因此在无穷序列中存在完全相同的两个三数组 $(r_i, r_{i+1}, r_{i+2}) = (r_{i+a}, r_{i+a+1}, r_{i+a+2})$, i, a 是某正整数. 因为每个三数组决定了相邻的三数组, 因此对所有 k, 都有

$$(r_k, r_{k+1}, r_{k+2}) = (r_{k+a}, r_{k+a+1}, r_{k+a+2}),$$

即数列 (r_n) 是周期的.

现在有 $r_0 = x_3 - 2x_1 = 0$ 及 $r_{-1} = x_2 - x_0 = 0$, 所以 $r_{ka-1} = r_{ka} = 0$, 说明对所有 k, 相邻两项 x_{ka-1} 和 x_{ka} 都被 m 整除. □

例 1.93. 证明: 每个整数 $n > 1$ 有一个小于 n^4 的倍数, 其十进制表达式至多只有四个不同的数字.

证: 选择 k 使得 $2^{k-1} \le n < 2^k$. 对于 $k \le 5$, 结论可以直接验证. 现在假设 $k \ge 6$, 有 $2^k > n$ 个非负整数不超过 10^k, 而且十进制下数字表示只有 0 和 1. 其中至少有两个除以 n 的余数相同, 它们的差被 n 整除. 但是这个差在十进制下只可能包含数字 $0, 1, 8, 9$. 这个差不超过 $10^k < 16^{k-1} \le n^4$ (不等式 $10^k < 16^{k-1}$ 等价于 $1.6^k > 16$, 对 $k \ge 6$ 成立). □

另一个很有用的看法是下面的:

命题 1.94. 设 n 是正整数, $a_1, \cdots, a_n$ 是一组整数, 除以 n 的余数两两不同. 则这些余数是 $0, 1, \cdots, n-1$ 的一个排列. 特别地, 对所有 $k \ge 1$, 都有

$$a_1^k + a_2^k + \cdots + a_n^k \equiv 1^k + 2^k + \cdots + (n-1)^k \pmod{n}.$$

证：这是显然的.   □

前面命题中的数列 $a_1, \cdots, a_n$ 常常出现，例如任何连续的 n 个整数具有这个性质（定理 1.87）. 由于其重要性，应当有一个专门的名词来描述：

定义 1.95. 如果一个整数序列 $a_1, \cdots, a_n$ 除以 n 的余数两两不同，则称为一个模 n 的完全剩余系（中文简称完系. ——译者注）. $a_1, \cdots, a_n$ 除以 n 的余数必然是 $0, 1, \cdots, n-1$ 的一个排列.

下面的例子解释了完全剩余系的概念.

例 1.96. 求所有的正整数 n，使得存在两个模 n 的完系 a_1, $\cdots$, a_n 和 b_1, $\cdots$, b_n，满足 $a_1 + b_1$, $a_2 + b_2$, $\cdots$, $a_n + b_n$ 也是模 n 的完系.

证：若 n 是奇数，只需取完系 $a_1, \cdots, a_n$ 和 $b_1 = a_1, \cdots, b_n = a_n$，即满足条件. 现在假设 n 是偶数，且存在满足条件的 $a_1, \cdots, a_n, b_1, \cdots, b_n$. 因为对任何模 n 的完系 $c_1, \cdots, c_n$，有

$$c_1 + \cdots + c_n \equiv 0 + 1 + \cdots + (n-1) = \frac{n(n-1)}{2} \pmod{n}.$$

所以由题目假设得到

$$\frac{n(n-1)}{2} + \frac{n(n-1)}{2} \equiv \sum_{i=1}^{n} a_i + \sum_{i=1}^{n} b_i$$

$$\equiv \sum_{i=1}^{n} (a_i + b_i) \equiv \frac{n(n-1)}{2} \pmod{n}.$$

因此 n 整除 $\frac{n(n-1)}{2}$，与 n 是偶数矛盾.   □

例 1.97. （Serbia 2012）求所有的正整数 n，使得存在 $1, 2, \cdots, n$ 的一个排列 $a_1, a_2, \cdots, a_n$，满足 $a_1 + 1, a_2 + 2, \cdots, a_n + n$ 和 $a_1 - 1, a_2 - 2, \cdots, a_n - n$ 都分别是模 n 的一个完系.

证：假设 $a_1, \cdots, a_n$ 是这样的一个排列，则

$$1 + 2 + \cdots + n \equiv (a_1 + 1) + (a_2 + 2) + \cdots + (a_n + n) \pmod{n},$$

于是 n 整除 $a_1 + \cdots + a_n = \frac{n(n+1)}{2}$，$n$ 必是奇数. 另外

$$2(1^2 + \cdots + n^2) \equiv (a_1 + 1)^2 + \cdots + (a_n + n)^2 + (a_1 - 1)^2 + \cdots + (a_n - n)^2 \pmod{n},$$

而后者等于 $2(a_1^2 + \cdots + a_n^2 + 1^2 + \cdots + n^2)$. 所以 n 整除 $2(1^2 + \cdots + n^2) = \frac{n(n+1)(2n+1)}{3}$，$3$ 不整除 n.

反之，如果 n 是奇数，且 3 不整除 n，那么取 a_i 为 $2i$ 除以 n 的余数（规定余数在 1 到 n 之间取，不是 0 和 $n-1$ 之间）．读者可以轻松验证，$a_1, \cdots, a_n$ 满足题目的所有条件（关键在于 $\{2i, 1 \le i \le n\}$ 构成模 n 的完系，$\{3i, 1 \le i \le n\}$ 也一样）． $\square$

例 1.98.（罗马尼亚 JBMO TST 2013）求所有的正整数 $n \ge 2$，满足性质：存在 $\{1, 2, \cdots, n\}$ 的一个排列 $\{a_1, a_2, \cdots, a_n\}$，使得数 $a_1 + a_2 + \cdots + a_k, k \in \{1, 2, 3, \cdots, n\}$ 构成模 n 的一个完系．

证： 我们将证明存在这样的排列当且仅当 n 是偶数．首先假设存在这样的排列，于是对每个 $k = 2, \cdots, n$，n 不整除 $a_1 + \cdots + a_k - (a_1 + \cdots + a_{k-1}) = a_k$．因此必有 $a_1 = n$，然后 n 不能整除 $a_1 + \cdots + a_n = \frac{n(n+1)}{2}$，$n$ 是偶数．

反之，假设 n 是偶数，对奇数 i 取 $a_i = n - i + 1$，对偶数 i，取 $a_i = i - 1$．所求排列是

$$n, 1, n-2, 3, \cdots$$

若 $i = 2k + 1$ 是奇数，则

$$a_1 + a_2 + \cdots + a_i \equiv 1 + (-2) + 3 + (-4) + \cdots + (2k-1) + (-2k)$$
$$\equiv -k \equiv n - \frac{i-1}{2} \pmod{n}.$$

若 $i = 2k$ 是偶数，则

$$a_1 + \cdots + a_i \equiv 1 + (-2) + \cdots + (2k-3) - (2k-2) + 2k-1 \equiv k \equiv \frac{i}{2} \pmod{n}.$$

马上检验可得所有的部分和 $(a_1 + a_2 + \cdots + a_i)_{1 \le i \le n}$ 模 n 的余数互不相同，得证． $\square$

我们给出一些杂题，其中带余除法和上面说过的几个结论起到关键作用，以此结束这一节．

例 1.99.（Kvant 24）设 $0 < m < n$ 是正整数，证明：存在整数 $0 < q_1 < \cdots < q_r$，满足 $q_1 \mid q_2 \mid \cdots \mid q_r$，并且

$$\frac{m}{n} = \frac{1}{q_1} + \frac{1}{q_2} + \cdots + \frac{1}{q_r}.$$

证： 我们对 m 使用第二数学归纳法．$m = 1$ 的情形是显然的．假设命题对所有不超过 $m-1$ 的情形均成立，现在证明 m 的情形．考虑 $n > m > 1$，记 $n =$

$mq + r$，其中 $0 < r < m$，$q > 1$．如果 $r = 0$，则 $\frac{m}{n} = \frac{1}{q}$，这是 $m = 1$ 的情形．否则，我们有 $n = m(q+1) - (m-r)$，以及

$$\frac{m}{n} = \frac{m(q+1)}{n(q+1)} = \frac{n+m-r}{n(q+1)} = \frac{1}{q+1} + \frac{m-r}{(q+1)n}.$$

根据归纳假设，可以写出

$$\frac{m-r}{n} = \frac{1}{q_2'} + \cdots + \frac{1}{q_r'},$$

其中 $q_2' \mid \cdots \mid q_r'$．令 $q_1 = q+1$，$q_i = (q+1)q_i'$，$2 \le i \le r$，则得到 $\frac{m}{n}$ 所需的表达式． $\square$

例 1.100. 如果任何平方数除以正整数 n 的余数还是平方数，则称 n 是好数．

(a) 证明：$n = 16$ 是好数．

(b) 证明：任何好数都小于 500．

证： (a) 设 $n = 8k + r$ 是正整数，$0 \le r \le 7$．则 $n^2 \equiv r^2 \pmod{16}$．若 $r \le 3$，则 n^2 除以 16 的余数是 r^2，是平方数．若 $r = 4$，则余数是 0；若 $5 \le r \le 7$，则余数是 $(8-r)^2$，也是平方数．

(b) 假设 $n > 500$ 是好数，令 $q = \lfloor \sqrt{n} \rfloor$，$r = n - q^2$．则有 $0 \le r \le 2q$ 和 $q \ge 22$．令 $M = \lfloor (\sqrt{2} - 1)q \rfloor$，以及 $a_k = (q+k)^2 - n$．不难验证，对于 $1 \le k \le M$，有 $1 \le a_k < n$，所以 a_k 是 $(q+k)^2$ 除以 n 的余数．根据假设，可以找到正整数 $b_1 < \cdots < b_M$，使得 $a_k = b_k^2$，$k \le M$．

因为 $a_M = (q+M)^2 - n \le 2q^2 - n \le q^2$，所以 $b_M \le q$，进而对每个 $k \le M$，有 $b_k \le q$．对 $2 \le k \le M$，有

$$b_k^2 - b_{k-1}^2 = a_k - a_{k-1} = 2q + 2k - 1.$$

结合 $b_k \le q$，容易导出 $b_k - b_{k-1} \ge 3$（因为从上式可看出 $b_k - b_{k-1}$ 是奇数）．加上这个不等式条件，得到 $3(M-1) \le b_M - b_1 \le q - 1$．根据 M 的定义，不难得出当 $q \ge 22$ 时，最后的不等式不成立． $\square$

注释 1.101. 实际上最大的好数就是 16，这个需要很多的手工计算验证，不是很漂亮．

例 1.102. （日本 2000）设 $n \ge 3$．证明：存在 n 个两两不同的正整数 a_1，$\cdots$，a_n，使得对 $1 \le i \le n$，乘积 $a_1 a_2 \cdots a_{i-1} a_{i+1} \cdots a_n$ 除以 a_i 的余数总是 1．

证：　最明显的思路是用归纳法，但我们会发现这个方法实施起来会有一点点难办．对 $n = 3$ 的情形取整数 $2, 3, 5$．假设已经得到了 $a_1, \cdots, a_n$，要构造 a_{n+1}．a_{n+1} 需要是 $a_1 \cdots a_n - 1$ 的一个因子．为了简便起见，先试验 $a_{n+1} = a_1 \cdots a_n - 1$．可惜，$a_1 a_3 \cdots a_{n+1} \equiv 1 \pmod{a_2}$ 不再成立．实际上

$$a_1 a_3 \cdots a_{n+1} = a_1 a_3 \cdots a_n \cdot a_{n+1} \equiv 1 \cdot (-1) \equiv -1 \pmod{a_2}.$$

因为我们不知道关于 $a_1 \cdots a_n - 1$ 的因子的更多信息，这个直接的思路悲剧了．

调整思路，我们构造序列 $b_1, b_2, \cdots, b_n$，满足除掉 b_i 的所有项的乘积模 b_i 的余数是 $b_i - 1$，且对每个 $1 \le i \le n$ 都成立．这个新的目标（仅仅改了余数符号）采用上面的归纳方法就可以达到：从 $b_1 = 2$ 开始，并定义

$$b_{n+1} = b_1 \cdots b_n + 1.$$

现在可以验证，假设 $b_1, \cdots, b_n$ 满足性质

$$\prod_{j \ne i} b_j \equiv -1 \pmod{b_i}, 1 \le i \le n,$$

则 $b_1, \cdots, b_{n+1}$ 也有同样的性质．

现在，取 $a_i = b_i$，$1 \le i \le n$ 和 $a_{n+1} = b_1 \cdots b_n - 1$．则 $a_1 \cdots a_n \equiv 1 \pmod{a_{n+1}}$，而且对于 $1 \le i \le n$，有

$$\prod_{1 \le j \ne i \le n+1} a_j = \prod_{1 \le i \ne j \le n} b_j \cdot a_{n+1} \equiv (-1) \cdot (-1) \equiv 1 \pmod{a_i}.$$

所以 $a_1, \cdots, a_n, a_{n+1}$ 是题目对 $n \ge 2$ 的一个解．　　　　$\square$

例 1.103. （圣彼得堡2013）设 a 是正整数，有 54 位数字，每个数字为 0 或 1．证明：a 除以 $33 \cdot 34 \cdot \cdots \cdot 39$ 的余数超过 $100\,000$．

证：　为了简化记号，记 $A = 33 \cdot \cdots \cdot 39$．因为 a 有 54 位数字，每个数字为 0 或 1，我们可以记 $a = 10^{k_1} + 10^{k_2} + \cdots + 10^{k_s}$，其中 $k_1 > \cdots > k_s$ 是一些整数，$k_1 = 53$．设 $a = Aq + r$ 是 a 对 A 做带余除法的结果．

关键的发现是 $10^6 - 1$ 整除 A，可以轻松验证

$$10^6 - 1 = (10^3 - 1)(10^3 + 1) = 9 \cdot 3 \cdot 37 \cdot 7 \cdot 11 \cdot 13.$$

所以 $r \equiv a \pmod{10^6 - 1}$．设 $r_i, 1 \le i \le s$ 是 k_i 除以 6 的余数，则 $10^{k_i} \equiv 10^{r_i} \pmod{10^6 - 1}$，相加得

$$r \equiv a \equiv 10^{r_1} + \cdots + 10^{r_s} \pmod{10^6 - 1}.$$

注意到 $k_1 = 53$，所以 $r_1 = 5$. 如果 $10^{r_1} + \cdots + 10^{r_s} < 10^6 - 1$，则前面的同余关系给出 $r \geq 10^{r_1} + \cdots + 10^{r_s} > 10^5$.

（这里为了说明严格大于，还应该说明 $s = 1$ 时余数大于 10^5，只需说明 $10^{53} - 10^5$ 不能被 $33 \cdots 39$ 整除，实际上，这个数不被 17 整除——译者注）

假定 $10^{r_1} + \cdots + 10^{r_s} \geq 10^6 - 1$，因为 $k_1, \cdots, k_s$ 是 0 到 53 之间的不同整数，其中最多有9个模6的余数相同，所以

$$10^{r_1} + \cdots + 10^{r_s} \leq 9 \cdot 1 + 9 \cdot 10 + \cdots + 9 \cdot 10^5 = 10^6 - 1.$$

这个不等式等号成立，必有 $k_1 = 53$，$k_2 = 52$，$\cdots$，$k_{54} = 0$. 也就是说，a 的所有数字都是1. 这时 $r \equiv 0 \pmod{10^6 - 1}$，因此 $r \geq 10^6 - 1 > 10^5$ 或者 $r = 0$. 若 $r = 0$，则 A 整除 $a = \frac{10^{54} - 1}{9}$，这是不可能的（因为 $5 \mid A$，但 5 不整除 a）.   □

1.4 实战题目

基本性质

题 1.1. 证明：$5^{2^n + n + 2}$ 的最后 $n + 2$ 位数字是 5^{n+2} 的所有数字左端补零得到的.

题 1.2. 是否存在整系数多项式 f，使得同余方程 $f(x) \equiv 0 \pmod 6$ 在集合

$$\{0, 1, 2, \cdots, 5\}$$

中的根恰好是2和3？

题 1.3. （伊朗2003）是否存在无穷集 S，其中任何两个不同数 a, b 满足 $a^2 - ab + b^2 \mid a^2 b^2$？

题 1.4. （俄罗斯2003）是否可以在无穷大的棋盘的每个格子中填上一个正整数，使得对所有的 $m, n > 100$，每个 $m \times n$ 矩形中格子所填数之和被 $m + n$ 整除？

题 1.5. 设整数 $k > 1$，证明：存在无穷多个正整数 n，满足 $n \mid k^n + 1$.

题 1.6. （Kvant 904）若正整数 A 的十进制表示式是 $A = \overline{a_n a_{n-1} \cdots a_0}$，定义 $F(A) = a_n + 2a_{n-1} + \cdots + 2^{n-1} a_1 + 2^n a_0$. 考虑序列 $A_0 = A$，$A_1 = F(A_0)$，$A_2 = F(A_1)$，$\cdots$.

(a) 证明：存在序列中的一项 A^*，满足 $A^* < 20$ 和 $F(A^*) = A^*$.

(b) 对 $A = 19^{2\,013}$，计算 A^*.

题 1.7. 是否存在无穷多个正整数构成的 5-数组 (a, b, c, d, e), 满足 $1 < a < b < c < d < e$ 及 $a \mid b^2 - 1$, $b \mid c^2 - 1$, $c \mid d^2 - 1$, $d \mid e^2 - 1$ 和 $e \mid a^2 - 1$?

题 1.8. (罗马尼亚JBMO TST 2003) 设 A 是正整数的有限集, 含至少 3 个元素. 证明: A 中存在两个元素, 它们的和不整除 A 中其他元素的和.

题 1.9. (伊朗2005) 证明: 存在无穷多个正整数 n, 使得 $n \mid 3^{n+1} - 2^{n+1}$.

题 1.10. (数学反思S259) 设整数 a, b, c, d, e 满足

$$a(b+c) + b(c+d) + c(d+e) + d(e+a) + e(a+b) = 0.$$

证明: $a + b + c + d + e$ 整除 $a^5 + b^5 + c^5 + d^5 + e^5 - 5abcde$.

题 1.11. (哈萨克斯坦2011) 求最小的整数 $n > 1$, 使得存在正整数 $a_1, \cdots, a_n$, 满足 $a_1^2 + \cdots + a_n^2 \mid (a_1 + \cdots + a_n)^2 - 1$.

题 1.12. (Kvant 898) 求所有的奇数 $0 < a < b < c < d$, 满足

$$ad = bc, \quad a + d = 2^k, \quad b + c = 2^m,$$

其中 k 和 m 是正整数.

题 1.13. 设 f 是一个整系数多项式, 满足 $f(n) > n$, 对所有正整数 n 成立. 定义序列 $(x_n)_{n \geq 1}$ 为: $x_1 = 1$, $x_{i+1} = f(x_i)$, $i \geq 1$. 假设每个正整数都有倍数属于 $x_1, x_2, \cdots$, 证明: $f(X) = X + 1$.

题 1.14. (伊朗 2013) 设 a, b 是两个正奇数, 满足 $2ab + 1 \mid a^2 + b^2 + 1$, 证明: $a = b$.

题 1.15. (Kvant) 证明: 存在无穷多个正整数 n, 使得 $n^2 + 1$ 整除 $n!$.

题 1.16. (越南 2001) 设递增正整数数列 $(a_n)_{n \geq 1}$ 满足 $a_{n+1} - a_n \leq 2\,001$ 对所有 n 成立. 证明: 存在无穷多对 $(i, j), i < j$, 满足 $a_i \mid a_j$.

归纳法和组合数

题 1.17. (城市锦标赛) 定义序列 $(a_n)_{n \geq 0}$, 为 $a_0 = 9$, $a_{n+1} = a_n^3(3a_n + 4)$, $n \geq 0$. 证明: 对所有 n, $a_n + 1$ 是 10^{2^n} 的倍数.

题 1.18. 求最大的整数 k, 对所有正整数 n, 都有 k 整除 $8^{n+1} - 7n - 8$.

题 1.19. 设 a, b 是不同的正整数，n 是正整数. 证明：$(a-b)^2 \mid a^n - b^n$ 当且仅当 $a - b \mid nb^{n-1}$.

题 1.20. （BAMO 2012）设 n 是正整数，满足 81 整除 n 和 n 经过数码反序得到的数. 证明：81 也整除 n 的数码求和.

题 1.21. 证明：对所有 $n \geq 1$，$\frac{(2n)!(3n)!}{n!^5}$ 是 $(n+1)^2$ 的倍数.

题 1.22. 求所有整数 a，使得 n^2 整除 $(n+a)^n - a$ 对所有正整数 n 成立.

题 1.23. （Erdös）证明：每个正整数可以写成一个或多个 $2^r \cdot 3^s$ 形式的数之和，其中 r 和 s 是非负整数，这些和项互不整除.

题 1.24. （Kvant 2274）设 $k \geq 2$ 是整数，求所有的正整数 n，使得 2^k 整除 $1^n + 2^n + \cdots + (2^k - 1)^n$.

题 1.25. 设整数 $k > 1$，$a_1, \cdots, a_n$ 是整数，满足

$$a_1 + 2^i a_2 + 3^i a_3 + \cdots + n^i a_n = 0$$

对所有 $i = 1, 2, \cdots, k - 1$ 成立. 证明：$a_1 + 2^k a_2 + \cdots + n^k a_n$ 是 $k!$ 的倍数.

题 1.26. 证明：对任何整数 $k \geq 3$，存在 k 个两两不同的正整数，满足它们的和被其中每一个数整除.

题 1.27. （Kvant）证明：对每个整数 $n > 1$，存在 n 个两两不同的正整数，其中任何两个数 a, b，满足 $a - b$ 整除 $a + b$.

题 1.28. （罗马尼亚TST1987）设整数 a, b, c 满足 $a + b + c$ 整除 $a^2 + b^2 + c^2$. 证明：对无穷多个正整数 n，有 $a + b + c$ 整除 $a^n + b^n + c^n$.

题 1.29. （俄罗斯1995）设整数 $a_1 > 1$，证明：存在一个递增正整数数列 $a_1 < a_2 < \cdots$，满足 $a_1 + a_2 + \cdots + a_k \mid a_1^2 + \cdots + a_k^2$ 对所有 $k \geq 1$ 成立.

题 1.30. 设 n 是正整数，证明：

(a) $10^n - 1$ 的任何倍数，若不超过 $10^n(10^n - 1)$，则其数码和为 $9n$.

(b) $10^n - 1$ 的任何倍数的数码和至少是 $9n$.

题 1.31. （USAMO 1998）证明：对任何 $n \geq 2$，存在 n 个整数构成的集合 S，满足对其中任何两个不同数 a, b，有 $(a - b)^2$ 整除 ab.

题 1.32. （罗马尼亚JBMO TST 2004）设 A 是正整数构成的集合，满足：

(a) 若 $a \in A$，则 a 的所有正因子也包含于 A；

(b) 若 $a, b \in A$，$1 < a < b$，则 $1 + ab \in A$.

证明：若 A 至少含三个元素，则 A 包含所有正整数.

题 1.33. （USAMO 2002）设 a, b 是大于 2 的整数，证明：存在正整数 k 和含无穷多个正整数的数列 $n_1, n_2, \cdots, n_k$，满足 $n_1 = a$，$n_k = b$，而且对每个 $1 \le i < k$，都有 $n_i + n_{i+1}$ 整除 $n_i n_{i+1}$.

题 1.34. 是否对任何整数 $k > 1$，总可以找到整数 $n > 1$，使得 k 整除

$$\binom{n}{1}, \binom{n}{2}, \cdots, \binom{n}{n-1}$$

中的每一个数？

题 1.35. （卡特兰）证明：对所有正整数 m, n，$m!n!(m+n)!$ 整除 $(2m)!(2n)!$.

题 1.36. 设 $x_1 < x_2 < \cdots < x_{n-1}$ 是连续的正整数，满足 $x_k \mid k\binom{n}{k}$ 对所有 $1 \le k \le n-1$ 成立. 证明：x_1 等于 1 或 2.

带余除法

题 1.37. 证明：对任何 $n > 1$，存在 $2n - 2$ 个正整数，其中任何 n 个的平均值不是整数.

题 1.38. 设 n 是正整数，计算 3^{2^n} 被 2^{n+3} 除的余数.

题 1.39. （圣彼得堡1996）设 P 是整系数多项式，次数大于 1. 证明：存在一个无穷项等差数列，其中每一项都不属于 $\{P(n) \mid n \in \mathbf{Z}\}$.

题 1.40. （Baltic 2011）求所有正整数 d，使得只要 d 整除一个正整数 n，d 就整除 n 通过数码重新排列得到的任何数.

题 1.41. （俄罗斯）坐标平面上的一个凸多边形包含至少 $m^2 + 1$ 个整点，证明：其中 $m + 1$ 个整点在一条直线上.

题 1.42. （IMO2001）设奇整数 $n > 1$，$c_1, c_2, \cdots, c_n$ 是整数. 对 $1, 2, \cdots, n$ 的每个排列 $a = a_1, a_2, \cdots, a_n$，定义

$$S(a) = c_1 a_1 + c_2 a_2 + \cdots + c_n a_n.$$

证明：存在 $1, 2, \cdots, n$ 的两个排列 $a \ne b$，使得 $n! \mid S(a) - S(b)$.

题 1.43. 设整数 $n, k > 1$，考虑 k 个整数构成的一个集合 A. 对 A 的每个非空子集 B，计算 B 的元素之和被 n 除的余数. 假设 0 不出现在这些余数中. 证明：至少有 k 个不同的余数. 进一步，如果恰好有 k 个这样的余数，证明：A 中所有元素除以 n 的余数相同.

题 1.44. （IMO2005）一个整数序列 $a_1, a_2, \cdots$ 有如下的性质：

(a) $a_1, a_2, \cdots, a_n$ 是模 n 的完全剩余系，对所有 $n \geq 1$ 成立.

(b) 序列中有无穷多项正数和无穷多项负数.

证明：每个整数恰好在这个数列中出现一次.

题 1.45. 对一个正整数 n，考虑集合

$$S = \{0, 1, 1+2, 1+2+3, \cdots, 1+2+3+\cdots+(n-1)\}.$$

证明：S 是模 n 的完系，当且仅当 n 是 2 的幂.

题 1.46. （阿根廷2008）将 101 个正整数写成一行，证明：我们可以在这些数之间写上符号 $+, \times$ 和括号，不改变数的顺序，使得最后的表达式有效，并且运算结果被 $16!$ 整除.

题 1.47. （改编自 Kvant M33）考虑 2^n 除以 $1, 2, \cdots, n$ 的余数. 证明：存在一个与 n 无关的常数 $c > 0$，使得这些余数之和总是超过 $cn \log n$.

第二章 最大公约数和最小公倍数

这一章较短，讨论了几个数的最大公约数和最小公倍数的性质，特别强调了这些概念在丢番图方程中的应用．花了较大篇幅证明和讨论的关键结论是裴蜀定理和高斯引理，这些是算术中的重要结果，在书中后续经常出现．

2.1 裴蜀定理和高斯引理

2.1.1 裴蜀定理和辗转相除法

这一节的主要兴趣点在两个或多个整数的公约数上，我们从引入关键定义及符号开始．

定义 2.1. 设整数 $a_1, a_2, \cdots, a_n$ 不全为 0，我们称同时整除 $a_1, a_2, \cdots, a_n$ 的最大正整数为 $a_1, a_2, \cdots, a_n$ 的最大公约数，并且记为 $\gcd(a_1, a_2, \cdots, a_n)$．

前面定义的合理性需要一些解释：我们需要证明 $a_1, \cdots, a_n$ 的正公约数集合存在一个最大元素．首先这个集合包含 1，因此是非空的．而且这个集合也是有限的，因为 $a_1, \cdots, a_n$ 的公约数不会超过 $\max(|a_1|, |a_2|, \cdots, |a_n|)$（如果所有的 a_i 是非零的，可以将 max 替换成 min），注意这里用到了关键条件 $a_1, \cdots, a_n$ 不全为 0．如果 $a_1 = \cdots = a_n = 0$，我们约定 $\gcd(a_1, \cdots, a_n) = 0$．

根据定义，$\gcd(a_1, \cdots, a_n)$ 整除 $a_1, \cdots, a_n$，所以它整除 $a_1, \cdots, a_n$ 的任何整系数线性组合．这一节的核心结果是说 $\gcd(a_1, \cdots, a_n)$ 实际上等于 $a_1, \cdots, a_n$ 的一个整系数线性组合．在它的证明中，带余除法是关键．

定理 2.2. （裴蜀定理） 对任何整数 $a_1, \cdots, a_n$，存在整数 $x_1, \cdots, x_n$，使得

$$\gcd(a_1, \cdots, a_n) = a_1 x_1 + \cdots + a_n x_n.$$

事实上，若 $a_i, 1 \leq i \leq n$ 不全为 0，则 $\gcd(a_1, \cdots, a_n)$ 是 $a_1, \cdots, a_n$ 的所有整系数线性组合构成的集合中的最小正整数．

证： 若 $a_1 = \cdots = a_n = 0$，则取 $x_1 = \cdots = x_n = 0$ 即可．现在假设 $a_i, 1 \le i \le n$ 不全为 0．设 S 是所有整系数线性组合 $a_1x_1 + \cdots + a_nx_n$ 构成的集合．因为 $a_1^2 + \cdots + a_n^2$ 是 S 中的一个正整数，所以 S 中有最小正整数，记为 d．我们将证明 $d = \gcd(a_1, \cdots, a_n)$，于是推出题目结论．

因为 d 是 $a_1, \cdots, a_n$ 的整系数线性组合，所以 d 是 $\gcd(a_1, \cdots, a_n)$ 的倍数．只需再证明，d 整除 $a_1, \cdots, a_n$ 即可．我们要证 d 整除 S 中的每一个元素 s，特别地，d 整除 $a_1, \cdots, a_n$．设 $s \in S$，假设 d 不整除 s．根据带余除法，$s = qd + r, 0 < r < d$．现在 s 和 d 是 $a_1, \cdots, a_n$ 的线性组合，所以 $r = s - qd$，也是 $a_1, \cdots, a_n$ 的线性组合．这样 r 是 S 中比 d 小的正整数，与 d 的最小性矛盾． □

我们记录下定理 2.2 的下面的简单结论，以后会常常用到．

推论 2.3. 若 $x_1, \cdots, x_n$ 是整数，而 a 是正整数，则

$$\gcd(ax_1, \cdots, ax_n) = a \cdot \gcd(x_1, \cdots, x_n).$$

证： 若 $x_1 = \cdots = x_n = 0$，则结论是显然的．现在假设 x_i 不全为零．设 $d = \gcd(ax_1, \cdots, ax_n)$ 和 $e = \gcd(x_1, \cdots, x_n)$．因为 e 整除 x_i，所以 ae 整除 ax_i，对所有 i 成立．因此 ae 是 $ax_1, \cdots, ax_n$ 的公约数，$ae \le d$．又根据裴蜀定理，e 是 $x_1, \cdots, x_n$ 的整系数线性组合，然后 ae 是 $ax_1, \cdots, ax_n$ 的同样系数的线性组合，这样 ae 是 d 的倍数．于是得到 $ae = d$． □

例 2.4. （普特南 2000）证明：对所有整数对 $n \ge m \ge 1$，表达式 $\frac{\gcd(m,n)}{n}\binom{n}{m}$ 都是整数．

证： 记 $\gcd(m, n) = an + bm$，a, b 是整数，则

$$\frac{\gcd(m, n)}{n}\binom{n}{m} = a\binom{n}{m} + b\frac{m}{n}\binom{n}{m},$$

故只需证明 $\frac{m}{n}\binom{n}{m}$ 是整数，但是

$$\frac{m}{n}\binom{n}{m} = \frac{m}{n} \cdot \frac{n!}{m!(n-m)!} = \frac{(n-1)!}{(m-1)!(n-m)!} = \binom{n-1}{m-1}$$

确实是整数． □

我们接下来试试找出计算 $\gcd(a_1, \cdots, a_n)$ 的实用方法．最明显和直白的方法是对所有 $1 \le k \le \max(|a_1|, \cdots, |a_n|)$（若所有的 a_i 是非零的，可以将 $\max$ 替换为 $\min$）测试是否有 k 整除 $a_1, \cdots, a_n$，然后选取最大的这样的 k．这个方法一点都不有效．

我们先把问题简化成 $n = 2$ 的情形，为此我们需要下面非常重要的结果，这是定理 2.2 的简单推论，但是从 $\gcd(a_1, \cdots, a_n)$ 的定义直接证明并不容易．

推论 2.5. 设 $a_1, \cdots, a_n$ 是整数，则它们的任何公约数整除其最大公约数.

证： $a_1, \cdots, a_n$ 的任何公约数，整除它们的每个整系数线性组合，而根据裴蜀定理 2.2，$\gcd(a_1, \cdots, a_n)$ 可以写成 $a_1, \cdots, a_n$ 的整系数线性组合. □

由前面的推论可马上推出下面的定理，这个定理把计算 n 个数的最大公约数化简成计算 $n-1$ 个数的最大公约数和两个数的最大公约数. 于是我们可以把 n 个数的最大公约数计算，递归地转化成两个数的最大公约数计算.

定理 2.6. 对所有的整数 $a_1, \cdots, a_n$，有

$$\gcd(a_1, \cdots, a_n) = \gcd(\gcd(a_1, \cdots, a_{n-1}), a_n).$$

证： 设 $d = \gcd(a_1, \cdots, a_n)$，$e = \gcd(a_1, \cdots, a_{n-1})$. 因为 d 是 $a_1, \cdots, a_{n-1}$ 的公约数，根据上一个推论，$d \mid e$. 现在要证 $\gcd(e, a_n) = d$. 因为 d 整除 a_n 和 e，所以 $d \le \gcd(e, a_n)$. 另一方面，$\gcd(e, a_n)$ 整除 e 和 a_n，因此它整除 $a_1, \cdots, a_n$. 再次利用前面的推论，$\gcd(e, a_n) \mid d$，于是 $\gcd(e, a_n) \le d$. 我们因此得到结论 $\gcd(e, a_n) = d$. □

问题的化简方法知道了，现在需要解决两个整数的最大公约数计算问题，下面是关键的步骤：

命题 2.7. 设 $a, b(b \ne 0)$ 是整数. a 对 b 做带余除法得到 $a = bq + r$，则 $\gcd(a, b) = \gcd(b, r)$.

证： a 和 b 的任何公约数整除线性组合 $r = a - bq$，所以也整除 b 和 r 的公约数. 反之，b 和 r 的任何公约数也是线性组合 $a = bq + r$ 的约数，进而是 a 和 b 的公约数. a, b 的公约数集合与 b, r 的公约数集合完全相同，其最大元素即最大公约数也相同. □

利用前面的命题，我们给出一个计算 $\gcd(a, b)$ 非常有效的方法. 若 $a = 0$，则显然 $\gcd(a, b) = |b|$；若 $b = 0$，则 $\gcd(a, b) = |a|$，因此可假设 $a, b \ne 0$. 所以因为 $\gcd(a, b) = \gcd(|a|, |b|)$，可以把 a 和 b 替换成它们的绝对值，相当于假设 a, b 是正整数. 最后，$\gcd(a, b) = \gcd(b, a)$，我们还可以假设 $a \ge b$.

现在使用带余除法，得到序列

$$
\begin{aligned}
a &= bq_1 + r_1, & 0 &\le r_1 < b \\
b &= r_1 q_2 + r_2, & 0 &\le r_2 < r_1 \\
r_1 &= r_2 q_3 + r_3, & 0 &\le r_3 < r_2 \\
&\cdots & &\cdots \\
r_{k-2} &= r_{k-1} q_k + r_k, & 0 &\le r_k < r_{k-1} \\
r_{k-1} &= r_k q_{k+1} + r_{k+1}, & r_{k+1} &= 0.
\end{aligned}
$$

因为 $b > r_1 > r_2 > \cdots$ 都是非负整数，所以存在整数 k，使得 $r_{k+1} = 0$，我们的计算过程于是终止．进一步，根据前面的命题

$$d = \gcd(a, b) = \gcd(b, r_1) = \gcd(r_1, r_2) = \cdots = \gcd(r_k, r_{k+1}) = \gcd(r_k, 0) = r_k,$$

所以 $\gcd(a, b)$ 是在不断地使用带余除法的过程中得到的最后一个非零余数．我们因此证明了：

定理 2.8.（辗转相除法）设正整数 $a > b$，定义序列 $r_0 = a, r_1 = b$，然后只要 $r_n \neq 0$，则定义 r_{n+1} 为 r_{n-1} 除以 r_n 得到的余数．那么存在最小的 $n \geq 1$，使得 $r_n = 0$，然后 $r_{n-1} = \gcd(a, b)$．

例 2.9. 计算：

(a) $\gcd(2\,050, 123)$．

(b) $\gcd(987\,654\,321, 123\,456\,789)$．

(c) $\gcd(2\,016, 2\,352, 1\,680)$．

证： (a) 使用辗转相除法得到

$$2\,050 = 123 \cdot 16 + 82$$
$$123 = 82 \cdot 1 + 41$$
$$82 = 2 \cdot 41 + 0.$$

所以 $\gcd(2\,050, 123) = 41$．

(b) 记 $a = 987\,654\,321$，$b = 123\,456\,789$．用带余除法给出 $a = 8b + 9$，接下来求 b 除以 9 的余数．直接计算发现 $9 \mid b$，所以余数为 0，$\gcd(a, b) = 9$．

(c) 首先发现

$$\gcd(1\,680, 2\,016) = \gcd(16 \cdot 105, 16 \cdot 126) = 16\gcd(105, 126) = 16 \cdot 21.$$

然后

$$\gcd(16 \cdot 21, 2\,352) = \gcd(16 \cdot 21, 16 \cdot 147) = 16 \cdot \gcd(21, 147) = 16 \cdot 21 = 336.$$

答案是 336． $\qquad\qquad\square$

2.1.2 互素

我们继续这节的第二个重要主题，即互素和两两互素的数，先给出这些概念的定义．

定义 2.10. 若一些整数的最大公约数是 1，则称它们是互素或互质的．如果它们中任何两个数的最大公约数都是 1，则称它们是两两互素的．

注释 2.11. 整数 $a_1, \cdots, a_n$ 的两两互素条件比互素条件强很多．例如 $6, 10, 15$ 是互素的，因为没有大于 1 的整数同时整除这三个的．但是 $\gcd(6, 10) = 2 > 1$，$\gcd(6, 15) = 3 > 1$ 和 $\gcd(10, 15) = 5 > 1$，说明它们不是两两互素的（事实上要说明它们不是两两互素的，只有找到两个数不互素即可，我们刚才说明了这三个数是两两不互素的）．

在进行到技术性细节之前，我们先用几个经典的例子解释前面的概念．下面的例子很重要，它给出所谓费马数的关键性质．费马数定义为

$$F_n = 2^{2^n} + 1.$$

这些数在算术中起到基础作用，有很多和它们有关的难题（我们会在本书中经常看到费马数出现，特别在一些构造性问题中）．下面的题目说明这些数是两两互素的（注意怎样构造无穷整数数列并不是非常显然，其中任何两项互素）．

例 2.12. 设 $F_n = 2^{2^n} + 1$ 是第 n 个费马数，则对 $m \neq n$，有

$$\gcd(F_m, F_n) = 1.$$

证： 不妨设 $m > n$，假设 $d > 1$ 是 F_m 和 F_n 的公约数，则显然 d 是奇数，因为 F_n 是奇数．因为 $2^{2^n} \equiv -1 \pmod{d}$，我们有

$$F_m - 1 = (2^{2^n})^{2^{m-n}} \equiv (-1)^{2^{m-n}} \equiv 1 \pmod{d},$$

也就是说 $d \mid F_m - 2$．但是 $d \mid F_m$，说明 $d \mid 2$，而 d 是奇数，所以 $d = 1$．　　□

另一个证明费马数两两互素的方法是基于下面的恒等式

$$F_n - 2 = F_0 F_2 \cdots F_{n-1},$$

可从下式得到

$$2^{2^n} - 1 = (2 - 1)(2 + 1)(2^2 + 1) \cdots (2^{2^{n-1}} + 1).$$

所以，若 d 整除 F_n 和 $F_m, m < n$，则 d 整除 $2 = F_n - F_0 \cdots F_{n-1}$．但是 d 是奇数，只能为 1．

下面的例子是这个方法的一个变形．

例 2.13. 设 f 是整系数多项式，满足 $f(0) = f(1) = 1$. 证明：对所有整数 n，数列 $n, f(n), f(f(n)), f(f(f(n))), \cdots$ 是两两互素的.

证： 设 n 是整数，定义序列 $(a_k)_{k \geq 0}$ 为：$a_0 = n$, $a_{k+1} = f(a_k)$, $k \geq 0$. 我们要证 $a_0, a_1, \cdots$ 两两互素.

根据假设 $f - 1$ 有零点 0 和 1，所以可以写

$$f(X) = X(X - 1)g(X) + 1,$$

其中 g 是整系数多项式. 则

$$a_{k+1} = f(a_k) = 1 + a_k(a_k - 1)g(a_k),$$

或者写成

$$a_{k+1} - 1 = (a_k - 1)a_k g(a_k).$$

直接归纳给出

$$a_m - 1 = (a_0 - 1) \prod_{k=0}^{m-1} (a_k g(a_k)).$$

上式右端是 $a_0 a_1 \cdots a_{m-1}$ 的倍数，所以 $a_j \mid a_m - 1$, $j < m$. 因此对 $j < k$, $\gcd(a_j, a_k) = \gcd(a_j, 1) = 1$. $\qquad\square$

例 2.14. （Schweitzer 1949）设正整数 $n \geq k$，证明：$\binom{n}{k}, \binom{n+1}{k}, \cdots, \binom{n+k}{k}$ 互素.

证： 我们对 k 归纳证明，$k = 1$ 的情形是显然的. 假设结论对 $k - 1$ 成立，设 d 是 $\binom{n}{k}, \binom{n+1}{k}, \cdots, \binom{n+k}{k}$ 的一个公约数. 则 d 整除这些数的所有相邻两项的差，即

$$d \mid \binom{n+i+1}{k} - \binom{n+i}{k} = \binom{n+i}{k-1}, i = 0, 1, \cdots, k-1.$$

但是根据归纳假设，这些数 $\binom{n}{k-1}, \cdots, \binom{n+k-1}{k-1}$ 互素，因此 $d \mid 1$，证毕. $\qquad\square$

例 2.15. （城市锦标赛2003）一个递增等差数列包含 100 个正整数，是否可能它们中任何两个是互素的？

证： 是的，这是可能的. 我们需要找到正整数 a, b，使得对 $0 \leq i < j \leq 99$，$a + ib$ 和 $a + jb$ 互素. 若 d 整除 $a + ib$ 和 $a + jb$，则它整除 $(j - i)b$，进而整除 $99!b$. 因为 $d \mid 99!a + i99!b$，d 也整除 $99!a$，所以 $d \mid 99! \gcd(a, b)$. 选取 a, b 互素，则 $d \mid 99!$. 接着要求 b 是 99! 的倍数，则 d 整除 a（因为它整除 99! 和 $a + ib$）. 最后取 $a = 1$（或者任何模 99! 余 1 的数），则给出需要的等差数列. $\qquad\square$

例 2.16. （Kvant 1014）设 $a_1, a_2, \cdots, a_n$ 是两两不同且两两互素的数. 证明: 存在无穷多个正整数 b, 使得 $a_1 + b, a_2 + b, \cdots, a_n + b$ 也两两互素.

证: 记 P 为所有 $a_i - a_j, 1 \le i < j \le n$ 的乘积. 则对每个整数 k, $a_1 + kP, a_2 + kP, \cdots, a_n + kP$ 两两互素. 实际上, 设 d 是 $a_i + kP$ 和 $a_j + kP$ 的公约数, 则 d 整除 $a_i - a_j$, 于是它整除 P. 进而 d 整除 a_i 和 a_j, $d = 1$. □

下面的结果（从现在开始会经常用）解释了为什么互素是一个既自然又有用的想法.

命题 2.17. 设 $a_1, \cdots, a_n$ 是整数, $d = \gcd(a_1, \cdots, a_n)$, 则存在互素整数 $x_1, \cdots, x_n$, 使得 $a_i = dx_i$ 对 $1 \le i \le n$ 成立.

证: 因为 d 整除 $a_1, \cdots, a_n$, 可以记 $a_i = dx_i$, $x_1, \cdots, x_n$ 是整数. 若 $d = 0$, 则 $a_1 = \cdots = a_n = 0$, 可以取每个 $x_i = 1$. 若 $d \ne 0$, 则 $x_1, \cdots, x_n$ 互素, 这是因为若 $e > 1$ 是它们的一个公约数, 则 ed 是 $a_1, \cdots, a_n$ 的公约数, 但 $ed > d$, 矛盾.（也可以用推论 2.3 直接证明本命题. —— 译者注） □

定理 2.2 给出了下面刻画互素的方法:

推论 2.18. 整数 $a_1, \cdots, a_n$ 互素当且仅当存在整数 $x_1, \cdots, x_n$, 使得 $a_1 x_1 + \cdots + a_n x_n = 1$.

证: 裴蜀定理说明最大公约数是 1, 当且仅当线性组合可表示 1（只要能表示 1, 它就是最小的可表示正整数）. □

对于 $n = 2$ 的情形, 我们还可以将这个推论稍微地加强一下, 可以处理正数:

推论 2.19. 若 a, b 是互素的正整数, 则存在正整数 m, n 使得 $am - bn = 1$.

证: 选择 $x, y \in \mathbf{Z}$, 使得 $ax + by = 1$. 对所有的整数 t, 都有 $a(x + bt) - b(at - y) = 1$. 只需选择 $t > \max(-x/b, y/a)$, 则 $x + bt$ 和 $at - y$ 都是正整数. □

2.1.3 模 n 逆和高斯引理

下面基本定理的第一部分可以直接从裴蜀定理 2.2 得到.

定理 2.20. 若 $\gcd(a, b) = 1$, 则存在整数 x, 使得 $ax \equiv 1 \pmod{b}$. 进一步, 任何两个满足条件的 x 模 b 同余.

证： 只需证明第二部分. 若 x, x' 是两个这样的整数, 则 $ax \equiv 1 \equiv ax' \pmod{b}$, 所以

$$x' \equiv axx' = (ax')x \equiv x \pmod{b}.$$

$\square$

注释 2.21. (a) 前面结果的逆命题也成立, 若 $ax \equiv 1 \pmod{b}$, 则可以写出 $ax - 1 = by$, y 是某整数, 则 a 和 b 的最大公约数必然是 1.

(b) 根据此定理, 所有满足 $ax \equiv 1 \pmod{b}$ 的 x 模 b 同余, 这个余数被称为 a 模 b 的逆, 记为 $a^{-1} \pmod{b}$.

前面的定理可以得到多个重要的推论, 不容易直接证明. 例如:

定理 2.22. （高斯引理）若整数 a, b, c 满足 $a \mid bc$ 和 $\gcd(a, b) = 1$, 则 $a \mid c$.

证： 设整数 x 满足 $bx \equiv 1 \pmod{a}$ （x 的存在性由定理 2.20 保证）. 因为 $bc \equiv 0 \pmod{a}$, 所以 $xbc \equiv 0 \pmod{a}$, 于是 $c \equiv 0 \pmod{a}$, 证毕. $\square$

用同余语言写出高斯引理是:

推论 2.23. 若 $ab \equiv ac \pmod{n}$, 则 $b \equiv c \pmod{\frac{n}{\gcd(a,n)}}$. 特别地, 如果 a 和 n 互素, 则 $b \equiv c \pmod{n}$.

证： 设 $d = \gcd(a, n)$, 记 $a = du, n = dv$, 然后 $\gcd(u, v) = 1$. 则 $ab \equiv ac \pmod{n}$ 等价于 $v \mid u(b - c)$. 根据高斯引理, 这又等价于 $v \mid b - c$, 即 $b \equiv c \pmod{v}$. $\square$

下面是另一个从高斯引理直接得到的重要结果.

定理 2.24. 设整数 a, b, c 满足 $a \mid c, b \mid c$ 和 $\gcd(a, b) = 1$. 则 $ab \mid c$. 也就是说, 两个互素整数的公倍数是它们乘积的倍数.

证： 记 $c = ad$, d 是整数. 根据高斯引理, $b \mid c$ 和 $\gcd(a, b) = 1$ 推出 $b \mid d$. 因此 $ab \mid ad = c$. $\square$

注释 2.25. 直接归纳可得, 有限个两两互素的整数的公倍数是它们乘积的倍数.

我们这里提一下定理 2.20 的另一个有用的推论如下:

推论 2.26. 若整数 a 和整数 $b_1, b_2, \cdots, b_n$ 中每一个都互素, 则它也和 $b_1 b_2 \cdots b_n$ 互素.

证：根据定理 2.20，可以找到 x_i，使得 $b_i x_i \equiv 1 \pmod{a}$. 则

$$(b_1 b_2 \cdots b_n) \cdot (x_1 x_2 \cdots x_n) \equiv 1 \pmod{a},$$

因此 a 和 $b_1 \cdots b_n$ 互素. □

下面的结果如果只用整数的形式性质（不用素数和算术基本定理），会比较难证：

推论 2.27. 若整数 a, b 满足 $a^n \mid b^n$ 对某个 $n \geq 1$ 成立，则 $a \mid b$.

证：若 $a = 0$ 或 $b = 0$，则结论是显然的，故假设 a, b 均非零. 设 $d = \gcd(a, b)$，则 $a = du, b = dv$，u, v 是互素整数. 则 $d^n u^n \mid d^n v^n$，进而 $u^n \mid v^n$. 根据前面的推论有 $\gcd(u, v^n) = 1$，而 u 整除 v^n（因为 $u \mid u^n \mid v^n$）得到 $u \mid 1$，$u = \pm 1$. 所以 $a = \pm d$，a 整除 $b = dv$. □

现在我们来看看前面的理论结果实际上有什么用.

例 2.28.（圣彼得堡）求所有互素正整数对 x, y，满足

$$2(x^3 - x) = y^3 - y.$$

证：将方程写成

$$2x^3 - y^3 = 2x - y,$$

设 $z = 2x - y$. 因为 $\gcd(x, y) = 1$，有 $\gcd(x, z) = 1$. 然后 $z \mid 2x - y$ 得到 $z \mid 8x^3 - y^3$. 再根据题目条件 $z \mid 2x^3 - y^3$，所以 $z \mid 6x^3$. 前面有 $\gcd(x, z) = 1$，因此 $\gcd(z, x^3) = 1$（推论 2.26），根据高斯引理，$z \mid 6$. 枚举 z 解方程组

$$2x - y = z, \quad 2x^3 - y^3 = z$$

得到方程的解为 $(x, y) \in \{(1, 1), (4, 5)\}$. □

例 2.29.（Erdös-Szekeres）设 n 是正整数，正整数 k, m 满足 $0 < m \leq k < n$. 证明：$\binom{n}{k}$ 和 $\binom{n}{m}$ 不互素.

证：假设 $\binom{n}{k}$ 和 $\binom{n}{m}$ 互素. 注意到

$$\binom{n}{k} \cdot \binom{k}{m} = \frac{n!}{k!\,(n-k)!} \cdot \frac{k!}{m!\,(k-m)!}$$

$$= \frac{n!}{m!\,(n-m)!} \cdot \frac{(n-m)!}{(k-m)!\,(n-k)!} = \binom{n}{m} \cdot \binom{n-m}{k-m}.$$

所以 $\binom{n}{k} \cdot \binom{k}{m}$ 被 $\binom{n}{m}$ 整除，而 $\binom{n}{k}$ 和 $\binom{n}{m}$ 互素，说明 $\binom{k}{m}$ 被 $\binom{n}{m}$ 整除. 因此 $\binom{k}{m} \geq \binom{n}{m}$ （注意到 $\binom{k}{m} \neq 0$，因为 $0 < m \leq k$）. 这是矛盾的，因为根据假设 $k < n$，因此

$$\binom{k}{m} = \frac{k \cdot (k-1) \cdot \ldots \cdot (k-m+1)}{m \cdot (m-1) \cdot \ldots \cdot 1}$$
$$< \frac{n \cdot (n-1) \cdot \ldots \cdot (n-m+1)}{m \cdot (m-1) \cdot \ldots \cdot 1} = \binom{n}{m}.$$

$\square$

例 2.30. 证明：若 n, k 是正整数，k 是奇数，则

$$1 + 2 + \cdots + n \mid 1^k + 2^k + \cdots + n^k.$$

证： 只需证 $n(n+1) \mid 2(1^k + 2^k + \cdots + n^k)$. 因为 $\gcd(n, n+1) = 1$，可以分别证明 $n \mid 2(1^k + \cdots + n^k)$ 和 $n+1 \mid 2(1^k + \cdots + n^k)$. 考察

$$2(1^k + \cdots + n^k) = (1^k + (n-1)^k) + \cdots + ((n-1)^k + 1^k) + 2n^k$$
$$= (1^k + n^k) + (2^k + (n-1)^k) + \cdots + (n^k + 1^k),$$

利用结论"k 是奇数时，$a+b \mid a^k + b^k$"可以得出两个整除关系. $\square$

例 2.31. (IMC 2012) 满足 $n! + 1$ 整除 $(2\,012n)!$ 的 n 构成的集合是有限集还是无限集？

证： 证明很短，但是很不容易想到. 我们要证明这个集合是有限集. 简记 $2012 = k$，假设 $n! + 1 \mid (kn)!$. 因为 $n!^k \mid (kn)!$（只要重复应用 $a!b! \mid (a+b)!$ 即可），而 $n! + 1$ 和 $n!^k$ 互素，所以有

$$f(n) = \frac{(kn)!}{n!^k(n!+1)} \in \mathbf{Z}.$$

然而

$$\frac{f(n+1)}{f(n)} = \frac{(kn+1)(kn+2)\cdots(kn+k)(n!+1)}{(n+1)^k((n+1)!+1)}$$
$$< \frac{(kn+k)^k}{(n+1)^k} \cdot \frac{n!+1}{(n+1)!+1} < \frac{k^k}{n},$$

其中用到 $\frac{n!+1}{(n+1)!+1} < \frac{1}{n}$，最后这个不等式等价于 $n! > n-1$. 因此，若 $n > k^k$，则 $f(n+1) < f(n)$. 现在我们有一个无穷的严格递减数列，如果问题有无穷多解，则这个递减数列中有无穷多项是正整数，矛盾（只要 n 够大，则 $f(n+1) < f(n)$，若 n 是解，则 $f(n)$ 是正整数. ——译者注）. 因此这个集合是有限集. $\square$

另一个实际上很有用的结果，可以直接从前面的几个结果导出：

定理 2.32. 设整数 $n > 1$，a 是整数，则 $0, a, 2a, \cdots, (n-1)a$ 是模 n 的完系，当且仅当 $\gcd(a, n) = 1$.

证： 假设 $\gcd(a, n) = 1$，只需证明 $0, a, 2a, \cdots, (n-1)a$ 模 n 的余数两两不同，这将说明它们是 $0, 1, 2, \cdots, n-1$ 的一个排列. 如果 ia 和 ja 模 n 同余，则 $n \mid (i-j)a$，根据高斯引理，$n \mid i - j$，与 $0 \le i \ne j < n$ 矛盾.

现在假设 $0, a, \cdots, (n-1)a$ 构成模 n 的完系，特别地，存在 j 使得 $ja \equiv 1 \pmod{n}$，因此有 $\gcd(a, n) = 1$. $\qquad\square$

接下来是定理 2.32 的两个应用.

例 2.33. （高斯）设 a, b 是大于 1 的互素整数，证明：

$$\sum_{k=1}^{b-1} \left\lfloor \frac{ka}{b} \right\rfloor = \frac{(a-1)(b-1)}{2}.$$

证： 记 $ka = q_k b + r_k, 0 \le r_k < b$. 因为 $\gcd(a, b) = 1$，我们知道 $r_1, \cdots, r_{b-1}$ 是 $1, \cdots, b-1$ 的一个排列. 因此

$$\sum_{k=1}^{b-1} ka = b \cdot \sum_{k=1}^{b-1} q_k + \sum_{k=1}^{b-1} k,$$

然后

$$\sum_{k=1}^{b-1} q_k = \frac{1}{b} \sum_{k=1}^{b-1} (ak - k) = \frac{a-1}{b} \cdot \frac{b(b-1)}{2} = \frac{(a-1)(b-1)}{2}.$$

因为 $q_k = \left\lfloor \frac{ka}{b} \right\rfloor$，题目得证. $\qquad\square$

例 2.34. （兰道恒等式）证明：若 $m, n > 1$ 是互素的奇数，则

$$\sum_{k=1}^{\frac{m-1}{2}} \left\lfloor \frac{kn}{m} \right\rfloor + \sum_{k=1}^{\frac{n-1}{2}} \left\lfloor \frac{km}{n} \right\rfloor = \frac{(m-1)(n-1)}{4}.$$

证： 考虑具有形式 $xm - yn$ 的数构成的集合 A，其中 $1 \le x \le \frac{n-1}{2}$ 及 $1 \le y \le \frac{m-1}{2}$. 我们将对集合中的元素两次计数.

首先，我们声明 A 含有 $\frac{(m-1)(n-1)}{4}$ 个元素，为此只需验证前面范围内的数是两两不同的. 如果 $xm - yn = x_1 m - y_1 n$，则 $(x - x_1)m = (y - y_1)n$，然后 $n \mid m(x - x_1)$. 但是 $\gcd(m, n) = 1$，得到 $n \mid x - x_1$，再利用 $1 \le x, x_1 \le \frac{n-1}{2}$，必有 $x = x_1$ 和 $y = y_1$，证明了声明.

另一方面，我们考察 A 中有多少非负元素. 不等式 $xm \ge yn$ 等价于 $y \le \frac{xm}{n}$ 或 $y \le \left\lfloor \frac{xm}{n} \right\rfloor$. 对于 $x \in \{1, 2, \cdots, \frac{n-1}{2}\}$，有 $\left\lfloor \frac{xm}{n} \right\rfloor \le \frac{m-1}{2}$，因此 $\{1, 2, \cdots, \frac{m-1}{2}\}$

中满足 $y \leq \frac{xm}{n}$ 的个数是 $\left\lfloor \frac{xm}{n} \right\rfloor$. 将所有的个数对 x 求和，得到 A 中非负数的个数是 $\sum_{x=1}^{\frac{n-1}{2}} \left\lfloor \frac{xm}{n} \right\rfloor$. 类似的论述，说明 A 中有 $\sum_{y=1}^{\frac{m-1}{2}} \left\lfloor \frac{yn}{m} \right\rfloor$ 个非正数.

另外，$0 \notin A$，否则 $xm = yn$，$m \mid yn$，然后 $m \mid y$，与 $1 \leq y < m$ 矛盾.

这样 A 中的元素个数是

$$\sum_{k=1}^{\frac{m-1}{2}} \left\lfloor \frac{kn}{m} \right\rfloor + \sum_{k=1}^{\frac{n-1}{2}} \left\lfloor \frac{km}{n} \right\rfloor.$$

结合第一段，给出了题目的证明.   □

我们再给出一个有用的结果来结束这一节. 这个结果在处理 $a^n - b^n$ 形式的式子中很有用，这个结果简单地结合了裴蜀定理和高斯引理，但是实际应用是很有效的. 这个结果还可以用辗转相除法归纳证明. 若 $\gcd(a, b) = 1$，$m = kn + r$，则 $\gcd(a^m - b^m, a^n - b^n) = \gcd(a^n - b^n, a^r - b^r)$.

命题 2.35. 设 a, b 和 m, n 是正整数. 若 $\gcd(a, b) = 1$，则

$$\gcd(a^m - b^m, a^n - b^n) = a^{\gcd(m,n)} - b^{\gcd(m,n)}.$$

证： 分别将 a, b, m, n 替换为 $a^{\gcd(m,n)}, b^{\gcd(m,n)}, \frac{m}{\gcd(m,n)}$ 和 $\frac{n}{\gcd(m,n)}$，我们可以假设 $\gcd(m, n) = 1$. 因为 $a \equiv b \pmod{a-b}$，我们有 $a^k \equiv b^k \pmod{a-b}$，对所有 $k \geq 1$ 成立. 因此 $a - b$ 整除 $\gcd(a^m - b^m, a^n - b^n)$.

反之，设 $d = \gcd(a^m - b^m, a^n - b^n)$，我们将证明 $d \mid a - b$. 我们有 $a^m \equiv b^m \pmod{d}$ 和 $a^n \equiv b^n \pmod{d}$，因此 $a^{mk} \equiv b^{mk} \pmod{d}$ 和 $a^{nl} \equiv b^{nl} \pmod{d}$，对所有 $k, l \geq 1$ 成立. 因为 $\gcd(m, n) = 1$，应用裴蜀定理（更准确地说是推论 2.19）可以得到 $k, l \geq 1$，满足 $km = ln + 1$. 则有

$$a^{ln+1} = a^{mk} \equiv b^{mk} = b^{nl+1} \equiv b \cdot a^{nl} \pmod{d},$$

即 $d \mid a^{nl}(a - b)$. 根据题目假设 $\gcd(a, b) = 1$，有 $\gcd(a, a^m - b^m) = 1$. $d \mid a^m - b^m$，得到 $\gcd(a, d) = 1$. 应用高斯引理，$d \mid a^{nl}(a - b)$ 推出 $d \mid a - b$.   □

推论 2.36. 设 $a > b > 0$ 和 m, n 是正整数. 若 $\gcd(a, b) = 1$，则 $a^m - b^m$ 整除 $a^n - b^n$ 当且仅当 $m \mid n$.

注意这个推论的一个直接结果是：若 $n = md$，则 $a^m - b^m$ 整除 $a^n - b^n = (a^m)^d - (b^m)^d$（更直接是用 $a - b \mid a^k - b^k$ 证明. ——译者注）. 这个推论也可以不用前面的命题直接证明（其证明技巧难度更大，结果更强）. 事实上，设 $a^m - b^m \mid a^n - b^n$，记 $n = mq + r$，q, r 是整数，$0 \leq r < m$. 假设 $r > 0$，则

$$a^n - b^n = a^{mq}(a^r - b^r) + b^r(a^{mq} - b^{mq}).$$

根据 $a^m - b^m \mid a^{mq} - b^{mq}$, 有 $a^m - b^m \mid a^{mq}(a^r - b^r)$. 但是 $\gcd(a, b) = 1$, 因此 $\gcd(a^{mq}, a^m - b^m) = 1$, 利用高斯引理, 得到 $a^n - b^n \mid a^r - b^r$. 这是不可能的, 因为 $0 < a^r - b^r < a^m - b^m$（要证不等式 $a^r - b^r < a^m - b^m$, 都除以 $a - b$, 转化成 $a^{r-1} + a^{r-2}b + \cdots + b^{r-1} < a^{m-1} + \cdots + b^{m-1}$）.

现在给出前面命题和推论的几个应用的例子：

例 2.37. *设整数 $n > 1$, 求所有的正整数 m, 使得 $(2^n - 1)^2 \mid 2^m - 1$.*

证： 设 m 是题目的一个解, 则 $2^n - 1 \mid 2^m - 1$, 必有 $n \mid m$. 记 $m = kn$, k 是正整数. 则

$$(2^n - 1)^2 \mid 2^{kn} - 1 = (2^n - 1)(1 + 2^n + \cdots + (2^n)^{k-1}),$$

因此

$$2^n - 1 \mid 1 + 2^n + \cdots + (2^n)^{k-1}.$$

然而

$$1 + 2^n + \cdots + (2^n)^{k-1} \equiv 1 + 1 + \cdots + 1 = k \pmod{2^n - 1},$$

因此必有 $2^n - 1 \mid k$, 进而 $n(2^n - 1) \mid m$.

反之, 若 $m = kn$, $2^n - 1 \mid k$, 前面的计算表明 $(2^n - 1)^2 \mid 2^m - 1$. 所以本题的解是 $n(2^n - 1)$ 的倍数. □

例 2.38. （Kvant 1858）*设正整数 a 和 b 满足*

$$\gcd(2a + 1, 2b + 1) = 1.$$

求 $\gcd(2^{2a+1} + 2^{a+1} + 1, 2^{2b+1} + 2^{b+1} + 1)$ 的所有可能值.

证： 关键的看法是, 对所有 $k \geq 0$, 有

$$(2^{2k+1} + 2^{k+1} + 1)(2^{2k+1} - 2^{k+1} + 1) = (2^{2k+1} + 1)^2 - (2^{k+1})^2 = 2^{4k+2} + 1.$$

记 $d = \gcd(2^{2a+1} + 2^{a+1} + 1, 2^{2b+1} + 2^{b+1} + 1)$, 则 d 整除 $2^{4a+2} + 1$, 因此也整除 $2^{8a+4} - 1$. 类似地, d 整除 $2^{8b+4} - 1$. 使用题目假设, 得到

$$\gcd(2^{8a+4} - 1, 2^{8b+4} - 1) = 2^{\gcd(8a+4, 8b+4)} - 1 = 2^4 - 1 = 15.$$

d 是 15 的因子. 因为 $2^{2a+1} + 2^{a+1} + 1 \equiv 2^{a+1} \pmod 3$ 不是 3 的倍数, 所以 3 不整除 d, $d = 1$ 或 $d = 5$.

两种情况都是可能的. 为了得到 $\gcd(2^{2a+1} + 2^{a+1} + 1, 2^{2b+1} + 2^{b+1} + 1) = 1$, 只需取 $a = 1$ 和 $b = 2$; 为了得到 $\gcd(2^{2a+1} + 2^{a+1} + 1, 2^{2b+1} + 2^{b+1} + 1) = 5$, 可取 $a = 3$ 和 $b = 4$. □

2.2 在丢番图方程和逼近上的应用

这一节将上一节建立的技巧和结论应用于解决一些经典的丢番图方程.

2.2.1 线性丢番图方程

最简单的丢番图方程式线性方程，形式是

$$a_1 x_1 + \cdots + a_n x_n = b,$$

其中 $a_1, \cdots, a_n, b$ 是给定整数. 对于这类方程，我们有完整的理论，给出解的存在性条件，以及找到所有解的方法.

定理 2.39. 设 $a_1, \cdots, a_n, b$ 是整数，方程

$$a_1 x_1 + \cdots + a_n x_n = b$$

有整数解当且仅当 $\gcd(a_1, \cdots, a_n) \mid b$.

证： 设 $d = \gcd(a_1, \cdots, a_n)$. 若 d 不整除 b，则显然方程没有整数解. 现在假设 $d \mid b$. 根据裴蜀定理，存在整数 $y_1, \cdots, y_n$ 使得

$$d = a_1 y_1 + \cdots + a_n y_n.$$

令 $x_i = \frac{b}{d} \cdot y_i$，给出方程的整数解. $\qquad\square$

怎样找到上面方程的所有解？对 n 归纳，问题转化成 $n = 2$ 的情形，在下面的定理中处理.

定理 2.40. 设 a, b, c 是整数，$(a, b) \neq (0, 0)$. 假设方程 $ax + by = c$ 有整数解（根据上一定理，即 $\gcd(a, b) \mid c$），并设 (x_0, y_0) 是一个解. 那么方程的所有解具有形式

$$\left(x_0 + \frac{b}{\gcd(a, b)} t, \; y_0 - \frac{a}{\gcd(a, b)} t \right), t \in \mathbf{Z}.$$

证： 可以直接检验 $\left(x_0 + \frac{b}{\gcd(a,b)} t, y_0 - \frac{a}{\gcd(a,b)} t \right)$ 确实对所有整数 t 都是方程的解. 现在假设 (x, y) 是方程的一个解. 两个式子 $ax + by = c$ 和 $ax_0 + by_0 = c$ 相减得到 $a(x - x_0) = b(y_0 - y)$. 记 $a = du$ 和 $b = dv$，其中 $d = \gcd(a, b)$，而 $\gcd(u, v) = 1$. 我们得到 $u(x - x_0) = v(y_0 - y)$，因为有 $u \mid v(y_0 - y)$ 和 $\gcd(u, v) = 1$，根据高斯引理有 $u \mid (y_0 - y)$. 设 $y_0 - y = ut$，t 是整数，则 $x - x_0 = vt$，即得 $x = x_0 + vt, y = y_0 - ut$. $\qquad\square$

例 2.41. *求丢番图方程的整数解.*

    (a) $15x + 84y = 39$.

    (b) $3x + 4y + 5z = 6$.

证: (a) 原方程等价于 $5x + 28y = 13$. 一个解是 $y = 1$, $x = -3$. 根据定理 2.40, 所有解有形式 $x = -3 + 28t$, $y = 1 - 5t$, $t \in \mathbf{Z}$.

    (b) 原方程可以写成 $3x + 4y = 6 - 5z$. 因为 $\gcd(3, 4) = 1$, 对所有 z, 方程有解, 设 $z = s, s \in \mathbf{Z}$. 方程 $3x + 4y = 1$ 的一个解是 $x = -1, y = 1$, 所以 $3x + 4y = 6 - 5s$ 的一个解是 $x_0 = 5s - 6, y_0 = 6 - 5s$. 还是应用定理 2.40, 所有解是

$$\begin{cases} x = 5s - 6 + 4t, \\ y = 6 - 5s - 3t, \\ z = s. \end{cases}$$

□

例 2.42. *(Sylvester 1884) 设 $a, b > 1$ 是互素整数, 则 $ab - a - b$ 是最大的不能写成 $ax + by$ 形式的数, 其中 x, y 要求是非负整数.*

证: 假设 $ab - a - b = ax + by$, x, y 是非负整数, 则 $-b \equiv by \pmod{a}$. 因为 $\gcd(a, b) = 1$, 所以有 $y \equiv -1 \pmod{a}$, 同理有 $x \equiv -1 \pmod{b}$. 因此 $x \geq b - 1, y \geq a - 1$, 然后

$$ab - a - b = ax + by \geq a(b-1) + b(a-1) = 2ab - a - b,$$

矛盾.

    要证任何 $n > ab - a - b$, 可以写成想要的形式. 因为 $\gcd(a, b) = 1$, 所以存在整数 u, v, 使得 $au + bv = n$. 进一步, 将 u 替换成 $u + bt$, v 替换成 $v - at$, t 是某整数, 可以假定 $0 \leq u < b$. 然后

$$ab - a - b + 1 \leq n = au + bv \leq a(b-1) + bv,$$

因此 $v \geq 0$.

□

例 2.43. *设 $a_1, \cdots, a_n$ 是正整数, $\gcd(a_1, \cdots, a_n) = k$. 则 k 的所有充分大的倍数 N 总能写成 $a_1 x_1 + \cdots + a_n x_n$ 的形式, 其中 $x_1, \cdots, x_n$ 是正整数.*

证: 我们用归纳法证明, $n = 1$ 的情形是显然的. 假设结论对 $n - 1$ 成立, 现在对 n 进行证明.

固定 $a_1, \cdots, a_n > 0$，设 $k = \gcd(a_1, \cdots, a_n)$，$l = \gcd(a_1, \cdots, a_{n-1})$。则根据定理 2.6，$k = \gcd(l, a_n)$。

设 $N > la_n$ 是 k 的一个倍数。裴蜀定理 2.2 说明存在整数 x_n，使得 $N \equiv x_n a_n \pmod{l}$。增加 l 的倍数到 x_n，可以假定 $x_n > 0$，取最小的一个 $x_n > 0$，则 $x_n \leq l$（否则 $x_n - l$ 是前面同余方程的一个更小解）。

选择 M 使得 l 的任何倍数，若超过 M，则可以写成 $x_1 a_1 + \cdots + x_{n-1} a_{n-1}$ 的形式，其中 $x_1, \cdots, x_{n-1}$ 是正整数（根据归纳假设这是可以的）。

现在对任何 $N > M + a_n l$，若又是 k 的倍数，则 $N - a_n x_n$ 是 l 的倍数，并且不小于 $N - a_n l > M$，因此可以写成 $N - a_n x_n = x_1 a_1 + \cdots + x_{n-1} a_{n-1}$，即 $N = a_1 x_1 + \cdots + a_n x_n$，其中 $x_1, \cdots, x_n > 0$。这样完成了归纳步骤。$\qquad\square$

注释 2.44. 若 $a_1, \cdots, a_n$ 是互素的正整数，记 $g(a_1, \cdots, a_n)$ 是最大的使方程

$$a_1 x_1 + \cdots + a_n x_n = N$$

没有非负整数解的正整数 N。则根据例 2.43，$g(a_1, \cdots, a_n)$ 是良好定义的。确定 $g(a_1, \cdots, a_n)$ 的问题被称作 Frobenius 硬币问题，除了 $n = 2$ 的情形（这个情形根据例 2.42，$g(a_1, a_2) = a_1 a_2 - a_1 - a_2$），还是未解决的问题。

例 2.45. （伊朗2002）设 S 是一些正整数构成的集合，满足若 $a, b \in S$，则 $a + b \in S$。证明：存在正整数 k 和 N，使得对所有 $n > N$，$n \in S$ 当且仅当 $k \mid n$。

证： 显然 S 是无限集。设 $a_1 < a_2 < \cdots$ 是 S 中的元素，考察序列 $g_n = \gcd(a_1, \cdots, a_n)$。显然 $g_n \geq g_{n+1}$，对所有 n 成立。所以序列 $(g_n)_{n \geq 1}$ 最终为常数，记常数为 $k = g_N$。显然 k 整除 S 中的所有元素，只需证明足够大的 k 的倍数属于 S。因为 S 在加法下封闭，对 $a_1, \cdots, a_N \in S$ 和正整数 $x_1, \cdots, x_N$，S 包含 $a_1 x_1 + \cdots + a_N x_N$。根据例 2.43，问题得证。$\qquad\square$

2.2.2 勾股数

现在我们讨论另一个经典的丢番图方程，即

$$x^2 + y^2 = z^2.$$

满足方程的三元整数组 (x, y, z) 称为一组勾股数。找到勾股数等价于找到整数边长的直角三角形。为了描述方程的所有解，我们需要下面的结果，也是丢番图方程研究中很有用的结论。

定理 2.46. 设 a, b 是互素的正整数, 满足 $ab = c^n$, c, n 是正整数, 则 a, b 都是正整数的 n 次幂.

证: 设 $d = \gcd(a, c)$, 记 $a = du$ 和 $c = dv$, u, v 互素. 则方程变为

$$ub = d^{n-1}v^n.$$

因为 $\gcd(d, b) = 1$, 所以根据高斯引理有 $d^{n-1} \mid u, b \mid v^n$. 又因为 $\gcd(u, v) = 1$, 有 $v^n \mid b, u \mid d^{n-1}$. 因此可得 $b = v^n$ 和 $u = d^{n-1}$, 即 $a = d^n$. □

在解决方程 $x^2 + y^2 = z^2$ 之前, 我们用几个有趣的例子说明一下前面定理的用处.

例 2.47. 证明: 三个连续整数的乘积不是正整数的高次幂.

证: 记这三个整数是 $n-1, n, n+1$, 假设 $(n-1)n(n+1) = a^d (a, d > 1)$. 则 $n(n^2 - 1) = a^d$ 和 $\gcd(n, n^2 - 1) = 1$ 说明 n 和 $n^2 - 1$ 都是 d 次幂. 记 $n = c^d$ 和 $n^2 - 1 = e^d$, 整数 $c, e > 1$. 则 $c^{2d} - e^d = 1$, 或者写作

$$(c^2 - e)(c^{2(d-1)} + \cdots + e^{d-1}) = 1.$$

这是不可能的, 因为 $c^2 - e \geq 1$, 而 $c^{2(d-1)} + \cdots + e^{d-1} \geq d > 1$. □

例 2.48. (IMOSL2007) 设 b, n 是大于 1 的正整数, 满足对所有 $k > 1$, 可以找到整数 a, 使得 $k \mid b - a^n$, 证明: b 是整数的 n 次幂.

证: 选 $k = b^2$, 存在整数 a 和 c, 使 $b - a^n = cb^2$, 也可以写作 $b(1 - cb) = a^n$. 现在 b 和 $1 - cb$ 是互素的正整数, 乘积是 n 次幂, 所以两个都是 n 次幂, 特别 b 是 n 次幂, 恰是我们需要的结果. □

例 2.49. (越南2013) 求所有的整数 x, 使得 $\frac{x^{1\,000} - 1}{x - 1}$ 是完全平方数.

证: 显然 $x = -1$ 和 $x = 0$ 是解, 我们将证明没有其他的解. 若 $x < -1$, 则分数小于零, 不能是完全平方数, 只需考虑 $x > 1$ 的情形. 因为

$$\frac{x^{1\,000} - 1}{x - 1} = \frac{x^{500} - 1}{x - 1} \cdot (x^{500} + 1),$$

而 $\gcd\left(\frac{x^{500} - 1}{x - 1}, x^{500} + 1\right) \mid 2$, $x^{500} + 1$ 又不是平方数 ($x^{500} + 1$ 在连续整数的平方 x^{500} 和 $(x^{250} + 1)^2$ 之间), 所以 $x^{500} + 1 = 2u^2$, $\frac{x^{500} - 1}{x - 1} = 2v^2$, 对某整数 $u, v > 1$ 成立. 因此

$$\frac{x^{250} - 1}{x - 1} \cdot \frac{x^{250} + 1}{2} = v^2.$$

注意 4 不整除 $x^{250}+1$（4 不整除任何 u^2+1 型的数，u 是整数），$\frac{x^{250}-1}{x-1}$ 和 $\frac{x^{250}+1}{2}$ 互素，必然每个都是平方数。接下来

$$\frac{x^{125}-1}{x-1} \cdot (x^{125}+1)$$

是平方数，且 $x^{125}+1$ 和 $\frac{x^{125}-1}{x-1}$ 互素（因为 $\frac{x^{125}-1}{x-1}$ 是奇数）。因此 $x^{125}+1$ 是平方数，记 $x^{125}+1=z^2$，则

$$(z-1)(z+1)=x^{125},$$

而 $z-1, z+1$ 互素（x 是奇数，z 是偶数），这样 $z-1$ 和 $z+1$ 都是整数的 125 次幂，设为 p, q。

而 $q^{125}-p^{125}=2$ 得到 $q-p=1$ 或 $q-p=2$，二者都不能满足 $q^{125}-p^{125}=2$。所以原问题的最终解只有 $x=0$。 $\qquad\square$

现在可以描述所有的勾股数。

定理 2.50. 方程

$$x^2+y^2=z^2$$

的所有正整数解由

$$x=d(m^2-n^2),\ y=2dmn,\ z=(m^2+n^2)d$$

或者

$$x=2dmn,\ y=(m^2-n^2)d,\ z=(m^2+n^2)d,$$

给出，其中 $m>n>0$ 是互素的整数，奇偶性不同，$d>0$。

证： 不难检验所给出的形式确实是方程的解，最终转化为恒等式

$$(m^2-n^2)^2+(2mn)^2=(m^2+n^2)^2.$$

反之，设 (x,y,z) 是方程的一个解，又设 $d=\gcd(x,y)$，则 $x=da, y=db$，a,b 互素。原方程变为

$$d^2(a^2+b^2)=z^2.$$

因此，$d^2 \mid z^2$，$d \mid z$。设 $z=dc$，c 是正整数，则有

$$a^2+b^2=c^2.$$

此时 a, b 互素，前面的方程进一步说明 a, b, c 两两互素。c 必然是奇数，否则互素性说明 a, b 都是奇数，但是 $c^2 = a^2 + b^2 \equiv 2 \pmod 4$，矛盾。这样 a 和 b 的奇偶性不同，由对称性，不妨设 a 是奇数，b 是偶数，方程重写为

$$\left(\frac{b}{2}\right)^2 = \frac{c - a}{2} \frac{c + a}{2}.$$

因为 $\gcd(a, c) = 1$，所以 $\gcd\left(\frac{c-a}{2}, \frac{c+a}{2}\right) = 1$（因为两个数 $\frac{c+a}{2}$ 和 $\frac{c-a}{2}$ 的和与差分别是 c 与 a）。因此 $\frac{c-a}{2}$ 和 $\frac{c+a}{2}$ 都是平方数，记

$$\frac{c - a}{2} = n^2, \quad \frac{c + a}{2} = m^2,$$

而 $m > n$ 是互素的正整数，奇偶性不同（因为 $m^2 + n^2 = c$ 是奇数）。计算得 $b = 2mn$，于是

$$x = d(m^2 - n^2), \quad y = 2dmn, \quad z = d(m^2 + n^2).$$

$\square$

　　数论中最有名的问题之一是解决费马方程

$$x^n + y^n = z^n.$$

我们刚刚解决了 $n = 2$ 的情形。一般的情形被怀尔斯于 1994 年解决（在问题提出超过 350 年以后），他证明了对 $n > 2$，方程没有非平凡解。这个深刻的证明是数论和代数几何最精彩的交叉应用之一（不用说，这个证明远远超出了这本书的范围）。$n = 3$ 的情形已经是很有挑战性（尽管这种情形有初等但是技术性较强的证明）。下面的定理处理了 $n = 4$ 的情形，给出了更强一点的结果，使用了费马的无穷递降法（在第一章中我们碰到过这个方法的一些应用）。

定理 2.51.（费马）方程 $x^4 + y^4 = z^2$ 和 $x^4 - y^4 = z^2$ 没有非平凡整数解（即 $xyz \neq 0$ 的解）。

证： 我们只给出 $x^4 + y^4 = z^2$ 的证明，另一个论证过程类似。我们可以只考虑满足 $x, y, z \geq 0$ 的解（因为把 x, y, z 换成它们的绝对值，还是给出非平凡解）。假设 (x_0, y_0, z_0) 是使 z_0 最小的非平凡解。

　　必有 $\gcd(x_0, y_0) = 1$（否则设 $d = \gcd(x_0, y_0)$，d^2 整除 z，然后 $\left(\frac{x_0}{d}, \frac{y_0}{d}, \frac{z_0}{d^2}\right)$ 给出使 z 更小的解，矛盾）。另外 x_0, y_0 之一必然是偶数（否则 $z^2 \equiv 2 \pmod 4$，矛盾），不妨设 y_0 是偶数。

用定理 2.50，可以找到互素正整数 a, b，使得

$$x_0^2 = a^2 - b^2, \ y_0^2 = 2ab, \ z_0 = a^2 + b^2.$$

因为 $x_0^2 = a^2 - b^2$，x_0 是奇数（y_0 是偶数，$\gcd(x_0, y_0) = 1$），而且 $\gcd(a, b) = 1$，再用定理 2.50，可以找到互素正整数 c, d，使得

$$x_0 = c^2 - d^2, \ b = 2cd, \ a = c^2 + d^2.$$

这时

$$cd(c^2 + d^2) = \frac{ab}{2} = \left(\frac{y_0}{2}\right)^2.$$

因为 $c, d, c^2 + d^2$ 是两两互素的，所以每一个都是平方数，记 $c = u^2, d = v^2$ 和 $c^2 + d^2 = w^2$. 我们得到方程

$$u^4 + v^4 = w^2,$$

(u, v, w) 是同样方程的非平凡解. 根据 z_0 的最小性，有 $w \geq z_0$. 而

$$z_0 = a^2 + b^2 > a^2 = (c^2 + d^2)^2 > c^2 + d^2 = u^4 + v^4 = w^2,$$

矛盾. 所以原方程没有非平凡整数解. □

注释 2.52. (a) 方程

$$x^4 + y^4 + z^4 = t^4$$

是有非平凡解的，属于 *Elkies (1988)* 的著名的例子是

$$2\,682\,440^4 + 15\,365\,639^4 + 18\,796\,760^4 = 20\,615\,673^4.$$

Frye 找到的另一个例子是

$$95\,800^4 + 217\,519^4 + 414\,560^4 = 422\,481^4.$$

方程

$$x^5 + y^5 + z^5 + t^5 = w^5$$

也有非平凡解，例如 *Lander* 和 *Parkin(1967)* 找到解

$$144^5 = 27^5 + 84^5 + 110^5 + 133^5.$$

这些例子伪证了欧拉的一个猜想：对 $n > 2$，方程

$$a_1^n + a_2^n + \cdots + a_{n-1}^n = b^n$$

没有正整数解（这个问题对 $n=3$ 是对的，就是费马大定理）.

(b) 用一样的论述，可以证明方程 $x^4 - y^4 = z^2$ 没有非平凡整数解. 还可以得出方程 $x^4 + y^4 = 2z^2$ 只有明显整数解 $(\pm a, \pm a, \pm a^2)$，只需将其写成形式

$$z^4 - (xy)^4 = \left(\frac{x^4 - y^4}{2}\right)^2.$$

(c) 一般地，若 d 是正整数，可以证明方程 $x^4 - y^4 = dz^2$ 或者没有非平凡解，或者有无穷多互素的正整数解.

例 2.53. 对哪些整数 x, y，有 $x^4 - 2y^2 = 1$?

证： 将方程写成

$$x^4 + y^4 = (y^2 + 1)^2,$$

利用费马定理，可以得到 $y=0$ 和 $x = \pm 1$. □

例 2.54. 求所有整数 x, y，使得 $8x^4 + 1 = y^2$.

证： 假设 (x, y) 是一个解，将 x, y 替换为绝对值，可以假设 $x, y \geq 0$. 若 $y = 1$，得到解 $(0, 1)$，现假设 $y > 1$. 显然 y 是奇数，记 $y = 2z + 1$，z 是正整数. 则 $z(z+1) = 2x^4$，而 $\gcd(z, z+1) = 1$，因此或者 $z = 2a^4$, $z + 1 = b^4$，或者 $z = a^4$ 和 $z + 1 = 2b^4$，a, b 是正整数. 根据前面的例子，$b^4 - 2a^4 = 1$ 没有正整数解. 第二种情况 $a^4 + 1 = 2b^4$，可以重写为

$$a^4 + \left(\frac{a^4 - 1}{2}\right)^2 = b^8.$$

因为 $a, b \geq 1$，方程 $x^4 + y^2 = z^4$ 只有平凡解，因此 $a = 1$ 和 $b = 1$，然后 $z = 1$，$x = 1$，$y = 3$. 最终所有的解是 $(x, y) = (0, \pm 1), (\pm 1, \pm 3)$. □

例 2.55. 求方程

$$x^4 + (x^2 + 1)^2 = y^2$$

的整数解.

证： 还是可以假设 $x, y \geq 0$. 若 $x = 0$，则 $y = 1$. 假设 $x > 0$，则 $x^2, x^2 + 1$ 和 y 是一组勾股数，而且 $\gcd(x^2, x^2 + 1) = 1$. 进一步 x^2 是偶数（若 x 是奇数，则方程左端模 8 余 5，右端模 8 余 1）. 因此存在互素的一奇一偶两数 $m > n$，使得 $x^2 = 2mn$, $x^2 + 1 = m^2 - n^2$. 设 $x = 2a$，则有 $mn = 2a^2$ 和 $m^2 - n^2 = 4a^2 + 1$. 因为 m, n 一奇一偶，而且 $m^2 - n^2 \equiv 1 \pmod 4$，必然 m 是奇数，n 是偶数. 根

据 $mn = 2a^2$ 和 $\gcd(m, n) = 1$，有 $n = 2u^2$ 和 $m = v^2$，整数 $u, v > 0$，还有 $a = uv$. 最后得到

$$v^4 - 4u^4 = 4u^2v^2 + 1,$$

还可以写作

$$(v^2 - 2u^2)^2 - 8u^4 = 1.$$

根据前面例子及 $u > 0$，解是 $u = 1$ 和 $v^2 - 2u^2 = \pm 3$. 这不可能，因此原方程的唯一解是 $(0, \pm 1)$. $\qquad\square$

例 2.56. 求方程

$$(2x^2 - 1)^2 = 2y^2 - 1$$

的整数解.

证： 可以假设 $x, y \geq 0$. 显然 $y \geq 1$，而且若 $y = 1$，则 $x = 0$ 或 $x = 1$. 现在假设 $y > 1$，于是 $x > 1$.

方程可写成

$$(x^2)^2 + (x^2 - 1)^2 = y^2.$$

我们根据 x 的奇偶性，讨论如下两种情形.

假设 x 是奇数，则 $x^2 = a^2 - b^2$，$x^2 - 1 = 2ab$，$y = a^2 + b^2$，$a > b > 0$ 是互素整数，一奇一偶. 根据 $x^2 = a^2 - b^2$，得到 $a - b = u^2$ 和 $a + b = v^2$，$0 < u < v$ 是互素奇数. 则 $x = uv$，方程 $x^2 - 1 = 2ab$ 变为

$$(uv)^2 - 1 = 2 \cdot \frac{u^2 + v^2}{2} \cdot \frac{v^2 - u^2}{2},$$

或者 $2u^2v^2 - 2 = v^4 - u^4$. 这个方程等价于 $(v^2 - u^2)^2 = 2(u^4 - 1)$，记 $v^2 - u^2 = 2w$ 得到 $u^4 - 2w^2 = 1$. 利用例 2.53 得到矛盾.

现在假设 x 是偶数. 类似的论述给出，存在互素且一奇一偶的整数 $a > b > 0$，满足 $x^2 = 2ab$，$x^2 - 1 = a^2 - b^2$，$y = a^2 + b^2$. 因为 $a^2 - b^2 = x^2 - 1 \equiv -1 \pmod 4$，必有 a 是偶数，b 是奇数. 因为 $2ab = x^2$ 是平方数，a 偶 b 奇且互素，有 $a = 2m^2$，$b = n^2$ 和 $x = 2mn$，m, n 是互素正整数. 方程 $x^2 - 1 = a^2 - b^2$ 变成 $4m^2n^2 - 1 = 4m^4 - n^4$，进一步写成

$$(n^2 + 2m^2)^2 = 8m^4 + 1.$$

利用例 2.54，得到 $m = 1$ 和 $n^2 + 2m^2 = 3$，因此 $m = n = 1$，然后 $a = 2$，$b = 1$，$x = 2$ 和 $y = 5$.

最终的所有解是 $(0, \pm 1)$，$(\pm 1, \pm 1)$，$(\pm 2, \pm 5)$. $\qquad\square$

例 2.57. *求所有的 x, y, 使得*

$$1 + x + x^2 + x^3 = y^2.$$

证: 将方程写成 $(1+x)(1+x^2) = y^2$, 因此必有 $x \geq -1$. 若 $x = -1$, 则得到解 $(-1, 0)$. 若 $x = 0$, 得到解 $(0, \pm 1)$. 若 $x = 1$, 得到解 $(1, \pm 2)$.

现在假设 $x > 1$, 然后不妨设 $y \geq 0$ (因此 $y > 2$). 若 x 是偶数, 则 $\gcd(1 + x, 1 + x^2) = 1$, 然后 $1 + x$ 和 $1 + x^2$ 都是平方数, 不可能. 所以 x 是奇数, $\gcd(1 + x, 1 + x^2) = 2$, 然后有 $1 + x = 2a^2$ 和 $1 + x^2 = 2b^2$, 整数 $a, b \geq 1$, 还有 $y = 2ab$. 方程化为 $(2a^2 - 1)^2 = 2b^2 - 1$, 应用上一个例子得到 $a = 2$ 和 $b = 5$, 于是 $x = 2a^2 - 1 = 7$, $y = 20$.

最终问题的所有解是 $(-1, 0)$, $(0, \pm 1)$, $(1, \pm 2)$, $(7, \pm 20)$. □

例 2.58. (保加利亚1998) *证明:方程 $x^2 y^2 = z^2(z^2 - x^2 - y^2)$ 没有正整数解.*

证: 假设方程有解, 设 $a = x^2 + y^2$ 和 $b = 2xy$, 则有

$$a^2 - b^2 = (x^2 - y^2)^2, \quad \text{和} \quad a^2 + b^2 = x^4 + y^4 + 6x^2 y^2.$$

另外, 因为方程 $(z^2)^2 - z^2 a = \frac{b^2}{4}$ 有整数解, 所以其判别式 $a^2 + b^2$ 是完全平方数. 因此 $a^2 - b^2$ 和 $a^2 + b^2$ 都是平方数, 进而 $a^4 - b^4 = t^2$, t 是整数. 因为 $a, b > 0$, 我们得到 $a = b$, 然后 $x = y$. 这样 $(z^2 - x^2)^2 = 2x^4$, 与 $\sqrt{2}$ 是无理数矛盾 (参考例2.62, 有更形式化的一般证明). □

注释 2.59. *证明过程表明了, 方程 $x^2 y^2 = z(z - x^2 - y^2)$ 没有正整数解.*

2.2.3 有理根定理

我们下面讨论高斯引理的另一个应用, 有理根定理. 这个定理给出了整系数多项式的有理根的分母上界. 其中一个重要的结论是, 首一整系数多项式的有理根必是整数.

定理 2.60. (有理根定理) *设 $f(X) = a_n X^n + \cdots + a_0$ 是整系数多项式, $a_n \neq 0$. 若 $x = \frac{p}{q}$ (其中 p, q 是互素整数) 是 f 的一个有理根, 则 $q \mid a_n$.*

证: 将等式 $f(x) = 0$ 两边乘以 q^n, 得到

$$a_n p^n + a_{n-1} p^{n-1} q + \cdots + a_0 q^n = 0.$$

除了第一项, 其他都是 q 的倍数, 所以 $q \mid a_n p^n$. 因为 $\gcd(q, p) = 1$, 根据高斯引理有 $q \mid a_n$. □

推论 2.61. 设 f 是首一整系数多项式（就是最高次项系数为1），则 f 的任何有理根是整数.

例 2.62. 设 n 是正整数，$d > 1$ 是整数. 证明：若 $\sqrt[d]{n}$ 是有理数，则它是个整数.

证： 设 $x = \sqrt[d]{n}$，则 x 是首一整系数多项式 $X^d - n$ 的有理根. 根据推论 2.61，x 是个整数. $\square$

特别地，若 a, b, c 是整数，$a \neq 0$，而且方程 $ax^2 + bx + c = 0$ 有一个有理根 x_0，则判别式 $\Delta = b^2 - 4ac$ 必然是完全平方数. 事实上，$\sqrt{\Delta} = |2ax_0 + b|$ 是有理数，然后根据前一个例子，它是整数. 反之，若判别式是平方数，根据求根公式，方程的两个根都是有理根. 因此我们证明了：

推论 2.63. 设 a, b, c 是整数，$a \neq 0$，则方程 $ax^2 + bx + c = 0$ 有有理根的充要条件是判别式 $\Delta = b^2 - 4ac$ 是完全平方数.

下面给出这个推论的一个好应用.

例 2.64. （Kvant 1740）设 a, b, c 是正整数，满足

$$a^2 + b^2 + c^2 = (a - b)^2 + (b - c)^2 + (c - a)^2.$$

证明：ab, bc, ca 和 $ab + bc + ca$ 都是完全平方数.

证： 我们可以重写关系式为

$$a^2 + b^2 + c^2 = 2(ab + bc + ca). \tag{1}$$

将其看成关于 a 的一元二次方程，则判别式 $\Delta = 16bc$ 必然是完全平方数. 所以 bc 是完全平方数. 由对称性，可以得到 ab 和 ac 也是完全平方数. 记 $bc = x^2$，x 是整数，等式(1)可化为

$$(b + c - a)^2 = 4bc = (2x)^2, \tag{2}$$

因此 $b + c = a + \varepsilon \cdot 2x$，其中 $\varepsilon \in \{-1, 1\}$. 然后有

$$ab + bc + ca = x^2 + a(b + c) = x^2 + a(a + 2\varepsilon \cdot x) = (a + \varepsilon \cdot x)^2.$$

（译者注）本题还可以用纯代数做法，式(2)和类似的式子可以说明 bc, ca, ab 都是平方数，而下式说明 $ab + bc + ca$ 是平方数，且

$$(a + b + c)^2 = 4(ab + bc + ca).$$

$\square$

下面的练习细化了有理根定理.

例 2.65. 设 f 是整系数多项式，$x = \frac{p}{q}$ 是 f 的一个有理根，p, q 互素．则可以找到整系数多项式 g，使得 $f(X) = (qX - p)g(X)$．

证： 记多项式为

$$f(X) = a_n X^n + a_{n-1} X^{n-1} + \cdots + a_0, g(X) = b_{n-1} X^{n-1} + \cdots + b_0.$$

则等式 $f(X) = (qX - p)g(X)$ 化为（通过比较两端 X^j 的系数）方程组

$$-pb_0 = a_0, \quad qb_0 - pb_1 = a_1, \quad \cdots, \quad qb_{n-2} - pb_{n-1} = a_{n-1}, \quad qb_{n-1} = a_n.$$

一个接一个地解这些方程，得到

$$b_k = -\frac{q^k a_0 + pq^{k-1} a_1 + \cdots + p^k a_k}{p^{k+1}}$$

我们需要说明所有的式子是整数，而有理根定理恰好说明了 $b_{n-1} = \frac{a_n}{q}$ 是整数．一般的情况下，我们知道

$$a_n p^n + a_{n-1} p^{n-1} q + \cdots + a_{k+1} p^{k+1} q^{n-k-1} + a_k p^k q^{n-k} + \cdots + a_0 q^n = 0.$$

p^{k+1} 整除上式前 $n - k$ 项，因此 p^{k+1} 整除

$$a_k p^k q^{n-k} + \cdots + a_0 q^n = q^{n-k}(a_k p^k + \cdots + a_0 q^k).$$

而 p^{k+1} 和 q^{n-k} 互素，因此 p^{k+1} 整除 $a_k p^k + \cdots + a_0 q^k$，$b_k$ 是整数． $\square$

现在是有理根定理的一个好应用．假设 a, b 是有理数，而且 $a + b$ 和 ab 都是整数．我们声称 a 和 b 都是整数．实际上，a 和 b 是首一整系数多项式方程 $(X - a)(X - b) = X^2 - (a + b)X + ab$ 的两个根．使用前面的推论，得到 a, b 是整数．类似的推导说明，若 a, b, c 是有理数，而且 $a + b + c$，$ab + bc + ca$ 和 abc 都是整数，则 a, b, c 均为整数．这类的结论在很多情况下非常有用，可以得到令人惊奇的结果．

例 2.66. 求所有正整数 a, b, c，使得 $\frac{a}{b} + \frac{b}{c} + \frac{c}{a}$ 和 $\frac{b}{a} + \frac{c}{b} + \frac{a}{c}$ 都是整数．

证： 考虑以 $\frac{a}{b}, \frac{b}{c}, \frac{c}{a}$ 为根的多项式

$$f(X) = \left(X - \frac{a}{b}\right) \cdot \left(X - \frac{b}{c}\right) \cdot \left(X - \frac{c}{a}\right).$$

强制展开得到

$$f(X) = X^3 - \left(\frac{a}{b} + \frac{b}{c} + \frac{c}{a}\right) X^2 + \left(\frac{b}{a} + \frac{c}{b} + \frac{a}{c}\right) X - 1.$$

所以 (a, b, c) 是题目的一个解，当且仅当 f 是整系数多项式. 此时 f 还是首一多项式，有有理根 $\frac{a}{b}, \frac{b}{c}, \frac{c}{a}$. 根据有理根定理，这些根都是整数. 因此 $\frac{a}{b}, \frac{b}{c}, \frac{c}{a}$ 都是整数，它们的乘积是 1，必然每个都是 1，即 $a = b = c$.

反之，若 $a = b = c$，则显然 (a, b, c) 是问题的一个解. $\qquad\square$

例 2.67. （USAMO 2009）设 $s_1, s_2, s_3, \cdots$ 是一个无穷的非常数有理数数列. 假设 $t_1, t_2, t_3, \cdots$ 也是一个无穷的非常数有理数数列，满足 $(s_i - s_j)(t_i - t_j)$ 对所有 i, j 都是整数. 证明：存在非零有理数 r，使得 $(s_i - s_j)r$ 和 $(t_i - t_j)/r$ 对所有 i, j 是整数.

证： 使用数列 $0, s_2 - s_1, s_3 - s_1, \cdots$ 替换 $s_1, s_2, \cdots$，不改变问题，可以假设 $s_1 = 0$，类似假设 $t_1 = 0$. 将题目条件中代入 $j = 0$，得 $s_i t_i$ 对所有 i 都是整数. 然后

$$(s_i - s_j)(t_i - t_j) - (s_i t_i + s_j t_j) = s_i t_j + s_j t_i$$

对所有 i, j 都是整数. 再有 $(s_i t_j) \cdot (s_j t_i) = (s_i t_i) \cdot (s_j t_j)$ 是整数. 因为有理数 $s_i t_j$ 和 $s_j t_i$ 的乘积与求和都是整数，因此两个都是整数，即 $s_i t_j$ 对所有 i, j 是整数. 取 $s_i \neq 0$，则存在一个非零整数（例如 s_i 的分子. ——译者注）N，使得 $N t_j$ 对所有 j 都是整数. 现在定义

$$r = \frac{1}{N} \gcd(N t_1, N t_2, \cdots).$$

根据裴蜀定理（注意 $\gcd(N t_1, N t_2, \cdots)$ 实际上是有限多个 $N t_j$ 的最大公约数），r 是 $t_1, t_2, \cdots$ 的整系数线性组合（其中只有有限个系数非零）. 因为 $s_i t_j$ 对所有 i, j 是整数，我们得到 $r s_i$ 对所有 i 都是整数（因为可以写成 $s_i t_j$ 的有限个整系数线性组合），所以 $(s_i - s_j)r$ 对所有 i, j 是整数. 最后，从构造方法看，

$$\frac{t_i - t_j}{r} = \frac{N t_i - N t_j}{\gcd(N t_1, N t_2, \cdots)}$$

对所有 i, j 都是整数. $\qquad\square$

2.2.4 法雷级数和佩尔方程

在这一节中，我们开始研究两个基本的丢番图方程

$$x^2 + y^2 = n \quad \text{和} \quad x^2 - ny^2 = 1,$$

其中 n 是给定的正整数，注意第一个方程明显只有有限个解，因为 $|x|$ 和 $|y|$ 不能超过 $\sqrt{n}$. 我们要证明方程 $x^2 + y^2 = n$ 和方程 $z^2 \equiv -1 \pmod{n}$ 的解数一样多.

我们后面会知道怎么计算这个同余方程的解数．一旦足够多的理论建立起来后，这会是一个很直接的练习，虽然给出方程 $x^2 + y^2 = n$ 的解数绝对不简单．我们还会证明若 n 不是完全平方数，则 $x^2 - ny^2 = 1$（称作佩尔方程）有无穷多解，而且一旦知道最小的解，其他解都可以简单获得．为了证明这些结论，我们先引入一个非常漂亮的数学对象：法雷级数．

设 $n > 0$ 是整数，考虑所有分母不超过 n 的最简分数，也就是说，所有的具有形式 $\frac{a}{b}$ 的分数，其中 a, b 是互素整数，且 $0 < b \le n$．将所有这些分数按分数值递增排列，称得到的序列是 n 阶法雷级数．

法雷级数的关键性质是：

定理 2.68. 设 $\frac{a}{b}$ 和 $\frac{a'}{b'}$ 是 n 阶法雷级数中的相邻两项，则有

$$b + b' \ge n + 1 \quad \text{且} \quad ba' - ab' = \pm 1.$$

证： 假设 $\frac{a}{b} < \frac{a'}{b'}$，我们将如下确定分数 $\frac{a'}{b'}$．先考虑两个整数 x, y 使得

$$bx - ay = 1 \quad \text{且} \quad n - b < y \le n.$$

这样的整数存在：根据定理 2.20，同余方程 $ay \equiv -1 \pmod{b}$ 至少有一个解 y 在集合 $\{n, n-1, \cdots, n-b+1\}$ 中（这是模 b 的一个完系），然后根据题设 $b \le n$，$y > n - b \ge 0$．

现在证明 $\frac{a'}{b'} = \frac{x}{y}$．假设不是这样，$\frac{a}{b}$ 和 $\frac{a'}{b'}$ 是 n 阶法雷级数中的相邻项，而 $\frac{x}{y}$ 也是级数中的一项（显然有 $\gcd(x, y) = 1$ 和 $0 < y \le n$），而且

$$\frac{x}{y} = \frac{a}{b} + \frac{1}{by} > \frac{a}{b},$$

可得 $\frac{x}{y} > \frac{a'}{b'}$，因此

$$\frac{x}{y} - \frac{a'}{b'} = \frac{b'x - a'y}{b'y} \ge \frac{1}{b'y}.$$

类似地有

$$\frac{a'}{b'} - \frac{a}{b} \ge \frac{1}{bb'},$$

因此

$$\frac{1}{by} = \frac{x}{y} - \frac{a}{b} \ge \frac{1}{b'y} + \frac{1}{bb'},$$

这给出 $b' \ge y + b > n$，与 $\frac{a'}{b'}$ 属于 n 阶法雷级数矛盾．

前面一段证明了 $\frac{a'}{b'} = \frac{x}{y}$，或者 $b'x = a'y$．高斯引理给出 $b' = y$ 和 $a' = x$．根据 x, y 的取法，我们得到

$$a'b - ab' = bx - ay = 1 \quad \text{且} \quad b + b' = b + y > n.$$

□

前面定理的一个推论是下面的逼近结论：

推论 2.69. 若 x 是实数，n 是正整数，则可以找到互素整数 a, b，满足 $0 < b \leq n$，且

$$\left| x - \frac{a}{b} \right| \leq \frac{1}{b(n+1)}.$$

证： 设 $f_1 < f_2 < \cdots < f_d$ 是 n 阶法雷级数中在区间 $[x-1, x+1]$ 中的项．若 $f_i = \frac{a_i}{b_i}$，$\gcd(a_i, b_i) = 1$，$0 < b_i \leq n$，考虑

$$g_i = \frac{a_i + a_{i+1}}{b_i + b_{i+1}}, 1 \leq i < d,$$

根据前面的定理有

$$g_i - f_i = \frac{b_i a_{i+1} - a_i b_{i+1}}{b_i(b_i + b_{i+1})} = \frac{1}{b_i(b_i + b_{i+1})} \in \left(0, \frac{1}{(n+1)b_i} \right],$$

及类似的 $f_{i+1} - g_i \in \left(0, \frac{1}{(n+1)b_{i+1}} \right]$．这样有

$$f_1 < g_1 < f_2 < g_2 < f_3 < \cdots < f_{d-1} < g_{d-1} < f_d.$$

因为 x 落在其中一个区间 $[f_i, g_i]$ 或 $[g_i, f_{i+1}]$ 中，选取对应的 f_i 或 f_{i+1} 为 $\frac{a}{b}$，则结论成立．   □

注释 2.70. 若 $\frac{1}{b(n+1)}$ 替换成 $\frac{1}{bn}$，可以只用抽屉原则证明前面推论如下：考虑所有的数，具有形式 $1 + \lfloor kx \rfloor - kx$，其中 $0 \leq k \leq n$，我们得到区间 $[0, 1)$ 中的 $n+1$ 个数．根据抽屉原，则其中两个数必然属于同一个区间 $\left(\frac{j}{n}, \frac{j+1}{n} \right]$，其中 $0 \leq j < n$．然后存在整数 u_1, u_2 和 $0 \leq v_1 < v_2 \leq n$，使得

$$|u_2 - u_1 - x(v_2 - v_1)| < \frac{1}{n}.$$

取最简分数 $\frac{b}{a} = \frac{v_2 - v_1}{u_2 - u_1}$，给出想要的结果．

我们现在准备好处理方程 $x^2 + y^2 = n$，确切地说，我们要证明下面的定理．

定理 2.71. 将 (x, y) 映射到 $yx^{-1} \pmod{n}$ （其中 x^{-1} 是 x 模 n 的逆）的映射建立了满足方程 $x^2 + y^2 = n$ 的互素正整数对 (x, y) 到同余方程 $z^2 \equiv -1 \pmod{n}$ 的解的一一对应．

证：显然，若 x, y 是互素正整数，满足方程 $x^2+y^2=n$，则 $\gcd(x, n) = 1$（任何 x 和 n 的公因子会整除 y^2，但是 $\gcd(x, y^2) = 1$，这个因子必然是 1 或 -1）。记 $z = yx^{-1} \pmod n$，我们有

$$0 \equiv x^2 + y^2 \equiv x^2(z^2 + 1) \pmod n,$$

所以根据高斯引理，有 $z^2 \equiv -1 \pmod n$。这样证明了映射定义是合理的。

我们先证明映射是单射。考虑两个不同的对 (x_1, y_1) 和 (x_2, y_2)，它们映射到相同的像 z。则有 $y_2 \equiv x_2 z \pmod n$ 和 $y_1 \equiv x_1 z \pmod n$，因此 $x_1 y_2 \equiv x_2 y_1 \pmod n$，$n$ 整除 $x_1 y_2 - x_2 y_1$。另一方面，

$$n^2 = (x_1^2 + y_1^2)(x_2^2 + y_2^2) = (x_1 y_2 - x_2 y_1)^2 + (x_1 y_1 + x_2 y_2)^2,$$

因此 $|x_1 y_2 - x_2 y_1| < n$。这样我们得到 $x_1 y_2 = x_2 y_1$，根据高斯引理，有 $x_1 \mid x_2$ 和 $x_2 \mid x_1$，即 $x_1 = x_2$，$y_1 = y_2$，矛盾。

最后，我们证明最困难的部分，映射是满的。考虑正整数 z，满足 $z^2 \equiv -1 \pmod n$。我们要证明：存在互素正整数对 (x, y)，满足 $y \equiv xz \pmod n$ 和 $x^2 + y^2 = n$。根据推论 2.69，我们能找到互素整数 a, b，满足 $0 < b \le \lfloor \sqrt{n} \rfloor$ 和

$$\left| \frac{-z}{n} - \frac{a}{b} \right| \le \frac{1}{b(1 + \lfloor \sqrt{n} \rfloor)} < \frac{1}{b\sqrt{n}}.$$

于是有

$$0 < b^2 + (bz + an)^2 < n + n = 2n.$$

但是还有

$$b^2 + (bz + an)^2 \equiv b^2 + b^2 z^2 = b^2(1 + z^2) \equiv 0 \pmod n.$$

所以必然有

$$n = b^2 + (bz + an)^2.$$

展开得

$$b^2 \cdot \frac{z^2 + 1}{n} + 2abz - 1 + a^2 n = 0.$$

所以 $\gcd(b, n) = 1$，而且 $\gcd(b, bz + an) = \gcd(b, an) = 1$。我们得到，若 $bz + an > 0$，则 $x = b$ 和 $y = bz + an$ 满足要求；若 $bz + an < 0$，则 $x = -bz - an$ 和 $y = b$ 满足要求。证毕。　　　　　　　　　　　　　　　　　　□

我们现在考虑丢番图方程 $x^2 - dy^2 = 1$，其中 $d > 1$ 不是完全平方数（若 d 是平方数，设 $d = e^2$，则方程可写成 $(x - ey)(x + ey) = 1$，容易求解）。这个方

程被广泛称为佩尔方程，尽管佩尔（Pell）本人没有对这个方程的研究有主要贡献．注意研究佩尔方程时，我们可以假设 x 和 y 是非负的．方程总是有一个平凡解 $(1,0)$，是否有其他解现在并不明显．我们马上证明佩尔方程确实有无穷多的解，先需要一些预备知识．

固定非平方正整数 d，于是 $\sqrt{d}$ 是一个无理数（参考例 2.62）．

命题 2.72. 有无穷多对正整数 (x,y) 满足

$$|x - y\sqrt{d}| < \frac{1}{y}.$$

证： 根据推论 2.69，对任何 $n \geq 1$，我们有 $0 < b_n \leq n$ 和 a_n，使得

$$|b_n\sqrt{d} - a_n| \leq \frac{1}{n+1} < \frac{1}{b_n},$$

注意必然有 $a_n > 0$．若序列 $(b_n)_n$ 有无穷多个不同的项，我们就证明完了．现在假设不是这样的情形，序列 $(b_n)_n$ 有界，则序列 $(a_n)_n$ 也有界，只有有限个不同项．因此存在指标 i, j，使得 $b_n = b_i$ 和 $a_n = a_j$ 对无穷多个 n 成立．但是对这样的 n，我们有

$$|b_i\sqrt{d} - a_j| = |b_n\sqrt{d} - a_n| \leq \frac{1}{n+1}.$$

$\frac{1}{n+1}$ 随着 n 的增大越来越小，比任何给定的正实数都小．因此必然有 $b_i\sqrt{d} = a_j$，与 $\sqrt{d}$ 是无理数矛盾．   □

前面的证明可以修改一下，马上能证明下面更一般的结果：

定理 2.73. 若 x 是无理数，则存在无穷多对整数 (p,q)，满足 $\gcd(p,q) = 1$ 和

$$\left| x - \frac{p}{q} \right| < \frac{1}{q^2}.$$

另一方面，这个定理对于有理数是不成立的，下面的练习说明了这一点．

例 2.74. 证明：若 x 是有理数，则只有有限多个最简形式的有理数 $\frac{p}{q}$，满足 $\left| x - \frac{p}{q} \right| < \frac{1}{q^2}$．

证： 假设 $\frac{p_n}{q_n}$ 是无穷多个两两不同的有理数（最简形式），满足

$$\left| x - \frac{p_n}{q_n} \right| < \frac{1}{q_n^2}.$$

若序列 $(q_n)_{n \geq 0}$ 是有界的，则前面的不等式表明 $(p_n)_{n \geq 0}$ 也是有界的，不可能．记 $x = \frac{u}{v}$ 为最简形式，则对无穷多个 n 有 $|q_n| > |v|$，但是根据假设

$$|q_n u - p_n v| < \frac{|v|}{|q_n|} < 1,$$

因此对无穷多个 n，有 $q_n u = p_n v$，与有理数序列 $\frac{p_n}{q_n}$ 互不相同矛盾．   □

定理 2.75. 设 d 是正整数，不是平方数，则方程 $x^2 - dy^2 = 1$ 有整数解 x, y，满足 $x, y > 0$.

证： 我们分两步证明. 首先我们证明存在非零整数 k 使得方程 $x^2 - dy^2 = k$ 有无穷多对正整数解. 注意若 x, y 是正整数，且

$$|x - y\sqrt{d}| < \frac{1}{y},$$

则 $x < y\sqrt{d} + 1 < 2y\sqrt{d}$，然后

$$|x^2 - dy^2| < \frac{1}{y}(x + y\sqrt{d}) < \frac{1}{y} \cdot 3y\sqrt{d} = 3\sqrt{d}.$$

根据命题 2.72，我们得到存在无穷多对正整数 (x, y)，使得

$$x^2 - dy^2 \in \{-N, \cdots, -1, 1, \cdots, N\},$$

其中 $N = 1 + \lfloor 3\sqrt{d} \rfloor$ 是固定的整数. 由抽屉原则，第一步的结论成立.

现在固定非零整数 k，使得 $x^2 - dy^2 = k$ 有无穷多对整数解 $x, y > 0$. 对这些解考虑数对 $(x \pmod k, y \pmod k)$，根据抽屉原则，可以找到两个解 (x_1, y_1) 和 (x_2, y_2)，满足 $x_1 \equiv x_2 \pmod k$ 和 $y_1 \equiv y_2 \pmod k$. 设

$$x = \frac{x_1 x_2 - dy_1 y_2}{k}, \quad y = \frac{x_1 y_2 - x_2 y_1}{k},$$

简单计算表明

$$x^2 - dy^2 = \frac{1}{k^2}(x_1^2 - dy_1^2)(x_2^2 - dy_2^2) = 1.$$

另一方面，因为 $x_1 \equiv x_2 \pmod k$ 和 $y_1 \equiv y_2 \pmod k$，有

$$x_1 x_2 - dy_1 y_2 \equiv x_1^2 - dy_1^2 \equiv 0 \pmod k,$$

所以 x 是整数，类似地，y 是整数. 只需证明 $y \neq 0$，就完成了定理的证明.

如果这时有 $y = 0$，则 $x_1 y_2 = x_2 y_1$，且 $x^2 = 1$（因为 $x^2 - dy^2 = 1$）. 所以 $x = \pm 1$，即 $x_1 x_2 - dy_1 y_2 = \pm k$，将 x_2 替换为 $\frac{x_1 y_2}{y_1}$，得到

$$y_2(x_1^2 - dy_1^2) = \pm k \cdot y_1.$$

所以 $y_2 = \pm y_1$，我们最后得到了 $y_1 = y_2$ 和 $x_1 = x_2$，矛盾. □

我们现在准备好将佩尔方程的所有正整数解用一个特别解表示出来. 具体说，考虑 $x^2 - dy^2 = 1$ 的所有正整数解 (x, y)，存在唯一的一对 (x, y)，使得 y 有最小的值（或者等价地，$x + y\sqrt{d}$ 有最小的可能值）. 我们称这个解是最小解. 这个最小解可以生成所有的正整数解，如下所述.

定理 2.76. 设 (x_1, y_1) 是方程 $x^2 - dy^2 = 1$ 的最小解. 一般解 (x_n, y_n) 由公式

$$x_n + y_n \sqrt{d} = (x_1 + y_1 \sqrt{d})^n$$

给出. 我们还有递推公式

$$x_{n+1} = x_1 x_n + d y_1 y_n, \quad y_{n+1} = y_1 x_n + x_1 y_n,$$

以及显式公式

$$x_n = \frac{(x_1 + y_1 \sqrt{d})^n + (x_1 - y_1 \sqrt{d})^n}{2}, \quad y_n = \frac{(x_1 + y_1 \sqrt{d})^n - (x_1 - y_1 \sqrt{d})^n}{2\sqrt{d}}.$$

证: 注意根据二项式定理及 $\sqrt{d}$ 是无理数, 有唯一的整数 x_n, y_n 满足

$$x_n + y_n \sqrt{d} = (x_1 + y_1 \sqrt{d})^n,$$

而且它们满足

$$x_n - y_n \sqrt{d} = (x_1 - y_1 \sqrt{d})^n.$$

这样它们就是用定理中的显式公式表示的. 而且可以直接得出递推关系

$$x_{n+1} = x_1 x_n + d y_1 y_n, \quad y_{n+1} = y_1 x_n + x_1 y_n.$$

计算得到

$$x_n^2 - d y_n^2 = (x_n + y_n \sqrt{d}) \cdot (x_n - y_n \sqrt{d}) = (x_1^2 - d y_1^2)^n = 1,$$

因此 (x_n, y_n) 确实是方程 $x^2 - dy^2 = 1$ 的正整数解.

　　反之, 考虑方程的一个正整数解 (x, y), 然后记

$$z_1 = x_1 + y_1 \sqrt{d}, \quad z = x + y \sqrt{d}.$$

根据 z_1 的最小性, 有 $z \geq z_1$. 因为 $z_1 > 1$, 我们知道存在唯一的整数 $n \geq 1$, 满足 $z_1^n \leq z < z_1^{n+1}$, 记

$$\frac{z}{z_1^n} = (x + y \sqrt{d})(x_1 - y_1 \sqrt{d})^n = u + v \sqrt{d},$$

其中 u, v 是整数, 则 $1 \leq u + v \sqrt{d} < z_1$. 注意, 根据二项式定理和 $\sqrt{d}$ 是无理数, 还有

$$u - v \sqrt{d} = (x - y \sqrt{d})(x_1 + y_1 \sqrt{d})^n,$$

因此

$$u^2 - dv^2 = (x^2 - dy^2)(x_1^2 - dy_1^2)^n = 1.$$

假设 $u + v\sqrt{d} > 1$，则 u, v 中至少有一个是正数，而 $u - v\sqrt{d} = \frac{1}{u+v\sqrt{d}} \in (0, 1)$，所以 $u, -v$ 中也有正数，根据 $u + v\sqrt{d} > u - v\sqrt{d}$，必然 $v > 0, u > 0$. 这样得到了方程 $x^2 - dy^2 = 1$ 的一组比 (x_1, y_1) 更小的正整数解，矛盾. 所以 $u + v\sqrt{d} = 1$，$z = z_1^n$，证毕. □

例 2.77. 是否存在整数 $a, b > 1$，使得 $ab + 1$ 和 $ab^3 + 1$ 都是平方数？

证： 假设存在这样的整数，记

$$ab + 1 = c^2, \quad ab^3 + 1 = x^2,$$

则

$$x^2 - 1 = (c^2 - 1)b^2.$$

把这个方程看成关于变量 x 和 b 的佩尔方程，其最小解明显为 $x = c$ 和 $b = 1$. 因此一般解可以用前面的定理表示，特别地，定义序列 x_n 和 b_n 为

$$x_{n+1} = cx_n + (c^2 - 1)b_n, \quad b_{n+1} = x_n + cb_n,$$

我们得出 $b = b_n$，n 是某正整数. 因为 $b > 1$，所以 $n > 1$. 若 $n \geq 3$，则 $b \geq b_3 > c^2 - 1$，与 $b \mid c^2 - 1 = ab$ 矛盾. 因此 $n = 2$ 和 $b = 2c$，然后 $2c \mid c^2 - 1$，显然和 $c > 1$ 矛盾. 所以不存在所求的 a, b. □

最后，我们处理更一般的方程

$$ax^2 - by^2 = 1.$$

例 2.78. 设 a, b 是正整数，满足 $ab > 1$ 是平方数，证明：方程 $ax^2 - by^2 = 1$ 没有正整数解.

证： 任何解 (x, y) 都必然导致 $\gcd(a, b) = 1$，因为 ab 是平方数，因此 a 和 b 都是平方数. ax^2 和 by^2 是相差为 1 的正的平方数，不可能. □

例 2.79. 证明：不存在正整数 a, b，使得 $2a^2 + 1, 2b^2 + 1, 2(ab)^2 + 1$ 都是平方数.

证： 我们用反证法，假设存在这样的整数. 则显然 $a, b > 1$，而且由对称性，可以假设 $a \geq b$. 然后

$$4(2a^2 + 1)(2a^2b^2 + 1) = (4a^2b + b)^2 + 8a^2 - b^2 + 4$$

是完全平方数. 然而显然有

$$(4a^2b+b)^2 < (4a^2b+b)^2+8a^2-b^2+4 < (4a^2b+b+1)^2 = (4a^2b+b)^2+8a^2b+2b+1,$$

矛盾. □

定理 2.80. 设 a, b 是正整数, 满足 $ab > 1$ 不是平方数. 设 (x_1, y_1) 是方程 $ax^2 - by^2 = 1$ 的最小正整数解, (u_n, v_n) 是方程 $u^2 - abv^2 = 1$ 的一般正整数解. 则方程 $ax^2 - by^2 = 1$ 的一般正整数解可表示为 (x_n, y_n), 其中

$$x_n = x_1 u_n + by_1 v_n, \quad y_n = y_1 u_n + ax_1 v_n.$$

证: 可以检验, 若 (x, y) 是方程 $ax^2 - by^2 = 1$ 的一个解, 则 $u = ax_1 x - by_1 y$ 和 $v = y_1 x - x_1 y$ 是方程 $u^2 - abv^2 = 1$ 的一个解. 要从 u, v 得到 x, y, 我们可以用公式

$$x = x_1 u + by_1 v, \quad y = y_1 u + ax_1 v.$$

□

例 2.81. 设正整数 d 不是完全平方数, 使得方程 $x^2 - dy^2 = -1$ 有正整数解. 设 (x_0, y_0) 是最小的正整数解, 定义 (x_1, y_1) 为

$$x_1 + y_1\sqrt{d} = (x_0 + y_0\sqrt{d})^2.$$

证明: (x_1, y_1) 是方程 $x^2 - dy^2 = 1$ 的最小正整数解.

证: 直接验证可得 (x_1, y_1) 是方程 $x^2 - dy^2 = 1$ 的正整数解. 设 (x_2, y_2) 是方程 $x^2 - dy^2 = 1$ 的最小正整数解. 对 $i = 0, 1, 2$, 记

$$z_i = x_i + y_i\sqrt{d}.$$

我们先证明 $z_0 < z_2$. 假设 $z_0 \geq z_2$, 则显然 $z_0 > z_2$, 所以设 u, v 是满足

$$u + v\sqrt{d} = \frac{z_0}{z_2} = (x_0 + y_0\sqrt{d})(x_2 - y_2\sqrt{d})$$

的两个整数. 则有

$$u^2 - dv^2 = (x_0^2 - dy_0^2)(x_2^2 - dy_2^2) = -1,$$

而且 $u + v\sqrt{d} > 1$, 和 $u + v\sqrt{d} < z_0$, 与 (x_0, y_0) 的最小性矛盾 (这里和定理 2.76 的证明中一样, 需要说明 u, v 都是正的. ——译者注). 所以 $z_0 < z_2$.

接下来假设 $z_0^2 > z_2$，设 u, v 是整数，满足

$$u + v\sqrt{d} = \frac{z_2}{z_0} = (x_2 + y_2\sqrt{d})(x_0 - y_0\sqrt{d}),$$

我们得到 $u^2 - dv^2 = -1$ 和 $x_0 + y_0\sqrt{d} > u + v\sqrt{d} > 1$，还是和 (x_0, y_0) 的最小性矛盾，因此 $z_0^2 \le z_2$. 最后，根据 (x_2, y_2) 的最小性，必有 $z_0^2 \ge z_2$，因此 $z_2 = z_0^2$，证毕. $\square$

我们从前面的例子可以得到，若方程 $x^2 - dy^2 = -1$（其中 $d > 0$ 不是平方数）有正整数解，而 (x_0, y_0) 是最小的正整数解，则方程的所有正整数解可以用 $x_0 + y_0\sqrt{d}$ 的奇数次幂得到. 而且方程 $x^2 - dy^2 = 1$ 的所有整数解可以用 $x_0 + y_0\sqrt{d}$ 的偶数次幂得到.

例 2.82. 求所有的正整数 m, n，使得 $3^m = 2n^2 + 1$.

证： 答案是 $(m, n) = (1, 1), (2, 2)$ 和 $(5, 11)$.

需要考虑两种情形：

(1) 若 m 是偶数，则 $(3^{m/2}, n)$ 是方程 $x^2 - 2y^2 = 1$ 的解. 这个佩尔方程的解 x 满足递推公式

$$x_0 = 1, \quad x_1 = 3, \quad x_k = 6x_{k-1} - x_{k-2}.$$

容易检验，$3^2 = 9$ 整除 x_k 当且仅当 $k \equiv 3 \pmod 6$. 但是对这样的 k，x_k 还被 11 整除，因此 $m/2$ 不超过 1. 这样，$m = 2$ 给出唯一的解 $(m, n) = (2, 2)$.

(2) 若 m 是奇数，则 $(3^{(m-1)/2}, n)$ 是方程 $3x^2 - 2y^2 = 1$ 的解. 这个类佩尔方程的解 x 满足递推公式

$$x_0 = 1, \quad x_1 = 9, \quad x_k = 10x_{k-1} - x_{k-2}.$$

可以检验 $3^3 = 27$ 整除 x_k 当且仅当 $k \equiv 4 \pmod 9$，这时 x_k 也被 17 整除，因此 $(m-1)/2$ 不超过 2. 这样，$m = 1$ 和 $m = 5$ 给出所有的解 $(m, n) = (1, 1)$ 和 $(5, 11)$. $\square$

例 2.83. （罗马尼亚 TST2011） 证明：存在无穷多个正整数 n，使得 $n^2 + 1$ 有两个正因子，差为 n.

证： 我们要证方程 $n^2 + 1 = d(n + d)$ 有无穷多个正整数解. 这个方程等价于 $(2d - n)^2 - 5n^2 = 4$. 佩尔方程 $x^2 - 5y^2 = 1$ 有无穷多个解，取 $n = 2y$ 和 $d = x + y$，给出原方程的无穷多个解. $\square$

例 2.84. （AMM10622）找到无穷多个正整数三数组 (a, b, c) 构成等差数列，而且 $ab + 1, bc + 1, ca + 1$ 都是平方数.

证： 考虑佩尔方程 $x^2 - 3y^2 = 1$ 的正整数解 (x, y)，设

$$a = 2y - x, \ b = 2y, \ c = 2y + x.$$

则有

$$ab + 1 = 4y^2 - 2xy + 1 = y^2 - 2xy + x^2 = (y - x)^2,$$
$$bc + 1 = 4y^2 + 2xy + 1 = (y + x)^2,$$
$$ca + 1 = 4y^2 - x^2 + 1 = y^2.$$

得到无穷多个满足题目条件的解. □

注释 2.85. 可以证明（需要一些努力）不存在正整数 a, b, c, d 构成等差数列，而且 $ab + 1, ac + 1, ad + 1, bc + 1, bd + 1, cd + 1$ 都是完全平方数.

例 2.86. （AMM10220）设 $x > 0$ 是实数，正整数 n 称为 x 倍内可分解，若可以找到整数 a, b 满足 $1 \le a \le b < (1 + x)a$ 且有 $n = ab$. 证明：存在无穷多连续的 6 个整数，每个都是 x 倍内可分解.

证： 我们要证，对足够大的 n，$n^2, n^2 - 1, n^2 - 2, n^2 - 3, n^2 - 4, n^2 - 5$ 中每个数是 x 倍内可分解的. 显然 n^2，$n^2 - 1 = (n-1)(n+1)$ 和 $n^2 - 4 = (n-2)(n+2)$ 都是 x 倍内可分解的. 要处理 $n^2 - 2, n^2 - 3$ 和 $n^2 - 5$，选择 n 具有形式 $n = a^2 + a - 2$，其中整数 $a > 1$. 可以检验，若 a 足够大，则

$$n^2 - 2 = (n - a)(n + a + 1)$$

是 x 倍内可分解的，同理有

$$n^2 - 5 = (n - 2a + 1)(n + 2a + 3).$$

最后，我们还可保证 n 具有形式 $n = 2b^2 - 2$，其中 b 是整数. 则

$$n^2 - 3 = (n - 2b + 1)(n + 2b + 1)$$

对足够大的 b，也是 x 倍内可分解的. 故只需证明有无穷多个正整数 a 和 b 使得

$$a^2 + a - 2 = 2b^2 - 2.$$

这可化成方程 $(2a + 1)^2 - 8b^2 = 1$. 因为佩尔方程 $u^2 - 8v^2 = 1$ 有无穷多个正整数解，而且所有解中 u 是奇数，问题得证. □

例 2.87. （AMM10238）(a) 证明：对无穷多个正整数 a，$1+a$ 和 $1+3a$ 都是完全平方数.

(b) 设 $a_1 < a_2 < \cdots$ 是满足 (a) 部分中的条件的正整数构成的序列. 证明：对所有 n，$1+a_n a_{n+1}$ 是平方数.

证： 记 $1+a = x^2$ 和 $1+3a = y^2$，我们把问题转化成要证类佩尔方程 $y^2 - 3x^2 = -2$ 有无穷多个正整数解. 考虑到 (b) 部分，我们实际尚需要所有解的显式形式. 为此，首先将方程 $y^2 - 3x^2 = -2$ 模 4 考虑，可知 x 和 y 都是奇数. 记

$$u = \frac{3x - y}{2}, \quad v = \frac{y - x}{2}$$

得到正整数 u, v 满足方程 $u^2 - 3v^2 = 1$. 最后这个方程的最小解是 $(2, 1)$，因此方程的所有解 (u_n, v_n) 为

$$u_n + v_n \sqrt{3} = (2 + \sqrt{3})^n,$$

或者说

$$u_n = \frac{A^n + B^n}{2}, \quad v_n = \frac{A^n - B^n}{2\sqrt{3}},$$

其中 $A = 2+\sqrt{3}$，$B = 2-\sqrt{3}$. 由 u, v 得到 x, y 的式子是 $x = u+v$ 和 $y = 3v+u$，因此得到

$$a_n = (u_n + v_n)^2 - 1,$$

其中 a_n 使用了 (b) 部分中的记号. 这样马上就证明了 (a) 部分. 直接但冗长的计算可以得出

$$1 + a_n a_{n+1} = \left(\frac{A^{2n+2} + B^{2n+2} - 8}{6} \right)^2.$$

剩下的就是证明 $\frac{A^{2n+2}+B^{2n+2}-8}{6} = \frac{u_{2n+1}-2}{3}$ 对所有 n 是一个整数. 这可以从 u_n 的表达式，结合二项式定理应用到 $(2+\sqrt{3})^n$，得到 $u_n \equiv 2^n \pmod 3$. □

例 2.88. 求方程的整数解

$$(x^2 - 1)(y^2 - 1) = \left(\left(\frac{x - y}{2} \right)^2 - 1 \right)^2.$$

证： 将方程写成

$$(xy)^2 - x^2 - y^2 + 1 = 1 - \frac{(x - y)^2}{2} + \left(\frac{x - y}{2} \right)^4$$

或者等价地

$$\left(\left(\frac{x-y}{2}\right)^2 + xy\right) \cdot \left(\left(\frac{x-y}{2}\right)^2 - xy\right) + \frac{(x+y)^2}{2} = 0$$

然后

$$\frac{(x+y)^2}{4} \cdot \frac{x^2 - 6xy + y^2}{4} + \frac{(x+y)^2}{2} = 0.$$

所以，或者 $x+y=0$，给出一组解 $(t, -t)$，$t \in \mathbf{Z}$；或者

$$x^2 - 6xy + y^2 + 8 = 0.$$

这个方程等价于 $(y-3x)^2 = 8(x^2-1)$，因此 $y-3x$ 是 4 的倍数，记 $y-3x = 4z$，则 $x^2 - 2z^2 = 1$. 设 (u_n, v_n) 是佩尔方程 $u^2 - 2v^2 = 1$ 的所有正整数解，则更一般的解有 $x = \pm u_n$ 和 $z = \pm v_n$. 注意到 $3u_n \pm 4v_n = u_{n\pm 1}$，可以看出 $y = \pm u_{n\pm 1}$. 小心处理符号问题，最终得到解 $(x_n, y_n) = (u_n, u_{n+1})$，$(u_{n+1}, u_n)$，$(-u_n, -u_{n+1})$ 和 $(-u_{n+1}, -u_n)$. $\qquad\square$

例 2.89. 证明：使得 $3^n - 2$ 是平方数的 n 只有 $n=1$ 和 $n=3$.

证： 假设 $n > 3$ 是方程 $u^2 = 3^n - 2$ 的一个解. 首先看出 n 必然是奇数，否则右端同余于 $-1 \pmod 8$，不能是平方数. $v = 3^{\frac{n-1}{2}}$，则 $u^2 - 3v^2 = -2$. 正如我们在例 2.87 中看到的一样，这个类佩尔方程可以通过奇偶性分析转化成佩尔方程. (u_n, v_n) 是这个方程的一般解，其中 $u_0 = v_0 = 1$，然后 $v_1 = 3$，$v_{n+2} = 4v_{n+1} - v_n$，对所有 $n \geq 0$ 成立. 不难检验（其实比较冗长）v_n 是 9 的倍数当且仅当 $n \equiv 4 \pmod 9$，而且这时 v_n 总是 17 的倍数，与 v_n 是 3 的幂矛盾. 所以没有使 $n > 3$ 的解，证毕. $\qquad\square$

例 2.90. （USATST2013）确定是否存在整系数多项式 $P(x, y, z)$，满足性质：一个整数 n 不是平方数，当且仅当存在三个正整数 (x, y, z) 使得 $P(x, y, z) = n$.

证： 我们将证明确实存在这样的多项式 $P \in \mathbf{Z}[X, Y, Z]$，准确地说，我们证明

$$P(X, Y, Z) = Z^2(X^2 - ZY^2 - 1)^2 + Z$$

是问题的一个解.

若 n 不是平方数，则佩尔方程 $x^2 - ny^2 = 1$ 有非平凡解 (x, y)，取 $z = n$ 得到 $P(x, y, n) = n$.

另一方面，若 $P(x, y, z) = n$ 对某三个正整数 (x, y, z) 成立，则

$$z^2(x^2 - zy^2 - 1)^2 + z = n.$$

这时若 n 是平方数，则 $x^2 - zy^2 - 1$ 非零，且

$$(z(x^2 - zy^2 - 1))^2 < n < (z|x^2 - zy^2 - 1| + 1)^2,$$

矛盾． □

例 2.91. （普特南2000）证明：对无穷多个正整数 n，三个数 $n, n+1$ 和 $n+2$ 中每一个都可以写成两个整数的平方和．

证： 取 n 为 $n = x^2 - 1$，其中整数 $x > 1$．$n + 1 = x^2 + 0^2$ 和 $n + 2 = x^2 + 1^2$ 自动是两个整数的平方和．只需验证对合适的 x，n 本身是两个整数的平方和．只需取 x 满足 $x^2 - 2y^2 = 1$ 对某 $y > 1$ 成立，则 $n = x^2 - 1 = 2y^2 = y^2 + y^2$．而上面的佩尔方程总有无穷多个解，证毕． □

注释 2.92. 还可以避免使用佩尔方程，取 $x = 2y^2 + 1$，$y > 0$，则

$$n = x^2 - 1 = (2y)^2 + (2y^2)^2.$$

2.3　最小公倍数

这一节我们研究最大公约数的对偶概念，即最小公倍数，我们很快会发现，这两个概念是紧密联系的．

定义 2.93. 设 $a_1, \cdots, a_n$ 是非零整数，则它们的最小公倍数是被 $a_1, a_2, \cdots, a_n$ 中每一个整除的最小的正整数，记作 $\mathrm{lcm}(a_1, \cdots, a_n)$．

注意定义是有意义的：被 $a_1, \cdots, a_n$ 中每一个整除的正整数的集合非空，因为 $|a_1 \cdots a_n|$ 包含在其中．我们约定，当 a_i 中有 0 的时候，$\mathrm{lcm}(a_1, \cdots, a_n) = 0$．

讲最小公倍数函数的理论性质之前，我们指出下面的漂亮问题，属于Erdös：

例 2.94. 设 n 是大于 1 的整数，整数 $1 < a_1 < \cdots < a_k < n$ 满足 $\mathrm{lcm}(a_i, a_j) > n$，对所有 $1 \le i \ne j \le k$ 成立．证明：

$$\frac{1}{a_1} + \frac{1}{a_2} + \cdots + \frac{1}{a_k} < \frac{3}{2}.$$

证：解法的想法是非常漂亮的，我们计算这些数 $a_1, \cdots, a_k$ 在集合 $\{1, 2, \cdots, n\}$ 中的倍数的个数. 对每个 $1 \le i \le k$，a_i 这样的倍数个数是 $\left\lfloor \frac{n}{a_i} \right\rfloor$. 关键的看法是，对任何 $1 \le i \ne j \le k$，a_i 的此类倍数和 a_j 的倍数没有重复，因为它们的公倍数至少是 $\mathrm{lcm}(a_i, a_j) > n$. 所以 $a_1, \cdots, a_k$ 的倍数总数 $\sum_{i=1}^{k} \left\lfloor \frac{n}{a_i} \right\rfloor$，特别地有（应用 $\lfloor x \rfloor > x - 1$）

$$n \ge \sum_{i=1}^{k} \left\lfloor \frac{n}{a_i} \right\rfloor > \sum_{i=1}^{k} \frac{n}{a_i} - k.$$

问题于是转化为证明 $k \le \frac{n}{2}$. 但是如果 $k > \frac{n}{2}$，则根据 Erdös 的问题 2.94，存在指标 $i < j$，使得 $a_i \mid a_j$，与 $a_j = \mathrm{lcm}(a_i, a_j) > n$ 矛盾. $\qquad \square$

下面的定理和"任何公约数是最大公约数的约数"对偶.

定理 2.95. 整数 $a_1, \cdots, a_n$ 的任何公倍数是 $\mathrm{lcm}(a_1, \cdots, a_n)$ 的倍数.

证：设 $l = \mathrm{lcm}(a_1, \cdots, a_n)$，我们可以假设 $l \ne 0$（即所有 a_i 是非零的）. x 是 $a_1, \cdots, a_n$ 的一个公倍数，假设 l 不整除 x. 则可以写出 $x = ql + r$，q, r 是整数，$0 < r < l$. 于是 $r = x - ql$ 也是 $a_1, \cdots, a_n$ 的公倍数（因为 x 和 ql 都是公倍数），这和 $0 < r < l$，以及 l 的最小性矛盾. $\qquad \square$

例 2.96. 证明：

$$\mathrm{lcm}(1, 2, \cdots, 2n) = \mathrm{lcm}(n+1, n+2, \cdots, 2n).$$

证：设 A 表示式子左边，B 表示式子右边. A 是 $n+1, n+2, \cdots, 2n$ 中每一个的倍数，而 B 是它们的最小公倍数，所以 $B \le A$. 要证 $A \le B$ 只需证明 B 是 $1, 2, \cdots, 2n$ 的公倍数，这归结为验证 B 是 $1, \cdots, n$ 的公倍数. $k \in \{1, \cdots, n\}$，任何 k 个连续的正整数 $n+1, n+2, \cdots, n+k \le 2n$ 中，总有 k 的倍数，这个倍数根据定义是 B 的因子，所以 $k \mid B$，证毕. $\qquad \square$

利用前面的定理，容易验证

$$\mathrm{lcm}(a_1, \cdots, a_n) = \mathrm{lcm}(\mathrm{lcm}(a_1, \cdots, a_{n-1}), a_n)$$

对所有整数 $a_1, \cdots, a_n$ 成立. 计算一组数的最小公倍数归结为对两个数的计算.

最大公约数和最小公倍数的联系由下面的重要结果给出.

定理 2.97. 若 a, b 是正整数，则 $\mathrm{lcm}(a, b) = \frac{ab}{\gcd(a, b)}$. 特别地，若 $\gcd(a, b) = 1$，则 $\mathrm{lcm}(a, b) = ab$.

证: 设 $d = \gcd(a, b)$, 记 $a = da_1$ 和 $b = db_1$, $\gcd(a_1, b_1) = 1$. 根据定义 $\text{lcm}(a, b) = dk$, 其中 k 是某个整数. dk 是 a 和 b 的倍数, 所以 k 是 a_1 和 b_1 的倍数. 因为 $\gcd(a_1, b_1) = 1$, 我们得到 $a_1 b_1 \mid k$, 所以 $da_1 b_1 = \frac{ab}{d}$ 整除 $\text{lcm}(a, b)$. 另一方面, $\frac{ab}{d} = da_1 b_1$ 确实是 a 和 b 的一个公倍数, 因此 $\frac{ab}{d} \geq \text{lcm}(a, b)$, 证毕. $\square$

我们指出从定理 2.97 得到的下面有用的结果:

推论 2.98. 对所有整数 $0 < a < b$, 有 $\text{lcm}(a, b) \geq \frac{ab}{b-a}$, 或者等价地, $\frac{1}{\text{lcm}(a,b)} \leq \frac{1}{a} - \frac{1}{b}$.

证: 只需看到 $\gcd(a, b)$ 是 $b - a$ 的一个正约数, 因此 $\gcd(a, b) \leq b - a$. $\square$

下面是前面推论的一个漂亮的经典应用.

例 2.99. (Kvant 865) 证明: 对任何正整数 $1 \leq a_0 < a_1 < \cdots < a_n$, 有

$$\sum_{k=0}^{n-1} \frac{1}{\text{lcm}(a_k, a_{k+1})} \leq 1 - \frac{1}{2^n}.$$

证: 我们用归纳法证明这个不等式, $n = 1$ 的情形是显然的. 假设不等式对任何 $1 \leq a_0 < \cdots < a_{n-1}$ 成立, 固定一组 $1 \leq a_0 < \cdots < a_n$. 应用推论 2.98, 我们得到

$$\sum_{k=0}^{n-1} \frac{1}{\text{lcm}(a_k, a_{k+1})} \leq \sum_{k=0}^{n-1} \left(\frac{1}{a_k} - \frac{1}{a_{k+1}} \right) = \frac{1}{a_0} - \frac{1}{a_n} \leq 1 - \frac{1}{a_n},$$

如果 $a_n \leq 2^n$, 则不等式成立.

现在假设 $a_n > 2^n$, 则 $\text{lcm}(a_{n-1}, a_n) \geq a_n > 2^n$. 应用归纳假设, 有

$$\sum_{k=0}^{n-1} \frac{1}{\text{lcm}(a_k, a_{k+1})} < 1 - \frac{1}{2^{n-1}} + \frac{1}{2^n} = 1 - \frac{1}{2^n},$$

在这个情形下也证明了归纳步骤. $\square$

我们继续用几个例子展示定理 2.97.

例 2.100. (Kvant) 设 a 和 b 是正整数, 满足

$$\frac{\text{lcm}(a, b)}{\gcd(a, b)} = a - b.$$

证明: $\text{lcm}(a, b) = (\gcd(a, b))^2$.

证: 记 $d = \gcd(a, b)$, 则 $a = a_1 d$, $b = b_1 d$, $\gcd(a_1, b_1) = 1$. 另一方面

$$\text{lcm}(a, b) = \frac{ab}{\gcd(a, b)} = \frac{d^2 a_1 b_1}{d} = da_1 b_1.$$

所以题目中给出的恒等式可以写成 $a_1 b_1 = d(a_1 - b_1)$. 由 $a_1 - b_1$ 和 a_1，b_1 均互素，因此 $a_1 - b_1 = 1$，$d = a_1 b_1$，且

$$\mathrm{lcm}(a, b) = da_1 b_1 = d^2 = (\gcd(a, b))^2.$$

$\square$

注释 2.101. 上面的论述表明所有的正整数 a 和 b 满足给定的不等式，具有形式 $a = n(1+n)^2$，$b = (1+n)n^2$，其中 n 是正整数.

例 2.102. （圣彼得堡2009）设 x, y, z 是两两不同的正整数，满足

$$\mathrm{lcm}(x, y) - \mathrm{lcm}(x, z) = y - z.$$

证明：x 整除 y 和 z.

证： 因为式子左端是 x 的倍数，所以右端也是，记 $y - z = kx$，k 是整数. 则

$$\gcd(x, y) = \gcd(x, z + kx) = \gcd(x, z),$$

而 $\mathrm{lcm}(x, z) = \frac{xz}{\gcd(x,z)}$，所以方程变为 $\frac{x(y-z)}{\gcd(x,z)} = y - z$. 因为 $y \neq z$，所以 $x = \gcd(x, z)$，即 $x \mid z$. 同理 $x \mid y$. $\square$

例 2.103. （罗马尼亚JBMO TST 2007）求所有正整数 n，可以写成 $\mathrm{lcm}(a, b) + \mathrm{lcm}(b, c) + \mathrm{lcm}(c, a)$ 的形式，其中 a, b, c 是正整数.

证： 称这样的整数是好数. 显然，若 n 是好数，则 $2n$ 也是.（只需将 a, b, c 分别替换成 $2a, 2b$ 和 $2c$ 即可.）选择 $b = c = 1$ 可以看出，所有大于 1 的奇数是好数. 因此根据前面的说法，除了 2 的幂，都是好数. 现在我们证明，2 的幂不是好数，就完成了本题.

假设 $2^k = \mathrm{lcm}(a, b) + \mathrm{lcm}(b, c) + \mathrm{lcm}(c, a)$，$a, b, c$ 是正整数. 显然有 $k > 1$，我们记 $a = 2^A a_1$，$b = 2^B b_1$，$c = 2^C c_1$，其中 $A \geq B \geq C$（根据对称性，这样的假设是合理的），而 a_1, b_1, c_1 是奇数. 我们推导得到

$$2^k = 2^A(\mathrm{lcm}(a_1, b_1) + \mathrm{lcm}(a_1, c_1)) + 2^B \mathrm{lcm}(b_1, c_1).$$

除以 2^B，我们得到左端是 2 的一个超过 1 的幂，右端是一个奇数（$\mathrm{lcm}(a_1, b_1)$，$\mathrm{lcm}(b_1, c_1)$，$\mathrm{lcm}(c_1, a_1)$ 都是奇数），矛盾. $\square$

代数恒等式在理解一组数 $a_1, \cdots, a_n$ 的最小公倍数时，经常很管用. 其想法是这样的：首先试验找到整数 $b_1, \cdots, b_n$ 使得可以对求和 $\frac{b_1}{a_1} + \cdots + \frac{b_n}{a_n}$ 有一个

估计，因为这个式子显然具有形式 $\frac{k}{\mathrm{lcm}(a_1, \cdots, a_n)}$，$k$ 是某整数，这就会得到关于 $\mathrm{lcm}(a_1, \cdots, a_n)$ 的有用信息（例如增长速度或者整除性质）.

组合恒等式在找到上面所说合适的 $b_1, \cdots, b_n$ 是很有用的. 从代数中得到的一些技巧也有用，例如拉格朗日插值公式，会得到很多代数恒等式. 回忆上一个结果，考虑两两不同的实数 $a_1, \cdots, a_n$ 和任意实数 $b_1, \cdots, b_n$，拉格朗日插值多项式

$$P(X) = \sum_{k=1}^{n} b_k \prod_{j \neq k} \frac{X - a_j}{a_k - a_j}$$

是唯一的不超过 $n-1$ 次多项式，满足 $P(a_k) = b_k$，其中 $1 \leq k \leq n$. 实际上，很容易看出这个多项式满足 $P(a_k) = b_k$，$1 \leq k \leq n$（因为对所有 $j \neq k$，$\prod_{j \neq k} \frac{X - a_j}{a_k - a_j}$ 代入 $X = a_j$ 为零）. 若 Q 是满足 $Q(a_k) = b_k$，$1 \leq k \leq n$ 的另一个不超过 $n-1$ 多项式，则 $P - Q$ 次数不超过 $n-1$ 有至少 n 个不同的根（即 $a_1, \cdots, a_n$），因此只能是零多项式，$P = Q$.

现在我们给出几个例子说明，代数恒等式怎样用来给出最小公倍数的有趣的性质.

例 2.104. 设 $a > b \geq n$ 是正整数，证明：

$$\mathrm{lcm}(1, 2, \cdots, n) \cdot \frac{\binom{a}{n} - \binom{b}{n}}{a - b} \in \mathbf{Z}.$$

证： 设 $k = a - b$，$N = \mathrm{lcm}(1, 2, \cdots, n)$. 我们要证 $\frac{N}{k}(\binom{b+k}{n} - \binom{b}{n})$ 是整数. 利用范德蒙恒等式

$$\binom{a+b}{n} = \sum_{k=0}^{n} \binom{a}{k} \binom{b}{n-k}$$

得到

$$\frac{N}{k}(\binom{b+k}{n} - \binom{b}{n}) = \frac{N}{k} \sum_{i=1}^{n} \binom{b}{n-i} \binom{k}{i},$$

所以只需证 $\frac{N}{k}\binom{k}{i}$ 对所有 $1 \leq i \leq n$ 是整数. 但是

$$\frac{N}{k}\binom{k}{i} = \frac{N}{i} \cdot \binom{k-1}{i-1},$$

而且 $\frac{N}{i}$ 根据 N 定义，总是整数. $\qquad\qquad\square$

例 2.105. 证明：对所有正整数 a, b，有

$$a\binom{a+b}{b} \mid \mathrm{lcm}(b+1, b+2, \cdots, b+a).$$

证：利用 $\frac{n!}{(x+1)(x+2)\cdots(x+n)}$ 的部分分式分解，得到

$$\frac{n!}{(x+1)(x+2)\cdots(x+n)} = \sum_{i=1}^{n} \frac{(-1)^{i-1}i\binom{n}{i}}{x+i}.$$

于是

$$\frac{1}{\binom{a+b}{b}} = \frac{a!}{(b+1)\cdots(b+a)} = \sum_{i=1}^{a} \frac{(-1)^{i-1}i\binom{a}{i}}{b+i} = a\sum_{i=1}^{a} \frac{(-1)^{i-1}\binom{a-1}{i-1}}{b+i}.$$

最后的表达式显然具有形式 $\frac{ak}{\mathrm{lcm}(b+1,\cdots,b+a)}$，$k$ 是整数. 所以 $a\binom{a+b}{b}$ 整除 $\mathrm{lcm}(b+1, b+2, \cdots, b+a)$，证毕. $\square$

例 2.106. *证明：对所有整数 $n > 1$，有*

$$(n+1)\mathrm{lcm}(\binom{n}{0), \binom{n}{1}, \cdots, \binom{n}{n}) = \mathrm{lcm}(1, 2, \cdots, n+1).$$

证：设 $N = \mathrm{lcm}(1, 2, \cdots, n+1)$. 首先，我们证明左端整除 N. 只需证明 $(n+1)\binom{n}{i} = (i+1)\binom{n+1}{i+1}$ 整除 N 对所有 $0 \le i \le n$ 成立. 这可以直接从前面的例子得到. 另一方面，我们证明左端是 N 的倍数. 为此只需证明 $i+1$ 整除 $(n+1)\binom{n}{j} = (j+1)\binom{n+1}{j+1}$，$j = 0, \cdots, n$ 的最小公倍数. 这是明显的，因为 $i+1$ 整除 $(i+1)\binom{n+1}{i+1}$，问题得证. $\square$

例 2.107. *证明：对所有 $n > 1$，有*

$$\mathrm{lcm}(1, 2, \cdots, n) \ge 2^{n-1}.$$

证：因为

$$\mathrm{lcm}(\binom{n}{0}, \binom{n}{1}, \cdots, \binom{n}{n}) \ge \frac{1}{n+1}\sum_{i=0}^{n} \binom{n}{i} = \frac{2^n}{n+1},$$

结论可以直接从前面的例子得到. $\square$

例 2.108. （圣彼得堡2004）*给定两两不同的正整数 $a_1, a_2, \cdots, a_n$，设*

$$b_i = (a_i - a_1)(a_i - a_2)\cdots(a_i - a_{i-1})(a_i - a_{i+1})\cdots(a_i - a_n).$$

证明：$\mathrm{lcm}(b_1, b_2, \cdots, b_n)$ 被 $(n-1)!$ 整除.

证：任给次数小于 n 的多项式 f，我们有

$$f(X) = \sum_{k=1}^{n} f(a_k) \prod_{j \neq k} \frac{X - a_j}{a_k - a_j}.$$

特别地，多项式 $f(X)$ 的首项系数为

$$c := \sum_{k=1}^{n} \frac{f(a_k)}{\prod_{j \neq k}(a_k - a_j)} = \sum_{k=1}^{n} \frac{f(a_k)}{b_k}.$$

如果对所有 $1 \leq k \leq n$，$f(a_k)$ 都是整数，则表达式 $\sum_{k=1}^{n} \frac{f(a_k)}{b_k}$ 通分以后的分母是 $\mathrm{lcm}(b_1, \cdots, b_n)$ 的因子．特别地，$\mathrm{lcm}(b_1, \cdots, b_n) \cdot c$ 是整数．

现在取

$$f(X) = \binom{X}{n-1} = \frac{1}{(n-1)!} X(X-1) \cdots (X - n + 2).$$

则有 $c = \frac{1}{(n-1)!}$ 和对所有 $1 \leq k \leq n$，$f(a_k) = \binom{a_k}{n-1}$ 都是整数．我们得出 $(n-1)!$ 整除 $\mathrm{lcm}(b_1, \cdots, b_n)$． $\qquad\square$

2.4　实战题目

裴蜀定理和高斯引理

题 2.1. 证明：对所有的正整数 a, b, c，有

$$\gcd(a, bc) \mid \gcd(a, b) \cdot \gcd(a, c).$$

题 2.2. （罗马尼亚TST1990）设 a, b 是互素的正整数，x, y 是非负整数，n 是正整数，满足 $ax + by = a^n + b^n$．证明：

$$\left\lfloor \frac{x}{b} \right\rfloor + \left\lfloor \frac{y}{a} \right\rfloor = \left\lfloor \frac{a^{n-1}}{b} \right\rfloor + \left\lfloor \frac{b^{n-1}}{a} \right\rfloor.$$

题 2.3. （Kvant 1996）求所有的整数 $n > 1$，使得存在两两不同的正整数 a_1，a_2，$\cdots$，a_n，满足

$$\frac{a_1}{a_2} + \frac{a_2}{a_3} + \cdots + \frac{a_{n-1}}{a_n} + \frac{a_n}{a_1}$$

是整数．

题 2.4. 设 m, n 是大于1的整数，定义集合 P_k 为分母为 k 的 $(0, 1)$ 内分数的集合，不要求是最简分数．求 $\min\{|a - b| : a \in P_m, b \in P_n\}$．

题 2.5. （圣彼得堡2004）正整数 m, n, k 满足 $5^n - 2$ 和 $2^k - 5$ 都是 $5^m - 2^m$ 的倍数．证明：$\gcd(m, n) = 1$．

题 2.6. （俄罗斯2000）萨沙想猜出一个正整数 $X \leq 100$，他可以选择任何两个小于100的正整数 M, N，然后询问 $\gcd(X + M, N)$ 的值．证明：萨沙可以通过7个问题找到 X．

题 2.7. （波兰2002）设 k 是一个固定的正整数，序列 $\{a_n\}_{n \geq 1}$ 定义为

$$a_1 = k + 1, a_{n+1} = a_n^2 - k a_n + k.$$

证明：若 $m \neq n$，则 a_m 和 a_n 互素．

题 2.8. （罗马尼亚TST2005）设 m, n 是互素的正整数，满足 m 是偶数，n 是奇数．证明：

$$\sum_{k=1}^{n-1} (-1)^{\lfloor \frac{mk}{n} \rfloor} \left\{ \frac{mk}{n} \right\} = \frac{1}{2} - \frac{1}{2n}.$$

其中 $\{x\}$ 表示 x 的小数部分，即 $\{x\} = x - \lfloor x \rfloor$．

题 2.9. 无穷正整数序列 $a_1, a_2, \cdots$ 具有性质 $\gcd(a_m, a_n) = \gcd(m, n)$，对所有 $m \neq n \geq 1$ 成立．证明：$a_n = n$，对所有 $n \geq 1$ 成立．

题 2.10. （伊朗2011）证明：存在无穷多正整数 n，满足 $n^2 + 1$ 没有 $k^2 + 1$ 形式的真因子．

题 2.11. (a) （大师赛2009）设 $a_1, \cdots, a_k$ 是非负整数，$d = \gcd(a_1, \cdots, a_k)$，$n = a_1 + \cdots + a_k$．证明：

$$\frac{d}{n} \cdot \frac{n!}{a_1! \cdots a_k!} \in \mathbf{Z}.$$

(b) 证明：对所有的正整数 n, k，$(n)!^k k! | (nk)!$．

题 2.12. （巴西2011）是否存在2 011个正整数 $a_1 < a_2 < \cdots < a_{2\,011}$，使得 $\gcd(a_i, a_j) = a_j - a_i$ 对所有 $1 \leq i < j \leq 2\,011$ 成立？

题 2.13. （城市锦标赛2001）是否存在正整数 $a_1 < a_2 < \cdots < a_{100}$，使得

$$\gcd(a_1, a_2) > \gcd(a_2, a_3) > \cdots > \gcd(a_{99}, a_{100}) > \gcd(a_{100}, a_1)?$$

题 2.14. （俄罗斯2012）设整数 $n > 1$，当 a 遍历所有大于1的整数时，$1 + a, 1 + a^2, \cdots, 1 + a^{2^{n-1}}$ 中最多有多少个两两互素的数？

题 2.15.（巴西复仇赛2014）

(a) 证明：对所有正整数 n，有

$$\gcd\left(n, \left\lfloor n\sqrt{2} \right\rfloor\right) < \sqrt[4]{8n^2}.$$

(b) 证明：存在无穷多正整数 n，使得

$$\gcd\left(n, \left\lfloor n\sqrt{2} \right\rfloor\right) > \sqrt[4]{7.99n^2}.$$

题 2.16.（AMM）正整数集合 D 的最大公约数是 1. 证明：存在一一映射 $f:$ $\mathbf{Z} \to \mathbf{Z}$，使得 $|f(n) - f(n-1)| \in D$ 对所有整数 n 成立.

题 2.17.（CTST2012）设 n 是大于 1 的整数，证明：至多有有限个正整数组成的 n 数组 $(a_1, a_2, \cdots, a_n)$，满足：

(a) $a_1 > a_2 > \cdots > a_n$；

(b) $\gcd(a_1, a_2, \cdots, a_n) = 1$；

(c) $a_1 = \gcd(a_1, a_2) + \gcd(a_2, a_3) + \cdots + \gcd(a_{n-1}, a_n) + \gcd(a_n, a_1)$.

在丢番图方程和逼近上的应用

题 2.18. 整数 a, b 和有理数 x, y 满足 $y^2 = x^3 + ax + b$. 证明：存在整数 u, v, w，满足 $\gcd(u, v) = \gcd(w, v) = 1$，且 $x = \dfrac{u}{v^2}$，$y = \dfrac{w}{v^3}$.

题 2.19.（Kvant 905）设 x 和 n 是正整数，使得 $4x^n + (x+1)^2$ 是完全平方数. 证明：$n = 2$，并且找到至少一个满足条件的 x.

题 2.20. 求方程的正整数解

$$\frac{1}{x^2} + \frac{1}{y^2} = \frac{1}{z^2}.$$

题 2.21.（罗马尼亚 TST2015）勾股数是方程 $x^2 + y^2 = z^2$ 的正整数解 (x, y, z)，其中我们将 (x, y, z) 和 (y, x, z) 认为是相同的解. 给定非负整数 n，证明：存在正整数恰好出现在 n 个不同的勾股数中.

题 2.22. 求所有的正整数组 (x, y, n)，满足 $\gcd(x, n+1) = 1$ 和 $x^n + 1 = y^{n+1}$.

题 2.23. 设 n 是正整数，使得 n^2 是某相邻两个正整数的立方差. 证明：n 是两个相邻正整数的平方和.

题 2.24.（越南2007）设 x, y 是不等于 -1 的整数，满足 $\dfrac{x^4 - 1}{y+1} + \dfrac{y^4 - 1}{x+1}$ 也是整数. 证明：$x^4 y^{44} - 1$ 是 $x + 1$ 的倍数.

题 2.25. （Balkan2006）求所有的正有理数三数组 (m, n, p)，使得 $m + \frac{1}{np}$，$n + \frac{1}{pm}$ 和 $p + \frac{1}{mn}$ 都是整数.

题 2.26. 整系数多项式 f 满足 $|f(a)| = |f(b)| = 1$，其中 a, b 是不同的整数.

(a) 证明：若 $|a - b| > 2$，则 f 没有有理根.

(b) 证明：若 $|a - b| = 2$，则 f 的唯一可能的有理根是 $\frac{a+b}{2}$.

题 2.27. （土耳其2003）求所有的正整数 n，满足 $2^{2n+1} + 2^n + 1$ 是整数的幂.

题 2.28. 设 f 是有理系数多项式，满足对所有正整数 n，方程 $f(x) = n$ 有至少一个有理根. 证明：$\deg(f) = 1$.

最小公倍数

题 2.29. （Kyiv 数学节2014）

(a) 设 y 是正整数，证明：存在无穷多正整数 x，使得

$$\text{lcm}(x, y + 1) \cdot \text{lcm}(x + 1, y) = x(x + 1).$$

(b) 证明：存在正整数 y，满足

$$\text{lcm}(x, y + 1) \cdot \text{lcm}(x + 1, y) = y(y + 1)$$

对至少 2 014 个正整数 x 成立.

题 2.30. （Kvant 666）求最小的正整数 a，使得存在大于 a 的两两不同的正整数 $a_1, a_2, \cdots, a_9$，满足

$$\text{lcm}(a, a_1, a_2, \cdots, a_9) = 10a.$$

题 2.31. （Korea 2013）求所有的函数 $f : \mathbf{N} \to \mathbf{N}$ 满足

$$f(mn) = \text{lcm}(m, n) \cdot \gcd(f(m), f(n))$$

对所有正整数 m, n 成立.

题 2.32. （罗马尼亚TST1995）设 $f(n) = \text{lcm}(1, 2, \cdots, n)$. 证明：对任何 $n \geq 2$，可以找到正整数 x，使得

$$f(x) = f(x + 1) = \cdots = f(x + n).$$

题 2.33. 证明：对所有的正整数 $a_1, \cdots, a_n$, 有

$$\mathrm{lcm}(a_1, \cdots, a_n) \geq \frac{a_1 a_2 \cdots a_n}{\prod_{1 \leq i < j \leq n} \gcd(a_i, a_j)}.$$

题 2.34. （AMM3834）设 $n > 4$, 正整数序列 $a_1 < a_2 < \cdots < a_n \leq 2n$. 证明：

$$\min_{1 \leq i \neq j \leq n} \mathrm{lcm}(a_i, a_j) \leq 6(\lfloor n/2 \rfloor + 1).$$

题 2.35. 设 $(a_n)_{n \geq 1}$ 是整数序列, 满足 $m - n \mid a_m - a_n$, 对所有 $m, n \geq 1$ 成立. 假设存在多项式 f 使得 $|a_n| \leq f(n)$, 对所有 $n \geq 1$ 成立. 证明：存在有理系数多项式 P, 使得 $a_n = P(n)$, 对所有 $n \geq 1$ 成立.

题 2.36. 设 n, k 是正整数, 整数序列 $1 < a_1 < \cdots < a_k \leq n$, 满足 $\mathrm{lcm}(a_i, a_j) \leq n$, 对所有 $1 \leq i, j \leq k$ 成立. 证明：$k \leq 2 \lfloor \sqrt{n} \rfloor$.

题 2.37. （AMME3350）对 $n \geq 1$ 和 $1 \leq k \leq n$, 定义

$$A(n, k) = \mathrm{lcm}(n, n-1, \cdots, n-k+1).$$

设 $f(n)$ 是满足 $A(n, 1) < A(n, 2) < \cdots < A(n, k)$ 的最大的 k.
    (a) 证明：$f(n) \leq 3\sqrt{n}$.
    (b) 证明：若 $n > k! + k$, 则 $f(n) > k$.

题 2.38. 设 $a_1 < a_2 < \cdots < a_n$ 是正整数的等差数列, 满足 a_1 与公差互素. 证明：$a_1 a_2 \cdots a_n$ 整除 $(n-1)! \cdot \mathrm{lcm}(a_1, \cdots, a_n)$.

题 2.39. 设 $n > 1$, 正整数数列 $a_0 < a_1 < \cdots < a_n$, 满足 $\frac{1}{a_0}, \cdots, \frac{1}{a_n}$ 是等差数列. 证明：

$$a_0 \geq \frac{2^n}{n+1}.$$

第三章 算术基本定理

这一章致力于算术基本定理：整数可唯一分解为素数的乘积，给出了证明和它的很多应用．素数和合数的基本形式通过很多例子进行了研究．这些性质然后应用于证明算术基本定理．本章剩余的部分是这个定理的应用，例如研究数论函数．

3.1 合数

我们从定义素数与合数开始．素数是算术的基石，本书的大部分内容致力于更好地理解这个概念．

定义 3.1. (a) 整数 $n > 1$ 被称为素数（或者质数），如果 n 的因子只有 1 和 n，也就是说，如果 n 没有真因子．

(b) 整数 $n > 1$ 如果不是素数，则被称为合数．也就是说，若有 $1 < d < n$，使得 $d \mid n$，则 n 是合数．也可以等价地描述为 $n = ab$，$a, b > 1$．

注意，虽然 1 只有一个因子 1，但是我们不把 1 当作素数（也不当作合数）．这样做有几个原因，例如，如果 1 也称作素数，则整数唯一分解为素数的乘积的命题需要绕口的重述．素数序列的前面几个是

$$2, 3, 5, 7, 11, 13, 17, 19, 23, 29, 31, \cdots$$

讲到现在并不确定是否有无穷多素数，但是我们稍后会证明确实有无穷多素数．

在集中讨论素数之前，我们先花一些时间讲讲合数．首先，有很多合数：所有大于 2 的偶数都是合数，类似地，所有大于 3 的 3 的倍数，所有 4 的倍数，等等．很自然会猜测大部分大于 1 的整数是合数：例如，若 n 足够大，则多于百分之 $99.999\,99$ 的在 1 和 n 之间的整数是合数．尽管这个命题直觉上很正确，它的严格证明并不平凡，只有在引入一定的理论内容之后才能证明．

　　既然我们现在只研究基本的东西，我们先只证明下面的弱一些的结果，在历史上这个已经很重要了：素数间可以有任意大的缝隙，也就是说，对任何 N，存在相继的两个素数，它们的差大于 N. 另外，有无穷多对相继的素数，它们的差是有界的，这是一个非常深刻的问题，直到2013年才由张益唐给出了令人惊叹的证明. 他证明了存在无穷多对相继的素数，它们的差都不超过 $7 \cdot 10^7$，这个界限后来在一些论文中被改进到了270. 将270改进到2，就是著名的孪生素数猜想（说的是有无穷多素数 p，使得 $p + 2$ 也是素数），它的研究很可能需要大量的新想法. 回到素数的缝隙无上界问题，其等价于下面的：

命题 3.2. 对任何 $n > 1$，存在连续的 n 个整数，都是合数.

证： $(n+1)! + 2, (n+1)! + 3, \cdots, (n+1)! + n + 1$ 是连续的 n 个合数，因为 i 整除 $(n+1)! + i$ 对 $2 \le i \le n + 1$ 都成立，而且 $(n+1)! + i > i$. □

例 3.3. 是否存在 2 005 个连续的正整数，其中恰好含有 25 个素数？

证： 答案是肯定的. $f(n)$ 表示 $n+1, n+2, \cdots, n+2\,005$ 中的素数个数. 容易验证 $f(1) > 25$，关键的步骤是发现 $f(n+1) - f(n)$ 只能是 $-1, 0$ 或 1. 实际上，如果 $n+1$ 和 $n+2\,006$ 同时是合数或者同时是素数，则 $f(n+1) - f(n) = 0$. 如果两个中只有 $n+1$ 是素数，则 $f(n+1) - f(n) = -1$；若两个中只有 $n+2\,006$ 是素数，则 $f(n+1) - f(n) = 1$. 因为有任意长的连续合数，存在 n 使得 $f(n) = 0$. 现在 f 每次变化不能超过 1，说明存在 k，使得 $f(k) = 25$. □

　　下一个例子是命题3.2的证明的更精细的版本.

例 3.4. （Kvant 2284）证明存在严格递增的正整数序列 $a_1, a_2, \cdots$，满足对任何正整数等差数列 $b_1, b_2, \cdots$，序列 $a_1 + b_1, a_2 + b_2, \cdots$ 中除去有限项以外都是合数.

证： 我们证明序列 $a_n = (n^2)!$，$n \ge 1$ 满足条件. 设 $b_1, b_2, \cdots$ 是一个正整数等差数列，公差是 d，于是 $b_k = b_1 + (k-1)d$. 对于 $k \ge \max(b_1, d)$，我们有 $b_k \le k \cdot \max(b_1, d) \le k^2$，所以当 $n > \max(b_1, d)$ 时，$a_n + b_n$ 被 $b_n > 1$ 整除，不是素数. □

　　下一个例子在历史上很重要：它证明了任何非常数多项式产生的序列中有无穷多合数. 也就是说，非常数多项式不能只得到素数.

定理 3.5. （哥德巴赫）设 f 是非常数整系数多项式，首项系数为正. 则在序列 $f(1), f(2), f(3), \cdots$ 中有无穷多合数.

证：因为 f 的首项系数为正，存在 n，使得 $f(n) > 1$. 于是

$$f(n + kf(n)) \equiv f(n) \pmod{kf(n)},$$

因此 $f(n) \mid f(n + kf(n))$，对所有 k 成立. 但是 $f(n + kf(n))$ 是关于 k 的多项式，首项系数为正，因此存在 K，使得当 $k \geq K$ 时，有 $f(n + kf(n)) > f(n)$ 是合数. □

注释 3.6. 如果考虑多个变量的多项式，情况出现戏剧性的变化：*Jones*，*Sato* 和 *Wada* 构造了一个 26 个变量 $a, b, c, \cdots$ 的多项式 f，使得当 $a, b, c, \cdots$ 在非负整数中取值时，$f(a, b, c, \cdots)$ 中的正整数恰好都是素数！

在下面的例子中，我们讨论几个经常用来证明给定数是合数的方法. 证明某数是合数时，代数恒等式时不时会用到.

例 3.7.（Komal A 622）证明：$\dfrac{7^{7^{n+1}} + 1}{7^{7^n} + 1}$ 对所有 $n \geq 1$ 是合数.

证：关键部分是代数恒等式

$$\frac{x^7 + 1}{x + 1} = (x + 1)^6 - 7x(x^2 + x + 1)^2.$$

只需机械展开即可证明，留给读者完成. 因此，若 $x = 7y^2$，$y > 1$（$x = 7^{7^n}$，$n \geq 1$ 时属于这种情形），则有因式分解

$$\frac{x^7 + 1}{x + 1} = ((x + 1)^3 - 7y(x^2 + x + 1))((x + 1)^3 + 7y(x^2 + x + 1)).$$

只需证明 $(x + 1)^3 - 7y(x^2 + x + 1)$ 大于 1，则 $\dfrac{x^7 + 1}{x + 1}$ 必是合数. 但是有

$$x^2 + x + 1 = \frac{x^3 - 1}{x - 1} < \frac{x^3}{x - 1}$$

和 $(x + 1)^3 > x^3 + 1$，只需证 $7y < x - 1$，或等价地 $7y^2 - 7y - 1 > 0$. 最后这个不等式对 $y > 1$ 是显然的，证毕.（也可以用 $(x + 1)^3 - 7y(x^2 + x + 1) > x(x^2 + x + 1) - 7y(x^2 + x + 1) > 0$. —— 译者注）□

同余式在证明某数是合数时也很有用，这里有几个例子：

例 3.8. 证明：对所有 $n \geq 1$，$521 \cdot 12^n + 1$ 是合数.

证：若 n 是奇数，则 $521 \cdot 12^n + 1 \equiv 521 \cdot (-1)^n + 1 \equiv 0 \pmod{13}$ 是合数. 若 $n \equiv 0 \pmod 4$，因为 $12^2 + 1 = 5 \cdot 29$，所以 $12^4 \equiv 1 \pmod{29}$，模 29 得到

$$521 \cdot 12^n + 1 \equiv 521 + 1 = 522 = 18 \cdot 29 \equiv 0 \pmod{29}.$$

最后，若 $n \equiv 2 \pmod 4$，则 $521 \cdot 12^n + 1 \equiv 2^n + 1 \equiv 2^2 + 1 \equiv 0 \pmod 5$ 也是合数. □

注释 3.9. 还可以证明 $78\,557 \cdot 2^n + 1$ 对所有 $n \geq 1$ 都是合数，需要证明它在各种情况下分别是 $3, 5, 7, 13, 19, 37$ 或 73 的倍数. 我们不知道是否对任何 $a > 1$ 存在 $k > 0$ 使得 $k \cdot a^n + 1$ 对所有 n 都是合数.

例 3.10. （Kvant）正整数序列 $a_1, a_2, \cdots$ 满足 $a_{n+2} = a_n a_{n+1} + 1$，对所有 $n \geq 1$ 成立. 证明：若 $n \geq 9$，则 $a_n - 22$ 是合数.

证： 设 $n \geq 1$，记 $k = a_{n+1}$，则模 k 计算有

$$a_{n+2} \equiv 1, \quad a_{n+3} \equiv 1, \quad a_{n+4} = a_{n+2} a_{n+3} + 1 \equiv 2 \pmod{k},$$
$$a_{n+5} \equiv 3, \quad a_{n+6} \equiv 7, \quad a_{n+7} \equiv 22 \pmod{k}.$$

所以 $k \mid a_{n+7} - 22$，也就是说 $a_{n+1} \mid a_{n+7} - 22$，对所有 $n \geq 1$ 成立. 要证 $a_{n+7} - 22$ 是合数，对 $n \geq 2$ 成立，注意 $a_1 \geq 1$，$a_2 \geq 1$，递推关系很快得出 $a_{n+6} \geq 21$. 进一步，递推关系还给出 $a_{n+5} \geq a_{n+1} + 1$，因此 $a_{n+7} = a_{n+5} a_{n+6} + 1 > a_{n+1} + 22$，$a_{n+7} - 22$ 是合数. $\qquad\square$

注释 3.11. 同样的证明可以得到，如果 $b_1 = 1, b_2 = 1$，且 $b_{n+2} = b_n b_{n+1} + 1$，则 $a_n - b_k$ 是合数对 $n \geq k + 3$ 成立，因为这是 a_{n-k} 的倍数，又大于 a_{n-k}.

例 3.12. （普特南 2010）证明：对每个正整数 n，$10^{10^{10^n}} + 10^{10^n} + 10^n - 1$ 是合数.

证： 记 $N = 10^{10^{10^n}} + 10^{10^n} + 10^n - 1$，以及 $n = 2^m k$，其中 m 是非负整数，k 是正奇数. 对每个非负整数 j，有

$$10^{2^m j} \equiv (-1)^j \pmod{10^{2^m} + 1}.$$

又因为 $10^n \geq n \geq 2^m \geq m + 1$，所以 10^n 被 2^{m+1} 整除，类似地，10^{10^n} 被 2^{10^n}，进而 2^{m+1} 整除. 这样得到

$$N \equiv 1 + 1 + (-1) + (-1) \equiv 0 \pmod{10^{2^m} + 1}.$$

又有 $N \geq 10^{10^n} > 10^n + 1 \geq 10^{2^m} + 1$，因此 N 是合数. $\qquad\square$

3.2 算术基本定理

这一节我们证明算术基本定理：大于 1 的整数分解成素数乘积的存在性和唯一性. 这个定理接下来会常常用到.

3.2.1 首要结论

我们从一个弱形式开始，分解的存在性．

定理 3.13. 任何整数 $n > 1$ 可以写成素数的乘积（不要求素数互不相同）．

证： 我们用反证法证明，假设 $n > 1$ 是最小的反例．特别地，n 不是素数，因此必然有一个真因子 d．因为 n 是最小反例 d 和 $\frac{n}{d}$ 都不是反例，分别可以写成素数的乘积．但是现在 $n = \frac{n}{d} \cdot d$ 也是素数的乘积，矛盾． $\square$

素因子分解的唯一性更深刻，依赖于下面的基本定理，这个定理建立了素数的主要非形式化性质．尽管陈述看起来很简单，下面的定理并不是素数定义的形式推导结果，其证明需要高斯引理（高斯引理需要裴蜀定理，裴蜀定理需要带余除法，带余除法是整数集的特有性质）．幸运的是，我们已经把这些困难的工作完成了．

定理 3.14. 设 a, b 是整数，p 是 ab 的一个素因子，则 $p \mid a$ 或 $p \mid b$．

证： 假设 p 不整除 a．因为 $\gcd(a, p)$ 是 p 的一个正因子，而且不能是 p（否则 $p \mid a$），所以 $\gcd(a, p) = 1$．由于 $p \mid ab$ 和 $\gcd(a, p) = 1$，根据高斯引理，$p \mid b$，证毕． $\square$

这个定理的一个有用的推论（将会在本章极大地加强）是下面的：

推论 3.15. 设 p 是素数，a 是不被 p 整除的整数，则存在正整数 k，使得 $p \mid a^k - 1$．

证： 考虑数 $1, a, a^2, \cdots$ 除以 p 的余数．因为余数只有有限个可能，根据抽屉原则，存在 $0 \le i < j$，使得 a^i 和 a^j 除以 p 的余数相同，于是 $p \mid a^i(a^{j-i} - 1)$．因为 p 不整除 a，前面定理说明 $p \mid a^{j-i} - 1$，我们可以取 $k = j - i$． $\square$

我们现在可以陈述并证明算术基本定理：

定理 3.16. （算术基本定理）任何整数 $n > 1$ 可以唯一写成素数的乘积，最多相差因子的一个顺序．也就是说，若 $p_1, p_2, \cdots, p_k$ 和 $q_1, \cdots, q_l$ 是素数序列，满足 $p_1 p_2 \cdots p_k = q_1 \cdots q_l$，则 $k = l$，并且存在 $1, 2, \cdots, k$ 的一个置换 σ，使得 $q_i = p_{\sigma(i)}$ 对 $1 \le i \le k$ 成立．

证： 存在性已经证明完了．要证唯一性，只需证明关于 $p_1, \cdots, p_k, q_1, \cdots, q_l$ 的那段叙述．我们要对 $k + l$ 归纳证明，主要应用前面的定理．$k + l = 2$ 的情形是显然的．因为 p_1 整除 $q_1 \cdots q_l$，前面的定理说明存在 i，使得 p_1 整除 q_i．因为 p_1 和 q_i 是素数，必有 $p_1 = q_i$．通过排列 $q_1, \cdots, q_l$，不妨设 $i = 1$．两边除以 p_1，我们

得到 $p_2 \cdots p_k = q_2 \cdots q_l$. 现在因子的个数减少了，可以应用归纳假设，进而得到结论.   □

若整数 $n > 1$ 是素数的乘积 $p_1 p_2 \cdots p_k$，我们说 $p_1, \cdots, p_k$ 是 n 的素因子. 也就是说，若 $p \mid n$，则说 p 是 n 的一个素因子. 注意，若 $a, b > 1$ 是整数，则 ab 的素因子集合是 a 的素因子集合和 b 的素因子集合的并集，这是因为素数 p 整除 ab，当且仅当 p 整除 a 或 p 整除 b.

将乘积 $n = p_1 p_2 \cdots p_k$ 中相同的素因子合并，可以将 n 写成

$$n = q_1^{\alpha_1} q_2^{\alpha_2} \cdots q_s^{\alpha_s}$$

其中 $q_1, \cdots, q_s$ 是两两不同的素数，$\alpha_1, \cdots, \alpha_s$ 是正整数，这个表达式称作 n 的素因子分解式. 算术基本定理说明了，$q_1, \cdots, q_s$ 和 $\alpha_1, \cdots, \alpha_s$ 都是唯一的.

算术基本定理利用素数描述了整数集合的乘法结构. 整数集合的加法结构相对简单，但是两个结果的交互作用是一些非常困难的问题的来源（大多数未解决）. 例如，一个最老、最困难的问题是著名的哥德巴赫猜想，说的是"任何大于 2 的偶数可以写成两个素数的和". 这个猜想的一个更弱的形式（称为三元哥德巴赫猜想）说"任何大于 5 的整数可以写成三个素数的和（不要求不同）". 经过大约一个世纪的艰苦工作（从 Hardy 和 Littlewood 的 1923 年的工作开始，经过 Vinogradov 的 1937 年的工作，结束于 Helfgott 的 2013 年的工作），这个弱形式猜想已经被证明，可以称作定理.

另一个将整数的加法和乘法结构联系在一起的著名猜想是 1986 年由 Masser 和 Oesterl 陈述的. 为了叙述这个定理，我们先引入一个概念：若 $n > 1$ 是整数，设 $r(n) = \prod_{p \mid n} p$ 表示 n 的所有不同素因子的乘积.

猜想 3.17. （abc 猜想）对任何 $\varepsilon > 0$，存在常数 $\lambda(\varepsilon) > 0$，使得对所有非零整数 a, b, c，满足 $a + b + c = 0$ 以及 $\gcd(a, b, c) = 1$，都有

$$\max(|a|, |b|, |c|) < \lambda(\varepsilon) \cdot r(abc)^{1+\varepsilon}.$$

这个猜想极端深刻，并不难证明：这个猜想能推出很多困难的结论，或者已经是定理，或者依旧是猜想. 例如，abc 猜想马上能推出费马大定理对所有充分大的 n 成立：

定理 3.18. 若 n 足够大，则方程 $x^n + y^n = z^n$ 没有使 $xyz \neq 0$ 的解.

实际上，设 x, y, z 是一组正整数解，我们可以假设 $\gcd(x, y, z) = 1$，于是

$$z^n < c(1/2) r(xyz)^{\frac{3}{2}} \leq c(1/2) z^{\frac{9}{2}}.$$

因为 $z \geq 2$（否则 $xy = 0$），我们得到 $2^{n-\frac{9}{2}} < c(1/2)$，给出了 n 的一个上界.

类似地，从 abc 猜想得到下面的结果是一个简单的练习（这个结果也是一个深刻的定理，由 Darmon 和 Granville 证明，没有用到 abc 猜想）：

定理 3.19. 若 $p, q, r \geq 2$，而且方程 $x^p + y^q = z^r$ 有无穷多正整数解，都满足 $\gcd(x, y, z) = 1$，则

$$\frac{1}{p} + \frac{1}{q} + \frac{1}{r} \geq 1.$$

事实上，对任何 $\varepsilon > 0$ 和任何解，我们有

$$z^r \leq c(\varepsilon) r (xyz)^{1+\varepsilon} \leq c(\varepsilon) z^{(1+\varepsilon)\left(\frac{r}{p} + \frac{r}{q} + 1\right)}.$$

因此得到 $1 \leq \left(\frac{1}{p} + \frac{1}{q} + \frac{1}{r}\right) \cdot (1 + \varepsilon)$，由 ε 的任意性，题目得证. □

不难验证，使得 $p, q, r \geq 2$ 和 $\frac{1}{p} + \frac{1}{q} + \frac{1}{r} > 1$ 成立的三数组 (p, q, r) 只有 $(2, 2, n)$，$(n > 2)$，$(2, 3, 3)$，$(2, 3, 4)$ 和 $(2, 3, 5)$ 以及它们的置换.

满足 $\frac{1}{p} + \frac{1}{q} + \frac{1}{r} = 1$ 的解是 $(3, 3, 3)$，$(2, 4, 4)$，$(2, 3, 6)$ 以及它们的置换. 例如：我们已经知道方程 $x^4 + y^2 = z^4$ 没有非平凡解. 还可以证明（需要很多工作）方程 $x^3 + y^6 = z^2$ 的非平凡解只有 $2^3 + (\pm 1)^6 = (\pm 3)^2$.

从另一个角度看，方程

$$x^3 + y^3 = z^2, \quad x^4 + y^3 = z^2, \quad x^4 + y^2 = z^3, \quad x^5 + y^3 = z^2$$

都分别有无穷多解. 例如：$x^3 + y^3 = z^2$ 的一组解可以由

$$x = a^4 + 6a^2 b^2 - 3b^4, y = -a^4 + 6a^2 b^2 + 3b^4, z = 6ab(a^4 + 3b^4)$$

给出，其中 a, b 是任何整数. 这些并不是所有的解，还有一组解由公式

$$x = a^4 + 8ab^3, y = -4a^3 b + 4b^4, z = a^6 - 20a^3 b^3 - 8b^6.$$

给出；这个方程还有更多的一些非平凡解，如

$$9\,262^3 + 15\,312\,283^2 = 113^7, 33^8 + 1\,549\,034^2 = 15\,613^3, 3^5 + 11^4 = 122^2, \cdots$$

本节余下来是一组练习和例子，说明了前面的基础理论结果的用处.

例 3.20. （Zhautykov 2010）求所有的素数 p, q 使得

$$p^3 - q^7 = p - q.$$

证： 将方程写成

$$p(p^2 - 1) = q(q^6 - 1) = q(q^3 - 1)(q^3 + 1)$$
$$= q(q - 1)(q^2 + q + 1)(q + 1)(q^2 - q + 1).$$

于是 p 整除 $q, q - 1, q^2 + q + 1, q + 1, q^2 - q + 1$ 之一. 我们声明 $p > q^2$, 这将证明 $p = q^2 + q + 1$. 实际上, 如果 $p \leq q^2$, 则

$$q(q^6 - 1) = p^3 - p < p^3 - 1 \leq q^6 - 1,$$

矛盾.

因此 $p = q^2 + q + 1$, 方程变为

$$p^2 - 1 = q(q - 1)(q + 1)(q^2 - q + 1),$$

等价于

$$q(q + 1)(q^2 + q + 2) = q(q + 1)(q - 1)(q^2 - q + 1).$$

化简得到 $(q - 3)(q^2 + 1) = 0$, 因此 $q = 3$, $p = 11$. $\square$

例 3.21. (圣彼得堡2013) 求所有素数 p, q, 使得 $2p - 1$, $2q - 1$ 和 $2pq - 1$ 都是平方数.

证： 设 $2p - 1 = a^2$, $2q - 1 = b^2$ 和 $2pq - 1 = c^2$. 则有 $p \mid a^2 + 1$ 和 $p \mid c^2 + 1$, 因此 $p \mid c^2 - a^2$, $p \mid c - a$ 或 $p \mid c + a$. 因为 a, c 是奇数, p 是奇数, 所以 $p \leq \frac{c+a}{2}$, 类似可得 $q \leq \frac{b+c}{2}$. 也就是说, $c \geq 2p - a$, $c \geq 2q - b$. 于是

$$2pq - 1 = c^2 \geq (2p - a)(2q - b) = 4pq - 2pb - 2qa + ab,$$

化简得到 $2pq + 1 + ab \leq 2pb + 2qa$, 特别地, 有 $pq < pb + qa$, 所以

$$1 < \frac{b}{q} + \frac{a}{p} < \sqrt{\frac{2}{q}} + \sqrt{\frac{2}{p}}.$$

不妨设 $p \leq q$, 前面的不等式得到 $p \leq 7$, 直接验证 $2p - 1$ 是否为平方数, 得到只有 $p = 5$ 是解. 这时

$$c = \sqrt{10q - 1} \geq 2q - b = 2q - \sqrt{2q - 1},$$

马上能得到 $q \leq 5$, 于是也有 $q = 5$. 最后, $p = q = 5$ 是唯一的解. $\square$

下面, 我们讨论一系列的练习, 其中定理 3.14 用来证明给定的数是合数.

例 3.22.（Kvant 888）设 a, b, c, d 是正整数，满足 $ab = cd$. 证明：对所有正整数 k，$a^k + b^k + c^k + d^k$ 是合数.

证： 将 a, b, c, d 替换成 a^k, b^k, c^k, d^k，我们可以假定 $k = 1$. 记 $\dfrac{a}{c} = \dfrac{d}{b} = \dfrac{m}{n}$ 是最简分数表示，其中 m, n 是互素的正整数. 因为 m 整除 na，根据高斯引理有 $m \mid a$，则 $a = mu$ 和 $c = nu$，u 是正整数. 类似地，可得 $d = mv$ 和 $b = nv$，v 是正整数. 于是

$$a + b + c + d = mu + nu + mv + nv = (m + n)(u + v)$$

是合数.

现在是另一个证法，思路和下一个练习一样. 假设 $a + b + c + d = p$ 是素数，则

$$a + b \equiv -c - d \pmod{p}, \quad ab \equiv (-c) \cdot (-d) \pmod{p},$$

第一个根据 p 定义，第二个根据题目假设. 所以多项式

$$(X - a)(X - b) - (X + c)(X + d)$$

的系数是 p 的倍数，它在点 a 的值 $-(a + c)(a + d)$ 是 p 的倍数. 因为 p 是素数，p 整除 $a + c$ 或 $a + d$，但是这不可能，因为 $p > \max(a + c, a + d)$. $\square$

例 3.23. 设 a, b, c, d 是正整数，使得

$$a^2 + ab + b^2 = c^2 + cd + d^2.$$

证明：$a + b + c + d$ 是合数.

证： 假设 $p = a + b + c + d$ 是素数，则 $a + b \equiv -c - d \pmod{p}$. 结合

$$a^2 + b^2 + ab \equiv c^2 + d^2 + cd \pmod{p},$$

得到 $ab \equiv cd \pmod{p}$. 考虑多项式 $(X - a)(X - b) - (X + c)(X + d)$，和前面例子一样论述，得到 $-(a + c)(a + d)$ 被 p 整除，因此 p 整除 $a + c$ 或 $a + d$，与 p 比两个数都大矛盾. $\square$

例 3.24.（IMOSL2005）设 a，b，c，d，e，f 是正整数，使得 $S = a + b + c + d + e + f$ 整除 $abc + def$ 和 $ab + bc + ca - de - ef - df$. 证明：$S$ 是合数.

证： 假设 S 是素数，$x = -d, y = -e, z = -f$，则有

$$a + b + c \equiv x + y + z \pmod{S},$$
$$ab + bc + ca \equiv xy + yz + zx \pmod{S},$$
$$abc \equiv xyz \pmod{S}$$

考虑多项式

$$(T - a)(T - b)(T - c) - (T - x)(T - y)(T - z)$$

像前面例子一样论述，得到

$$S \mid (a - x)(a - y)(a - z) = (a + d)(a + e)(a + f).$$

因为 S 是素数，S 整除 $a + d, a + e, a + f$ 之一，这与 S 大于三个数中每一个矛盾. 因此 S 是合数. $\qquad\square$

注释 3.25. 有很多类似风格的题目和解答（多少有点难度），这里还有两个例子，留给读者：

(a) （IMO2001）设 $a > b > c > d$ 是正整数，满足

$$ac + bd = (b + d + a - c)(b + d - a + c).$$

证明：$ab + cd$ 是合数.

(b) （USAMO 2015）设 a, b, c, d, e 是不同的正整数，满足

$$a^4 + b^4 = c^4 + d^4 = e^5.$$

证明：$ac + bd$ 是合数.

例 3.26. （IMOSL2001）是否能找到 100 个不超过 25 000 的正整数，使得其中任何两个的和两两不同？

证： 我们将证明更一般的问题，对任何奇素数 p，可以找到 $p - 1$ 个数 a_1，$\cdots$，a_{p-1}，都不超过 $2p^2$，而且其中任选两个相加的和两两不同.（本题取 $p = 101$ 即可）

若 a 是整数，设 $\bar{a}$ 是 a 除以 p 的余数. 取 $a_n = 2np + \overline{n^2}$，$1 \leq n \leq p - 1$，则 a_1，$\cdots$，a_{p-1} 都小于 $2p(p - 1) + p < 2p^2$.

只需证明两两求和不同，假设 $a_n + a_m = a_k + a_l$ 对 $n \neq m$ 和 $k \neq l$ 成立. 将等式写作

$$2p(n + m - k - l) = \overline{k^2} + \overline{l^2} - \overline{m^2} - \overline{n^2}.$$

右端在 $2-2(p-1)$ 和 $2(p-1)-2$ 之间，又是 $2p$ 的倍数，因此必有 $n+m=k+l$ 和 $\overline{k^2}+\overline{l^2}=\overline{m^2}+\overline{n^2}$. 我们得出 $n^2+m^2\equiv k^2+l^2\pmod{p}$，以及 $n^2+m^2+2mn=k^2+l^2+2lk$，利用 p 是奇数，有 $nm\equiv lk\pmod{p}$. 现在多项式

$$(X-m)(X-n)-(X-l)(X-k)$$

的系数是 p 的倍数，于是 $p\mid(m-l)(m-k)$，进而 $m=l$ 和 $n=k$ 成立. □

回忆斐波那契数列 $(f_n)_{n\geq 1}$ 定义为

$$f_1=f_2=1,\ f_n=f_{n-1}+f_{n-2},n\geq 3.$$

不难证明，若 f_n 是素数，则 n 是素数或 $n=4$. 逆命题并不成立，例如 f_{19} 不是素数. 已知很多斐波那契数是素数（例如已知的最大的之一是 $f_{1\,968\,721}$），但是不知道是否斐波那契数列包含无穷多素数. 下面的有趣的结果描述了平移的斐波那契数列 $(f_n+1)_{n\geq 1}$ 中的所有素数. 证明中的一个关键部分是卡特兰恒等式，它的证明留给读者作为一个简单的练习：

$$f_n^2-f_{n+r}f_{n-r}=(-1)^{n-r}f_r^2.$$

回忆我们有经典的通项公式 $f_n=\dfrac{\phi^n-(-\phi)^n}{\sqrt{5}}$，其中 $\phi=\dfrac{1+\sqrt{5}}{2}$. 另一个关键部分是定理 3.14.

例 3.27. (a) 证明：*Gelin-Cesàro* 恒等式

$$f_n^4-f_{n-2}f_{n-1}f_{n+1}f_{n+2}=1,\quad n\geq 3.$$

(b) 求所有的 n，使 f_n+1 是素数.

证： (a) 用 $r=1,2$ 时的卡特兰恒等式得到

$$f_{n+1}f_{n-1}-f_n^2=(-1)^n=f_n^2-f_{n+2}f_{n-2}.$$

因此 f_n^2-1 和 f_n^2+1 分别是 $f_{n-1}f_{n+1}$ 和 $f_{n-2}f_{n+2}$（可能交换一下顺序）. 相乘得到需要的恒等式

$$f_n^4-1=(f_n^2-1)(f_n^2+1)=f_{n-2}f_{n-1}f_{n+1}f_{n+2}.$$

(b) 容易验证 f_n+1 是素数，对 $n=1,2,3$ 成立. 假设 $n>3$，f_n+1 是素数. 因为 f_n+1 整除 $f_n^4-1=f_{n-2}f_{n-1}f_{n+1}f_{n+2}$，因此它整除四个数 f_{n-2}，f_{n-1}，f_{n+1}，f_{n+2} 之一. 它比 f_{n-2} 和 f_{n-1} 大，所以它整除 f_{n+1} 或 f_{n+2}.

另外，斐波那契数列显然是递增的，因此 $n > 3$ 时

$$f_n + 1 < f_{n+1} < 2f_n < 2(f_n + 1),$$

说明 $f_n + 1$ 不整除 f_{n+1}.

$$f_{n+2} = f_n + f_{n+1} = 2(f_n + 1) + f_{n-1} - 2 \geq 2(f_n + 1), \quad n > 3$$

以及

$$f_{n+2} = f_n + f_{n+1} = 2f_n + f_{n-1} < 3(f_n + 1)$$

说明若 $f_n + 1$ 整除 f_{n+2}，必有 $f_{n+2} = 2(f_n + 1)$，进而 $f_{n-1} = 2$，$n = 4$. 但此时 $f_n + 1 = 4$ 不是素数（此处译者根据原题解答思想适当简化了不等式论述）.

综上所述，问题的解只有 $n = 1, 2, 3$. □

3.2.2 最小和最大素因子

下面一些问题和整数的最大或最小素因子有关，我们先引入下面的记号：若 $n > 1$ 是整数，用 $P(n)$ 表示 n 的最大的素因子，而 $p(n)$ 表示 n 的最小的素因子.

前两个例子利用了首一二次多项式的一个非常具体的性质. 这类多项式可以用性质 $f(X)f(X + 1) = f(X + f(X))$ 刻画，我们留给读者作为一个令人愉快的练习来证明这个性质. 特别地，若 $q(n) = P(f(n))$ 是 $f(n)$ 的最大素因子，则前面的关系得出

$$q(n + f(n)) = \max(q(n), q(n + 1)).$$

例 3.28. （IMOSL2013）证明：存在无穷多正整数 n，使得 $n^4 + n^2 + 1$ 最大素因子和 $(n + 1)^4 + (n + 1)^2 + 1$ 的最大素因子相同.

证： 设 $f(X) = X^2 - X + 1$，则 $f(X + 1) = X^2 + X + 1$，前面的恒等式得到

$$f(n^2 + 1) = n^4 + n^2 + 1 = f(n)f(n + 1). \tag{1}$$

令 $q(n)$ 为 $f(n)$ 的最大素因子，题目需要 $q(n^2 + 1) = q((n + 1)^2 + 1)$，对无穷多 n 成立，或者利用关系 (1)，等价于

$$\max(q(n), q(n + 1)) = \max(q(n + 1), q(n + 2))$$

对无穷多 n 成立.

因此需要 $q(n + 1) \geq \max(q(n), q(n + 2))$，我们将证明这个不等式对无穷多 n 成立. 如果不是这样，则 $q(n + 1) < \max(q(n), q(n + 2))$ 对足够大的 n 成

立，比如说 $n \geq N$. 因为没有无限的严格递减序列，因此存在 $n_0 > N$，使得 $q(n_0 + 1) \geq q(n_0)$. 又因为

$$q(n_0 + 1) < \max(q(n_0), q(n_0 + 2)),$$

必有 $q(n_0 + 1) < q(n_0 + 2)$. 结合

$$q(n_0 + 2) < \max(q(n_0 + 1), q(n_0 + 3)),$$

有 $q(n_0 + 2) < q(n_0 + 3)$，归纳可得 $q(n) < q(n + 1)$ 对 $n > n_0$ 成立. 然后

$$q(n^2 + 1) = \max(q(n), q(n + 1))$$

对 $n > n_0$ 不再成立，因为 $n^2 > n$, $n^2 > n + 1$. □

例 3.29. （俄罗斯2011）设 $q(n)$ 是 $n^2 + 1$ 的最大素因子. 证明：存在无穷多组两两不同的正整数 a, b, c，使得 $q(a) = q(b) = q(c)$.

证： 令 $f(X) = X^2 + 1$，我们有

$$f(X^2 + X + 1) = f(X)f(X + 1)$$

所以有 $q(n^2 + n + 1) = \max(q(n), q(n + 1))$ 和

$$q(n^2 - n + 1) = q((n - 1)^2 + (n - 1) + 1) = \max(q(n - 1), q(n)).$$

因此，若 $n > 1$ 满足 $q(n) \geq \max(q(n - 1), q(n + 1))$，则

$$q(n) = q(n^2 - n + 1) = q(n^2 + n + 1)$$

而且 $n, n^2 - n + 1$ 和 $n^2 + n + 1$ 是两两不同的数. 只需证明存在无穷多个 n 满足 $q(n) \geq \max(q(n - 1), q(n + 1))$，这恰好是前面的问题中证明的结果. □

下面的问题处理整数的最小素因子. 在讨论之前，我们先提一下下面判断素数的重要方法.

命题 3.30. 整数 $n > 1$ 是合数当且仅当它有一个素因子 $p \leq \sqrt{n}$. 也就是说，n 的最小的素因子不超过 $\sqrt{n}$.

证： 若 n 有这样的一个素因子，则 n 显然是合数. 反之，假设 n 是合数，则可以写 $n = ab$, $a, b > 1$. 则 a 和 b 都至少有一个素因子，记为 p 和 q. 因为 $n \geq pq$，所以 $\min(p, q)$ 是 n 的素因子，不超过 $\sqrt{n}$. □

例 3.31. （Kvant 557）证明：n 个两两互素且在 1 和 $(2n-1)^2$ 之间的数中必然有素数.

证： 假设满足题目条件的数 $a_1, a_2, \cdots, a_n$ 都是合数. 记 q_i 是 a_i, $1 \le i \le n$ 的最小素因子，不妨设 $q_1 < \cdots < q_n$. 因为 $\gcd(a_i, a_j) = 1$，对 $i \ne j$ 成立，所以 q_i 是两两不同的素数. 因此 $q_1 \ge 2$, $q_2 \ge 3$, $q_{i+1} \ge q_i + 2$ 对 $i \ge 2$ 成立，马上得出 $q_n \ge 2n-1$，因此 $a_n \ge q_n^2 \ge (2n-1)^2$，矛盾（注意本题"在...之间"应理解为不含端点，而本书大多数情况下"在...之间"要理解为包含端点. ——译者注）.
□

例 3.32. （俄罗斯2014）求所有的整数 $n > 1$，使得对 n 的任何正因子 a，$a+1$ 整除 $n+1$.

证： 显然所有的奇素数是问题的解. 现在假设 n 是一个解，我们将证明 n 是素数. 否则 n 有一个真因子 $a \ge \sqrt{n}$.（可以是 n/p，其中 $p \le \sqrt{n}$ 是 n 的一个素因子.）根据题目假设 $a+1$ 整除 $n+1$，因此 $a+1$ 整除 $n+1-(a+1) = n-a$，又因为 $a \mid n-a$ 而且 $\gcd(a, a+1) = 1$，所以 $a(a+1) \mid n-a$，$n-a \ge a(a+1) > a^2 \ge n$，矛盾. 所以题目的解是所有奇素数.
□

例 3.33. （圣彼得堡2008）设 $a > 1$ 是整数，$p(a)$ 是它的最小素因子，m, n 是大于 1 的整数.

(a) 证明：若 $m^2 + n = p(m) + p(n)^2$，则 $m = n$.

(b) 若 $m + n = p(m)^2 - p(n)^2$，求 m 的所有可能值.

证： (a) 我们有 $p(n)^2 - n = m^2 - p(m) > 0$，因此 $p(n) > \sqrt{n}$，必有 n 是素数，$p(n) = n$. 方程变为 $m^2 - p(m) = n^2 - n$，因此 $p(m)$ 整除 $n(n-1)$. 假设 $p(m)$ 整除 $n-1$，则 $n > p(m)$ 而且 $(m-n)(m+n) = p(m) - n < 0$，因此 $m < n$. 最后

$$n^2 - n = m^2 - p(m) < m^2 \le (n-1)^2,$$

矛盾. 因此 $p(m) = n$，然后 $m^2 = n^2$，$m = n$.

(b) 此时根据

$$n + p(n)^2 = p(m)^2 - m$$

有 $p(m) > \sqrt{m}$，说明 m 是素数. 若 $m = 2$，则 $n + p(n)^2 = 2$，不可能. 因此 m 是奇素数. 反之，若 m 是奇素数，我们只需取 n 是偶数，使得 $n + p(n)^2 = p(m)^2 - m$，即 $n + 4 = m^2 - m$. 因此取 $n = m^2 - m - 4$ 即可（因为 $m \ge 3$ 所以 $n > 1$）.
□

例 3.34. （俄罗斯2001）求所有奇数 $n > 1$，使得若 a 和 b 是 n 的互素的正因子，则 $a + b - 1$ 整除 n.

证： 设 p 是 n 的最小的素因子，记 $n = p^k m$，$k \geq 1$，m 和 p 互素. 根据假设，$p + m - 1 \mid n$，而且因为

$$\gcd(p + m - 1, m) = \gcd(p - 1, m) \mid \gcd(p - 1, n) = 1,$$

最后的等式是因为 $p - 1$ 的所有素因子小于 p，因此不整除 n. 因此 $p + m - 1 \mid p^k$，设 $p + m - 1 = p^l$，其中 $l \leq k$.

假设 $k \geq 2$，则 $p^2 + m - 1 \mid n$ 类似地有

$$\gcd(p^2 + m - 1, m) = \gcd(p^2 - 1, m) \mid \gcd(p^2 - 1, n) = 1.$$

最后的等式用了 n 是奇数的条件，因此保证 $p + 1$ 的所有素因子不超过 $\frac{p+1}{2} < p$（因为 p 是奇数）. 如上，我们得到 $p^2 + m - 1 = p^j$，$j \leq k$. 接着

$$m - 1 = p^j - p^2 = p^l - p,$$

即 $p^j + p = p^l + p^2$，$p^l(p^{j-l} - 1) = p(p - 1)$，必有 $l = 1$ 然后 $m = 1$. 因此，若 $k \geq 2$，则 n 是奇素数的幂，这样的数也显然是问题的解.

现在假设 $k = 1$，则必然有 $l = 1$（因为 $l \leq k$，而且显然有 $l > 0$）. 于是又有 $m = 1$，n 是 p 的幂.

综上所述，题目的解是奇素数的幂. □

多项式 $X^2 + X + 41$，对 $X = 0, 1, \cdots, 39$ 都取值为素数，由欧拉和拉格朗日在 18 世纪晚期发现. 下面的例子说明，只需对 $X = 0, 1, 2, 3$ 检验取值为素数即可.

例 3.35. （IMO1987）设 $n > 2$ 是整数，对所有 $0 \leq k \leq \sqrt{\frac{n}{3}}$，$k^2 + k + n$ 是素数. 证明：对所有 $0 \leq k \leq n - 2$，$k^2 + k + n$ 是素数.

证： 设 $f(X) = X^2 + X + n$，p 是 $f(0), f(1), f(2), \cdots, f(n-2)$ 的所有素因子中最小的. 假设题目结论不成立，则存在 $k \leq n - 2$，使得 $f(k)$ 是合数. $f(k)$ 的最小素因子 q 满足 $q^2 \leq f(k) \leq (n-2)^2 + n - 2 + n < n^2$，因此 $q < n$. 因为 $p \leq q$，也有 $p < n$.

现在设 $k \in \{0, \cdots, n - 2\}$ 使得 $p \mid f(k)$. 设 s 是 k 除以 p 的余数，再设 $r = \min(s, p - 1 - s)$. 计算可得 p 也整除 $f(s)$ 和 $f(p - 1 - s)$，所以 $p \mid f(r)$. 进一步，$r \leq \frac{p-1}{2}$，因此

$$f(r) \leq n + \left(\frac{p-1}{2}\right)^2 + \frac{p-1}{2} = n + \frac{p^2 - 1}{4}.$$

因为 $p < n$, 有 $p \neq f(r)$, 由 p 的最小性, $p^2 \leq f(r) \leq n + \frac{p^2 - 1}{4}$. 进一步得到 $p < 2\sqrt{\frac{n}{3}}$, 然后 $r < \frac{p}{2} < \sqrt{\frac{n}{3}}$. 现在根据题目条件, 对这个范围的 r, $f(r)$ 是素数, 和 $p \mid f(r)$, $p \neq f(r)$ 矛盾. $\square$

注释 3.36. (a) 在 1952 年, *Heegner* 证明了 41 是最大的整数 A 具有性质: $n^2 + n + A$ 对 $n = 0, 1, \cdots, A - 2$ 都是素数. (*Heilbronn* 在 1934 年证明了, 只有有限个这样的 A.)

(b) 多项式 $36X^2 - 810X + 2\,753$ 当代入 $X = 0, 1, \cdots, 44$ 给出连续 45 个不同的素数 (如果取值为负数, 则考虑绝对值是否是素数). 还有多项式

$$f(X) = X^5 - 133X^4 + 6\,729X^3 - 158\,379X^2 + 1\,720\,294X - 6\,823\,316$$

对 $0 \leq n \leq 56$, $\frac{1}{4}|f(n)|$ 都是素数.

(c) 类似地, $|3n^3 - 183n^2 + 3\,318n - 18\,757|$ 对 $0 \leq n \leq 46$ 是素数.

3.2.3 组合数论

最后, 我们讨论一些有组合风格的问题, 这些题大部分不容易想到最终的巧妙解法.

例 3.37. (Tuymaada 2005) 正整数 $1, 2, \cdots, 121$ 放在一个 11×11 的方格表中. 迪马计算每行数的乘积, 萨沙计算每列数的乘积, 他们能否得到同样的 11 个数构成的集合?

证: 答案是否定的. 考虑 12 个素数

$$61, 67, 71, 73, 79, 83, 89, 97, 101, 103, 107, 109.$$

它们中每个数在 $\{1, 2, \cdots, 121\}$ 只有一个倍数, 即它们自己. 这些素数中的某两个, 比如 p, q 必然在同一行, 则迪马得到的数中有 pq 的倍数. 如果两个人得到同样的数的集合, 则萨沙也得到 pq 的倍数, 这样意味这 p, q 这两个数既同行又同列, 矛盾. $\square$

我们会有几次用到这样的看法, 若 $a \mid b$, 则 ab 的素因子集合与 b 的素因子集合相同.

例 3.38. (Kvant) 考虑一个无穷的正整数等差数列. 证明: 数列中存在无穷多项, 它们中任何两个的素因子集合相同.

证: 设等差数列的通项公式是 $a + nd$, $n \geq 0$, 则所有形如 $a(1 + d)^n$, $n \geq 0$ 的数是等差数列中的项, 它们满足题目条件. $\square$

例 3.39. （伊朗2004）设 $n > 1$ 是整数，证明：存在 n 个正整数 $a_1 < a_2 < \cdots < a_n$，使得对 $\{1, 2, \cdots, n\}$ 的所有非空子集 I, J，两个数 $\sum_{i \in I} a_i$ 和 $\sum_{j \in J} a_j$ 的素因子集合相同.

证： 令 $a_i = i \cdot N!, 1 \le i \le n$，其中 N 是待定的大整数，若 $I \subset \{1, 2, \cdots, n\}$ 是一个非空子集，则 $\sum_{i \in I} a_i = N! \cdot \sum_{i \in I} i$. 因为

$$1 \le \sum_{i \in I} i \le 1 + 2 + \cdots + n = \frac{n(n+1)}{2}.$$

所以如果选择 $N = \frac{n(n+1)}{2}$，则 $\sum_{i \in I} a_i$ 的素因子集合与 $N!$ 的素因子集合相同，与 I 无关. $\square$

例 3.40. 设 p 是素数，$r \in \{1, 2, \cdots, p-1\}$，$a_1, a_2, \cdots, a_r \in \{1, 2, \cdots, p-1\}$. 考虑所有 $\sum_{i \in S} a_i$ 被 p 除的余数，其中 S 遍历 $\{1, 2, \cdots, r\}$ 的所有子集（包括空集，对应元素和为 0）. 证明：其中至少有 $r+1$ 个不同的余数.

证： 我们用归纳法证明. $r = 1$ 的情形是显然的. 假设命题对 $r = k$ 成立，考虑 $r = k+1 < p$ 的情况. 根据归纳假设，前 k 个 a_i 的子集元素和可以表示至少 $k+1$ 个数，记为 $0, c_1, \cdots, c_k \in \{1, \cdots, p-1\}$. 显然前 $k+1$ 个 a_i 的子集元素和能表示的数至少包含前 k 个 a_i 的子集元素和能表示的数，至少也是 $k+1$ 个. 如果没有更多，则二者能表示的数相同. 特别地，考虑

$$a_{k+1}, a_{k+1} + c_1, \cdots, a_{k+1} + c_k$$

是不同的 $k+1$ 个数，属于前 $k+1$ 个 a_i 的子集元素和能表示的数，因此是 0，c_1，$\cdots$，c_k 的一个排列（模 p 以后）. 两组数求和模 p 相同，得到 $p \mid (k+1)a_{k+1}$，与 $k+1 < p$ 和 $p \nmid a_{k+1}$ 矛盾. 因此命题对 $k+1$ 情况成立，归纳完成. $\square$

例 3.41. （Erdös-Ginzburg-Ziv定理）设 $n > 1$ 是整数. 证明：在任何 $2n-1$ 个整数中，可以找到 n 个，其算术平均值是整数.

证： 证明分成两个步骤：先用前面的例子结果证明 n 是素数的情形，然后用归纳法证明一般情形.

先假设 $n = p$ 是素数，首先通过替换成模 p 的余数，可以假设所给整数 a_1，a_2，$\cdots$，a_{2p-1} 在 0 和 $p-1$ 之间，还设 $a_1 \le a_2 \le \cdots \le a_{2p-1}$.

若存在 $j \in \{1, 2, \cdots, p-1\}$ 使得 $a_{p+j} = a_{j+1}$，则必然有 $a_{j+1} = a_{j+2} = \cdots = a_{j+p}$，这时 $a_{j+1} + \cdots + a_{j+p}$ 是 p 的倍数.

现在假设 $a_{j+1} \neq a_{j+p}$ 对 $1 \leq j < p$ 成立，根据前面的例子，p 个数

$$a_{j+p} - a_{j+1}, 1 \leq j < p$$

的子集元素和模 p 给出至少 p 个不同的余数，即所有余数. 特别地，若 r 是 $a_1 + a_2 + \cdots + a_p$ 的余数，可找到子集使其元素和余数为 $p - r$，即有指标 $1 \leq j_1 < \cdots < j_k \leq p - 1$ 使得

$$a_{p+j_1} + \cdots + a_{p+j_k} - a_{j_1} - \cdots - a_{j_k} + a_1 + \cdots + a_p$$

是 p 的倍数.

最后的求和显然等于 $a_1, \cdots, a_{2p-1}$ 中 p 个数的和，第一部分得证.

现在证明一般的情形. 因为任何 $n > 1$ 是素数的乘积，只需证明：若 $a, b > 1$，并且命题对 a 和 b 分别成立，则命题对 ab 成立.

考虑 $2ab - 1$ 个整数，选择其中 $2a - 1$ 个数，根据归纳假设，可以选取其中 a 个数，其算术平均值为 m_1 是整数. 继续对剩余的 $2ab - 1 - a$ 个数重复上面的处理：选择其中 $2a - 1$ 个，然后找到其中 a 个算术平均值为整数. 这样可以一直做 $2b - 1$ 次，得到一些算术平均值 $m_1, \cdots, m_{2b-1}$. 因为结果对 b 也成立，$m_1, \cdots, m_{2b-1}$ 中存在 b 个数，算术平均值为整数. 这 b 个数算术平均值对应于原始的 ab 个整数的算术平均值. 因此最终我们得到 ab 个数，其算术平均值是整数，证明了 ab 的情形.   □

例 3.42.（改编自伊朗 TST2008）设 $(a_n)_{n \geq 1}$ 是正整数序列，满足对所有 $m, n \geq 1$，$a_m + a_n$ 的所有素因子包含于 $m + n$ 的所有素因子. 证明：$a_n = n$，对所有 n 成立.

证: 关键的看法是，当 m, n 是正整数，满足 $m + n$ 是素数 p 的幂时，有 $p \mid a_n + a_m$（实际上 $a_n + a_m$ 也是 p 的幂. ——译者注）. 实际上，因为 $a_n + a_m \geq 2$，所以存在素数 $q \mid a_n + a_m$，根据题目假设，$q \mid n + m$，必有 $q = p$.

我们首先证明：若 $m \neq n$，则 $a_m \neq a_n$. 假设有 $a_n = a_m$，选择大素数 p，根据上一段，有 $p \mid a_n + a_{p-n}$ 和 $p \mid a_m + a_{p-n}$，于是 $p \mid m + p - n$. 所以 $p \mid m - n$ 对所有的大素数成立，矛盾.

下一步，我们证明：$|a_n - a_{n+1}| = 1$，对所有 $n \geq 1$ 成立. 假设存在 n 使其不成立，还设 p 是 $a_{n+1} - a_n$ 的一个素因子. 取 k 满足 $p^k > n$，根据第一段，$p \mid a_n + a_{p^k - n}$，于是

$$p \mid a_n + a_{p^k - n} + a_{n+1} - a_n,$$

即 $p \mid a_{p^k-n}+a_{n+1}$，进而 $p \mid p^k-n+n+1=p^k+1$，矛盾. 性质 $|a_n-a_{n+1}|=1$ 得证.

最后，前面两段说明 $a_{n+2}-a_{n+1}=a_{n+1}-a_n=c$，对所有 n 和 $c \in \{-1,1\}$ 成立. 因为序列都是正整数，有 $c=1$，$a_n=n+k$，$k \geq 0$. 考虑一个大素数 p，取正整数 m,n，使得 $p \mid m+n+2k$，即 $p \mid a_m+a_n$，所以 $p \mid m+n$. 相减得到 $p \mid 2k$ 对所有大素数 p 成立，因此 $k=0$，证毕. $\square$

注释 3.43. 原始的题目更弱一些，条件为 $a_m+a_n \mid (m+n)^k$ 对所有 $m,n \geq 1$ 成立，其中 k 是固定正整数.

例 3.44. （IMOSL2007）求所有的正整数序列 $(a_n)_{n \geq 1}$，满足:

(a) 每个正整数在序列 $a_1, a_2, \cdots$ 中出现至少一次;

(b) 对所有 $n,m \geq 1$，a_n+a_m 和 a_{n+m} 有相同的素因子集合.

证: 我们按步骤证明，只有 $a_n=n$ 是问题的解. 注意，利用条件 (b) 容易得到: 若素数 p 整除子序列 $a_{n_1}, a_{n_2}, \cdots, a_{n_k}$ 中的每一个，则它也整除 $a_{n_1+n_2+\cdots+n_k}$.

首先，我们证明: $a_1=1$，否则取素数 p 整除 a_1. 利用第一段的说法，$p \mid a_n$，对所有 n 成立，与条件(a) 矛盾. 因此 $a_1=1$.

下一步，我们证明: $\gcd(a_n, a_{n+1})=1$，对所有 n 成立. 否则，设 $n \geq 1$，素数 p 整除 a_n 和 a_{n+1}. 则 p 整除 $a_{xn+y(n+1)}$，对所有 $x,y \geq 0$ 成立（看第一段）. 所有满足 $m \geq n(n+1)$ 的整数 m 可以写成 $xn+y(n+1)$ 的形式（看例2.42），所以 $a_1, a_2, \cdots$ 除了有限项，都是 p 的倍数，又与条件(a)矛盾.

我们接下来证明: $|a_n-a_{n+1}|=1$，对所有 n 成立. 否则，假设存在 n 使这个条件不成立，取素数 p 整除 a_n-a_{n+1}. 根据条件(a)，可以取 $m \geq 1$，使得 $p \mid a_n+a_m$，于是 $p \mid a_{n+m}$；而 $p \mid a_m+a_{n+1}$ 得到 $p \mid a_{n+m+1}$，与 $\gcd(a_{n+m}, a_{n+m+1})=1$ 矛盾.

前面一段说明 $a_{n+1} \in \{a_n-1, a_n+1\}$ 对所有 n 成立，因为 $a_n>0$，$a_1=1$，所以 $a_2=a_1+1=2$. 接下来证明 $a_n=n$，对所有 n 成立. 否则设 n 使得 $a_{n+1}=a_n-1$，因为 $a_{n+1}=a_n-1$ 和 $a_n+a_1=a_n+1$ 有同样的素因子集合，a_n-1 和 a_n+1 都是 2 的幂（因为 $\gcd(a_n-1, a_n+1)$ 整除2），必有 $a_n=3$ 和 $a_{n+1}=2$. 继续这个论述得到 $a_{n+2} \neq a_{n+1}-1$，因此 $a_{n+2}=a_{n+1}+1=3$，然后 $a_n+a_2=5$ 和 $a_{n+2}=3$，没有同样的素因子，矛盾. 因此 $a_{n+1}=a_n+1$，对所有 n 成立.

原问题的解只有 $a_n=n, n=1,2,\cdots$. $\square$

例 3.45. （Kvant 1863）正整数序列 $(a_n)_{n \geq 1}$ 满足 $a_1=1, a_2=2$. 对所有 $n \geq 3$，a_n 是不同于 $a_1, a_2, \cdots, a_{n-1}$ 且和 a_{n-1} 不互素的最小的正整数. 证明: 这个序列包含所有的正整数.

证：   解答依赖于两个引理：

引理 3.46. 序列 $(a_n)_{n \geq 1}$ 包含无穷多偶数.

证：   否则，存在 m 使得 $a_m, a_{m+1}, a_{m+2}, \cdots$ 都是奇数. 因为序列中所有项不同，存在 $k \geq m$ 使得 $a_k < a_{k+1}$ 且 $a_1, a_2, \cdots, a_{m-1} < a_k$. 设 p 是 a_k 的最小素因子，则 $a_{k+1} \geq a_k + p$，否则 a_k 和 a_{k+1} 互素. $a_k + p$ 是偶数，$a_k + p$ 和 a_k 有公约数 p. 又 $a_1, a_2, \cdots, a_{m-1} < a_k < a_k + p$，$a_m, a_{m-1}, \cdots, a_k$ 都是奇数，因此 $a_k + p$ 在 $a_1, \cdots, a_k$ 中未出现，根据定义，$a_{k+1} = a_k + p$. a_{k+1} 是偶数，矛盾. □

引理 3.47. 若序列 $\{a_n\}$ 中有无穷多项被素数 p 整除，则序列包含 p 的所有倍数.

证：   假设 kp 不是序列中的一项，取 m 使得当 $n \geq m$ 时，$a_n > pk$. 取序列一项 a_s 被 p 整除，且有 $s > m$，则 pk 与 a_s 不互素，未出现于序列之前的部分，根据 a_{s+1} 的最小性，有 $a_{s+1} \leq pk$，矛盾. □

现在回到问题的证明. 根据引理 3.46 和 3.47，序列包含所有的偶数. 再用引理 3.47，对每个素数 p，序列包含 p 的所有倍数，证毕. □

3.3   素数的无限性

看到素数和合数的一些例子后，我们集中研究证明素数有无穷多的问题. 一个明显的思路是构造一个显式序列，包含无穷多素数. 听起来比较容易，实际不然：对很多数论中自然产生的序列，还不知道它们是否含有无穷多素数.

3.3.1   经典序列中的素数

一个自然的序列是多项式序列，我们从这个开始. 设 $f(X) = a_0 + a_1 X + \cdots + a_n X^n$ 是整系数非常数多项式，首项系数 a_n 为正，于是 $f(k)$ 对足够大的 k 是正整数. 我们想要知道，是否序列 $f(1), f(2), \cdots$ 中有无穷多素数. 一个显然的反面情况是存在一个整数 $d > 1$ 整除所有的数 $f(1), f(2), \cdots$，则序列中只有有限个素数. 还有，如果 f 可以写成两个非常数整系数多项式的乘积，则序列中也只有有限个素数. 一个令人惊奇的未解决猜想是这两个情况是否是唯一的阻碍：

猜想 3.48. 设 f 是非常数整系数不可约多项式，首项系数为正. 假设：

(a) 不存在整数 $d > 1$ 整除所有的 $f(1), f(2), \cdots$.

(b) f 不是非常数整系数多项式的乘积.

则对无穷多正整数 n, $f(n)$ 是素数.

要形容这个猜想有多困难, 我们指出目前没有对任何一个超过一次的多项式, 证明这个猜想! 还有这个猜想的其他形式, 包括几个多项式 $f_1, \cdots, f_k$, 问是否对无穷多 n, $f_1(n), \cdots, f_k(n)$ 同时是素数. 一个著名的这样的猜想是:

猜想 3.49. (Hardy-Littlewood k 素数组猜想) 设 $a_1, \cdots, a_k$, $b_1, \cdots, b_k$ 是整数, 满足 $\gcd(a_j, b_j) = 1$, 对 $1 \leq j \leq k$ 成立. 而且对任何 $p \leq k$, 存在 $x \in \mathbf{Z}$, 使得 p 不整除 $a_1 x + b_1, \cdots, a_k x + b_k$ 中的每一个. 则存在无穷多 n, 使得 $a_1 n + b_1, \cdots, a_k n + b_k$ 都是素数.

注释 3.50. *Granville* 证明了下面的惊人结果: 如果前面的猜测成立, 则存在无穷正整数集合 A, B, 使得对所有的 $a \in A$ 和 $b \in B$, $a + b$ 都是素数. 他还证明了, 前面猜想成立则导出存在无穷集合 A 使得, 对所有 $a, b \in A$, $\frac{a+b}{2}$ 是素数. 已知 (根据 *Balog* 的深刻定理) 对任何 n, 存在 n 元素数集合 A, 使得对所有的 $a, b \in A$, $\frac{a+b}{2}$ 是素数, 而且所有这些素数是两两不同的.

对于猜想 3.48, 即使是 f 的次数为 1, 问题已经高度非平凡: 在这个情形下, 猜想被 Dirichlet 证明. 我们重述这个精彩和深刻的结果:

定理 3.51. (Dirichlet 定理) 设 a, b 是互素的整数且 $a > 0$. 则等差数列 $(an + b)_{n \geq 0}$ 中包含无穷多素数.

还可以考虑完全由素数构成的等差数列. 读者容易证明, 不存在无穷项完全由素数构成的等差数列. 但是可以构造完全由素数构成的较长的等差数列. 例如: 最小的由素数构成的 10 项等差数列是 $199 + 210n, 0 \leq n \leq 9$; 最小的 21 项素数等差数列是 $5\,749\,146\,449\,311 + 26\,004\,868\,890n, 0 \leq n \leq 20$; 一个 26 项素数等差数列是

$$43\,142\,746\,595\,714\,191 + 5\,283\,234\,035\,979\,900n, \quad 0 \leq n \leq 25$$

可以注意到, 公差 (首项也是) 都很大. 下面的例子解释了这一点:

例 3.52. (Thébault's 定理) 若有 $n > 2$ 项完全由正素数构成的递增等差数列, 证明: 数列的公差是小于 n 的所有素数乘积的倍数.

证: 假设 a, d 是正整数, 满足 $a, a + d, \cdots, a + (n-1)d$ 都是素数, 我们要证任何 $p < n$ 整除 d. 设 $p < n$ 不整除 d, 则

$$a, a + d, \cdots, a + (p-1)d$$

模 p 互不同余，其中有一个是 p 的倍数．设 $p \mid a + jd$，因为序列都是素数，所以 $p = a + jd \geq a$．因此 $a < n$，此时 $a + an$ 是序列的一项，且不为素数（有 a 和 $1 + n$ 两个大于 1 的因子），矛盾．   □

下面是前面例子的一个应用：

例 3.53.（城市锦标赛2007）求所有的递增等差数列，只包含素数，并且项数大于公差．

证： 设 $a, a + d, \cdots, a + (n-1)d$ 是满足题目条件的等差数列，则 $n > d$．设 p_i 表示第 i 个素数，$p_1, p_2, \cdots, p_k$ 是所有小于 n 的素数，根据 Thébault's 定理，$p_1 \cdots p_k$ 整除 d，因此

$$p_1 \cdots p_k \leq d < n \leq p_{k+1}.$$

若 $p_1 \cdots p_k > 2$，则 $p_1 \cdots p_k - 1$ 有不同于 $p_1, \cdots, p_k$ 的素因子，因此 $p_1 \cdots p_k - 1 \geq p_{k+1}$，矛盾．

因此有 $p_1 \cdots p_k = 2$，$k = 1$ 和 $n \leq 3$．这样我们得到 $n = 3$，$d < n = 3$ 和 $a, a + d, a + 2d$ 都是素数．$d = 1$ 不可能，因为这时 $a, a + 1$ 都是素数只能 $a = 2$，但是 $a + 2$ 不是素数．若 $d = 2$，则 $a, a + 2, a + 4$ 都是素数，其中一个被 3 整除，因此是 3，只能 $a = 3$．问题有唯一解，即序列 $3, 5, 7$．   □

下面的神奇（而且深刻）定理证明于 2004 年，解决了一个 200 年悬而未决的问题：

定理 3.54.（Green-Tao）对任何 $n \geq 3$，存在一个 n 项等差数列，都由素数构成．

注释 3.55. 为了说明这个定理的强大，我们指出几个直接的结论，用别的方法极难证明：

(a) 对任何 n，存在由 n 个素数构成的集合 A，满足对任何 $a, b \in A$，$\frac{a+b}{2}$ 是素数，而且这些素数都是两两不同的．下面是一个 $n = 12$ 的这类型的集合：

$$\{71, 1\,163, 1\,283, 2\,663, 4\,523, 5\,651, 9\,311, 13\,883, 13\,931, 14\,423, 25\,943, 27\,611\}$$

我们说过，这是 *Balog* 的一个定理，在 *Green-Tao* 定理之前证明．利用 *Green-Tao* 定理，这是简单的练习：考虑一个素数构成的等差数列 $a + jd$，$0 \leq j \leq 2^{n+1}$，取 A 是 $a + (2^j - 1)d$，$1 \leq j \leq n$ 构成的集合即可．

(b) 从 *Green-Tao* 定理得到，对任何 k 和 d 可以找到一个 d 次整系数多项式 f，使得 $f(0), f(1), \cdots, f(k)$ 都是素数．实际上，如果 $a + jb$，$0 \leq j \leq k^d$ 都是素数，多项式 $bX^d + a$ 满足条件．关于首一多项式的类似问题会更难．

(c) 还有一个 *Green-Tao* 定理的结果：存在任意大的整数集 A，使得其任何子集的元素平均值是素数，而且这些素数是两两不同的.

具体说，先看不要求所得素数互不相同的情况，构造比较容易：取一个素数构成的等差数列 $a + jd, 0 \le j < k := n \cdot n!$，取

$$A = \{a + jn!d \mid 0 \le j < n\}.$$

则 $a + jn!d, j \in S \subset \{1, 2, \cdots, n\}$ 的算术平均值是 $a + d(\sum_{x \in S} x)\frac{n!}{|S|}$，是整数. 而且这个数属于我们的素数等差数列，因此是素数.

现在考虑要求所得素数互不相同的情况，我们使用下面的技巧. 考虑集合 $B = \{b_1 < \cdots < b_n\}$，使得 B 的所有子集的元素的均值两两不同（例如取 $b_i = (i + 1)!, 1 \le i \le n$）. 然后取 $k = (b_n - b_1)n!$，找一个素数等差数列 $a + jd, k = 0, 1, \cdots, k$，令 $A = \{a + (b_j - b_1)n!d \mid 1 \le j \le n\}$. 例如，当 $n = 4$ 时，我们发现集合 $5, 17, 89, 1\,277$；当 $n = 5$ 时，我们取得集合

$$209\,173, 322\,573, 536\,773, 1\,217\,893, 2\,484\,733.$$

当 $n = 7$ 时，写下一个具体的集合已经非常困难了.

在算术中经常出现的其他重要序列具有形式 $a^n + 1$ 和 $a^n - 1$，其中 $a > 1$ 是固定整数. 当考虑 $a^n + 1$ 或者 $a^n - 1$ 什么时候是素数时，存在几个简单的阻碍.

先假设 $a^n - 1$ 是素数，并且 n 是合数，记 $n = mk(m, k > 1)$，于是 $a^m - 1 \mid a^n - 1$，而且 $1 < a^m - 1 < a^n - 1$，矛盾. 因此 $a^n - 1$ 是素数的必要条件是 n 是素数. 进一步，$a - 1 \mid a^n - 1$，而且 $a - 1 < a^n - 1$，所以必有 $a - 1 = 1$，即 $a = 2$. 也就是说 $a^n - 1(a, n > 1)$ 中的素数都是 $2^p - 1$ 形式的数，其中 p 是素数. 然而，不是所有这样的数都是素数：可以验证 $23 \mid 2^{11} - 1$，$47 \mid 2^{23} - 1$. 具有 $2^p - 1$ 形式的素数被称为梅森素数. 不知道是否有无穷多梅森素数，而且还不知道序列 $\{2^p - 1 \mid p$ 是素数$\}$ 中是否有无穷多合数（可以证明：若素数 $p \equiv 3 \pmod{4}$，使得 $2p + 1$ 也是素数，则 $2p + 1$ 整除 $2^p - 1$，因此若有无穷多这类素数，则 $2^p - 1$ 序列中有无穷多合数）到 2015 年为止，已知的最大梅森素数是 $2^{74\,207\,281} - 1$，目前已知有 49 个梅森素数.

现在假设 $a^n + 1$ 是素数，其中 $a, n > 1$. 若 n 有奇数真因子 m，则 $a^{\frac{n}{m}} + 1 \mid a^n + 1$，矛盾. 因此 n 必须是 2 的幂. 一个重要的情况是 $a = 2$，我们知道 $2^n + 1$ 形式的素数都是费马数 $F_n = 2^{2^n} + 1$. 这时的情形更糟：还是不知道序列 $F_0, F_1, \cdots$ 中是否有无穷多素数或无穷多合数，仅仅知道序列中的 5 个素数：F_0, F_1, F_2, F_3, F_4. 与费马原本的猜想——这个序列中都是素数相去甚远，费马

的这个猜想被欧拉证伪，欧拉指出 $641 \mid F_5 = 2^{32} + 1$（$F_5 = 641 \cdot 6\,700\,417$；见例 1.12）. 费马数中只有 $F_0, F_1, \cdots, F_{11}$ 的素因子分解式是知道的.（但是知道对 $5 \le n \le 32$，知道 F_n 是合数，不知道 F_{20} 或 F_{24} 的任何素因子！）

还有一个在数论中常见的数列是 $(n! + 1)_{n \ge 1}$. 再一次，不知道这个序列中是否有无穷多素数，但是知道序列中有无穷多合数（现在证明这个还难，但是后来会知道，当 $n+1$ 是素数时，$n+1 \mid n! + 1$，这是所谓的威尔逊定理，马上得到结论）. 尽管这样，我们用这个数列证明，存在无穷多素数.

3.3.2　欧几里得方法

我们可以总结前面的几节说，很多算术中自然出现的序列期望包含无穷多素数，但是我们远远不能证明这一点. 不去处理这样的困难问题（大部分是远远悬而未决的），我们在这一节给出欧几里得的非直接方法，证明存在无穷多素数. 这个结论的一些后续和相关结论也可以用类似的方法（可能会有更多的技巧细节）得到.

定理 3.56.（欧几里得）*存在无穷多素数.*

证： 因为 2 是素数，所有至少有一个素数. 假设只有有限个素数 $p_1, \cdots, p_k$. 考虑 $1 + p_1 \cdot \ldots \cdot p_k$，它比 1 大，因此是素数的乘积. 取它的一个素因子 q，则根据假设 $p_1, \cdots, p_k$ 是所有的素数，所以 $q \in \{p_1, \cdots, p_k\}$. 因此 q 整除 $p_1 \cdot \ldots \cdot p_k$，但是 q 也整除 $p_1 \cdot \ldots \cdot p_k + 1$，这样 q 整除 1，矛盾. □

注释 3.57. (a) 从 $a_1 = 2$ 开始，定义 a_{n+1} 为 $1 + a_1 a_2 \cdots a_n$ 的最大素因子. 这个数列不是单调增的，因为 $a_{10} < a_9$. 尚不知道，这个序列是否包含所有足够大的素数.

(b) 考虑序列，第 n 项是 $1 + p_1 \cdot p_2 \cdot \ldots \cdot p_n$，其中 $p_1 < p_2 < \cdots$ 是所有素数的递增序列. 这个序列的前 5 项都是素数：

$$3, 7, 31, 211, 2\,311$$

然而，第 6 项 $1 + 2 \cdot 3 \cdot 5 \cdot 7 \cdot 11 \cdot 13$ 是合数（被 59 整除）. 不知道这个序列是否包含无穷多素数，或者包含无穷多合数.

存在很多其他的方法证明素数有无穷多，基于定理 3.13（保证了每个大于 1 的整数有素因子）. 例如，假设整数序列 $(x_n)_{n \ge 1}$ 都大于 1 且两两互素. 设 p_n 是 x_n 的一个素因子，则 $p_1, p_2, \cdots$ 是两两不同的素数，因此存在无穷多素数. 从前面的章节中，我们知道怎样构造这样的两两互素序列：例如第 n 个费马数 $x_n = 2^{2^n} + 1$，Sylvester 序列 $x_1 = 2$，$x_{n+1} = x_n^2 - x_n + 1$，等等.

下面的一些例子或者模仿或者改进了欧几里得方法，大多数主要依赖于整数素因子分解的唯一性.

例 3.58. 设 $n > 2$ 是整数. 证明：存在无穷多素数 p 使得 n 不整除 $p - 1$. 特别地（取 $n = 3$ 和 $n = 4$），存在无穷多 $3k + 2$ 型素数，以及无穷多 $4k + 3$ 型素数.

证： 我们模仿欧几里得方法，注意 2 是这样类型的素数. 假设 $p_1, \cdots, p_k$ 是所有的 p，使得 n 不整除 $p - 1$. 则 $N = np_1 \cdots p_k - 1$ 是大于 1 的整数，有素因子分解式 $N = q_1 \cdots q_r$. 因为 N 和 $p_1, \cdots, p_k$ 互素，$q_1, \cdots, q_r$ 都不等于 $p_1, \cdots, p_k$ 中任何一个，因此必有 $q_i \equiv 1 \pmod{n}, 1 \le i \le r$ 成立，然后 $N = q_1 \cdots q_r \equiv 1 \pmod{n}$，与 $N \equiv -1 \pmod{n}$ 和 $n > 2$ 矛盾. $\qquad\square$

例 3.59. （罗马尼亚TST2003）设 $\mathcal{P}$ 是所有素数的集合，M 是 $\mathcal{P}$ 的子集，至少有三个元素. 假设对 M 的任何真子集 A，$-1 + \prod_{p \in A} p$ 的所有素因子属于 M. 证明：$M = \mathcal{P}$.

证： 取 M 中一个奇素数 p，考虑 $p - 1$ 的素因子，我们发现 $2 \in M$. 我们会证明 M 是无限集，先假设已证明这个，我们看怎样完成问题的证明.

假设存在奇素数 $p \notin M$. 设 $p_1, p_2, \cdots$ 是 M 中元素的递增排列. 考虑数列 p_1，$p_1 p_2$，$p_1 p_2 p_3$，$\cdots$，其中两个除以 p 的余数相同. 因此有 $i < j$，使得 p 整除 $p_1 \cdots p_i - p_1 \cdots p_j$. 而 p 不属于 $\{p_1, \cdots, p_i\}$（因为 $p \notin M$），因此 p 整除 $p_{i+1} \cdots p_j - 1$. 根据题目假设，最后这个数的所有因子属于 M，矛盾. 因此 $M = \mathcal{P}$.

现在证明 M 是无限集. 否则假设 p 是 M 中最小的奇素数，设 x 是 $M \setminus \{2, p\}$ 中所有数的乘积（这里用到 M 至少有三个元素），x 的所有素因子大于 p. 根据假设 $x - 1$ 和 $2x - 1$ 的所有素因子属于 M，因此有 $2x - 1 = p^a$ 和 $x - 1 = 2^b p^c$，其中 $a > 1$，$b, c \ge 0$.

因为 $x - 1$ 和 $2x - 1$ 互素，必然有 $c = 0$ 和 $x = 2^b + 1$，然后 $p^a = 2^{b+1} + 1$. 若 a 是奇数，则 $\frac{p^a - 1}{p - 1}$ 是一个大于 1 的奇数，又是 2^{b+1} 的因子，矛盾. 若 a 是偶数，设 $a = 2k$，则 $(p^k - 1)(p^k + 1)$ 是 2 的幂，进而 $p^k - 1$ 和 $p^k + 1$ 都是 2 的幂，相差为 2，必有 $p^k = 3$ 和 $p = 3$. 然后有 $x = 5$，于是 $M = \{2, 3, 5\}$，但是还有 $7 \mid 3 \cdot 5 - 1 \in M$，矛盾. 因此 M 必然是无限集. $\qquad\square$

注释 3.60. 一个类似的问题在 *USATST* 2015 中出现：

设 M 是素数的非空集合，满足对任何非空子集 $N \subset M$，$1 + \prod_{p \subset N} p$ 的所有素因子也在 M 中．证明：M 包含所有的素数．

例 3.61. 设 $(a_n)_{n \geq 1}$ 是两两不同的正整数构成的序列，假设存在正整数 k, c，使得 $a_n \leq cn^k$，对所有 $n \geq 1$ 成立．证明：存在无穷多素数 p 整除 $a_1, a_2, \cdots$ 中至少一个数．

证： 假设只有有限多这样的素数，记为 $p_1, p_2, \cdots, p_s$．选择整数 $N > \log_2 c$．数列中项的素因子都属于 $\{p_1, p_2, \cdots, p_s\}$，因此可以唯一写作 $p_1^{x_1} \cdots p_s^{x_s}$，其中 $(x_1, \cdots, x_s)$ 是非负整数．因为

$$2^{x_i} \leq p_1^{x_1} \cdots p_s^{x_s} \leq c \cdot 2^{Nk} < 2^{N(k+1)}$$

我们得到 $x_i < (k+1)N$，对所有 i 成立．这样至多存在 $((k+1)N)^s$ 个不同的 s 数组，进而至多 $((k+1)N)^s$ 个数列 $(a_n)_{n \geq 1}$ 中的数在 1 和 $c \cdot 2^{Nk}$ 之间．

又根据题目条件，至少有 2^N 个 $(a_n)_{n \geq 1}$ 中的数不超过 $c \cdot 2^{Nk}$．这样得到 $((k+1)N)^s \geq 2^N$，对足够大的 N，这是矛盾的． $\square$

注释 3.62. 容易证明，若存在 M，使得每个整数在序列 $a_1, a_2, \cdots$ 中出现至多 M 次，并且序列满足多项式增长上界，则有同样结论．若 f 是整系数非常数多项式，则序列 $a_n = f(n)$ 有这个性质，因此有无穷多素数，每个整除 $f(1), f(2), \cdots$ 中至少一个数，这给出了后面定理 3.69 的另一个证明．

存在无穷多素数的性质是构造性问题的重要工具，这里是几个典型的例子，其叙述和素数完全无关，但是解答主要在于用到无穷多素数的存在性．

例 3.63. （城市锦标赛2006）对每个正整数 n，设 b_n 是

$$1 + \frac{1}{2} + \cdots + \frac{1}{n}$$

化成最简分数后的分母．证明：$b_{n+1} < b_n$ 对无穷多 n 成立．

证： 我们将证明：对每个奇素数 p，$n = p^2 - p - 1$ 是题目的解．

首先，我们说 p 不整除 b_{n+1}．实际上，$\frac{1}{2}, \cdots, \frac{1}{n}$ 中分母被 p 整除的项有 $\frac{1}{p}$，$\frac{1}{2p}, \cdots, \frac{1}{(p-1)p}$．它们的和的分母不是 p 的倍数，这是因为 $\frac{1}{ip} + \frac{1}{(p-i)p} = \frac{1}{i(p-i)}$，对 $i = 1, \cdots, (p-1)/2$ 成立．

接下来，设 a_n 是 $1 + \frac{1}{2} + \cdots + \frac{1}{n}$ 的分子，则

$$\frac{a_{n+1}}{b_{n+1}} = \frac{a_n}{b_n} + \frac{1}{p(p-1)} \quad \Longrightarrow \quad \frac{a_n}{b_n} = \frac{p(p-1)a_{n+1} - b_{n+1}}{p(p-1)b_{n+1}}.$$

若 $d = \gcd(p(p-1)a_{n+1} - b_{n+1}, p(p-1)b_{n+1})$，则 d 整除 $p^2(p-1)^2 a_{n+1}$ 和 $p(p-1)b_{n+1}$，因此 d 整除 $p^2(p-1)^2$．但是 p 不整除 d，因为它不整除 b_{n+1}．所以 $d \mid (p-1)^2$，进而

$$b_n \geq b_{n+1}\frac{p(p-1)}{(p-1)^2} > b_{n+1}.$$ $\square$

例 3.64. （IMOSL2011）设 $n \geq 1$ 是奇整数．求所有的函数 $f : \mathbf{Z} \to \mathbf{Z}$，使得 $f(x) - f(y)$ 整除 $x^n - y^n$ 对所有整数 x, y 成立．

证： 显然，所有具有形式 $f(x) = \varepsilon x^d + c$ 的函数满足题目条件，其中 $\varepsilon \in \{-1, 1\}$，$d$ 是 n 的一个正因子．我们将证明：这些是问题的所有解．注意若 f 是这样的一个函数，则 $f + c, c \in \mathbf{Z}$ 也有同样的性质，因此不妨设 $f(0) = 0$．

若 p 是素数，则 $f(p) - f(0)$ 整除 p^n，因此 $f(p) \mid p^n$，$f(p) = \pm p^d$，$0 \leq d \leq n$．由抽屉原则，存在一个符号 ε 和一个固定的 $0 \leq d \leq n$ 使得 $f(p) = \varepsilon p^d$ 对无穷多素数成立，记这些素数为 $p_1 < p_2 < \cdots$，不妨设 $\varepsilon = 1$（可能需要将 f 替换为 $-f$）．现在，根据题目假设 $p_1^d - p_2^d$ 整除 $p_1^n - p_2^n$，因此 d 整除 n（根据推论 2.36），记 $n = kd$．

我们现在证明：$f(x) = x^d$，对所有 x 成立．固定整数 x，则 $f(x) - p_i^d$ 整除 $x^n - p_i^n$，而且也整除 $f(x)^k - p_i^{dk} = f(x)^k - p_i^n$，因此 $f(x) - p_i^d$ 整除 $f(x)^k - x^n$．由 i 的任意性，有无穷多因子的数 $f(x)^k - x^n = 0$．因为 n 是奇数，所以 $f(x) = x^d$，证毕． $\square$

例 3.65. （USATST2010）设 P 是整系数多项式，满足 $P(0) = 0$ 以及

$$\gcd(P(0), P(1), P(2), \cdots) = 1.$$

证明：对无穷多 n，有

$$\gcd(P(n) - P(0), P(n+1) - P(1), P(n+2) - P(2), \cdots) = n.$$

证： 我们首先对一般的整系数多项式 P 研究

$$d_n = \gcd(P(n) - P(0), P(n+1) - P(1), \cdots)$$

设 q 是 d_n 的一个素因子，因此 $P(n+k) \equiv P(k) \pmod{q}$，对所有 k 成立，也就是说 P 模 q 的周期为 n．但是 P 模 q 也是周期 q 的，因此若 $\gcd(q, n) = 1$，则 P 模 q 是常数（由裴蜀定理）．这时 q 整除所有 $P(m+1) - P(m)$．对我们的多项式，结合 $P(0) = 0$，q 整除所有 $P(m)$，与题目假设矛盾．因此，d_n 的每个素因子 q 整除 n．

如果取 n 是素数的幂，记 $n = p^N$，则 d_n 也是 p 的幂. 又因为对任何 k，有 $n \mid P(n+k) - P(k)$，因此 d_n 是 n 的倍数. 接下来看是否可以对所有的 k，有 $p^{N+1} \mid P(k+p^N) - P(k)$. 因为（其中 P' 是 P 的导数）

$$P(k + p^N) \equiv P(k) + p^N P'(k) \pmod{p^{N+1}},$$

因此会有 $p \mid P'(k)$，对所有 k 成立. 先取一个固定的 k，使 $P'(k) \neq 0$，若 p 足够大，则 p 不整除 $P'(k)$. 对这样的 p，前面的论述说明 $d_n = n$ 对所有的 $n = p^N$ 成立，证毕. □

例 3.66. （Erdös）设 A 是 n 个非零整数构成的集合. 证明：A 包含一个子集 B，至少有 $\frac{n}{3}$ 个元素，使得 B 中任何两个元素的和（不要求两个元素不同）不是 B 的元素.

证： 设 A 的元素是 $a_1, a_2, \cdots, a_n$. 取 $p = 3k+2$ 是大于 $\max |a_i|$ 的一个素数（这样的素数根据例 3.58，是存在的）. 对每个 $i \in \{1, \cdots, n\}$，$a_i, 2a_i, \cdots, pa_i$ 构成模 p 的完系（因为 $a_i \neq 0$，$|a_i| < p$）. 因此可以找到 $a_i, 2a_i, \cdots, na_i$ 中 $k+1$ 个数，模 p 同余于

$$k+1, k+2, \cdots, 2k+1$$

对每个 $1 \leq j \leq p$，设 B_j 是使 $ja_i \pmod{p}$ 属于 $\{k+1, \cdots, 2k+1\}$ 的 a_i 构成的集合. 从上一段论述中，可知

$$\sum_{j=1}^{p} |B_j| = (k+1)n,$$

根据抽屉原则，可以找到 j 使得 $|B_j| \geq \frac{k+1}{3k+2}n > \frac{n}{3}$（这样的 j 显然不是 p. 最后验证，B_j 中任何两个元素的和不属于 B_j. 这是因为 $\{k+1, \cdots, 2k+1\}$ 中没有两个的和模 p 是另一个，而模 p 乘以 $j \neq p$ 保持这个性质，所以 B_j 满足所有的要求. □

例 3.67. （伊朗2011）求所有的正整数数列 $(a_n)_n$，使得对所有正整数 m, n，$na_n + ma_m + 2mn$ 是完全平方数.

证： 关键是证明 $a_p = p$ 对足够大素数 p 成立.

暂时假设这个是对的，固定正整数 n，根据假设对足够大的素数 p，$na_n + 2np + p^2$ 是平方数，设 $na_n + 2np + p^2 = b_p^2$，则

$$p + n + b_p \mid (p+n)^2 - b_p^2 = n^2 - na_n.$$

上式右端和 p 无关，有无穷多因子，因此为零，即 $a_n = n$.

现在证明：$a_p = p$ 对所有足够大素数 p 成立. 先证明：na_n 是平方数对所有 n 成立. 实际上，固定 n，取 $m = (na_n)^2$，则

$$na_n + ma_m + 2mn = na_n(1 + xna_n).$$

因为 na_n 和 $1 + xna_n$ 互素，乘积是平方数，所以 na_n 是一个平方数.

根据题目条件，$pa_p + 2p + a_1$ 是平方数，而 $pa_p = t^2 \geq p^2$. 若 $t > p$，则 $t \geq 2p$，对足够大的 p，有

$$t^2 < pa_p + 2p + a_1 < pa_p + 4p + 1 \leq (t + 1)^2,$$

矛盾. 因此 $pa_p = p^2$ 对足够大素数 p 成立. □

例 3.68. 对每个整数 $n > 1$，设 $P(n)$ 是 n 的最大素因子. 证明：存在无穷多正整数 n，使得

$$P(n) < P(n+1) < P(n+2).$$

证： 我们将证明：对每个素数 $p > 2$，存在 $k \geq 1$ 使得

$$P(p^{2^k} - 1) < P(p^{2^k}) = p < P(p^{2^k} + 1),$$

这将足够完成题目证明. 数列 $(p^{2^k} + 1)_{k \geq 1}$ 两两互素（类似费马数的证明），而且不被 4 整除，所以序列 $(P(p^{2^k} + 1))_{k \geq 1}$ 无界，存在一个最小的 k 使得 $P(p^{2^k} + 1) > p$. 则因为

$$p^{2^k} - 1 = (p - 1)(p + 1)(p^2 + 1) \cdots (p^{2^{k-1}} + 1),$$

$P(p^{2^k} - 1)$ 是 $P(p - 1)$，$P(p^{2^i} + 1), i = 0, 1, \cdots, k - 1$ 的最大值，根据 k 的定义，这些最大素因子都不超过 p，又显然不能等于 p，因此都小于 p. 因此如上选取的 k 符合要求. □

下面是另一个简单的证明有无穷多素数. 考虑 $x_n = n! + 1$，有 $x_n > 1$，x_n 有素因子，任取一个记为 p_n. 因为 p_n 不整除 $1, 2, \cdots, n$ 任何一个（否则 p_n 整除 $n!$ 和 $n! + 1$，矛盾），我们有 $p_n > n$. 因此数列 $(p_n)_{n \geq 1}$ 无界，因此有无穷多项，证毕.

下面事实的证明是上面论述的一个变化：

定理 3.69. （舒尔）设 f 是整系数非常数多项式，证明：存在无穷多素数，整除序列 $f(1), f(2), f(3), \cdots$ 中至少一个非零项.

证： 设 $f(X) = a_0 + a_1X + \cdots + a_nX^n$，$a_n \neq 0$，$n \geq 1$. 若 $a_0 = 0$，则任何素数 p 整除 $f(p)$，而 $f(p) \neq 0$ 对所有足够大 p 成立，问题在这个情形成立. 现在假设 $a_0 \neq 0$，则

$$f(a_0X) = a_0 + a_0a_1X + \cdots + a_0^na_nX^n = a_0(1 + a_1X + \cdots + a_0^{n-1}a_nX^n).$$

多项式 $g(X) = 1 + a_1X + \cdots + a_0^{n-1}a_nX^n$ 不是常数，因此存在整数 k_0，使得对所有 $x \geq k_0$，有 $|g(x)| \geq 2$. 取 $g(k!)$，$k \geq k_0$ 的任何素因子，记为 p_k. p_k 整除 $g(k!)$ 和 $k! \mid g(k!) - 1$ 得出 p_k 与 $k!$ 互素，因此 $p_k > k$. 进一步，p_k 整除 $f(a_0k!)$，因此我们得到整除 $f(n)$，$n = 1, 2, \cdots$ 中非零项的无界素数序列 p_k，$k > k_0$，问题得证. $\qquad\square$

下面的一些例子给出了前面定理的用处.

例 3.70. （伊朗2004）*求所有整系数多项式 f，使得只要 m 和 n 互素，则 $f(m)$ 和 $f(n)$ 互素.*

证： 注意多项式 $\pm X^k$，$k \geq 0$ 是问题的解答. 我们将证明：这就是所有的解. 设 f 是一个解，记 $f(X) = X^kg(X)$，$k \geq 0$，$g(0) \neq 0$. 若 g 是常数，则此常数显然是 ± 1. 若 g 不是常数，根据舒尔定理，存在无穷多素数 p，使得同余式 $g(n) \equiv 0 \pmod{p}$ 有解. 取这样的一个素数 p 及 n，满足 p 和 $g(0) \neq 0$ 互素（因为 $g(0) \neq 0$，所以 $p \nmid g(0)$ 对除去有限个素数成立）. 则因为

$$p \nmid g(0), \quad p \mid g(n), \quad n \mid g(n) - g(0)$$

p 不整除 n. 因此，n 和 $n + p$ 互素，根据题目条件 $f(n)$ 和 $f(n + p)$ 也互素，这和 p 同时整除 $g(n)$ 和 $g(n + p)$，进而同时整除 $f(n)$ 和 $f(n + p)$ 矛盾. 所有问题的解只能是 $f(x) = \pm x^k$. $\qquad\square$

例 3.71. （中国台湾TST2014）*设 k 是正整数. 求所有的整系数多项式 $f(X)$，满足 $f(n)$ 整除 $(n!)^k$ 对所有正整数 n 成立.*

证： 将 f 替换为 $-f$，我们可以假设 f 的首项系数为正，若 f 是常数，则因为 $f(1) \mid 1$，必然有 $f(X) = 1$，这是问题的一个解.

现在假设 f 不是常数，记 $f(X) = X^jg(X)$，其中 $g(0) \neq 0$.

若 $g(X)$ 不是常数. 根据题目条件 $g(n) \mid (n!)^k$，因此对每个素数 $p \mid g(n)$，有 $p \mid n!$，$p \leq n$. 因为 g 不是常数，定理 3.69 给出存在无穷多素数 p 整除 $g(1)$，$g(2)$，$\cdots$ 中至少一个数. 任取这样的一个素数 p，设 n 是最小正整数，满足 $p \mid g(n)$. 若 r 是 n 除以 p 的余数，则 $p \mid g(n) - g(r)$，所以 $p \mid g(r)$. 若 $r > 0$，则因

为 $g(r) \mid (r!)^k$ 得到 $p \le r$，矛盾．所以 $r = 0$，然后有 $p \mid g(0)$，由 p 的任意性 $g(0)$ 被无穷多素数整除，矛盾．因此 $g(X)$ 是常数，设 $f(X) = c \cdot X^d$．

因为 $c > 0$，$f(1) \mid 1$，所以 $c = 1$．因为 $n^d \mid (n!)^k$ 对所有 $n \ge 1$ 成立，选择 $n = p$ 是素数，得到 $d \le k$．反之，当 $d \le k$ 时，显然 $n^d \mid (n!)^k$，对所有 n 成立．因此问题的解是 $f(X) = \pm X^d$，$d \le k$．

下面是一个稍稍不同的证明：假设 f 不是常数，首项系数为正．如果 p 是足够大的素数，则由 $f(p) > 1$．设 q 是 $f(p)$ 的素因子，假设 $q \ne p$，记 $p = qk + r$，$0 < r < q$．因 $q \mid f(p) = f(qk + r)$，有 $q \mid f(r) \mid r!^k$，$q \le r$，矛盾．因此 $q = p$，$p \mid f(p)$，进而 $p \mid f(0)$，对足够大的素数 p 成立．必有 $f(0) = 0$，然后可以像上一个定理的解答一样论述．（刚刚实际证明了对大素数 p，$f(p)$ 的素因子只能是 p，因此约去 X^k 后，$f(X)$ 只能剩常数．——译者注）$\qquad\square$

例 3.72. (a)（圣彼得堡2001）证明：存在无穷多正整数 n，使得 $n^4 + 1$ 的最大素因子大于 $2n$．

(b)（IMO2008）证明：对无穷多正整数 n，$n^2 + 1$ 的最大素因子超过 $2n + \sqrt{2n}$．

证： (a)根据定理 3.69，存在无穷多奇素数 p 整除 $n^4 + 1, n \ge 1$ 中至少一个数．设 p 是一个这样的素数，并且设 n 是最小正整数，使得 $p \mid n^4 + 1$．若 r 是 n 除以 p 的余数，则 $r < p$ 且 $p \mid r^4 + 1$．根据 n 的最小性（注意 $r > 0$），有 $n \le r$，所以 $n \le p - 1$．实际上有 $n < p - 1$，因为 p 不整除 $(p-1)^4 + 1$（p 是奇数）．接下来 $p \mid (p - 1 - n)^4 + 1$，还是由 n 的最小性，$p - 1 - n \ge n$，所以 $p > 2n$．最终对任何上面的素数 p，我们找到 $n_p < \frac{p}{2}$，使得 $p \mid n_p^4 + 1$．因为 $n_p^4 \ge p - 1$，所以当 p 增大时，n_p 是无界的，且 $n_p^4 + 1$ 的最大素因子至少是 $p > 2n_p$，完成问题．

(b) 如上，从奇素数 p 整除某个 $n^2 + 1, n \ge 1$ 开始．取 n 是最小的这样的正整数，如上，有 $n \le \frac{p-1}{2}$．现在记 $p = 2k + 1$ 及 $s = k - n \ge 0$，则 $p \mid 4n^2 + 4 = (2k - 2s)^2 + 4$．约去一些 p 的倍数得到 $p \mid (2s + 1)^2 + 4$．因此 $(2s + 1)^2 + 4 \ge p = 2k + 1$，即 $2s + 1 \ge \sqrt{2k - 3}$．又 $\sqrt{2k - 3} > \sqrt{2n}$ 等价于 $k - 2 \ge n$，$s \ge 2$．因为 $p \mid (2s + 1)^2 + 4$，因此只要 $p > 3^2 + 4 = 13$，则有

$$p = 2k + 1 = 2n + 2s + 1 \ge 2n + \sqrt{2k - 3} > 2n + \sqrt{2n}.$$

$\qquad\square$

注释 3.73. 我们建议读者试试下面的 *USAMO2006* 题目．

设 $P(n)$ 表示 n 的最大素因子（规定 $P(\pm 1) = 1$，$P(0) = \infty$）．求所有的整系数多项式 f 使得序列 $(P(f(n^2)) - 2n)_{n \ge 1}$ 有上界．

例 3.74. （罗马尼亚TST2013）证明：有无穷多素数可以写成

$$\frac{(a_1^2 + a_1 - 1)(a_2^2 + a_2 - 1) \cdots (a_n^2 + a_n - 1)}{(b_1^2 + b_1 - 1)(b_2^2 + b_2 - 1) \cdots (b_n^2 + b_n - 1)}$$

的形式，其中 $n, a_1, a_2, \cdots, a_n, b_1, b_2, \cdots, b_n$ 是正整数.

证： 设 $p_1 < p_2 < \cdots$ 是整除 $1^2 + 1 - 1, 2^2 + 2 - 1, 3^2 + 3 - 1, \cdots$ 中至少一个数的素数集合（应用后面一些二次剩余知识，$p | x^2 + x - 1$ 有解当且仅当 5 是模 p 平方剩余，进而等价于 p 是 5 或 $5k \pm 1$ 型素数）. 我们对 i 用第二数学归纳法证明 $p_i, i \geq 1$ 满足要求. $i = 1$ 时，$p_1 = 5$（容易看出 $2, 3$ 不整除 $n^2 + n - 1$ 型数），而 $5 = \frac{2^2 + 2 - 1}{1^2 + 1 - 1}$. 设 S 是可表示成

$$\frac{(a_1^2 + a_1 - 1)(a_2^2 + a_2 - 1) \cdots (a_n^2 + a_n - 1)}{(b_1^2 + b_1 - 1)(b_2^2 + b_2 - 1) \cdots (b_n^2 + b_n - 1)}$$

的有理数的集合. 假设有 $p_1, \cdots, p_{k-1} \in S$，要证 $p_k \in S$. 根据 p_i 定义，存在 $n \geq 1$，使得 $p_k \mid n^2 + n - 1$，设 n 是满足 $p_k \mid n^2 + n - 1$ 的最小正整数. 则 $n < p_k - 1$，并且正整数 $m = p_k - (n + 1)$ 也满足 $p_k \mid m^2 + m - 1$，因此 $n \leq m$, $n \leq \frac{p_k - 1}{2}$. 记 $n^2 + n - 1 = p_k s$，则正整数 $s < p_k$. s 的所有素因子属于 $\{p_1, \cdots, p_{k-1}\}$，所以 $s \in S$（因为 S 显然是乘积封闭的），于是

$$p_k = \frac{n^2 + n - 1}{1^2 + 1 - 1} \cdot \frac{1}{s} \in S.$$

$\square$

3.3.3 Euler 不等式和 Bonse 不等式

下面的神奇不等式可以追溯到欧拉，这个不等式马上给出素数无穷多的另一个证明，它也给出了不超过 n 的素数倒数和的一个很强的估计.

定理 3.75. （欧拉）设 $p_1, p_2, \cdots, p_k$ 是不超过 n 的所有素数，则

$$\frac{p_1}{p_1 - 1} \cdot \frac{p_2}{p_2 - 1} \cdot \cdots \cdot \frac{p_k}{p_k - 1} > 1 + \frac{1}{2} + \cdots + \frac{1}{n}.$$

证： 对所有的 $N \geq 1$，

$$1 + \frac{1}{p_i} + \cdots + \frac{1}{p_i^N} = \frac{1 - \frac{1}{p_i^{N+1}}}{1 - \frac{1}{p_i}} < \frac{1}{1 - \frac{1}{p_i}} = \frac{p_i}{p_i - 1},$$

所以

$$\prod_{i=1}^{k} \frac{p_i}{p_i - 1} > \prod_{i=1}^{k} \left(1 + \frac{1}{p_i} + \cdots + \frac{1}{p_i^N} \right).$$

将右端乘积展开得到

$$\prod_{i=1}^{k} \frac{p_i}{p_i - 1} > \sum_{\alpha_1, \cdots, \alpha_k \in \{0, 1, \cdots, N\}} \frac{1}{p_1^{\alpha_1} \cdots p_k^{\alpha_k}}.$$

另一方面，由代数基本定理，每个整数 $j \in [1, n]$ 可以写成不超过 n 的素数的乘积 $j = p_1^{\alpha_1} \cdots p_k^{\alpha_k}$，而且 $n \ge j \ge 2^{\alpha_i} > \alpha_i$，对所有 i 成立. 取 $N = n$，则

$$\sum_{\alpha_1, \cdots, \alpha_k \in \{0, 1, \cdots, N\}} \frac{1}{p_1^{\alpha_1} \cdots p_k^{\alpha_k}} \ge 1 + \frac{1}{2} + \cdots + \frac{1}{n}.$$

将上述不等式结合，得到题目证明. □

定理 3.76. （欧拉）对所有 $n > 1$，有

$$\sum_{p \le n} \frac{1}{p} > \ln \ln n - 1,$$

求和对不超过 n 的素数进行. 特别地，所有素数的倒数和发散.

证： 首先有不等式 $x \ge \ln(1 + x)$，对所有 $x \ge 0$ 成立. 利用这个不等式

$$\sum_{k=1}^{n} \frac{1}{k} \ge \sum_{k=1}^{n} \ln \left(1 + \frac{1}{k} \right) = \sum_{k=1}^{n} (\ln(k + 1) - \ln(k)) = \ln(n + 1).$$

另一方面，设 $p_1, \cdots, p_k$ 是不超过 n 的所有素数，则有

$$\prod_{i=1}^{k} \frac{p_i}{p_i - 1} = \prod_{i=1}^{k} \left(1 + \frac{1}{p_i - 1} \right) \le \prod_{i=1}^{k} e^{\frac{1}{p_i - 1}} = e^{\sum_{i=1}^{k} \frac{1}{p_i - 1}}.$$

两个不等式结合，得到 $\sum_{i=1}^{k} \frac{1}{p_i - 1} > \ln(\ln(n + 1))$. 要完成题目，只需再证

$$\sum_{i=1}^{k} \frac{1}{p_i - 1} - \sum_{i=1}^{k} \frac{1}{p_i} \le 1 \quad \Leftrightarrow \quad \sum_{i=1}^{k} \frac{1}{p_i(p_i - 1)} \le 1.$$

但是显然有 $p_i \ge i + 1$，因此

$$\sum_{i=1}^{k} \frac{1}{p_i(p_i - 1)} \le \sum_{i=1}^{k} \frac{1}{i(i + 1)} = \sum_{i=1}^{k} \left(\frac{1}{i} - \frac{1}{i + 1} \right) < 1. \qquad \square$$

注释 3.77. 前面定理中建立的不等式是很强的. 更精确地, 可以证明（需要很多工作）

$$\lim_{n \to \infty} \left(\sum_{p \le n} \frac{1}{p} - \ln \ln n \right) = 0.261\,4\cdots,$$

所以从增长阶的角度看, 这个不等式基本上达到了最佳!

后面的例子和结论, 如果引入第 n 个素数的记号, 叙述起来比较方便.

定义 3.78. 若 n 是正整数, 定义 p_n 是第 n 个素数. 因此 $p_1 = 2 < p_2 = 3 < p_3 = 5 < p_4 = 7 < \cdots$ 是递增的无穷素数序列.

例 3.79. 证明: 对所有 $n \ge 1$,

$$\sum_{k=1}^{n} \frac{1}{p_k^2} < \frac{49}{100}.$$

证: 对 $k \ge 4$, 有 $p_k \ge 2k - 1$, 因此 $p_k^2 > 4k(k-1)$, 然后有

$$\frac{1}{p_k^2} < \frac{1}{4} \left(\frac{1}{k-1} - \frac{1}{k} \right)$$

以及

$$\sum_{k=1}^{n} \frac{1}{p_k^2} < \frac{1}{4} + \frac{1}{9} + \frac{1}{25} + \sum_{k=4}^{n} \frac{1}{4} \left(\frac{1}{k-1} - \frac{1}{k} \right) < \frac{1}{4} + \frac{1}{9} + \frac{1}{25} + \frac{1}{12}.$$

最后的式子等于 $\frac{4}{9} + \frac{4}{100}$. 验证 $\frac{4}{9} < \frac{45}{100} = \frac{9}{20}$, 等价于 $81 > 80$. $\qquad\square$

注释 3.80. 最后两个例子中的现象和正整数序列很相似: 我们有 $\sum_{k=1}^{n} \frac{1}{k^2} < 2$, 对所有 $n \ge 1$ 成立, 但是没有实数 M 使得 $\sum_{k=1}^{n} \frac{1}{k} < M$, 对所有 n 成立. 也就是说 $\sum_{k \ge 1} \frac{1}{k} = \infty$.

例 3.81. 设 p_n 是第 n 个素数. 证明:

(a) $p_n > 2n$ 对 $n \ge 5$ 成立.

(b) $p_n > 3n$ 对 $n \ge 12$ 成立.

证: (a) 我们用归纳法证明. 当 $n = 5$ 时, $p_5 = 11 > 2 \cdot 5$ 成立. 现在假设 $p_n > 2n$, 然后证明 $p_{n+1} > 2(n+1)$. 因为 $p_{n+1} > p_n$ 而且两个都是奇数, 所以 $p_{n+1} \ge p_n + 2 > 2n + 2$, 证毕.

(b) 我们还是用归纳法证明. 直接计算 $p_{12} = 37 > 3 \cdot 12$, 假设 $p_n > 3n$, 现在证明 $p_{n+1} > 3(n+1)$. 和前面类似 $p_{n+1} \ge p_n + 2 \ge 3n + 1 + 2 = 3(n+1)$. 但是 $3(n+1)$ 是合数, 不等式等号不成立, 因此 $p_{n+1} > 3(n+1)$. $\qquad\square$

注释 3.82. 一个正确但不易证明的结论是：对每个正整数 k 存在整数 n_k，使得对所有 $n > n_k$，有 $p_n > kn$. 我们后面会看到一个证明.

下面的例子用了和欧几里得类似的方法，技术上看更复杂. 我们用这个给出著名的 Bonse 不等式的一个很初等的证明，然后给出这个不等式的几个有趣的数论应用.

例 3.83. 证明：若 $n \geq 4$，则

$$p_1 p_2 \cdots p_n \geq p_{p_n + n - 2} + p_1 p_2 \cdots p_{n-1} + p_n.$$

证： 将不等式写成 $p_1 \cdots p_{n-1}(p_n - 1) - p_n \geq p_{p_n + n - 2}$，对 $2 \leq k < p_n$，考虑 $x_k = k p_1 p_2 \cdots p_{n-1} - p_n$，我们将证明：$x_{p_n - 1} \geq p_{p_n + n - 2}$.

首先，对于 $1 \leq i \leq n - 1$，$\gcd(x_k, p_i) = \gcd(-p_n, p_i) = 1$，因此 $p_i \nmid x_k$. 又 $\gcd(p_n, x_k) = \gcd(p_n, k p_1 \cdots p_{n-1}) = 1$ 可由 $\gcd(p_n, k) = 1$ 和 $\gcd(p_n, p_i) = 1, i \leq n - 1$ 得到，因此 x_k 的素因子都大于 p_n.

接下来，我们证明 $x_k, 2 \leq k < p_n$ 两两互素. 设素数 $q \mid x_i, q \mid x_j, i < j < p_n$，则 $q \mid x_j - x_i = (j - i) p_1 \cdots p_{n-1}$，利用 x_i 的素因子都大于 p_n，必有 $q \mid j - i$，但是 $j - i < p_n$，矛盾.

现在设 q_k 是 x_k 的最小素因子，则 $q_2, \cdots, q_{p_n - 1}$ 是超过 p_n 的 $p_n - 2$ 个不同的素数，因此 $x_{p_n - 1} \geq \max(q_2, \cdots, q_{p_n - 1}) \geq p_{n + p_n - 2}$. □

例 3.84. （Bonse 不等式）对 $n \geq 4$，有 $p_1 p_2 \cdots p_n > p_{n+1}^2$；对 $n \geq 5$，有 $p_1 p_2 \cdots p_{n-1} > p_{n+1}^2$.

证： 对 $n = 4$ 可直接验证第一个不等式成立，因此只需对 $n \geq 5$，证明更强的不等式 $p_1 \cdots p_{n-1} > p_{n+1}^2$. 先假设 $n \geq 12$，记 $k = \left\lfloor \frac{n}{2} \right\rfloor$，因此 $2k \leq n \leq 2k + 1$，$k \geq 6$，先有

$$p_1 \cdots p_{n-1} > p_1 \cdots p_{2k-2} > (p_1 \cdots p_{k-1})^2.$$

应用前面的例子，上式右端大于 $p_{p_{k-1} + k - 3}^2$，因此只需验证 $p_{k-1} + k - 3 \geq n + 1$，或者更强地 $p_{k-1} + k - 3 \geq 2k + 2$，这个变成 $p_{k-1} \geq k + 5$，对 $k \geq 6$ 成立，因此题目对 $n \geq 12$ 成立. 接下来，因为

$$p_{13}^2 = 41^2 < 2\,000 < 2 \cdot 3 \cdot 5 \cdot 7 \cdot 11 = p_1 p_2 p_3 p_4 p_5,$$

因此结果对 $5 \leq n \leq 12$ 也成立. □

我们用两个例子说明 Bonse 不等式的用处：

例 3.85. (a) 求最大的整数 $n > 3$，使得 1 和 n 之间任何与 n 互素的数是素数．

(b) 求最大的奇数 $n > 3$，使得 1 和 n 之间任何与 n 互素的奇数是素数．

证： (a) 设 n 是这样的数，设 $p_1, p_2, \cdots$ 所有素数的递增序列，设 m 是满足 $p_m^2 < n$ 的最大整数，则 $n \leq p_{m+1}^2$．

假设 $m \geq 4$，根据 Bonse 不等式 $p_1 \cdots p_m > p_{m+1}^2 \geq n$，因此 n 与 $p_1, \cdots, p_m$ 之一互素，设为 p_j，则 $p_j^2 \leq p_m^2 < n$ 与 n 互素，但不是素数，矛盾．

因此 $m \leq 3$，$n \leq p_4^2 = 49$．若 $n > 25$，则 n 不能与 $4, 9, 25$ 中任何一个互素，因此 n 是 30 的倍数，但 $n \leq 49$，必有 $n = 30$．反之，和 30 互素的最小合数是 49，因此 30 满足条件，是问题的解．

(b) 证明是类似的．设 n 是这样的数，设 $p_m^2 < n \leq p_{m+1}^2$．

若 $m \geq 5$，则根据 Bonse 不等式 $p_2 \cdots p_m > p_{m+1}^2$，$n$ 和某个素数平方 p_j^2，$2 \leq j \leq m$ 互素，矛盾．

$m \leq 4$ 时，$n \leq p_5^2 = 121$．若 $n > 49$，则 n 和 $9, 25, 49$ 不互素，必是 105 的倍数．而 105 满足题目条件，是问题的解． $\square$

例 3.86. （Kolmogorov Cup）求所有奇素数 p，使得对所有 $1 \leq k \leq \frac{p-1}{2}$，$1 + k(p-1)$ 是素数．

证： 可以检验 $p = 3$ 是问题的解，所以假设 $p \geq 5$．设 $q \leq \frac{p-1}{2}$ 是素数而且 q 不整除 $p-1$，则因为 $p-1, 2(p-1), \cdots, q(p-1)$ 是模 q 的完系，所以存在 $1 \leq k \leq q \leq \frac{p-1}{2}\}$，使得 $q \mid 1 + k(p-1)$，与 $1 + k(p-1)$ 是素数及 $q < p-1$ 矛盾．

前面一段说明 $p-1$ 是不超过 $\frac{p-1}{2}$ 的所有素数乘积的倍数．设 $p_1 = 2, p_2 = 3, \cdots$ 是所有素数的序列，并且 m 满足 $p_m \leq \frac{p-1}{2} < p_{m+1}$．因此 $p_1 \cdots p_m$ 整除 $p-1$，若 $m \geq 4$，Bonse 不等式给出

$$p - 1 > p_1 \cdots p_m > p_{m+1}^2 > \left(\frac{p-1}{2}\right)^2,$$

与 $p \geq 5$ 矛盾．因此 $m \leq 3$，而 $\frac{p-1}{2} < p_{m+1}$ 得到 $p < 15$．直接代入检验（计算较多）发现 $p = 3$ 和 $p = 7$ 是问题的解． $\square$

3.4 数论函数

3.4.1 经典数论函数

这一节我们将讨论经典数论函数的一些性质，例如整数的因子数函数、因子和函数、素因子个数函数、欧拉函数、莫比乌斯函数，等等．我们首先给出数论函数的定义：

定义 3.87. 一个数论函数是定义在正整数集合上，取值为复数的一个映射 $f:$ $\mathbf{N} \to \mathbf{C}$.

不熟悉复数的读者可以假设数论函数取实数值（实际使用都属于这种情况）. 实际上，大多数时候我们使用的数论函数取值为整数，但是包含更广泛的函数也挺有用的，例如我们可以考虑两个整值数论函数的商，或者数论函数的平方根. 有时将数论函数 f 认为是定义在区间 $[1, \infty)$ 上的函数会更方便，扩展定义方法是 $f(x) = f(\lfloor x \rfloor)$，对 $x \geq 1$ 成立. 我们总是采用这个约定来扩展数论函数 $f(x)$ 到 $x \geq 1$ 的范围（不要求整数）. 注意我们也有可能将 0 或负整数引入 f 的定义中.

我们现在给出几个数论函数的经典例子，我们会给出在后面使用数论函数时总是用到的一些符号.

1. 最重要的数论函数之一是欧拉函数 $\varphi(n)$，定义为 1 和 n（包含边界点）之间和 n 互素的整数个数. 例如，$\varphi(12) = 4$，因为 1 和 12 之间与 12 互素的数有 $1, 5, 7, 11$.

2. 数论函数 $\tau(n)$ 定义为 n 的正因子个数. 例如 $\tau(12) = 6$，因为 12 的正因子是 $1, 2, 3, 4, 6, 12$.

3. 函数 $\sigma(n)$ 定义为 n 的所有正因子的和. 例如 $\sigma(12) = 28$.

4. 函数 $\omega(n)$ 定义为 n 的不同素因子个数（约定 $\omega(1) = 0$）；$\Omega(n)$ 定义为 n 的素因子个数，计算重数，约定 $\Omega(1) = 0$. 也就是说，如果 $n = p_1^{k_1} \cdots p_s^{k_s}$ 是 n 的素因子分解式，则

$$\omega(n) = s, \quad \Omega(n) = k_1 + \cdots + k_s.$$

例如 $\omega(12) = 2$，$\Omega(12) = 3$. 有很有用的恒等式 $\Omega(ab) = \Omega(a) + \Omega(b)$ 对整数 $a, b \geq 1$ 均成立. 而等式 $\omega(ab) = \omega(a) + \omega(b)$ 一般不成立，但是当 a 和 b 互素时成立.

5. $\pi(n)$ 定义为不超过 n 的素数个数，也就是说 $\pi(n) = \sum_{p \leq n} 1$.

6. 莫比乌斯函数 μ 的定义比较奇怪：$\mu(1) = 1$；若 n 有平方因子（即有素数 p，使得 $p^2 \mid n$），则 $\mu(n) = 0$；否则 $\mu(p_1 p_2 \cdots p_k) = (-1)^k$，其中 $p_1, \cdots, p_k$ 是不同的素数. 也就是说

$$\mu(n) = \begin{cases} (-1)^{\omega(n)}, & \omega(n) = \Omega(n), \\ \mu(n) = 0, & \text{其他情况}. \end{cases}$$

7. 对每个素数 p，$v_p(n)$ 定义为 n 的素因子分解式中 p 的幂次. 这些函数在研究素数和同余式中起到关键作用，会在第 5 章中集中研究.

8. 对每个 $k \geq 2$，定义 $r_k(n)$ 为满足 $n = x_1^2 + \cdots + x_k^2$ 的 k 数组 $(x_1, \cdots, x_k)$ 的个数. 后面我们会找到 $r_2(n)$ 的具体公式，而求 $r_3(n)$ 的公式是非常困难的问题.

9. 若 f 是数论函数，可以定义两个新的数论函数为

$$F(n) = \sum_{k=1}^{n} f(k), \quad G(n) = \sum_{d|n} f(d).$$

很多解析数论中的困难问题或定理都和函数 F 和 G 的行为有关，而 f 是上述介绍的函数之一.

10. 更一般地，若 f 和 g 是数论函数，我们可以定义新的数论函数 $f * g$（称为 f 和 g 的数论卷积）为

$$f * g(n) = \sum_{d|n} f(d) g\left(\frac{n}{d}\right),$$

求和对所有 n 的正因子 d 计算. 例如 $\tau = 1 * 1$，其中 1 是数论函数，对所有 n 取值为 1. $\sigma = 1 * \mathrm{id}$，其中 id 是恒等函数，对所有 n 取值为 n. 我们留给读者检验 $f * g = g * f$ 和 $(f * g) * h = f * (g * h)$，对所有数论函数 f, g, h 成立.

在处理更多理论结果前，我们先讨论几个问题，用到前面介绍的函数. 首先容易看出，当 d 取遍 n 的所有正因子时，$\frac{n}{d}$ 也取遍. 这是数论中很多恒等式的根源. 我们根据这个简单有用的看法，给出几个具体例子.

例 3.88. 证明：对所有 $n > 1$ 成立

$$\prod_{d|n} d = n^{\frac{\tau(n)}{2}}.$$

证： 若 $1 = d_1 < d_2 < \cdots < d_k = n$ 是 n 的所有正因子，则 $\frac{n}{d_k} < \frac{n}{d_{k-1}} < \cdots < \frac{n}{d_1}$ 也是所有正因子. 因此 $d_1 d_k = d_2 d_{k-1} = \cdots = d_k d_1 = n$，连乘得到

$$(d_1 d_2 \cdots d_k)^2 = n^k = n^{\tau(n)}. \qquad \square$$

例 3.89. 证明：若 $n + 1$ 是 24 的倍数，则 $\sigma(n)$ 是 24 的倍数.

证：首先，我们看到 n 不是平方数，否则 $n+1$ 不是 3 的倍数．这样 n 的正因子可以配对 (a,b)，使得 $ab=n$．$\sigma(n)$ 是所有这些对的求和，只需证明每一对都满足 $a+b\equiv 0\pmod{24}$．

现在 $ab\equiv -1\pmod{24}$，因此 a 和 b 是奇数，都和 3 互素．熟知若 x 是奇整数，与 3 互素，则 $x^2\equiv 1\pmod 3$，$x^2\equiv 1\pmod 8$，因此 $x^2\equiv 1\pmod{24}$．所以 $a\equiv ab^2\equiv -b\pmod{24}$，然后 $a+b\equiv 0\pmod{24}$．　　　　□

例 3.90.（IMO2002）设 $n\geq 2$ 是正整数，因子为 $d_1<d_2<\cdots<d_k$．
证明：$d_1d_2+d_2d_3+\cdots+d_{k-1}d_k$ 小于 n^2，确定何时它是 n^2 的约数．

证：因为 $d_i\cdot d_{k+1-i}=n$，有

$$d_1d_2+d_2d_3+\cdots+d_{k-1}d_k=\frac{n}{d_k}\frac{n}{d_{k-1}}+\frac{n}{d_{k-1}}\frac{n}{d_{k-2}}+\cdots+\frac{n}{d_2}\frac{n}{d_1}.$$

只需证明 $\frac{1}{d_1d_2}+\frac{1}{d_2d_3}+\cdots+\frac{1}{d_{k-1}d_k}<1$．显然 $d_i\geq i$，因此由裂项法

$$\frac{1}{d_1d_2}+\frac{1}{d_2d_3}+\cdots+\frac{1}{d_{k-1}d_k}\leq\frac{1}{1\cdot 2}+\frac{1}{2\cdot 3}+\cdots+\frac{1}{(k-1)k}<1$$

现在，假设 $S=d_1d_2+\cdots+d_{k-1}d_k$ 整除 n^2．因为有

$$1<\frac{n^2}{S}\leq\frac{n^2}{d_{k-1}d_k}=\frac{n}{d_{k-1}}=d_2,$$

而 d_2 是 n 的最小素因子（也是 n^2 的最小素因子），因此上述不等式等号成立，当且仅当 $S=d_{k-1}d_k$ 时，$k=2$，所以 $n=d_2$ 是素数．反之，若 n 是素数，则 $S=n$ 整除 n^2．因此 S 整除 n^2 当且仅当 n 是素数．　　　　□

下面的题目和函数 Ω 有关．

例 3.91.（CTST2013）对正整数 $N>1$ 及素因子分解式 $N=p_1^{\alpha_1}\cdots p_k^{\alpha_k}$，定义 $\Omega(N)=\alpha_1+\cdots+\alpha_k$．设 $a_1,\cdots,a_n$ 是正整数，函数 $f(x)=(x+a_1)\cdots(x+a_n)$，证明：若对所有正整数 k，$\Omega(f(k))$ 是偶数，则 n 是偶数．

证：由 $\Omega(ab)=\Omega(a)+\Omega(b)$ 可知，对所有正整数 $x_1,\cdots,x_k$，$\Omega(f(x_1)\cdots f(x_k))$ 是偶数．可以验证

$$f(1)\cdot\prod_{i=1}^n f(a_i+2)=2^n\cdot\prod_{i=1}^n(a_i+1)^2\prod_{1\leq i<j\leq n}(a_i+a_j+2)^2,$$

因此 $\Omega(2^n)=n$ 是偶数．　　　　□

例 3.92. （大师赛2011）对于 $n = \prod_{i=1}^{s} p_i^{\alpha_i}$，设 $\lambda(n) = (-1)^{\alpha_1 + \cdots + \alpha_s}$. 证明：

(a) 存在无穷多正整数 n，使得 $\lambda(n) = \lambda(n+1) = 1$.

(b) 存在无穷多正整数 n，使得 $\lambda(n) = \lambda(n+1) = -1$.

证： 首先看到 $\lambda(mn) = \lambda(m) \cdot \lambda(n)$，所以 $\lambda(n^2) = 1$.

(a) 因为 $\lambda(9) = \lambda(10) = 1$，因此存在正整数 n 使得 $\lambda(n) = \lambda(n+1) = 1$. 假设只存在有限个这样的 n，则存在 $N > 1$，使得若 $n > N$，则 $\lambda(n)$ 和 $\lambda(n+1)$ 之一是 -1. 若 $a > N+1$，则因为 $\lambda(a^2) = 1$，所以 $\lambda(a^2 - 1)$ 是 -1，进而 $\lambda(a-1) + \lambda(a+1) = 0$ 对 $a > N+1$ 成立. 特别地，$\lambda(a) = -\lambda(a+2) = \lambda(a+4)$ 对 $a > N+1$ 成立. 若 $x > N+1$，我们得到矛盾：

$$1 = \lambda(4x^2) = \lambda(4x^2 + 4) = \cdots = \lambda(4x^2 + 4x) = \lambda((2x+1)^2 - 1) = -1.$$

(b) 不难找到一个 n，例如 $\lambda(2) = \lambda(3) = -1$. 假设只存在有限个这样的 n，则存在 $N > 1$，$n > N$ 时，$\lambda(n)$ 和 $\lambda(n+1)$ 不都是 -1. 取 $k > N+1$，使得 $\lambda(2k+1) = -1$，例如取 $2k+1$ 是素数. 于是 $\lambda(2k) = 1$，然后 $\lambda(k) = -1$，$\lambda(k+1) = 1$，$\lambda(2k+2) = -1 = \lambda(2k+1)$，矛盾. $\square$

注释 3.93. 这个问题也可以用佩尔方程简单解决. 方程 $x^2 - 6y^2 = 1$ 可以解决(a)部分：设 (x, y) 是方程的一组解，则

$$1 = \lambda(x^2) = \lambda(6y^2) = \lambda(x^2 - 1).$$

(b)部分，应用方程 $3x^2 - 2y^2 = 1$，也有无穷多解.

例 3.94. （IMOSL2009）正整数 N 被称为平衡数，如果 $N = 1$ 或者 N 可以写成偶数个素数的乘积（可以重复）. 设 a, b 是正整数，$P(x) = (x+a)(x+b)$.

(a) 证明：存在 $a \neq b \in \mathbf{N}$，使得 $P(1), P(2), \cdots, P(50)$ 都是平衡数.

(b) 证明：若对所有正整数 n，$P(n)$ 是平衡数，则 $a = b$.

证： 设 $\Omega(n)$ 是 n 的素因子个数，重数计算在内. 则 n 是平衡数当且仅当 $\Omega(n)$ 是偶数，已经知道 $\Omega(ab) = \Omega(a) + \Omega(b)$ 对所有正整数 a, b 成立. 因此 ab 是平衡数，当且仅当 $\Omega(a)$ 和 $\Omega(b)$ 奇偶性相同.

(a) 我们目标是证明存在 a, b，使得对 $1 \le i \le 50$，$\Omega(a+i)$ 和 $\Omega(b+i)$ 总是有相同的奇偶性. 这是抽屉原则的一个简单应用：对每个正整数 a 考虑序列 $(x_1(a), \cdots, x_{50}(a))$，其中 $x_i(a)$ 是 $\Omega(a+i)$ 模 2 的余数. 因为存在无穷多正整数和有限多组长为 50 的模 2 序列，存在两个正整数 a, b 有相同的对应序列，因此 $\Omega(a+i)$ 和 $\Omega(b+i)$ 对所有 $1 \le i \le 50$ 有相同的奇偶性.

(b) 假设 $a \neq b$ 满足题目条件，不妨设 $a < b$. 根据假设 $\Omega(n+a) \equiv \Omega(n+b)$ (mod 2) 对所有 $n \geq 1$ 成立，因此 $\Omega(k) \equiv \Omega(k+b-a)$ (mod 2) 对所有 $k \geq a+1$ 成立. 因此 $\Omega(k)$ (mod 2)，$k \geq a+1$ 为周期序列，有周期 $b-a$. 特别地，

$$\Omega(b(b-a)) \equiv \Omega(2b(b-a)) = 1 + \Omega(b(b-a)) \pmod{2},$$

矛盾. □

3.4.2 积性函数

一类很重要的数论函数是积性函数（还有完全积性函数），如下定义：

定义 3.95. 数论函数 f 称为是积性函数，如果 $f(mn) = f(m)f(n)$ 对所有互素正整数 m, n 成立. 如果 $f(mn) = f(m)f(n)$ 对所有正整数 m, n 成立，则 f 称作完全积性函数.

我们先对积性函数多说几句. 首先，完全积性函数总是积性函数，反之不一定对. 若 f 是积性函数，则 $f(n) = f(n \cdot 1) = f(n)f(1)$ 对所有正整数 n 成立. 因此 f 或者恒等于零，或者 $f(1) = 1$. 所有有意思的积性函数 f 满足 $f(1) = 1$. 其次，若 f 是积性函数，则 f 由它在素数幂上的取值唯一决定，因为根据算术基本定理，任何正整数可以写成素数幂的乘积，不同素数幂之间互素，于是

$$f(p_1^{k_1} \cdots p_n^{k_n}) = f(p_1^{k_1}) \cdots f(p_n^{k_n}).$$

一个有用的方法是，如果要证明两个积性函数相同，只需验证它们在素数幂上取值相同（经常更容易）.

很多重要的数论函数是积性的，下面的定理通过给出具体的公式，证明了 τ 和 σ 是积性函数. 这些公式应用素因子分解式，处理这些函数时很重要.

定理 3.96. 若 $n = p_1^{\alpha_1} p_2^{\alpha_2} \cdots p_m^{\alpha_m}$ 是 $n > 1$ 的素因子分解式，则有

$$\tau(n) = (\alpha_1 + 1)(\alpha_2 + 1) \cdots (\alpha_m + 1)$$

$$\sigma(n) = \prod_{i=1}^{m} (1 + p_i + \cdots + p_i^{\alpha_i}) = \frac{p_1^{\alpha_1+1} - 1}{p_1 - 1} \cdot \ldots \cdot \frac{p_m^{\alpha_m+1} - 1}{p_m - 1}.$$

证： 算术基本定理保证可以描述 $n = p_1^{\alpha_1} p_2^{\alpha_2} \cdots p_m^{\alpha_m}$ 的所有正因子，它们恰好是所有具有形式 $p_1^{\beta_1} \cdots p_m^{\beta_m}$ 的数，其中 $0 \leq \beta_i \leq \alpha_i$，$i = 1, \cdots, m$. 两个这样的因子相同当且仅当对应的 m 数组 $(\beta_1, \cdots, \beta_m)$ 相同. 因为 β_i 可以取 $\alpha_i + 1$ 个不同的可能值，$\tau(n)$ 的公式显然成立.

对于 $\sigma(n)$，我们有

$$\sigma(n) = \sum_{0 \le \beta_1 \le \alpha_1} \sum_{0 \le \beta_2 \le \alpha_2} \cdots \sum_{0 \le \beta_m \le \alpha_m} p_1^{\beta_1} \cdots p_m^{\beta_m}$$

$$= \left(\sum_{0 \le \beta_1 \le \alpha_1} p_1^{\beta_1} \right) \cdots \left(\sum_{0 \le \beta_m \le \alpha_m} p_m^{\beta_m} \right)$$

再利用恒等式

$$1 + x + \cdots + x^n = \frac{x^{n+1} - 1}{x - 1},$$

可以得到 $\sigma(n)$ 的公式.   □

接下来几个问题展示了 τ 的公式的应用.

例 3.97. 证明：$\tau(n)$ 是奇数当且仅当 n 是完全平方数.

证： 若 $n = p_1^{a_1} \cdots p_k^{a_k}$ 是 n 的素因子分解式，则

$$\tau(n) = (a_1 + 1)(a_2 + 1) \cdots (a_k + 1)$$

是奇数当且仅当每个因子 $a_i + 1$ 是奇数，即 a_i 是偶数，等价于 n 是平方数.   □

例 3.98. （ Belarus 1999）设 a, b 是正整数使得 a 的所有正因子的乘积与 b 的所有正因子的乘积相等，求证：$a = b$.

证： 根据题目假设和例 3.88，有 $a^{\tau(a)} = b^{\tau(b)}$. 马上能得到 a 和 b 有相同的素因子，记为 $p_1, \cdots, p_k$. 设 $a = p_1^{x_1} \cdots p_k^{x_k}$ 及 $b = p_1^{y_1} \cdots p_k^{y_k}$. 则等式 $a^{\tau(a)} = b^{\tau(b)}$ 要求 $x_i \tau(a) = y_i \tau(b)$ 对所有 i 成立. 设

$$u = \frac{\tau(a)}{\gcd(\tau(a), \tau(b))}, \quad v = \frac{\tau(b)}{\gcd(\tau(a), \tau(b))},$$

则 $\gcd(u, v) = 1$，且 $u x_i = v y_i$，于是 $y_i = u z_i$，$x_i = v z_i$，$z_i \in \mathbf{N}$，然后

$$a = (p_1^{z_1} \cdots p_k^{z_k})^u, \quad b = (p_1^{z_1} \cdots p_k^{z_k})^v.$$

显然，若 $u > v$，则 $a > b$ 而且

$$\tau(a) = (1 + u z_1) \cdots (1 + u z_k) > (1 + v z_1) \cdots (1 + v z_k) = \tau(b),$$

然后 $a^{\tau(a)} > b^{\tau(b)}$，矛盾. 同理也不会有 $u < v$. 因此 $u = v$，然后 $a = b$.   □

例 3.99. 证明：对所有 $n > 1$，有 $\tau((n-1)!) \ge \frac{\tau(n!)}{2}$.

证： 若 n 是素数，则 n 和 $(n-1)!$ 互素，题目中的不等式等号成立．假设 n 不是素数，设 $n = p_1^{a_1} \cdots p_k^{a_k}$．设 $(n-1)! = p_1^{b_1} \cdots p_k^{b_k} \cdot q_1^{c_1} \cdots q_s^{c_s}$，其中 q_i 是不超过 $n-1$ 的素数中不属于 $\{p_1, \cdots, p_k\}$ 的素数，则

$$\frac{\tau(n!)}{\tau((n-1)!)} = \prod_{i=1}^{k} \frac{a_i + b_i + 1}{b_i + 1} = \prod_{i=1}^{k} \left(1 + \frac{a_i}{b_i + 1}\right).$$

需要证明这个表达式不超过 2．因为 $p_i \mid n$，$p_i, 2p_i, \cdots, \left(\frac{n}{p_i} - 1\right) p_i$ 出现在 $(n-1)!$ 的因子中，因此 $b_i \geq \frac{n}{p_i} - 1$，$\frac{a_i}{b_i+1} \leq \frac{a_i p_i}{n}$．令 $x_i = p_i^{a_i}$，则

$$x_i = p_i \cdot p_i^{a_i - 1} \geq p_i \cdot 2^{a_i - 1} \geq a_i p_i.$$

又有 $n = x_1 \cdots x_k$，只需证明

$$\prod_{i=1}^{k} \left(1 + \frac{x_i}{x_1 x_2 \cdots x_k}\right) \leq 2.$$

$k = 1$ 等号成立．当 $k \geq 2$ 时，首先当 $x > y \geq 2, n \geq xy$ 时，有不等式

$$\left(1 + \frac{x}{n}\right)\left(1 + \frac{y}{n}\right) \leq 1 + \frac{xy}{n} \quad \Leftrightarrow \quad x + y + \frac{xy}{n} \leq xy$$

$$\Leftrightarrow \quad (x-1)(y-1) \geq 1 + \frac{xy}{n},$$

代入假设条件成立．不断迭代使用这个不等式得到

$$\prod_{i=1}^{k} \left(1 + \frac{x_i}{n}\right) \leq 1 + \frac{x_1 x_2 \cdots x_k}{n} = 2. \qquad \square$$

例 3.100. （CTST2015）对 $n > 1$ 定义 $f(n) = \tau(n!) - \tau((n-1)!)$．证明：存在无穷多合数 n，使得对所有的 $1 < m < n$，有 $f(m) < f(n)$．

证： 我们试验最简单的合数类型，即 $n = 2p$，其中 $p > 2$ 是素数．我们将证明：这都是题目的解．先计算 $f(2p)$．因为前 $2p-1$ 个正整数中只有一个 p 的倍数，即 p，所以 $(2p-1)! = px$，x 与 p 互素．于是 $(2p)! = 2p^2 x$，

$$f(2p) = \tau(2p^2 x) - \tau(px) = \tau(p^2)\tau(2x) - \tau(p)\tau(x) > 3\tau(x) - 2\tau(x) = \tau(x),$$

不等号是因为 $\tau(2x) > \tau(x)$．现在只需证，对所有 $m \in \{2, 3, \cdots, 2p-1\}$，有 $f(m) \leq \tau(x)$．根据例 3.99，有

$$f(m) \leq \frac{\tau(m!)}{2} \leq \frac{\tau((2p-1)!)}{2} = \frac{\tau(px)}{2} = \tau(x). \qquad \square$$

我们给出函数 τ 和 σ 的积性性质的另一个证明，这个证明方法在很多情形下都可以用. 注意

$$\tau(n) = \sum_{d|n} 1, \quad \sigma(n) = \sum_{d|n} d,$$

而常函数 1 和恒等函数显然是积性的. 下面的定理马上说明 τ 和 σ 是积性的. 在叙述定理之前，我们回忆，若 f, g 是数论函数，它们的数论卷积 $f * g$ 定义为

$$(f * g)(n) = \sum_{d|n} f(d) g\left(\frac{n}{d}\right).$$

定理 3.101. 积性函数的数论卷积是积性函数. 特别地，若 f 是积性函数，则 $F(n) = \sum_{d|n} f(d)$ 也是积性函数.

证： 假设 f 和 g 是积性函数，设 m, n 是互素正整数. mn 的每个因子 d 可以唯一地写成 $d = d_1 d_2$，其中 d_1, d_2 分别是 m 和 n 的正因子. 这个结果很容易用算术基本定理和高斯引理证明. 因此可以写

$$f * g(mn) = \sum_{d|mn} f(d) g\left(\frac{mn}{d}\right) = \sum_{d_1|m, d_2|n} f(d_1 d_2) g\left(\frac{m}{d_1} \cdot \frac{n}{d_2}\right).$$

现在，当 m, n 互素时，它们的因子 d_1, d_2 互素，另一对因子 $\frac{m}{d_1}, \frac{n}{d_2}$ 也互素，利用 f, g 都是积性函数，上式继续写成

$$f * g(mn) = \sum_{d_1|m, d_2|n} f(d_1) f(d_2) g\left(\frac{m}{d_1}\right) g\left(\frac{n}{d_2}\right)$$

$$= \sum_{d_1|m} f(d_1) g\left(\frac{m}{d_1}\right) \cdot \sum_{d_2|n} f(d_2) g\left(\frac{n}{d_2}\right) = f * g(m) \cdot f * g(n),$$

证明了 $f * g$ 是积性函数. $\qquad\square$

例 3.102. （Liouville）证明：对所有正整数 n，$\left(\sum_{d|n} \tau(d)\right)^2 = \sum_{d|n} \tau(d)^3$.

证： 根据前面的定理，两边都是关于 n 的积性函数，因此只需对素数的幂证明等式成立即可. 设 $n = p^k$，则有

$$\sum_{d|n} \tau(d) = \sum_{j=0}^{k} \tau(p^j) = \sum_{j=1}^{k+1} j = \frac{(k+1)(k+2)}{2}$$

$$\sum_{d|n} \tau(d)^3 = \sum_{j=1}^{k+1} j^3 = \frac{(k+1)^2(k+2)^2}{4}. \qquad\square$$

我们用一些杂题结束这一节，这些题目的关键还是积性函数.

例 3.103. （Balkan1991）证明：不存在一一映射 $f : \mathbf{N} \to \{0, 1, 2, \cdots\}$，使得对所有 $m, n \in \mathbf{N}$，有 $f(mn) = f(m) + f(n) + 3f(m)f(n)$.

证： 假设存在这样的一一映射 f，定义 $g(n) = 3f(n) + 1$，令 S 是模 3 余 1 的正整数构成的集合. 则 $g : \mathbf{N} \to S$ 是一一映射，使得 $g(mn) = g(m)g(n)$ 对任何 $m, n \in \mathbf{N}$ 成立，即 g 是完全积性函数，特别地 $g(1) = 1$.

设 $p, q, r \in \mathbf{N}$，满足 $g(p) = 4$，$g(q) = 10$，$g(r) = 25$. 因为 $4, 10$ 和 25 都不是 $S \setminus \{1\}$ 中两个数或多个数的乘积，而 g 是完全积性函数，因此 p, q, r 是不同的素数. 另一方面，

$$g(pr) = g(p)g(r) = 10^2 = g^2(q) = g(q^2)$$

所以 $pr = q^2$，矛盾. □

例 3.104. （土耳其1995）求所有满射 $f : \mathbf{N} \to \mathbf{N}$，使得对所有 $m, n \in \mathbf{N}$，有 $m \mid n$ 当且仅当 $f(m) \mid f(n)$.

证： 首先若 $f(m) = f(n)$，则有 $m \mid n$ 和 $n \mid m$，因此 $m = n$，说明 f 是单射. 其次 $f(1) \mid f(n)$ 对所有 $n \geq 1$ 成立，利用 f 是满射，取 $f(n) = 1$，必有 $f(1) = 1$.

设 m, n 是互素正整数. 则 $f(m)$ 和 $f(n)$ 是互素，否则它们的公因子 $d > 1$ 可以写成 $d = f(k), k > 1$ 而根据题目条件有 k 整除 m 和 n，矛盾.

其次，因为 $f(m)$ 和 $f(n)$ 都整除 $f(mn)$，因此 $f(m)f(n) \mid f(mn)$. 另一方面，若 $f(m)f(n) = f(c), c \geq 1$，则 c 是 m 的倍数，也是 n 的倍数，因此 $mn \mid c$. 前面 $f(m)f(n) \mid f(mn)$ 又给出 $c \mid mn$，因此 $c = mn$. 即当 m, n 互素时，有 $f(m)f(n) = f(mn)$，f 是积性函数.

现在需要研究，当 p 是素数，$k \geq 1$ 时，$f(p^k)$ 的情况. 首先由 f 是单射，$f(p) > 1 = f(1)$. 若 $f(p)$ 有非平凡因子 $q > 1$，由 f 是满射，取 $f(d) = q \mid f(p), d > 1$，则 $d \mid p$，矛盾. 因此 $f(p)$ 是某素数. 反之，若 $f(d) = q$ 是素数，若有 $c \mid d$，则 $f(c) \mid q$，$f(c) = 1$ 或 $f(c) = q$，$c = 1$ 或 d，因此 d 是素数. 这样 f 在素数上取值给出所有素数的一个置换.

最后，我们用归纳法证明：$f(p^k) = f(p)^k$ 对每个素数 p 和整数 $k \geq 1$ 成立. 当 $k = 1$ 时是平凡的. 假设 $f(p^j) = f(p)^j$，对 $1 \leq j \leq k - 1$ 成立. $f(p^k)$ 被 $f(p)^{k-1}$ 整除，而且它的因子恰好是 $f(c), c \mid p^k$，即 $1, f(p), \cdots, f(p^k)$，因此 $f(p^k) = f(p)^{k-1} \cdot f(p) = f(p)^k$，归纳完成.

前面的讨论说明，存在一个所有素数的排列 (a_p) 使得 $f(n) = \prod_{p \mid n} a_p^{v_p(n)}$. 反之，显然任何这样的函数是问题的解. □

例 3.105. *(IMOSL1996)* 找到一个一一映射 $f: \{0, 1, 2, \cdots\} \to \{0, 1, 2, \cdots\}$ 满足

$$f(3mn + m + n) = 4f(m)f(n) + f(m) + f(n),$$

对所有 $m, n \geq 0$ 成立.

证： 注意条件可以写成

$$f\left(\frac{(3m+1)(3n+1)-1}{3}\right) = \frac{(4f(m)+1)(4f(n)+1)-1}{4}.$$

令 $A = \{3k + 1 \,|\, k \geq 0\}$，根据前面的关系定义函数 $h : A \to \{1, 2, \cdots\}$

$$h(x) = 4f\left(\frac{x-1}{3}\right) + 1.$$

问题等价变为找到一个从 A 到集合 $B = \{4k + 1 \,|\, k \geq 0\}$ 的一一映射 h，满足 $h(mn) = h(m)h(n)$ 对所有 $m, n \in A$ 成立.

令 $h(1) = 1$. 考虑集合 U，包含所有的 $3k - 1$ 型素数；集合 V，包含所有的 $3k + 1$ 型素数；集合 X，包含所有的 $4k - 1$ 型素数；集合 Y，包含所有的 $4k + 1$ 型素数. 根据狄利克莱定理，四个集合都是可数无限集（关于 U 和 X 的初等证明参考例 3.58，关于 V 和 Y 的初等证明会在例 4.31 中给出），可以构造一一映射 $h_1 : U \to X$, $h_2 : V \to Y$. 对于一般的 $n \in A$，利用素因子分解定义映射为

$$n = \prod_{i=1}^{k} u_i^{a_i} \cdot \prod_{i=1}^{l} v_i^{b_i} \quad \mapsto \quad h(n) = \prod_{i=1}^{k} h_1(u_i)^{a_i} \cdot \prod_{i=1}^{l} h_2(v_i)^{b_i}.$$

$n \in A$ 说明 $\sum_{i=1}^{k} a_i$ 是偶数，因此 $h(n) \in B$. h 的形式说明它是积性函数. 利用 h_1 和 h_2 的逆，类似可以定义 h 的一个反函数，因此 h 是一一映射. $\qquad\square$

例 3.106. （IMO 1998）函数 $f : \mathbf{N} \to \mathbf{N}$ 使得 $f(n^2 f(m)) = mf(n)^2$，对所有 $m, n \in \mathbf{N}$ 成立. 求 $f(1\,998)$ 的最小可能值.

证： 设 f 是一个解，记 $a = f(1)$. 方程代入 $n = 1$ 或 $m = 1$ 分别得到 $f(f(m)) = a^2 m$ 和 $f(an^2) = f(n)^2$，对所有 m, n 成立. 又有

$$f(m)^2 f(n)^2 = f(m)^2 f(an^2) = f(m^2 f(f(an^2))) = f(m^2 a^3 n^2) = f(amn)^2,$$

因此 $f(m)f(n) = f(amn)$，特别地 $f(am) = af(m)$，进而 $af(mn) = f(m)f(n)$. 直接归纳得到 $f(n)^k = a^{k-1}f(n^k)$，因此 $a^{k-1} \mid f(n)^k$，对所有正整数 k 成立. 若 p 是 a 的一个素因子，α, β 分别是 p 在 a 和 $f(n)$ 素因子分解式中的幂次，则 $(k -$

1)$\alpha \le k\beta$. 取 k 足够大，得到 $\alpha \le \beta$. 由 p 的任意性，可得 a 整除 $f(n)$，对所有 $n \in \mathbf{N}$ 成立.

因此函数 $g : \mathbf{N} \to \mathbf{N}$，$\quad g(n) = \frac{f(n)}{a}$ 可定义，并且满足

$$g(mn) = g(m)g(n), \quad g(g(m)) = m$$

对所有 $m, n \in \mathbf{N}$ 成立. 特别地，g 是一一映射，而且 g 将素数映射为素数. 具体说，若 p 是素数而 $g(p) = xy$，整数 $x, y > 1$，则 $p = g(g(p)) = g(x)g(y)$，因此 $g(x) = 1 = g(1)$ 或 $g(y) = 1 = g(1)$，与 g 是单射矛盾.

设 P 是所有素数的集合，则 $g : P \to P$ 是对合，即 $g(g(p)) = p$. 反之，给定 P 上的对合 g 和 $a \in \mathbf{N}$，可以得到映射 f，定义为 $f(n) = ag(n)$，其中 $g(1) = 1$ 且对于 $n = \prod_{i=1}^{k} p_i^{\alpha_i}$，$g(n) = \prod_{i=1}^{k} g(p_i)^{\alpha_i}$.

最后，因为 $g(2)$，$g(3)$ 和 $g(37)$ 是不同的素数，

$$f(1\,998) = f(2 \cdot 3^3 \cdot 37) \ge g(2)g(3)^3 g(37) \ge 3 \cdot 2^3 \cdot 5 = 120.$$

取 $a = f(1) = 1$，$g(2) = 3$，$g(3) = 2$，$g(5) = 37$，$g(37) = 5$，及其他素数 $g(p) = p$，可以取到等号. 问题的解是 120. $\qquad \square$

3.4.3　欧拉函数

在这一节，我们研究欧拉函数 $\varphi : \mathbf{N} \to \mathbf{N}$ 的更多细节. 回忆 $\varphi(n)$ 是在 1 和 n 之间（包含端点）且与 n 互素的整数个数，与 n 互素的一个整数 $a \in \{1, \cdots, n\}$，可称作互素子（非已有中文名称. ——译者注）.

显然，$\varphi(1) = 1$，而对素数 p 有 $\varphi(p) = p - 1$，因为 p 的互素子是 1，2，$\cdots$，$p-1$. 一般地，若 $n \ge 1$，p 是素数，则 p^n 的互素子是 $\{1, 2, \cdots, p^n\}$ 中不被 p 整除的数. 因为恰有 p^{n-1} 个 p 的倍数在 $\{1, 2, \cdots, p^n\}$ 中，因此有

$$\varphi(p^n) = p^n - p^{n-1} = p^{n-1}(p-1) = p^n \left(1 - \frac{1}{p}\right).$$

我们现在解释一下怎样找到 $\varphi(n)$ 的一个封闭表达式，我们会使用基于下面结论的组合证明（其中 $|A|$ 表示集合 A 中的元素个数）.

命题 3.107.（容斥原理）对集合 X 的 k 个子集 $A_1, \cdots, A_k$，有

$$\left| \bigcup_{i=1}^{k} A_i \right| = \sum_{i=1}^{k} |A_i| - \sum_{1 \le i < j \le k} |A_i \cap A_j| + \cdots + (-1)^{k-1} |A_1 \cap \cdots \cap A_k|.$$

证： 若 $B \subset X$ 是一个子集，$x \in X$，定义 B 的特征函数 1_B 满足：$1_B(x) = 1$，若 $x \in B$ 成立；否则 $1_B(x) = 0$. 显然有，若有限集 $B \subset X$，则 $|B| = \sum_{x \in X} 1_B(x)$；及 $1_{B_1 \cap \cdots \cap B_d} = 1_{B_1} \cdot \ldots \cdot 1_{B_d}$.

记题目中要证的恒等式右端为 R，则

$$R = \sum_{x \in X} \left[\sum_{i=1}^{k} 1_{A_i} - \sum_{i<j} 1_{A_i} \cdot 1_{A_j} + \cdots + (-1)^{k-1} 1_{A_1} \cdot \ldots \cdot 1_{A_k} \right].$$

应用恒等式

$$\sum_{i=1}^{k} z_i - \sum_{i<j} z_i z_j + \cdots + (-1)^{k-1} z_1 \cdots z_k = 1 - (1-z_1)\cdots(1-z_k),$$

可得 $R = \sum_{x \in X} \left(1 - \prod_{i=1}^{k}(1 - 1_{A_i}) \right)$. 另一方面，$1 - 1_{A_i}$ 是 A_i 的补集 A_i^c 的特征函数，集合特征函数的乘积是交集的特征函数，因此有

$$1 - \prod_{i=1}^{k}(1 - 1_{A_i}) = 1_{(A_1^c \cap \cdots \cap A_k^c)^c} = 1_{A_1 \cup \cdots \cup A_k},$$

$$R = \sum_{x \in X} 1_{A_1 \cup \cdots \cup A_k} = |A_1 \cup \cdots \cup A_k|, \qquad \square$$

我们现在准备好证明下面的定理.

定理 3.108. 对所有 $n > 1$，有 $\varphi(n) = n \cdot \prod_{p|n} \left(1 - \frac{1}{p}\right)$，乘积对 n 的所有不同素因子进行. 因此，若有素因子分解式 $n = p_1^{\alpha_1} \cdots p_k^{\alpha_k}$，则

$$\varphi(n) = p_1^{\alpha_1-1} \cdots p_k^{\alpha_k-1}(p_1 - 1) \cdots (p_k - 1).$$

证： 设 $n > 1$ 且 $n = p_1^{\alpha_1} \cdots p_k^{\alpha_k}$ 是素因子分解式. 则 $a \in \{1, 2, \cdots, n\}$ 是 n 的一个互素子当且仅当 a 不是 $p_1, \cdots, p_k$ 中任何一个的倍数. 用集合描述，令 A_i 是 $1, 2, \cdots, n$ 中 p_i 的倍数集合，则互素子集合的补集为 $\bigcup_{i=1}^{k} A_i$. 因此

$$\varphi(n) = n - \left| \bigcup_{i=1}^{k} A_i \right|.$$

应用容斥原理计算 $\left| \bigcup_{i=1}^{k} A_i \right|$，需要用到 $A_{i_1} \cap \cdots \cap A_{i_r}$ 的元素个数，这是不超过 n 的正整数中 $p_{i_1}, \cdots, p_{i_r}$ 的公倍数集合，其元素个数是

$$|A_{i_1} \cap \cdots \cap A_{i_r}| = \frac{n}{p_{i_1} \cdots p_{i_r}}.$$

代入容斥原理公式有

$$\varphi(n) = n - n \cdot \sum_{i=1}^{k} \frac{1}{p_i} + n \cdot \sum_{1 \le i < j \le k} \frac{1}{p_i p_j} + \cdots = n \cdot \prod_{i=1}^{k} \left(1 - \frac{1}{p_i} \right), \qquad \square$$

例如，因为 $1\,000 = 2^3 5^3$，

$$\varphi(1\,000) = 2^2(2-1)5^2(5-1) = 400.$$

类似地，$2\,016 = 2^5 \cdot 3^2 \cdot 7$，

$$\varphi(2\,016) = 2^4 \cdot 3 \cdot (2-1)(3-1)(7-1) = 576.$$

例 3.109. （Komal A 240）证明：对所有 $m, n \ge 1$，有

$$\sum_{\substack{1 \le k \le n \\ \gcd(k,m)=1}} \frac{1}{k} \ge \frac{\varphi(m)}{m} \sum_{k=1}^{n} \frac{1}{k}.$$

证： 设 $p_1, \cdots, p_s$ 是 m 的所有不同素因子，则不等式等价于

$$\prod_{i=1}^{s} \frac{1}{1 - \frac{1}{p_i}} \cdot \sum_{\substack{1 \le k \le n \\ \gcd(k,m)=1}} \frac{1}{k} \ge \sum_{k=1}^{n} \frac{1}{k},$$

或者

$$\prod_{i=1}^{s} \left(1 + \frac{1}{p_i} + \frac{1}{p_i^2} + \cdots \right) \cdot \sum_{\substack{1 \le k \le n \\ \gcd(k,m)=1}} \frac{1}{k} \ge \sum_{k=1}^{n} \frac{1}{k}.$$

将式子左端强制展开，得到一个无穷求和，其中每一项具有形式

$$\frac{1}{p_1^{k_1} \cdot \ldots \cdot p_s^{k_s} \cdot r},$$

其中 $k_i \ge 0$，$1 \le r \le n$，$\gcd(r, m) = 1$. 因为 1 和 n 之间任何 k 可以写成 $k = p_1^{k_1} \cdot \ldots \cdot p_s^{k_s} \cdot r$ 的形式，其中 k_i 和 r 的约数正好和上面一样，前面式子右端的求和项包含于左端的求和项之中，证毕。 $\qquad \square$

下面是应用容斥原理的另一个例子.

例 3.110. （普特南 2015）设 q 是正奇数，N_q 是满足 $0 < a < q/4$ 和 $\gcd(a, q) = 1$ 的整数 a 的个数. 证明：N_q 是奇数当且仅当 q 是 p^k 的形式，其中 k 是正整数，p 是模 8 余 5 或 7 的素数.

证： 设 $p_1, \cdots, p_n$ 是 q 的所有不同素因子，A_i 是 0 和 $\frac{q}{4}$ 之间 p_i 的倍数集合，

$$N_q = \left\lfloor \frac{q}{4} \right\rfloor - \left| \bigcup_{i=1}^{n} A_i \right| = \left\lfloor \frac{q}{4} \right\rfloor - \sum_{i=1}^{n} |A_i| + \cdots + (-1)^n |A_1 \cap \cdots \cap A_n|$$

$$\equiv \left\lfloor \frac{q}{4} \right\rfloor + \sum_{i=1}^{n} |A_i| + \cdots + |A_1 \cap \cdots \cap A_n| \pmod{2}.$$

因为对所有 $i_1, \cdots, i_k$，有 $|A_{i_1} \cap \cdots \cap A_{i_n}| = \left\lfloor \frac{q}{4 p_{i_1} \cdots p_{i_k}} \right\rfloor$，所以

$$N_q \equiv \left\lfloor \frac{q}{4} \right\rfloor + \sum_{i=1}^{n} \left\lfloor \frac{q}{4 p_i} \right\rfloor + \cdots + \left\lfloor \frac{q}{4 p_1 \cdots p_n} \right\rfloor \pmod{2}.$$

还注意到若 a, b 是奇整数，则

$$\left\lfloor \frac{a}{4} \right\rfloor + \left\lfloor \frac{b}{4} \right\rfloor \equiv \left\lfloor \frac{ab}{4} \right\rfloor \pmod{2} \tag{1}$$

具体说，记 $a = 4q + r$ 和 $b = 4q' + r'$，$r, r' \in \{1, 3\}$，则有

$$\left\lfloor \frac{ab}{4} \right\rfloor = 4qq' + qr' + q'r + \left\lfloor \frac{rr'}{4} \right\rfloor \equiv q + q' + \left\lfloor \frac{rr'}{4} \right\rfloor \pmod{2}.$$

马上可以检验 $\left\lfloor \frac{rr'}{4} \right\rfloor$ 是偶数，完成(1)的证明.

最后，利用(1)计算 N_q，有

$$N_q \equiv \left\lfloor \frac{1}{4} q \cdot \prod_{i=1}^{n} \frac{q}{p_i} \cdot \cdots \cdot \frac{q}{p_1 \cdots p_n} \right\rfloor = \left\lfloor \frac{q^{2^n}}{4(p_1 \cdots p_n)^{2^{n-1}}} \right\rfloor \pmod{2}.$$

若 $n > 1$，则 $\frac{q^{2^n}}{(p_1 \cdots p_n)^{2^{n-1}}}$ 是奇数平方，然后 N_q 是偶数. 现在假设 $n = 1$，所以 $q = p_1^k$，$k \geq 1$. 则 N_q 是奇数当且仅当 $\left\lfloor \frac{q^2}{4 p_1} \right\rfloor = \left\lfloor \frac{p_1^{2k-1}}{4} \right\rfloor$ 是奇数. 直接检验发现这种情况当且仅当 $p \equiv 5, 7 \pmod{8}$ 时发生. $\square$

算术基本定理结合前面定理得到的欧拉函数公式马上推出下面的结果.

推论 3.111. φ 是积性函数，就是说 $\varphi(mn) = \varphi(m)\varphi(n)$ 对所有互素正整数 m, n 成立.

前面定理的另一个直接结果是：

推论 3.112. 若 a, b 是正整数且 $a \mid b$，则 $\varphi(a) \mid \varphi(b)$.

我们用高斯的一个定理结束这个理论部分，其证明用到下面的命题.

命题 3.113. 对 n 的每个正因子 d, $\{1, 2, \cdots, n\}$ 中恰好存在 $\varphi(\frac{n}{d})$ 个整数 k, 使得 $\gcd(k, n) = d$.

证: $\gcd(n, k) = d$ 当且仅当 $k = du$, 而 $u \in \{1, \cdots, \frac{n}{d}\}$, 与 $\frac{n}{d}$ 互素. □

定理 3.114. (高斯) 对所有正整数 n, 有 $\sum_{d|n} \varphi(d) = n$.

证: 对每个 $k \in \{1, \cdots, n\}$, $\gcd(k, n)$ 是 n 的一个正因子. 另一方面, 根据前面的命题, n 的每个因子 d, 恰好对 $\varphi(\frac{n}{d})$ 个整数 $k \in \{1, \cdots, n\}$, 满足 $\gcd(k, n) = d$. 因此对 k 按 d 分类算两次, 得到 $n = \sum_{d|n} \varphi\left(\frac{n}{d}\right)$. 而当 d 遍历 n 的正因子时, $\frac{n}{d}$ 也一样, 因此 $\sum_{d|n} \varphi\left(\frac{n}{d}\right) = \sum_{d|n} \varphi(d)$. □

例 3.115. 证明:
$$\sum_{d=1}^{n} \varphi(d) \left\lfloor \frac{n}{d} \right\rfloor = \frac{n(n+1)}{2}.$$

证: 因为 $\left\lfloor \frac{n}{d} \right\rfloor$ 是 $\{1, 2, \cdots, n\}$ 中 d 的倍数个数, 因此
$$\sum_{d=1}^{n} \varphi(d) \left\lfloor \frac{n}{d} \right\rfloor = \sum_{d=1}^{n} \varphi(d) \sum_{\substack{1 \le k \le n \\ d|k}} 1 = \sum_{k=1}^{n} \sum_{\substack{1 \le d \le n \\ d|k}} \varphi(d).$$

根据高斯定理, $\sum_{d \le n, d|k} \varphi(d) = k$, 对所有 $1 \le k \le n$ 成立, 因此上式右端为 $1 + 2 + \cdots + n = \frac{n(n+1)}{2}$. □

例 3.116. (AMME3106) 对 $n > 1$, 设 $S(n)$ 是满足 $\frac{n}{k}$ 的小数部分至少是 $\frac{1}{2}$ 的 k 的集合. 证明: $\sum_{k \in S(n)} \varphi(k) = n^2$.

证: 关键的发现是, 对每个 $k \ge 1$, 有 $\left\lfloor \frac{2n}{k} \right\rfloor - 2\left\lfloor \frac{n}{k} \right\rfloor \in \{0, 1\}$, 而且它取值为 1 当且仅当 $k \in S(n)$. 这可直接从恒等式 $\lfloor 2x \rfloor - 2\lfloor x \rfloor = \lfloor 2\{x\} \rfloor$ 得到, 其中 $\{x\} = x - \lfloor x \rfloor$ 表示 x 的小数部分. 我们因此得到
$$\sum_{k \in S(n)} \varphi(k) = \sum_{k=1}^{2n} \varphi(k) \left(\left\lfloor \frac{2n}{k} \right\rfloor - 2\left\lfloor \frac{n}{k} \right\rfloor \right) = \sum_{k=1}^{2n} \varphi(k) \left\lfloor \frac{2n}{k} \right\rfloor - 2\sum_{k=1}^{2n} \varphi(k) \left\lfloor \frac{n}{k} \right\rfloor.$$

因为 $\left\lfloor \frac{n}{k} \right\rfloor = 0$, 对 $k \in \{n+1, \cdots, 2n\}$ 成立, 而根据前面例子
$$\sum_{k=1}^{N} \varphi(k) \left\lfloor \frac{N}{k} \right\rfloor = \frac{N(N+1)}{2},$$

因此
$$\sum_{k \in S(n)} \varphi(k) = \frac{2n(2n+1)}{2} - 2\frac{n(n+1)}{2} = n^2.$$ □

例 3.117. （CTST2014）若 $n > 1$，设 $f(n)$ 是将 n 写成大于 1 的整数乘积的方法数，其中因子顺序不计. 例如 $f(12) = 4$，对应的分解有 $12, 2 \cdot 6, 3 \cdot 4, 2 \cdot 2 \cdot 3$. 证明：对每个 $n > 1$ 和 n 的任何素因子，有 $f(n) \leq \frac{n}{p}$.

证： 我们用第二数学归纳证明题目，其中 n 是素数的情形是显然的. 假设命题对小于 n 的所有数成立，要证对 n 成立. 设 p 是 n 的最大的素因子，只需证明：$f(n) \leq \frac{n}{p}$. 若 $n = x_1 x_2 \cdots x_k$ 是 n 分解成大于 1 的整数乘积的一个方式，则某个 x_i 被 p 整除，设 $x_i = pd$. 则 $d \mid \frac{n}{p}$ 而且 $\frac{n}{pd} = x_1 \cdots x_{i-1} x_{i+1} \cdots x_k$ 是 $\frac{n}{pd}$ 的一个分解. 有 $f\left(\frac{n}{pd}\right)$ 个 $\frac{n}{pd}$ 的分解方式，因此得到 $f(n) \leq \sum_{d \mid \frac{n}{p}} f\left(\frac{n}{pd}\right)$.

根据归纳假设，对 $k < n$，有 $f(k) \leq \frac{k}{P(k)}$，其中 $P(k)$ 表示 k 的最大素因子. 另外 $\frac{k}{P(k)} \leq \varphi(k)$，这是因为

$$\frac{\varphi(k)}{k} = \prod_{p \mid k} \left(1 - \frac{1}{p}\right) \geq \prod_{i=2}^{P(k)} \left(1 - \frac{1}{i}\right) = \frac{1}{P(k)}.$$

因此根据欧拉定理

$$f(n) \leq \sum_{d \mid \frac{n}{p}} f\left(\frac{n}{pd}\right) \leq \sum_{d \mid \frac{n}{p}} \varphi\left(\frac{n}{pd}\right) = \frac{n}{p}. \qquad \square$$

前面的结果有基本的重要性，多熟悉这些对理解后面更深入的定理有帮助. 我们现在通过一些例子展示这些理论结果的用处.

例 3.118. 求所有正整数 n，使得 $\varphi(2^{2^n} - 1) = \varphi(2^{2^n})$.

证： 设 $F_k = 2^{2^k} + 1$ 是第 k 个费马数. 因为费马数两两互素，而且

$$2^{2^n} - 1 = F_0 \cdot F_1 \cdot \ldots \cdot F_{n-1},$$

根据欧拉函数是积性函数，可以将方程写成 $\prod_{i=0}^{n-1} \varphi(F_i) = 2^{2^n - 1}$.

若 $n \geq 6$，则这个方程说明 $\varphi(F_n)$ 必须是 2 的幂，但是 $641 \mid F_5$（见例 1.12），640 整除 $\varphi(F_5)$ 不是 2 的幂，矛盾. 因此所有解满足 $n \leq 5$. 反之，当 $n \leq 5$ 时，F_i 对 $i \leq n - 1$ 是素数，因此

$$\prod_{i=0}^{n-1} \varphi(F_i) = \prod_{i=0}^{n-1} (F_i - 1) = 2^{1+2+\cdots+2^{n-1}} = 2^{2^n - 1}.$$

最终答案是 $n = 1, 2, 3, 4, 5$. \qquad $\square$

例 3.119. 证明：对所有整数 $n > 1$ 可以找到整数 x，使得 $\varphi(x) = n!$.

证： 我们将选择 x 和 $n!$ 有相同的素因子集合. 此时方程变为

$$x \cdot \prod_{p|n!} \left(1 - \frac{1}{p}\right) = n! \quad \Leftrightarrow \quad x = \frac{n!}{\prod_{p|n!}\left(1 - \frac{1}{p}\right)} = \prod_{p|n!} p \cdot \frac{n!}{\prod_{p|n!}(p-1)}.$$

因为 $\frac{n!}{\prod_{p|n!}(p-1)}$ 是整数, x 的素因子集合确实和 $n!$ 的相同, 是问题的解. □

例 3.120. （ USATST2015）证明：存在正整数 m, 使得至少有 $2\,015$ 个 n 满足方程 $\varphi(n) = m$.

证： 设 $p_1, p_2, \cdots$ 是所有素数构成的递增序列, 固定正整数 k. 定义

$$N = p_1 p_2 \cdots p_k, \quad x_i = N\left(1 - \frac{1}{p_i}\right), \quad 1 \le i \le k.$$

我们证明 $\varphi(x_i) = \varphi(N)$, 对 $1 \le i \le k$ 成立.（这样取 $k = 2\,015$ 即可解决问题）实际上, 因为 $p_i - 1$ 的所有素因子在 $p_1, \cdots, p_{i-1}$ 中, x_i 的不同素因子恰好是 $p_1, \cdots, p_{i-1}, p_{i+1}, \cdots p_k$, 因此

$$\frac{\varphi(x_i)}{x_i} = \prod_{j \ne i, j \le k} \left(1 - \frac{1}{p_j}\right) = \frac{\varphi(N)}{N} \cdot \frac{1}{\left(1 - \frac{1}{p_i}\right)} = \frac{\varphi(N)}{x_i}. \qquad \square$$

注释 3.121. *Pillai* 的一个定理证明了 $\lim_{n \to \infty} \frac{f(n)}{n} = 0$, 其中 $f(n)$ 是 $\{1, \cdots, n\}$ 中欧拉函数的像的个数. 这个定理马上也能推出前面的例子. 但是 *Pillai* 定理的证明需要关于素数非常精细的估计. 而上面的漂亮证明（归功于 *Schinzel*）完全避免了这一点.

例 3.122. 证明：对所有 $n > 1$, 有：
(a) $\sigma(n) < n(1 + \log n)$; (b) $n^2 > \sigma(n) \cdot \varphi(n) > \frac{n^2}{2}$; (c) $\varphi(n) > \frac{n}{4 \log n}$.

证： (c)部分直接可从(a)和(b)得到.

(a) 当 d 遍历 n 的正因子时, $\frac{n}{d}$ 也遍历, 因此

$$\sigma(n) = \sum_{d|n} d = \sum_{d|n} \frac{n}{d} = n \sum_{d|n} \frac{1}{d} \le n \sum_{d=1}^{n} \frac{1}{d} < n(1 + \log n).$$

(b) 若有素因子分解式 $n = p_1^{\alpha_1} \cdots p_k^{\alpha_k}$, 则

$$\frac{\sigma(n)}{n} = \prod_{i=1}^{k} \left(1 + \frac{1}{p_i} + \cdots + \frac{1}{p_i^{\alpha_i}}\right) < \prod_{i=1}^{k} \frac{1}{1 - \frac{1}{p_i}} = \frac{n}{\varphi(n)},$$

所以 $\sigma(n)\varphi(n) < n^2$. 其次，

$$\sigma(n) \cdot \varphi(n) \geq n \cdot \prod_{i=1}^{k}\left(1 + \frac{1}{p_i}\right) \cdot n \cdot \prod_{i=1}^{k}\left(1 - \frac{1}{p_i}\right),$$

只需证 $\prod_{i=1}^{k}\left(1 - \frac{1}{p_i^2}\right) > \frac{1}{2}$. 利用 $\sum_{i=1}^{k} \frac{1}{p_i^2} < \frac{1}{2}$（参考例 3.79）和伯努利不等式

$$(1 - x_1)(1 - x_2)\cdots(1 - x_n) \geq 1 - (x_1 + \cdots + x_n)$$

对所有 $x_1, \cdots, x_n \in [0, 1]$ 成立（归纳可证，留给读者）即可. □

注释 3.123. 经过更多的工作，可以证明存在常数 $c > 0$（常数可以有具体的值），使得对所有 $n > 2$，有 $\varphi(n) > c \cdot \frac{n}{\log\log n}$.

例 3.124.（罗马尼亚TST2014）设 n 是正整数，A_n（对应的 B_n）表示满足 $k \in \{1, 2, \cdots, n\}$，$\gcd(k, n)$ 有偶数个（对应的奇数个）不同素因子的 k 构成的集合. 证明：$|A_n| = |B_n|$ 对偶数 n 成立；$|A_n| > |B_n|$ 对奇数 n 成立. 注意：1 有 0 个素因子.

证： 记 $\omega(k)$ 为 k 的不同素因子个数. 则 x, y 互素时，显然有 $\omega(xy) = \omega(x) + \omega(y)$，因此 $x \mapsto (-1)^{\omega(x)}$ 是积性函数. 另外，根据定义

$$|A_n| - |B_n| = \sum_{k=1}^{n} (-1)^{\omega(\gcd(n, k))}.$$

对每个 $d \mid n$，恰有 $\varphi\left(\frac{n}{d}\right)$ 个整数 $k \in \{1, 2, \cdots, n\}$，使得 $\gcd(k, n) = d$. 因此

$$|A_n| - |B_n| = \sum_{d \mid n} (-1)^{\omega(d)} \varphi\left(\frac{n}{d}\right).$$

也就是说，函数 $n \mapsto |A_n| - |B_n|$ 是两个积性函数 $n \mapsto (-1)^{\omega(n)}$ 和 $n \mapsto \varphi(n)$ 的数论卷积. 根据定理 3.101，它是积性函数，只需研究它在素数幂上的值. 若 $n = p^k$，$k \geq 1$，p 是素数，直接计算有

$$|A_n| - |B_n| = \sum_{j=1}^{p^k} (-1)^{\omega(\gcd(p^k, j))} = \sum_{p \mid j} (-1) + \sum_{\gcd(j, p)=1} 1$$

$$= -p^{k-1} + p^k - p^{k-1} = p^{k-1}(p - 2).$$

因此对所有 n，有 $|A_n| - |B_n| = n \prod_{p \mid n}\left(1 - \frac{2}{p}\right)$. □

3.4.4 莫比乌斯函数和应用

这一节我们细致研究莫比乌斯函数 μ 的基本性质. 回忆莫比乌斯函数的定义是: $\mu(1) = 1$; 若 n 有平方因子, 则 $\mu(n) = 0$; 若 n 无平方因子, 则 $\mu(n) = (-1)^{\omega(n)}$. 莫比乌斯函数的关键性质是下面的关系. 克罗内克函数 δ_{ij} 定义为: 若 $i \neq j$, 则 $\delta_{ij} = 0$; 若 $i = j$, 则 $\delta_{ij} = 1$.

命题 3.125. 当 $n > 1$, 有 $\sum\limits_{d|n} \mu(d) = 0$. 当 $n = 1$ 时, $\sum\limits_{d|n} \mu(d) = 1$. 也就是说, $\sum\limits_{d|n} = \delta_{1n}$.

证: $n = 1$ 时显然. 当 $n > 1$ 时, 设有素因子分解式 $n = p_1^{\alpha_1} \cdot \ldots \cdot p_m^{\alpha_m} (m > 0)$. 在求和 $\sum_{d|n} \mu(d)$ 中, 仅当 d 是 n 的不同素因子乘积 (包括 1) 时贡献非零. 其中有 $\binom{m}{j}$ 个这样的 d 是 j 个不同的素数的乘积, 这种 d 贡献 $(-1)^j$, 因此由二项式定理有

$$\sum_{d|n} \mu(d) = 1 - \binom{m}{1} + \binom{m}{2} - \cdots = (1-1)^m = 0. \qquad \square$$

前面命题的重要推论是著名的莫比乌斯反演公式:

定理 3.126. (莫比乌斯反演公式) 若 $f(n) = \sum_{d|n} g(d)$, 对所有 n 成立. 则有 $g(n) = \sum_{d|n} \mu\left(\frac{n}{d}\right) f(d)$, 对所有 n 成立.

证: 我们直接计算

$$\sum_{d|n} \mu\left(\frac{n}{d}\right) f(d) = \sum_{d|n} \mu\left(\frac{n}{d}\right) \cdot \sum_{e|d} g(e) = \sum_{e|n} g(e) \cdot \sum_{e|d|n} \mu\left(\frac{n}{d}\right).$$

另一方面, 记 $d = ex$, 有 $x \mid \frac{n}{e}$ 及 $\frac{n}{d} = \frac{n/e}{x}$, 因此根据命题 3.125, 有

$$\sum_{e|d|n} \mu\left(\frac{n}{d}\right) = \sum_{x | \frac{n}{e}} \mu\left(\frac{\frac{n}{e}}{x}\right) = \delta_{1, \frac{n}{e}} = \delta_{en}. \qquad \square$$

注释 3.127. (a) 还有莫比乌斯反演公式的乘积形式 (用同样的方法证明): 若 $f(n) = \prod_{d|n} g(d)$, 对所有 n 成立, 则 $g(n) = \prod_{d|n} f(d)^{\mu\left(\frac{n}{d}\right)}$.

(b) 同样可以证明, 若 f, g 是数论函数, 满足关系 $g(n) = \sum_{d|n} \mu\left(\frac{n}{d}\right) f(d)$, 对所有 n 成立, 则 $f(n) = \sum_{d|n} g(d)$, 对所有 n 成立. 也就是说, 反演公式的逆也是成立的.

(c) 有时, 考虑只在某个固定整数 $N > 1$ 的正因子集合上有定义的函数 f, g 也是有用的. 若它们满足 $f(n) = \sum_{d|n} g(d)$, 对任何 $n \mid N$ 成立, 则我们还是可以得到反演公式 (方法和前面一样) $g(n) = \sum_{d|n} g(d) \mu\left(\frac{n}{d}\right)$, 对任何 $n \mid N$ 成立. 我们将细节留给读者当作练习.

现在我们把前面的结果应用于欧拉函数 φ. 考虑高斯恒等式（见定理 3.114）$n = \sum_{d|n} \varphi(d)$，应用莫比乌斯反演公式，得到

$$\varphi(n) = \sum_{d|n} \mu\left(\frac{n}{d}\right) d = \sum_{d|n} \mu(d) \frac{n}{d} = n \sum_{d|n} \frac{\mu(d)}{d}$$

$$= n\left(1 - \sum_{p|n} \frac{1}{p} + \sum_{p<q|n} \frac{1}{pq} - \cdots\right) = n \prod_{p|n}\left(1 - \frac{1}{p}\right).$$

也就是说，我们又得到了欧拉函数公式 $\varphi(n) = n \prod_{p|n}\left(1 - \frac{1}{p}\right)$. 反之，用前面的公式以及莫比乌斯反演公式又可以得到高斯定理. 因此高斯定理和 $\varphi(n)$ 的公式实际上是等价的！

下面的漂亮结果也是莫比乌斯反演公式的应用.

例 3.128. 设 $(a_n)_{n\geq 1}$ 是正整数序列，使得 $\gcd(a_m, a_n) = a_{\gcd(m,n)}$，对所有正整数 m, n 成立. 证明：存在正整数序列 $(b_n)_{n\geq 1}$，使得对所有 $n \geq 1$，有 $a_n = \prod_{d|n} b_d$.

证： 根据莫比乌斯反演公式的乘积形式，需定义 $b_n = \prod_{d|n} a_{\frac{n}{d}}^{\mu(d)}$. 然后我们需要证明这样定义的所有 b_n 都是整数. 记 $p_1, \cdots, p_d$ 是 n 的所有不同素因子，则

$$b_n = \frac{a_n}{\prod_{i=1}^{d} a_{\frac{n}{p_i}}} \cdot \frac{\prod_{i<j} a_{\frac{n}{p_i p_j}}}{\prod_{i<j<k} a_{\frac{n}{p_i p_j p_k}}} \cdot \cdots.$$

另一方面，应用题目条件有

$$a_{\frac{n}{p_i p_j}} = \gcd(a_{\frac{n}{p_i}}, a_{\frac{n}{p_j}}),\ a_{\frac{n}{p_i p_j p_k}} = \gcd(a_{\frac{n}{p_i}}, a_{\frac{n}{p_j}}, a_{\frac{n}{p_k}}),\ \cdots$$

令 $x_i = a_{\frac{n}{p_i}}, 1 \leq i \leq d$，则

$$b_n = \frac{a_n}{\prod_{i=1}^{d} x_i} \cdot \frac{\prod_{i<j} \gcd(x_i, x_j)}{\prod_{i<j<k} \gcd(x_i, x_j, x_k)} \cdot \cdots.$$

下面的引理 3.129 会给出 $b_n = \frac{a_n}{\mathrm{lcm}(x_1, \cdots, x_d)}$，因此 b_n 是整数. $\qquad\square$

引理 3.129. 对正整数 $x_1, \cdots, x_d$，有

$$\frac{\prod_{i=1}^{d} x_i}{\prod_{i<j} \gcd(x_i, x_j)} \cdot \frac{\prod_{i<j<k} \gcd(x_i, x_j, x_k)}{\prod_{i<j<k<l} \gcd(x_i, x_j, x_k, x_l)} \cdot \cdots = \mathrm{lcm}(x_1, \cdots, x_d).$$

证：当 $d = 2$ 时，结果是显然的. 假设结果对 d 成立，则

$$
\begin{aligned}
\text{lcm}(x_1, \cdots, x_{d+1}) &= \text{lcm}(\text{lcm}(x_1, \cdots, x_d), x_{d+1}) \\
&= \frac{x_{d+1} \cdot \text{lcm}(x_1, \cdots, x_d)}{\gcd(x_{d+1}, \text{lcm}(x_1, \cdots, x_d))}.
\end{aligned}
$$

代入 $\text{lcm}(x_1, \cdots, x_d)$ 由归纳假设给出的表达式，得到需要的结果.（还可以用容斥原理，对每个素因子幂次计算，记 $[n] = \{1, 2, \ldots, n\}$，则 $\gcd(p^i, p^j)$ 对应 $[i] \cap [j]$，$\text{lcm}(a, b, \ldots, c)$ 对应 $[a] \cup [b] \cup \cdots \cup [c]$. ——译者注） $\square$

3.4.5 无平方因子数

我们想要用莫比乌斯函数研究无平方因子数的分布，我们提醒读者，这一节比较有技术性，如果是第一次阅读，可以跳过.

设 $Q(n)$ 是 1 和 n 之间（含端点）无平方因子数的个数，设 P 是满足 $p \le \sqrt{n}$ 的素数 p 的集合. 对每个 $p \in P$ 定义集合 A_p 为 1 到 n 之间 p^2 的倍数的集合. 则 $Q(n)$ 恰好是 $\{1, 2, \cdots, n\} \setminus \bigcup_{p \in P} A_p$，根据容斥原理，

$$
Q(n) = n - \sum_{p \in P} |A_p| + \sum_{p < q \in P} |A_p \cap A_q| + \cdots
$$

另一方面，因为在 1 和 n 之间存在 $\lfloor \frac{n}{k} \rfloor$ 个 k 的倍数，因此

$$
|A_{p_1} \cap A_{p_2} \cap \cdots \cap A_{p_k}| = \left\lfloor \frac{n}{p_1^2 \cdots p_k^2} \right\rfloor
$$

对 $p_1 < \cdots < p_k \in P$ 成立. 于是有

$$
Q(n) = n - \sum_{p \in P} \left\lfloor \frac{n}{p^2} \right\rfloor + \sum_{p < q \in P} \left\lfloor \frac{n}{p^2 q^2} \right\rfloor - \cdots = \sum_{k \le \sqrt{n}} \mu(k) \left\lfloor \frac{n}{k^2} \right\rfloor,
$$

因此我们刚刚证明了：

命题 3.130. 在 1 和 n 之间的无平方因子的数个数是

$$
Q(n) = \sum_{k \le \sqrt{n}} \mu(k) \left\lfloor \frac{n}{k^2} \right\rfloor.
$$

因为 $\mu(k)$ 只取三个值 $-1, 0, 1$ 之一，而 $\lfloor \frac{n}{k^2} \rfloor$ 和 $\frac{n}{k^2}$ 的差至多是 1，我们得到

$$
\left| Q(n) - n \sum_{k \le \sqrt{n}} \frac{\mu(k)}{k^2} \right| \le \sqrt{n}.
$$

因此若要估计 $Q(n)$，我们需要估计 $\sum_{k\leq\sqrt{n}}\frac{\mu(k)}{k^2}$. 关键的因素是下面的恒等式，和欧拉恒等式

$$1+\frac{1}{2^2}+\frac{1}{3^2}+\cdots=\frac{\pi^2}{6}.$$

看起来很相似. 实际上我们的证明会表明，下面的定理和这个恒等式等价.

定理 3.131. $\sum_{k=1}^{\infty}\frac{\mu(k)}{k^2}=\frac{6}{\pi^2}$.

证： 根据欧拉恒等式，我们需要证明 $\sum_{j\geq1}\frac{1}{j^2}\cdot\sum_{k\geq1}\frac{\mu(k)}{k^2}=1$. 展开，左端给出

$$\sum_{j,k\geq1}\frac{\mu(k)}{(jk)^2}=\sum_{n\geq1}\sum_{jk=n}\frac{\mu(k)}{n^2}=\sum_{n\geq1}\frac{1}{n^2}\sum_{k|n}\mu(k)=\sum_{n\geq1}\frac{1}{n^2}\delta_{1n}=1. \qquad\square$$

我们现在可以证明下面的漂亮结果：

定理 3.132. $[1,n]$ 中的无平方因子数个数 $Q(n)$ 满足：$\left|Q(n)-\frac{6}{\pi^2}n\right|\leq3\sqrt{n}$.

证： 利用前面得到的不等式 $\left|Q(n)-n\sum_{k\leq\sqrt{n}}\frac{\mu(k)}{k^2}\right|\leq\sqrt{n}$ 和前一个定理的结果，证明归结为不等式 $\left|\sum_{k>\sqrt{n}}\frac{\mu(k)}{k^2}\right|\leq\frac{2}{\sqrt{n}}$. 因此只要证明 $\sum_{k>\sqrt{n}}\frac{1}{k^2}\leq\frac{2}{\sqrt{n}}$. 令 $N=\lfloor\sqrt{n}\rfloor$，有

$$\sum_{k>\sqrt{n}}\frac{1}{k^2}=\sum_{k\geq N+1}\frac{1}{k^2}<\sum_{k\geq N+1}\frac{1}{k(k-1)}=\sum_{k\geq N+1}\left(\frac{1}{k-1}-\frac{1}{k}\right)=\frac{1}{N}.$$

因为 $\frac{1}{N}\leq\frac{2}{\sqrt{n}}$，问题得证. $\qquad\square$

例 3.133. 证明：任何 $n>1\,000$ 可以写成两个无平方因子数的求和.

证： 我们先声明 $Q(n-1)>\frac{n-1}{2}$. 应用前面的定理，只需证

$$\frac{6}{\pi^2}(n-1)>\frac{n-1}{2}+3\sqrt{n-1},$$

可以从 $n>1\,000$ 和 $\frac{6}{\pi^2}>0.6$ 轻松得到.

现在考虑所有 1 和 $n-1$ 之间的无平方因子数构成的集合 A，以及集合 $B=\{n-x|x\in A\}$. 则 A 和 B 都是 $\{1,2,\cdots,n-1\}$ 的子集，每个有多于 $\frac{n-1}{2}$ 个元素，因此交集非空. 即存在 $x\in A$，使得 $n-x\in A$，于是 $n=x+(n-x)$ 是两个无平方因子数的和. $\qquad\square$

注释 3.134. 直接计算表明：大于 1 的整数都可写成两个无平方因子数的和.

例 3.135. 证明：存在无穷多正整数 n，满足 $n,n+1,n+2$ 都没有平方因子.

证: 假设存在 N, 使得对所有 $n \geq N$, 三个数 $n, n+1, n+2$ 中至少一个有平方因子. 则对每个 $k \geq N$, 四个数 $4k, 4k+1, 4k+2, 4k+3$ 中至少两个有平方因子. 将 $4N, 4N+1, \cdots, 4n-1$ 分成 4 个一组, 每组是相邻的整数, 则有 $Q(4n) - Q(4N) \leq 2n$, 对所有 $n \geq N$ 成立. 求极限得到 $\lim\limits_{n \to \infty} \frac{Q(4n)}{2n} \leq 1$, 而定理 3.132 给出 $\lim_{n \to \infty} \frac{Q(4n)}{2n} = \frac{12}{\pi^2} > 1$, 矛盾. $\qquad\square$

例 3.136. 设 $a_1, \cdots, a_d$ 和 $b_1, \cdots, b_d$ 是正整数. 证明: 如果存在 n, 使得

$$a_1 n + b_1, \cdots, a_d n + b_d$$

都没有平方因子, 则有无穷多这样的 $n > 0$.

证: 固定整数 n_0, 使得 $a_i n_0 + b_i$ 都没有平方因子, 设 C 是一个待定的大数, 使得 $\prod_{i=1}^{d} a_i(a_i n_0 + b_i)$ 的任何素因子小于 C. 设 P 是不超过 C 的所有素数乘积. 我们将证明: 对无穷多 k,

$$x_i(k) := a_i(n_0 + kP^2) + b_i = a_i n_0 + b_i + kP^2 a_i$$

都是无平方因子数, 这样就解决了问题.

固定整数 $N > C$, 然后考虑 $x_i(k), 1 \leq i \leq d, 1 \leq k \leq N$. 因为对每个素数 $p \leq C$, $x_i(k)$ 不是 p^2 的倍数 (否则 $a_i n_0 + b_i$ 也会是 p^2 的倍数, 矛盾). 若对某个 $i \leq d$, $x_i(k)$ 有平方因子, 设素数 $p > C$ 使得 $p^2 \mid x_i(k)$. 则 (若 C 足够大)

$$p^2 \leq x_i(k) < 2kP^2 a_i \leq 2NP^2 a_i,$$

所以 $p < \sqrt{2Na_i}P \leq \sqrt{2MN}P$, 其中 $M = \max(a_1, \cdots, a_d)$. 进一步, 因为 p 不整除 Pa_i, 同余方程 $x_i(k) \equiv 0 \pmod{p^2}$ 作为关于 k 的线性同余方程, 存在最多 $1 + \frac{N}{p^2}$ 个解. 因为对应素数个数 p 不超过 $\sqrt{2NM}P$, 因此使 $x_i(k)$ 含平方因子的 $k \in [1, N]$ 的个数不超过

$$\sqrt{2NM}P + N \sum_{p > C} \frac{1}{p^2} < \sqrt{2NM}P + N \sum_{k > C} \frac{1}{k(k-1)} < \sqrt{2NM}P + \frac{N}{C}.$$

使所有 $x_1(k), x_2(k), \cdots, x_d(k)$ 都不含平方因子的 $k \in [1, N]$ 个数至少有

$$N\left(1 - \frac{d}{C}\right) - dP\sqrt{2M} \cdot \sqrt{N}.$$

这个量当 $N \to \infty$ 时趋向于 ∞ (先固定 $C > d$ 足够大), 题目结论成立. $\qquad\square$

例 3.137. (IMC 2013) 是否存在正整数的无穷集 A, 使得对所有不同的 $a, b \in A$, $a + b$ 无平方因子?

证： 我们将归纳构造一个无穷的递增数列 $a_1 < a_2 < \cdots$，使得 $a_1 = 1, a_2 = 2$ 以及 $a_i + a_j, i \neq j$ 都无平方因子. 假设 $a_1, \cdots, a_k$ 已经构造好，要找到 a_{k+1} 使得 $a_{k+1} + a_i, 1 \leq i \leq k$ 都无平方因子.

考虑两个辅助的大数 r, N，我们将找 a_{k+1} 具有形式 $1 + r!n, 1 \leq n \leq N$. 我们先取 $r > k + \max_{1 \leq i \leq k}(1 + a_i)^2$. 假设 $p^2 \mid 1 + r!n + a_i$.

若 $p \leq r$，则 $p \mid 1 + a_i$，进而 $p^2 \mid (1 + a_i)^2 \mid r!$，因此 $p^2 \mid 1 + a_i$，与 $a_1 = 1$ 和 $a_1 + a_i$ 无平方因子矛盾.

所以若素数平方 $p^2 \mid 1 + r!n + a_i, 1 \leq i \leq k$，则必有 $p > r$. 又有 $p^2 \leq 1 + r!n + a_i < r!(N+1)$，存在至多 $\frac{N}{p^2} + 1$ 个 $n \in \{1, 2, \cdots, N\}$，使得 $p^2 \mid 1 + r!n + a_i$，总共至多有

$$S = k \cdot \sum_{r < p < \sqrt{r!(N+1)}} \left(\frac{N}{p^2} + 1 \right)$$

个 $n \in \{1, 2, \cdots, N\}$，使得对某个 $1 \leq i \leq k$，$1 + r!n + a_i$ 含平方因子. 因为

$$S < k \left(\sqrt{r!(N+1)} + N \sum_{j > r} \frac{1}{j^2} \right) < k\sqrt{r!(N+1)} + \frac{k}{r}N,$$

而最后的表达式对 $r > k$ 及足够大的 N，小于 $N - 1$，因此当 N 足够大时（先要选定 $r > k + \max_{1 \leq i \leq k}(1 + a_i)^2$），可以找到某个 $n \in \{1, 2, \cdots, N\}$ 使得 $a_{k+1} + a_i, 1 \leq i \leq k$ 都不含平方因子，证毕. $\qquad \square$

例 3.138. （巴西2015）若有素因子分解式 $n = p_1^{\alpha_1} p_2^{\alpha_2} \cdots p_k^{\alpha_k} > 1$，定义

$$f(n) = \alpha_1 p_1^{\alpha_1 - 1} \alpha_2 p_2^{\alpha_2 - 1} \cdots \alpha_k p_k^{\alpha_k - 1}.$$

证明：$f(n) = f(n-1) + 1$ 对无穷多 n 成立.

证： 注意 $f(n) = 1$，当且仅当 n 无平方因子. 显然 f 是积性函数. 取

$$a = 27, \quad b = 169, \quad x = 482, \quad y = 77.$$

则 x, y 无平方因子，且有 $ax = by + 1$，$\gcd(a, x) = \gcd(b, y) = 1$ 和 $f(a) = f(b) + 1$. 根据例 3.136 两个数 $ab^2n + x$ 和 $a^2bn + y$ 对无穷多个 $n \geq 1$ 同时无平方因子，对这样的 n，有

$$f(a^2b^2n + ax) = f(a(ab^2n + x)) = f(a) = 1 + f(b)$$
$$= 1 + f(b(a^2bn + y)) = 1 + f(a^2b^2n + ax - 1).$$

因此 $f(m) = f(m-1) + 1$ 对 $m = a^2b^2n + ax$ 成立. $\qquad \square$

3.5　实战题目

合数

题 3.1. 证明：若整数 $a > 1$，$n > 1$ 不是 2 的幂，则 $a^n + 1$ 是合数.

题 3.2. （圣彼得堡2004）证明：对每个整数 a，存在无穷多正整数 n，使得 $a^{2^n} + 2^n$ 是合数.

题 3.3. 求所有正整数 n，使得 $n^n + 1$ 和 $(2n)^{2n} + 1$ 中至少一个是合数.

题 3.4. 对哪些正整数 n，两个数 $2^n + 3$ 和 $2^n + 5$ 都是素数？

题 3.5. （圣彼得堡1996）整数 a, b, c 使得多项式 $X^3 + aX^2 + bX + c$ 的根是两两互素的不同正整数. 证明：若多项式 $aX^2 + bX + c$ 有正整数根，则 $|a|$ 是合数.

题 3.6. （Vojtech Jarnik 2009）证明：若 $k > 2$，则 $2^{2^k - 1} - 2^k - 1$ 是合数.

题 3.7. 证明：若 $4k + 1$ 型正整数有两种不同的方式写成平方数之和，则它是合数.

题 3.8. （莫斯科）是否存在一个 1997 位的合数，如果它的任何三个连续的数码替换成任何三个数码，还是得到合数？

题 3.9. （AMM10947）证明：对所有 $n \geq 1$，$\dfrac{5^{5^n} - 1}{5^n - 1}$ 是合数.

算术基本定理

题 3.10. 设 $n > 1$ 是整数. 证明：方程

$$(x + 1)(x + 2) \cdots (x + n) = y^n$$

没有正整数解.

题 3.11. 设 n 是正整数. 证明：若 n 整除 $\binom{n}{k}$，对所有 $1 \leq k \leq n - 1$ 成立，则 n 是素数.

题 3.12. （USAMTS 2009）求正整数 n 使得

$$\frac{(n + 1)(n + 2) \cdots (n + 500)}{500!}$$

的所有素因子大于 500.

题 3.13. （俄罗斯1999）证明：任何正整数是两个素因子个数（不计算重数）相同的整数之差.

题 3.14. （圣彼得堡）无穷合数数列 $(a_n)_{n \geq 1}$ 满足

$$a_{n+1} = a_n - p_n + \frac{a_n}{p_n}, n \geq 1$$

其中 p_n 是 a_n 的最小素因子. 如果序列的每一项都是37的倍数，求 a_1 的所有可能值.

题 3.15. 证明：存在无穷多对正整数 $(a, b), a \neq b$，使得 a 和 b 有相同的素因子集合，而 $a + 1$ 和 $b + 1$ 也有相同的素因子集合.

题 3.16. 设 a, b, c, d, e, f 是正整数，满足 $abc = def$. 证明：$a(b^2 + c^2) + d(e^2 + f^2)$ 是合数.

题 3.17. （Kvant 1762）是否存在正整数 n，恰有 2 013 个素因子，且 n 整除 $2^n + 1$？

题 3.18. （波兰2000）设 p_1 和 p_2 是素数，对 $n \geq 3$，令 p_n 是 $p_{n-1} + p_{n-2} + 2\,000$ 的最大素因子. 证明：序列 $(p_n)_{n \geq 1}$ 有界.

题 3.19. （Italy 2011）求所有素数 p，使得 $p^2 - p - 1$ 是整数的立方.

题 3.20. （Kvant 2145）设 $x > 2, y > 1$ 是整数，满足 $x^y + 1$ 是完全平方数. 证明：x 至少有 3 个不同的素因子.

题 3.21. （俄罗斯2010）证明：对每个 $n > 1$，存在 n 个连续的正整数，其乘积被所有不超过 $2n + 1$ 的素数整除，但不被任何其他素数整除.

题 3.22. （伊朗2015）证明：存在无穷多正整数 n，不能写成两个正整数的和，这两个正整数的素因子都小于 1 394.

题 3.23. （中国2007）设 $n > 1$ 是整数. 证明：$2n - 1$ 是素数，当且仅当对任何 n 个两两不同的正整数 $a_1, a_2, \cdots, a_n$，存在 $i, j \in \{1, 2, \cdots, n\}$，使得

$$\frac{a_i + a_j}{\gcd(a_i, a_j)} \geq 2n - 1$$

题 3.24. （城市锦标赛2009）最开始，黑板上写有数字6. 在第 n 步，将黑板上的数字 d 替换为 $d + \gcd(d, n)$. 证明：在每一步，黑板上的数字增加值是1或素数.

素数的无限性

题 3.25.（Komal）能否找到 $2\,000$ 个正整数，使得其中任何一个不能被其中任何另一个整除；而每个数的平方都可以被其他每个数整除？

题 3.26. 正整数 n 被称为是高幂数，如果对 n 的每个素因子 p，都有 $p^2 \mid n$. 证明：存在无穷多对相邻的高幂数.

题 3.27. 设 p_n 是不超过 n 的最大素数，q_n 是大于 n 的最小素数. 证明：对所有 $n > 1$，有

$$\sum_{k=2}^{n} \frac{1}{p_k q_k} < \frac{1}{2}.$$

题 3.28.（俄罗斯2010）是否有无穷多正整数，不能写成 $\frac{x^2-1}{y^2-1}$ 的形式，其中 x, y 是大于 1 的整数？

题 3.29.（Baltic 2004）是否存在无穷素数序列 $p_1, p_2, \cdots$，使得 $|p_{n+1} - 2p_n| = 1$，对每个 $n \geq 1$ 成立？

题 3.30. 设 $a_1, a_2, \cdots, a_k$ 是正实数，使得对有限个以外的正整数 n，都有

$$\gcd(n, \lfloor a_1 n \rfloor + \lfloor a_2 n \rfloor + \cdots + \lfloor a_k n \rfloor) > 1.$$

证明：$a_1, \cdots, a_k$ 是整数.

题 3.31.（IMOSL2006）定义序列 $a_1, a_2, a_3, \cdots$ 为

$$a_n = \frac{1}{n}\left(\left[\frac{n}{1}\right] + \left[\frac{n}{2}\right] + \cdots + \left[\frac{n}{n}\right]\right), n \in \mathbf{N}$$

(a) 证明：$a_{n+1} > a_n$ 对无穷多 n 成立.

(b) 证明：$a_{n+1} < a_n$ 对无穷多 n 成立.

题 3.32.（APMO 1994）求所有整数 n，具有形式 $a^2 + b^2$，其中 a, b 是互素的正整数，使得任何素数 $p \leq \sqrt{n}$ 整除 ab.

题 3.33.（伊朗TST2009）求所有整系数多项式 f 具有性质：对所有素数 p 和对所有整数 a, b，若 $p \mid ab - 1$，则 $p \mid f(a)f(b) - 1$.

题 3.34. 证明：存在正整数 n，使得区间 $[n^2, (n+1)^2]$ 包含至少 $2\,016$ 个素数.

题 3.35. （IMO1977）设整数 $n > 2$，V_n 是形如 $1 + kn, k \geq 1$ 的整数集合．$m \in V_n$ 被称为不可约的，如果它不能写成 V_n 中两个数的乘积．证明：存在 $r \in V_n$，可以用超过一种方式写成 V_n 中不可约元素的乘积（仅仅顺序不同的乘积不认为是不同的）．

题 3.36. （GermanTST2009）序列 $(a_n)_{n \in \mathbf{N}}$ 定义为

$$a_1 = 1, a_{n+1} = a_n^4 - a_n^3 + 2a_n^2 + 1, n \geq 1.$$

证明：存在无穷多素数，不整除 $a_1, a_2, \cdots$ 中任何一项．

数论函数

题 3.37. 证明：对所有 $n \geq 1$，有

$$\sum_{d|n} \sigma(d) = n \cdot \sum_{d|n} \frac{\tau(d)}{d}, \quad n \cdot \sum_{d|n} \frac{\sigma(d)}{d} = \sum_{d|n} d\tau(d).$$

题 3.38. (a) 设 f 是积性函数，$f(1) = 1$（等价于说 f 非零）．证明：对所有 $n > 1$，有

$$\sum_{d|n} f(d)\mu(d) = \prod_{p|n}(1 - f(p)),$$

乘积是 n 的所有素因子进行．

(b) 对 $n > 1$，推导

$$\sum_{d|n} \mu(d)\tau(d), \quad \sum_{d|n} \mu(d)\sigma(d) \,和 \sum_{d|n} \mu(d)\varphi(d)$$

的封闭公式．

题 3.39. 设 f 是数论函数，函数 g 定义为

$$g(n) = \sum_{d|n} f(d)$$

是积性函数．证明：f 是积性函数．

题 3.40. (a) 设 f 是数论函数，g 定义为

$$g(n) = \sum_{d|n} f(d), n \geq 1.$$

证明:

$$\sum_{k=1}^{n} g(k) = \sum_{k=1}^{n} f(k) \left[\frac{n}{k} \right].$$

(b) 证明: 下面的关系式对所有 $n \geq 1$ 成立

$$\sum_{k=1}^{n} \tau(k) = \sum_{k=1}^{n} \left[\frac{n}{k} \right], \quad \sum_{k=1}^{n} \sigma(k) = \sum_{k=1}^{n} k \left[\frac{n}{k} \right].$$

题 3.41. 设 $f(n)$ 是 n 的 $3k+1$ 型正因子个数与 $3k-1$ 型正因子个数之差. 证明: f 是积性函数.

题 3.42. *(AMM 2001)* 求所有的完全积性函数 $f : \mathbf{N} \to \mathbf{C}$, 使得函数

$$F(n) = \sum_{k=1}^{n} f(k)$$

也是完全积性的.

题 3.43. 求所有非零完全积性函数 $f : \mathbf{N} \to \mathbf{R}$, 使得 $f(n+1) \geq f(n)$, 对所有 n 成立.

题 3.44. (Erdös) 设 $f : \mathbf{N} \to \mathbf{R}$ 是非零积性函数, 满足 $f(n+1) \geq f(n)$, $n \geq 1$. 则存在非零实数 k, 使得 $f(n) = n^k$, 对所有 n 成立.

题 3.45. 是否有无穷多 $n > 1$, 使得 $n \mid 2^{\sigma(n)} - 1$?

题 3.46. 整数 $n > 1$ 被称作完全数, 若 $\sigma(n) = 2n$. 证明: 偶数 $n > 1$ 是完全数当且仅当 $n = 2^{p-1}(2^p - 1)$, 其中 $2^p - 1$ 是素数.

题 3.47. 设 n 是正偶数. 证明: $\sigma(\sigma(n)) = 2n$ 当且仅当存在素数 p, 使得 $2^p - 1$ 是素数而 $n = 2^{p-1}$.

题 3.48. (罗马尼亚TST2010) 证明: 对每个正整数 a, 存在无穷多正整数 n, 使得 $\sigma(an) < \sigma(an+1)$.

题 3.49. (IMOSL2004) 证明: 对无穷多正整数 a, 方程 $\tau(an) = n$ 没有正整数解.

题 3.50. (IMO) 设 $\tau(n)$ 表示 n 的因子个数. 求所有正整数 k, 使得存在 n, 使得 $k = \frac{\tau(n^2)}{\tau(n)}$.

题 3.51. 正整数 a 称作是超可除的，如果 $\tau(a) > \tau(b)$，$\forall 1 \leq b < a$. 若 p 是素数，$a > 1$ 是整数，记 $v_p(a)$ 为 a 的素因子分解中 p 的幂次. 证明：

(a) 存在无穷多超可除数.

(b) 若 a 是超可除数，$p < q$ 是素数，则 $v_p(a) \geq v_q(a)$.

(c) 设 p, q 是素数，使得 $p^k < q$，k 是正整数. 证明：若 a 是超可除数，且是 q 的倍数，则 a 是 p^k 的倍数.

(d) 设 p, q 是素数，k 是正整数，使得 $p^k > q$. 证明：若 p^{2k} 整除某超可除数 a，则 q 整除 a.

(e) *(CTST2012)* 设 n 是正整数. 证明：所有足够大的超可除数是 n 的倍数.

题 3.52. 设 $n > 1$ 是整数. 计算 $\sum_{d|n}(-1)^{\frac{n}{d}}\varphi(d)$.

题 3.53. （IMO1991）设 $1 = a_1 < a_2 < \cdots < a_{\varphi(n)}$ 是 $n > 1$ 的所有互素子. 证明：$a_1, a_2, \cdots, a_{\varphi(n)}$ 构成等差数列当且仅当 n 是 6，素数或者 2 的幂.

题 3.54. 设 $n \geq 2$. 证明：n 是素数当且仅当 $\varphi(n) \mid n-1$ 且 $n+1 \mid \sigma(n)$ （回忆 $\sigma(n)$ 表示 n 的正因子的和）.

题 3.55. 设 k 是正整数. 证明：存在正整数 n 使得 $\varphi(n) = \varphi(n+k)$.

题 3.56. 证明：对所有 $n \geq 1$，有

$$\frac{\varphi(1)}{2^1 - 1} + \frac{\varphi(2)}{2^2 - 1} + \cdots + \frac{\varphi(n)}{2^n - 1} < 2.$$

题 3.57. (a) 证明：存在无穷多整数 $n > 1$，使得 $\varphi(n) \geq \varphi(k) + \varphi(n-k)$，对所有 $1 \leq k \leq n-1$ 成立.

(b) 是否有无穷多 $n > 1$，使得 $\varphi(n) \leq \varphi(k) + \varphi(n-k)$，对所有 $1 \leq k \leq n-1$ 成立？

题 3.58. （AMM11544）证明：对每个整数 $m > 1$，有

$$\sum_{k=0}^{m-1} \varphi(2k+1) \left\lfloor \frac{m+k}{2k+1} \right\rfloor = m^2.$$

题 3.59. (a) 证明：对所有 $n > 1$，有

$$2\sum_{k=1}^{n} \varphi(k) = 1 + \sum_{k=1}^{n} \mu(k) \left\lfloor \frac{n}{k} \right\rfloor^2.$$

(b) 证明：对所有 $n > 1$，有

$$\left| \varphi(1) + \varphi(2) + \cdots + \varphi(n) - \frac{3}{\pi^2}n^2 \right| < 2n + n\log n.$$

题 3.60. 设 $a_1, \cdots, a_{\varphi(n)}$ 是 $n > 1$ 的互素子.

(a) 证明：对所有 $m \geq 1$，有

$$a_1^m + a_2^m + \cdots + a_{\varphi(n)}^m = \sum_{d|n} \mu(d) d^m \left(1^m + 2^m + \cdots + \left(\frac{n}{d} \right)^m \right).$$

(b) 计算 $a_1^2 + a_2^2 + \cdots + a_{\varphi(n)}^2$.

题 3.61. （Serbia 2011）证明：若 $n > 1$ 是奇数，并且 $\varphi(n)$，$\varphi(n+1)$ 是 2 的幂，则 $n+1$ 是 2 的幂或 $n = 5$.

题 3.62. （Komal A 492）设 A 是正整数的有限集. 证明

$$\sum_{S \subset A} (-2)^{|S|-1} \gcd(S) > 0,$$

其中求和对 A 的所有非空有限集进行，而 $\gcd(S)$ 表示 S 的所有元素的最大公约数.

第四章 模素数的同余式

这一章处理一系列模素数同余式有关的重要定理,如费马小定理、威尔逊定理和拉格朗日定理. 这些是初等数论中的基础结果,在学习更深入内容之前,很有必要对这些非常熟悉. 因此我们给出很多具体的例子,来说明每个结果及其应用. 本章第二部分处理更深入的主题,例如二次剩余和模素数幂的同余式. 一旦第一部分的内容完全理解,这些更深入内容的证明就变得比较简单和自然了(二次互反律除外).

4.1 费马小定理

4.1.1 费马小定理和素性

我们现在到了第一个素数起到关键作用的同余结果:费马小定理. 尽管定理的叙述和证明都比较简单,这个定理本身是非常有用的,后面也会看出这一点.

定理 4.1. (费马小定理)对所有素数 p 和整数 a,有 $a^p \equiv a \pmod{p}$. 等价地,对素数 p 和整数 a, a 与 p 互素,有 $a^{p-1} \equiv 1 \pmod{p}$.

证: 显然两个叙述是等价的,只需证明第二个即可. 设 a 是整数,与 p 互素. 则根据定理 2.32, $0, a, 2a, 3a, \cdots, (p-1)a$ 是模 p 的完系,因此

$$a \cdot 2a \cdot \ldots \cdot (p-1)a \equiv 1 \cdot 2 \cdot \ldots \cdot (p-1) \pmod{p}.$$

这还可以写成 $(p-1)!(a^{p-1}-1) \equiv 0 \pmod{p}$,因为 p 是素数,有 $\gcd(p, (p-1)!) = 1$,所以 $a^{p-1} \equiv 1 \pmod{p}$,证毕. □

我们接下来要讲费马小定理的第二个证明,是基于组合数的一个有用性质. 后面读者会看到一整节内容和组合数的同余性质相关,现在我们只讲最简单的. 回忆一个经典的恒等式,对所有 $n \geq k \geq 1$,有 $k \cdot \binom{n}{k} = n \cdot \binom{n-1}{k-1}$,这可以直接

从组合数的阶乘表达式得到：

$$k \cdot \binom{n}{k} = k \cdot \frac{n!}{k!(n-k)!} = \frac{n!}{(k-1)!(n-k)!} = n \cdot \frac{(n-1)!}{(k-1)!(n-k)!} = n \cdot \binom{n-1}{k-1}.$$

我们现在可以叙述并证明组合数一个基本的同余性质.

定理 4.2. 若 p 是素数，$1 \le k \le p-1$，则 p 整除 $\binom{p}{k}$.

证： 等式 $k\binom{p}{k} = p\binom{p-1}{k-1}$ 说明 $p \mid k \cdot \binom{p}{k}$，而 $\gcd(k, p) = 1$，所以 $p \mid \binom{p}{k}$.   □

现在给出费马小定理的第二个证明. 根据定理 4.2 和二项式定理，有

$$(x+y)^p - x^p - y^p = \sum_{k=1}^{p-1} \binom{p}{k} x^{p-k} y^k \equiv 0 \pmod{p},$$

因此 $(x+y)^p \equiv x^p + y^p \pmod{p}$. 特别地，对每个整数 a，有 $(a+1)^p \equiv a^p + 1 \pmod{p}$. 现在马上可以归纳证明 $a^p \equiv a \pmod{p}$ 对所有素数 p 和 $a \ge 0$ 成立. 类似地可以证明 $a \le 0$ 的情形.

关于费马小定理的一个重要看法是，它的逆命题不成立. 也就是说，存在合数 n，使得 $a^n \equiv a \pmod{n}$ 对所有整数 a 成立. 这样的数被称为是 Carmichael 数，例如 $n = 561$, $1\,105$, $1\,729$, $2\,465$. 已知（是 Alford，Granville 和 Pomerance 的一个深刻定理）存在无穷多 Carmichael 数. 下面的例子说明了为什么前面的数是 Carmichael 数.

例 4.3. 设 n 是无平方因子的合数，满足 $p-1 \mid n-1$ 对 n 的每个素数 p 成立. 证明：n 是 Carmichael 数.

证： 我们需要证明：$a^n \equiv a \pmod{n}$ 对每个整数 a 成立. 因为 n 无平方因子，只需证明 $a^n \equiv a \pmod{p}$ 对 n 的每个素因子 p 成立. 若 $p \mid a$，式子显然成立. 若 $p \nmid a$，根据费马小定理 $a^{p-1} \equiv 1 \pmod{p}$，而 $p-1 \mid n-1$，所以 $a^{n-1} \equiv 1 \pmod{p}$，然后 $a^n \equiv a \pmod{p}$，证毕.   □

例如，$561 = 3 \cdot 11 \cdot 17$，因为 560 是 $2, 10, 16$ 的倍数，满足前面例子的条件，所以 561 是 Carmichael 数. 类似地证明 $1\,105 = 5 \cdot 13 \cdot 17$，$1\,729 = 7 \cdot 13 \cdot 19$，$2\,465 = 5 \cdot 17 \cdot 29$ 都是 Carmichael 数.

我们随后会看到前面例子的逆也是对的，即任何 Carmichael 数 n 无平方因子（因为对每个素数 $p \mid n$，有 $n \mid p^n - p$，所以 $p^2 \nmid n$），且对每个素数 $p \mid n$，有 $p-1 \mid n-1$（这一点使用目前已经讲过的工具难以证明）.

例 4.4. 证明：存在无穷多合数 n，使得 $n \mid a^{n-1} - a$ 对每个整数 a 成立.

证：我们声明，若 p 是奇素数，则 $n=2p$ 是问题的解．因为 $a^{n-1}-a$ 总是偶数，只需证明 $p\mid a^{2p-1}-a$，对所有 a 和奇素数 p 成立．这可以从

$$a^{2p-1}-a=a(a^{2p-2}-1)=(a^p-a)(a^{p-1}+1)$$

和费马小定理得到．　　　　　　　　　　　　　　　　　　　　　　　□

满足 $2^n\equiv 2\pmod n$ 的 n 在历史上也是很重要的，可以证明：满足这个条件的最小合数 n 是 $341=11\cdot 31$．

定义 4.5. 满足 $2^n\equiv 2\pmod n$ 的合数 n 被称作伪素数．一般地，若 $a>1$ 是整数，使得 $a^n\equiv a\pmod n$ 成立的合数 n 称作是基为 a 的伪素数．

因此 Carmichael 数在任何基下都是伪素数．最初的伪素数是：341，561，645，$1\,105$，$1\,387$，$1\,729$，$1\,905$，$2\,047$，$\cdots$．从 561（或者 341）是伪素数开始，利用下面的例子，可证明有无穷多伪素数．

例 4.6. 证明：若 n 是奇伪素数，则 2^n-1 也是．

证：因为 n 是合数，2^n-1 也是合数（因为若 $d\mid n$，则 $2^d-1\mid 2^n-1$）．我们需要证明：$2^n-1\mid 2^{2^n-2}-1$，或者等价地，$n\mid 2^n-2$，这直接从 n 是伪素数得到．　　　　　　　　　　　　　　　　　　　　　　　　　　　　□

下一例子给出存在无穷多伪素数的一个直接构造证明．

例 4.7. (a)（Erdös，1950）证明：若 $p>3$ 是素数，则 $n=\dfrac{4^p-1}{3}$ 是伪素数．

(b)（Rotkiewicz，1964）证明：若 $p>5$ 是素数，则 $n=\dfrac{4^p+1}{5}$ 是伪素数．

证：(a) 首先 $n=\dfrac{2^p+1}{3}\cdot(2^p-1)$ 是合数．其次，因为 $n\mid 4^p-1$，要证 $n\mid 2^n-2$，只需证 $4^p-1\mid 2^{n-1}-1$，或 $2p\mid n-1$，等价于 $6p\mid 4^p-4$．显然 2 和 3 整除 4^p-4，而根据费马小定理 $p\mid 4^p-4$．由于 $2,3,p$ 两两互素，问题得证．

(b) 记 $p=2k+1$，则

$$n=\frac{2^{4k+2}+1}{5}=\frac{4\cdot(2^k)^4+1}{5}=\frac{(2^{2k+1}-2^{k+1}+1)(2^{2k+1}+2^{k+1}+1)}{5}$$

而 $p>5$ 时 $2^{2k+1}-2^{k+1}+1>5$，因此 n 是合数．接下来，只需证明 $4^p+1\mid 2^{n-1}-1$，而 $4^p+1\mid 2^{4p}-1$，因此只需证 $4p\mid n-1$ 或者说 $20p\mid 4^p-4$．这从费马小定理、$4,5,p$ 两两互素以及每个都整除 4^p-4 得到．　　　□

读者可能发现，之前给出的所有伪素数都是奇数，那么偶的伪素数会怎么样？这些非常难于寻找，直到 1950 年，D.H.Lehmer 找了到最小的偶伪素数，$n=161\,038=2\cdot 73\cdot 1\,103$．要说明 n 是伪素数，用费马小定理和 $n-1=3^2\cdot 29\cdot 617$，以及 $2^9-1=7\cdot 73$，$2^{29}-1=233\cdot 1\,103\cdot 2\,089$ 得到．Beeger 在 1951 年证明存在无穷多偶伪素数．

4.1.2 一些具体例子

我们继续给出费马小定理的一些相关问题，目的是更好地掌握这个结果的使用. 我们从一些有趣的同余式开始，这些可以从费马小定理简单得到. 当处理 $n \mid a^n - b^n$ 型的整除问题时，考虑 n 的最小素因子的技巧是一个标准的方法，确实很实用. 下面两个例子说明了这一点.

例 4.8. (a) 证明：若 $n > 1$，则 n 不整除 $2^n - 1$. (b) 求所有正奇数 n，使得 $n \mid 3^n + 1$.

证： (a) 假设 $n \mid 2^n - 1$，p 是 n 的最小素因子. 则 $p \mid n \mid 2^n - 1$，根据费马小定理 $p \mid 2^{p-1} - 1$，因此

$$p \mid \gcd(2^n - 1, 2^{p-1} - 1) = 2^{\gcd(n, p-1)} - 1.$$

因为 n 的素因子都不小于 p，而 $p - 1$ 的素因子都小于 p，有 $\gcd(p - 1, n) = 1$，因此 $p \mid 1$，矛盾.

(b) 答案是 $n = 1$. 假设 $n > 1$ 是一个解，设 p 是 n 的最小素因子，则 p 是奇数. 有 $p \mid 3^n + 1 \mid 3^{2n} - 1$ 和 $p \mid 3^{p-1} - 1$，因此

$$p \mid \gcd(3^{2n} - 1, 3^{p-1} - 1) = 3^{\gcd(2n, p-1)} - 1.$$

因为 n 的素因子都不小于 p，而 $p - 1$ 的素因子都小于 p，有 $\gcd(2n, p - 1) = 2$，因此 $p \mid 3^2 - 1 = 8$，矛盾. $\qquad \Box$

例 4.9. （CTST2006）求所有正整数 n 和所有整数 a，使得 $n \mid (a+1)^n - a^n$.

证： 显然 $n = 1$ 对每个整数 a 都满足题目条件. 现在假设 $n > 1$，考虑 n 的最小素因子 p，则 $p \mid (a+1)^n - a^n$. 因为 p 不能整除 $a+1$，a 中任何一个（否则整除一个必整除另一个，而两个差是 1，矛盾），因此根据费马小定理 $p \mid (a+1)^{p-1} - a^{p-1}$. 然后有

$$p \mid (a+1)^{\gcd(n, p-1)} - a^{\gcd(n, p-1)},$$

而 $\gcd(n, p - 1) = 1$，得到 $p \mid 1$，矛盾. 所有解为 $(1, a)$. $\qquad \Box$

讨论下一个例子前回忆 $v_p(n)$ 表示在 n 的素因子分解式中 p 的幂次.

例 4.10. (a) 设 n 是正整数，p 是 $2^n + 1$ 的一个素因子. 证明：$v_2(p-1) > v_2(n)$.

(b) 求所有素数 p, q 使得 $pq \mid 2^p + 2^q$.

证：(a) 有 $p \mid 2^{2n}-1$ 和 $p \mid 2^{p-1}-1$，因此 $p \mid \gcd(2^{2n}-1, 2^{p-1}-1) = 2^{\gcd(2n, p-1)} - 1$. 假设 $v_2(p-1) \le v_2(n)$，则 $\gcd(2n, p-1) \mid n$，于是 $p \mid 2^n - 1$. 因为 $p \mid 2^n + 1$，所以 $p \mid 2$，矛盾. 因此 $v_2(p-1) > v_2(n)$.

(b) 若 $p = 2$，则 $2q \mid 4 + 2^q$. 根据费马小定理 $4 + 2^q \equiv 6 \pmod{q}$，可得 $q \mid 6$，$q = 2$ 或 $q = 3$，都是问题的解答. 由对称性若 $q = 2$，则 $p = 2$ 或 $p = 3$.

现在假设 $p, q > 2$，不妨设 $p > q$. 则 $pq \mid 2^{p-q} + 1$. 从 (a) 部分得到 $v_2(p-1) > v_2(p-q)$ 和 $v_2(q-1) > v_2(p-q)$. 这不可能，因为

$$v_2(p-q) = v_2((p-1)-(q-1)) \ge \min(v_2(p-1), v_2(q-1)).$$

因此，问题的所有解是 $(2, 2)$，$(2, 3)$，$(3, 2)$. □

例 4.11. 设 $(f_n)_{n \ge 1}$ 是斐波那契数列，即 $f_1 = f_2 = 1$，$f_{n+1} = f_n + f_{n-1}$，$n \ge 2$. 证明：对每个素数 $p > 2$，有 $f_p \equiv 5^{\frac{p-1}{2}} \pmod{p}$.

证：我们用经典的通项公式（可归纳得到）

$$f_n = \frac{1}{\sqrt{5}}\left(\left(\frac{1+\sqrt{5}}{2}\right)^n - \left(\frac{1-\sqrt{5}}{2}\right)^n\right),$$

将上式右端用二项式定理展开得

$$f_p = \frac{1}{2^p \sqrt{5}} \sum_{k=0}^{p} \binom{p}{k} 5^{\frac{k}{2}}(1 - (-1)^k) = \frac{1}{2^{p-1}} \sum_{k=0}^{\frac{p-1}{2}} \binom{p}{2k+1} 5^k.$$

因为 p 整除 $\binom{p}{2k+1}$，$0 \le k \le \frac{p-3}{2}$，所以 $2^{p-1} f_p \equiv 5^{\frac{p-1}{2}} \pmod{p}$，根据费马小定理，$2^{p-1} \equiv 1 \pmod{p}$，得证. □

例 4.12. 证明：对所有奇素数 p，有

$$\sum_{k=1}^{p-1} k^{2p-1} \equiv \frac{p(p+1)}{2} \pmod{p^2}.$$

证：根据费马小定理，有 $k(k^{p-1}-1)^2 \equiv 0 \pmod{p^2}$. 展开并求和得到

$$\sum_{k=1}^{p-1} k^{2p-1} \equiv 2\sum_{k=1}^{p-1} k^p - \sum_{k=1}^{p-1} k \pmod{p^2}.$$

另一方面，二项式定理可以证明 $k^p + (p-k)^p \equiv 0 \pmod{p^2}$，$1 \le k \le p-1$，因此

$$2\sum_{k=1}^{p-1} k^p = \sum_{k=1}^{p-1} (k^p + (p-k)^p) \equiv 0 \pmod{p^2}$$

最终有

$$\sum_{k=1}^{p-1} k^{2p-1} \equiv -\sum_{k=1}^{p-1} k = -\frac{p(p-1)}{2} \equiv \frac{p(p+1)}{2} \pmod{p^2}. \qquad \square$$

费马小定理还可以用来证明某些数是合数，或者某个序列中有无穷多合数，如下面例子所示.

例 4.13. 设 $a_1, \cdots, a_n, b_1, \cdots, b_k$ 是整数，满足 $a_1, \cdots, a_n > 1$. 证明：存在无穷多正整数 d 使得 $a_1^d + a_2^d + \cdots + a_n^d + b_i$ 是合数，对所有 $1 \le i \le k$ 成立.

证： 因为 $a_1, \cdots, a_n > 1$，存在正整数 d 使得 $S_i := a_1^d + \cdots + a_n^d + b_i > 1$，对 $1 \le i \le k$ 成立. 设 p_i 是 S_i 的素因子，定义 $d_j = d + j(p_1 - 1)\cdots(p_k - 1)$. 根据费马小定理

$$a_1^{d_j} + \cdots + a_n^{d_j} + b_i \equiv a_1^d + \cdots + a_n^d + b_i \equiv 0 \pmod{p_i}$$

对任何 $j > 1$ 成立. 显然有 $a_1^{d_j} + \cdots + a_n^{d_j} + b_i > S_i \ge p_i$, $j \ge 1$，因此对所有 $1 \le i \le k$ 和 $j \ge 1$, $a_1^{d_j} + \cdots + a_n^{d_j} + b_i$ 是合数. $\qquad \square$

例 4.14. （CTST2002）是否存在不同的正整数 $k_1, \cdots, k_{2\,002}$，使得对所有整数 $n > 2\,001$, $k_1 \cdot 2^n + 1, \cdots, k_{2\,002} \cdot 2^n + 1$ 中至少有一个是素数？

证： 答案是否定的. 给定 $k_1, \cdots, k_{2\,002}$，取 $2k_i + 1$ 的素因子 p_i. 令 $n = N(p_1 - 1)\cdots(p_{2\,002} - 1) + 1$，其中 $N > 2\,001$. 则有 $n > 2\,001$，而且根据费马小定理

$$k_i \cdot 2^n + 1 \equiv 2k_i + 1 \equiv 0 \pmod{p_i}.$$

显然 $k_i \cdot 2^n + 1 > p_i$，因此 $k_i \cdot 2^n + 1, 1 \le i \le 2\,002$ 都是合数. $\qquad \square$

例 4.15. 设 $k > 1$ 是整数，定义 $a_n = 2^{2^n} + k$. 证明：数列 $a_1, a_2, \cdots$ 存在无穷多合数.

证： 解答很短，但是有微妙的地方. 可假设 k 是奇数（否则序列中的数都是大于 4 的偶数），设 $r = v_2(k-1)$. 假设 a_n 对所有足够大的 n 是素数，比如说 $n > N$. 特别地对 $n > \max(r, N)$, a_n 是素数，记 $a_n = p$. 因为 $n > r$，有 $v_2(p-1) = v_2(2^{2^n} + k - 1) = r$. 记 $p - 1 = 2^r \cdot s$, s 是奇数. 取 j，使得 $2^j \equiv 1 \pmod s$（要证 j 的存在性，用推论 3.15 的证明，或者用第六章的欧拉定理），则 $2^{j+n} \equiv 2^n \pmod{p-1}$，根据费马小定理

$$2^{2^{j+n}} + k \equiv a_n \equiv 0 \pmod p.$$

因此 a_{j+n} 被 p 整除，而且显然 $a_{j+n} > a_n = p$，与 a_{j+n} 是素数矛盾. $\square$

下面几个例子和费马小定理导出的几个整除性质相关，特别是多项式的性质.

例 4.16. （ Poland）求所有整系数多项式 f，满足 $f(n) \mid 2^n - 1$ 对所有正整数 n 成立.

证： 显然常数多项式 1 和 -1 是问题的解答. 反之，假设 f 是问题的解，对某个 n，$f(n)$ 不是 ± 1，设 $f(n)$ 有一个素因子 p. 现在 $f(n + p) \equiv f(n) \equiv 0 \pmod{p}$，又有 $f(n + p) \mid 2^{n+p} - 1$，$f(n) \mid 2^n - 1$. 因此 $p \mid 2^{n+p} - 2^n = 2^n(2^p - 1)$，显然 p 是奇数，所以 $p \mid 2^p - 1$，与费马小定理矛盾.

因此题目的解只有常数多项式 1 或 -1. $\square$

例 4.17. （ ELMO 2016）设 f 是整系数多项式，使得 $n \mid f(2^n)$，对所有 $n \geq 1$ 成立. 证明：$f = 0$.

证： 若 p, q 是不同的奇素数，则根据假设 $pq \mid f(2^{pq})$，即 $f(2^{pq}) \equiv 0 \pmod{p}$. 另一方面，费马小定理得到 $2^{pq} \equiv 2^q \pmod{p}$，因此

$$f(2^{pq}) \equiv f(2^q) \pmod{p}.$$

这样 $p \mid f(2^q)$ 对每个不同的奇素数 p, q 成立. 固定 $q > 2$，由 p 的任意性，得到 $f(2^q) = 0$. 因此 f 有无穷多零点，必然有 $f = 0$. $\square$

例 4.18. 设 $p \geq 5$ 是素数，a, b 是整数，满足 p 整除 $a^2 + ab + b^2$. 证明：

$$(a + b)^p \equiv a^p + b^p \pmod{p^2}.$$

证： 若 $p \mid a$，则 $p \mid b$，结论成立. 现在假设 p 不整除 ab，设 x 是整数，使得 $bx \equiv a \pmod{p^2}$. 则 $p \mid x^2 + x + 1$，所以 $p \mid x^3 - 1$. 根据二项式定理

$$x^{3p} - 1 = (x^3 - 1 + 1)^p - 1 = (x^3 - 1)^p + \cdots + p(x^3 - 1)$$

可得 $p^2 \mid x^{3p} - 1$. 所以 $p^2 \mid (x^p - 1)(x^{2p} + x^p + 1)$. 但是 p 不整除 $x^p - 1$，否则根据费马小定理，p 会整除 $x - 1$，与 p 整除 $x^2 + x + 1$ 和 $p \geq 5$ 矛盾.

因此 $p^2 \mid x^{2p} + x^p + 1$. 另一方面，因为 $x + 1 \equiv -x^2 \pmod{p}$，有 $(x+1)^p \equiv -x^{2p} \pmod{p^2}$. 结合这些结果得到

$$(x + 1)^p \equiv x^p + 1 \pmod{p^2}.$$

将最后这个同余式乘以 b^p，利用 $bx \equiv a \pmod{p^2}$，得到题目证明. $\square$

注释 4.19. 当 $p \equiv 1 \pmod 3$ 时，有更强的结论成立：最后的同余式模 p^3 成立，证明和之前不同．需要证明多项式 $p(X^2 + X + 1)^2$ 在整系数多项式范畴内整除 $(X+1)^p - X^p - 1$．

最后的几个例子和指数序列的同余式有关．

例 4.20. (a) 证明：对每个奇素数，存在无穷多正整数 n，使得 $n \cdot 2^n + 1 \equiv 0 \pmod p$．

(b)（IMO2005）哪些正整数和所有 $2^n + 3^n + 6^n - 1$，$n \geq 1$ 形式的数互素？

证： (a) 取 $n = k(p-1) + r$，其中 $k \geq 1$，$r \geq 0$．则根据费马小定理

$$n \cdot 2^n + 1 \equiv (r - k)2^r + 1 \pmod p.$$

只需再保证 $p \mid (r-k)2^r + 1$ 即可．只需取 $r = 0$ 和 $k \equiv 1 \pmod p$．

(b) 我们将证明：1 是问题的唯一解，我们要对每个素数 p 证明，存在 $n \geq 1$ 使得 $p \mid a_n$．注意 2 和 3 整除 $a_2 = 48$，因此可假设 $p > 3$．则利用费马小定理可得

$$6a_{p-2} = 3 \cdot 2^{p-1} + 2 \cdot 3^{p-1} + 6^{p-1} - 6 \equiv 3 + 2 + 1 - 6 \equiv 0 \pmod p.$$

因为 $\gcd(6, p) = 1$，所以 $p \mid a_{p-2}$，证毕．□

例 4.21.（IMOSL2005）设 a, b 是正整数，满足 $a^n + n$ 整除 $b^n + n$ 对所有正整数 n 成立．证明：$a = b$．

证： 取大素数 $p > \max(a, b)$，寻找 n，使得 $p \mid a^n + n$．取 $n = (p-1)k + r$，k, r 待定．根据费马小定理 $a^n + n \equiv a^r - k + r \pmod p$，因此只需取正整数 r 和 $k = a^r + r$ 即可．这样的选择下，总有 $p \mid b^n + n$．再根据费马小定理

$$b^n + n \equiv b^r + r - k = b^r - a^r \pmod p.$$

可得 $p \mid b^r - a^r$ 对每个素数 $p > b$ 和正整数 r 成立．令 $r = 1$，得到 $a = b$．□

例 4.22.（Komal）设 $p_1 = 2$，p_{n+1} 是 $np_1^{1!}p_2^{2!} \cdots p_n^{n!} + 1$ 的最小素因子．证明：每个素数在序列 $p_1, p_2, \cdots$ 中出现．

证： 为简便起见，记 $x_n = np_1^{1!} \cdots p_n^{n!}$．根据 $p_{n+1} \mid x_n + 1$ 和 $p_1 \cdots p_n \mid x_n$，可知 p_{n+1} 和 $p_1, \cdots, p_n$ 都不同，因此序列的项两两不同．想要证明任何素数在序

列中出现, 用反证法, 假设 p 是最小的没出现在序列中的素数. 取 $n > p$ 足够大, 使得所有小于 p 的素数均已出现在 $p_1, \cdots, p_n$ 之中. 对每个 $k \geq 1$, 有

$$x_{n+k} \equiv (n+k)p_1^{1!} \cdots p_{p-2}^{(p-2)!} \pmod{p},$$

这是因为 $p-1 \mid j!$ 对 $j \geq p-1$ 成立, 根据费马小定理, 这时有 $p_j^{j!} \equiv 1 \pmod{p}$ (根据假设 $p \neq p_j$, 所以 $\gcd(p, p_j) = 1$). 因为 p 与 $p_1^{1!} \cdots p_{p-2}^{(p-2)!}$ 互素, 可以找到 k, 使得

$$(n+k)p_1^{1!} \cdots p_{p-2}^{(p-2)!} + 1 \equiv 0 \pmod{p},$$

这时 $p \mid x_{n+k} + 1$. 而任何小于 p 的素数已经整除 x_{n+k}, 所以 p 是 $x_{n+k}+1$ 的最小素因子, 因此 $p = p_{n+k+1}$, 矛盾. $\qquad\square$

例 4.23. (大师赛2012) 证明: 存在无穷多正整数 n, 整除 $2^{2^n+1}+1$, 但是不整除 2^n+1.

证: 对每个 $k \geq 1$, 设 $a_k = 2^{3^k} + 1$. 注意到

$$a_{k+1} = (a_k - 1)^3 + 1 = a_k(a_k^2 - 3a_k + 3),$$

马上归纳可得, $3^{k+1} \mid a_k$, 而且

$$b_k = \frac{a_k^2 - 3a_k + 3}{3} = a_k \cdot \frac{a_k}{3} - a_k + 1$$

是和 a_k 互素的大于 1 的整数 (因为 $a_k > 3$). 设 p_k 是 b_k 的素因子, 则 $p_k \mid a_{k+1}$, $p_k \nmid a_k$. 定义 $n_k = 3^k \cdot p_k$, 根据费马小定理

$$2^{n_k} + 1 = (2^{3^k})^{p_k} + 1 \equiv 2^{3^k} + 1 = a_k \pmod{p_k},$$

因此 p_k 不整除 $2^{n_k}+1$, 特别地, n_k 不整除 $2^{n_k}+1$. 其次, $2^{n_k}+1$ 是 $2^{3^k}+1 = a_k$ 的倍数, 进而是 3^{k+1} 的倍数, 因此 $a_{k+1} = 2^{3^{k+1}}+1 \mid 2^{2^{n_k}+1}+1$. 而 $n_k = 3^k \cdot p_k \mid a_{k+1}$, 所以 $n_k \mid 2^{2^{n_k}+1}+1$, 符合题目条件. $\qquad\square$

注释 4.24. 我们留给读者证明: 若 n 满足题目中的性质, 则 2^n+1 也满足这个性质. 因此只要找出符合条件的一个 n, 就可以得到题目的另一个证明. 可以验证, $n = 57$ 符合条件.

例 4.25. (俄罗斯2013) 求所有正整数 k, 使得存在正整数 a 和 $n > 1$, 满足 $a^n + 1$ 是前 k 个奇素数的乘积.

证： 我们将证明：不存在这样的 k. 假设有 $a^n + 1 = p_1 p_2 \cdots p_k$，其中 $p_1 = 3, p_2 = 5, \cdots$ 是由所有奇素数构成的递增序列. 显然 $k > 1$. 因为 3 整除 $a^n + 1$，n 必然是奇数.

接下来，我们将证明：$a \le p_k$. 假设 $a > p_k$，则因为 $a^n + 1 < p_k^k$，必有 $n < k$，特别地，$n < p_k$. 设 p 是 n 的一个素因子，则 $p \in \{p_1, \cdots, p_k\}$. 进一步，$p$ 整除 $a^n + 1$，设 $b = a^{n/p}$，有 $p \mid b^p + 1$，费马小定理给出 $p \mid b + 1$. 但是这会得到 $p^2 \mid b^p + 1 = a^n + 1$，因为

$$\frac{b^p + 1}{b + 1} = b^{p-1} - b^{p-2} + \cdots + 1 \equiv 0 \pmod{p}.$$

这与 $a^n + 1$ 不含平方因子矛盾. 因此证明了 $a \le p_k$.

现在有 $a \le p_k$. 若 $a > 2$，设 p 是 $a - 1$ 的一个素因子，p 是奇数，因此 $p \in \{p_1, \cdots, p_k\}$. 则 $a^n + 1 \equiv 2 \pmod{p}$，与 $p \mid a^n + 1 = p_1 p_2 \cdots p_k$ 矛盾. 因此 $a = 2$，但是 $5 \mid 2^n + 1$ 会得到 n 必须是偶数，矛盾. $\qquad\square$

例 4.26. （CTST2008）设整数 $n(n > 1)$ 整除 $2^{\varphi(n)} + 3^{\varphi(n)} + \cdots + n^{\varphi(n)}$. 若 $p_1, \cdots, p_k$ 是 n 的所有不同素因子，证明

$$\frac{1}{p_1} + \frac{1}{p_2} + \cdots + \frac{1}{p_k} + \frac{1}{p_1 p_2 \cdots p_k}$$

是整数.

证： 固定 $i \in \{1, 2, \cdots, k\}$. 根据题目条件 p_i 整除 $2^{\varphi(n)} + 3^{\varphi(n)} + \cdots + n^{\varphi(n)}$. 对于 $a \in \{2, 3, \cdots, n\}$，若 a 是 p_i 的倍数，则 $p_i \mid a^{\varphi(n)}$；否则，$a^{\varphi(n)} \equiv 1 \pmod{p_i}$（根据费马小定理及 $p_i - 1$ 整除 $\varphi(n)$）.

因此 $2^{\varphi(n)} + 3^{\varphi(n)} + \cdots + n^{\varphi(n)}$ 模 p_i 同余于 $\{2, 3, \cdots, n\}$ 中不被 p_i 整除的数的个数，即 $n - 1 - \frac{n}{p_i}$. 因为 $p_i \mid n$，所以 $p_i \mid \frac{n}{p_i} + 1$. 特别地，$p_i^2$ 不整除 n，即 $n = p_1 p_2 \cdots p_k$.

进一步，p_i 整除 $\prod_{j \ne i} p_j + 1$，对所有 i 成立. 因此 $p_2 \cdots p_k + p_1 p_3 \cdots p_k + \cdots + p_1 \cdots p_{k-1} + 1$ 是 $p_1, \cdots, p_k$ 中每一个的倍数，因此也是 $p_1 p_2 \cdots p_k$ 的倍数. 这正好是说

$$\frac{1}{p_1} + \frac{1}{p_2} + \cdots + \frac{1}{p_k} + \frac{1}{p_1 p_2 \cdots p_k}$$

是整数. $\qquad\square$

4.1.3 在 $4k + 3$ 和 $3k + 2$ 型素数上的应用

在了解一系列例子之后，我们再讨论一段理论内容. 第一个结果要说明，$n \mid p - 1$ 时，整数的 n 次幂模 p 的余数满足同余式 $x^{\frac{p-1}{n}} \equiv 1 \pmod{p}$. 后面我们

还会看到，这个同余方程的所有解也可以写成整数的 n 次幂模 p 的余数.

命题 4.27. 设 p 是素数，正整数 n 整除 $p-1$. 若整数 a 满足 $x^n \equiv a \pmod{p}$ 有解（也就是说 a 是模 p 的一个 n 次幂），则 $p \mid a$ 或者 $a^{\frac{p-1}{n}} \equiv 1 \pmod{p}$.

证： 这是费马小定理的直接应用：若 p 不整除 a，则

$$a^{\frac{p-1}{n}} \equiv (x^n)^{\frac{p-1}{n}} = x^{p-1} \equiv 1 \pmod{p}. \qquad \square$$

前面定理很容易得到下面的有用结果，后面我们看到，这实际上刻画了 $4k+3$ 型的素数.

推论 4.28. 设 p 是 $4k+3$ 型素数，若 $p \mid a^2 + b^2$，a, b 是整数，则 $p \mid a$ 且 $p \mid b$.

证： 若 $p \mid a$，则显然 $p \mid b^2$，所以 $p \mid b$. 假设 p 不整除 a，设 c 是整数，满足 $ac \equiv 1 \pmod{p}$. 因为 $p \mid (ac)^2 + (bc)^2$，可得 $(bc)^2 \equiv -1 \pmod{p}$，根据上个命题 $(-1)^{\frac{p-1}{2}} \equiv 1 \pmod{p}$. 但是 $p \equiv 3 \pmod 4$，最后的同余式实际给出 $-1 \equiv 1 \pmod{p}$，矛盾. $\qquad \square$

下面的定理也很实用.

定理 4.29. 设 p 是素数，正整数 n 与 $p-1$ 互素. 则 $1^n, 2^n, \cdots, (p-1)^n$ 模 p 的余数是 $1, 2, \cdots, p-1$ 的排列（本书很晚才给出缩系的概念. ——译者注）.

证： 显然，这些数都不是 p 的倍数. 因此只需证这些数模 p 互不同余. 假设 $p \mid a^n - b^n$，$a, b \in \{1, 2, \cdots, p-1\}$. 注意可以假设 $\gcd(a, b) = 1$（因为 p 不整除 a，序列 $(a+pn)_{n \geq 0}$ 中有无穷多与 b 互素的项，将 a 替换成某个 $a+pn$ 即可——译者注）. 利用费马小定理还有 $p \mid a^{p-1} - b^{p-1}$，因此利用命题 2.35，有

$$p \mid \gcd(a^n - b^n, a^{p-1} - b^{p-1}) = a^{\gcd(n, p-1)} - b^{\gcd(n, p-1)} = a - b,$$

最后一步利用了假设 $\gcd(n, p-1) = 1$. 因此从 $p \mid a^n - b^n$ 可以得到 $p \mid a - b$，即 $a \equiv b \pmod{p}$，得证. $\qquad \square$

推论 4.30. 设 p 是 $3k+2$ 型素数，则：
(a) $1^3, 2^3, \cdots, (p-1)^3$ 构成模 p 的缩系.
(b) 若 $p \mid a^2 + ab + b^2$，a, b 是整数，则 $p \mid a$ 且 $p \mid b$.
(c) 若 $p \neq 2$，则不存在整数 x 使得 $x^2 \equiv -3 \pmod{p}$.

证： (a) 这直接从定理 4.29 在 $n=3$ 的情形得到.

(b) 因为 $p \mid (a-b)(a^2+ab+b^2) = a^3 - b^3$，根据(a)部分，可得 $p \mid a-b$. 于是 $a^2 + ab + b^2 \equiv 3a^2 \pmod p$，因此 $p \mid a$，$p \mid b$.

(c) 假设 $x^2 \equiv -3 \pmod p$. 取 $2y + 1 \equiv x \pmod p$，则 $4y^2 + 4y + 4 \equiv 0 \pmod p$，于是 $y^2 + y + 1 \equiv 0 \pmod p$，和(b)部分矛盾　　　　　□

例 4.31. 证明：*存在无穷多 $4k+1$ 型素数和无穷多 $6k+1$ 型素数*.

证： 根据舒尔定理 3.69，存在无穷多素数 p 整除 $n^2 + 1$，$n \geq 1$ 形式的数. 推论 4.28 说明这样的 p 或者是 2 或者是 $4k+1$ 型的素数. 第一部分得证.

对于第二部分，类似地考虑 $n^2 + n + 1$ 形式的数的素因子（有无穷多）. 推论 4.30 说明这样的素数或者是 $3k+1$ 型（因此也是 $6l+1$ 型），或者是 3，第二部分得证.　　　　　□

例 4.32. 求所有整数 a 和 b，使得 $a^2 - 1 \mid b^2 + 1$.

证： 显然 $(a, b) = (0, n)$，$n \in \mathbf{Z}$ 是问题的解. 我们将证明：这些是所有解. 假设 (a, b)，$a \neq 0$. 则显然 $a \neq \pm 1$，因此 $a^2 - 1 > 1$.

若 a 是奇数，则 8 整除 $a^2 - 1$，但是 $8 \nmid b^2 + 1$，矛盾. 若 a 是偶数，则 $a^2 - 1 \equiv 3 \pmod 4$，$a^2 - 1$ 必有 $4k+3$ 型素因子. 但是根据推论 4.28，$b^2 + 1$ 没有 $4k+3$ 型素因子，矛盾.　　　　　□

例 4.33. 证明：*若 a 是整数，则 $2a^2 - 1$ 没有 $b^2 + 2$，$b \in \mathbf{Z}$ 型的因子*.

证： 假设有 $b^2 + 2 \mid 2a^2 - 1$. 显然 b 是奇数，因此 $b^2 + 2 \equiv 3 \pmod 4$. $b^2 + 2$ 有 $4k+3$ 型素因子 p，于是 $p \mid 2a^2 - 1$. 进而 p 整除

$$p \mid b^2 + 2 + 2(2a^2 - 1) = b^2 + (2a)^2.$$

这样必有 $p \mid b$ 和 $p \mid 2a$，矛盾.　　　　　□

例 4.34. （伊朗2004）求所有素数 p, q, r，使得 $p^3 = p^2 + q^2 + r^2$.

证： 若 p, q, r 不是 3 的倍数，则 $p^2 + q^2 + r^2 \equiv 1 + 1 + 1 \equiv 0 \pmod 3$，因此有 $3 \mid p^3$，矛盾. 因此 p, q, r 之一是 3 的倍数.

若 $p = 3$，则 $q^2 + r^2 = 18$，马上得到 $q = r = 3$.

若 $p > 3$，而且不妨设 $r = 3$，则 $p^3 = p^2 + q^2 + 9$，改写成 $p^2(p-1) = q^2 + 9$. 若 $p \equiv 1 \pmod 4$，则 $4 \mid q^2 + 9$，不可能. 若 $p \equiv 3 \pmod 4$，则 $p \mid q^2 + 3^2$ 推出 $p \mid q$ 和 $p \mid 3$，和假设 $p > 3$ 矛盾.　　　　　□

例 4.35. （巴西1996）设 $P(x) = x^3 + 14x^2 - 2x + 1$，定义 $P^{(n)}$ 是 P 和自己复合 n 次的函数，如 $P^{(3)}(x) = P(P(P(x)))$. 证明：存在正整数 n 使得 $P^{(n)}(x) \equiv x$ (mod 101) 对所有整数 x 成立.

证： 记 $p = 101$. 定义函数 $f : \{0, 1, \cdots, p-1\} \to \{0, 1, \cdots, p-1\}$，使 $f(i)$ 是 $P(i)$ 模 p 的余数. 我们需要证明，存在 $n \geq 1$ 使得 $f^{(n)}$ 是恒等映射. 只需证明 f 是一一映射即可.

实际上：n 的存在性必须要求 f 是双射. 反之若 f 是双射. 因为只存在有限个双射 $g : \{0, 1, \cdots, p-1\} \to \{0, 1, \cdots, p-1\}$，由抽屉原则迭代序列 f，$f^{(2)}$，$f^{(3)}$，$\cdots$ 存在相同的映射. 假设 $0 \leq i < j$，满足 $f^{(i)} = f^{(j)}$，取 $n = j - i$ 则 $f^{(n)}$ 是恒等映射.

要证 f 是双射，只需证它是单射（因为定义域和目标域是相同元素个数的有限集）. 若 $f(i) = f(j)$，则

$$p \mid P(i) - P(j) = (i-j)(i^2 + ij + j^2 + 14(i+j) - 2).$$

若 $i \neq j$，则 $p \mid i^2 + ij + j^2 + 14(i+j) - 2$. 取 $3\alpha \equiv 14$ (mod p)，然后

$$(i+\alpha)^2 + (i+\alpha)(j+\alpha) + (j+\alpha)^2$$
$$\equiv i^2 + ij + j^2 + 14(i+j) + 3\alpha^2 \equiv 3\alpha^2 + 2. \quad (\text{mod } p)$$

但是 $9\alpha^2 \equiv 14^2 = 196 \equiv -6$ (mod p)，$p \mid 3\alpha^2 + 2$，所以

$$(i+\alpha)^2 + (i+\alpha)(j+\alpha) + (j+\alpha)^2 \equiv 0 \pmod{p}.$$

因为 $p \equiv 2$ (mod 3)，所以 $p \mid i + \alpha$，$p \mid j + \alpha$，$p \mid i - j$，矛盾. $\square$

注释 4.36. 可以将 $p = 101$ 替换成任何 $3k+2$ 型的素数，以及 P 替换成任何多项式 $P(x) = x^3 + ax^2 + bx + c$，满足 $a^2 \equiv 3b$ (mod p).

例 4.37. （IMOSL2012）求所有的正整数三数组 (x, y, z)，使得

$$x^3(y^3 + z^3) = 2\,012(xyz + 2).$$

证： 首先 $2\,012 = 4p$，$p = 503$ 是 $3k+2$ 型素数. 若 $p \mid x$，则 p^2 整除左端，但是不整除右端，矛盾. 因此只能 $p \mid y^3 + z^3 = y^3 - (-z)^3$. 因为 $p \equiv 2$ (mod 3)，所以 $p \mid y - (-z) = y + z$. 然后，$x^3 \mid 4(xyz + 2)$，因此 $x \mid 8$，$x \in \{1, 2\}$.

若 $x = 1$，则 $y^3 + z^3 = 4p(yz + 2)$. 显然 $2 \mid y + z$，所以 $2p \mid y + z$. 将方程写成

$$\frac{y+z}{2p} \cdot (y^2 - yz + z^2) = 2(yz + 2).$$

若 $\frac{y+z}{2p} = 1$，则 $y^2 - 3yz + z^2 = 4$，$(y+z)^2 - 5yz = 4$，$p^2 \equiv 1 \pmod 5$，矛盾．
若 $\frac{y+z}{2p} \geq 2$，于是 $yz + 2 \geq y^2 - yz + z^2$，$(y-z)^2 \leq 2$．但 $y+z$ 是偶数，只能 $y = z$，方程变为 $y^3 = 2p(y^2 + 2)$．$p \mid y$，所以 $p^2 \mid y^3$，但是 $p^3 \nmid 2p(y^2 + 2)$，矛盾．$x = 1$ 情形无解．

若 $x = 2$，则类似地方程变为

$$\frac{y + z}{p} \cdot (y^2 - yz + z^2) = yz + 1.$$

$p \mid y + z$ 说明 $yz + 1 \geq y^2 - yz + z^2$，然后有 $(y - z)^2 \leq 1$．若 $y = z$，得到 $\frac{2y}{p} \cdot y^2 = y^2 + 1$，得到 $y^2 \mid 1$，无解．若 $(y - z)^2 = 1$，不妨设 $y - z = 1$，方程变为 $y + z = p$，因此有 $z = \frac{p-1}{2} = 251$ 和 $y = 252$．

因此方程的所有解是 $(2, 251, 252)$ 和 $(2, 252, 251)$． $\square$

例 4.38. （土耳其TST2013）求所有正整数对 (m, n)，使得

$$m^6 = n^{n+1} + n - 1.$$

证： 若 $n = 1$，则 $m = 1$ 是问题的解．可直接检验 $n = 2$ 不给出解．现在假设 $n > 2$，$m > 0$．设 $k = n + 1 > 3$，方程写成

$$m^6 = (k-1)^k + k - 2.$$

若 k 是偶数，则 $(k-1)^k < m^6 = (k-1)^k + k - 2 < ((k-1)^{\frac{k}{2}} + 1)^2$，说明 m^6 位于两个相邻正整数的平方之间，矛盾．类似可以排除 $3 \mid k$ 的情形．

若 $k \equiv 1 \pmod 3$，则 $m^6 \equiv -1 \pmod 3$，矛盾．

若 $k \equiv 2 \pmod 3$，则 k 有 $3j + 2$ 型的素因子 p，又因为 k 是奇数，有 $p > 2$．方程模 p 得到 $m^6 \equiv -3 \pmod p$．然而这和推论 4.30 (c) 矛盾，无解．

因此方程只有一组解 $(m, n) = (1, 1)$． $\square$

例 4.39. （Kolmogorov Cup）设 a, b, c 是正整数，满足 $\frac{a^2 + b^2 + c^2}{ab + bc + ca}$ 是整数．证明：这个整数不是 3 的倍数．

证： 假设 $a^2 + b^2 + c^2 = 3n(ab + bc + ca)$ 对某正整数 n 成立，则

$$(a + b + c)^2 = (3n + 2)(ab + bc + ca).$$

除去 a, b, c 的最大公约数，我们可以假设 $\gcd(a, b, c) = 1$．设 $3n + 2 = p_1^{\alpha_1} \cdots p_k^{\alpha_k}$ 是 $3n + 2$ 的素因子分解式，则存在 i，使得 $p_i \equiv 2 \pmod 3$ 且 α_i 是奇数（否则 $p_i^{\alpha_i} \equiv 1 \pmod 3$，对所有 i 成立，与 $3n + 2 \equiv -1 \pmod 3$ 矛盾）．

固定这个 i, 则 $p_i \mid a+b+c$, 而 $(a+b+c)^2$ 中 p_i 的幂次是偶数, 所以还有 $p_i \mid ab+bc+ca$. 现在有

$$0 \equiv ab+bc+ca \equiv ab+c(a+b) \equiv ab-(a+b)^2 = -(a^2+ab+b^2) \pmod{p_i}$$

以及 $p_i \equiv 2 \pmod 3$, 可得 $p_i \mid a$ 和 $p_i \mid b$, 然后 $p_i \mid c$, 和假设 $\gcd(a,b,c)=1$ 矛盾. $\qquad\square$

4.2　威尔逊定理

4.2.1　威尔逊定理和素性检验

虽然费马小定理对所有素数成立, 但是它不能作为素数检验的方法. 威尔逊定理给出素数检验的确定方法. 希望读者仔细学习下面定理的证明, 其证明的类似方法在后面会遇到几次.

定理 4.40. （威尔逊定理）(a) 对所有素数 p, 有 $(p-1)!+1 \equiv 0 \pmod p$.

(b) 反之, 若整数 $n>1$ 满足 $(n-1)!+1 \equiv 0 \pmod n$, 则 n 是素数.

证: (a) 对每个 $i \in \{1,2,\cdots,p-1\}$, 设 i^{-1} 是 i 模 p 的逆（即 $ix \equiv 1 \pmod p$ 的唯一解 x). 于是 $\{1,2,\cdots,p-1\}$ 可以分成两个一组或单个一组如下: 若 $i \neq i^{-1}$, i 和 i^{-1} 一组; 否则 i 独自一组. 成对的两个数乘积模 p 为 1. 不成对的数满足 $i^2 \equiv 1 \pmod p$, 等价于 $(i-1)(i+1) \equiv 0 \pmod p$, 其解恰好是 1 和 -1. 因此 $(p-1)! = 1 \cdot 2 \cdot \ldots \cdot (p-1)$ 模 p 同余于不成对的数的乘积, 即 -1, 命题得证.

(b) 假设 n 是合数, 记 $n=ab, a,b>1$. 则 $ab-1 \geq a$, 因此 $a \mid (n-1)!$. 又根据题目条件 $a \mid (n-1)!+1$, 矛盾. 因此 n 是素数. $\qquad\square$

用几个例子展示一下前面定理的应用.

例 4.41. （Baltic 2014）$712!+1$ 是不是素数?

证: 容易验证 719 是素数, 根据威尔逊定理, $718!+1 \equiv 0 \pmod{719}$. 又因为 $718! \equiv 712! \cdot 6! \pmod{719}$ 和 $6! = 720 \equiv 1 \pmod{719}$, 所以 $719 \mid 712!+1$, $712!+1$ 是合数. $\qquad\square$

例 4.42. （USAMO 2012）求所有函数 $f: \mathbf{N} \to \mathbf{N}$, 使得对所有正整数 m,n, 有 $m-n \mid f(m)-f(n)$ 和 $f(n!) = f(n)!$ 成立.

证： 满足方程 $n = n!$ 的正整数只有 $n = 1, 2$，所以问题的常数解是 $1, 2$. 现在设 f 不是常数. 由 $f(1) = f(1)!$ 和 $f(2) = f(2)!$，可得 $f(1), f(2) \in \{1, 2\}$. 若 p 是奇素数，则威尔逊定理结合题目条件得到

$$p \mid (p-2)! - 1 \mid f((p-2)!) - f(1) = f(p-2)! - f(1).$$

因为 $f(1) \in \{1, 2\}$，可得 p 不整除 $f(p-2)!$，所以 $f(p-2) \le p-1$ 对所有奇素数 p 成立.

假设对某个素数 $p > 2$，$f(p-2) = p-1$，则 $p \mid (p-1)! - f(1)$，结合威尔逊定理给出 $p \mid f(1) + 1$，因此 $p = 2, 3$. 所以若 $p > 3$，则 $f(p-2) \le p-2$. $(p-2)! - 1 \mid f(p-2)! - f(1)$ 得到 $f(1) = 1$ 和 $f(p-2) = p-2$ 对所有素数 $p > 3$ 成立.（此处还应该有情况 $f(p-2) = f(1)$，如果这种情况对无穷多 $p-2$ 成立，则可以证明 $f(n) = f(1)$ 对所有 n 成立，给出常数解——译者注）

若 n 是任何正整数，则 $n - (p-2) \mid f(n) - f(p-2) = f(n) - (p-2)$ 和 $n - (p-2) \mid n - (p-2)$ 得到 $n - (p-2) \mid f(n) - n$ 对所有素数 $p > 3$ 成立. $f(n) - n$ 有无穷多因子，必有 $f(n) = n$.

最后，问题的所有解是常函数 $1, 2$ 或恒等函数. $\qquad\qquad\square$

例 4.43. 设 $n > 1$ 是奇整数，S 是所有满足 $x \in \{1, 2, \cdots, n\}$，$x$ 和 $x+1$ 与 n 互素的 x 构成的集合. 证明：$\prod_{x \in S} x \equiv 1 \pmod{n}$.

证： 设 $x \in S$，则因为 $\gcd(x, n) = 1$，存在唯一 $y \in \{1, 2, \cdots, n-1\}$ 使得 $xy \equiv 1 \pmod{n}$. 我们声明 $y \in S$. 实际上 $n \mid xy - 1$，所以 $\gcd(n, y) = 1$. 另一方面，$n \mid x(y+1) - (x+1)$，因此 $\gcd(n, y+1) \mid \gcd(n, x(y+1)) = \gcd(n, x+1) = 1$，所以 $\gcd(n, y+1) = 1$，证明了声明.

下一步，像威尔逊定理中的证明，将 S 中的数按 $xy = 1, x \ne y$ 配对，配对的数乘积模 n 为 1. 未配对的数满足 $x^2 = 1$，即 $(x+1)(x-1) \pmod{n}$. 因为我们要求 $\gcd(x+1, n) = 1$，因此 $n \mid x - 1$. 由 n 是奇数，$1 \in S$. 方程在 S 中的解只有 $x = 1$. 因此 S 中所有数乘积模 n 为 1. $\qquad\qquad\square$

下面的例子比较有挑战性.

例 4.44. （Lerch 同余式）证明：对所有奇素数 p，有

$$1^{p-1} + 2^{p-1} + \cdots + (p-1)^{p-1} \equiv p + (p-1)! \pmod{p^2}.$$

证： 根据费马小定理，可以找到整数 $x_1, \cdots, x_{p-1}$ 使得 $j^{p-1} = 1 + px_j$ 对 $1 \le j < p$ 成立. 将这些式子做连乘，展开并模 p^2 计算，可得

$$(p-1)!^{p-1} \equiv (1 + px_1)(1 + px_2) \cdots (1 + px_{p-1}) \equiv 1 + p(x_1 + \cdots + x_{p-1}) \pmod{p^2}.$$

其次，威尔逊定理给出 $(p-1)! = kp-1$，k 是整数. 则

$$(p-1)!^{p-1} = (-1+kp)^{p-1} \equiv (-1)^{p-1} + (-1)^{p-2}(p-1)pk \equiv 1+pk \pmod{p^2}.$$

因此

$$1^{p-1} + 2^{p-1} + \cdots + (p-1)^{p-1} = p-1 + p(x_1 + \cdots + x_{p-1})$$
$$\equiv p-1 + kp \equiv p + (p-1)! \pmod{p^2}. \qquad \square$$

我们还可以将威尔逊定理的第二部分改进一些.

命题 4.45. 对每个整数 $n > 1$，下面命题等价：

(a) $n \neq 4$ 且 n 是合数.

(b) $n \mid (n-1)!$.

证： 用威尔逊定理马上从(b)得到(a). 现在假设(a)成立，记 $n = ab, a \geq b > 1$. 若 $a \neq b$，则因为 $ab-1 \geq a$，a 和 b 都出现在乘积 $(ab-1)!$ 中，因此这时 $n = ab \mid (ab-1)! = (n-1)!$. 若 $a = b$，则因为 $n \neq 4$，有 $a > 2$，然后 $ab-1 = a^2-1 > 2a$. a 和 $2a$ 都出现在乘积 $(n-1)! = (a^2-1)!$ 中，还是有 $n \mid 2a^2 \mid (n-1)!$，证毕. $\square$

我们接着给出这个命题的一些应用：

例 4.46. （Komal B 4616）有哪些 $n > 1$ 使得 $1!, \cdots, n!$ 模 n 互不相同？

证： 直接计算发现 $n = 2, 3$ 是问题的解. 现在假设 $n > 3$ 是一个解. 则 $1!, \cdots, n!$ 中恰有一个是 n 的倍数，而 $n \mid n!$，所以 $(n-1)!$ 不是 n 的倍数. 因此根据命题 4.45，$n = 4$ 或 n 是素数. 检验发现 $n = 4$ 不是一个解，因为 $2! \equiv 3! \pmod 4$. 所以 n 是素数，$n \geq 5$. 但是威尔逊定理给出 $(n-2)! \equiv 1 = 1! \pmod n$，矛盾. 所以问题的所有解是 2 和 3. $\square$

例 4.47. 求所有正整数 n, k，使得 $(n-1)! + 1 = n^k$.

证： 因为 $n > 1$（$n = 1$ 不是解，$0! = 1$，译者注）而且 $n \mid (n-1)!+1$，因此根据威尔逊定理，n 必然是素数. 容易验证 $(n, k) = (2, 1), (3, 1), (5, 2)$ 是问题的解答. 我们将证明没有其他的解.

假设 $n > 5$，则 $n-1 > 4$ 且 $n-1$ 不是素数（因为 n 是素数），因此根据命题 4.45，有 $n-1 \mid (n-2)!$. 将关系式 $(n-2)! = n^{k-1} + n^{k-2} + \cdots + n + 1$ 模 $n-1$ 计算得到 $n-1 \mid k$，所以 $k \geq n-1$，然而有 $(n-2)^{n-2} > (n-2)! > n^{k-1} \geq n^{n-2}$，矛盾.

因此问题的解为 $(n, k) = (2, 1), (3, 1), (5, 2)$. $\square$

例 4.48. *求所有整数 $n > 1$，使得存在 $1, 2, \cdots, n$ 的排列 $a_1, a_2, \cdots, a_n$，使得*

$$a_1, a_1 a_2, \cdots, a_1 a_2 \cdots a_n$$

是模 n 的一个完系.

证： 若对某个 $i < n$ 有 $a_i = n$，则 $a_1 a_2 \cdots a_i$ 和 $a_1 a_2 \cdots a_{i+1}$ 都是 n 的倍数，矛盾. 因此 $a_n = n$，于是 $a_1 a_2 \cdots a_{n-1} = (n-1)!$ 不是 n 的倍数，根据命题 4.45 n 是 4 或素数.

反之，对 $n = 4$ 可以取 $a_1 = 1, a_2 = 3, a_3 = 2, a_4 = 4$；若 n 是素数，定义 $a_1 = 1$，$a_n = n$ 和 $a_i = 1 + (i-1)^{-1}, 2 \leq i \leq n-1$，其中 $(i-1)^{-1}$ 是 $(i-1)$ 模 n 的逆. 对 $2 \leq i < n$，有

$$a_1 a_2 \cdots a_i \equiv \prod_{j=2}^{i} j(j-1)^{-1} \equiv i \pmod{n},$$

又显然有 $a_1, a_2, \cdots, a_n \in \{1, 2, \cdots, n\}$ 互不相同，给出问题的解.

因此问题的解是 4 和素数. $\qquad\square$

威尔逊定理的一个有用的改进是下面的定理.

定理 4.49. *对所有素数 p 和所有 $0 \leq k \leq p-1$，有*

$$k!(p-k-1)! + (-1)^k \equiv 0 \pmod{p}.$$

证： 应用威尔逊定理得到

$$-1 \equiv (p-1)! = (p-k-1)!(p-k)(p-k+1)\cdots(p-1) \pmod{p}$$

$$\equiv (p-k-1)!(-k)(-k+1)\cdots(-1) = (-1)^k k!(p-k-1)!. \qquad\square$$

我们继续给出定理 4.49 的应用：

例 4.50. *证明：对所有奇素数 p，有*

$$1!2!\cdots(p-1)! \equiv (-1)^{\frac{p^2-1}{8}} \left(\frac{p-1}{2}\right)! \pmod{p}.$$

证： 很容易检验 $p = 3$ 的情形，我们现在假设 $p > 3$. 根据定理 4.49，有 $k!(p-1-k)! \equiv (-1)^{k-1} \pmod{p}$. 将式子对 $1 \leq k \leq \frac{p-3}{2}$ 做连乘，得到

$$\prod_{k=1}^{\frac{p-3}{2}} k! \cdot \prod_{k=1}^{\frac{p-3}{2}} (p-1-k)! \equiv (-1)^{0+1+\cdots+\frac{p-5}{2}} \pmod{p}.$$

整理，并利用公式 $0 + 1 + \cdots + \frac{p-5}{2} = \frac{p^2-1}{8} - p + 2$ 得到

$$\prod_{1 \leq k \neq \frac{p-1}{2} \leq p-2} k! \equiv (-1)^{\frac{p^2-1}{8}-p+2} \equiv -(-1)^{\frac{p^2-1}{8}} \pmod{p}.$$

将最后的同余式乘以 $\left(\frac{p-1}{2}\right)! \cdot (p-1)!$ 并利用威尔逊定理得到最后结果. $\square$

例 4.51. （CTST2010）证明存在正整数无界序列 $a_1 \leq a_2 \leq \cdots$ 满足条件：对所有足够大整数 n，若 $n+1$ 是合数，则 $n! + 1$ 的所有素因子大于 $n + a_n$.

证： 假设 $p \mid n! + 1$，$n > 2$，则必有 $p > n$. 另一方面，根据定理 4.49，有 $(p-n-1)! n! \equiv (-1)^{n-1} \pmod{p}$ 及 $n! \equiv -1 \pmod{p}$，可得 $(p-n-1)! \equiv (-1)^n \pmod{p}$. 根据题目假设 $n+1$ 是合数，所以 $p-n-1 > 0$.

不会有 $p-n-1 = 1$，否则 $n = p-2$，而 $1 = (p-n-1)! \equiv (-1)^n = -1 \pmod{p}$，和 $p > n > 2$ 矛盾. 因此 $p-n-1 \geq 2$，而 $(p-n-1)! \equiv (-1)^n \pmod{p}$ 进一步说明 $(p-n-1)! \geq p-1 \geq n$.

因此，若 a_n 是最小正整数 m，使得 $m! \geq n$，则 $p-n-1 \geq a_n$. 即 $p > n+a_n$，对所有 $n > 2$，和素数 $p \mid n! + 1$ 成立. 显然 a_n 是非减正整数无界序列. $\square$

例 4.52. （土耳其JBMO TST 2013）求所有正整数 n，使得 $2n + 7 \mid n! - 1$.

证： $n = 1$ 是一个解，我们现在假设 $n > 1$. 若 p 是 $2n+7$ 的一个素因子，则 $p \mid n! - 1$，因此 $p \geq n+1$. 若 $2n + 7$ 是合数，可得 $2n + 7 \geq (n+1)^2$，只有 $n = 2$，不是问题的解. 因此 $2n + 7 = p$ 是素数.

题目条件变为 $\left(\frac{p-7}{2}\right)! \equiv 1 \pmod{p}$. 对 $k = \frac{p-7}{2}$ 应用定理 4.49，结合前面的同余式，得到 $\left(\frac{p+5}{2}\right)! \equiv (-1)^{\frac{p-9}{2}} \pmod{p}$. 因此

$$(-1)^{\frac{p-9}{2}} \equiv \left(\frac{p-7}{2}\right)! \prod_{\substack{-5 \leq j \leq 5 \\ 2 \nmid j}} \frac{p-j}{2} \equiv \prod_{\substack{-5 \leq j \leq 5 \\ 2 \nmid j}} \frac{p-j}{2} \pmod{p}.$$

利用 $p - j \equiv -j \pmod{p}$，将上式化简得 $64(-1)^{\frac{p+1}{2}} \equiv 15^2 = 225 \pmod{p}$.

若 $p \equiv 1 \pmod 4$，则 $p \mid 225 + 64 = 289$ 因此 $p = 17$，给出解 $n = 5$. 若 $p \equiv 3 \pmod 4$，则 $p \mid 225 - 64 = 161$ 给出另一个解 $p = 23$ 和 $n = 8$. 所以 $1, 5, 8$ 是问题的所有解. $\square$

例 4.53. （圣彼得堡1996）证明：对每个素数 p，$1!, 2!, \cdots, (p-1)!$ 模 p 至少给出 $\lfloor \sqrt{p} \rfloor$ 个不同的余数.

证： 关键想法还是定理 4.49 中的同余式 $k!(p-1-k)! \equiv (-1)^{k-1} \pmod{p}$. 两边乘以 $p-k$ 得到

$$k!(p-k)! \equiv (-1)^k k \pmod{p}, 1 \leq k \leq p-1.$$

现在设 $1!, 2!, \cdots, (p-1)!$ 模 p 给出的不同余数有 $a_1, \cdots, a_s$, 则前面的同余式说明 $p-1, 2, p-3, 4, \cdots$ 都分别同余于 $a_1, \cdots, a_s$ 中某两个数的乘积. 它们模 p 有 $\frac{p-1}{2}$ 个不同的值, 而 $a_1, \cdots, a_s$ 中两个数的乘积模 p 至多 $\binom{s}{2} + s = \frac{s(s+1)}{2}$ 个不同值. 因此 $\frac{s(s+1)}{2} \geq \frac{p-1}{2}$, 马上得出 $s \geq \lfloor \sqrt{p} \rfloor$. $\qquad\square$

我们通过一个漂亮的题目结束这一节.

例 4.54. （IMOSL2005）设 f 是整系数非常数多项式, 首项系数为正. 证明: 对无穷多整数 $n \geq 1$, $f(n!)$ 是合数.

证： 设 $f(X) = a_d X^d + a_{d-1} X^{d-1} + \cdots + a_0$, $a_d > 0$. 若 $a_0 = 0$, 答案很容易. 我们现在假设 $a_0 \neq 0$. 给定素数 p, 同余式 $f((p-k)!) \equiv 0 \pmod{p}$ 等价于（根据定理 4.49）$x_k \equiv 0 \pmod{p}$, 其中

$$x_k = a_0(k-1)!^d + a_1(k-1)!^{d-1}(-1)^k + \cdots + a_d(-1)^{kd}.$$

若 k 足够大, 如 $k \geq k_0$, 则 $a_d^2 \mid (k-1)!$, 而且 $|x_k| > 2a_d^2$, 这时 $\frac{x_k}{a_d} \equiv (-1)^{kd} \pmod{a_d}$. 取 $\frac{x_k}{a_d}$ 的一个素因子 p_k, 则 $\gcd(p_k, a_d) = 1$. 又因为若 $p_k \leq k-1$, 则 p_k 整除 $(k-1)!$, 结合 x_k 的形式, 得到 $p_k \mid a_d$, 矛盾. 因此, $p_k \geq k$, 对 $k \geq k_0$ 成立.

假设题目的结论不成立, 则存在 $N \geq k_0$ 使得 $f(n!)$ 是素数, 对所有 $n \geq N$ 成立. 通过增加 N 我们可以假设函数 $x \to f(x!) - x$ 在 $[N, \infty)$ 是正的增函数. 前面两段给出 $k \geq N$ 时, $p_k \geq k$, 以及 $p_k \mid f((p_k-k)!)$. 取 $k = k_a = a(N+1)! + 2, a \geq 1$, 则 $k, k+1, \cdots, k+N-1$ 都是合数, 所以 $p_k - k \geq N$. 因此对这些 k, 有 $f((p_k-k)!) = p_k$. 记 $x_a = p_{k_a} - k_a$, 则 $f(x_a!) = x_a + a(N+1)! + 2$ 对所有足够大的 a 成立. 因为 (x_a) 两两不同（根据前面的等式）, 对无穷多 a, 有 $x_{a+1} \geq x_a + 1$, 于是

$$x_{a+1}! - x_a! \mid f(x_{a+1}!) - f(x_a!) = x_{a+1} - x_a + (N+1)! > 0$$

因此有 $x_{a+1} - 1 + (N+1)! \geq (x_{a+1} - 1)x_a!$, 进而 $x_{a+1} - 1 \leq \frac{(N+1)!}{x_a! - 1}$, 这和 x_a 无界, 及 $\frac{(N+1)!}{x_a! - 1}$ 有界矛盾. $\qquad\square$

4.2.2   在二平方和上的应用

我们已经知道（费马小定理的结果），如果 p 整除一个 $x^2 + 1$, $x \in \mathbf{Z}$ 形式的数，则 $p = 2$ 或 $p \equiv 1 \pmod 4$. 下面的重要定理给出了逆命题.

定理 4.55. 设 p 是素数. 则 $x^2 \equiv -1 \pmod p$ 有解当且仅当 $p = 2$ 或 p 是 $4k + 1$ 的形式.

证： 我们已经知道一个方向的蕴含关系，现在假设 $p = 2$ 或 $p \equiv 1 \pmod 4$. 要证存在整数 x，使得 $p \mid x^2 + 1$. 若 $p = 2$，取 $x = 1$，现在假设 $p > 2$.

取 $k = \frac{p-1}{2}$ 应用定理 4.49，注意 k 是偶数，可以得到 $\left(\frac{p-1}{2}\right)!^2 \equiv -(-1)^k = -1 \pmod p$. 因此 $x = \left(\frac{p-1}{2}\right)!$ 是方程 $x^2 \equiv -1 \pmod p$ 的一个解.   □

注释 4.56. 证明表明当 $p \equiv 3 \pmod 4$ 时，$\left(\frac{p-1}{2}\right)!^2 \equiv 1 \pmod p$，$\left(\frac{p-1}{2}\right)! \equiv \pm 1 \pmod p$. 确定对哪些素数 p，有 $\left(\frac{p-1}{2}\right)! \equiv 1 \pmod p$ 是一个很微妙的问题.

下面的例子是前面定理的一个改进.

例 4.57. （伊朗 TST2004）设 $p \equiv 1 \pmod 4$ 是素数. 证明：方程 $x^2 - py^2 = -1$ 有正整数解.

证： 设 (x, y) 是佩尔方程 $x^2 - py^2 = 1$ 的最小正整数解. 则 $x^2 \equiv y^2 + 1 \pmod 4$ 说明 x 是奇数，y 是偶数. 接下来，$p \mid x^2 - 1 = (x+1)(x-1)$，因此 $p \mid x+1$ 或 $p \mid x - 1$.

若 $p \mid x - 1$，则 $\frac{x-1}{2p}$ 和 $\frac{x+1}{2}$ 是互素的整数，其乘积是 $\left(\frac{y}{2}\right)^2$，因此 $\frac{x-1}{2p} = a^2$ 和 $\frac{x+1}{2} = b^2$，a, b 是正整数，使得 $ab = \frac{y}{2}$. 则 $b^2 - pa^2 = 1$，但是 $a \leq ab = \frac{y}{2} < y$ 和 (x, y) 的最小性矛盾.

若 $p \mid x + 1$，类似的论述说明存在正整数 a, b，使得 $\frac{x+1}{2p} = a^2$ 和 $\frac{x-1}{2} = b^2$. 则 $b^2 - pa^2 = -1$，证毕.   □

我们现在可以证明下面的定理.

定理 4.58. （费马）任何素数 $p \equiv 1 \pmod 4$ 可以写成两个整数的平方和.

证： 本定理可以从前面的定理和定理 2.71 马上得到. 由于定理 2.71 的证明比较复杂，我们这里应用无穷递降法，给出另一个证明.

根据上一个定理，可以取整数 a，使得 $p \mid a^2 + 1$，将 a 替换成它模 p 的余数，可以假定 $0 < a < p$. 则 $a^2 + 1 = kp$，正整数 $k < p$.

设 r 是最小正整数，使 rp 可以写成两个数的平方和，记 $rp = x^2 + y^2$，x, y 非负整数. 上一段证明了 $r \leq k < p$. 若 $r = 1$，则问题得证. 现在假设 $r > 1$.

设 x_1, y_1 是整数，满足 $|x_1| \leq \frac{r}{2}$，$|y_1| \leq \frac{r}{2}$，而且 $x \equiv x_1 \pmod r$，$y \equiv y_1 \pmod r$. 因为 $x_1^2 + y_1^2 \equiv x^2 + y^2 \equiv 0 \pmod r$，记 $x_1^2 + y_1^2 = ru$，u 是整数. 若 $u = 0$，则 $x_1 = y_1 = 0$，$r \mid \gcd(x, y)$，因此 $r^2 \mid x^2 + y^2 = rp$，与 $1 < r < p$ 矛盾. 因此 $u > 0$，而且因为 $ru \leq 2 \cdot (r/2)^2 = r^2/2$，所以 $u < r$.

最后，有

$$r^2 up = (x^2 + y^2)(x_1^2 + y_1^2) = (xx_1 + yy_1)^2 + (xy_1 - yx_1)^2,$$

而且 $xx_1 + yy_1 \equiv x^2 + y^2 \equiv 0 \pmod r$，$xy_1 - yx_1 \equiv xy - yx \equiv 0 \pmod r$，所以

$$up = \left(\frac{xx_1 + yy_1}{r} \right)^2 + \left(\frac{xy_1 - yx_1}{r} \right)^2,$$

与 $u < r$ 和 r 的最小性矛盾. 因此 $r = 1$，问题得证. $\square$

我们还会给出前面定理的两个证明. 第一个证明用到下面的简单有效的结果，称为 Thue 引理.

定理 4.59. （Thue 引理）若 a 和 n 互素，$n > 1$，则存在不全为 0 的整数 x, y，满足 $0 \leq x, y \leq \lfloor \sqrt{n} \rfloor$ 且 $x \equiv \pm ay \pmod n$ （对适当的符号选择成立）.

证： 设 $k = \lfloor \sqrt{n} \rfloor$，于是 $k^2 \leq n < (k+1)^2$. 考虑所有整数对 (x, y)，满足 $0 \leq x, y \leq k$. 有 $(k+1)^2 > n$ 个这样的数对，因此根据抽屉原则，存在两个不同的对 (x_1, y_1) 和 (x_2, y_2)，使得 $x_1 - ay_1$ 和 $x_2 - ay_2$ 模 n 余数相同.

若 $x_1 = x_2$，则 $\gcd(a, n) = 1$ 和 $ay_1 \equiv ay_2 \pmod n$ 得到 $y_1 = y_2$，矛盾. 因此 $x_1 \neq x_2$，不妨设 $x_1 < x_2$. 取 $x = x_2 - x_1$ 和 $y = |y_2 - y_1|$，给出要求的结果.
$\square$

费马的定理 4.58 是定理 4.55 和 4.59 的简单推论，论述如下.

设 p 是 $4k + 1$ 型素数，取整数 a，使得 $p \mid a^2 + 1$. 再如 Thue 引理（定理 4.59）中取 n 取为 p，可以得到 $0 \leq x, y \leq \lfloor p \rfloor$，使得 $x \equiv \pm ay \pmod p$. 则 $x^2 \equiv a^2 y^2 \equiv -y^2 \pmod p$，于是 $x^2 + y^2$ 是 p 的倍数，而且 $x^2 + y^2 < \sqrt{p}^2 + \sqrt{p}^2 = 2p$. 因此必然有 $p = x^2 + y^2$.

最后我们给出费马定理的另一个证明，证明属于 Zagier.

考虑素数 $p \equiv 1 \pmod 4$ 和集合

$$S = \{(x, y, z) \in \mathbf{N}^3 \mid x^2 + 4yz = p\}.$$

下面我们会看到，可以定义映射 $f : S \to S$，使得 $f(f(s)) = s$ 对所有 $s \in S$ 成立，而且方程 $f(x) = x$ 恰好有一个解 $x_0 \in S$. 然后可以得到 $|S|$ （集合 S 的元

素个数）是奇数. 接着考虑映射 $g : S \to S$ 将 (x, y, z) 映射为 (x, z, y). 同样有 $g(g(s)) = s$, 对所有 $s \in S$ 成立. 如果 g 在 S 中没有不动点, 则 $|S|$ 是偶数, 矛盾. 而 g 的不动点 (x, y, z) 满足 $y = z$, 因此 $p = x^2 + 4yz = x^2 + (2y)^2$ 是两个平方数之和.

接下来构造上面所需的映射 $f : S \to S$, 对 $(x, y, z) \in S$ 定义 $f(x, y, z)$ 如下. 首先, 有 $x \neq y - z$（否则 $p = (y + z)^2$ 是完全平方数, 矛盾）, 而且 $x \neq 2y$（否则 p 是偶数）. 接下来, 定义函数为

$$f(x, y, z) = \begin{cases} (x + 2z, z, y - x - z), & x < y - z, \\ (2y - x, y, x - y + z), & y - z < x < 2y, \\ (x - 2y, x - y + z, y), & x > 2y. \end{cases}$$

直接但是冗长的计算可知, $f(x, y, z) \in S$ 而且 $f(f(s)) = s$, 对所有 $s \in S$ 成立. 进一步, 方程 $f(x, y, z) = (x, y, z)$ 只有一个解: 这样的解 (x, y, z) 必然满足 $y - z < x < 2y$ 和 $x = y$, 进而 $x^2 + 4xz = p$ 说明 $x = 1 = y$ 和 $z = \frac{p-1}{4}$. 定理证毕.

应用费马定理, 我们可以回答这个问题: 哪些正整数可以写成两个数的平方和? 回忆 p 是素数时, $v_p(n)$ 表示 p 在 n 的素因子分解式中的幂次.

定理 4.60. 整数 $n > 1$ 可以写成两个整数的平方和当且仅当对 n 的所有 $4k + 3$ 型素因子 p, $v_p(n)$ 是偶数.

证: 假设对所有 $4k + 3$ 型的素数 p, $v_p(n)$ 是偶数, 可以写 $n = 2^a \cdot m^2 \cdot p_1 \cdots p_k$, 其中 $p_1, \cdots, p_k$ 是 $4k + 1$ 型的素数（不要求互不相同）, m 是正整数. 因为 2, m^2 和每个 $p_1, \cdots, p_k$ 都可以写成两个整数的平方和（根据费马定理）, 利用下面的拉格朗日恒等式

$$(a^2 + b^2)(c^2 + d^2) = (ac + bd)^2 + (ad - bc)^2,$$

可知能写成两个整数平方和的数的集合在乘法下封闭, 因此 n 是两个整数的平方和.

要证明逆命题, 对 n 用第二归纳法. 若 n 没有 $4k + 3$ 型素因子, 则问题已证. 否则设 p 是 $n = a^2 + b^2$ 的一个 $4k + 3$ 型素因子, 根据推论 4.28, 有 $p \mid a, p \mid b$, 因此 $p^2 \mid a^2 + b^2 = n$, $\left(\frac{n}{p^2}\right) = \left(\frac{a}{p}\right)^2 + \left(\frac{b}{p}\right)^2$ 是正整数的平方和, 根据归纳假设 $v_p\left(\frac{n}{p^2}\right) = k$ 是偶数, 这样 $v_p(n) = k + 2$ 也是偶数, 证毕. □

例 4.61. （USATST2008）求方程的整数解: $x^2 = y^7 + 7$.

证： 容易看出 $y \le 0$ 时无解，因此设 $y > 0$. 不难看出 $y \equiv 1 \pmod 4$（若 y 是偶数，则 x^2 模 8 余 7 矛盾；若 y 是奇数，则 x 是偶数，进而 $y^7 + 7$ 模 4 余 0，得到 y 模 4 余 1. ——译者注），我们将方程重写为 $x^2 + 11^2 = y^7 + 2^7$，又将右端因式分解得到

$$x^2 + 11^2 = (y+2)(y^6 - 2y^5 + 4y^4 - 8y^3 + 16y^2 - 32y + 64). \qquad (*)$$

因为 $y \equiv 1 \pmod 4$，$y + 2 \equiv 3 \pmod 4$，因此 $y + 2$ 存在 $4k + 3$ 型素因子 q，使得 $v_q(y+2)$ 是奇数. $(*)$ 左端是二整数平方和，其 q 幂次是偶数，因此 q 整除 $y^6 - 2y^5 + 4y^4 - 8y^3 + 16y^2 - 32y + 64$，计算

$$y^6 - 2y^5 + 4y^4 - 8y^3 + 16y^2 - 32y + 64 \equiv 7 \cdot (-2)^6 \pmod{y+2}$$

必有 $q = 7$. 但是根据推论 4.28，又有 $q \mid 11$，矛盾. $\qquad \square$

例 4.62. 求最小的非负整数 n，使得存在非常数函数 $f : \mathbf{Z} \to [0, \infty)$，使得对所有整数 x, y：(a) $f(xy) = f(x)f(y)$；(b) $2f(x^2 + y^2) - f(x) - f(y) \in \{0, 1, \cdots, n\}$.

对这样的 n，求出所有满足条件的函数.

证： 首先，对 $n = 1$ 存在函数满足 (a) 和 (b). 实际上，对每个 $4k + 3$ 型素数 p，定义 $f_p : \mathbf{Z} \to [0, \infty)$ 为

$$f_p(x) = \begin{cases} 0, & p \mid x, \\ 1, & p \nmid x. \end{cases}$$

则因为 $p \mid xy$ 推出 $p \mid x$ 或 $p \mid y$，(a) 成立. 另一方面 $p \mid x^2 + y^2$ 当且仅当 $p \mid x$ 和 $p \mid y$（根据推论 4.28），这样得到 (b).

现在假设 f 是满足 (a) 和 (b) 的非常数函数，$n = 0$. 则 $2f(x^2 + y^2) = f(x) + f(y)$，进而

$$2f(x)^2 = 2f(x^2) = 2f(x^2 + 0) = f(x) + f(0).$$

特别地，$f(0)^2 = f(0)$. 若 $f(0) = 1$，则 (a) 说明 f 是常函数 1，矛盾. 若 $f(0) = 0$，则 $2f(x)^2 = f(x)$，$f(x) \in \{0, 1/2\}$，对每个整数 x 成立. 若存在 $f(x) = 1/2$，则根据 (a)，$f(x^2) = f(x)^2 = 1/4$，矛盾. 若所有 $f(x) = 0$，f 是常函数 0，也矛盾.

因此 $n = 1$ 是最小的正整数，满足题目条件. 下面证明，对 $n = 1$，则满足 (a) 和 (b) 的所有非常数函数 f 是某个 f_p，或者函数 $f(0) = 0, f(x) = 1, x \ne 0$. 类似上一段，可知 $f(0) = 0$. $x = y = 1$ 代入 (a)，得到 $f(1)^2 = f(1)$，$f(1) \in \{0, 1\}$. 若 $f(1) = 0$，则 (a) 推出 $f(x) = 0 \cdot f(x) = 0$，矛盾. 因此 $f(1) = 1$. 现在

$$2f(x)^2 - f(x) = 2f(x^2 + 0) - f(x) - f(0) \in \{0, 1\}, x \in \mathbf{Z}$$

$f(x) \in \{0, 1, \pm\frac{1}{2}\}$，对所有 x 成立．若有 $f(x) \in \{\pm\frac{1}{2}\}$，则 $f(x^2) = \frac{1}{4}$ 矛盾．因此对所有 x，$f(x) \in \{0, 1\}$．$f(-1)^2 = f(1) = 1$，所以 $f(-1) = 1$，然后 $f(-x) = f(-1)f(x) = f(x)$．根据(a)，只需对每个素数 p，找到 $f(p)$ 即可．

若存在 $x > 0$，使得 $f(x) = 0$．因为 $x \neq 1$，存在 x 的素因子 p，使 $f(p) = 0$．如果有另一个素数 q，使 $f(q) = 0$，则 $2f(p^2 + q^2) \in \{0, 1\}$，因此 $f(p^2 + q^2) = 0$．因此对所有整数 a 和 b，有

$$0 = 2f(a^2 + b^2)f(p^2 + q^2) = 2f((ap + bq)^2 + (aq - bp)^2).$$

另一方面 $0 \leq f(x) + f(y) \leq 2f(x^2 + y^2)$ 上面的恒等式说明 $f(ap + bq) = f(aq - bp) = 0$．现在 p 和 q 互素，根据裴蜀定理，$ap + bq$ 可以取到任何整数，矛盾．因此只有一个素数 p，使得 $f(p) = 0$．

若 $p = 2$，则对所有偶数 x，$f(x) = 0$，对所有奇数 x，$f(x) = 1$．当 x, y 是奇数时 $2f(x^2 + y^2) - f(x) - f(y) = 0 - 1 - 1 = -2$．若 $p \equiv 1 \pmod{4}$，记 $p = a^2 + b^2$，则 $f(p) = 0, f(a) = f(b) = 1$，$2f(a^2 + b^2) - f(a) - f(b) = -2$，矛盾．因此 $p \equiv 3 \pmod{4}$，而函数 f 与上面定义的 f_p 相同． $\qquad\square$

例 4.63. *求所有的函数 $f : \mathbf{N} \to \mathbf{Z}$ 满足：*

(a) *若 $a \mid b$，则 $f(a) \geq f(b)$．*

(b) *$f(ab) + f(a^2 + b^2) = f(a) + f(b)$，对所有正整数 a, b 成立．*

证： 函数 $f(x) - f(1)$ 也满足题目条件，因此不妨设 $f(1) = 0$，于是根据条件(a)，$f(n) \leq 0$，对所有 n 成立．条件(b)代入 $b = 1$，得到 $f(a^2 + 1) = f(1) = 0$，特别地，$f(2) = 0$．

下一步，我们证明对所有 $4k+1$ 型素数 p，$f(p) = 0$．实际上，取这样一个素数 p 和正整数 a，使得 $p \mid a^2 + 1$（存在性由定理 4.55 保证）．则 $f(p) \geq f(a^2 + 1) = f(1) = 0$，又由 $f(p) \leq 0$，$f(p) = 0$．

接下来，我们发现，若 $f(a) = f(b) = 0$，则 $f(ab) + f(a^2 + b^2) = 0$，而 $f(ab), f(a^2 + b^2) \leq 0$，因此 $f(ab) = 0$．结合上面一段，发现当 n 是 $4k + 1$ 型素数和 2 的连乘积时，$f(n) = 0$．现在取 $\gcd(a, b) = 1$，则 $a^2 + b^2$ 是一些 $4k+1$ 型素数和 2 的连乘积，因此 $f(a^2 + b^2) = 0$，$f(ab) = f(a) + f(b)$．

现在我们计算 $f(p^k)$，p 是 $4k+3$ 型素数．在(b)中取 $b = a^k$，并利用(a)，得

$$f(a) + f(a^k) = f(a^{k+1}) + f(a^2 + a^{2k}) \leq f(a^k) + f(a)$$

等号全部成立，因此 $f(a^k) = f(a^{k+1})$，对所有 a, k 成立．因此 $f(p^k) = f(p)$．

综合这些结果得到，若有素因子分解式 $n = p_1^{k_1} \cdots p_r^{k_r}$，则 $f(n) = f(p_1) + \cdots + f(p_r)$，而当 p_i 是 2 或 $4k+1$ 型素数时，$f(p_i) = 0$，对 $4k+3$ 型素数 p_i，$f(p_i) \leq 0$. 这个函数由 f 在所有 $4k+3$ 型素数上的取值决定.

我们验证，任取 $4k+3$ 型素数 p 上的非正取值 $g(p)$，都得到符合条件的函数 f. 对 $4k+1$ 型素数或者 2，有 $f = 0$；对 $4k+3$ 型素数 p，有 $f(p) = g(p)$；对一般的情形，

$$f(p_1^{k_1} \cdots p_r^{k_r}) = f(p_1) + \cdots + f(p_r).$$

关系(a)由 g 的非正性是显然的. 对于关系(b)，设 $\gcd(a, b) = d$，$a = da_1$，$b = db_1$，则 $a^2 + b^2 = d^2(a_1^2 + b_1^2)$. 因为 $\gcd(a_1, b_1) = 1$，$a_1^2 + b_1^2$ 的素因子只有 2 或 $4k+1$ 型素数，$f(a^2 + b^2) = f(d)$（注意 f 只和有没有某素因子有关，和素因子幂次无关）. 根据容斥原理

$$f(ab) + f(a^2 + b^2) = f(ab) + f(d) = \sum_{p|ab} f(p) + \sum_{p|a,\, p|b} f(p)$$
$$= \sum_{p|a} f(p) + \sum_{p|b} f(p) = f(a) + f(b). \qquad \square$$

4.3　拉格朗日定理及应用

4.3.1　多项式同余方程的解数

费马小定理的重磅结论是：对每个素数 p，多项式 $X^p - X$ 模 p 有 p 个解，即 $0, 1, \cdots, p-1$. 还有另一个多项式也有这些零点，即 $X(X-1)\cdots(X-p+1)$. 当然 $X^p - X$ 和 $X(X-1)\cdots(X-p+1)$ 作为多项式并不相同. 在这一节，我们将定义整系数多项式的同余关系. 我们还证明：$X^p - X$ 和 $X(X-1)\cdots(X-p+1)$ 模 p 是同余的. 利用这一点，我们可以研究映射 $x \mapsto x^d \pmod{p}$. 这个研究会在最后一章中起到关键作用.

我们从多项式的同余关系开始，记 $\mathbf{Z}[X]$ 为所有整系数多项式构成的集合. 下面的定义对于读者来说应该不突兀.

定义 4.64. 设 n 是整数，$f, g \in \mathbf{Z}[X]$. 我们说 f 和 g 模 n 同余，并记作 $f \equiv g \pmod{n}$，如果多项式 $f - g$ 的所有系数是 n 的倍数. 也就是说，存在 $h \in \mathbf{Z}[X]$，使得 $f - g = nh$.

我们指出一个常见的理解错误：若 $f \equiv g \pmod{n}$，则显然 $f(x) \equiv g(x) \pmod{n}$ 对所有整数 x 成立. 然而逆命题不成立：取 $f = X^2 + X$ 和 $g = 2$，则

$f(x) \equiv g(x) \equiv 0 \pmod 2$ 对所有整数 x 成立，但是 f 和 g 模 2 不同余，因为 $X^2 + X - 2$ 的系数不全是偶数.

举个例子，多项式 $X(X-1)(X-2)$ 和 $X^3 - X$ 模 3 同余，因为展开后比较系数有

$$(X^3 - X) - X(X-1)(X-2) = 3X(X-1)$$

是 3 的倍数. 另一方面，$X^3 - X$ 和 $X(X-1)(X-2)$ 模任何大于 1 但不等于 3 的 n 不同余.

和整数同余关系一样，可以直接证明下面的关于多项式同余关系的性质，我们留给读者.

命题 4.65. 对所有多项式 $f, g, h, k \in \mathbf{Z}[X]$ 和所有整数 n，有：

(a) $f \equiv f \pmod n$.

(b) 若 $f \equiv g \pmod n$，则 $g \equiv f \pmod n$.

(c) 若 $f \equiv g \pmod n$，$g \equiv h \pmod n$，则 $f \equiv h \pmod n$.

(d) 若 $f \equiv g, h \equiv k \pmod n$，则 $f + h \equiv g + k, fh \equiv gk \pmod n$.

例 4.66. 证明：对所有 $f, g \in \mathbf{Z}[X]$ 和所有素数 p，有

$$(f+g)^p \equiv f^p + g^p \pmod p, \quad f(X)^p \equiv f(X^p) \pmod p.$$

证： 第一个同余式从二项式定理

$$(f+g)^p = f^p + g^p + \sum_{k=1}^{p-1} \binom{p}{k} f^{p-k} g^k$$

和 $p \mid \binom{p}{k}$，$1 \le k \le p-1$ 直接得到.

对第二个同余式，记 $f(X) = a_0 + a_1 X + \cdots + a_n X^n$，反复应用第一个同余式有

$$f(X)^p = (a_0 + a_1 X + \cdots + a_n X^n)^p \equiv a_0^p + (a_1 X)^p + \cdots + (a_n X^n)^p \pmod p.$$

再利用费马小定理，可得 $a_i^p \equiv a_i \pmod p$，得证. $\qquad\qquad \square$

下面的结果推广了素数的通常性质（若 p 整除 ab，则 p 整除 a 或 b）到多项式的情形.

定理 4.67. （多项式的高斯引理）设 p 是素数，f, g 是整系数多项式，满足 $f \cdot g \equiv 0 \pmod p$. 则 $f \equiv 0 \pmod p$ 或 $g \equiv 0 \pmod p$.

证：用反证法，假设结论不成立．记

$$f(X) = a_0 + a_1 X + \cdots + a_d X^d, \quad g = b_0 + b_1 X + \cdots + b_e X^e$$

$a_0, \cdots, a_d, b_0, \cdots, b_e$ 是整数．设 i 是最小的非负整数，使得 p 不整除 a_i（根据假设 i 存在），j 是最小的非负整数，使得 p 不整除 b_j．则 $f(X)g(X)$ 中 X^{i+j} 的系数是 $\sum_{u+v=i+j} a_u b_v$，根据题目条件它被 p 整除．

另一方面，若 $u+v = i+j$ 且 $(u,v) \neq (i,j)$，则 $u < i$ 或 $v < j$ 之一成立，因此 $a_u b_v$ 被 p 整除．这样

$$0 \equiv \sum_{u+v=i+j} a_u b_v \equiv a_i b_j \pmod{p},$$

与 a_i 和 b_j 都不被 p 整除矛盾． $\qquad\square$

多项式的同余式和多项式同余方程的解的根本联系是下面的定理．

定理 4.68. 设 $f \in \mathbf{Z}[X]$，a 是整数．则 $f(a) \equiv 0 \pmod{n}$ 当且仅当存在 $g \in \mathbf{Z}[X]$，使得

$$f(X) \equiv (X-a)g(X) \pmod{n}.$$

进一步，如果条件成立，我们可以选择 g 的次数不超过 $\deg(f) - 1$．

证：先假设存在这样的 g．根据定义，存在整系数多项式 h，使得 $f(X) = (X-a)g(X) + nh(X)$．代入 $X = a$，得到 $f(a) = nh(a) \equiv 0 \pmod{n}$．

反之，若 $f(a) \equiv 0 \pmod{n}$．记 $f(X) = c_0 + c_1 X + \cdots + c_d X^d$，$c_0, \cdots, c_d$ 是整数．则

$$f(X) - f(a) = c_1(X-a) + c_2(X^2 - a^2) + \cdots + c_d(X^d - a^d) = (X-a)g(X),$$

其中

$$g(X) = c_1 + c_2(X+a) + \cdots + c_d(X^{d-1} + \cdots + a^{d-1}),$$

是整系数多项式，次数不超过 $d-1$．因为 $f(X) - (X-a)g(X) = f(a)$ 和 $f(a) \equiv 0 \pmod{n}$，有 $f(X) \equiv (X-a)g(X) \pmod{n}$，得证． $\qquad\square$

我们可以建立下面的结果，是代数相关定理"非零复系数多项式 f 至多有 $\deg f$ 个复根"的模 p 类比．

定理 4.69.（拉格朗日）设 p 是素数，f 是整系数多项式．若至少一个 f 的系数不是 p 的倍数（也就是说，若 f 模 p 不同余于 0），则同余方程 $f(x) \equiv 0 \pmod{p}$ 至多有 $\deg f$ 个解．

证：我们对 f 的次数 d 用归纳法证明．$d = 0$ 的情形是显然的．假设命题对 d 成立，现在证明 $d + 1$ 的情形．设 $f \in \mathbf{Z}[X]$ 是 $d + 1$ 次整系数多项式，模 p 不同余于 0．若 $f(x) \equiv 0 \pmod{p}$ 没有解，则命题已经成立．否则，假设 a 是一个解．上一个定理，说明存在多项式 $g \in \mathbf{Z}[X]$，使得

$$f(X) \equiv (X - a)g(X) \pmod{p}$$

和 $\deg(g) \leq d$ 成立．注意 g 模 p 不是 0（否则 f 也是，矛盾）．因此根据归纳假设 $g(x) \equiv 0 \pmod{p}$ 至多有 d 个解，因为 $f(x) \equiv 0 \pmod{p}$ 的每个解或者是 a 或者是 $g(x) \equiv 0 \pmod{p}$ 的一个解（这里必须用到 p 是素数，前面的论述不用），总个数不超过 $d + 1$，归纳完成. $\qquad\square$

注释 4.70. 当 n 是合数时，这个结果完全不对．例如，方程 $x^3 \equiv x \pmod{6}$ 有 6 个解．而方程 $X^3 - X$ 模 6 显然不是 0.

下面的定理是费马小定理和拉格朗日定理的直接推论.

定理 4.71. 对所有素数 p，有

$$X^{p-1} - 1 \equiv (X - 1)(X - 2) \cdots (X - p + 1) \pmod{p}.$$

证：设 f 是左右两端的差，则因为两端的首项系数都是 1，$\deg f \leq p - 2$．另一方面，费马小定理给出 $f(i) \equiv 0 \pmod{p}$ 对 $1 \leq i \leq p - 1$ 成立，因此根据拉格朗日定理 $f \equiv 0 \pmod{p}$，得证. $\qquad\square$

前面的定理包含很多的同余关系，如威尔逊定理 $(p - 1)! + 1 \equiv 0 \pmod{p}$．只要考察定理中式子左右两端的常数项即可．如果考察 $X^{p-1-i}, 1 \leq i < p - 1$ 的系数，可得

$$\sum_{1 \leq k_1 < k_2 < \cdots < k_i < p} k_1 k_2 \cdots k_i \equiv 0 \pmod{p}.$$

下面的几个例子展示了前面定理的用处.

例 4.72. （罗马尼亚TST2001）求所有正整数对 (m, n)，$m, n \geq 2$，满足 $m \mid a^n - 1$ 对每个 $a \in \{1, 2, 3, \cdots, n\}$ 成立.

证：设 p 是 m 的素因子，则 $p \mid a^n - 1$ 对 $1 \leq a \leq n$ 成立．若 $p \leq n$，则 $p \mid p^n - 1$，矛盾．因此 $p \geq n + 1$，$1, 2, \cdots, n$ 是 $x^n \equiv 1 \pmod{p}$ 的 n 个不同解．而多项式 $x^n - 1 - (x - 1) \cdots (x - n)$ 的次数不超过 $n - 1$，模 p 有 n 个不同解，拉格朗日定理说明

$$X^n - 1 \equiv (X - 1)(X - 2) \cdots (X - n) \pmod{p}.$$

考虑 X^{n-1} 的系数，可得 $p \mid \frac{n(n+1)}{2}$. 因为 $p > n$，必然有 $p = n+1$. 特别地，$n+1$ 是素数 $p > 2$，m 有唯一的素因子 p. 我们将证明：p^2 不能整除所有的 $a^{p-1} - 1, 1 \le a \le p-1$ 成立，于是只能 $m = p$. 实际上

$$(p-1)^{p-1} - 1 \equiv (-1)^{p-1} + (-1)^{p-2}(p-1)p - 1 \equiv -p(p-1) \pmod{p^2},$$

所以 p^2 不整除 $(p-1)^{p-1} - 1$.

另一方面，$m = p, n = p-1$ 时，根据费马小定理，$p \mid a^n - 1, a = 1, 2, \cdots, n$ 成立. 因此问题的所有解为 $(p, p-1)$，$p > 2$ 是素数. $\square$

例 4.73. （伊朗TST2011）设 p 是素数，$k \le p$ 是正整数，$f \in \mathbf{Z}[X]$，满足 p^k 整除 $f(x)$，对所有 $x \in \mathbf{Z}$ 成立. 证明：存在多项式 $g_0, g_1, \cdots, g_k \in \mathbf{Z}[X]$，使得

$$f(X) = \sum_{i=0}^{k} p^{k-i}(X^p - X)^i \cdot g_i(X).$$

证： 我们对 k 归纳证明命题.

先看 $k = 1$ 的情形，记 $f(X) = (X^p - X)q(X) + r(X)$，$q, r \in \mathbf{Z}[X]$，$\deg r < p$ （这种写法存在是因为 $X^p - X$ 是首一多项式，用多项式带余除法）. 题目条件结合费马小定理，有 $p \mid r(x)$ 对所有整数 x 成立. 因为 $\deg r < p$，拉格朗日定理说明 $r \equiv 0 \pmod{p}$，$k = 1$ 情形命题成立.

假设命题对 k 成立，$k + 1 \le p$，p^{k+1} 整除 $f(x)$，对所有 x 成立. 根据归纳假设，存在多项式 $g_i \in \mathbf{Z}[X]$，使得 $f(X) = \sum_{i=0}^{k} p^{k-i}(X^p - X)^i \cdot g_i(X)$. 若 x 和 z 是任意整数，$y = \frac{x^p - x}{p}$ （根据费马小定理 y 是整数），二项式定理给出

$$(x + pz)^p - (x + pz) \equiv p(y - z) \pmod{p^2},$$

于是

$$f(x + pz) \equiv \sum_{i=0}^{k} p^k(y - z)^i g_i(x + pz) \equiv p^k \sum_{i=0}^{k} (y - z)^i g_i(x) \pmod{p^{k+1}}.$$

因此 p 整除 $\sum_{i=0}^{k}(y - z)^i g_i(x)$ 对任何 x 和 z 成立. 看成关于 $y - z$ 的多项式，因为 $k < p$，拉格朗日定理说明 $g_i(x) \equiv 0 \pmod{p}$，对所有 i 和所有 x 成立. 应用 $k = 1$ 的情形，存在 $h_i, r_i \in \mathbf{Z}[X]$ 使得 $g_i(X) = (X^p - X)h_i(X) + pr_i(X)$. 代入 $f(X) = \sum_{i=0}^{k} p^{k-i}(X^p - X)^i \cdot g_i(X)$，证明了归纳步骤. $\square$

例 4.74. （USATST2009）设 $p \ge 5$ 是素数，a, b, c 是整数，满足 p 不整除 $(a-b)(b-c)(c-a)$. $i, j, k \ge 0$ 是整数，满足 $p - 1 \mid i + j + k$ 以及对所有整数 x，

$$p \mid (x-a)(x-b)(x-c)[(x-a)^i(x-b)^j(x-c)^k - 1].$$

证明：i, j, k 都被 $p-1$ 整除.

证：利用费马小定理，可以将 i, j, k 替换为它们模 $p-1$ 的余数，不影响题目条件和结论. 因此不妨设 $0 \leq i, j, k < p-1$. 用反证法，假设题目条件不成立. 则 i, j, k 不全为 0，因为 $p-1 \mid i+j+k$，可得 $i+j+k = p-1$ 或 $2(p-1)$. 若 $i+j+k = 2(p-1)$，将每个 $x \in \{i, j, k\}$ 替换成 $p-1-x$，题目条件和结论还等价，因此只需证明 $i+j+k = p-1$ 的情形. 最后，不妨设 $i = \max(i, j, k) > 0$.

将同余式

$$(x-a)(x-b)(x-c)[(x-a)^i(x-b)^j(x-c)^k - 1] \equiv 0 \pmod p$$

乘以 $(x-a)^{j+k}$，利用费马小定理，可得

$$f(x) := (x-a)(x-b)(x-c)[(x-b)^j(x-c)^k - (x-a)^{j+k}] \equiv 0 \pmod p.$$

对所有 x 成立. 因为 $p \geq 5$，有

$$\deg(f) \leq 3 + j + k - 1 \leq 2 + \frac{2(p-1)}{3} < p$$

根据拉格朗日定理，$f(X) \equiv 0 \pmod p$. 结合定理 4.67，可得

$$(X-b)^j(X-c)^k \equiv (X-a)^{j+k} \pmod p.$$

因为 $i < p-1$，$i+j+k = p-1$，有 $j+k \neq 0$. 代入 $X = a$，可得 $p \mid (a-b)^j(a-c)^k$，因此 $p \mid (a-b)$ 或 $p \mid (a-c)$，与题目假设矛盾.

因此 $i = j = k = 0$，题目得证. $\qquad\square$

例 4.75.（CTST2009）证明存在 $c > 0$，使得对任何素数 p，存在至多 $cp^{2/3}$ 个正整数 n，使得 p 整除 $n! + 1$.

证：设 $p > 2$ 是素数，$1 < n_1 < n_2 < \cdots < n_m < p$ 是同余方程 $n! \equiv -1 \pmod p$ 的所有解（注意若 $p \mid n! + 1$，则 $n < p$）. 我们可以假设 $m > 1$，否则命题已经成立. 将同余式 $n_i! \equiv -1 \pmod p$ 和 $n_{i+1}! \equiv -1 \pmod p$ 结合，得到

$$(n_i+1)(n_i+2)\cdots(n_i+n_{i+1}-n_i) \equiv 1 \pmod p.$$

拉格朗日定理说明，对每个 $1 \leq k < p$，同余方程

$$(x+1)(x+2)\cdots(x+k) \equiv 1 \pmod p$$

至多有 k 个解. 因此对每个 $1 \le k < p$ 存在至多 k 个指标 i, 使得 $n_{i+1} - n_i = k$. 这里是证明的关键, 论述的其余部分是纯组合的.

选择正整数 j, 使得

$$\frac{(j+1)(j+2)}{2} \ge m \ge \frac{j(j+1)}{2}.$$

因为对任何 $k \in \{1, 2, \cdots, p-1\}$ 至多有 k 个 i 满足方程 $n_{i+1} - n_i = k$, 而且 $m \ge \frac{j(j+1)}{2} = \sum_{i=1}^{j} j$, 可得当将差 $n_{i+1} - n_i$ 递增排列时, 第一个至少是 1, 接着两个至少是 2, 如此继续, 每次下 i 个差至少是 i. 因此

$$\sum_{i=1}^{m-1} (n_{i+1} - n_i) \ge 1^2 + 2^2 + \cdots + j^2 = \frac{j(j+1)(2j+1)}{6}$$

然后有 $p > n_m - n_1 \ge \frac{j(j+1)(2j+1)}{6}$. 特别地, $p > \frac{j^3}{3}$, $j < (3p)^{1/3}$. 因为 $m \le (j+1)^2 \le 4j^2$, 题目得证. $\qquad\square$

4.3.2 同余方程 $x^d \equiv 1 \pmod{p}$

经过前面的一系列例子, 我们回到理论内容. 拉格朗日定理的一个直接推论是下面看起来天真的非平凡结果.

推论 4.76. 设 p 是素数, k 是正整数, 使得 $x^k \equiv 1 \pmod{p}$ 对所有和 p 互素的整数 x 成立, 则 $p-1 \mid k$.

证: 设 $d = \gcd(k, p-1)$, 则 $d \mid p-1$. 对所有和 p 互素的 x, 根据题目条件有 $x^k \equiv 1 \pmod{p}$, 而费马小定理给出 $x^{p-1} \equiv 1 \pmod{p}$, 所以 $p \mid \gcd(x^{p-1} - 1, x^d - 1) = x^d - 1$. 因此同余方程 $x^d \equiv 1 \pmod{p}$ 有至少 $p-1$ 个解, 拉格朗日定理给出 $d \ge p-1$. 因此 $p-1 = \gcd(k, p-1)$. $\qquad\square$

我们有下面的同余式, 直接证明并不容易.

推论 4.77. (a) 若 j 是正整数, 不是 $p-1$ 的倍数, 则

$$1^j + 2^j + \cdots + (p-1)^j \equiv 0 \pmod{p}.$$

(b) 若 f 是整系数多项式, $\deg(f) < p-1$, 则

$$f(0) + f(1) + \cdots + f(p-1) \equiv 0 \pmod{p}.$$

证: (a) 根据上一个推论, 可以选择整数 x 与 p 互素, 使得 p 不整除 $x^j - 1$. 设 $S = 1^j + 2^j + \cdots + (p-1)^j$. 因为 $x, 2x, \cdots, (p-1)x$ 构成模 p 的缩系,

$$x^j S = x^j + (2x)^j + \cdots + ((p-1)x)^j \equiv 1^j + 2^j + \cdots + (p-1)^j \equiv S \pmod{p}.$$

因此 p 整除 $S(x^j-1)$，而 p 不整除 x^j-1，得证.

(b) 记 $f(X)=\sum_{i=0}^{d} a_i X^i$，$a_0,\cdots,a_d$ 是整数，$d<p-1$. 则

$$\sum_{j=0}^{p-1} f(j) = \sum_{j=0}^{p-1}\sum_{i=0}^{d} a_i j^i = \sum_{i=0}^{d} a_i \sum_{j=0}^{p-1} j^i.$$

根据(a)部分，每一项 $\sum_{j=0}^{n-1} j^i \equiv 0 \pmod{p}$. □

在给出一些具体例子之前，我们讨论同余式 $x^d \equiv 1 \pmod{p}$ 的细节. 这些在第六章会起主要作用. 注意，我们总是可以把问题归结为 $d\mid p-1$ 的情形，因为方程 $x^d \equiv 1 \pmod{p}$ 和 $x^{\gcd(d,p-1)} \equiv 1 \pmod{p}$ 的解总是相同的.（根据费马小定理和 $\gcd(x^d-1, x^{p-1}-1)=x^{\gcd(d,p-1)}-1$ 得到）. 费马小定理和拉格朗日定理结合，得到下面结果.

定理 4.78. 设 p 是素数，$d\mid p-1$. 则 $x^d \equiv 1 \pmod{p}$ 恰好有 d 个解.

证： 因为 $d\mid p-1$，可以找到整系数多项式 $f(X)$ 使得 $X^{p-1}-1=(X^d-1)f(X)$（显式表达式为 $f(X)=1+X^d+\cdots+X^{(\frac{p-1}{d}-1)d}$）. 根据费马小定理同余方程 $x^{p-1}\equiv 1 \pmod{p}$ 有 $p-1$ 个解. 每个解是 $x^d \equiv 1 \pmod{p}$ 或 $f(x)\equiv 0 \pmod{p}$ 的一个解.

根据拉格朗日定理，这两个同余方程分别至多有 d 和 $p-1-d$ 个解. 因为总数达到了极大值 $p-1=d+p-1-d$，两个方程解数都达到极大值. □

下面是几个具体的例子，演示前面的结果.

例 4.79. *Carmichael* 数是一个正整数 n，使得 $n\mid a^n-a$ 对每个整数 a 成立.

(a) 证明：n 是 *Carmichael* 数当且仅当 n 无平方因子且 $p-1$ 整除 $n-1$ 对每个素数 p 整除 n 成立.

(b) 求所有 *Carmichael* 数，具有形式 $3pq$，p,q 是素数.

证： (a) 假设 n 是 Carmichael 数，则 n 整除 p^n-p 对每个素数 p 成立. 这样 $p\mid n$，$p^2\nmid n$（否则 $p^2\mid p^n-p$，$p^2\mid p$ 矛盾），因此 n 无平方因子. 其次，若素数 $p\mid n$，$p\mid a^{n-1}-1$ 对任何 a 与 p 互素成立，根据推论 4.76，有 $p-1\mid n-1$. 逆命题从例 4.3 得出.

(b) 根据(a)，可得 $3,p,q$ 互不相同，而且 $p-1\mid 3pq-1$，$q-1\mid 3pq-1$. 进而得到 $p-1\mid 3q-1$，$q-1\mid 3p-1$. 不妨设 $p>q$，所以 $3q-1<3(p-1)$，$p-1=3q-1$（不可能，因为此时 $p=3q$ 不是素数）或 $2(p-1)=3q-1$. 若 $2p=3q+1$，则 $q-1\mid 3p-1\mid 6p-2=9q+1$. 因此 $q-1\mid 10$，$q=11$，$p=17$，$n=561$. □

例 4.80. （罗马尼亚TST2008）给定整数 $n > 1$，计算 $2^n - 2, 3^n - 3, \cdots, n^n - n$ 的最大公约数.

证： 对 $n = 2$，答案是 2，故假设 $n > 2$. 设 $d = \gcd(2^n - 2, \cdots, n^n - n)$，$p$ 是 d 的一个素因子. 若 $p > n$，则 n 次同余方程 $x^n \equiv x \pmod{p}$ 模 p 有两两不同的解 $0, 1, \cdots, n$，和拉格朗日定理矛盾.

因此 $p \leq n$，特别地，$d \mid p^n - p$，而 $p^2 \nmid p^n - p$，因此 p^2 不整除 d，即 d 无平方因子. 又因为 $\{1, 2, 3, \cdots, n\}$ 包含模 p 的完系，所以 $p \mid a^{n-1} - 1$，对所有与 p 互素的 a 成立. 根据推论 4.76，有 $p - 1 \mid n - 1$.

反之，若素数 p 满足 $p - 1 \mid n - 1$，则根据费马小定理 $p \mid a^n - a$ 对所有整数 a 成立，因此 $p \mid d$.

因此我们证明了，$d = \prod_{p-1 \mid n-1} p$. □

例 4.81. （IMO1997SL）设 p 是素数，f 是整系数多项式，使得 $f(0) = 0$，$f(1) = 1$，而且对所有整数 x，$f(x)$ 模 p 是 0 或 1. 证明：$\deg(f) \geq p - 1$.

证： 用反证法，若 $\deg(f) < p - 1$，推论 4.77 推出

$$f(0) + f(1) + \cdots + f(p-1) \equiv 0 \pmod{p}.$$

但是式子左端同余于一些 0 和 1 的求和，其中至少一个 0，一个 1，不可能是 p 的倍数. □

例 4.82. （数学反思O 21）求整系数非常数多项式 f 的最小次数，使得 $f(0)$，$f(1)$，$\cdots$，$f(p-1)$ 都是 $p-1$ 次幂[1].

证： 设 f 是这样的一个多项式，记 $f(i) = x_i^{p-1}$，$x_0, \cdots, x_{p-1}$ 是整数. 根据费马小定理可得 $f(i)$ 模 p 为 0 或 1，对所有 $0 \leq i \leq p - 1$ 成立. 若 $\deg f < p - 1$，则推论 4.77 给出

$$f(0) + f(1) + \cdots + f(p-1) \equiv 0 \pmod{p}.$$

因为 $f(0), \cdots, f(p-1)$，每个数模 p 为 0 或 1，因此 $f(0), \cdots, f(p-1)$ 模 p 都相同. 即存在 $\varepsilon \in \{0, 1\}$，使得同余方程 $f(x) \equiv \varepsilon \pmod{p}$ 有至少 p 个解，和拉格朗日定理矛盾（此处没有排除 $f(x)$ 模 p 为常函数的情形，一个修补方法是题目条件加上首一多项式的要求. ——译者注）.

因此 $\deg f \geq p - 1$. 因为 $f(X) = X^{p-1}$ 显然满足题目条件，因此题目答案是 $p - 1$. □

---

[1]本题需要加上首一多项式的条件才正确，否则例如 $p = 3$，$f(x) = 24x + 1$ 是一个反例，译者注.

例 4.83. （Giuga）设 $n > 1$ 是整数 1. 证明：

$$n \mid 1 + 1^{n-1} + 2^{n-1} + \cdots + (n-1)^{n-1}$$

当且仅当对 n 的每个素因子 p，有 $p \mid \frac{n}{p} - 1$ 且 $p - 1 \mid \frac{n}{p} - 1$.

证： 记 $S = 1^{n-1} + 2^{n-1} + \cdots + (n-1)^{n-1}$. 设 p 是 n 的素因子，我们先看 p 整除 $1 + S$ 的充要条件. 记 $n = kp$，k 是正整数. 模 p 的每个非零余数在 $1, 2, \cdots, n - 1$ 恰好出现 k 次，因此

$$1 + S \equiv 1 + k(1^{n-1} + 2^{n-1} + \cdots + (p-1)^{n-1}).$$

根据推论 4.77 有

$$1^{n-1} + 2^{n-1} + \cdots + (p-1)^{n-1} \equiv \begin{cases} 0, & p-1 \nmid n-1 \\ -1, & p-1 \mid n-1 \end{cases} \pmod{p}.$$

因此 $p \mid 1 + S$ 当且仅当 $p - 1$ 整除 $n - 1$（等价于 $p - 1 \mid \frac{n}{p} - 1$）且 $p \mid k - 1 = \frac{n}{p} - 1$. 这样证明了问题的一个方向.

反之，假设这些条件成立. 因为 $p \mid \frac{n}{p} - 1$，所以 $p^2 \nmid n$. 这对所有 $p \mid n$ 成立，因此 n 无平方因子. 因此 n 整除 $1 + S$ 当且仅当 $p \mid 1 + S$ 对任何 $p \mid n$. 根据第一段，这等价于题目的结论. □

注释 4.84. *Giuga* 的猜想是满足这个题目条件的 n 只有素数，注意条件 $p - 1 \mid \frac{n}{p} - 1$ 等价于 $p - 1 \mid n - 1$，因此满足题目条件的合数 n 都是 *Carmichael* 数. 我们称 $n > 1$ 是 *Giuga* 数，若 n 是合数且 $p \mid \frac{n}{p} - 1$ 对 n 的所有素数因子 p 成立（说明 n 无平方因子）. 我们可以重述 *Giuga* 的猜想为"没有 *Giuga* 数是 *Carmichael* 数". 前几个 *Giuga* 数是

$$30, 858 = 2 \cdot 3 \cdot 11 \cdot 13, 1\,722 = 2 \cdot 3 \cdot 7 \cdot 41, \cdots$$

而且存在 *Giuga* 魔数（此处没给出 *Giuga* 魔数定义. ——译者注），例如

$$2 \cdot 3 \cdot 11 \cdot 23 \cdot 31 \cdot 47\,059 \cdot 2\,259\,696\,349 \cdot 110\,725\,121\,051.$$

不知道是否存在无穷多 Giuga 数. 给读者的一个有意思的练习是检验下面说法的等价性：

(a) n 是 Giuga 数；

(b) $1^{\varphi(n)} + 2^{\varphi(n)} + \cdots + (n-1)^{\varphi(n)} \equiv -1 \pmod{n}$；

(c) $\sum_{p|n} \frac{1}{p} - \prod_{p|n} \frac{1}{p}$ 是正整数.

下面文章介绍了这些结果及很多其他结果.

"Giuga's conjecture on primality", by D. Borwein, J. M. Borwein, P. B. Borwein and R. Girgensohn, published in the American Mathematical Monthly, vol. 103, No. 1, 1996.

我们现在给出例 4.44 的一个概念性证明, 是基于推论 4.77 的.

例 4.85. (Lerch同余式) 证明: 对所有奇素数 p, 有

$$1^{p-1} + 2^{p-1} + \cdots + (p-1)^{p-1} \equiv p + (p-1)! \pmod{p^2}.$$

证: 记

$$f(X) = \prod_{i=1}^{p-1}(X - i) = X^{p-1} + a_{p-2}X^{p-2} + \cdots + a_1 X + a_0$$

其中 $a_0, \cdots, a_{p-2}$ 是整数. 根据定理 4.71, $\prod_{i=1}^{p-1}(X-i) \equiv X^{p-1} - 1 \pmod{p}$, 因此 $p \mid a_1, \cdots, a_{p-2}$, $a_0 = (p-1)!$. 接下来看到

$$0 = \sum_{i=1}^{p-1} f(i) = \sum_{i=1}^{p-1} i^{p-1} + \sum_{j=0}^{p-2} a_j(1^j + 2^j + \cdots + (p-1)^j).$$

因为 $1^j + 2^j + \cdots + (p-1)^j \equiv 0 \pmod{p}$ 对 $1 \le j \le p-2$ 成立 (根据推论 4.77), 所有的项 $a_j(1^j + 2^j + \cdots + (p-1)^j)$, $1 \le j \le p-2$ 是 p^2 的倍数. 因此

$$1^{p-1} + 2^{p-1} + \cdots + (p-1)^{p-1} \equiv -(p-1)(p-1)! \pmod{p^2}.$$

只需证明 $-(p-1)(p-1)! \equiv p + (p-1)! \pmod{p^2}$, 化为威尔逊定理. $\qquad\square$

4.3.3 Chevalley-Warning 定理

我们现在证明一个多项式同余方程组解数的结果, 称为 Chevalley-Warning 定理. 首先需要下面的结果, 这个结果是推论 4.77 的多变量形式.

推论 4.86. 设 $F \in \mathbf{Z}[X_1, \cdots, X_n]$ 是整系数多项式, $X_1, \cdots, X_n$ 是自变量, p 是素数, 使得 $\deg F < n(p-1)$. 则

$$\sum_{(x_1, \cdots, x_n) \in \{0, 1, \cdots, p-1\}^n} F(x_1, \cdots, x_n) \equiv 0 \pmod{p}.$$

证：多项式 F 是如下形式的单项式 $X_1^{i_1} \cdots X_n^{i_n}$ 的整系数线性组合，其中 $i_1 + \cdots + i_n < n(p-1)$. 只需对每个这样的单项式证明命题即可，即

$$\sum_{(x_1, \cdots, x_n) \in \{0, 1, \cdots, p-1\}^n} x_1^{i_1} \cdots x_n^{i_n} \equiv 0 \pmod{p},$$

其中非负整数 $i_1, \cdots, i_n$ 满足 $i_1 + \cdots + i_n < n(p-1)$. 因为

$$\sum_{(x_1, \cdots, x_n) \in \{0, 1, \cdots, p-1\}^n} x_1^{i_1} \cdots x_n^{i_n} = \left(\sum_{x_1=0}^{p-1} x_1^{i_1} \right) \cdot \cdots \cdot \left(\sum_{x_n=0}^{p-1} x_n^{i_n} \right),$$

只需证明对某个 $j \in \{1, 2, \cdots, n\}$，$p \mid \sum_{x=0}^{p-1} x^{i_j}$. 因为 $i_1 + \cdots + i_n < n(p-1)$，存在 j，使得 $i_j < p-1$. 对这个 j，根据推论 4.77，有 $p \mid \sum_{x=0}^{p-1} x^{i_j}$. □

现在可以证明下面的结果，这是 Artin 的猜想.

定理 4.87. （Chevalley-Warning）设 p 是素数，k 和 n 是正整数，$f_1, \cdots, f_k$ 是 $X_1, \cdots, X_n$ 的整系数多项式，使得 $n > \sum_{i=1}^k \deg f_i$. 则满足条件

$$f_1(x_1, \cdots, x_n) \equiv f_2(x_1, \cdots, x_n) \equiv \cdots \equiv f_k(x_1, \cdots, x_n) \equiv 0 \pmod{p}$$

的 n 数组 $(x_1, \cdots, x_n) \in \{0, 1, \cdots, p-1\}^n$ 个数是 p 的倍数.

证：下面的证明比较神奇. 考虑多项式

$$F = (1 - f_1^{p-1})(1 - f_2^{p-1}) \cdots (1 - f_k^{p-1}).$$

根据题目条件，$\deg F < (p-1)n$. 关键结论是，对每个 $x = (x_1, \cdots, x_n) \in \{0, 1, \cdots, p-1\}^n$，同余方程组

$$f_1(x) \equiv f_2(x) \equiv \cdots \equiv f_k(x) \equiv 0 \pmod{p}$$

等价于同余方程 $F(x) \equiv 1 \pmod{p}$. 实际上，根据费马小定理

$$f_i(x)^{p-1} \equiv \begin{cases} 1 \pmod{p}, & f_i(x) \not\equiv 0 \pmod{p} \\ 0 \pmod{p}, & f_i(x) \equiv 0 \pmod{p}. \end{cases}$$

因此 $F(x) \equiv 0 \pmod{p}$，除非对所有 $1 \le i \le k$，$f_i(x) \equiv 0 \pmod{p}$ 成立. 现在，设 N 是使得 $F(x_1, \cdots, x_n) \equiv 1 \pmod{p}$ 成立的 n 数组 $(x_1, \cdots, x_n)$ 个数. 则

$$\sum_{(x_1, \cdots, x_n) \in \{0, 1, \cdots, p-1\}^n} F(x_1, \cdots, x_n) \equiv N \pmod{p},$$

因此只需证明，上式左端是 p 的倍数，这正是推论 4.86 的内容. □

Chevalley-Warning 定理的一个非常有用的结论是下面的结果，保证了多项式同余方程组只要变量够多，且有平凡解，则必有非平凡解.

推论 4.88. 在 *Chevalley-Warning* 定理同样假设下，如果 $f_i(0, \cdots, 0) = 0$，对所有 i 成立．则同余方程组

$$f_1(x_1, \cdots, x_n) \equiv f_2(x_1, \cdots, x_n) \equiv \cdots \equiv f_k(x_1, \cdots, x_n) \equiv 0 \pmod{p}$$

存在解 $(x_1, \cdots, x_n)$，其中至少一个 x_i 不是 p 的倍数．

证： Chevalley-Warning 定理说明方程组的解数是 p 的倍数，题目条件说明有平凡解 $(0, 0, \cdots, 0)$，因此方程组至少有一个非平凡解，证毕． $\square$

例 4.89. 设 p 是素数，a, b, c 是整数．证明：存在整数 x, y, z，不全是 p 的倍数，满足 $p \mid ax^2 + by^2 + cz^2$．

证： 方程总次数为 2，变量有 3 个，有平凡解，直接应用推论 4.88 即可． $\square$

我们在例 3.41 中已经证明了下面的结果，那个证明不太自然．我们现在给出一个概念性的证明，利用了 Chevalley-Warning 定理（更确切说是利用了推论 4.88）．

例 4.90. （Erdös-Ginzburg-Ziv 定理）设 p 是素数．证明：在任何 $2p - 1$ 个整数中，存在 p 个数，其和是 p 的倍数．

证： 设 $a_1, a_2, \cdots, a_{2p-1}$ 是给定的 $2p - 1$ 个整数，考虑两个函数

$$f_1(X) = \sum_{i=1}^{2p-1} a_i X_i^{p-1}, \quad f_2(X) = \sum_{i=1}^{2p-1} X_i^{p-1}.$$

应用推论 4.88，存在 $(x_1, \cdots, x_{2p-1}) \in \{0, 1, \cdots, p-1\}^{2p-1}$，使得 x_i 模 p 不全为 0，且满足

$$f_1(x_1, \cdots, x_{2p-1}) \equiv f_2(x_1, \cdots, x_{2p-1}) \equiv 0 \pmod{p}.$$

取 $I = \{i \mid x_i \not\equiv 0 \pmod{p}\}$，根据费马小定理

$$\sum_{i \in I} a_i \equiv 0 \pmod{p}, \quad \sum_{i \in I} 1 \equiv 0 \pmod{p}.$$

第二个同余式和不等式 $1 \le |I| \le 2p - 1$ 给出 $|I| = p$．因此 $(a_i)_{i \in I}$ 满足题目所有要求． $\square$

注释 4.91. 去掉 p 是素数的条件，题目结论依然成立．素数的情形是关键的，参考例 3.41 中的证明，了解一般情形如何转化成素数的情形．

例 4.92. （Zimmerman）(a) 设 p 是素数，$a_1, \cdots, a_{2p-1}$ 是整数. 如果 I 是 $\{1, \cdots, 2p-1\}$ 的一个 p 元子集，记 $S_I = \sum_{i \in I} a_i$. 证明：$\sum_I S_I^{p-1} \equiv 0 \pmod{p}$，求和对 $\{1, \cdots, 2p-1\}$ 的所有 p 元子集进行.

(b) 给出 Erdös-Ginzburg-Ziv 定理的一个新证明.

证： (a) 对 S_I^{p-1} 进行强制展开，得到

$$\sum_I S_I^{p-1} = \sum_{\substack{k_1, \cdots, k_{2p-1} \geq 0 \\ k_1 + \cdots + k_{2p-1} = p-1}} c_{k_1, \cdots, k_{2p-1}} a_1^{k_1} \cdots a_{2p-1}^{k_{2p-1}},$$

其中 $c_{k_1, \cdots, k_{2p-1}}$ 是一些整数. 固定一个单项式 $a_1^{k_1} \cdots a_{2p-1}^{k_{2p-1}}$，分析哪些 I 对这个单项式有贡献. 因为至多 $p-1$ 个 k_i 是正的，比如说其中 j 个是正的. 则 I 对这个单项式有贡献，当且仅当 I 包含所有指标 i，对应的 $k_i > 0$. 这样的 I 有 $\binom{2p-1-j}{p-j}$ 个，这个数是 p 的倍数，因此对每个单项式 $a_1^{k_1} \cdots a_{2p-1}^{k_{2p-1}}$ 的求和是 p 的倍数，得证.

(b) 设 $a_1, \cdots, a_{2p-1}$ 是整数，应用(a)部分的记号，我们要证某个 S_I 是 p 的倍数. 用反证法，假设这个结论不成立. 从费马小定理可知 $S \equiv \binom{2p-1}{p} \pmod{p}$. 又从(a)部分可知 S 是 p 的倍数. 但是 $\binom{2p-1}{p} \mid (p+1)(p+2) \cdots (p+p-1)$ 不是 p 的倍数，矛盾. □

我们在这节最后给出应用 Chevalley-Warning 定理的一个难题.

例 4.93. （IMOSL2003）设 p 是素数，集合 A 的元素是正整数，满足：

(a) A 中每个元素的素因子集合是某个固定 $p-1$ 元集合的子集.

(b) 对 A 的每个非空子集，其元素的乘积不是 p 次幂.

求 A 中元素个数的最大可能值.

证： 不难发现 A 可以包含 $(p-1)^2$ 个元素，且满足题目条件：取 $p-1$ 个不同的素数 $q_1, \cdots, q_{p-1}$，令 A 中元素为

$$q_i^{1+pj}, 1 \leq i \leq p-1, 0 \leq j \leq p-2.$$

显然 A 中有 $(p-1)^2$ 个元素，满足条件(a). 对 A 的任何非空子集 B，取 q_j 是 B 中某元素的素因子. 又设 $q_j^{1+px_1}, \cdots, q_j^{1+px_k}$ 是 B 中所有 q_j 的幂，则 $\prod_{x \in B} x$ 中 q_j 的幂次是

$$v_{q_j}(\prod_{x \in B} x) = k + p(x_1 + \cdots + x_k).$$

因为 $1 \leq k \leq p-1$，q_j 的幂次不是 p 的倍数，所以 $\prod_{x \in B} x$ 不是 p 次幂.

我们现在证明问题的困难部分，即 A 中至多有 $(p-1)^2$ 个元素. 假设 A 满足(a)和(b)，有（显然 A 中元素去掉一些还满足条件）$k=(p-1)^2+1$ 个不同的元素 $x_1,\cdots,x_k$. 设 $q_1,\cdots,q_{p-1}$ 是 $\prod_{x\in A}x$ 的素因子（不足则随便补上）. 对 $1\le j\le k$，记 $x_j=q_1^{e_{1,j}}q_2^{e_{2,j}}\cdots q_{p-1}^{e_{p-1,j}}$，其中 $e_{i,j}$ 是非负整数. 考虑多项式

$$f_i(X_1,\cdots,X_k)=X_1^{p-1}e_{i,1}+X_2^{p-1}e_{i,2}+\cdots+X_k^{p-1}e_{i,k},1\le i\le p-1.$$

这些多项式的次数和为 $(p-1)^2<k$，根据推论 4.88，同余方程组

$$f_1(z_1,\cdots,z_k)\equiv\cdots\equiv f_{p-1}(z_1,\cdots,z_k)\equiv 0\pmod p$$

有非平凡解 $(z_1,\cdots,z_k)\in\{0,1,\cdots,p-1\}^k$. 令 I 是使 $z_i\ne 0$ 的指标 i 构成的集合，则费马小定理给出 $\sum_{j\in I}e_{i,j}\equiv 0\pmod p$，对所有 $1\le i\le p-1$ 成立. 因此 $\prod_{j\in I}x_j$ 中每个 q_i 的幂次是 p 的倍数，这个乘积是 p 次幂，矛盾.

因此题目的答案是 $(p-1)^2$. □

4.4 二次剩余和二次互反律

我们现在研究同余方程 $x^2\equiv a\pmod p$，其中 p 是素数，a 是整数. $p=2$ 的情形比较简单. 在整个这一章中我们都假设 p 是奇素数.

4.4.1 二次剩余和勒让德符号

我们引入下面的名词.

定义 4.94. 若 a 是整数，如果同余方程 $x^2\equiv a\pmod p$ 有解，则称 a 是模 p 的二次剩余（或平方剩余），否则称 a 是模 p 的二次非剩余（或平方非剩余）. 称一个剩余类 $\bar a$ 是二次剩余类，如果 a 是模 p 的二次剩余（等价于剩余类中任何数是模 p 的二次剩余）.

因为 $x^2\equiv y^2\pmod p$ 当且仅当 $x\equiv\pm y\pmod p$，所以 $\{0,1,\cdots,p-1\}$ 中的二次剩余恰好是 $0^2,1^2,\cdots,(\frac{p-1}{2})^2$，它们两两不同，一共有 $\frac{p+1}{2}$ 个模 p 二次剩余，$\frac{p-1}{2}$ 个模 p 非零二次剩余. 这个很有用，我们总结成一个命题.

命题 4.95. 对每个奇素数 p 恰好存在 $\frac{p+1}{2}$ 个模 p 二次剩余（$\frac{p-1}{2}$ 个非零模 p 二次剩余），它们恰好是 $0^2,1^2,\cdots,(\frac{p-1}{2})^2$ 模 p 的余数.

例 4.96. 证明：若 a,b,c 是整数，满足 p 不整除 abc，则同余方程 $ax^2+by^2\equiv c\pmod p$ 至少有一个解.

证: 设 A 是形如 ax^2 的数模 p 的余数集合，其中 $0 \le x \le \frac{p-1}{2}$，$B$ 是形如 $c - by^2$ 的数模 p 的余数集合，其中 $0 \le y \le \frac{p-1}{2}$。集合 A 和 B 都各有 $\frac{p+1}{2}$ 个不同的元素（因为 p 不整除 ab，而 $x^2, 0 \le x \le \frac{p-1}{2}$ 模 p 互不相同）。因为 $|A| + |B| > p$，可得 $A \cap B \ne \emptyset$，得证。 $\square$

我们现在给出一个重要的数论函数，勒让德符号。这一节的大部分都是研究这个函数的基本性质。

定义 4.97. （勒让德符号）a 是整数，p 是奇素数。定义

$$\left(\frac{a}{p}\right) = \begin{cases} 0, & p \mid a, \\ 1, & a\text{是模}p\text{非零二次剩余}, \\ -1, & a\text{是模}p\text{二次非剩余}. \end{cases}$$

这样，得到一个映射 $\left(\frac{\cdot}{p}\right) : \mathbf{Z} \to \{-1, 0, 1\}$，称作模 p 的勒让德符号。勒让德符号有几个特别的性质。第一个性质是 p 周期性，即 $\left(\frac{a+kp}{p}\right) = \left(\frac{a}{p}\right)$，对所有整数 a 和所有整数 k 成立。这从定义直接得出。

要给出勒让德符号的下一个性质，我们需要定理 4.71 的一个类比。

定理 4.98. 对所有奇素数 p，有

$$X^{\frac{p-1}{2}} - 1 \equiv \prod_{i=1}^{\frac{p-1}{2}} (X - i^2) \pmod{p}.$$

证: 证明和定理 4.71 的证明十分相似：等式两边的差是不超过 $\frac{p-1}{2} - 1$ 的多项式，包含解 $1^2, 2^2, \cdots, \left(\frac{p-1}{2}\right)^2$（由费马小定理得出），因此根据拉格朗日定理模 p 为零，得证。

另一个证明是：设 $f(X)$ 是同余式两边的差，则

$$f(X^2) = X^{p-1} - 1 - \prod_{i=1}^{\frac{p-1}{2}} (X^2 - i^2) \equiv X^{p-1} - 1 - \prod_{i=1}^{p-1} (X - i) \equiv 0 \pmod{p},$$

最后一个同余关系用了定理 4.71。 $\square$

我们现在证明下面的定理：

定理 4.99. （欧拉准则）对所有整数 a 和所有奇素数 $p > 2$，有

$$\left(\frac{a}{p}\right) \equiv a^{\frac{p-1}{2}} \pmod{p}.$$

特别地，若 $p \nmid a$，则 a 是模 p 的二次剩余当且仅当 $a^{\frac{p-1}{2}} \equiv 1 \pmod{p}$。

证： 当 a 是 p 的倍数结论是显然的．假设 a 不是 p 的倍数．因为根据费马小定理，$(a^{\frac{p-1}{2}})^2 \equiv 1 \pmod{p}$，因此 $a^{\frac{p-1}{2}} \equiv \pm 1 \pmod{p}$．根据定理 4.98，$a^{\frac{p-1}{2}} \equiv 1 \pmod{p}$ 当且仅当 a 是模 p 平方剩余．$\qquad\square$

这个定理的一个推论是下面的结果，我们讨论费马小定理时已经碰到（例如推论 4.28）．

推论 4.100. 对所有奇素数 p，有 $\left(\frac{-1}{p}\right) = (-1)^{\frac{p-1}{2}}$．所以 -1 是模 p 的平方剩余当且仅当 $p \equiv 1 \pmod{4}$．

还有一个推论给出勒让德符号的一个重要性质：

定理 4.101. 对所有整数 a, b，有 $\left(\frac{ab}{p}\right) = \left(\frac{a}{p}\right) \cdot \left(\frac{b}{p}\right)$．

证： 根据欧拉准则，两边模 p 都可以写成 $(ab)^{\frac{p-1}{2}}$．特别地，两边的差是 p 的倍数，但是这个差在 -2 和 2 之间，而 $p > 2$，所以差必然为 0．$\qquad\square$

注意前面定理中的唯一非平凡部分是两个平方非剩余的乘积是平方剩余．我们现在展示前面结果相关的更多例题．

例 4.102. 设 p 是奇素数．求所有函数 $f : \mathbf{Z} \to \mathbf{Z}$，使得对所有整数 m, n，有：

(a) 若 p 整除 $m - n$，则 $f(m) = f(n)$；

(b) $f(mn) = f(m)f(n)$．

证： 显然常函数 0 和 1 是问题的解，现在假设 f 不是常数．因为 f 是完全积性函数且非常数，有 $f(1) = 1$．又因为 $f(0) = f(n)f(0)$，对所有 n 成立，所以 $f(0) = 0$．由(a)知，$f(n)$ 只与 $n \pmod{p}$ 有关，$f(n) = 0$．

若 n 与 p 互素，由费马小定理 $1 = f(1) = f(n^{p-1}) = f(n)^{p-1}$，$f(n) = \pm 1$．

接下来，若 x 是模 p 二次剩余，不被 p 整除，则存在 y，$y^2 \equiv x \pmod{p}$，于是 $f(x) = f(y^2) = f(y)^2 = 1$．

若存在 n，使得 $f(n) = -1$，则 n 是模 p 的平方非剩余，根据积性性质，对所有的模 p 平方非剩余 m，有 $f(m) = -1$，此时 $f(n) = \left(\frac{n}{p}\right)$．

若不存在 n，使得 $f(n) = -1$，则对所有 $p \nmid n$，有 $f(n) = 1$．

最终，问题有四个解：

$$f \equiv 1, \, f \equiv 0, \, f(n) = \left(\frac{n}{p}\right), \, f(n) = \left(\frac{n^2}{p}\right). \qquad\square$$

下一个例子也比较有趣，给出了一个整系数多项式 f，没有有理根，但是模任何素数有整数解．

例 4.103. 设 p 是素数. 证明: 同余方程 $x^8 \equiv 16 \pmod{p}$ 至少有一个解.

证: 关键是有因式分解

$$x^8 - 16 = (x^4 - 4)(x^4 + 4) = (x^2 - 2)(x^2 + 2)((x-1)^2 + 1)((x+1)^2 + 1).$$

只需证明, 下面的四个同余方程至少有一个有解

$$x^2 \equiv 2 \pmod{p}, \quad x^2 \equiv -2 \pmod{p},$$
$$(x-1)^2 \equiv -1 \pmod{p}, \quad (x+1)^2 \equiv -1 \pmod{p}$$

当 $p = 2$ 时, 显然 $x^2 - 2 \equiv 0 \pmod{p}$ 有解. 现在假设 p 是奇素数. 需要证明 $\{-1, 2, -2\}$ 中有模 p 的平方剩余. 但是如果 -1 和 2 都是平方非剩余, 那么 $-2 = -1 \cdot 2$ 是平方剩余, 得证. □

例 4.104. 证明: 若 $p > 2$, 则最小正的模 p 平方非剩余小于 $\frac{1}{2} + \sqrt{p}$.

证: 设 n 是最小的正的模 p 平方非剩余. 记 $p = qn + r$, $0 \le r < n$. 显然 $r > 0$, 所以 $\left(\frac{n-r}{p}\right) = 1$ (由 n 的最小性). $n - r \equiv (q+1)n \pmod{p}$, 有

$$1 = \left(\frac{n-r}{p}\right) = \left(\frac{(q+1)n}{p}\right) = \left(\frac{q+1}{n}\right) \cdot (-1),$$

因此 $q+1$ 是模 p 平方非剩余. 再由 n 的最小性, $q+1 \ge n$, 因此 $p \ge n(n+1) + 1$, 马上给出要证的估计式. □

例 4.105. (a) 证明: 若 $p > 3$, 则 $\{0, 1, \cdots, p-1\}$ 中模 p 的所有平方剩余之和是 p 的倍数.

(b) 证明: 若 $p \equiv 1 \pmod{4}$, 则 $\{0, 1, \cdots, p-1\}$ 中所有模 p 平方剩余之和是 $\frac{p(p-1)}{4}$.

证: (a) 这从定理 4.98 推出, 或利用 $\{0, 1, \cdots, p-1\}$ 中模 p 的平方剩余恰好是 $0, 1^2, \cdots, \left(\frac{p-1}{2}\right)^2$ 模 p 的余数, 于是求和模 p 为

$$1^2 + 2^2 + \cdots + \left(\frac{p-1}{2}\right)^2 = \frac{p(p^2-1)}{24} \equiv 0 \pmod{p},$$

最后一步利用了 $p > 3$ (因此 $24 \mid p^2 - 1$).

(b) 假设 $p \equiv 1 \pmod{4}$. 则对所有 k, k 是模 p 平方剩余当且仅当 $p - k$ 是模 p 平方剩余 (因为 -1 是模 p 平方剩余). 因此可以将所有的平方剩余配成 $\frac{p-1}{4}$ 对, 每对求和为 p. □

例 4.106. 设 p 是 $4k+3$ 型素数，m 是 $\frac{p}{2}$ 和 p 之间模 p 平方剩余的个数（不含 p）. 证明：

$$\left(\frac{p-1}{2}\right)! \equiv (-1)^m \pmod{p}.$$

证： 设 $a = \left(\frac{p-1}{2}\right)!$. 定理 4.49 给出 $a^2 \equiv 1 \pmod{p}$，因此 $a \equiv \pm 1 \pmod{p}$. 特别地，有 $a \equiv \left(\frac{a}{p}\right) \pmod{p}$.

另一方面，在乘积 $\left(\frac{a}{p}\right) = \prod_{k=1}^{\frac{p-1}{2}} \left(\frac{k}{p}\right)$ 中，我们可以只看在 1 和 $\frac{p-1}{2}$ 之间的平方非剩余 k 的贡献. 此时 $p-k$ 在 $\frac{p}{2}$ 和 p 之间（不含端点），$p-k$ 是平方剩余（因为 -1 是平方非剩余），这样的 k 的个数按题目条件是 m. 因此

$$\left(\frac{a}{p}\right) = \prod_{k=1}^{\frac{p-1}{2}} \left(\frac{k}{p}\right) = (-1)^m. \qquad \square$$

例 4.107. 设 p 是 $4k+1$ 型素数. 证明：$\sum_{j=1}^{\frac{p-1}{4}} \lfloor \sqrt{jp} \rfloor = \frac{p^2-1}{12}$.

证： 记 $p = 4k+1$，观察到

$$\sum_{j=1}^{k} [\sqrt{jp}] = \sum_{j=1}^{k} \sum_{i^2 \le jp} 1 = \sum_{i=1}^{2k} \sum_{k \ge j \ge \frac{i^2}{p}} 1.$$

因为 $\frac{i^2}{p}$ 不是整数，不等式 $j \ge \frac{i^2}{p}$ 等价于 $j \ge 1 + \left[\frac{i^2}{p}\right]$. 因此还可以写成

$$\sum_{j=1}^{k} [\sqrt{jp}] = \sum_{i=1}^{2k} \left(k - \left[\frac{i^2}{p}\right]\right) = 2k^2 - \sum_{i=1}^{2k} \left[\frac{i^2}{p}\right].$$

问题归结为 $\sum_{i=1}^{2k} \left[\frac{i^2}{p}\right] = \frac{2k^2-2k}{3}$. 因为 i^2 除以 p 的余数是 $i^2 - p\left[\frac{i^2}{p}\right]$，而且 $\sum_{i=1}^{2k} i^2 = \frac{pk(2k+1)}{3}$. 我们只需证明模 p 的平方剩余之和是 pk，这在例 4.105 中已经证明. $\qquad \square$

我们最后给出一个难一点的题目.

例 4.108. （USATST2014）求所有函数 $f: \mathbf{N} \to \mathbf{Z}$，使得对所有 m, n，$(m-n)(f(m)-f(n))$ 是完全平方数.

证： 容易证明，任何 $f(x) = a^2 x + b$，a, b 是整数，给出问题的一个解. 我们将证明：这些是所有的解. 设 f 是问题的解，不妨设 f 不是常数.

因为 $f(n+1) - f(n)$ 是完全平方数对所有 n 成立，最大公约数 $\gcd(f(2) - f(1), f(3) - f(2), \cdots)$ 也是完全平方数，记为 a^2，a 正整数．因为 a^2 整除 $f(n+1) - f(n)$，对所有 n 成立，归纳得出 a^2 整除 $f(n) - f(1)$，对所有 n 成立．函数 $g(x) = \frac{f(x) - f(1)}{a^2}$ 依旧满足题目条件，而且 $\gcd(g(2) - g(1), g(3) - g(2), \cdots) = 1$．因此将 f 替换为 g，可以假设 $\gcd(f(2) - f(1), f(3) - f(2), \cdots) = 1$．

我们将证明：$f(n+1) - f(n) = 1$，对所有 n 成立．假设存在 n，使得 $f(n+1) - f(n)$ 是大于 1 的完全平方数，取 $f(n+1) - f(n)$ 的一个素因子 p．设 r 是 $f(n)$ 除以 p 的余数，S 是满足同余方程 $f(x) \equiv r \pmod{p}$ 的所有 x 的集合，因此 $n, n+1 \in S$．因为 $p(f(x+p) - f(x))$ 总是平方数，我们知道总有 $f(x+p) \equiv f(x) \pmod{p}$．因此 S 可以看成模 p 的剩余类的集合．

现在设 x 是 $\{2, 3, \cdots, p-1\}$ 中最小的模 p 平方非剩余，于是 $x-1$ 是模 p 平方剩余．若 $a, b \in S$，我们声明 $(1-x)a + xb = a + x(b-a) \in S$．当 $a = b$ 时这是显然的．当 $a \neq b$ 时，令 $m = a + x(b-a)$，$c = (b-a)(f(m) - f(a))$．根据题目条件 $(m-a)(f(m) - f(a))$ 是平方数，给出模 p 平方剩余，$(m-b)(f(m) - f(b))$ 也是模 p 平方剩余．因为 $f(a) \equiv f(b) \equiv r \pmod{p}$，所以 $f(m) - f(a) \equiv f(m) - f(b) \pmod{p}$．若 $m \notin S$，则 $(m-a)(m-b) = x(b-a)(x-1)(b-a)$ 是模 p 平方剩余，进而 $x(x-1)$ 是平方剩余，与 x 是平方非剩余，$x-1$ 是平方剩余矛盾．这样证明了声明．

设 $T = \{s - n \mid s \in S\}$，因此 $0, 1 \in T$（因为 $n, n+1 \in S$），根据上一段 $a, b \in T$ 得到 $xa + (1-x)b \in T$，特别地，取 $b = 0$ 或 $a = 0$，有 $xT \subset T$ 和 $(1-x)T \subset T$．可得对所有 $a \in T$ 成立，有

$$a + 1 \equiv x \cdot x^{p-2}a + (1-x) \cdot (1-x)^{p-2} \cdot 1 \in T.$$

因此，从 $0 \in T$，马上得到 T 包含所有的剩余类，因此 S 包含所有的正整数，即 $p \mid f(n) - r$，对所有 n 成立．于是 $p \mid f(n+1) - f(n)$，对所有 n 成立．与假设 $\gcd(f(2) - f(1), f(3) - f(2), \cdots) = 1$ 矛盾． $\square$

4.4.2 模 p 球面点数和高斯和

我们先讨论一下我们本来的目标：同余方程 $x^2 \equiv a \pmod{p}$．若 a 是 p 的倍数，方程只有一个解 $x \equiv 0 \pmod{p}$．若 a 不是 p 的倍数，x 和 y 是方程 $x^2 \equiv a \equiv y^2 \pmod{p}$ 的解，则 p 整除 $x^2 - y^2 = (x+y)(x-y)$，进而 $y \equiv \pm x \pmod{p}$．因此方程恰好有两个解（我们利用 $p > 2$ 来保证 $x \not\equiv -x \bmod p$）．可以总结为，当 $\left(\frac{a}{p}\right) = 1$ 时，方程有两个解；当 $\left(\frac{a}{p}\right) = -1$ 时，方程有零个解．因此我们证明了下面的结果．

命题 4.109. 若 a 是整数，$p > 2$ 是素数，则同余方程 $x^2 \equiv a \pmod{p}$ 恰好有 $1 + \left(\frac{a}{p}\right)$ 个解.

前面的命题在计算和勒让德符号有关的求和时很有用. 我们先给出一个重要的例子. 考虑整数 a 和同余方程 $x^2 - y^2 \equiv a \pmod{p}$（两个变量 x, y）.

若 $p \mid a$，则 $(x-y)(x+y) \equiv 0 \pmod{p}$，解答为 (x, x) 和 $(x, -x)$，$0 \leq x \leq p-1$. 注意 $(0, 0)$ 被计算了两次，因此此时有 $2p - 1$ 个解.

若 $p \nmid a$，则 $(x-y)(x+y) \equiv a \pmod{p}$. 变量代换 $x + y = u$，$x - y = v$ 给出了一个双射 $(x, y) \mapsto (u, v) \pmod{p}$，其中 u, v 满足同余方程 $uv \equiv a \pmod{p}$（因为 p 是奇数，x, y 可从 u, v 唯一解出）. 另一方面，若 $uv \equiv a \pmod{p}$，则 u 和 v 模 p 均非零，而且互相唯一决定，同余方程有 $p - 1$ 个解.

综合起来，$x^2 - y^2 \equiv a \pmod{p}$ 当 a 不是 p 的倍数时有 $p - 1$ 个解；当 a 是 p 的倍数时有 $2p - 1$ 个解.

现在我们换一种方法计算方程的解数，固定 y，则根据前面的命题，同余方程 $x^2 \equiv y^2 + a \pmod{p}$ 有 $1 + \left(\frac{y^2+a}{p}\right)$ 个解. 对 y 求和，得到方程的总解数是 $p + \sum_{y=0}^{p-1} \left(\frac{y^2+a}{p}\right)$. 两种方法应该得到相同的结果，因此我们证明了下面的命题.

命题 4.110. 对整数 a 和奇素数 p，有

$$\sum_{k=0}^{p-1} \left(\frac{a + k^2}{p}\right) = \begin{cases} p - 1, & p \mid a, \\ -1, & p \nmid a. \end{cases}$$

下面推论的证明留给读者.

命题 4.111. 设 a, b, c 是整数，满足 p 不整除 a，则

$$\sum_{k=0}^{p-1} \left(\frac{ak^2 + bk + c}{p}\right) = \begin{cases} (p-1)\left(\frac{a}{p}\right), & p \mid b^2 - 4ac. \\ -\left(\frac{a}{p}\right), & p \nmid b^2 - 4ac. \end{cases}$$

特别地，对整数 $a \not\equiv b \pmod{p}$，有

$$\sum_{k=0}^{p-1} \left(\frac{(k+a)(k+b)}{p}\right) = -1.$$

我们现在用命题 4.110，给出下面结果的一个简单证明. 这个结果直接证明并不容易，因为和 $x^2 - y^2$ 不同，$x^2 + y^2$ 没有简单的因式分解.

命题 4.112. 若 $p \mid a$，则同余方程 $x^2 + y^2 \equiv a \pmod{p}$ 有 $p + (p-1)(-1)^{\frac{p-1}{2}}$ 个解；否则方程的解数是 $p - (-1)^{\frac{p-1}{2}}$.

证：固定 y，同余式 $x^2 \equiv a - y^2 \pmod{p}$ 恰好有 $1 + \left(\frac{a-y^2}{p}\right)$ 个解．对 y 求和，方程 $x^2 + y^2 \equiv a \pmod{p}$ 的总解数是 $p + \sum_{y=0}^{p-1} \left(\frac{a-y^2}{p}\right)$．另一方面

$$\sum_{y=0}^{p-1} \left(\frac{a-y^2}{p}\right) = \sum_{y=0}^{p-1} \left(\frac{-1}{p}\right) \cdot \left(\frac{y^2-a}{p}\right) = \left(\frac{-1}{p}\right) \cdot \sum_{y=0}^{p-1} \left(\frac{y^2-a}{p}\right).$$

上一个命题给出 $\sum_{y=0}^{p-1} \left(\frac{y^2-a}{p}\right)$ 的值，而 $\left(\frac{-1}{p}\right) = (-1)^{\frac{p-1}{2}}$，二者结合题目得证．
$\square$

我们给出前面命题的一些具体的应用．

例 4.113. 给定奇素数 p，证明：同余方程

$$x^2 + y^2 + z^2 \equiv 0 \pmod{p}$$

恰好有 p^2 个解．

证：固定 z，方程 $x^2 + y^2 \equiv -z^2 \pmod{p}$ 的解数由前面命题给出：$p + (p-1)(-1)^{\frac{p-1}{2}}$，$p \mid z$ 或者 $p - (-1)^{\frac{p-1}{2}}$，$p \nmid z$．因为存在 $p-1$ 个非零的 z，可得原方程的总解数是

$$p + (p-1)(-1)^{\frac{p-1}{2}} + (p-1)(p - (-1)^{\frac{p-1}{2}}) = p^2. \qquad \square$$

例 4.114.（伊朗2015）设 $p > 5$ 是素数．证明：$1+p, 1+2p, \cdots, 1+(p-3)p$ 中至少有一个可写成两个整数的平方和．

证：假设同余方程 $x^2 + y^2 \equiv 1 \pmod{p}$ 有非平凡解 (x, y)，也就满足 $p \nmid xy$ 的解．因为 $(\pm x, \pm y)$ 也是方程的解，不妨设 $0 < x, y \le \frac{p-1}{2}$．因此

$$1 + p \le x^2 + y^2 \le \frac{(p-1)^2}{2} \le 1 + (p-3)p,$$

最后的不等式用到 $p > 5$．因此只需证明同余方程非平凡解的存在性．进而只需证明 $x^2 + y^2 \equiv 1 \pmod{p}$ 有至少 5 个解（平凡解只有 4 个）．命题 4.112 说明，此方程有 $p+1$ 或 $p-1$ 个解，而 $p > 5$，问题得证．
$\square$

例 4.115.（保加利亚TST2007）设 p 是 $4k+3$ 型素数．考虑所有 $(x^2 + y^2)^2$ 型的数，其中 x, y 是不被 p 整除的整数．求这些数除以 p 的不同余数个数．

证：显然这样的余数必须是模 p 的平方剩余．因为 $p \equiv 3 \pmod{4}$，0 不是余数之一．

反之，我们声明：每个非零模 p 平方剩余出现在这个余数中．只需证明：对每个 $p \nmid a$，两个同余方程 $x^2 + y^2 \equiv a \pmod{p}$ 和 $x^2 + y^2 \equiv -a \pmod{p}$ 之一有非平凡解．因为 -1 不是模 p 平方剩余，a 和 $-a$ 之一不是模 p 平方剩余，不妨说 a．根据命题 4.112，我们知道方程 $x^2 + y^2 \equiv a \pmod{p}$ 有 $p - (-1)^{\frac{p-1}{2}} = p + 1$ 个解．对每个这样的解，x 和 y 不是 p 的倍数（若 $p \mid x$，则 $y^2 \equiv a \pmod{p}$，与 a 是平方非剩余矛盾），符合我们的要求，声明得证．

因此，存在 $\frac{p-1}{2}$ 个模 p 不同的余数. $\qquad\qquad\qquad\qquad\qquad\qquad\qquad$ □

例 4.116. （ USATST2016）是否存在非常数整系数多项式 f，对所有 $n > 2$，$f(0), f(1), \cdots, f(n-1)$ 模 n 给出至多 $0.499n$ 个不同的余数？

证： 我们将证明：存在这样的多项式．首先，只需对 $n = 4$ 和奇素数，检验 $f(0), f(1), \cdots, f(n-1)$ 除以 n 给出至多 $0.499n$ 个不同的余数．

实际上，若这是对的．对一般的 $n > 2$，假设 n 不是 2 的幂（其他情形类似），取 n 的一个奇素数因子 p．若 $f(k) \equiv r \pmod{n}$，$k, r \in \{0, 1, \cdots, n-1\}$，则 $f(\bar{k}) \equiv r \pmod{p}$，其中 $\bar{k}$ 是 k 除以 p 的余数．可得 $\bar{r}$ 可取至多 $0.499p$ 个值，因此 r 可取至多 $0.499p \cdot \frac{n}{p} = 0.499n$ 个值（每个模 p 的余数恰好对应模 n 的 $\frac{n}{p}$ 个余数）．

我们将证明

$$f(X) = 420(X^2 - 1)^2$$

是问题的解．显然对 $n = 4$ 满足条件，现在检验 $n = p$ 是奇素数的情形．问题对 $p < 11$ 也显然成立，假设 $p \geq 11$．只需证明 $(x^2 - 1)^2$ 模 p 至多取 $0.499p$ 个值．因为 $(x^2 - 1)^2$ 是模 p 平方剩余，而且若 y^2 是平方剩余，则当 $y + 1$ 和 $1 - y$ 是平方非剩余时，y^2 不能写成 $(x^2 - 1)^2$ 的形式．设 N 是 $\{0, 1, \cdots, p-1\}$ 中满足 $1 \pm y$ 都是平方非剩余的 y 的个数，则 $(x^2 - 1)^2$ 给出至多 $\frac{p+1}{2} - \frac{N}{2}$ 个不同模 p 余数，我们需要估计 N．

用勒让德符号表示 N，给出

$$N = \frac{1}{4} \sum_{y=2}^{p-2} \left(1 - \left(\frac{1+y}{p}\right)\right) \cdot \left(1 - \left(\frac{1-y}{p}\right)\right).$$

其中若 $2 \leq y \leq p - 2$，当且仅当 $1 \pm y$ 都是平方非剩余时，$\frac{1}{4}\left(1 - \left(\frac{1+y}{p}\right)\right) \cdot \left(1 - \left(\frac{1-y}{p}\right)\right)$ 等于 1，而其他情况下，这个式子为 0．强制展开给出

$$N = \frac{1}{4}\left(p - 3 - \sum_{y=2}^{p-2}\left(\frac{1-y}{p}\right) - \sum_{y=2}^{p-2}\left(\frac{1+y}{p}\right) + \sum_{y=2}^{p-2}\left(\frac{1-y^2}{p}\right)\right).$$

其次，可以检验

$$\sum_{y=2}^{p-2} \left(\frac{1-y}{p}\right) = -1 - \left(\frac{2}{p}\right) = \sum_{y=2}^{p-2} \left(\frac{1+y}{p}\right).$$

然后利用命题 4.110，可得

$$\sum_{y=2}^{p-2} \left(\frac{1-y^2}{p}\right) = -1 + \left(\frac{-1}{p}\right) \sum_{y=0}^{p-1} \left(\frac{y^2-1}{p}\right) = -1 + (-1)^{\frac{p+1}{2}}.$$

可得

$$N = \frac{1}{4}\left(p - 2 + 2\left(\frac{2}{p}\right) + (-1)^{\frac{p+1}{2}}\right) \geq \frac{p-5}{4}.$$

检验，$\frac{p+1}{2} - \frac{p-5}{8} \leq 0.499p$，对 $p \geq 11$ 成立，题目得证. $\qquad\square$

我们将证明下面的结果，它在下一节中有重要作用.

定理 4.117. （勒贝格）设 $p > 2$ 是素数，n 是奇数. 则同余方程

$$x_1^2 + \cdots + x_n^2 \equiv 1 \pmod{p}$$

的解数是 $p^{n-1} + ((-1)^{\frac{p-1}{2}} p)^{\frac{n-1}{2}}$.

证： 设 $N(a, n)$ 表示同余方程 $x_1^2 + \cdots + x_n^2 \equiv a \pmod{p}$ 的解数. 将方程写成

$$x_1^2 + \cdots + x_{n-2}^2 \equiv a - (x_{n-1}^2 + x_n^2) \pmod{p},$$

因此有

$$N(a, n) = \sum_{0 \leq x_{n-1}, x_n \leq p-1} N(a - x_{n-1}^2 - x_n^2, n-2).$$

根据命题 4.112，当 x_{n-1}, x_n 遍历模 p 完系时，式子 $a - x_{n-1}^2 - x_n^2$ 取到每个 $b \neq a$ 恰好 $p + (-1)^{\frac{p+1}{2}}$ 次，而取到 a 恰好 $p + (p-1)(-1)^{\frac{p+1}{2}}$ 次. 因此

$$N(a, n) = (p + (-1)^{\frac{p+1}{2}}) \sum_{b \neq a} N(b, n-2) + (p + (p-1)(-1)^{\frac{p-1}{2}})N(a, n-2)$$

$$= (p + (-1)^{\frac{p+1}{2}}) \sum_{b=0}^{p-1} N(b, n-2) + p(-1)^{\frac{p-1}{2}} N(a, n-2).$$

显然有 $\sum_{b=0}^{p-1} N(b, n-2) = p^{n-2}$ 计算了所有 $(n-2)$ 数组. 因此

$$N(a, n) = p^{n-2}(p + (-1)^{\frac{p+1}{2}}) + p(-1)^{\frac{p-1}{2}} N(a, n-2).$$

令 $a = 1$，对 n 归纳可以完成证明. $\qquad\square$

我们再给出一个（可能更概念化）前面定理的证明，这个证明的优点是更一般，而且有几个新的思想. 下面的讨论比较技术化，初次阅读可以放心跳过.

设 N 是同余方程 $x_1^2 + \cdots + x_n^2 \equiv 1 \pmod{p}$ 的解数，设 $z = e^{\frac{2i\pi}{p}}$ 是 p 次单位根. 关键看法是，对每个整数 a，有

$$1_{p|a} = \frac{1}{p}\sum_{k=0}^{p-1} z^{ka},$$

其中左端当 $p \mid a$ 时为 1，其他时候为 0. 这个恒等式的证明可以对 $p \nmid a$ 用等比数列求和公式得到. 利用恒等式可以将 N 写成

$$N = \sum_{0 \le x_1, \cdots, x_n \le p-1} \frac{1}{p}\sum_{k=0}^{p-1} z^{k(x_1^2 + \cdots + x_n^2 - 1)},$$

交换求和符号得到

$$N = \frac{1}{p}\sum_{k=0}^{p-1} z^{-k} \sum_{0 \le x_1, \cdots, x_n \le p-1} z^{kx_1^2 + \cdots + kx_n^2} = \frac{1}{p}\sum_{k=0}^{p-1} z^{-k}\left(\sum_{x=0}^{p-1} z^{kx^2}\right)^n.$$

其中 $k = 0$ 的项容易计算，得到 p^n. 其他项自然地需要引入定义：

定义 4.118. 定义 k 阶高斯和为

$$G(k) = \sum_{x=0}^{p-1} z^{kx^2} = \sum_{x=0}^{p-1} e^{\frac{2i\pi kx^2}{p}}, \quad G = G(1) = \sum_{x=0}^{p-1} z^{x^2}.$$

所有的高斯和 $G(k)$ 可以用 G 简单表示：

命题 4.119. 若 p 不整除 k，则 $G(k) = \left(\dfrac{k}{p}\right) G$.

证： 若 k 是模 p 平方剩余，$k \equiv u^2 \pmod{p}$，u 是整数，则 $kx^2 = (ux)^2$ 模 p 的余数是 x^2 模 p 余数的一个排列，因此这个情形下 $G(k) = G$.

若 k 是模 p 平方非剩余，当 x 遍历模 p 完系时，kx^2 模 p 遍历 0 和两遍所有模 p 平方非剩余. 因此在这个情形

$$G(k) = 1 + 2\sum_{\left(\frac{x}{p}\right)=-1} z^x, \quad G = 1 + 2\sum_{\left(\frac{x}{p}\right)=1} z^x,$$

关系 $G(k) = -G$ 等价于 $\sum_{x=0}^{p-1} z^x = 0$，证毕.   □

注释 4.120. 命题 *4.119* 的证明实际上给出了 $G = \sum_{x=1}^{p-1}\left(\dfrac{x}{p}\right)z^x$.

G 满足下面的关键恒等式.

定理 4.121.（高斯）$G^2 = p(-1)^{\frac{p-1}{2}}$，特别地，$|G| = \sqrt{p}$.

证： 利用前面的命题，强制展开 $G(k)^2$ 得到

$$(p-1)G^2 = \sum_{k=1}^{p-1} G(k)^2 = \sum_{k=1}^{p-1} \sum_{x,y=0}^{p-1} z^{k(x^2+y^2)} = \sum_{x,y=0}^{p-1} \sum_{k=1}^{p-1} z^{k(x^2+y^2)}.$$

对固定的 x, y，$\sum_{k=1}^{p-1} z^{k(x^2+y^2)}$ 当 $p \nmid (x^2+y^2)$ 时为 -1；当 $p \mid x^2+y^2$ 时为 $p-1$.

若 $p \equiv 3 \pmod 4$，同余方程 $x^2 + y^2 \equiv 0 \pmod p$ 只有平凡解，所以

$$(p-1)G^2 = p-1-(p^2-1) = -p(p-1), \quad G^2 = -p.$$

若 $p \equiv 1 \pmod 4$，同余方程 $x^2 + y^2 \equiv 0 \pmod p$ 根据命题 4.112 有 $2p-1$ 个解，所以

$$(p-1)G^2 = (2p-1)(p-1)-(p^2-2p+1) = p(p-1), \quad G^2 = p. \qquad \square$$

注释 4.122. (a) 还可以如下论述：强制展开 $G^2 = \sum_{x,y=0}^{p-1} z^{x^2+y^2}$，命题 *4.112* 说明当 x, y 分别遍历模 p 完系时，$x^2 + y^2$ 遍历模 p 非零剩余恰好 $p-(-1)^{\frac{p-1}{2}}$ 次，得到 $p+(p-1)(-1)^{\frac{p-1}{2}}$ 次 0. 因此

$$G^2 = p + (p-1)(-1)^{\frac{p-1}{2}} + (p-(-1)^{\frac{p-1}{2}})(z+z^2+\cdots+z^{p-1})$$

再利用 $z + z^2 + \cdots + z^{p-1} = -1$ 得证.

(b) 前面定理说明，当 $p \equiv 1 \pmod 4$ 时，$G = \pm\sqrt{p}$；当 $p \equiv 3 \pmod 4$ 时，$G = \pm i\sqrt{p}$. 计算具体的符号是非常困难的问题，高斯也用了几年才解决！具体说，高斯证明了

$$G = \begin{cases} \sqrt{p}, & p \equiv 1 \pmod 4, \\ i\sqrt{p}, & p \equiv 3 \pmod 4. \end{cases}$$

现在回到计数问题，回忆 N 是同余方程 $x_1^2 + \cdots + x_n^2 \equiv 1 \pmod p$ 的解数，其中 n 是奇数. 我们已经知道

$$N = p^{n-1} + \frac{1}{p} \sum_{k=1}^{p-1} z^{-k} G(k)^n,$$

因此，利用前面的结果和 n 是奇数，可得

$$N = p^{n-1} + \frac{1}{p} \sum_{k=1}^{p-1} z^{-k} \left(\frac{k}{p}\right)^n G^n = p^{n-1} + \frac{1}{p}\left(\sum_{k=1}^{p-1} z^{-k}\left(\frac{k}{p}\right)\right) G^n$$

$$= p^{n-1} + \frac{1}{p} \overline{G} G^n = p^{n-1} + G^{n-1} = p^{n-1} + ((-1)^{\frac{p-1}{2}} p)^{\frac{n-1}{2}}.$$

这给出了勒贝格定理 4.117 的另一个证明. 要全面地理解这个方法的优势, 我们建议读者去寻找同余方程

$$a_1 x_1^2 + \cdots + a_n x_n^2 \equiv b \pmod{p},$$

解数的一个显式公式, 其中 $a_1, \cdots, a_n$ 是和 p 互素的整数 p, b 是整数. 下面的例子研究了一个特殊的情形.

例 4.123. （MOSP）设 p 是奇素数. 求 6 元数组 (a, b, c, d, e, f) 的个数, 使得每个数在 0 和 $p-1$ 之间, 并且 $a^2 + b^2 + c^2 \equiv d^2 + e^2 + f^2 \pmod{p}$.

证: 设 z 是一个 p 阶本原单位根. 类似前面的讨论, 可以得到要求的 6 元数组个数可以表达为

$$S = \frac{1}{p} \sum_{a,\dots,f} \sum_{k=0}^{p-1} z^{k(a^2+b^2+c^2-d^2-e^2-f^2)} = \frac{1}{p} \sum_{k=0}^{p-1} \sum_{a,\dots,f} z^{k(a^2+b^2+c^2-d^2-e^2-f^2)}$$

$$= \frac{1}{p} \sum_{k=0}^{p-1} \left(\sum_{a=0}^{p-1} z^{ka^2} \right)^3 \cdot \left(\sum_{d=0}^{p-1} z^{-kd^2} \right)^3 = p^5 + \frac{1}{p} \sum_{k=1}^{p-1} G(k)^3 \cdot \overline{G(k)^3}$$

$$= p^5 + \frac{1}{p} \sum_{k=1}^{p-1} |G(k)|^6 = p^5 + (p-1)p^2,$$

因为 $|G(k)| = \left| \left(\frac{k}{p} \right) G \right| = |G| = \sqrt{p}$ 对所有 $p \nmid k$ 成立. □

4.4.3 二次互反律

我们现在给出二次互反律的一个简单证明. 二次互反律是数论的一个里程碑, 定理由欧拉提出猜想, 高斯首次给出证明, 这是数论中最漂亮的结果之一, 有上百个证明. 毋庸置疑, 这也是二次剩余的最重要结果.

定理 4.124. （高斯二次互反律）对所有奇素数 $p \neq q$, 有

$$\left(\frac{p}{q} \right) \cdot \left(\frac{q}{p} \right) = (-1)^{\frac{p-1}{2} \cdot \frac{q-1}{2}}.$$

证: 设 N 是同余方程的解数 $x_1^2 + \cdots + x_q^2 \equiv 1 \pmod{p}$. 根据勒贝格定理 4.117

$$N = p^{q-1} + ((-1)^{\frac{p-1}{2}} p)^{\frac{q-1}{2}} = p^{q-1} + (-1)^{\frac{p-1}{2} \cdot \frac{q-1}{2}} p^{\frac{q-1}{2}}$$

$$\equiv 1 + (-1)^{\frac{p-1}{2} \cdot \frac{q-1}{2}} \cdot \left(\frac{p}{q} \right) \pmod{q}.$$

如果我们还能证明：$N \equiv 1 + \left(\frac{q}{p}\right) \pmod{q}$，则

$$\left(\frac{q}{p}\right) \equiv (-1)^{\frac{p-1}{2} \cdot \frac{q-1}{2}} \cdot \left(\frac{p}{q}\right) \pmod{q}.$$

同余式两端的数至多相差2，而 q 是奇素数，两端必然相等．

现在要证 $N \equiv 1 + \left(\frac{q}{p}\right) \pmod{q}$．我们用一个简单的组合方法来证明．若 $X = (x_1, \cdots, x_q)$ 是同余方程 $x_1^2 + \cdots + x_q^2 \equiv 1 \pmod{p}$ 的一个解，则 $TX = (x_2, \cdots, x_q, x_1)$ 也是解，类似地，有 $T^2X, T^3X, \cdots, T^{q-1}X$ 都是方程的解．这样我们把所有解按轮换对应分成 q 个一组，利用 q 是素数，只有满足 $x_1 = \cdots = x_q$ 的解单独一组．因此若 M 是满足 $x_1 = \cdots = x_q$ 的解数目，则 $N \equiv M \pmod{q}$．容易计算 M：这相当于 $qx_1^2 \equiv 1 \pmod{p}$ 的解数，也就是 $(qx_1)^2 \equiv q \pmod{p}$ 的解数．因此 $N \equiv M \equiv 1 + \left(\frac{q}{p}\right) \pmod{q}$．　　□

我们证明下面的结果，从而结束本节的理论部分．

定理 4.125. 对所有奇素数 p，有 $\left(\frac{2}{p}\right) = (-1)^{\frac{p^2-1}{8}}$．因此，2 是模 p 平方剩余当且仅当 $\frac{p^2-1}{8}$ 是偶数，也就是说 $p \equiv \pm 1 \pmod 8$．

证： 首先可知 $\frac{p^2-1}{8}$ 是偶数，当且仅当 $p \equiv \pm 1 \pmod 8$．模 p 计算有

$$\left(\frac{p-1}{2}\right)! = \prod_{k=1}^{\lfloor \frac{p-1}{4} \rfloor} 2k \cdot \prod_{k=1}^{\lfloor \frac{p+1}{4} \rfloor} (2k-1) \equiv 2^{\lfloor \frac{p-1}{4} \rfloor} \left\lfloor \frac{p-1}{4} \right\rfloor! \cdot \prod_{k=1}^{\lfloor \frac{p+1}{4} \rfloor} (2k-1-p)$$

$$= 2^{\lfloor \frac{p-1}{4} \rfloor} \left\lfloor \frac{p-1}{4} \right\rfloor!(-2)^{\lfloor \frac{p+1}{4} \rfloor} \prod_{k=1}^{\lfloor \frac{p+1}{4} \rfloor} \left(\frac{p+1}{2} - k\right)$$

$$= 2^{\frac{p-1}{2}} (-1)^{\lfloor \frac{p+1}{4} \rfloor} \left(\frac{p-1}{2}\right)!,$$

其中用到了 $\lfloor \frac{p-1}{4} \rfloor + \lfloor \frac{p+1}{4} \rfloor = \frac{p-1}{2}$．约去 $\left(\frac{p-1}{2}\right)!$，有 $2^{\frac{p-1}{2}} \equiv (-1)^{\lfloor \frac{p+1}{4} \rfloor} \pmod{p}$．对 $p \pmod 8$ 的各种情况分别代入，得到题目证明．　　□

例 4.126. （越南TST2004）证明：对任何 $n \geq 1$，$2^n + 1$ 没有 $8k-1$ 型的素因子．

证： 假设有 $p \equiv -1 \pmod 8$ 和 $p \mid 2^n + 1$．因为 $p \equiv 3 \pmod 4$，n 是奇数（否则 $2^n + 1$ 是 $x^2 + 1$ 形式）．$2^n \equiv -1 \pmod{p}$ 给出平方数 $2^{n+1} \equiv -2 \pmod{p}$，所以 $\left(\frac{-2}{p}\right) = 1$．但是 $\left(\frac{-1}{p}\right) = -1$ 和 $\left(\frac{2}{p}\right) = 1$ 给出相反结论，矛盾．　　□

例 4.127. （罗马尼亚TST2005）设 $p \equiv 7 \pmod 8$ 是素数．证明：对所有 $n \geq 1$，有 $\sum_{k=1}^{p-1} \left\{\frac{k^{2^n}}{p} - \frac{1}{2}\right\} = \frac{p-1}{2}$，其中 $\{x\} = x - \lfloor x \rfloor$ 是 x 的小数部分．

证： 首先可直接证明，对每个实数 x，有 $\left\{x - \frac{1}{2}\right\} = \frac{1}{2} + \{2x\} - \{x\}$. 因此问题转化为证明恒等式 $\sum_{k=1}^{p-1}\left\{\frac{2k^{2^n}}{p}\right\} = \sum_{k=1}^{p-1}\left\{\frac{k^{2^n}}{p}\right\}$. 而当 x 是整数时，$p\left\{\frac{x}{p}\right\}$ 是 x 除以 p 的余数. 问题转化为 $\{k^{2^n} \pmod{p} \mid k = 1, 2, \cdots, p-1\}$ 和 $\{2k^{2^n} \pmod{p} \mid k = 1, 2, \cdots, p-1\}$ 的关系. 如果两个集合（计算上元素重数）可以一一对应，则问题得证.

若对某两个 $1 \le k, l \le p-1$，有 $p \mid k^{2^n} - l^{2^n}$，则 $p \mid k^2 - l^2$（因为 $p \mid k^{\gcd(2^n, p-1)} - l^{\gcd(2^n, p-1)} = k^2 - l^2$）. 因此，当 k 遍历模 p 的缩系时，k^{2^n} 遍历模 p 的非零平方剩余（每个两次）. 只需证明 2 是模 p 平方剩余即可，这从 $p \equiv -1 \pmod{8}$ 得到. $\qquad\square$

例 4.128. （大师赛2013）定义序列 $x_1 = a$，$x_{n+1} = 2x_n + 1$，$n \ge 1$. 求最大的正整数 k，使得存在正整数 a，满足 $2^{x_1} - 1, 2^{x_2} - 1, \cdots, 2^{x_k} - 1$ 都是素数.

证： 首先 $k \ge 2$，因为取 $a = 2$，则 $2^{x_1} - 1 = 3$ 和 $2^{x_2} - 1 = 31$ 都是素数.

我们接下来证明，对每个 $a \ge 1$，$2^{x_1} - 1, 2^{x_2} - 1, 2^{x_3} - 1$ 中至少有一个合数，于是 $k \le 2$.

假设这三个数都是素数，则 $x_1 = a$，$x_2 = 2a + 1$，$x_3 = 4a + 3$ 也都是素数. $a = 2$ 的情形可以直接验证（此时 $2^{x_3} - 1 = 2^{11} - 1 = 23 \cdot 89$）. 现在 a 是奇素数，则 $4a + 3 \equiv -1 \pmod{8}$，因此 2 是模 $4a + 3$ 的平方剩余，于是

$$4a + 3 \mid 2^{\frac{4a+3-1}{2}} - 1 = 2^{x_2} - 1$$

因为 $2^{x_2} - 1$ 是素数，所以 $2^{2a+1} - 1 = 4a + 3$. 进而 $2^{2a-1} = a + 1$，计算 $2^{2a-1} \ge 1 + 2a - 1 = 2a > a + 1$，矛盾. 因此问题的结果是 2. $\qquad\square$

例 4.129. 求所有素数 p，使得 $p! + p$ 是完全平方数.

证： 显然 2 和 3 是问题的解. 我们将证明：没有其他的解. 计算可知 $p = 5$ 不是问题的解，因此假设 $p > 5$ 满足 $p! + p = x^2$.

显然 x 是奇数，$x^2 \equiv 1 \pmod{8}$，而 $p \ge 5$ 得到 $8 \mid p!$，因此 $p \equiv 1 \pmod{8}$. 若 q 是小于 p 的奇素数，则 $q \mid p!$，需要有 $\left(\frac{p}{q}\right) = \left(\frac{p + p!}{q}\right) = 1$. 利用二次互反律，得到 $\left(\frac{q}{p}\right) = (-1)^{\frac{p-1}{2} \cdot \frac{q-1}{2}} = 1$，其中最后的等式用到 $p \equiv 1 \pmod{4}$. 因此所有小于 p 奇素数是模 p 平方剩余，而 $p \equiv 1 \pmod{8}$，2 也是模 p 平方剩余. 这样所有数模 p 是平方剩余，矛盾.

因此，题目的解只有 $p = 2, 3$. $\qquad\square$

例 4.130. 求所有整数 x, n，使得 $x^3 + 2x + 1 = 2^n$.

证: 由 $x \in \mathbf{Z}$, 得 $n \geq 0$. 若 $n = 0$, 则 $x = 0$, 给出解 $(x, n) = (0, 0)$. 计算得 $n = 1$ 无解; $n = 2$ 有解 $(x, n) = (1, 2)$. 现在假设 $n \geq 3$, 因此 $8 \mid x^3 + 2x + 1$.

x 是奇数, 因此有 $x^3 \equiv x \pmod 8$ 和 $x \equiv 5 \pmod 8$. 接下来 $2^n - 1 = x(x^2 + 2)$ 被 3 整除, 因此 n 是偶数. 将方程写成

$$(x + 1)(x^2 - x + 3) = 2^n + 2,$$

说明 $x^2 - x + 3$ 的每个素因子 p 满足 $\left(\frac{-2}{p}\right) = 1$, 因此 $p \equiv 1, 3 \pmod 8$. 这样 $x^2 - x + 3 \equiv 1, 3 \pmod 8$, 和 $x^2 - x + 3 \equiv 25 - 5 + 3 \equiv -1 \pmod 8$ 矛盾.

因此问题的所有解是 $(x, n) = (0, 0), (1, 2)$. □

例 4.131. 证明: 若 r 是奇数, 则存在无穷多素数 $p \equiv r \pmod 8$.

证: 先讨论 $r = 1$ 的情形, 考虑 $n^4 + 1$ 的素因子 $p \neq 2$. $p \mid (n^2)^2 + 1$, 因此 $p \equiv 1 \pmod 4$. 若 $p \equiv 5 \pmod 8$, 则费马小定理给出

$$-1 = (-1)^{\frac{p-1}{4}} \equiv (n^4)^{\frac{p-1}{4}} = n^{p-1} \equiv 1 \pmod p,$$

矛盾. 因此 $p \equiv 1 \pmod 8$, 而根据舒尔定理 3.69, 这样的素数有无穷多个.

接下来考虑 $r = 3$ 的情形, 设 $p_1 = 2, p_2 = 3, \cdots$ 是所有素数构成的序列, 取 $N_n = (p_2 p_3 \cdots p_n)^2 + 2, n > 2$, 则 $N_n \equiv 3 \pmod 8$, 因此 N_n 必然有素因子 p 不是 $8k \pm 1$ 型. 因为 $p \mid N_n$, -2 是模 p 平方剩余, 2 是模 p 平方非剩余, 因此 -1 是模 p 平方非剩余, $p \equiv 3 \pmod 8$. p 和前 n 个素数均不同, 因此有无穷多个这样的 p.

类似地, 对 $r = 5$, 考虑 $N_n = (p_2 \cdots p_n)^2 + 4 \equiv 5 \pmod 8$. 对 $r = 7$, 考虑 $2(p_1 p_2 \cdots p_n)^2 - 1$, 如前论述, 可证. □

例 4.132. (AMME3012) 设 a 和 b 是正整数, 满足 $a > 1$ 及 $a \equiv b \pmod 2$. 证明: $2^a - 1$ 不是 $3^b - 1$ 的约数.

证: 当 a 是偶数时, $3 \mid 2^a - 1$, $3 \nmid 3^b - 1$, 得证.

现在假设 a, b 都是奇数. 若 p 是 $2^a - 1$ 的一个素因子, 则 $2^a \equiv 1 \pmod p$ 推出 $\left(\frac{2}{p}\right) = 1$, 因此 $p \equiv \pm 1 \pmod 8$.

而 $3^b \equiv 1 \pmod p$ 推出 $\left(\frac{3}{p}\right) = 1$, 根据二次互反律 (讨论 p 模 4 的余数) 可得 $p \equiv \pm 1 \pmod{12}$.

因此 $p \equiv \pm 1 \pmod{24}$ 对每个素数 $p \mid 2^a - 1$ 成立, 则 $2^a - 1 \equiv \pm 1 \pmod{24}$, 不可能, 问题得证. □

注释 4.133. 特别地，除非 $n = 1$，$2^n - 1$ 不能整除 $3^n - 1$.

例 4.134. （保加利亚1998）假设 m, n 是正整数，满足 $\frac{(m+3)^n + 1}{3m}$ 是整数. 证明：这个整数是奇数.

证： 假设这个整数是偶数，则 $6m$ 整除 $(m+3)^n + 1$. $(m+3)^n + 1$ 必是偶数，因此 m 是偶数，4 整除 $6m$，也整除 $(m+3)^n + 1$，必有 $m \equiv 0 \pmod{4}$. 继续这样讨论，有 $8 | 6m | (m+3)^n + 1$. 若 8 整除 m，将有 $8 | 3^n + 1$，不可能. 因此 $m \equiv 4 \pmod{8}$，而 8 整除 $(m+3)^n + 1$，说明 n 是奇数.

$m = 4$ 时，可以检验 $3 \nmid (m+3)^n + 1$，矛盾. 假设 $m > 4$，则存在素数 $p > 2$ 整除 m. 因此 p 整除 $3^n + 1$，因为 n 是奇数，-3 是模 p 平方剩余，利用二次互反律，可得 $p \equiv 1 \pmod{3}$. 因为这对每个 m 的奇素数因子成立，所以 $m = 4k$，$k \equiv 1 \pmod{3}$. 因此 $m \equiv 1 \pmod{3}$，和 $3 | (m+3)^n + 1$ 矛盾，题目得证. $\qquad \square$

例 4.135. （Komal）证明：存在无穷多合数，具有形式 $2^{2^n} + 1$ 或 $6^{2^n} + 1$.

证： 我们将证明：若 $2^{2^n} + 1$ 是素数 $p > 5$，则 $6^{\frac{p-1}{2}} + 1$ 是合数，更精确地说是 p 的倍数（它显然比 p 大）.

假设 $p = 2^{2^n} + 1 > 5$ 是素数. 要证 $p \mid 6^{\frac{p-1}{2}} + 1$，等价于 $\left(\frac{6}{p}\right) = -1$. 因为 $p \equiv 1 \pmod{8}$，所以 $\left(\frac{2}{p}\right) = 1$. 利用二次互反律，因为 $p = 2^{2^n} + 1 \equiv 2 \pmod{3}$，所以 $\left(\frac{3}{p}\right) = (-1)^{\frac{p-1}{2}} \left(\frac{p}{3}\right) = -1$. 因此，$\left(\frac{6}{p}\right) = \left(\frac{2}{p}\right) \cdot \left(\frac{3}{p}\right) = -1$. $\qquad \square$

例 4.136. （中国台湾2000）证明：若 m, n 是大于 1 的整数，使得 $\varphi(5^m - 1) = 5^n - 1$，则 $\gcd(m, n) > 1$.

证： 假设 $\gcd(m, n) = 1$，则 $\gcd(5^m - 1, 5^n - 1) = 4$. 不存在奇素数 p，使得 p^2 整除 $5^m - 1$，否则 $p | \varphi(5^m - 1) = 5^n - 1$，矛盾.

因此可以写

$$5^m - 1 = 2^a p_1 \cdots p_k, \quad 5^n - 1 = 2^{a-1}(p_1 - 1) \cdots (p_k - 1),$$

其中 $a \geq 2$，$p_1, \cdots, p_k$ 是不同奇素数. 注意 $k \geq 1$，否则 $5^m - 1 = 2^a$，$5^n - 1 = 2^{a-1}$ 无解. 这样 2^a 同时整除 $5^m - 1$ 和 $5^n - 1$，结合前面的 $a \geq 2$ 及 $\gcd(5^m - 1, 5^n - 1) = 4$ 说明 $a = 2$. 因此 8 不整除 $5^m - 1$，必有 m 是奇数.

结合 p_i 整除 $5^m - 1$，给出 5 是模 p_i 的平方剩余，利用二次互反律得到 p_i 是模 5 的平方剩余，$p_i \equiv \pm 1 \pmod{5}$. 又 $p_i - 1$ 整除 $5^n - 1$，不能有 $p_i \equiv 1 \pmod{5}$，所有 p_i 是模 5 为 -1. 方程 $5^n - 1 = 2(p_1 - 1) \cdots (p_k - 1)$ 给出 $-1 = 2(-2)^k$

$(\bmod 5)$，$4 \mid k+1$；而方程 $5^m - 1 = 4p_1 \cdots p_k$ 给出 $-1 \equiv (-1)^{k+1} \pmod 5$，$2 \mid k$，矛盾． $\qquad\square$

4.5　包含有理数和组合数的同余式

本节内容比较技术化，我们讨论一些和组合数有关的微妙的同余关系．初次阅读者可以自由跳过本节，或者参考下面的论文获得更多有关知识：A. Granville, "Binomial coefficients modulo prime powers" and R. Mestrovic, "Lucas' theorem: its generalizations, extensions and applications"．

4.5.1　组合数同余性质：卢卡斯定理

这一节，我们讨论与组合数的算术性质相关的几个结果．更确切地说，我们研究 $\binom{n}{k}$ 除以一个素数 p 的余数，然后以此证明更深刻的同余式．本节中 p 总是代表一个素数．在研究费马小定理时，我们已经看到 $p \mid \binom{p}{k}$，$1 \le k < p$ 的用处．在处理更技术性的问题前，我们先强调下面的同余结果．

命题 4.137. 对所有素数 p 和所有 $0 \le k \le p-1$，有

$$\binom{p-1}{k} \equiv (-1)^k \pmod p.$$

证： 直接计算

$$k!\binom{p-1}{k} = (p-k)(p-k+1)\cdots(p-1) \equiv (-k)(-k+1)\cdots(-1)$$
$$\equiv (-1)^k k! \pmod p$$

然后利用 $\gcd(k!, p) = 1$ 可证． $\qquad\square$

下面的问题给出上个命题的逆．

例 4.138. 设 $n > 1$ 是整数．证明：若 $\binom{n-1}{k} \equiv (-1)^k \pmod n$ 对所有 $k \in \{0, 1, \cdots, n-1\}$ 成立，则 n 是素数．

证： 如果 n 是合数，取它的最小素因子 p，记 $n = rp$，$r > 1$．则根据题目条件 $\binom{n-1}{p} \equiv (-1)^p \pmod n$，即

$$\frac{(n-1)(n-2)\cdots(n-p)}{p!} \equiv (-1)^p \pmod n,$$
$$(n-1)(n-2)\cdots(n-p+1)(r-1) \equiv (p-1)!(-1)^p \pmod n.$$

但是上式左边模 n 同余于 $(-1)^{p-1}(p-1)!(r-1)$，而 $\gcd(n,(p-1)!)=1$，因此 $(-1)^{p-1}(r-1) \equiv (-1)^p \pmod{n}$，即 $r \equiv 0 \pmod{n}$，矛盾. □

我们现在一般的 $\binom{n}{k}$ 模 p 余数问题，最后的结果比较复杂. 我们先研究一些简单的非平凡情形. 考虑 n, k 对 p 做带余除法

$$n = pn_1 + n_2, \quad k = pk_1 + k_2,$$

$n_1, k_1 \geq 0$，$0 \leq n_2, k_2 < p$ 是整数. 组合数 $\binom{n}{k}$ 是多项式 $(1+X)^n$ 中 X^k 的系数. 因为 $p \mid \binom{p}{k}$，$1 \leq k \leq p-1$，所以 $(1+X)^p \equiv 1 + X^p \pmod{p}$，

$$(1+X)^n = [(1+X)^p]^{n_1} \cdot (1+X)^{n_2} \equiv (1+X^p)^{n_1} \cdot (1+X)^{n_2} \pmod{p}.$$

多项式 $(1+X^p)^{n_1} \cdot (1+X)^{n_2}$ 中 $X^k = X^{pk_1+k_2}$ 的系数是 $\binom{n_1}{k_1} \cdot \binom{n_2}{k_2}$（约定当 $a < b$ 时 $\binom{a}{b} = 0$），这是因为将 k 写成 $pu + v, 0 \leq u \leq n_1, 0 \leq v \leq n_2$ 形式只能是 $k = pk_1 + k_2$. 前面的多项式同余关系于是得到下面的结果.

定理 4.139. 若 $n = pn_1 + n_2$，$k = pk_1 + k_2$，其中整数 $n_1, k_1 \geq 0$，$0 \leq n_2, k_2 < p$，则

$$\binom{n}{k} \equiv \binom{n_1}{k_1} \cdot \binom{n_2}{k_2} \pmod{p}.$$

我们将这个定理看成计算 $\binom{n}{k}$ 模 p 余数的一个递归公式. 不断应用这个定理，得到下面经典的卢卡斯定理. 叙述之前，回忆对每个整数 $a > 1$，可以将任意整数 $n > 1$ 唯一地写成

$$n = n_0 + n_1 a + n_2 a^2 + \cdots + n_k a^k$$

的形式，其中 $n_0, \cdots, n_k \in \{0, 1, \cdots, a-1\}$，$n_k \neq 0$（不熟悉这个的读者可以用带余除法自行证明）. 这个写法称作 n 的 a 进制表达式（$a = 10$ 时得到十进制表达式），数 $n_0, n_1, \cdots, n_k$ 称为 n 在 a 进制下的数码（例如 n_0 是 n 除以 a 的余数）. 我们现在可以叙述并证明卢卡斯定理（回忆若 $a < b$，则 $\binom{a}{b} = 0$）.

定理 4.140. （卢卡斯）设 $n = n_0 + n_1 p + \cdots + n_d p^d$ 是 n 在 p 进制下的表达式，设 $k \in \{0, 1, \cdots, n\}$. 记 k 的 p 进制表达式为 $k = k_0 + k_1 p + \cdots + k_d p^d$（其中不足 $d+1$ 位前面补 0，使二者位数相同），$0 \leq k_1, \cdots, k_d \leq p-1$. 则

$$\binom{n}{k} \equiv \binom{n_0}{k_0} \cdot \binom{n_1}{k_1} \cdot \ldots \cdot \binom{n_d}{k_d} \pmod{p}.$$

证：将上一个定理重复应用，即可得

$$\binom{n}{k} \equiv \binom{n_0}{k_0} \cdot \binom{n_1 + n_2 p + \cdots + n_d p^{d-1}}{k_1 + k_2 p + \cdots + k_d p^{d-1}}$$

$$\equiv \binom{n_0}{k_0} \cdot \binom{n_1}{k_1} \cdot \binom{n_2 + \cdots + n_d p^{d-2}}{k_2 + \cdots + k_d p^{d-2}}$$

$$\equiv \cdots \equiv \binom{n_0}{k_0} \cdot \binom{n_1}{k_1} \cdot \cdots \cdot \binom{n_d}{k_d} \pmod{p}. \qquad \Box$$

我们给出几个应用卢卡斯定理的例子.

例 4.141. 证明：若 n 是正整数，p 是素数，则 $\binom{n}{p} \equiv \left\lfloor \frac{n}{p} \right\rfloor \pmod{p}$.

证：记 $n = n_0 + n_1 p + \cdots + n_d p^d$ 为 p 进制表达式，卢卡斯定理给出

$$\binom{n}{p} \equiv \binom{n_0}{0} \cdot \binom{n_1}{1} \cdot \binom{n_2}{0} \cdot \cdots \cdot \binom{n_d}{0} = n_1 \equiv \left\lfloor \frac{n}{p} \right\rfloor \pmod{p}. \qquad \Box$$

例 4.142. （Fine定理，1947）设 n 是正整数，$n_0, \cdots, n_d$ 是 n 的 p 进制表达式的数码，p 是素数. 证明：$\binom{n}{k}, 0 \le k \le n$ 中有 $(1 + n_0)(1 + n_1) \cdots (1 + n_d)$ 个不是 p 的倍数.

证：我们需要找到使得 $p \nmid \binom{n}{k}$ 整数 $k \in \{0, 1, \cdots, n\}$ 个数. 设有 p 进制表示 $k = k_0 + k_1 p + \cdots + k_d p^d$，根据卢卡斯定理 $\binom{n}{k} \equiv \prod_{i=0}^{d} \binom{n_i}{k_i} \pmod{p}$，因此 $p \nmid \binom{n}{k}$ 当且仅当 p 不整除每个 $\binom{n_i}{k_i}$. 因为 $0 \le k_i, n_i < p$，所以 $p \nmid \binom{n_i}{k_i}$ 当且仅当 $k_i \le n_i$. 因此对每个 $0 \le i \le d$，恰好有 $n_i + 1$ 个符合条件的 k_i，又因为 k 由 d 数组 $(k_0, k_1, \cdots, k_d)$ 唯一决定，题目得证. $\qquad \Box$

注释 4.143. 对 $p = 2$，我们重现了 Glaisher 的经典定理（1899年提出）：在杨辉三角形（英文文献称作帕斯卡三角形）的第 n 行的奇数个数是 2^s，其中 s 是 n 的二进制表达式中数字 1 的个数.

例 4.144. 设 p 是素数，$n > 1$ 是整数.

(a) 证明：所有的组合数 $\binom{n}{1}, \cdots, \binom{n}{n-1}$ 都被 p 整除当且仅当 n 是 p 的幂.

(b) 证明：组合数 $\binom{n}{1}, \cdots, \binom{n}{n-1}$ 都不被 p 整除当且仅当 $n = qp^d - 1$，整数 $0 < q < p$. 特别地，$\binom{n}{1}, \cdots, \binom{n}{n-1}$ 都是奇数当且仅当 $n + 1$ 是 2 的幂.

证：(a) 若 $n = p^d$，$d \ge 1$，则对所有 $1 \le k = k_0 + p k_1 + \cdots + p^d k_d \le n$，$k_0, k_1, \cdots, k_{d-1}$ 中至少有一个非零，根据卢卡斯定理

$$\binom{n}{k} \equiv \binom{0}{k_0} \cdot \cdots \cdot \binom{0}{k_{d-1}} \cdot \binom{1}{k_d} \equiv 0 \pmod{p}.$$

反之，假设 $\binom{n}{1}, \cdots, \binom{n}{n-1}$ 都是 p 的倍数，则 Fine 定理 4.142 给出有

$$(1+n_0)(1+n_1)\cdots(1+n_d) = 2$$

个组合数不是 p 的倍数，而 $n_d > 0$，因此 $n_d = 1, n_i = 0, i < d, \ n = p^d$.

(b) 若 $n = qp^d - 1$，其中 $d \geq 0, \ 0 < q < p$，则 n 的 p 进制表达式是

$$n = (q-1)p^d + (p-1)p^{d-1} + \cdots + (p-1),$$

对任何 $0 \leq k \leq n, \ k$ 的 p 进制表达式最高位不超过 $q-1$，其他位不超过 $p-1$，根据卢卡斯定理结论成立.

反之，假设 $\binom{n}{1}, \cdots, \binom{n}{n-1}$ 都不是 p 的倍数，设 $n = n_0 + pn_1 + \cdots + p^d n_d$ 是 p 进制表达式. 对每个 $0 \leq j < d, \ (p-1)p^j < n$，则 $p \nmid \binom{n}{(p-1)p^j}$ 说明 $n_j \geq p-1$（卢卡斯定理），因此 $n_0 = \cdots = n_{d-1} = p-1$. $\qquad\square$

例 4.145. （伊朗TST2012）求所有整数 $n > 1$，使得对所有 $0 \leq i, j \leq n, \ i+j$ 和 $\binom{n}{i} + \binom{n}{j}$ 有相同的奇偶性.

证： 题目条件等价于说，所有 $\binom{n}{i} - i, 0 \leq i \leq n$ 有相同的奇偶性. 取 $i = 0$，我们看到这些数都要是奇数. 因此条件相当于说，$\binom{n}{i} \equiv i+1 \pmod 2$ 对 $0 \leq i \leq n$ 成立，直观看杨辉三角形第 n 行，按奇偶相间方式排列. 因此第 $n+1$ 行全是奇数. 根据前面的例子，$n+2$ 是 2 的幂，因此 $n = 2^k - 2, \ k \geq 2$.

反之，对这样的 n，记 $n = 2^{k-1} + 2^{k-2} + \cdots + 2$ 和 $i = i_{k-1}2^{k-1} + \cdots + i_0$，卢卡斯定理容易得出

$$\binom{n}{i} \equiv \binom{1}{i_{k-1}} \cdot \ldots \cdot \binom{1}{i_1} \cdot \binom{0}{i_0} \pmod 2.$$

因此 $\binom{n}{i} \equiv \binom{0}{i_0} \equiv i_0 + 1 \equiv i+1 \pmod 2$，证毕（这一部分还可以从下一行杨辉三角形全是奇数得到此行奇偶相间，然后首项为奇数得到. ——译者注）. $\qquad\square$

例 4.146. 设 p 是素数，$n > 1$ 是整数. 证明：p 不整除 $\binom{2n}{n}$ 当且仅当 n 的 p 进制表达式数码都属于集合 $\{0, 1, \cdots, \frac{p-1}{2}\}$.

证： 设 $2n = a_0 + pa_1 + \cdots + p^d a_d$ 是 $2n$ 的 p 进制表达式，$n = b_0 + pb_1 + \cdots + p^d b_d$ 是 n 的 p 进制表达式.

若 $\max_{0 \leq j \leq d} b_j \leq \frac{p-1}{2}$，则显然有 $a_j = 2b_j \geq b_j, 0 \leq j \leq d$，卢卡斯定理给出 $\binom{2n}{n}$ 不是 p 的倍数，这是一个方向的证明.

反之，若 $b_j, 0 \leq j \leq d$ 不全属于 $\{0, 1, \cdots, \frac{p-1}{2}\}$，设 k 是最小的 k，使得 $b_k > \frac{p-1}{2}$. 则有 $a_j = 2b_j, j = 0, \cdots, k-1$，而 $a_k = 2b_k - p < b_k$（有进位）. 再根据卢卡斯定理，$\binom{2n}{n}$ 是 p 的倍数，这给出了另一个方向的证明. $\qquad\square$

例 4.147.（越南TST2010）设 n 是正整数，证明：$\binom{4n}{2n}+1$ 不是 3 的倍数.

证： 假设对某个 $n \geq 1$，有 3 整除 $\binom{4n}{2n}+1$. 利用前面的例子，我们有三进制表达式 $2n = a_0 + 3a_1 + \cdots + 3^d a_d$，其中每个 $a_i \in \{0, 1\}$. $4n$ 的三进制表达式为 $(2a_0) + (2a_1) \cdot 3 + \cdots + (2a_d) \cdot 3^d$. 根据卢卡斯定理和前面假设

$$-1 \equiv \binom{4n}{2n} \equiv \prod_{j=0}^{d} \binom{2a_j}{a_j} \pmod{3}.$$

因为 $\binom{2a_j}{a_j}$ 当 $a_j = 0$ 时为 1；当 $a_j = 1$ 时为 $2 \equiv -1 \pmod 3$，所以有奇数个 $a_j = 1$. 但是 $2n = a_0 + \cdots + 3^d a_d \equiv a_0 + \cdots + a_d \pmod 2$，矛盾. $\square$

4.5.2 包含有理数的同余式

根据定理 4.2 对每个素数 p 和任何 $k \in \{1, 2, \cdots, p-1\}$，$\frac{1}{p}\binom{p}{k}$ 是整数. 一个自然的问题是，这个整数模 p 的余数是什么？为了严格地研究这个问题，我们需要将同余式的性质从整数扩展到某些有理数. 这一节的很多细致结果主要用到了这样的同余式的性质. 我们先引入分母和 p 互素的有理数的模 p 同余式. 我们最终可以像对待整数一样处理这样的分数，这种方法很实用.

设 $n > 1$ 是整数，考虑有理数的子集，定义为

$$\mathbf{Z}_{(n)} = \left\{ \frac{a}{b} \middle| a, b \in \mathbf{Z}, \gcd(b, n) = 1 \right\}.$$

因此 $\mathbf{Z}_{(n)}$ 包含分母和 n 互素的有理数（化成最简分数后）. 注意，若 $x, y \in \mathbf{Z}_{(n)}$，则 xy，$x + y$ 和 $x - y$ 也都是 $\mathbf{Z}_{(n)}$ 中的有理数. 实际上，若 $x = \frac{a}{b}$，$y = \frac{c}{d}$，则

$$xy = \frac{ac}{bd}, \quad x + y = \frac{ad + bc}{bd}, \quad x - y = \frac{ad - bc}{bd}$$

而且 $\gcd(bd, n) = 1$.

定义 4.148. 我们称两个有理数 $x, y \in \mathbf{Z}_{(n)}$ 模 n 同余，并且记作 $x \equiv y \pmod n$，如果 $x - y = nz$，而 $z \in \mathbf{Z}_{(n)}$. 或者等价地，如果分数 $x - y$ 写成最简分数后分子是 n 的倍数.

上面定义的同余概念，延拓了通常的 $\mathbf{Z} \subset \mathbf{Z}_{(n)}$ 上的同余概念. 延拓后的同余有一样的形式化性质（见命题 1.2），读者可以按定义检验. 我们还指出下面的性质：若整数 $x, y \in \mathbf{Z}$，则二者作为整数同余与作为 $\mathbf{Z}_{(n)}$ 中的有理数同余，两个关系等价. 实际上，唯一的非平凡部分是，若 $x \equiv y \pmod n$ 在 $\mathbf{Z}_{(n)}$ 中同余，则 $n \mid x - y$. 但是根据作为 $\mathbf{Z}_{(n)}$ 中同余的两个数，按定义 $x - y$ 可以写成 $\frac{na}{b}$，

$\gcd(a, b) = 1$，$\gcd(n, b) = 1$. 因为 $x - y$ 是整数，必有 $b \mid na$，而且按定义 $\gcd(b, n) = 1$，$\gcd(b, a) = 1$，所以 $b \mid 1$，$x - y = \pm na \in n\mathbf{Z}$.

接下来，我们给出一个关于处理有理数同余的小技巧，实际应用时很方便（后面的例子可以看到）. 设 $x = \frac{a}{b} \in \mathbf{Z}_{(n)}$，根据定义 $\gcd(b, n) = 1$，因此存在 $c \in \{1, \cdots, n-1\}$，使得 $bc \equiv 1 \pmod{n}$. 可以发现在 $\mathbf{Z}_{(n)}$ 中，有 $x \equiv ac$ $\pmod{n}$. 实际上

$$x - ac = \frac{a(1 - bc)}{b}$$

右端的分母中 $1 - bc$ 部分与 b 互素，被 n 整除. 例如，我们可以应用这个技巧证明下面的同余式（这个同余式在下一节还会改进到一个模 p^2 的同余式，其中要求 $p > 3$）.

$$1 + \frac{1}{2} + \cdots + \frac{1}{p-1} \equiv 0 \pmod{p}$$

对所有奇素数 p 成立. 实际上，设 $a_i \in \{1, 2, \cdots, p-1\}$ 使得 $ia_i \equiv 1 \pmod{p}$，则前面的讨论说明

$$1 + \frac{1}{2} + \cdots + \frac{1}{p-1} \equiv a_1 + \cdots + a_{p-1} \pmod{p}.$$

但是 $a_1, \cdots, a_{p-1}$ 模 p 互不相同，构成缩系，因此

$$a_1 + a_2 + \cdots + a_{p-1} \equiv 1 + 2 + \cdots + (p-1) = \frac{p(p-1)}{2} \equiv 0 \pmod{p}.$$

同样的论述可以证明，对每个素数 p 和正整数 k，有

$$1 + \frac{1}{2^k} + \cdots + \frac{1}{(p-1)^k} \equiv 1 + 2^k + \cdots + (p-1)^k \pmod{p}.$$

利用推论 4.77，可以得到下面的同余式

命题 4.149. 对每个素数 p 和整数 k，k 不是 $p-1$ 的倍数（特别地，若 $1 \le k < p-1$），有

$$1 + \frac{1}{2^k} + \cdots + \frac{1}{(p-1)^k} \equiv 0 \pmod{p}.$$

在讨论具体的例子之前，我们先解决触发本节内容的原始问题：求 $\frac{1}{p}\binom{p}{k}$ 模 p 的余数.

命题 4.150. 对所有素数 p 和所有整数 $1 \le k \le p-1$，有

$$\frac{1}{p}\binom{p}{k} \equiv \frac{(-1)^{k-1}}{k} \pmod{p}.$$

证： 结果可以从恒等式 $\frac{1}{p}\binom{p}{k} = \frac{1}{k}\binom{p-1}{k-1}$ 以及 $\binom{p-1}{k-1} \equiv (-1)^{k-1} \pmod{p}$ 得出（后者参考命题 4.137）. $\square$

现在可以看看前面的理论结果在实践中如何起作用.

例 4.151. 证明：对所有素数 $p > 3$，有

$$\sum_{j=1}^{\frac{p-1}{2}} \frac{1}{j^2} \equiv \sum_{j=0}^{\frac{p-3}{2}} \frac{1}{(2j+1)^2} \equiv 0 \pmod{p}.$$

证： 这两个同余式可以直接从命题 4.149 得出：

$$0 \equiv \sum_{j=1}^{p-1} \frac{1}{j^2} = \sum_{j=1}^{\frac{p-1}{2}} \frac{1}{j^2} + \sum_{j=1}^{\frac{p-1}{2}} \frac{1}{(p-j)^2} \equiv 2\sum_{j=1}^{\frac{p-1}{2}} \frac{1}{j^2} \pmod{p},$$

$$0 \equiv \sum_{j=1}^{p-1} \frac{1}{j^2} = \sum_{j=1}^{\frac{p-1}{2}} \frac{1}{(2j)^2} + \sum_{j=0}^{\frac{p-3}{2}} \frac{1}{(2j+1)^2} = \frac{1}{4}\sum_{j=1}^{\frac{p-1}{2}} \frac{1}{j^2} + \sum_{j=0}^{\frac{p-3}{2}} \frac{1}{(2j+1)^2}. \quad \square$$

例 4.152. （普特南1996）设 p 是素数，$k = \left\lfloor \frac{2p}{3} \right\rfloor$. 证明：

$$\binom{p}{1} + \binom{p}{2} + \cdots + \binom{p}{k} \equiv 0 \pmod{p^2}.$$

证： 等价地，我们需要证明

$$\sum_{j=1}^{k} \frac{1}{p}\binom{p}{j} \equiv 0 \pmod{p}.$$

但是，利用命题 4.150，可得

$$\sum_{j=1}^{k} \frac{1}{p}\binom{p}{j} \equiv \sum_{j=1}^{k} \frac{(-1)^{j-1}}{j} = \sum_{j=1}^{k} \frac{1}{j} - 2\sum_{j=1}^{\left\lfloor \frac{k}{2} \right\rfloor} \frac{1}{2j} \equiv \sum_{j=1}^{k} \frac{1}{j} + \sum_{j=1}^{\left\lfloor \frac{k}{2} \right\rfloor} \frac{1}{p-j} \pmod{p}.$$

容易分情况 $p \equiv 1 \pmod{6}$ 和 $p \equiv 5 \pmod{6}$ 检验 $p - \left\lfloor \frac{k}{2} \right\rfloor = k+1$ 成立. 再利用命题 4.149，最后得到

$$\sum_{j=1}^{k} \frac{1}{p}\binom{p}{j} \equiv \sum_{j=1}^{p-1} \frac{1}{j} \equiv 0 \pmod{p}. \quad \square$$

例 4.153. 设 p 是奇素数，证明：

$$\sum_{i=1}^{p-1} \frac{2^i}{i} \equiv \sum_{i=1}^{\frac{p-1}{2}} \frac{1}{i} \equiv -\frac{2^p - 2}{p} \pmod{p}.$$

证： 根据命题 4.150，有

$$\sum_{i=1}^{p-1} \frac{2^i}{i} \equiv \sum_{i=1}^{p-1} 2^i \cdot \frac{(-1)^{i-1}}{p} \binom{p}{i} = \frac{2 - 2^p}{p} \pmod{p}.$$

另一方面，设 $A = \sum_{i=1}^{\frac{p-1}{2}} \frac{1}{i}$，$B = \sum_{i=1}^{\frac{p-1}{2}} \frac{1}{2i-1}$. 则有

$$\frac{A}{2} + B = \sum_{i=1}^{p-1} \frac{1}{i} \equiv 0 \pmod{p},$$

$$A \equiv \frac{A}{2} - B = \sum_{i=1}^{p-1} \frac{(-1)^i}{i} \pmod{p}.$$

再利用命题 4.150，可得

$$A \equiv \sum_{i=1}^{p-1} \frac{(-1)^i \cdot (-1)^{i-1}}{p} \binom{p}{i} = \frac{2 - 2^p}{p} \pmod{p}. \qquad \square$$

注释 4.154. 证明中的一个结果是，对每个奇素数 p，有

$$\frac{2^{p-1} - 1}{p} \equiv 1 + \frac{1}{3} + \cdots + \frac{1}{p-2} \pmod{p}.$$

例 4.155.（ELMO 2009）设 $p > 3$ 是素数，x 是整数，满足 $p \mid x^3 - 1$，$p \nmid x - 1$. 证明：

$$x - \frac{x^2}{2} + \frac{x^3}{3} - \cdots - \frac{x^{p-1}}{p-1} \equiv 0 \pmod{p}.$$

证： 根据命题 4.150 和二项式定理，可得

$$x - \frac{x^2}{2} + \frac{x^3}{3} - \cdots - \frac{x^{p-1}}{p-1} \equiv \sum_{k=1}^{p-1} \frac{1}{p} \binom{p}{k} x^k = \frac{(1+x)^p - x^p - 1}{p} \pmod{p},$$

因此只需证明 $(1+x)^p \equiv 1 + x^p \pmod{p^2}$. 因为根据假设 $p \mid x^2 + x + 1$，这可以从例 4.18 得到. $\qquad \square$

例 4.156.（IMOSL2011）设 p 是奇整数. 若 $a \in \mathbf{Z}$，令

$$S_a = \frac{a}{1} + \frac{a^2}{2} + \cdots + \frac{a^{p-1}}{p-1}.$$

证明：若 m, n 是整数，满足 $S_3 + S_4 - 3S_2 = \frac{m}{n}$，则 $p \mid m$.

证: 从命题 4.150 可得

$$S_a = \sum_{k=1}^{p-1} \frac{a^k}{k} \equiv \frac{1}{p} \sum_{k=1}^{p-1} (-1)^{k-1} a^k \binom{p}{k}$$

$$= -\frac{1}{p} \sum_{k=1}^{p-1} (-a)^k \binom{p}{k} = \frac{(a-1)^p - a^p + 1}{p} \pmod{p},$$

因此

$$S_3 + S_4 - 3S_2 \equiv \frac{2^p - 3^p + 1 + 3^p - 4^p + 1 - 3 + 3 \cdot 2^p - 3}{p}$$

$$= -\frac{(2^p - 2)^2}{p} \equiv 0 \pmod{p}. \qquad \square$$

4.5.3 高次同余: Fleck, Morley, Wolstenholme

我们将处理和组合数有关的高次同余（即模 p 的幂），关键用到前面两节的结果. 下面的同余式属于 Babbage（1819），基于定理 4.2 和范德蒙恒等式

$$\binom{m+n}{k} = \sum_{i=0}^{k} \binom{m}{i} \cdot \binom{n}{k-i}.$$

（比较 $(1+X)^{m+n} = (1+X)^m \cdot (1+X)^n$ 两边的 X^k 的系数得到）

例 4.157. 证明: 对所有素数 p, 有 $\binom{2p}{p} \equiv 2 \pmod{p^2}$. 等价地, 若素数 $p > 2$, 则 $\binom{2p-1}{p-1} \equiv 1 \pmod{p^2}$.

证: 范德蒙恒等式给出

$$\binom{2p}{p} = \sum_{k=0}^{p} \binom{p}{k}^2.$$

利用定理 4.2, 可得 $p^2 \mid \binom{p}{k}^2$, $1 \le k \le p-1$, 因此 $\binom{2p}{p} \equiv 2 \pmod{p^2}$. 另一个同余式直接从这个同余式和 $\binom{2p-1}{p-1} = \frac{1}{2}\binom{2p}{p}$ 得到. $\qquad \square$

下一个经典定理改进了刚才的例子和命题 4.149, $k = 1$ 的情形.

定理 4.158. (Wolstenholme ， 1862) 对所有素数 $p > 3$, 有

$$\sum_{j=1}^{p-1} \frac{1}{j} \equiv 0 \pmod{p^2}, \qquad \binom{2p}{p} \equiv 2 \pmod{p^3}.$$

证： 首先有

$$2\sum_{j=1}^{p-1}\frac{1}{j} = \sum_{j=1}^{p-1}\left(\frac{1}{j}+\frac{1}{p-j}\right) = p\sum_{j=1}^{p-1}\frac{1}{j(p-j)},$$

再利用命题 4.149, 可得

$$\sum_{j=1}^{p-1}\frac{1}{j(p-j)} \equiv \sum_{j=1}^{p-1}\frac{1}{-j^2} \equiv 0 \pmod{p},$$

这证明了问题的第一部分.

对第二部分, 由命题 4.150 和 4.149 得

$$\frac{1}{p^2}\left(\binom{2p}{p}-2\right) = \sum_{k=1}^{p-1}\left(\frac{1}{p}\binom{p}{k}\right)^2 \equiv \sum_{k=1}^{p-1}\frac{1}{k^2} \equiv 0 \pmod{p}.$$

$\square$

注释 4.159. (a) *Wolstenholme 定理由 Ljunggren(1949) 推广为*

$$\binom{pa}{pb} \equiv \binom{a}{b} \pmod{p^3}$$

以及由 Jacobsthal(1952) 推广为

$$\binom{pa}{pb} \equiv \binom{a}{b} \pmod{p^q}, \quad q = 3 + v_p(ab(a-b))$$

对 $a > b > 0$ 和 $p > 3$ 成立. 最后的同余式的证明非常困难.

(b) 同余式 $\binom{2n}{n} \equiv 2 \pmod{n}$ 当 n 是奇合数时有时也成立, 例如 $n = 29 \cdot 937$. 类似地同余式 $\binom{2n}{n} \equiv 2 \pmod{n^2}$ 对 $n = 16843^2$ 成立.

(c) 使得 $\binom{2p}{p} \equiv 2 \pmod{p^4}$ 成立的素数 p 被称作 Wolstenholme 素数. 小于 10^9 的这样的素数只有 16 843 和 2 124 679. 还不知道任何满足 $\binom{2p}{p} \equiv 2 \pmod{p^5}$ 的素数 p, 很有可能根本不存在这样的素数.

例 4.160. （APMO 2006）设 $p \geq 5$ 是素数, r 是在 $p \times p$ 的棋盘上放置 p 个跳棋, 使其不全在同一行的方法数. 证明: r 被 p^5 整除.

证： 问题等价于 $\binom{p^2}{p} - p \equiv 0 \pmod{p^5}$, 或者除以 p 后, 等价于

$$\prod_{k=1}^{p-1}\left(\frac{p^2}{k}-1\right) \equiv 1 \pmod{p^4}.$$

对此式左端强制展开得到

$$\prod_{k=1}^{p-1}\left(\frac{p^2}{k}-1\right) \equiv (-1)^{p-1} + (-1)^{p-2}\sum_{k=1}^{p-1}\frac{p^2}{k} \pmod{p^4},$$

因此问题归结为证明 $\sum_{k=1}^{p-1}\frac{1}{k} \equiv 0 \pmod{p^2}$, 可以从定理 4.158 得到. □

注释 4.161. 我们留给读者一个挑战, 证明 $\binom{p^3}{p^2} \equiv \binom{p^2}{p} \pmod{p^8}$, 对所有素数 $p \geq 5$ 成立.

接下来, 我们解释 Morley 的一个困难证明. 例 4.153 可以看成计算 $2^{p-1} - 1$ 模 p^2 余数的方法, 应用了调和求和

$$H_n = 1 + \frac{1}{2} + \cdots + \frac{1}{n}.$$

更准确地说, 此例中第二个同余式给出, 若 $p > 2$ 是素数, 则

$$2^{p-1} \equiv 1 - \frac{p}{2}H_{\frac{p-1}{2}} \pmod{p^2}.$$

下一个例子将此更进一步, 计算了模 p^3 的余数. 这是 Morley 同余式证明中的一个中间步骤 (本身也很有趣). 这比上一个问题困难很多.

例 4.162. 证明: 若 p 是奇素数, 则

$$2^{p-1} \equiv 1 - \frac{p}{2}H_{\frac{p-1}{2}} + \frac{p^2}{8}H_{\frac{p-1}{2}}^2 \pmod{p^3}.$$

证: 回忆有恒等式

$$(n+1)(n+2)\cdots(n+n) = 2^n \cdot 1 \cdot 3 \cdot \ldots \cdot (2n-1).$$

取 $n = \frac{p-1}{2}$, 可得

$$\frac{1}{2^{\frac{p-1}{2}}}(p+1)(p+3)\cdots(2p-2) = 2^{\frac{p-1}{2}} \cdot 1 \cdot 3 \cdot \ldots \cdot (p-2),$$

即

$$2^{p-1} = \frac{(p+1)(p+3)\cdots(p+p-2)}{1 \cdot 3 \cdot \ldots \cdot (p-2)} = \prod_{j=0}^{\frac{p-3}{2}}\left(1 + \frac{p}{2j+1}\right).$$

直接展开得到

$$2^{p-1} \equiv 1 + p\sum_{j=0}^{\frac{p-3}{2}}\frac{1}{2j+1} + p^2\sum_{0 \leq j < k \leq \frac{p-3}{2}}\frac{1}{(2j+1)(2k+1)} \pmod{p^3}.$$

根据 Wolstenholme 的同余式（定理 4.158）

$$p\sum_{j=0}^{\frac{p-3}{2}}\frac{1}{2j+1}\equiv -p\sum_{j=1}^{\frac{p-1}{2}}\frac{1}{2j}=-\frac{p}{2}H_{\frac{p-1}{2}}\quad(\bmod\ p^3).$$

因此只需证

$$2\sum_{0\le j<k\le\frac{p-3}{2}}\frac{1}{(2j+1)(2k+1)}\equiv\frac{1}{4}H_{\frac{p-1}{2}}^2\quad(\bmod\ p).$$

左端等于

$$\left(\sum_{j=0}^{\frac{p-3}{2}}\frac{1}{2j+1}\right)^2-\sum_{j=0}^{\frac{p-3}{2}}\frac{1}{(2j+1)^2}$$

利用定理 4.158 和例 4.151，我们看到这个确实模 p 同余于 $\frac{1}{4}H_{\frac{p-1}{2}}^2$.   □

我们现在可以建立 Morley 的漂亮结果.

定理 4.163. （Morley同余式）若 $p>3$ 是素数，则

$$(-1)^{\frac{p-1}{2}}\binom{p-1}{\frac{p-1}{2}}\equiv 4^{p-1}\quad(\bmod\ p^3).$$

证： 设 $x=H_{\frac{p-1}{2}}$，强制展开同余式左端得到

$$(-1)^{\frac{p-1}{2}}\binom{p-1}{\frac{p-1}{2}}=\prod_{i=1}^{\frac{p-1}{2}}\frac{i-p}{i}=\prod_{i=1}^{\frac{p-1}{2}}\left(1-\frac{p}{i}\right)$$

$$\equiv 1-px+p^2\sum_{1\le i<j\le\frac{p-1}{2}}\frac{1}{ij}=1-px+\frac{p^2}{2}\left(x^2-\sum_{j=1}^{\frac{p-1}{2}}\frac{1}{j^2}\right)\quad(\bmod\ p^3).$$

由例 4.151，可得

$$(-1)^{\frac{p-1}{2}}\binom{p-1}{\frac{p-1}{2}}\equiv 1-px+\frac{p^2}{2}x^2\quad(\bmod\ p^3).$$

另一方面，根据例 4.162，可得

$$4^{p-1}\equiv(2^{p-1})^2\equiv(1-\frac{p}{2}x+\frac{p^2}{8}x^2)^2\equiv 1-px+\frac{p^2}{2}x^2\quad(\bmod\ p^3).$$

题目得证.   □

我们最后讨论两个有挑战性的例子，应用了前面几节的思想和技巧.

例 4.164. （Fleck同余式，1913）设 p 是素数，j 是整数，$n \geq 1$. 证明：若 $q = \left\lfloor \frac{n-1}{p-1} \right\rfloor$，则

$$\sum_{\substack{0 \leq m \leq n \\ p \mid m-j}} (-1)^m \binom{n}{m} \equiv 0 \pmod{p^q}.$$

证： 我们将对 q 归纳证明题目. 若 $q = 0$，不需要证明任何结果，现在假设 $q \geq 1$，命题对 $q-1$ 成立. 特别地，命题可以应用到 $N = n - (p-1)$. 因此对每个整数 j，有

$$S_j := \sum_{\substack{0 \leq m \leq N \\ p \mid m-j}} (-1)^m \binom{N}{m} \equiv 0 \pmod{p^{q-1}}.$$

利用范德蒙恒等式和同余式 $\binom{p-1}{i} \equiv (-1)^i \pmod{p}$（参考命题4.137），我们可以改进前面的同余式如下（为了简单起见，我们不再写出求和指标的上下界，而约定当 $b < 0$ 或 $a < b$ 时，$\binom{a}{b} = 0$）

$$\sum_{\substack{0 \leq m \leq n \\ p \mid m-j}} (-1)^m \binom{n}{m} = \sum_{p \mid m-j} (-1)^m \binom{N+p-1}{m}$$

$$= \sum_{p \mid m-j} (-1)^m \sum_{i=0}^{p-1} \binom{p-1}{i}\binom{N}{m-i} = \sum_{i=0}^{p-1} (-1)^i \binom{p-1}{i} \sum_{p \mid m-j} (-1)^{m-i} \binom{N}{m-i}$$

$$= \sum_{i=0}^{p-1} (-1)^i \binom{p-1}{i} S_{j-i} \equiv \sum_{i=0}^{p-1} \sum_{p \mid m+i-j} (-1)^m \binom{N}{m} \pmod{p^q}.$$

注意最后的求和等于 $\sum_{m=0}^{N} (-1)^m \binom{N}{m} = 0$，因此归纳步骤得证. □

例 4.165. （俄罗斯2002）对每个正整数 n，记

$$1 + \frac{1}{2} + \cdots + \frac{1}{n} = \frac{A(n)}{B(n)},$$

其中 $A(n)$ 和 $B(n)$ 是互素整数. 证明：对无穷多 n，$A(n)$ 不是素数的幂.

证： 为了简化记号，记

$$f(n) = 1 + \frac{1}{2} + \cdots + \frac{1}{n}.$$

假设存在 N，使得对所有 $n \geq N$，$A(n)$ 是素数的幂. 对每个素数 $p > N+1$，根据 Wolstenholme 定理，有 $f(p-1) \equiv 0 \pmod{p^2}$，因此 $A(p-1)$ 是 p^2 的倍数因此是 p 的大于1次幂. 这仅仅是我们将要归纳证明的结果的第一步：$A(p^k-1), k \geq 1$ 是 p 的大于1次幂.

$k = 1$ 的已经证明. 假设对 k 成立，现在对 $k+1$ 证明. 有

$$\frac{A(p^{k+1} - 1)}{B(p^{k+1} - 1)} = f(p^{k+1} - 1)$$

$$= \sum_{j=1}^{p^k - 1} \frac{1}{pj} + \sum_{r=1}^{p-1} \sum_{j=0}^{p^k - 1} \frac{1}{pj + r} = \frac{1}{p} f(p^k - 1) + \sum_{r=1}^{p-1} \sum_{j=0}^{p^k - 1} \frac{1}{pj + r}.$$

根据归纳假设 $\frac{1}{p} f(p^k - 1)$ 模 p 余 0. 另一方面，对所有 $1 \le r \le p - 1$，有

$$\sum_{j=0}^{p^k - 1} \frac{1}{pj + r} \equiv \sum_{j=0}^{p^k - 1} \frac{1}{r} \equiv 0 \pmod{p}.$$

因此 $A(p^{k+1} - 1) \equiv 0 \pmod{p}$ 是 p 的幂. 尚需证明 $A(p^{k+1} - 1) > p$. 这需要下面的观察结果：若 $2^j \le n < 2^{j+1}$，则 $1, 2, \cdots, n$ 中有唯一的 2^j 的倍数（即 2^j）. 因此 2^j 整除 $B(n)$，$B(n) > \frac{n}{2}$，$A(n) > B(n) > \frac{n}{2}$. 因此

$$A(p^{k+1} - 1) > \frac{p^{k+1} - 1}{2} \ge \frac{p^2 - 1}{2} > p,$$

证明了 $A(p^{k+1} - 1)$ 不是 p，完成归纳部分.

最后，记 $A(p^k - 1) = p^{u_k}$，注意 $A(p^k - 1) > \frac{p^k - 1}{2}$，因此 $u_k \ge k - 1$. 序列 $(u_k)_k$ 趋向于 ∞. 另一方面

$$f(p^k - 1) = 1 + \frac{1}{2} + \cdots + \frac{1}{p^k - p} + \frac{1}{p^k - p + 1} + \cdots + \frac{1}{p^k - 1}$$

$$= f(p^k - p) + \frac{1}{p^k - p + 1} + \cdots + \frac{1}{p^k - 1}$$

最后的式子的求和部分模 p 余 0，因此 $A(p^k - p)$ 也是 p 的幂，记 $A(p^k - p) = p^{v_k}$. 与前面推理类似，$(v_k)_k$ 趋向于 ∞. 因此

$$\frac{1}{p^k - p + 1} + \cdots + \frac{1}{p^k - 1} = f(p^k - 1) - f(p^k - p) \equiv 0 \pmod{p^{w_k}},$$

其中 $w_k = \min(u_k, v_k)$ 趋向于 ∞. 但是

$$\frac{1}{p^k - p + 1} + \cdots + \frac{1}{p^k - 1} \equiv -\left(1 + \frac{1}{2} + \cdots + \frac{1}{p - 1}\right) \pmod{p^k},$$

对所有 k 成立，因此

$$1 + \frac{1}{2} + \cdots + \frac{1}{p - 1} \equiv 0 \pmod{p^{\min(w_k, k)}}.$$

这是不可能的，因为 $\min(w_k, k)$ 趋向于 ∞，而 $1 + \frac{1}{2} + \cdots + \frac{1}{p-1} \ne 0$ 的分子中 p 的幂是有限的. $\qquad\square$

4.5.4 亨泽尔引理

本节我们研究同余式 $f(x) \equiv 0 \pmod{p^n}$，其中 f 是整系数多项式，p 是素数，$n > 1$ 是整数. 在前面章节中，我们已经很好地理解了模素数的情形，因此很自然应用这些信息处理模素数幂的问题. 我们将会用归纳法，假设已经知道如何求解 $f(x) \equiv 0 \pmod{p^{n-1}}$. 固定最后这个同余方程的一个解（如果无解，则模更高次幂也显然无解）a，尝试将这个解提升为 $f(x) \equiv 0 \pmod{p^n}$ 的解，即寻找最后这个同余方程的解 y，使得 $y \equiv a \pmod{p^{n-1}}$.

记 $y = a + p^{n-1}b$，b 是整数. 定理 1.69 给出

$$f(y) = f(a + p^{n-1}b) \equiv f(a) + p^{n-1}bf'(a) \pmod{p^{2(n-1)}},$$

又因为 $2(n-1) \geq n$，所以 $f(y) \equiv f(a) + p^{n-1}bf'(a) \pmod{p^n}$. 因此 $y = a + p^{n-1}b$ 是 $f(x) \equiv 0 \pmod{p^n}$ 的一个解当且仅当

$$\frac{f(a)}{p^{n-1}} + bf'(a) \equiv 0 \pmod{p}.$$

若 $f'(a)$ 和 p 互素，则唯一存在 b 满足这个线性同余方程，因此 a 可唯一提升为 $f(x) \equiv 0 \pmod{p^n}$ 的一个解.

若 $p \mid f'(a)$，则有两个可能：若 $p^n \mid f(a)$，则 a 可提升为同余方程 $f(x) \equiv 0 \pmod{p^n}$ 的 p 个不同的解（即所有的 $a + p^{n-1}b, 0 \leq b \leq p-1$）；若 $p^n \nmid f(a)$，则 a 不能提升为 $f(x) \equiv 0 \pmod{p^n}$ 的解. 我们将这些总结为下面的定理：

定理 4.166. （亨泽尔引理）设 f 是整系数多项式，p 是素数，$n > 1$ 是整数. 设 a 是 $f(x) \equiv 0 \pmod{p^{n-1}}$ 的一个解. 则满足 $f(y) \equiv 0 \pmod{p^n}$ 和 $y \equiv a \pmod{p^{n-1}}$ 的解 y 的个数是：

$$\begin{cases} 1, & p \nmid f'(a) \\ 0, & p \mid f'(a), p^n \nmid f(a) \\ p, & p \mid f'(a), p^n \mid f(a). \end{cases}$$

下面的推论实际经常用到.

推论 4.167. 设 f 是整系数多项式，p 是素数，$n > 1$ 是整数. 若 $a \in \mathbf{Z}$ 满足 $f(a) \equiv 0 \pmod{p}$ 和 $\gcd(p, f'(a)) = 1$，则同余方程 $f(x) \equiv 0 \pmod{p^n}$ 有唯一的解 b 满足 $b \equiv a \pmod{p}$. 也就是说，同余方程 $f(x) \equiv 0 \pmod{p}$ 的一个解 a，只要满足 p 不整除 $f'(a)$，则唯一提升为 $f(x) \equiv 0 \pmod{p^n}$ 的解.

证： 将前面定理应用到 $n = 2$，得到 a 唯一提升为 $f(x) \equiv 0 \pmod{p^2}$ 的一个解 a_2. 注意到 $f'(a_2) \equiv f'(a) \pmod{p}$，因此 p 不整除 $f'(a_2)$. 继续应用 4.166，得到 a_2 唯一提升为 $f(x) \equiv 0 \pmod{p^3}$ 的一个解 a_3，而且 p 不整除 $f'(a_3)$. 继续这个过程就证明了结果. $\qquad\square$

例 4.168. 设 p 是奇素数，n 是正整数.

(a) 同余方程 $x^{p-1} \equiv 1 \pmod{p^n}$ 有多少解？

(b) 对 $x^p \equiv 1 \pmod{p^n}$ 回答同样问题.

证： (a) 考虑多项式 $f(X) = X^{p-1} - 1$. 根据费马小定理，同余方程 $f(x) \equiv 0 \pmod{p}$ 有 $p-1$ 个解 $1, 2, \cdots, p-1$. 进一步，对每个解 $f'(x) = (p-1)x^{p-2}$ 与 p 互素，因此根据亨泽尔引理，$f(x) \equiv 0 \pmod{p}$ 的每个解唯一提升为 $f(x) \equiv 0 \pmod{p^n}$ 的解. 因此对所有 $n \geq 1$，方程 $f(x) \equiv 0 \pmod{p^n}$ 有 $p-1$ 个解.

(b) 令 $f(X) = X^p - 1$，根据费马小定理，方程 $f(x) \equiv 0 \pmod{p}$ 有唯一解 $x = 1$. 但是 $f'(1) \equiv 0 \pmod{p}$，因此问题不像(a)中那样简单. 如果 $x^p \equiv 1 \pmod{p^n}$，则 $x = 1 + py$，y 是整数. 利用二项式定理将同余方程写成

$$y + \binom{p}{2}y^2 + \cdots + p^{p-2}y^p \equiv 0 \pmod{p^{n-2}}.$$

若 $n = 2$，方程对所有 y 成立. 因此同余方程有 p 个解. 假设 $n > 2$，令

$$g(X) = X + \binom{p}{2}X^2 + \cdots + p^{p-2}X^p.$$

因为 $\binom{p}{2}, p\binom{p}{3}, \cdots, p^{p-2}$ 都是 p 的倍数，$g(y) \equiv 0 \pmod{p}$ 只有一个解 $y = 0$. 而 $g'(0) = 1$ 不是 p 的倍数. 亨泽尔引理说明 $y = 0$ 是每个 $g(y) \equiv 0 \pmod{p^{n-2}}$ 的唯一解.

$x^p \equiv 1 \pmod{p^n}$，当且仅当 $g(y) \equiv 0 \pmod{p^{n-2}}$. 后者的唯一解 $y = 0 \pmod{p^{n-2}}$ 对应于 p 个 $x = py + 1 \pmod{p^n}$，因此对 $n \geq 2$，$x^p \equiv 1 \pmod{p^n}$ 恰有 p 个解. $\qquad\square$

注释 4.169. 用升幂定理处理(b)部分会更简单：$x^p \equiv 1 \pmod{p^n}$ 等价于 $v_p(x^p - 1) \geq n$，或（利用 $x \equiv 1 \pmod{p}$ 和升幂定理）$1 + v_p(x-1) \geq n$，因此 $p^{n-1} \mid x - 1$.

我们现在看看，前面的理论结果实际如何应用.

例 4.170. 设 p 是素数，整数 a 与 p 互素，n 是正整数. 考虑同余方程 $x^2 \equiv a \pmod{p^n}$. (a) 证明：若 $p > 2$，则方程恰好有 $1 + \left(\frac{a}{p}\right)$ 个解. 也就是说，当 a 是模 p 平方剩余时有两个解，否则无解.

(b) 用 a 和 n 描述 $p = 2$ 时同余方程的解数.

证: 设多项式为 $f(X) = X^2 - a$.

(a) 显然若同余方程有解, a 必须是模 p 平方剩余. 反之, 假设 a 是模 p 平方剩余, 则 $f(x) \equiv 0 \pmod{p}$ 恰好有两个解, 而且和 p 互素 (因为 $p \nmid a$). 因为 p 是奇数, 当 $f(x) \equiv 0 \pmod{p}$ 时, $\gcd(f'(x), p) = 1$. 亨泽尔引理给出 $f(x) \equiv 0 \pmod{p}$ 的两个解分别唯一提升为 $f(x) \equiv 0 \pmod{p^n}$ 的解, 证毕.

(b) 显然, $n = 1$ 时有一个解; $n = 2$ 时, 仅当 $a \equiv 1 \pmod{4}$ 时有两个解. 现在假设 $n \geq 3$, 注意仅当 $a \equiv 1 \pmod{8}$ 时有解 (因为当 x 是奇数时, $x^2 \equiv 1 \pmod{8}$).

假设 $a \equiv 1 \pmod{8}$, 我们首先证明对所有 $k \geq 3$, 方程 $x^2 \equiv a \pmod{2^k}$ 有解. 对 $k = 3$ 的情形是显然的. 假设 $a \equiv x^2 \pmod{2^k}$ 有解 x. 若已有 $a \equiv x^2 \pmod{2^{k+1}}$, 则已经完成. 否则 $a \equiv x^2 + 2^k \pmod{2^{k+1}}$, 可以检验 $a \equiv (x + 2^{k-1})^2 \pmod{2^{k+1}}$, 也完成了归纳步骤.

现在, 选择 x_0 满足 $x_0^2 \equiv a \pmod{2^n}$. 则 $x^2 \equiv a \pmod{2^n}$ 等价于 $x^2 \equiv x_0^2 \pmod{2^n}$ 或 $2^n \mid (x - x_0)(x + x_0)$. 因为 $\gcd(x - x_0, x + x_0) = 2$, 这等价于 $2^{n-1} \mid x - x_0$ 或 $2^{n-1} \mid x + x_0$, 给出方程的一共四个解. $\square$

例 4.171. 设 p 是奇素数, 整数 x 与 p 互素. 证明: $x^{\frac{p(p-1)}{2}} \equiv 1 \pmod{p^2}$ 当且仅当存在整数 y 使得 $y^2 \equiv x \pmod{p^2}$. $x \in \{0, 1, \cdots, p^2 - 1\}$ 中有多少整数 x 有这样的性质?

证: 假设 $x^{\frac{p(p-1)}{2}} \equiv 1 \pmod{p^2}$, 则 $1 \equiv x^{\frac{p(p-1)}{2}} \equiv x^{\frac{p-1}{2}} \pmod{p}$, 因此 x 是模 p 平方剩余. 根据例 4.170, 存在整数 y, 使得 $y^2 \equiv x \pmod{p^2}$, 给出了一个方向的证明.

反之, 若存在这样的 y, 则显然 x 是模 p 的平方剩余, 因此 $a := x^{\frac{p-1}{2}} \equiv 1 \pmod{p}$. 进一步,

$$a^p = (1 + (a-1))^p = 1 + p(a-1) + \cdots \equiv 1 \pmod{p^2},$$

即 $x^{\frac{p(p-1)}{2}} \equiv 1 \pmod{p^2}$.

从亨泽尔引理很容易得出 (或者直接从例 4.170 得出), 同余方程 $x^{\frac{p(p-1)}{2}} \equiv 1 \pmod{p^2}$ 恰有 $\frac{p(p-1)}{2}$ 个解 (每个模 p 的解提升为 p 个模 p^2 的解). $\square$

例 4.172. (ELMOSL 2014) 是否存在平方数序列 $a_1 < a_2 < a_3 < \cdots$, 使得对所有 $k \geq 1$, 有 $13^k | a_k + 1$?

证: 答案是肯定的, 只需证明: 对所有 $k \geq 1$ 同余方程 $x^2 + 1 \equiv 0 \pmod{13^k}$ 有解 (因此会有任意大的解, 归纳可得到所求递增序列).

令 $f(x) = x^2 + 1$，同余方程 $f(x) \equiv 0 \pmod{13}$ 有解 $x_0 = 5$，满足 $f'(x_0) = 10$，与 13 互素．因此，根据亨泽尔引理，这个解唯一提升为 $f(x) \equiv 0 \pmod{13^k}$ 的解，对所有 k 成立，证毕. $\square$

例 4.173. （IMO1984）求两个正整数 a, b，使得 7 不整除 $ab(a+b)$，但是 7^7 整除 $(a+b)^7 - a^7 - b^7$．

证： 关键的一点是对 $(a+b)^7 - a^7 - b^7$ 进行因式分解，为此只需分解 $f(X) = (X+1)^7 - X^7 - 1$．注意 $f(0) = f(-1) = 0$，因此 f 是 $X(X+1)$ 的倍数．又因为 若 $z^3 = 1$，$z \neq 1$，则 $z+1 = -z^2$，有 $f(z) = -z^{14} - z^7 - 1 = -z^2 - z - 1 = 0$．因此 f 也是 $X^2 + X + 1$ 的倍数．接下来容易验证

$$f(X) = 7X(X+1)(X^2 + X + 1)^2.$$

因此 $7^7 \mid (a+b)^7 - a^7 - b^7$ 当且仅当 $7^3 \mid a^2 + ab + b^2$（利用题目要求 7 不整除 $ab(a+b)$）．为方便起见，取 $a = 1$，要找 b，使得 $7^3 \mid b^2 + b + 1$（对这样的 b，$b(b+1)$ 自动不是 7 的倍数）．

令 $g(X) = X^2 + X + 1$．首先 $g(x) \equiv 0 \pmod{7}$ 有解 $x = 2$ 和 $x = 4$．$g'(2) = 5$ 和 $g'(4) = 9$ 都和 7 互素．因此由亨泽尔引理，这两个解分别提升为模 7^3 的解．

从 $x = 2$ 开始，要找 t，使得 $g(2 + 7t) \equiv 0 \pmod{7^2}$，或者等价地 $g(2) + 7tg'(2) \equiv 0 \pmod{7^2}$．等价于 $1 + 5t \equiv 0 \pmod{7}$，可取 $t = 4$，得到解 30．要提升为模 7^3 解，需要找 s，使得 $g(30 + 7^2 s) \equiv 0 \pmod{7^3}$．这等价于 $g(30) + 7^2 g'(30)s \equiv 0 \pmod{7^3}$，或者 $931 + 7^2 \cdot 61s \equiv 0 \pmod{7^3}$．化为 $19 + 61s \equiv 0 \pmod{7}$，或 $5 - 2s \equiv 0 \pmod{7}$，解得 $s = 6$．因此得到 $g(x) \equiv 0 \pmod{7^3}$ 的解为 $30 + 7^2 \cdot 6 = 324$．因此题目的解是 $a = 1$ 和 $b = 324$．

注意，如果提升 $g(x) \equiv 0 \pmod{7}$ 的解 $x = 4$，会得到另一个解 $b = 18$． $\square$

例 4.174. （普特南2008）设 p 是素数，$f \in \mathbf{Z}[X]$ 是多项式．若 $f(0)$，$f(1)$，$\cdots$，$f(p^2 - 1)$ 除以 p^2 的余数互不相同，证明：$f(0)$，$f(1)$，$\cdots$，$f(p^3 - 1)$ 除以 p^3 的余数互不相同．

证： 假设对 i, j，有 $f(i) \equiv f(j) \pmod{p^3}$．这时 $f(i) \equiv f(j) \pmod{p^2}$，因为 f 是模 p^2 是单射，因此 $i \equiv j \pmod{p^2}$．记 $j = i + p^2 k$，现在只需证 $k \equiv 0 \pmod{p}$．假设这不成立，则

$$f(i) \equiv f(j) \equiv f(i + kp^2) \equiv f(i) + kp^2 f'(i) \pmod{p^3},$$

所以 p 整除 $kf'(i)$，进而 p 整除 $f'(i)$．现在

$$f(i + kp) \equiv f(i) + kpf'(i) \equiv f(i) \pmod{p^2},$$

与 $p \nmid k$ 和 f 模 p^2 是单射矛盾．得证． □

4.6　实战题目

费马小定理

题 4.1. 证明：对所有素数 p，

$$\underbrace{11\cdots1}_{p}\underbrace{22\cdots2}_{p}\cdots\underbrace{99\cdots9}_{p} - \overline{12\cdots9}$$

被 p 整除．

题 4.2. （Baltic 2009）设 p 是 $6k - 1$ 型素数，a, b, c 是整数，使得 $p \mid a + b + c$，$p \mid a^4 + b^4 + c^4$．证明：$p \mid a, b, c$．

题 4.3. （波兰2010）设 p 是 $3k + 2$ 型奇素数．证明：

$$\prod_{k=1}^{p-1}(k^2 + k + 1) \equiv 3 \pmod{p}.$$

题 4.4. （伊朗2004）设 f 是整系数多项式，使得对所有正整数 m, n，存在整数 a，使得 $n \mid f(a^m)$．证明：0 或 1 是 f 的根．

题 4.5. （Cippola, Rotkiewicz）证明：若 $n_1 > n_2 > \cdots > n_k > 1$ 是整数，$k > 1$，$2^{n_k} > n_1$，则 $F_{n_1} \cdots F_{n_k}$ 和 $(2^{F_{n_1}} - 1) \cdots (2^{F_{n_k}} - 1)$ 是伪素数，其中 $F_n = 2^{2^n} + 1$ 是第 n 个费马数．

题 4.6. （印度TST2014）求所有整系数多项式 f，满足 $f(n)$ 和 $f(2^n)$ 互素，对所有正整数 n 成立．

题 4.7. （Rotkiewicz）若整数 $n > 1$ 是合数，$n \mid 2^n - 2$，则 n 被称作伪素数．证明：若 p, q 是不同的奇素数，则下面的叙述等价：

(a) pq 是伪素数．

(b) $p \mid 2^{q-1} - 1$，$q \mid 2^{p-1} - 1$．

(c) $(2^p - 1)(2^q - 1)$ 是伪素数．

题 4.8. （Gazeta Matematica）求所有奇素数 p，使得 $\frac{2^{p-1}-1}{p}$ 是整数幂.

题 4.9. （IMOSL2012）定义 $\mathrm{rad}(0) = \mathrm{rad}(1) = 1$，对 $n \geq 2$，令 $\mathrm{rad}(n)$ 是 n 的所有不同素因子的乘积. 求所有非负整系数多项式 $f(x)$，满足 $\mathrm{rad}(f(n))$ 整除 $\mathrm{rad}(f(n^{\mathrm{rad}(n)}))$，对所有非负整数 n 成立.

题 4.10. （土耳其TST2013）求所有正整数对 (m, n)，使得

$$2^n + (n - \varphi(n) - 1)! = n^m + 1.$$

题 4.11. （Serbia 2015）求所有非负整数 x, y 使得

$$(2^{2\,015} + 1)^x + 2^{2\,015} = 2^y + 1.$$

题 4.12. （Italy 2010）若 n 是正整数，设

$$a_n = 2^{n^3+1} - 3^{n^2+1} + 5^{n+1}.$$

证明：有无穷多素数整除 $a_1, a_2, \cdots$ 中至少一项.

题 4.13. （CTST2010）求所有正整数 $m, n \geq 2$，使得
   (a) $m+1$ 是 $4k-1$ 型素数；
   (b) 存在素数 p 和非负整数 a，使得

$$\frac{m^{2^n-1} - 1}{m - 1} = m^n + p^a.$$

威尔逊定理

题 4.14. 设 p 是素数. 证明：存在正整数 n，使得 p 是 $n! + 1$ 的最小素因子.

题 4.15. 设 $n > 1$，假设存在 $k \in \{0, 1, \cdots, n-1\}$，使得

$$k!(n - k - 1)! + (-1)^k \equiv 0 \pmod{n}.$$

证明：n 是素数.

题 4.16. 对每个正整数 n，求 $n! + 1$ 和 $(n+1)!$ 的最大公约数.

题 4.17. 设 p 是素数，$a_1, a_2, \cdots, a_{p-1}$ 是连续整数.
   (a) $a_1 a_2 \cdots a_{p-1}$ 除以 p 的余数可能是多少？
   (b) 假设 $p \equiv 3 \pmod{4}$. 证明：$a_1, \cdots, a_{p-1}$ 不能分成两部分，乘积相同.

题 4.18. 找到两个素数 p，都满足 $(p-1)!+1 \equiv 0 \pmod{p^2}$.

题 4.19. 求所有正整数序列 $a_1, a_2, \cdots$，使得对所有正整数 m, n，有

$$m!+n! \mid a_m!+a_n!.$$

题 4.20. 设 p 是奇素数．$\mathbf{Z}$ 的子集 A 如果包含 $p-1$ 个整数，除以 p 给出两两不同的非零余数，则称为模 p 的既约剩余系（简称缩系）. 证明：若 $\{a_1, \cdots, a_{p-1}\}$ 和 $\{b_1, \cdots, b_{p-1}\}$ 分别是模 p 的缩系，则 $\{a_1 b_1, \cdots, a_{p-1} b_{p-1}\}$ 不是模 p 的缩系．

题 4.21. （Clement准则）设 $n > 2$ 是整数．证明：n 和 $n+2$ 都是素数当且仅当

$$4((n-1)!+1)+n \equiv 0 \pmod{n(n+2)}.$$

题 4.22. 设 $n > 1$ 是整数．证明：存在正整数 k 和 $\varepsilon \in \{-1, 1\}$，使得 $2k+1 \mid n+\varepsilon k!$.

题 4.23. （MoldovaTST2007）证明：对无穷多素数 p，存在正整数 n，使得 n 不整除 $p-1$ 及 $p \mid n!+1$.

题 4.24. 求所有整系数多项式 f，使得对所有素数 p，有 $f(p) \mid (p-1)!+1$.

题 4.25. （改编自Serbia 2010）设 a, n 是正整数，满足 $a > 1$，$a^n + a^{n-1} + \cdots + a + 1$ 整除 $a^{n!} + a^{(n-1)!} + \cdots + a^{1!} + 1$. 证明：$n = 1$ 或者 $n = 2$.

拉格朗日定理及应用

题 4.26. 设 p 是素数．证明：$1, 2^2, 3^3, 4^4, \cdots$ 的模 p 余数序列是周期的，求此周期．

题 4.27. （Don Zagier）某人将费马小定理错记成：同余式 $a^{n+1} \equiv a \pmod{n}$ 对所有整数 a 成立．描述使这个性质成立的整数 n 构成的集合．

题 4.28. 设 p 是奇素数．求满足下列性质的多项式 f 的最大次数．

(a) $\deg f < p$.

(b) f 的系数是整数，在 0 和 $p-1$ 之间．

(c) 若 m, n 是整数，p 不整除 $m-n$，则 p 不整除 $f(m)-f(n)$.

题 4.29. （伊朗TST 2012）设 $p > 2$ 是奇素数. 若 $i \in \{0, 1, \cdots, p-1\}$，$f = a_0 + a_1 X + \cdots + a_n X^n$ 是整系数多项式，如果

$$\sum_{j>0,\, p-1 \mid j} a_j \equiv i \pmod{p},$$

则称 f 是余数 i 多项式. 证明: 下面的叙述等价.

(a) $f, f^2, \cdots, f^{p-2}$ 都是余数 0 多项式，而 f^{p-1} 是余数 1 多项式.

(b) $f(0), f(1), \cdots, f(p-1)$ 是模 p 完系.

题 4.30. 求所有整数 $n > 2$，使得 $n \mid 2^n + 3^n + \cdots + (n-1)^n$.

题 4.31. （Alon，Dubiner）设 p 是素数，$a_1, \cdots, a_{3p}, b_1, \cdots, b_{3p}$ 是整数，使得

$$\sum_{i=1}^{3p} a_i \equiv \sum_{i=1}^{3p} b_i \equiv 0 \pmod{p}.$$

证明: 存在集合 $I \subset \{1, 2, \cdots, 3p\}$，含 p 个元素，使得

$$\sum_{i \in I} a_i \equiv \sum_{i \in I} b_i \equiv 0 \pmod{p}.$$

题 4.32. 证明: 对每个 $n > 1$，$\binom{n}{0}^4 + \binom{n}{1}^4 + \cdots + \binom{n}{n}^4$ 是 $(n, \frac{4}{3}n]$ 内任何素数的倍数.

题 4.33. 设 f 是 $n \geq 1$ 次首一整系数多项式. 假设 $b_1, \cdots, b_n$ 是两两不同的整数而且对无穷多素数 p，同余方程组

$$f(x + b_1) \equiv f(x + b_2) \equiv \cdots \equiv f(x + b_n) \equiv 0 \pmod{p}$$

有解. 证明: 方程

$$f(x + b_1) = \cdots = f(x + b_n) = 0$$

有整数解.

题 4.34. （罗马尼亚TST2016）给定素数 p，证明: 仅对有限个素数 q

$$\sum_{k=1}^{\left\lfloor \frac{q}{p} \right\rfloor} k^{p-1}$$

是 q 的倍数.

题 4.35. （中国2016）设 p 是奇素数，$a_1, a_2, \cdots, a_p$ 是整数. 证明: 下面两个条件等价:

(a) 存在不超过 $\leq \frac{p-1}{2}$ 次多项式 P, 使得 $P(i) \equiv a_i \pmod{p}$, 对所有 $1 \leq i \leq p$ 成立;

(b) 对每个 $1 \leq d \leq \frac{p-1}{2}$, $\sum_{i=1}^{p}(a_{i+d} - a_i)^2 \equiv 0 \pmod{p}$, 其中指标模 p 考虑.

题 4.36. （ USAMO 1999）设 p 是奇素数，a, b, c, d 是不被 p 整除的整数, 使得

$$\left\{\frac{ra}{p}\right\} + \left\{\frac{rb}{p}\right\} + \left\{\frac{rc}{p}\right\} + \left\{\frac{rd}{p}\right\} = 2$$

对所有不被 p 整除的整数 r 成立（其中 $\{x\}$ 表示 x 的小数部分）. 证明: $\{a+b, a+c, a+d, b+c, b+d, c+d\}$ 中至少两个数被 p 整除.

二次剩余和二次互反律

题 4.37. 设 n 是正整数, 满足 $p = 4n+1$ 是素数. 证明: $n^n \equiv 1 \pmod{p}$.

题 4.38. 设 p 是奇素数. 证明: 满足 $n \in \{1, 2, \cdots, p-2\}$, n 和 $n+1$ 都是模 p 平方剩余的 n 的个数是 $\frac{p-(-1)^{\frac{p-1}{2}}}{4} - 1$.

题 4.39. （ Gazeta Matematica）证明: 对每个 $n \geq 1$, $3^n + 2$ 没有 $24k+13$ 型的素因子.

题 4.40. 证明: 存在无穷多素数 $p \equiv -1 \pmod{5}$.

题 4.41. 设奇素数 $p = a^2 + b^2$, a 是奇数. 证明: a 是模 p 的平方剩余.

题 4.42. 设 n 是正整数, a 是 $36n^4 - 8n^2 + 1$ 的约数, 满足 5 不整除 a. 证明: $a \equiv 1, 9 \pmod{20}$.

题 4.43. 是否存在正整数 x, y, z, 使得 $8xy = x + y + z^2$?

题 4.44. （ KomalA 618）证明: 不存在整数 x, y 使得

$$x^3 - x + 9 = 5y^2.$$

题 4.45. 设 p 是 $n^4 - n^3 + 2n^2 + n + 1$ 的奇素数因子, 其中 $n > 1$. 证明: $p \equiv 1, 4 \pmod{15}$.

题 4.46. 证明：存在无穷多素数不整除任何 $2^{n^2+1} - 3^n$, $n \geq 1$.

题 4.47. (a) （高斯）证明：奇素数 p 可以写成 $a^2 + 2b^2$, $a, b \in \mathbf{Z}$ 的形式，当且仅当 $p \equiv 1, 3 \pmod 8$.

  (b) （欧拉，拉格朗日）证明：素数 $p \neq 3$ 可以写成 $a^2 + 3b^2$ 形式当且仅当 $p \equiv 1 \pmod 3$.

题 4.48. （MoldovaTST2005）设函数 $f, g : \mathbf{N} \to \mathbf{N}$ 满足：(a) g 是满射；(b) $2f(n)^2 = n^2 + g(n)^2$ 对所有正整数 n 成立. (c) $|f(n) - n| \leq 2\,004\sqrt{n}$, 对所有 $n \in \mathbf{N}$ 成立. 证明：f 有无穷多不动点.

题 4.49. （罗马尼亚TST2004）设 p 是奇素数，令

$$f(X) = \sum_{i=1}^{p-1} \left(\frac{i}{p}\right) X^{i-1}.$$

(a) 证明：f 被 $X - 1$ 整除，但不被 $(X-1)^2$ 整除，当且仅当 $p \equiv 3 \pmod 4$；

  (b) 证明：若 $p \equiv 5 \pmod 8$, 则 f 被 $(X-1)^2$ 整除，但不被 $(X-1)^3$ 整除.

题 4.50. 对奇素数 p, 设 $f(p)$ 是同余方程 $y^2 \equiv x^3 - x \pmod p$ 的解数.

 (a) 证明：$f(p) = p$ 对 $p \equiv 3 \pmod 4$ 成立.

 (b) 证明：若 $p \equiv 1 \pmod 4$, 则

$$f(p) \equiv (-1)^{\frac{p+3}{4}} \binom{\frac{p-1}{2}}{\frac{p-1}{4}} \pmod p.$$

 (c) 对哪些素数 p, 有 $f(p) = p$ 成立？

题 4.51. 是否存在 5 次整系数多项式 f, f 没有有理根，而 $f(x) \equiv 0 \pmod p$ 对每个素数 p 有解？

题 4.52. 设 p 是奇素数，$p \nmid a$, $N(a)$ 是同余方程 $y^2 \equiv x^3 + ax \pmod p$ 解的个数，

$$S(a) = \sum_{k=0}^{p-1} \left(\frac{k^3 + ak}{p}\right).$$

(a) 证明：$N(a) = p + S(a)$.

 (b) 证明：若 $p \equiv 3 \pmod 4$, 则 $S(a) = 0$, 对所有 a 成立. 因此 $N(a) = p$. 后面假设 $p \equiv 1 \pmod 4$.

 (c) 证明：若 b 不是 p 的倍数，则

$$S(ab^2) = \left(\frac{b}{p}\right) S(a).$$

(d) 证明:

$$\sum_{a=0}^{p-1} S(a)^2 = 2p(p-1).$$

若 $A = S(-1)$，$B = S(a)$，其中 a 是平方非剩余，则

$$A^2 + B^2 = 4p.$$

(e) 证明：$A \equiv -(p+1) \pmod{8}$.

(f) 推导 *Jacobsthal* 的下面定理：设 $p \equiv 1 \pmod 4$ 是素数，$p = a^2 + b^2$，a, b 是整数，a 是奇数，$a \equiv -\frac{p+1}{2} \pmod 4$. 则同余式 $y^2 \equiv x^3 - x \pmod p$ 有 $p + 2a$ 个解.

题 4.53. （数学反思）求所有素数 p 满足下面性质：只要 $p \mid a^2b^2 + b^2c^2 + c^2a^2 + 1$，则有 $p \mid a^2b^2c^2(a^2 + b^2 + c^2 + a^2b^2c^2)$.

包含有理数和组合数的同余式

题 4.54. 设 n 是正整数，$p \geq 2n+1$ 是素数. 证明：

$$\binom{2n}{n} \equiv (-4)^n \binom{\frac{p-1}{2}}{n} \pmod p.$$

题 4.55. （数学反思 *O 96*）证明：若 $q \geq p$ 是素数，则

$$pq \mid \binom{p+q}{p} - \binom{q}{p} - 1.$$

题 4.56. （Hewgill）设 $n = n_0 + 2n_1 + \cdots + 2^d n_d$ 是整数 $n > 1$ 的二进制表达式，设 S 是 $\{0, 1, \cdots, n\}$ 的子集，包含所有的 k，使得 $\binom{n}{k}$ 是奇数. 证明：

$$\sum_{k \in S} 2^k = F_0^{n_0} F_1^{n_1} \cdots F_d^{n_d},$$

其中 $F_k = 2^{2^k} + 1$ 是第 k 个费马数.

题 4.57. （Calkin）设 a 是正整数，$x_n = \sum_{k=0}^n \binom{n}{k}^a$. 设 p 是素数，有 p 进制表达式 $n = n_0 + pn_1 + \cdots + p^d n_d$. 证明：$x_n \equiv \prod_{i=0}^d x_{n_i} \pmod p$.

题 4.58. 设 p 是素数，k 是奇整数，使得 $p-1$ 不整除 $k+1$. 证明：

$$\sum_{j=1}^{p-1} \frac{1}{j^k} \equiv 0 \pmod{p^2}.$$

题 4.59. （Tuymaada 2012）设 $p = 4k + 3$ 是素数，记

$$\frac{1}{0^2 + 1} + \frac{1}{1^2 + 1} + \cdots + \frac{1}{(p-1)^2 + 1} = \frac{m}{n}$$

其中 m, n 是互素整数. 证明: $p \mid 2m - n$.

题 4.60. （IMOSL2012）求所有整数 $m \geq 2$，使得 $n \mid \binom{n}{m-2n}$ 对每个整数 $n \in [\frac{m}{3}, \frac{m}{2}]$ 成立.

题 4.61. （普特南 1991）证明: 对所有奇素数 p, 满足

$$\sum_{k=0}^{p} \binom{p}{k}\binom{p+k}{k} \equiv 2^p + 1 \pmod{p^2}.$$

题 4.62. （ELMOSL 2011）证明: 若 $p > 3$ 是素数, 则

$$\sum_{k=0}^{\frac{p-1}{2}} \binom{p}{k} 3^k \equiv 2^p - 1 \pmod{p^2}.$$

题 4.63. （Ibero 2005）设 $p > 3$ 是素数. 证明:

$$\sum_{i=1}^{p-1} \frac{1}{i^p} \equiv 0 \pmod{p^3}.$$

题 4.64. （AMM）设 $C_n = \frac{1}{n+1}\binom{2n}{n}$ 是第 n 个卡特兰数, 证明:

$$C_1 + C_2 + \cdots + C_n \equiv 1 \pmod 3$$

当且仅当 $n + 1$ 的 3 进制表达式至少有一个数码 2.

题 4.65. 证明: 对每个素数 $p > 5$, 有

$$\left(1 + p\sum_{k=1}^{p-1} \frac{1}{k}\right)^2 \equiv 1 - p^2 \sum_{k=1}^{p-1} \frac{1}{k^2} \pmod{p^5}.$$

题 4.66. （USATST2002）设 $p > 5$ 是素数. 对每个整数 x, 定义

$$f_p(x) = \sum_{k=1}^{p-1} \frac{1}{(px+k)^2}$$

证明: $f_p(x) \equiv f_p(y) \pmod{p^3}$, 对所有正整数 x, y 成立.

第五章 p进赋值和素数分布

本章的目标是细致地研究 p 进赋值映射 $v_p : \mathbf{N} \to \mathbf{N}$（其中 p 是固定素数）. 回忆若 $n > 1$ 是整数，则 $v_p(n)$ 是 n 的素因子分解式中 p 的幂次. 在给出了映射 v_p 的一些基本性质后，我们以此获得一些关于素数分布的结论.

5.1　p进赋值的训练

5.1.1　局部—整体原则

我们固定素数 p，首先可以将如上定义的映射 $v_p : \mathbf{N} \to \mathbf{N}$ 延拓成为 $v_p : \mathbf{Z} \to \mathbf{N} \cup \{\infty\}$，只需定义 $v_p(n) = v_p(|n|)$，$n \neq 0$，± 1，$v_p(\pm 1) = 0$ 和 $v_p(0) = \infty$. 也就是说，若 n 是非零整数，则 $v_p(n)$ 是最大的非负整数 k，使得 p^k 整除 n. 特别地，$v_p(n) \geq 1$ 等价于 $p \mid n$. 我们称 $v_p(n)$ 为 n 的 p 进赋值（称作 p 幂次也贴切. ——译者注）.

下面的定理总结了 p 进赋值映射 v_p 的基本性质. 这些都可以从映射的定义和算术基本定理直接得出.

定理 5.1. (a) 若 n 是非零整数，则可以写 $n = p^{v_p(n)} \cdot m$，m 与 p 互素.

(b) 对每个 $n > 1$，有 $n = \prod_{p \mid n} p^{v_p(n)}$，乘积对 n 的所有素因子进行. 等价地，因为当 $p \nmid n$ 时，$p^{v_p(n)} = 1$，乘积也可以看成对所有素数进行.

(c) 对所有整数 a, b，有

$$v_p(ab) = v_p(a) + v_p(b), \quad v_p(a + b) \geq \min(v_p(a), v_p(b)).$$

证： (a)和(b)直接从算术基本定理得到. 当 a, b 之一是零时，(c) 是显然的. 假设 $ab \neq 0$.

根据(a)可以写 $a = p^{v_p(a)}u$ 和 $b = p^{v_p(b)}v$，u, v 与 p 互素. 则 uv 也与 p 互素，而 $ab = p^{v_p(a)+v_p(b)} \cdot (uv)$. 因此 $v_p(ab) = v_p(a) + v_p(b)$.

接下来，$p^{\min(v_p(a),v_p(b))}$ 整除 a 和 b，因此也整除 $a+b$，于是有

$$v_p(a+b) \geq \min(v_p(a), v_p(b)). \qquad \square$$

下面的结果说明，我们可以通过"局部考察每个素数"来判定整数的整除关系．这是数论中的第一个局部—整体原则，我们会多次用来证明一些整除关系，而用其他方法会比较困难．

定理 5.2. 若 a, b 是整数，则 $a \mid b$ 当且仅当 $v_p(a) \leq v_p(b)$ 对所有素数 p 成立．

证： 我们可以假设 a, b 非零．若 $a \mid b$，则 $b = ac$，$v_p(b) = v_p(a) + v_p(c) \geq v_p(a)$，对所有 p 成立．

反之，若 $v_p(a) \leq v_p(b)$，对所有 p 成立．将 a, b 替换为它们的绝对值，不妨设两个都是正数．则 $c = \prod_p p^{v_p(b)-v_p(a)}$ 是整数，$b = ac$． $\qquad \square$

注释 5.3. 前面的定理马上推出下面的结果（之前应用高斯引理证明过）：若 a, b 是整数，$n \geq 1$ 满足 $a^n \mid b^n$，则 $a \mid b$．事实上，根据前面定理，对所有素数 p，有不等式 $nv_p(a) \leq nv_p(b)$，因此 $v_p(a) \leq v_p(b)$，对所有 p 成立．再利用前面定理得到 $a \mid b$．

我们现在可以用 p 进赋值刻画正整数的 n 次幂：

定理 5.4. 设 a 和 n 是正整数．则 a 是正整数的 n 次幂，当且仅当 $n \mid v_p(a)$ 对所有素数 p 成立（也就是说，当且仅当 a 的素因子分解式中所有素数幂次是 n 的倍数）．

证： 若 $a = b^n$ 是 n 次幂，则 $v_p(a) = v_p(b^n) = nv_p(b) \equiv 0 \pmod{n}$，对所有 p 成立．反之，若 $v_p(a) = nb_p$，对所有 p 成立．定义 $b = \prod_p p^{b_p}$，则 $b^n = \prod_p p^{v_p(a)} = a$． $\qquad \square$

注释 5.5. 这还蕴含了下面的结果，曾经用高斯引理及一些技巧证明：设 a, b 是互素的正整数，若 ab 是整数的 n 次幂，则 a 和 b 都是整数的 n 次幂．实际上，假设 $ab = c^n$，c 是整数．对所有素数 p，有 $v_p(a) + v_p(b) = v_p(c^n) = nv_p(c) \equiv 0 \pmod{n}$．进一步，因为 $\gcd(a, b) = 1$，p 不同时整除 a 和 b，所以 $v_p(a), v_p(b)$ 总是一个为零，一个等于 $nv_p(c)$，都被 n 整除．根据前面定理，a, b 都是 n 次幂．

最后我们计算两个数最大公约数和最小公倍数的 p 进赋值，公式也直接推广到多个数整除的情形．

命题 5.6. 对所有整数 a, b, 有

$$v_p(\gcd(a, b)) = \min(v_p(a), v_p(b)), \quad v_p(\operatorname{lcm}(a, b)) = \max(v_p(a), v_p(b)).$$

证: a, b 之一是 0 时结论显然, 假设 $ab \neq 0$. 因为 $p^{\min(v_p(a), v_p(b))}$ 同时整除 a 和 b, 所以整除 $\gcd(a, b)$, 因此 $v_p(\gcd(a, b)) \geq \min(v_p(a), v_p(b))$.

反之, $p^{v_p(\gcd(a,b))}$ 整除 a 和 b, 因此 $v_p(\gcd(a, b)) \leq v_p(a)$, $v_p(\gcd(a, b)) \leq v_p(b)$, 最大公约数公式得证.

对 lcm, 利用 $\operatorname{lcm}(a, b) = \frac{ab}{\gcd(a,b)}$ 可得

$$v_p(\operatorname{lcm}(a, b)) = v_p(ab) - v_p(\gcd(a, b)) = v_p(a) + v_p(b) - \min(v_p(a), v_p(b)),$$

两个数中去掉较小的剩的是大的, 公式亦得证. □

我们用几个具体的例子结束这一节.

例 5.7. 证明: 若 $n > 1$ 是整数, p 是素数, 则 $v_p(\operatorname{lcm}(1, 2, \cdots, n)) = \lfloor \log_p(n) \rfloor$.

证: 前面的命题给出

$$v_p(\operatorname{lcm}(1, 2, \cdots, n)) = \max_{1 \leq i \leq n} v_p(i).$$

设 $k = \lfloor \log_p(n) \rfloor$, 于是 $p^k \leq n < p^{k+1}$. 显然 $i \in \{1, 2, \cdots, n\}$ 都不是 p^{k+1} 的倍数, 因此 $\max_{1 \leq i \leq n} v_p(i) = v_p(p^k) = k$. 得证. □

例 5.8. 证明: 对所有 $n \geq 2$, 有 $\operatorname{lcm}(1, 2, \cdots, n) \leq n^{\pi(n)}$, 其中 $\pi(n)$ 是不超过 n 的素数个数.

证: 若 $p^k \leq n < p^{k+1}$, 则根据例 5.7, $v_p(\operatorname{lcm}(1, 2, \cdots, n)) = k$, 因此

$$p^{v_p(\operatorname{lcm}(1, 2, \cdots, n))} \leq n.$$

将这些不等式相乘, 给出题目结果. □

例 5.9. 是否存在正整数的无限集, 使得其中任何非空子集的元素之和不是整数的高次幂?

证: 答案是肯定的. 考虑 $a_n = 2^n 3^{n+1}$, $n \geq 1$, 集合 $A = \{a_1, a_2, \cdots\}$.

若 $i_1 < i_2 < \cdots < i_k$ 是正整数, 则 $x := a_{i_1} + a_{i_2} + \cdots + a_{i_k}$ 满足 $v_2(x) = i_1$ 和 $v_3(x) = i_1 + 1$. 实际上, 若 $x = 2^{i_1} y$, 则 $y = 3^{i_1+1} + 2^{i_2 - i_1} 3^{i_2+1} + \cdots + 2^{i_k - i_1} 3^{i_k+1}$ 是奇数, 因此 $v_2(x) = i_1$. 类似地, $v_3(x) = i_1 + 1$.

因为 $\gcd(v_2(x), v_3(x)) = 1$, x 不是整数的高次幂, 即 A 满足条件. □

例 5.10. （圣彼得堡2006）设正整数 $a_1, a_2, \cdots, a_{101}$ 的最大公约数是1，且这些数中任何51个的乘积被其余50个的乘积整除．证明：$a_1 a_2 \cdots a_{101}$ 是完全平方数．

证： 只需证明：对所有素数 p，$v_p(a_1 \cdots a_{101}) = \sum_{i=1}^{101} v_p(a_i)$ 是偶数．固定素数 p，$x_i = v_p(a_i)$．条件 $\gcd(a_1, \cdots, a_{101}) = 1$ 说明 $\min(x_1, \cdots, x_{101}) = 0$．不妨设 $x_1 \geq x_2 \geq \cdots \geq x_{101}$，则 $x_{101} = 0$．因为 $a_{51} a_{52} \cdots a_{101}$ 是 $a_1 \cdots a_{50}$ 的倍数，所以

$$x_{51} + x_{52} + \cdots + x_{100} + x_{101} \geq x_1 + x_2 + \cdots + x_{50}.$$

然而，$x_{101} = 0$，序列递减说明必有 $x_1 = x_2 = \cdots = x_{100}$．因此所有 x_i 求和是偶数，得证．　　　　　　　　　　　　　　　　　　　　　　　　　　　　□

例 5.11. （数学反思 O 136）设 $(f_n)_{n \geq 1}$ 是斐波那契数列，$f_1 = f_2 = 1$，$f_{n+1} = f_n + f_{n-1}, n \geq 2$．证明：$v_5(n) = v_5(f_n)$，对所有 n 成立．

证： 设 $x > y$ 是方程 $t^2 - t - 1 = 0$ 的解，数列通项公式为 $f_n = \frac{x^n - y^n}{\sqrt{5}}$，则

$$f_{5n} = \frac{x^{5n} - y^{5n}}{\sqrt{5}} = f_n \cdot (x^{4n} + x^{3n}y^n + x^{2n}y^{2n} + x^n y^{3n} + y^{4n}).$$

如果定义序列：$l_n = x^n + y^n$，为卢卡斯序列第 n 项，利用 $xy = -1$ 可得，

$$x^{4n} + x^{3n}y^n + x^{2n}y^{2n} + x^n y^{3n} + y^{4n} = x^{4n} + y^{4n} + (-1)^n(x^{2n} + y^{2n}) + 1$$
$$= (x^{2n} + y^{2n})^2 + (-1)^n(x^{2n} + y^{2n}) - 1 = l_{2n}^2 + (-1)^n l_{2n} - 1.$$

因此设 $x_n = (-1)^n l_{2n} = (-x^2)^n + (-y^2)^n$，有 $f_{5n} = f_n \cdot (x_n^2 + x_n - 1)$．我们将证明：$v_5(x_n^2 + x_n - 1) = 1$，然后就有 $v_5(f_{5n}) = v_5(f_n) + 1$，对 $v_5(n)$ 归纳可得 $v_5(f_n) = v_5(n)$（可以说明所有序列 $(f_n)_{n \geq 1}$ 模5周期为20，第一个周期内只有 $f_5, f_{10}, f_{15}, f_{20}$ 是5的倍数）．

现在只需证明，$x_n \equiv 2 \pmod 5$，则

$$x_n^2 + x_n - 1 = 25k^2 + 20k + 4 + 5k + 2 - 1 = 25(k^2 + k) + 5$$

显然 $v_5(x_n^2 + x_n - 1) = 1$．

我们用第二数学归纳法证明：$x_n \equiv 2 \pmod 5$．$n = 1$ 和 $n = 2$ 的情形直接计算即可．接下来，因为 $-x^2$ 和 $-y^2$ 是方程 $(t + x^2)(t + y^2) = t^2 + 3t + 1 = 0$ 的两个根（计算 $x^2 y^2 = 1$ 和 $x^2 + y^2 = (x + y)^2 - 2xy = 3$），所以序列 $(x_n)_{n \geq 1}$ 满足递

推方程 $x_{n+2} + 3x_{n+1} + x_n = 0$ 对 $n \geq 1$ 成立. 特别地, 若 $x_n, x_{n+1} \equiv 2 \pmod 5$, 则 $x_{n+2} \equiv -6 - 2 \equiv 2 \pmod 5$, 证明完成.

还有 Richard Stong 建议的另一个证明, 设 $l_0 = 2$, $l_1 = 1$, 和 $l_{n+1} = l_n + l_{n-1}, n \geq 1$ 是卢卡斯序列. 则有

$$\frac{l_0 + f_0\sqrt 5}{2} = 1, \quad \frac{l_1 + f_1\sqrt 5}{2} = \frac{1 + \sqrt 5}{2} = \varphi,$$

其中 $\varphi^2 = \varphi + 1$. 归纳可得

$$\frac{l_n + f_n\sqrt 5}{2} = \left(\frac{1 + \sqrt 5}{2}\right)^n.$$

因此应用二项式定理和 $\sqrt 5$ 是无理数, 可得

$$2^{n-1} f_n = \sum_{k=0}^{\lfloor (n-1)/2 \rfloor} \binom{n}{2k+1} 5^k = n + \sum_{k=1}^{\lfloor (n-1)/2 \rfloor} \frac{n}{2k+1} \binom{n-1}{2k} 5^k.$$

因为 $5^k > 2k + 1$, 所以 $v_5(2k+1) < k$, 式子右端求和中每一项是 $5^{v_5(n)+1}$ 的倍数. 因此 $v_5(f_n) = v_5(2^{n-1} f_n) = v_5(n)$. □

5.1.2　强三角不等式

我们已经知道, 若 a, b 是非零整数, 则 $v_p(a+b) \geq \min(v_p(a), v_p(b))$. 也就是说, 如果定义 $|a|_p = p^{-v_p(a)}$ (我们称 $|a|_p$ 为 a 的 p 进绝对值), 则有

$$|a + b|_p \leq \max(|a|_p, |b|_p).$$

注意这个不等式比三角不等式 $|a + b| \leq |a| + |b|$ 强得多, 后者是对复数和通常的绝对值成立. 因此不等式 $v_p(a+b) \geq \min(v_p(a), v_p(b))$ 有时被称作强三角不等式. 下面的定理给出了 v_p 映射的一个关键性质, 和强三角不等式有关.

定理 5.12. 若 p 是素数, a, b 是整数, 且 $v_p(a) \neq v_p(b)$, 则

$$v_p(a + b) = \min(v_p(a), v_p(b)).$$

证: 若 $v_p(a) > v_p(b)$, 则 $a + b = p^{v_p(b)}(p^{v_p(a) - v_p(b)} u + v)$. 因为 p 不整除 v, 所以也不整除 $p^{v_p(a) - v_p(b)} u + v$. 因此

$$v_p(a + b) = v_p(b) = \min(v_p(a), v_p(b)). \qquad \square$$

我们现在给出几个例子说明这些理论结果的用处.

例 5.13.（Czech-Slovak 2002）设 $m > 1$ 是整数. 证明：m 是完全平方数当且仅当对所有正整数 n，$(m+1)^2 - m, (m+2)^2 - m, \cdots, (m+n)^2 - m$ 中至少一个是 n 的倍数.

证： 若 $m = d^2$，则连续整数 $m+1-d, m+2-d, \cdots, m+n-d$ 中至少一个是 n 的倍数，而 $m+i-d \mid (m+i)^2 - d^2$，结论成立.

反之，取 m 的素数因子 p，$k = v_p(m)$. 取 $n = p^{k+1}$，$p^{k+1} \mid (m+i)^2 - m$. 若 $v_p(m) \neq v_p((m+i)^2)$，则

$$k + 1 \leq v_p((m+i)^2 - m) = \min(v_p(m), v_p((m+i)^2)) \leq v_p(m) = k,$$

矛盾. 因此 $v_p(m) = v_p((m+i)^2) = 2v_p(m+i)$ 是偶数，由 $p \mid m$ 的任意性，m 是完全平方数. $\square$

注释 5.14. 如果只假设题目条件对素数 n 成立，题目结论依然成立，证明更困难很多.

我们已经在定理 3.69 中证明，若 f 是非常数整系数多项式，则存在无穷多素数 p 整除序列 $f(1), f(2), \cdots$ 中至少一项. 下面的定理推广了这个结果.

例 5.15.（IMOSL2009）设 $f : \mathbf{N} \to \mathbf{N}$ 是非常数函数，满足 $a - b$ 整除 $f(a) - f(b)$，对所有 $a, b \in \mathbf{N}$ 成立. 证明：存在无穷多素数 p，使得 p 整除 $f(c)$，对某个正整数 c 成立.

证： 假设结论不对，$p_1, \cdots, p_k$ 是整除序列 $f(1), f(2), \cdots$ 中至少一项的所有素数. 取任意正整数 x，记 $f(x) = p_1^{\alpha_1} \cdots p_k^{\alpha_k}$，$\alpha_1, \cdots, \alpha_k$ 是非负整数.

设 $a_s = sp_1^{\alpha_1+1} \cdots p_k^{\alpha_k+1}$. 因为 a_s 整除 $f(x + a_s) - f(x)$，而且 $v_{p_i}(f(x)) < v_{p_i}(a_s)$，所以 $v_{p_i}(f(x + a_s)) = v_{p_i}(f(x))$，对所有 i 成立. 因为 $f(x + a_s)$ 的所有素因子属于 $p_1, \cdots, p_k$，所以 $f(x + a_s) = f(x)$，对所有 $s \geq 1$ 成立.

$x + a_s - 1$ 整除 $f(x) - f(1) = f(x + a_s) - f(1)$，对所有 $s \geq 1$ 成立. 因此 $f(x) = f(1)$. 由 x 的任意性，f 是常数，和题目条件矛盾. $\square$

例 5.16.（Kvant 2163）

(a) 求所有正整数 a 和 b，使得 $(a + b^2)(b + a^2)$ 是 2 的幂.

(b) 求所有正整数 a 和 b，使得 $(a + b^3)(b + a^3)$ 是 3 的幂.

证：（a）我们将证明 $a = b = 1$ 是问题的唯一解. 假设 $(a, b) \neq (1, 1)$，不妨设 $a > 1$. 记 $a + b^2 = 2^m$ 和 $b + a^2 = 2^n$，$m, n \geq 1$.

若 a 是偶数，则 b 也是偶数. 因为 $v_2(a) < m = v_2(2^m)$，有 $v_2(2^m - a) = v_2(a)$，因此 $2v_2(b) = v_2(b^2) = v_2(2^m - a) = v_2(a)$. 同理 $2v_2(a) = v_2(b)$，和 $v_2(a) > 0$ 矛盾. 因此 a 是奇数.

若 $b > 1$，则类似的推导给出

$$v_2(b+1) < v_2(b^2 - 1) = v_2(2^m - (a+1)) = v_2(a+1),$$
$$v_2(a+1) < v_2(a^2 - 1) = v_2(2^n - (b+1)) = v_2(b+1),$$

矛盾. 因此 $b = 1$，$a + 1 = 2^m$，$a^2 + 1 = 2^n$.

因为 4 不整除 $a^2 + 1$ 对每个整数 a 成立，必有 $n \le 1$，和 $a > 1$ 矛盾. 因此只有解 $a = b = 1$.

(b) 首先有解 $(a, b) = (1, 2)$ 和 $(a, b) = (2, 1)$. 假设有解 $a, b > 1$，$a^3 + b = 3^m$ 及 $a + b^3 = 3^n$.

若 $3 \mid a$，则 $3v_3(a) = v_2(3^m - b) = v_3(b)$，类似地 $3v_3(b) = v_3(a)$，矛盾.

因此 $a \equiv 1, -1 \pmod 3$. 若 $a \equiv -1 \pmod 3$，则 $b \equiv 1 \pmod 3$，因此根据对称性，不妨设 $3 \mid a - 1$ 及 $3 \mid b + 1$.

若 $a > 1$，类似上面的论述给出

$$v_3(a^3 - 1) = v_3(3^m - (b+1)) = v_3(b+1),$$
$$v_3(b^3 + 1) = v_3(3^n - (a-1)) = v_3(a-1).$$

因为 $a^2 + a + 1$ 和 $b^2 - b + 1$ 都是 3 的倍数，所以 $v_3(a^3 - 1) > v_3(a-1)$，$v_3(b^3 + 1) > v_3(b+1)$，矛盾.

假设 $a = 1$，$b^3 + 1 = 3^n$，即 $(b+1)(b^2 - b + 1) = 3^n$. 若 $b > 2$，则 $n > 1$，$9 \mid b + 1$. 而 $b^2 - b + 1 \equiv 3 \pmod 9$，前面又给出 $b^2 - b + 1$ 是 3 的幂，因此 $b^2 - b + 1 = 3$，矛盾.

所以必有 $a = 1, b = 2$，证毕. □

下面两个问题使用了类似的想法，利用了一些细微的抽屉原则论述以及强三角不等式.

例 5.17. （IMOSL2011）设 $d_1, d_2, \cdots, d_9$ 是两两不同的整数. 证明：若 x 是足够大整数，则 $(x + d_1)(x + d_2) \cdots (x + d_9)$ 有大于 20 的素因子.

证： 注意只有 8 个素数小于 20，记作 $p_1, \cdots, p_8$. 将所有 d_i 加上一个数，问题不变，因此不妨设 $d_i > 0$，对所有 i 成立. 现在假设 $(x + d_1) \cdots (x + d_9)$ 的素因子包含于 $p_1, \cdots, p_8$，因此 $x + d_1, \cdots, x + d_9$ 也至多只有这 8 个素因子.

假设 $x \geq (p_1 \cdots p_8)^N$，其中 N 足够大. 则对每个 $1 \leq i \leq 9$，可以找到 $j_i \in \{1, 2, \cdots, 8\}$ 使得 $v_{p_{j_i}}(x + d_i) \geq N$. 在 9 个数 $j_1, \cdots, j_9 \in \{1, 2, \cdots, 8\}$ 中，至少两个相同，不妨设 $j_1 = j_2$. 则 $p_{j_1}^N$ 整除 $x + d_1$ 和 $x + d_2$ 两个数，因此也整除 $d_2 - d_1$. 因为 $d_2 \neq d_1$，所以 $p_{j_1}^N \leq |d_2 - d_1|$.

若取 N 使得 $2^N > \max_{i \neq j} |d_i - d_j|$，则前面推导给出矛盾. 因此对所有 $x > (p_1 \cdots p_8)^N$，$(x + d_1) \cdots (x + d_9)$ 的素因子不全是 $p_1, \cdots, p_8$ 中的数. $\square$

例 5.18. （Erdös-Turan）设 $a_1 < a_2 < \cdots$ 是正整数无穷递增序列. 证明：对每个 N，可以找到 $i \neq j$，使得 $a_i + a_j$ 有大于 N 的素因子.

证： 固定 N，设 $p_1, \cdots, p_k$ 是所有不超过 N 的素数. 假设对所有 $i \neq j$，$a_i + a_j$ 的所有素因子属于 $p_1, \cdots, p_k$. 固定正整数 d 大于所有的 $a_v - a_u, 1 \leq u < v \leq k + 1$，再取固定的 $n > (p_1 \cdots p_k)^d$.

注意对所有 $1 \leq i \leq k$，有 $a_n + a_i > (p_1 \cdots p_k)^d$，因此存在 $j_i \in \{1, 2, \cdots, k\}$，使得 $v_{p_{j_i}}(a_n + a_i) > d$. 因为 $j_1, \cdots, j_{k+1}$ 都在 1 和 k 之间，其中有两个相同，比如 $j_u = j_v$，$1 \leq u < v \leq k + 1$.

记 $p = p_{j_u}$，则 $v_p(a_n + a_u) > d$ 和 $v_p(a_n + a_v) > d$. 因此 $v_p(a_v - a_u) > d$，与 d 大于 $a_v - a_u$ 矛盾. $\square$

下面的例子更加困难.

例 5.19. （Tuymaada 2004）设 a, n 是正整数，满足 $a \geq \text{lcm}(1, 2, \cdots, n-1)$. 证明：存在两两不同的素数 $p_1, \cdots, p_n$，使得 $p_i \mid a + i$ 对 $1 \leq i \leq n$ 成立.

证： 设 $b = \text{lcm}(1, 2, \cdots, n-1)$，因此 $a \geq b$. 考虑

$$x_i = \frac{a + i}{\gcd(a + i, b)}, \quad 1 \leq i \leq n.$$

我们声明 $x_1, \cdots, x_n$ 是两两互素的整数，且 $x_i > 1$ 对所有 i 成立. 取 p_i 为 x_i 的任意素因子，则声明马上蕴含题目成立.

要证明声明，首先 $x_i > 1$ 是显然的，因为 $a + i = \gcd(a + i, b)$ 会导致 $a + 1 \leq b$ 与假设不符.

现在假设素数 p 同时整除 x_i 和 x_j，对某两个数 $1 \leq i < j \leq n$ 成立. 设 $k = v_p(b)$，则

$$\min(v_p(a + i), v_p(a + j)) \leq v_p((a + j) - (a + i)) = v_p(j - i) \leq v_p(b) = k.$$

不妨设 $v_p(a + i) \leq k$，则

$$v_p(x_i) = v_p(a + i) - \min(v_p(a + i), k) = 0,$$

与 $p \mid x_i$ 矛盾. 题目得证 □

例 5.20. （伊朗TST2013）求所有正整数等差数列 $a_1, a_2, \cdots$，使得存在整数 $N > 1$，对所有 $k \geq 1$，有

$$a_1 a_2 \cdots a_k \mid a_{N+1} a_{N+2} \cdots a_{N+k}.$$

证： 记 $a_n = a + nd, n \geq 1, d \geq 1$. 注意若 $a = 0$，则序列 $(a_n)_n$ 是问题的解（因为连续 k 个整数的乘积是 $k!$ 的倍数）. 我们将证明：$a > 0$ 是不可能的.

将 a 和 d 除以它们的最大公约数，我们可以设 $\gcd(a, d) = 1$. 对 $k > N$，将给定的整除式都除以 $a_{N+1} \cdots a_k$，整除性质可写成

$$a_1 a_2 \cdots a_N \mid a_{k+1} a_{k+2} \cdots a_{k+N}.$$

$a_1 a_2 \cdots a_N > N!$，因此存在素数 p，使得 $v_p(a_1 \cdots a_N) > v_p(N!)$. p 整除 $a_1, \cdots, a_N$ 中至少一项，而因为 $\gcd(a, d) = 1$，必然 p 与 d 互素. 存在整数 $k > N$，使得 $p^{v_p(a_1 \cdots a_N)} \mid a_k = a + dk$. 则 $v_p(a_k) > v_p(N!) \geq v_p(jd)$，对 $1 \leq j \leq N$ 成立，因此 $v_p(a_k + jd) = v_p(jd) = v_p(j)$，于是 $v_p(a_{k+1} \cdots a_{k+N}) = v_p(N!)$，矛盾. □

例 5.21. （IMO2010）求所有正整数序列 $(a_n)_{n \geq 1}$，使得 $(a_n + m)(a_m + n)$ 对所有正整数 n, m 是完全平方数.

证： 显然对 $k \geq 0$，$a_n = n + k$ 是题目的解. 我们证明这些是所有的解.

设 n, m 是不同的正整数，假设素数 p 整除 $a_n - a_m$. 我们将证明 $p \mid n - m$. 我们首先声明可以找到 $s \geq 1$，使得 $v_p(s + a_n)$ 和 $v_p(s + a_m)$ 都是奇数. 若声明已证，则 $v_p(n + a_s)$ 和 $v_p(m + a_s)$ 都是奇数. 而 $(s + a_n)(n + a_s)$ 和 $(s + a_m)(m + a_s)$ 是平方数，因此 p 整除 $n + a_s$ 和 $m + a_s$，进而 $p \mid m - n$.

现在证明声明，即 s 的存在性. 若 $v_p(a_n - a_m) = 1$，取 $s = p^3 r - a_n$，其中 r 足够大，与 p 互素. 若 $v_p(a_n - a_m) \geq 2$，取 $s = pr - a_n$，其中 r 足够大，与 p 互素.

现在前面的结果说明 $a_n \neq a_m$，对所有 $n \neq m$ 成立；以及 $|a_n - a_{n+1}| = 1$. 不会有 $a_{n+1} - a_n$ 和 $a_n - a_{n-1}$ 异号，否则 $a_{n+1} = a_{n-1}$ 矛盾. 数列由正整数构成，必然公差是 1，所以 $a_n = n + k$，对某个常数 $k \geq 0$ 成立. □

5.1.3　升幂定理

我们从一些简单现象开始，这些实际解题也很有用. 设 a, b 是整数，素数 $p \mid$

$a - b$. 则

$$a^p = (a - b + b)^p = (a - b)^p + p(a - b)^{p-1}b + \cdots + p(a - b)b^{p-1} + b^p.$$

前面的求和中，除去最后一项，都是 p^2 的倍数，因此 $p^2 \mid a^p - b^p$. 也就是说，若 a 和 b 模 p 同余，则 a^p 及 b^p 模 p^2 同余，也就是说换成 p 次幂改进了同余式！同样的公式在更一般情况给出，若 p^l 整除 $a - b$，对某个 $l \geq 1$ 成立，则 p^{l+1} 整除 $a^p - b^p$. 因此给出了下面的估计.

定理 5.22. 设 a, b 是整数，素数 $p \mid a - b$. 则对所有正整数 c，有

$$v_p(a^c - b^c) \geq v_p(a - b) + v_p(c), \quad v_p\left(\frac{a^c - b^c}{a - b}\right) \geq v_p(c).$$

证: 设 $k = v_p(c)$, $l = v_p(a - b)$. 因为 $p^l \mid a - b$，之前的讨论说明 $p^{l+1} \mid a^p - b^p$, $p^{l+2} \mid a^{p^2} - b^{p^2}$ 以此类推得 $p^{l+k} \mid a^{p^k} - b^{p^k}$. 因为 $p^k \mid c$，所以 $a^{p^k} - b^{p^k} \mid a^c - b^c$. 因此 $v_p(a^c - b^c) \geq l + k = v_p(a - b) + v_p(c)$. $\qquad\square$

例 5.23. （罗马尼亚TST2009）设 $a, n \geq 2$ 是整数，满足 n 整除 $(a-1)^k$，其中 $k \geq 1$. 证明：n 整除 $1 + a + a^2 + \cdots + a^{n-1}$.

证: 任取 n 的素因子 p. 根据题目条件，p 整除 $a - 1$. 只需证 $v_p\left(\frac{a^n - 1}{a - 1}\right) \geq v_p(n)$, 可以直接从定理 5.22 得出. $\qquad\square$

下一个结果技术性更强，使用起来需要更小心前提条件.

定理 5.24. （升幂定理）设 p 是奇素数，整数 a, b 不是 p 的倍数，使得 $p \mid a - b$. 则对所有 $n \geq 1$，有 $v_p(a^n - b^n) = v_p(n) + v_p(a - b)$.

证: 如果 $n \geq 1$ 对所有整数 a, b 满足题目条件，则称 n 是好数. 如果 m, n 是好数，则 mn 也是. 实际上，若 a, b 满足题目条件，则 a^m 和 b^m 也满足，因此

$$v_p(a^{mn} - b^{mn}) = v_p((a^m)^n - (b^m)^n) = v_p(a^m - b^m) + v_p(n)$$
$$= v_p(a - b) + v_p(m) + v_p(n) = v_p(a - b) + v_p(mn)$$

说明 mn 是好数. 因为 1 显然是好数，只需证明：任何素数 q 是好数.

若 $q \neq p$，相当于要证明 $\frac{a^q - b^q}{a - b} = a^{q-1} + a^{q-2}b + \cdots + b^{q-1}$ 不是 p 的倍数. 这显然可以从 $a^{q-1} + a^{q-2}b + \cdots + b^{q-1} \equiv qa^{q-1} \pmod{p}$ （因为 $p \mid a - b$）和 $p \nmid qa$ 得到.

假设 $q = p$，记 $a = b + p^k c$，$p \nmid c$，$k \geq 1$．二项式定理给出

$$a^p - b^p = p^{k+1} b^{p-1} c + \binom{p}{2} b^{p-2} p^{2k} c + \cdots + p^{kp} c^p.$$

因为 $p > 2$，项 $\binom{p}{2} b^{p-2} p^{2k} c, \cdots, p^{kp} c^p$ 的 p 进赋值大于 $k+1$，结合 $\gcd(p, bc) = 1$ 给出

$$v_p(a^p - b^p) = v_p(p^{k+1} b^{p-1} c) = k + 1 = 1 + v_p(a - b). \qquad \square$$

我们还给出下面的推论．

推论 5.25. 设 p 是奇素数，整数 a, b 不是 p 的倍数，使得 $p \mid a + b$．则对所有 奇正整数 n，有 $v_p(a^n + b^n) = v_p(a + b) + v_p(n)$．

证： 只需将升幂定理应用到 a 和 $-b$ 即可． $\qquad \square$

读者可能关心 $p = 2$ 的情况，此时的公式稍微复杂一些，证明更容易．

定理 5.26. 若 x, y 是奇整数，n 是正偶数，则

$$v_2(x^n - y^n) = v_2\left(\frac{x^2 - y^2}{2}\right) + v_2(n).$$

证： 记 $n = 2^k a$，a 是奇数．则不断利用平方差公式，可得

$$x^n - y^n = (x^a - y^a)(x^a + y^a)(x^{2a} + y^{2a}) \cdots (x^{2^{k-1} a} + y^{2^{k-1} a}).$$

若 u, v 是奇数，则 $u^2 + v^2 \equiv 2 \pmod 4$．因此前面公式给出

$$v_2(x^n - y^n) = v_2(x^{2a} - y^{2a}) + k - 1.$$

最后，因为 a, x, y 是奇数，容易看出 $\frac{x^{2a} - y^{2a}}{x^2 - y^2} = x^{2(a-1)} + \cdots + y^{2(a-1)}$ 是奇数，所以 $v_2(x^n - y^n) = v_2(x^2 - y^2) + v_2(n) - 1$． $\qquad \square$

注释 5.27. 当 n 是奇数，问题更简单：$\frac{x^n - y^n}{x - y} = x^{n-1} + \cdots + y^{n-1}$ 是奇数，因此 $v_2(x^n - y^n) = v_2(x - y)$．

下面的一些例子说明了升幂定理的应用．

例 5.28. 求所有整数 $a, n > 1$，使得 $a^n - 1$ 的任何素因子是 $a - 1$ 的素因子．

证： 设 $p > 2$ 是 n 的一个素因子．$1 + a + \cdots + a^{p-1}$ 的任何素因子 q 整除 $a^p - 1 \mid a^n - 1$，于是根据题目条件，q 整除 $a - 1$．但是 $1 + a + \cdots + a^{p-1} \equiv p \pmod q$

和 $q \mid 1 + a + \cdots + a^{p-1}$ 推出 $q = p$. 也就是说 $1 + a + \cdots + a^{p-1} = p^k$, 对某个 $k > 0$ 成立, 而且 $p \mid a - 1$. 升幂定理给出

$$v_p(1 + a + \cdots + a^{p-1}) = v_p(a^p - 1) - v_p(a - 1) = 1,$$

即 $k = 1$. 这和 $a > 1$ 及 $1 + a + \cdots + a^{p-1} > p$ 矛盾.

因此 n 的素因子只有 2, 设 $n = 2^k$, $k > 0$. 则 $a + 1 \mid a^n - 1$, 于是 $a + 1$ 的任何素因子整除 $a - 1$, 只能是 2. 因此 $a + 1$ 是 2 的幂.

若 $n > 2$, 即 $k > 1$, 则 $a^2 + 1 \mid a^n - 1$, 类似可得 $a^2 + 1$ 是 2 的幂, 与 $a^2 + 1 \equiv 2 \pmod{4}$ 及 $a > 1$ 矛盾.

因此只能 $n = 2$, $a + 1$ 是 2 的幂. 经验证, 这是题目的解. $\square$

例 5.29. 求所有整数 $a, n > 1$, 使得 $a^n + 1$ 的任何素因子是 $a + 1$ 的素因子.

证: 先假设 n 是偶数. 若 $p \mid a^n + 1$ 是素数, 题目条件说明 $p \mid a + 1$ 则 $0 \equiv a^n + 1 \equiv 2 \pmod{p}$, 因此 $p = 2$. 可设 $a^n + 1 = 2^k$, $k > 0$. 由 n 是偶数, a 是奇数 $a^n + 1 \equiv 2 \pmod{8}$, 因此 $k = 1$, 与 $a > 1$ 矛盾.

因此 n 是奇数. 若 p 是 n 的素因子, 则

$$\frac{a^p + 1}{a + 1} = a^{p-1} - a^{p-2} + \cdots - a + 1$$

的任何素因子 q 整除 $a + 1$. 而 $0 \equiv a^{p-1} - a^{p-2} + \cdots - a + 1 \equiv p \pmod{q}$, 说明 $p = q$. 可设 $\frac{a^p + 1}{a + 1} = p^k$, $k > 0$. 再利用升幂定理 (p 是奇数) 可得 $k = 1$, 因此 $a^p + 1 = p(a + 1)$, 或者 $a(a^{p-1} - p) = p - 1$. 之前有 $p \mid a + 1$, 前面有 $a \mid p - 1$, 必然有 $a = p - 1$, $a^{p-1} - p = 1$. 解得 $p = 3$, $a = 2$, n 是 3 的幂.

若 $n \neq 3$, 则 $9 \mid n$, 因此 $2^9 + 1 \mid 2^n + 1$, 有素因子 19 不是 $a + 1 = 3$ 的素因子. 因此只能 $n = 3$.

最终, $a = 2, n = 3$ 是问题的唯一解. $\square$

注释 5.30. 这个题目是一道 *2000年IMOSL* 的推广: 求所有正整数组 (a, m, n), 使得 $a^m + 1 \mid (a + 1)^n$.

例 5.31. (*IMOSL1997*) 设 b, m, n 是正整数, 满足 $b > 1$ 和 $m \neq n$. 证明: 若 $b^m - 1$ 和 $b^n - 1$ 的素因子集合相同, 则 $b + 1$ 是 2 的幂.

证: 不妨设 $m > n$. 设 $d = \gcd(m, n)$, $m = kd$, $a = b^d$. 注意 $k > 1$, 任何整除 $a^k - 1 = b^m - 1$ 的素数 p 也整除 $b^n - 1$, 因此也整除最大公约数 $\gcd(b^m - 1, b^n - 1) = b^d - 1 = a - 1$.

根据例 5.28 可得 $a+1$ 是 2 的幂, 即 b^d+1 是 2 的幂. 若 d 是偶数, 则 $b^d+1 \equiv 2 \pmod 8$, 且大于 2, 矛盾. 因此 d 是奇数, 而 $b+1 \mid b^d+1$, $b+1$ 是 2 的幂 (显然还可以从 $v_2(b^d+1)=v_2(b+1)$ 得到必有 $d=1$. ——译者注). $\square$

例 5.32. (IMO1990 和 1999 推广) 求所有素数 p 和所有正整数 n, 使得 n^{p-1} 整除 $(p-1)^n+1$.

证: 若 $p=2$, 则 $n=1$ 或 $n=2$. 现在假设 $p>2$. 若 n 是偶数, 则因为 4 整除 n^{p-1}, 但是 4 不整除 $(p-1)^n+1$, 矛盾.

所以 n 是奇数, 有最小素因子 q. 因为 q 整除 $(p-1)^{2n}-1$ 及 $(p-1)^{q-1}-1$, 因此 q 整除 $(p-1)^{\gcd(2n,q-1)}-1=(p-1)^2-1=p(p-2)$.

先假设 q 整除 $p-2$. 则根据升幂定理有

$$(p-1)v_q(n)=v_q(n^{p-1}) \leq v_q((p-1)^{2n}-1)=v_q((p-1)^2-1)+v_q(n),$$

因此 $(p-2)v_q(n) \leq v_q(p-2)$. 特别地, $p-2 \geq q^{p-2} \geq 3^{p-2}$, 无解.

现在假设 $q=p$, 利用 n 是奇数和升幂定理, 有

$$(p-1)v_p(n)=v_p(n^{p-1}) \leq v_p((p-1)^n+1)=1+v_p(n).$$

因此 $(p-2)v_p(n) \leq 1$, 解得 $p=3$, $v_p(n)=1$.

记 $n=3a$, $\gcd(a,3)=1$. 现在方程是 a^2 整除 8^a+1. 我们声明 $a=1$. 否则设 r 是 a 的最小素因子, 则 r 整除 64^a-1 和 $64^{r-1}-1$. 因为 $\gcd(a,r-1)=1$, 所以 r 整除 63. 因此 $r=3$ 或 $r=7$. 因为 $3 \nmid a$, 所以 $r=7$, 7 整除 8^a+1, 矛盾.

最终, 问题的解是 $n=3, p=3$. $\square$

例 5.33. (CTST2009) 设 n 是正整数, $a>b>1$ 是整数, 满足 b 是奇数和 $b^n \mid a^n-1$. 证明: $a^b > \frac{3^n}{n}$.

证: 取 b 的任何素因子 p, 则必有 $p>2$. 升幂定理和费马小定理给出

$$n \leq v_p(b^n) \leq v_p(a^n-1) \leq v_p((a^{p-1})^n-1^n)=v_p(a^{p-1}-1)+v_p(n),$$

因此

$$a^b > a^{p-1}-1 \geq p^{v_p(a^{p-1}-1)} \geq \frac{p^n}{n} \geq \frac{3^n}{n}. \qquad \square$$

我们给出下面的难题, 结束这一小节.

例 5.34. (CTST2002) 求所有正整数 n, 使得 $(2^n-1)(3^n-1)$ 是完全平方数.

证： 我们将证明：不存在这样的 n.

假设 $(2^n - 1)(3^n - 1) = m^2$，$m, n \geq 1$. 因为 m 是偶数，因此 $4 \mid 3^n - 1$，说明 n 是偶数. 这样 $3 \mid 2^n - 1$，说明 $3 \mid m$，因此 $9 \mid 2^n - 1$，$6 \mid n$.

进一步，我们将证明 $10 \mid n$. 记 $n = 6k$，则 $(2^k - 1)(16^k - 1) \equiv m^2 \pmod{31}$，可以检验左端是 31 的倍数当且仅当 $5 \mid k$. 假设 5 不整除 k. 前面的同余式给出

$$\left(\frac{2^k - 1}{31}\right) \cdot \left(\frac{16^k - 1}{31}\right) = 1 \quad \Leftrightarrow \quad \left(\frac{2^k + 1}{31}\right) \cdot \left(\frac{4^k + 1}{31}\right) = 1.$$

要证明最后的式子不成立，只需对 $k = 1, \cdots, 4$ 验证即可，利用了 $2^k \pmod{31}$ 的周期是 5. 对应的计算式子为

$$\left(\frac{15}{31}\right) = 1, \quad \left(\frac{85}{31}\right) = 1, \quad \left(\frac{9 \cdot 65}{31}\right) = 1, \quad \left(\frac{17 \cdot 257}{31}\right) = 1.$$

这些都不成立，可从 $\left(\frac{3}{31}\right) = \left(\frac{17}{31}\right) = \left(\frac{13}{31}\right) = -1$，$\left(\frac{5}{31}\right) = 1$ 直接推出.

设 $n = 10x$ 利用升幂定理

$$2v_{11}(m) = v_{11}((2^n - 1)(3^n - 1)) = v_{11}((2^{10})^x - 1) + v_{11}((3^{10})^x - 1)$$
$$= v_{11}(2^{10} - 1) + v_{11}(3^{10} - 1) + 2v_2(x) = 2v_2(x) + 3,$$

矛盾. 因此，所求的 n 不存在.

本题还有一个解法是（这个是译者给出的）：从 $2 \mid n$，得到 $8 \mid 3^n - 1$，进而得到 $16 \mid 3^n - 1$，因此 $4 \mid n$. 这样 $5 \mid 2^n - 1$.

设 $n = 4 \cdot 5^k \cdot a$，$5 \nmid a$，则升幂定理给出 $v_5(2^n - 1) = v_5(3^n - 1) = k + 1$.

二项式定理给出

$$2^n - 1 \equiv 16^{5^k \cdot a} - 1 \equiv 15 \cdot 5^k \cdot a \pmod{5^{k+2}},$$
$$3^n - 1 \equiv 81^{5^k \cdot a} - 1 \equiv 80 \cdot 5^k \cdot a \pmod{5^{k+2}}.$$

因此 $\frac{m^2}{5^{2k+2}} \equiv 3a \cdot 16 \cdot a \pmod 5$ 不是模 5 平方剩余，矛盾. $\qquad\square$

5.2 勒让德公式

在这一节，我们讨论计算 $n!$ 的 p 进赋值的勒让德公式，以及它导出的组合数 p 进赋值公式. 我们会在下一节应用这些性质来获得关于素数分布的不平凡估计.

5.2.1　$n!$ 的 p 进赋值：准确公式

我们已经给出过几个证明，连续的 n 个整数的乘积是 $n!$ 的倍数．大多数证明用到组合数的性质．我们现在应用局部—整体原则给出另一个证明．

$a \mid b$ 当且仅当 $v_p(a) \leq v_p(b)$，对所有素数 p 成立．因此需要计算 $v_p(n!)$，p 是素数，n 是正整数．这是下一个定理的目标．

定理 5.35.（勒让德）对所有素数 p 和所有正整数 n，有

$$v_p(n!) = \left\lfloor \frac{n}{p} \right\rfloor + \left\lfloor \frac{n}{p^2} \right\rfloor + \cdots$$

在给出定理证明之前，我们指出定理中的无穷求和只有有限个非零．实际上，存在 k，使得 $p^k > n$，然后当 $i \geq k$ 时，有 $\left\lfloor \frac{n}{p^i} \right\rfloor = 0$.

证：$v_p(n!) = v_p(1 \cdot 2 \cdot \ldots \cdot n) = v_p(1) + v_p(2) + \cdots + v_p(n)$，在 $1, 2, \cdots, n$ 这些数中，有 $\left\lfloor \frac{n}{p} \right\rfloor$ 个 p 的倍数；$\left\lfloor \frac{n}{p^2} \right\rfloor$ 个 p^2 的倍数，以此类推．其中，是 p 的倍数但不是 p^2 的倍数的数在求和中贡献 1，是 p^2 的倍数但不是 p^3 的倍数的数贡献 2，以此类推．因此

$$v_p(n!) = \left\lfloor \frac{n}{p} \right\rfloor - \left\lfloor \frac{n}{p^2} \right\rfloor + 2 \left(\left\lfloor \frac{n}{p^2} \right\rfloor - \left\lfloor \frac{n}{p^3} \right\rfloor \right) + 3 \left(\left\lfloor \frac{n}{p^3} \right\rfloor - \left\lfloor \frac{n}{p^4} \right\rfloor \right) + \cdots$$

求和展开，合并同类项得到要证的恒等式．　　　　　　　　　　　□

现在回到原来的问题，即证明 $n!$ 整除 $(x+1)(x+2)\cdots(x+n)$，对每个整数 x 成立．利用 p 进赋值，固定素数 p，设 n_k 是 $x+1, \cdots, x+n$ 中 p^k 的倍数．如刚才定理证明，我们看到 $v_p((x+1)(x+2)\cdots(x+n)) = n_1 + n_2 + \cdots$，其中 n_i 表示 $x+1$ 到 $x+n$ 中 p^i 的倍数个数．另一方面，显然有 $n_k = \left\lfloor \frac{x+n}{p^k} \right\rfloor - \left\lfloor \frac{x}{p^k} \right\rfloor \geq \left\lfloor \frac{n}{p^k} \right\rfloor$，因为一般地有 $\lfloor x+y \rfloor \geq \lfloor x \rfloor + \lfloor y \rfloor$，对所有实数 x, y 成立．因此勒让德公式给出 $v_p((x+1)\cdots(x+n)) \geq v_p(n!)$，对所有素数 p 成立．

接下来是一些使用计数方法证明整除或者恒等式的例子．

例 5.36.（CTST2004）设 $m_1, m_2, \cdots, m_r$ 和 $n_1, n_2, \cdots, n_s$ 是正整数，使得对每个整数 $d > 1$，$m_1, \cdots, m_r$ 中 d 的倍数不少于 $n_1, \cdots, n_s$ 中 d 的倍数．证明：$n_1 n_2 \cdots n_s$ 整除 $m_1 m_2 \cdots m_r$.

证：对 $d > 1$，设 M_d 和 N_d 分别是 $m_1, \cdots, m_r$ 和 $n_1, \cdots, n_s$ 中 d 的倍数．根据题目条件 $M_d \geq N_d$，对所有 $d > 1$ 成立．对每个素数 p，有（如勒让德公式的证明中一样论述）

$$v_p(m_1 m_2 \cdots m_r) = M_p + M_{p^2} + \cdots + M_{p^n} + \cdots \geq N_p + N_{p^2} + \cdots = v_p(n_1 n_2 \cdots n_s)$$

因此 $n_1 \cdots n_s \mid m_1 \cdots m_r$.　　　　　　　　　　　□

例 5.37. （普特南2003）证明：对正整数 n，有 $n! = \prod_{i=1}^{n} \text{lcm}(1, 2, \cdots, \lfloor n/i \rfloor)$.

证： 只需证明左右两端对任何素数 p，有同样的 p 进赋值. 固定素数 p，利用勒让德公式以及 $v_p(\text{lcm}(1, 2, \cdots, d)) = \lfloor \log_p(d) \rfloor$，我们归结为证明等式

$$\sum_{k \geq 1} \left\lfloor \frac{n}{p^k} \right\rfloor = \sum_{i=1}^{n} \left\lfloor \log_p \left\lfloor \frac{n}{i} \right\rfloor \right\rfloor$$

对所有素数 p 和所有 n 成立.

我们用两种方法计算满足 $ip^k \leq n$ 的正整数对 (i, k) 的个数. 固定 i，则存在 $\left\lfloor \log_p \left\lfloor \frac{n}{i} \right\rfloor \right\rfloor$ 个 k 满足条件；而固定 k，则存在 $\left\lfloor \frac{n}{p^k} \right\rfloor$ 个 i 满足条件. 由算两次原理，问题得证. □

例 5.38. （Schweitzer1973）设 n, k 是正整数，满足 $n > k + \text{lcm}(1, \cdots, k)$. 证明：$\binom{n}{k}$ 有至少 k 不同的素因子.

证： 记 $L_k = \text{lcm}(1, 2, \cdots, k)$. 只需证明：对 $n > k + L_k$，$\binom{n}{k}$ 是 k 个两两互素且大于 1 的数的乘积. 对 $0 \leq i < k$，设

$$x_i = \frac{n-i}{\gcd(n-i, L_k)}.$$

因为 $n - i \geq n - k > L_k$，所以 $x_i > 1$. 若有素数 $p \mid x_i, p \mid x_j$，则 $v_p(n-i) > v_p(L_k) \geq v_p(i-j)$，同理 $v_p(n-j) > v_p(i-j)$，和 $v_p(i-j) \geq \min(v_p(n-i), v_p(n-j))$ 矛盾. 因此 $x_0, \cdots, x_{k-1}$ 两两互素（参考例 5.19 的证明）. 现在只需证明 $x_0 x_1 \cdots x_{k-1} \mid \binom{n}{k}$，等价于 $k! \mid \prod_{i=n-k+1}^{n} \gcd(i, L_k)$. 只要对任何素数 p，证明

$$v_p(k!) \leq \sum_{i=n-k+1}^{n} v_p(\gcd(i, L_k)).$$

设 $r = v_p(L_k) = [\log_p k]$ （见例 5.7）. 对所有 $i \leq r$，$n, n-1, \cdots, n-k+1$ 中存在至少 $\left\lfloor \frac{k}{p^i} \right\rfloor$ 个 p^i 的倍数. 若 u 是 p^i 的倍数，$i \leq r$，则 $\gcd(L_k, u)$ 也是 p^i 的倍数. 因此从勒让德公式马上得到不等式的证明. □

5.2.2　$n!$ 的 p 进赋值：不等式

注意对所有素数 p 和所有正整数 n，有

$$\left\lfloor \frac{n}{p} \right\rfloor + \left\lfloor \frac{n}{p^2} \right\rfloor + \cdots < \frac{n}{p} + \frac{n}{p^2} + \cdots = \frac{n}{p-1},$$

$$\left\lfloor \frac{n}{p} \right\rfloor + \left\lfloor \frac{n}{p^2} \right\rfloor + \cdots > \frac{n}{p} - 1.$$

结合勒让德公式，可以得到下面关于 $v_p(n!)$ 的估计，在很多情况下比前面精确的公式更方便.

定理 5.39. 对所有 $n > 1$ 和所有素数 p，有：$\frac{n}{p} - 1 < v_p(n!) < \frac{n}{p-1}$.

我们下面给出这个估计的一些应用.

例 5.40. （MEMO 2015）求所有正整数对 (a, b)，使得 $a! + b! = a^b + b^a$.

证： 由对称性，不妨设 $a \le b$. 若 $a = 1$，方程变为 $b! = b$，给出解 $(1, 1)$ 和 $(1, 2)$，现在假设 $a \ge 2$.

则 $b! - a^b = b^a - a! \ge a^a - a! > 0$，因此 $b! > a^b$. 另一方面，平均不等式给出

$$b! = 1 \cdot 2 \cdot \ldots \cdot b \le \left(\frac{b(b+1)}{2b} \right)^b = \left(\frac{b+1}{2} \right)^b.$$

我们得到 $2a < b + 1$，因此 $b \ge 2a$. 设 p 是 a 的素因子. 则 $p \mid a! + b!$ 和 $p \mid a^b$，推出 $p \mid b$. 因此 $v_p(a^b + b^a) \ge a$. 另一方面，因为 $b \ge 2a$，有 $p \mid (a+1) \cdot (a+2) \cdot \ldots \cdot b$，所以 $v_p(a!) < v_p(b!)$，$v_p(a! + b!) = v_p(a!) < a$，矛盾.

因此问题的所有解是 $(1, 1)$，$(1, 2)$ 和 $(2, 1)$. $\qquad\square$

例 5.41. （圣彼得堡2007）求所有正整数 n 和 k，使得

$$1^n + 2^n + \cdots + n^n = k!.$$

证： 我们将证明：$n = k = 1$ 是问题的唯一解. 假设 $n > 1$. 因为 $k^k > k! > n^n$，所以 $k > n$.

首先，假设 n 是奇数. $2^n + 3^n + \cdots + n^n$ 是 $n + 2$ 的倍数（$i^n + (n + 2 - i)^n$ 被 $i + (n + 2 - i) = n + 2$ 整除），因此 $k! - 1$ 是 $n + 2$ 的倍数. 特别地，$k < n + 2$，结合 $k > n$ 必有 $k = n + 1$. 现在 $(n + 1)! > n^n$，给出 $n < 3$，矛盾.

因此 n 是偶数，设 $n = 2m$. 由 $4 \mid k!$ 及

$$1^n + 2^n + \cdots + n^n \equiv m \pmod 4$$

得到 $4 \mid m$，$8 \mid n$. 记 $n = 2^s m$，$s \ge 3$，m 是奇数. 对每个奇数 $i \in \{1, \cdots, n\}$，有 $i^n = (i^{2^s})^m \equiv 1 \pmod{2^{s+1}}$. 而对偶数 i，$i^n \equiv 0 \pmod{2^{s+1}}$. 因此

$$1^n + 2^n + \cdots + n^n \equiv 2^{s-1} m \pmod{2^{s+1}},$$

说明 $v_2(k!) = v_2(1^n + 2^n + \cdots + n^n) = s - 1$，另一方面，定理 5.39 给出

$$v_2(k!) > \frac{k}{2} - 1 > \frac{n}{2} - 1 = 2^{s-1} m - 1 \ge 2^{s-1} - 1,$$

给出 $s > 2^{s-1}$，矛盾. 因此不存在使 $n > 1$ 的解.   □

下一个例子非常困难.

例 5.42. （俄罗斯2012）证明：*存在正整数 n，使得 $1! + 2! + \cdots + n!$ 有大于 $10^{2\,012}$ 的素因子.*

证： 设 $f(n) = 1! + 2! + \cdots + n!$，$S$ 是不超过 $d := 10^{2\,012}$ 的所有素数构成的集合. 假设对所有 $n \ge 1$，$f(n)$ 的素因子包含于 S. 令 $P = \prod_{p \in S} p^2$. 关键是下面的引理.

引理 5.43. *存在常数 $c > 0$，使得对所有 $p \le d$ 和所有 $n \ge c$，n 与 P 互素，有*
$$v_p(f(nP - 2)) \le v_p((nP)!) - 2.$$

证： 我们将证明：对每个 $p \le d$，不等式 $v_p(f(nP - 2)) \ge v_p((nP)!) - 1$ 对至多一个与 P 互素的 n 成立.

固定 $p \le d$，假设不等式对两个与 P 互素的整数 $n < m$ 成立. 因为
$$v_p((nP - 1)!) = v_p((nP)!) - v_p(nP) = v_p((nP)!) - 2,$$

强三角不等式给出
$$v_p(f(mP - 2)) = v_p((nP - 1)! + f(nP - 2) + (nP)! + \cdots + (mP - 2)!)$$
$$= v_p((nP - 1)!) = v_p((nP)!) - 2.$$

与假设 $v_p(f(mP - 2)) \ge v_p((mP)!) - 1 \ge v_p((nP)!) - 1$ 矛盾，引理证毕.   □

回到问题的证明. 设 c 是引理中的常数，对所有与 P 互素的 $n \ge c$，有
$$v_p(f(nP - 2)) \le \frac{nP}{p - 1} - 2 < nP.$$

因为 $f(nP - 2)$ 的所有素因子不超过 d，所以
$$(nP - 2)! < f(nP - 2) \le \prod_{p \le d} p^{nP} < d!^{nP}$$

对所有 $n \ge c$，n 与 P 互素成立，这是不可能的.   □

我们还指出勒让德公式的下面推论，对素数有关的显式估计有用.

定理 5.44. 设 $n \ge k \ge 0$ 是整数，p 是素数. 则 $p^{v_p(\binom{n}{k})} \le n$. 也就是说，所有整除 $\binom{n}{k}$ 的素数幂小于 $n + 1$.

证： 勒让德公式给出

$$v_p\left(\binom{n}{k}\right) = v_p(n!) - v_p(k!) - v_p((n-k)!) = \sum_{j \geq 1} \left(\left\lfloor \frac{n}{p^j} \right\rfloor - \left\lfloor \frac{k}{p^j} \right\rfloor - \left\lfloor \frac{n-k}{p^j} \right\rfloor \right).$$

注意求和中的每一项是 0 或 1，因为对任何实数 x, y，有

$$\lfloor x + y \rfloor - \lfloor x \rfloor - \lfloor y \rfloor = \lfloor x - \lfloor x \rfloor + y - \lfloor y \rfloor \rfloor \in \{0, 1\}.$$

当 $p^j > n$ 时，$\left\lfloor \frac{n}{p^j} \right\rfloor = \left\lfloor \frac{k}{p^j} \right\rfloor = \left\lfloor \frac{n-k}{p^j} \right\rfloor = 0$. 前面求和中至多有 $\lfloor \log_p(n) \rfloor$ 个非零项，于是 $v_p\left(\binom{n}{k}\right) \leq \lfloor \log_p(n) \rfloor$. $\qquad\square$

注释 5.45. 前面定理证明中的不等式 $0 \leq \lfloor x + y \rfloor - \lfloor x \rfloor - \lfloor y \rfloor \leq 1$ 从此会经常用到，并不特别指出.

下面的例子用了类似的想法建立了一个恒等式.

例 5.46.（AMME2686）设 $n > 1$ 是整数. 证明:

$$(n+1)\mathrm{lcm}\left(\binom{n}{0}, \binom{n}{1}, \cdots, \binom{n}{n}\right) = \mathrm{lcm}(1, 2, \cdots, n+1).$$

证： 我们将证明：对每个素数 p，两边的 p 进赋值相同. 设 p 是素数，k 满足 $p^k \leq n + 1 < p^{k+1}$. 根据例 5.7，有 $v_p(\mathrm{lcm}(1, 2, \cdots, n+1)) = k$. 注意 $(n+1)\binom{n}{p^k-1} = p^k\binom{n+1}{p^k}$，因此式子左端的 p 进赋值大于等于 k.

要证这个赋值至多是 k，固定 $0 \leq i \leq n$，应用勒让德公式得到

$$v_p\left((n+1)\binom{n}{i}\right) = v_p\left((i+1)\binom{n+1}{i+1}\right) = v_p(i+1) + \sum_{r \geq 1} x_r,$$

其中 $x_r = \left[\frac{n+1}{p^r}\right] - \left[\frac{i+1}{p^r}\right] - \left[\frac{n-i}{p^r}\right]$ 对所有 r，都有 $x_r \in \{0, 1\}$. 当 $r > k$ 时有 $x_r = 0$. 关键是当 $r \leq v_p(i+1)$ 时，也有 $x_r = 0$. 实际上，记 $i + 1 = p^r u$，u 是整数，则

$$x_r = \left[\frac{n+1}{p^r}\right] - u - \left[\frac{n+1}{p^r} - u\right] = 0.$$

将这些放到一起，得到 $\sum_{r \geq 1} x_r \leq k - v_p(i+1)$，即 $v_p\left((i+1)\binom{n+1}{i+1}\right) \leq k$. $\qquad\square$

将前面的例子和例 5.8 结合得到下面关于不超过 n 的素数个数 $\pi(n)$ 的估计. 这个估计出奇地好（见下一小节给出这类问题的细致讨论）.

例 5.47. 证明：对所有 $n > 1$ 成立，有

$$\mathrm{lcm}(1, 2, \cdots, n) \geq 2^{n-1}, \quad n^{\pi(n)} \geq 2^{n-1}.$$

证： 对于第一个不等式，只要注意

$$(n+1)\mathrm{lcm}(\binom{n}{0}, \binom{n}{1}, \cdots, \binom{n}{n}) \geq \sum_{j=0}^{n} \binom{n}{j} = 2^n$$

然后应用前面的例子即可. 对于第二个不等式，应用第一个不等式和例 5.8 中建立的不等式 $\mathrm{lcm}(1, 2, \cdots, n) \leq n^{\pi(n)}$ 即可. □

例 5.48. 证明：若 $c \in (0, 2)$，则对所有足够大 n，不超过 n 的所有素数乘积大于 c^n.

证： 根据前面的例子 $\mathrm{lcm}(1, 2, \cdots, n) \geq 2^{n-1}$. 另一方面，根据例 5.7，有

$$\mathrm{lcm}(1, 2, \cdots, n) = \prod_{p \leq n} p^{\lfloor \log_p(n) \rfloor} \leq \prod_{p \leq \sqrt{n}} n \cdot \prod_{\sqrt{n} < p \leq n} p \leq n^{\sqrt{n}} \cdot \prod_{p \leq n} p,$$

可得 $\prod_{p \leq n} p \geq 2^{n-1} \cdot n^{-\sqrt{n}}$. 因此需证，对每个 $c \in (0, 2)$，有 $\left(\frac{2}{c}\right)^n \geq 2n^{\sqrt{n}}$，对足够大的 n 成立. 或者写作 $n \ln \frac{2}{c} \geq \sqrt{n} \log 2n$，这是显然的. □

5.2.3 Kummer 定理

除了像定理 5.39 一样给出估计，我们还可以给出 $\lfloor \frac{n}{p} \rfloor + \lfloor \frac{n}{p^2} \rfloor + \cdots$ 的另一个简洁精确表达式：设 $n = a_k p^k + a_{k-1} p^{k-1} + \cdots + a_0$ 是 p 进制表达式. 则对所有 $0 \leq j \leq k$，有 $\lfloor \frac{n}{p^j} \rfloor = a_k p^{k-j} + a_{k-1} p^{k-1-j} + \cdots + a_j$. 因此

$$\left\lfloor \frac{n}{p} \right\rfloor + \left\lfloor \frac{n}{p^2} \right\rfloor + \cdots = \sum_{j=1}^{k} (a_k p^{k-j} + a_{k-1} p^{k-1-j} + \cdots + a_j)$$

$$= a_k(p^{k-1} + p^{k-2} + \cdots + 1) + a_{k-1}(p^{k-2} + p^{k-3} + \cdots + 1) + \cdots + a_1$$

$$= a_k \cdot \frac{p^k - 1}{p-1} + a_{k-1} \frac{p^{k-1} - 1}{p-1} + \cdots + a_1 \frac{p-1}{p-1}$$

$$= \frac{(a_k p^k + \cdots + a_1 p + a_0) - (a_k + \cdots + a_0)}{p-1} = \frac{n - S_p(n)}{p-1},$$

其中 $S_p(n) = a_0 + \cdots + a_k$ 表示 n 的 p 进制表达式的所有数码和. 结合勒让德定理，给出下面结果.

定理 5.49. 对所有 $n \geq 1$，素数 p，有 $v_p(n!) = \frac{n - S_p(n)}{p-1}$，其中 $S_p(n)$ 是 n 的 p 进制下数码和.

这个定理马上给出计算组合数 p 进赋值的下面公式.

推论 5.50. 对所有素数 p 和所有整数 $n \geq k \geq 1$,

$$v_p\left(\binom{n}{k}\right) = \frac{S_p(k) + S_p(n-k) - S_p(n)}{p-1}.$$

可以看出,$\frac{S_p(k)+S_p(n-k)-S_p(n)}{p-1}$ 恰好是在 p 进制下计算 k 和 $n-k$ 的求和时,所需的进位次数. 因此得到下面的漂亮定理.

定理 5.51. (Kummer) $\binom{n}{k}$ 的 p 进赋值是在 p 进制下计算 k 和 $n-k$ 求和的进位次数.

注释 5.52. 更精确地,对每个 $j \geq 1$,有

$$\left\lfloor \frac{n}{p^j} \right\rfloor - \left\lfloor \frac{k}{p^j} \right\rfloor - \left\lfloor \frac{n-k}{p^j} \right\rfloor = \frac{u+v-w}{p^j},$$

其中 u,v,w 分别是 $k,n-k,n$ 除以 p^j 的余数. 注意 $u+v=w$ 当且仅当 $u+v < p^j$,也就是在 p 进制下计算 k 和 $n-k$ 求和时,第 j 位上(最右边算第 0 位)没有进位. 因此 $\left\lfloor \frac{n}{p^j} \right\rfloor - \left\lfloor \frac{k}{p^j} \right\rfloor - \left\lfloor \frac{n-k}{p^j} \right\rfloor$ 当第 j 位存在进位时为 1,否则为 0.

我们用一些具体例子说明这些结果的应用.

例 5.53. 证明:若 n 是正整数,$1 \leq k \leq 2^n$,则 $v_2\left(\binom{2^n}{k}\right) = n - v_2(k)$.

证: 利用推论 5.50,可得 $v_2\left(\binom{2^n}{k}\right) = S_2(k) + S_2(2^n-k) - S_2(2^n)$. 若 $k = 2^r s$,$r \geq 0$,s 是奇数,则显然 $r \leq n$ 且

$$S_2(2^n-k) = S_2(2^n - 2^r s) = S_2(2^{n-r} - s) = n - r + 1 - S_2(s) = n - r + 1 - S_2(k).$$

利用 $S_2(2^n) = 1$,得证. □

例 5.54. 证明:$n \geq 1$ 是 2 的幂当且仅当 4 不整除 $\binom{2n}{n}$.

证: 4 不整除 $\binom{2n}{n}$ 当且仅当 $v_2\left(\binom{2n}{n}\right) \leq 1$,这等价于 $2S_2(n) - S_2(2n) \leq 1$. 因为 $S_2(2n) = S_2(n)$(因为 $2n$ 的二进制表示恰好是 n 的表示末尾添 0),所以 $S_2(n) \leq 1$. 即当且仅当 n 是 2 的幂. □

例 5.55. 证明:所有的数 $\binom{2^n}{k}$,$1 \leq k < 2^n$ 是偶数,而且恰好其中一个不是 4 的倍数,是哪一个?

证: 推论 5.50 给出 $v_2\left(\binom{2^n}{k}\right) = S_2(k) + S_2(2^n-k) - 1 \geq 1$. 若要得到等号,必然 $S_2(k) = S_2(2^n-k) = 1$,说明 $k = 2^{n-1}$. □

例 5.56.（IMOSL2008）设 n 是正整数. 证明:

$$\binom{2^n-1}{0}, \binom{2^n-1}{1}, \binom{2^n-1}{2}, \cdots, \binom{2^n-1}{2^{n-1}-1}$$

除以 2^n 的余数是 $1, 3, 5, \cdots, 2^n-1$ 的一个置换.

证: 根据卢卡斯定理（或者例 5.53 及等式 $\binom{2^n-1}{k} = \frac{2^n-k}{2^n}\binom{2^n}{k}$），所有的余数属于 $\{1, 3, 5, \cdots, 2^n-1\}$，因此只需证明若 $1 \leq k < l \leq 2^n$ 是奇数，则 $\binom{2^n-1}{k}$ 和 $\binom{2^n-1}{l}$ 模 2^n 不同余即可.

假设 $\binom{2^n-1}{k} \equiv \binom{2^n-1}{l} \pmod{2^n}$，则

$$\binom{2^n-1}{l} = \binom{2^n}{l} - \binom{2^n-1}{l-1} = \binom{2^n}{l} - \binom{2^n}{l-1} + \binom{2^n-1}{l-2} = \cdots$$
$$= \binom{2^n}{l} - \binom{2^n}{l-1} + \binom{2^n}{l-2} - \cdots + \binom{2^n-1}{k},$$

因此同余关系可以写成

$$\binom{2^n}{l} - \binom{2^n}{l-1} + \cdots - \binom{2^n}{k+1} \equiv 0 \pmod{2^n}.$$

记 $A = \{l-1, l-2, \cdots, k+1\}$，则 A 中至少有一个偶数. 设 $x \in A$ 使 $v_2(x)$ 最大. 根据例 5.53，$v_2(\binom{2^n}{x}) = n - v_2(x)$ 在所有 $\binom{2^n}{s}$，$s \in A$ 中最小. 因为 $\sum_{s \in A} \binom{2^n}{s} \equiv 0 \pmod{2^n}$，根据强三角不等式，存在 $y \in A$ 使得 $v_2(\binom{2^n}{y}) = v_2(\binom{2^n}{x})$. 有 $v_2(y) = v_2(x)$，设 $x = 2^m a < y = 2^m b$，a, b 是奇数，则 $x + 2^m \in A$，但是 $v_2(x + 2^m) = m + 1 > v_2(x)$，与 x 的最大性矛盾. □

5.3　组合数的估计和素数分布

这一节技术性较强，包含了很多关于素数分布的漂亮结果. 读者初次阅读可以跳过一些复杂的估计. 我们的目标是用勒让德公式和组合数 p 进赋值的细致研究来回答一个基本问题: 在 1 和 n 之间有多少素数？

5.3.1　中心组合数和 Erdös 不等式

我们集中研究中心组合数，因为它们比较容易渐进估计. 更精确地说，因为 $\binom{2n}{n}$ 是 $\binom{2n}{0}, \cdots, \binom{2n}{2n}$ 中最大的组合数，而这些组合数的和是 2^{2n}，所以

$$4^n > \binom{2n}{n} \geq \frac{4^n}{2n+1}.$$

又因为 $\binom{2n+1}{n} = \binom{2n+1}{n+1}$ 及 $\sum_{k=0}^{2n+1} \binom{2n+1}{k} = 2^{2n+1}$，类似有

$$4^n > \binom{2n+1}{n} \geq \frac{4^n}{2n+1}.$$

这将在下面结果的证明中起到主要作用. 若 S 是一个正整数的集合，约定 $\prod_{p \in S} p$ 是 S 中所有素数的乘积（字母 p 在本节还是总代表一个素数）.

定理 5.57. (Erdös) 设 $n \geq 2$，则不超过 n 的所有素数乘积小于 4^{n-1}. 也就是说

$$\prod_{p \leq n} p < 4^{n-1}.$$

证： 我们用第二数学归纳法证明，$n = 2$ 的情形是显然的. 假设结果对直到 $n-1$ 都成立，现在证明 $n > 2$ 的情形. 若 n 是偶数，则显然 $\prod_{p \leq n} p = \prod_{p \leq n-1} p$ 直接用 $n-1$ 情形的归纳假设即可.

假设 $n = 2k+1$ 是奇数. 因为

$$\binom{2k+1}{k} = \frac{(2k+1)!}{k!(k+1)!} = \frac{(k+2)(k+3)\cdots(2k+1)}{k!}$$

含有所有 $k+2 \leq p \leq n$ 的素数为因子，所以

$$\prod_{p \leq n} p \leq \prod_{p \leq k+1} p \cdot \binom{2k+1}{k}.$$

根据归纳假设 $\prod_{p \leq k+1} p < 4^k$，再根据前面的估计 $\binom{2k+1}{k} < 4^k$，因此

$$\prod_{p \leq n} p < 4^k \cdot 4^k = 4^{n-1}, \qquad\qquad \square$$

例 5.58. 证明：对所有足够大的整数 n 存在 $2n$ 个连续合数，不超过 $n!$.

证： 设 $p_1, \cdots, p_k$ 是不超过 $2n+1$ 的所有素数，则

$$p_1 \cdots p_k + i,\ 2 \leq i \leq 2n+1$$

都是合数，其中最大的数（根据定理 5.57）

$$p_1 \cdots p_k + 2n + 1 < 4^n + 2n + 1 < 2 \cdot 4^n.$$

因为 $2 \cdot 4^n < n!$ 对足够大的 n 成立，证毕. $\qquad\qquad \square$

例 5.59. 证明：对所有 $n > 2$，有 $\mathrm{lcm}(1, 2, \cdots, n) < 9^n$.

证： 将例 5.7 和定理 5.57 结合给出

$$\operatorname{lcm}(1, 2, \cdots, n) = \prod_{p \le n} p^{[\log_p n]} = \prod_{p > \sqrt{n}} p \cdot \prod_{p \le \sqrt{n}} p^{[\log_p n]} < 4^n \cdot n^{\sqrt{n}}.$$

只需证 $4^n \cdot n^{\sqrt{n}} < 9^n$，或者等价地 $\frac{\ln n}{\sqrt{n}} < \ln \frac{9}{4}$. 研究函数 $f(x) = \frac{\ln x}{\sqrt{x}}$ 发现，f 在 $x = e^2$ 取到最大值 $f(e^2) = \frac{2}{e} < 0.74 < \ln \frac{9}{4}$. □

我们再给出例 2.31 中结果的一个新的更概念化的证明.

例 5.60. （IMC 2012）满足 $n! + 1$ 整除 $(2\,012n)!$ 的元素 n 是否有无限个？

证： 我们将证明：只存在有限个这样的 n. 假设 $n! + 1$ 整除 $(kn)!$，其中 $k = 2\,012$. 则 $n! + 1$ 的任何素因子大于 n 且不超过 kn.

若 p 是这样的一个素数，定理 5.39 结合不等式 $p > n$ 给出

$$v_p(n! + 1) \le v_p((kn)!) < \frac{kn}{p - 1} \le k.$$

利用定理 5.57，得到

$$n! + 1 = \prod_{n < p \le kn} p^{v_p(n!+1)} < \prod_{n < p \le kn} p^k < (\prod_{p \le kn} p)^k < 4^{k^2 n}.$$

因此 n 满足 $n! < 4^{k^2 n}$，马上得出只有有限个这样的 n. □

5.3.2 $\pi(n)$ 的估计

回忆 $\pi(n) = \sum_{p \le n} 1$ 表示不超过 n 的素数个数. 数论中最深刻最漂亮的定理之一是下面的结果，由 Hadamard 和 de la Vallée-Poussin 在 1896 年证明. 这个结果的证明远远超出这本书的知识范围.

定理 5.61. （素数定理）$\lim_{n \to \infty} \frac{\pi(n)}{\frac{n}{\ln n}} = 1$.

素数定理断言，当 n 足够大时，$\pi(n)$ 的行为和 $\frac{n}{\ln n}$ 很接近. 下面的结果给出了商 $\frac{\pi(n) \ln n}{n}$ 的一致上界. 这个界当然比素数定理给出的要弱，很神奇的是，只用了很少的工具就可以得到一个几乎 "正确" 的上界. 注意 $6 \ln 2 = 4.15 \cdots$.

定理 5.62. 对所有 $n \ge 2$，有 $n^{\pi(n)} < 64^n$，等价地，$\pi(n) < 6 \ln 2 \cdot \frac{n}{\ln n}$.

证： 因为 $\binom{2n}{n}$ 是 $\prod_{n < p \le 2n} p$ 的倍数，可得

$$n^{\pi(2n) - \pi(n)} = \prod_{n < p \le 2n} n < \prod_{n < p \le 2n} p \le \binom{2n}{n} \le 4^n.$$

先看 $n = 2^k$ 的情形，有 $k(\pi(2^{k+1}) - \pi(2^k)) \leq 2^{k+1}$，与不等式 $\pi(2^{k+1}) \leq 2^k$ 相加，可得

$$(k+1)\pi(2^{k+1}) - k\pi(2^k) \leq 3 \cdot 2^k.$$

这些不等式对 $k = 1, 2, \cdots, n-1$ 求和，可得 $n \cdot \pi(2^n) < 3 \cdot 2^n$. 对一般的 n，设 $k = \lfloor \log_2(n) \rfloor$，则 $2^k \leq n < 2^{k+1}$. 利用已建立得不等式，可得

$$n^{\pi(n)} < (2^{k+1})^{\pi(2^{k+1})} < 8^{2^{k+1}} \leq 64^n. \qquad \square$$

我们还想找到 $\pi(n)$ 的一个好的下界. 实际上，在上一节例 5.47 中，我们已经得到了不错的下界，具体说是 $n^{\pi(n)} \geq 2^{n-1}$，对所有 $n > 1$ 成立. 这可以重写为 $\pi(n) \geq \ln 2 \cdot \frac{n-1}{\ln n}$. 注意到 $\ln 2 = 0.69 \cdots$，这个下界还不错，而且 $\frac{n-1}{\ln n}$ 和 $\frac{n}{\ln n}$ 基本上是一样的. 特别地，这个下界马上蕴含下面的结果，虽然更弱，但是还有一个更概念化的证明.

定理 5.63. 对 $n \geq 2$，有 $n^{\pi(n)} \geq \sqrt{2}^n$，等价地，$\pi(n) \geq \frac{\ln 2}{2} \cdot \frac{n}{\ln n}$.

证： 很容易对 $n \leq 5$ 检验成立，假设 $n > 5$. 记 $n = 2k$ 或 $n = 2k - 1$，利用 $\pi(2k - 1) = \pi(2k), k \geq 2$，只需证明：$(2k - 1)^{\pi(2k-1)} \geq 2^k$ 对 $k \geq 3$ 成立.

定理 5.44 说明，对所有素数 $p \mid \binom{2k}{k}$，有 $p^{v_p(\binom{2k}{k})} \leq 2k - 1$ （等式 $p^{v_p(\binom{2k}{k})} = 2k$ 不能成立，因为这时必有 $p = 2$ 和 $k = 2^j$，然后得到 $2 = 2k$ 矛盾）. 因此

$$\binom{2k}{k} = \prod_{p \leq 2k-1} p^{v_p(\binom{2k}{k})} \leq (2k - 1)^{\pi(2k-1)}.$$

因为 $\binom{2k}{k} \geq \frac{4^k}{2k+1}$，只需证明：$2^k \geq 2k + 1$ 对 $k \geq 3$ 成立，这是显然的. $\qquad \square$

例 5.64. 证明：对所有 $n > 1$ 成立，有 $\frac{n \ln n}{5} < p_n < 6n \ln n$.

证： 关键是 $\pi(p_n) = n$，所以可以用前面的估计. 例如，定理 5.62 给出 $64^{p_n} > p_n^n > n^n$. 因此 $p_n > \frac{n \ln n}{\ln 64} > \frac{n \ln n}{5}$.

类似地，定理 5.63 给出 $n \geq \frac{\ln 2}{2} \cdot \frac{p_n}{\ln p_n}$. 函数 $f(x) = \frac{x}{\ln x}$ 对 $x \geq 3$ 是增函数（直接计算导数即可）. 假设 $p_n \geq 6n \ln n$，则 $n \geq \frac{\ln 2}{2} \cdot \frac{6n \ln n}{\ln(6n \ln n)}$. 相当于

$$\ln(6n \ln n) \geq 3 \ln 2 \cdot \ln n > 2 \ln n = \ln n^2.$$

可得 $6 \ln n > n$，对 $n > 20$ 不成立. 而对 $n \leq 20$ 直接手算检验命题成立（利用 $p_{20} = 71$）. $\qquad \square$

注释 5.65. *Rosser* 和 *Schoenfeld* 的定理给出，第 n 个素数 $p_n > n \log n$，而且对所有 $n > 66$ 成立

$$\frac{n}{\log n - \frac{1}{2}} < \pi(n) < \frac{n}{\log n - \frac{3}{2}}.$$

我们再用两个例子说明前面定理的用处．

例 5.66. 设 k 是正整数．证明：存在正整数 n 可以用多于 k 种方法写成两个素数的和．

证： 存在 $\pi(N)^2$ 对素数 (p, q)，满足 $p, q \le N$．对每对素数，求和 $p + q$ 是至多 $2N$．因此根据抽屉原则，存在 $r \le 2N$，可以以至少

$$\frac{\pi(N)^2}{2N} \ge \frac{(\ln 2)^2}{4} \cdot \frac{N}{(\ln N)^2}$$

种方式写成 $r = p + q$ 的形式．利用定理 5.63，当 N 增长时，这个值趋向于无穷．因此取 N 足够大，存在 r，可以用多于 k 种方式写成素数求和的形式．   □

例 5.67. 证明：$\pi(n)$ 整除 n 对无穷多 n 成立．

证： 证明很简短，但不容易发现．我们声明，对每个正整数 $m \ge 2$，可以找到 n，使得 $m\pi(n) = n$．我们将取 $n = mk$，对某个正整数 k，则前面的方程变为 $\frac{\pi(mk)}{mk} = \frac{1}{m}$．

考虑集合

$$S = \left\{ j \ge 1 \mid \frac{\pi(mj)}{mj} \ge \frac{1}{m} \right\}.$$

因为 $1 \in S$，所以 S 非空．又因为 $\frac{\pi(x)}{x}$ 当 $x \to \infty$ 时趋向于 0，集合 S 有限．设 $k = \max(S)$，我们将证明：$\frac{\pi(mk)}{mk} = \frac{1}{m}$，从而完成题目的证明．若 $\frac{\pi(mk)}{mk} = \frac{1}{m}$ 不成立，则 $\pi(m(k+1)) \ge \pi(mk) \ge k + 1$，与 k 最大性矛盾，得证．   □

5.3.3　Bertrand 假设

这一节最后结果是下面的定理，由 Bertrand 在 1845 年提出，由 Chebyshev 在 1850 年证明．后来，Erdös 简化了证明，这个简化证明是我们这里要讲的．这个证明比较技术化，建议首次阅读跳过．

定理 5.68. （*Bertrand* 假设）对所有 $n \ge 4$，存在素数 $p \in (n, 2n - 2)$．特别地，对 $n > 1$ 在 n 和 $2n$ 之间总存在素数．

证明的关键还是研究 $\binom{2n}{n}$ 的素因子分解式. 为方便起见, 引入记号 P_n 是 n 和 $2n$ 之间 (不含端点) 所有素数的乘积. 因为不确定其中是否真的有素数, 所以当其中没有素数时, 我们约定 $P_n = 1$. 我们将证明一个更强的结果 (欲知它比 Bertrand 假设更强的原因, 且看下一个定理证明之后的讨论).

定理 5.69. 对所有 $n > 125$ 成立, 有 $P_n > \dfrac{4^{\frac{n}{3}}}{(2n)^{\sqrt{\frac{n}{2}}}}$.

证: 设 $A = \binom{2n}{n}$. A 的所有素因子在 1 和 $2n$ 之间. 容易看出 $A = P_n \cdot \prod_{p \le n} p^{v_p(A)}$. 又有估计 $A \ge \frac{4^n}{2n+1} > \frac{4^{n-1}}{2n}$. 因此要证定理成立, 只需证明

$$\prod_{p \le n} p^{v_p(A)} < (2n)^{\sqrt{\frac{n}{2}}-1} \cdot 4^{\frac{2n}{3}-1}.$$

我们将细致分析 $p^{v_p(A)}$. 根据定理 5.44 每个 $p^{v_p(A)}$ 不超过 $2n$. 而勒让德公式给出 $v_p(A) \le 1$ 对 $p > \sqrt{2n}$ 成立. 特别重要的是对 $p \in (2n/3, n]$, 有 $v_p(A) = 0$. 实际上, 对这个范围内的 p, 有 $v_p((2n)!) = 2$ 和 $v_p(n!) = 1$, 因此 $v_p(A) = 0$. 综合起来有

$$\prod_{p \le n} p^{v_p(A)} \le \prod_{p \le \sqrt{2n}} (2n) \cdot \prod_{\sqrt{2n} < p \le \frac{2n}{3}} p.$$

现在设 $n \ge 125$, $k = \lfloor \sqrt{2n} \rfloor \ge 15$. 因为 $1, 9, 15, 4, \cdots, 2\lfloor \frac{k}{2} \rfloor$ 不是素数, 有

$$\pi(k) \le k - (2 + \lfloor \frac{k}{2} \rfloor) < \frac{k}{2} - 1 \le \sqrt{\frac{n}{2}} - 1.$$

结合定理 5.57 最后给出 $\prod_{p \le n} p^{v_p(A)} < (2n)^{\sqrt{\frac{n}{2}}-1} \cdot 4^{\frac{2n}{3}-1}$. $\qquad\square$

这个证明中隐藏了不少有趣的信息. 例如, 我们有 $P_n < (2n)^{\pi(2n)-\pi(n)}$, 前面的定理给出

$$\pi(2n) - \pi(n) > \frac{\ln 4}{3} \cdot \frac{n}{\ln 2n} - \sqrt{\frac{n}{2}},$$

因此对给定的常数 $c > \frac{\ln 4}{3}$, 当 n 足够大时, 有 $\pi(2n) - \pi(n) > c\frac{n}{\ln n}$, 也就是说对足够大的 n, n 和 $2n$ 之间可以保证有很多素数.

我们现在说明定理 5.69 蕴含了 Bertrand 假设. 假设 $n > 225$ (利用素数表, 可以验证 Bertrand 假设对 $n \le 225$ 成立). 若不存在素数 $p \in (n, 2n-2)$, 说明定义 P_n 的乘积项至多有一项, 即 $2n-1$, 特别地, $P_n \le 2n - 1 < 2n$. 利用定理 5.69, 可得不等式 $4^{\frac{n}{3}} < (2n)^{1+\sqrt{\frac{n}{2}}} < (2n)^{\sqrt{n}}$, 相当于 $2^{\frac{\sqrt{n}}{3}} < \sqrt{2} \cdot \sqrt{n}$. 令 $k = \lfloor \frac{\sqrt{n}}{3} \rfloor$, $k \ge 5$, 则前面不等式为 $2^k < 3 \cdot \sqrt{2} \cdot (k+1) < 5(k+1)$, 这对 $k \ge 5$ 不成立.

注意前面的证明其实还表明了，对 $n > 225$，n 和 $2n$ 之间至少有两个素数（可以验证这个对所有 $n > 5$ 成立）.

注释 5.70. (a) 当然不用对每个 $n \le 224$ 检验 Bertrand 假设. 实际上，考察素数数列（这个数列的后一项小于前一项的两倍减二）.

$$7, 11, 13, 19, 23, 37, 43, 73, 83, 139, 163, 277,$$

马上证明 Bertrand 假设对 $n \le 225$ 成立.

(b) Sylvester 和 Schur 证明了 Bertrand 假设下面的推广：若 $n > k$，则 $n, n+1, \cdots, n+k-1$ 至少有一项有大于 k 的素数因子. 也就是说，对 $n \ge 2k$ 组合数 $\binom{n}{k}$ 有大于 k 的素因子. Erdös 对 $k \ge 202$ 和 $n \ge 2k$，证明了 $\binom{n}{k} > n^{\pi(k)}$. 马上可以得到对这些 n, k，前面的命题成立. 对一般情况的证明，比 Bertrand 假设还要技术化，尽管关键的想法是一样的.

(c) 根据 Polya 的一个定理，若 $k \ge 2$ 是整数，若 $a_1 < a_2 < \cdots$ 是所有素因子不超过 k 的正整数构成的序列，则 $a_{i+1} - a_i$ 趋向于 ∞. 特别地，若 n 足够大，则 $n, n+1, \cdots, n+k-1$ 中每个整数，至多一个例外，都有大于 k 的素因子.

(d) 勒让德猜想对所有足够大的 n，在 n 和 $n + \sqrt{n}$ 之间存在素数. 这还是未解决问题.

经过前面的艰苦工作，现在可以看看一些具体的例子. 下面的例子看起来没有简单证明（指不引用 Bertrand 假设的证明. ——译者注）.

例 5.71. 对所有 $n > 1$，$n!$ 不是平方数.

证： 我们可以假设 $n > 3$. 由 Bertrand 假设 $n/2$ 和 n 之间存在素数，$v_p(n!) = 1$，证毕. □

注释 5.72. Erdös 和 Selfridge 的一个困难定理说，连续多个整数的乘积不可能是整数的幂. 证明比前面的例子困难很多. 他们实际上证明了：对所有整数 $l, k > 1$ 和 $m \ge 1$ 存在素数 $p > k$，$v_p((m+1)(m+2) \cdots (m+k))$ 不是 l 的倍数. 进一步，他们猜想，若 $l \ge 2$，$k \ge 3$，则我们甚至可以找到 $p > k$，其幂次为 1，除了一个仅有的例外，$48 \cdot 49 \cdot 50$（对 $k = 2$ 存在无穷多反例）.

例 5.73. 证明：若 $n > 1$，则可以将 $1, 2, \cdots, 2n$ 分成 n 对 $(a_1, b_1), \cdots, (a_n, b_n)$，使得 $a_i + b_i$ 是素数对所有 $1 \le i \le n$ 成立.

证： 我们对 n 使用第二数学归纳法证明结论，$n = 2$ 的情形是显然的. 假设命题对 $n < k$ 都成立，现在证明 $n = k$ 的情形.

根据 Bertrand 假设，存在素数 p，使得 $4k > p > 2k$。考虑数对

$$(2k, p-2k), (2k-1, p-2k+1), \cdots, \left(\frac{p-1}{2}, \frac{p+1}{2}\right)$$

然后利用归纳假设，将 $1, \cdots, p-2k-1$ 分成一些数对，求和为素数即可。 □

例 5.74. 设 A 是 $\{1, 2, 3, \cdots, 2n\}$ 的子集，有超过 n 个元素。证明：存在 A 的两个不同元素，求和是素数。

证： 将 $\{1, 2, \cdots, 2n\}$ 分成 n 对 $(a_i, b_i), i = 1, 2, \cdots, n$，使得 $a_i + b_i, 1 \le i \le n$ 都是素数。因为 $|A| > n$，根据抽屉原则，存在 i，使得 $a_i, b_i \in A$，证毕。 □

例 5.75. 求正整数集 $\mathbf{N}$ 的所有分割 $A, B \subset \mathbf{N}$，使得 $A \cup B = \mathbf{N}, A \cap B = \emptyset$，并且只要 x, y 是不同的正整数，同时属于 A 或同时属于 B，则 $x + y$ 是合数。

证： 显然将正整数集按奇数、偶数分开符合条件（给出两个解）。我们将证明：不存在其他的解。根据对称性，不妨设 $1 \in A$，则 $2 \in B$。进而 $3 \in A, 4 \in B$。

假设现在已有 $n \ge 2$，并且 $1, 3, \cdots, 2n-1 \in A$，而 $2, 4, \cdots, 2n \in B$。根据 Bertrand 假设，存在素数 $p \in (2n+1, 2(2n+1)-2)$，则 $p - (2n+1) \in \{2, 4, \cdots, 2n\} \subset B$。利用题目条件，有 $2n+1 \in A$。同理，考虑 $p \in (2n+2, 4n+2)$，有 $2n+2 \in B$。归纳可得 A 包含所有奇数 B 包含所有偶数。 □

例 5.76. （USAMO 2012）对哪些整数 $n > 1$ 存在无穷的非零整数序列 $(a_m)_{m \ge 1}$，使得对所有正整数 k，有

$$a_k + 2a_{2k} + \cdots + na_{nk} = 0?$$

证： 首先 $n = 2$ 不是问题的解。实际上，关系式 $a_k + 2a_{2k} = 0$ 对所有 k 成立，要求 $2^j \mid a_k$，对所有 j, k 成立，矛盾。

我们构造证明，对所有 $n > 2$ 问题有解。我们构造的序列满足 $a_m a_n = a_{mn}$ 对所有正整数 m, n 成立，特别地 $a_1 = 1$。因此我们只需对所有素数 p，定义 a_p 即可。进一步，关系式 $a_k + 2a_{2k} + \cdots + na_{nk} = 0$ 现在等价于 $a_1 + 2a_2 + \cdots + na_n = 0$。

对 $n = 4$，可定义 $a_2 = -1$，$a_3 = -1$，其他素数 $a_p = 1, p \ne 2, 3$。

假设 $n \ne 2, 4$，我们下一段将证明，可以找到不同素数 p, q 使得 $\sqrt{n} < p \le n$ 和 $\frac{n}{2} < q < n$ 成立。对每个不等于 p, q 的素数 r 定义 $a_r = q$。则对所有 $k \in \{1, 2, \cdots, n\}$，除了 $1, p, q$，a_k 都有不同于 p, q 的素因子，因此 a_k 是 q 的倍数。

我们需要寻找 a_p 和 a_q 的值，使得

$$1 + psa_p + qa_q + t = 0, \quad s = \sum_{i=1}^{\lfloor n/p \rfloor} ia_i, \quad t = \sum_{p \nmid i, i \neq 1, q} ia_i$$

成立，其中 $s \equiv 1 \pmod q$ 对应于 $p \mid k$ 的 ka_k 项的求和；而 $t \equiv 0 \pmod q$ 对应于其他项的求和. 因为 $\gcd(ps, q) = 1$，存在 a_p，使得 $1 + psa_p + t$ 是 q 的倍数，于是进一步存在 a_q 使得方程成立.

现在证明存在 p, q 满足上面的不等式 $\sqrt{n} < p \leq n$ 和 $n/2 < q < n$. 先假定 $n \geq 16$，根据 Bertrand 假设，存在 $q \in (n/2, n)$. 则 $q > 8$，再用 Bertrand 假设，存在 $p \in (q/2, q)$，则 $p > q/2 > n/4 > \sqrt{n}$. 对于 $n < 16$ 的情形，直接枚举讨论即可（仍旧可取素数序列相邻两项说明符合哪些 n 来讨论，不必每个 n 单独做. ——译者注）. $\square$

例 5.77. 整系数多项式 $f \in \mathbf{Z}[X, Y]$ 满足，对所有不同的素数 p, q，$f(p, q)$ 是 p 或 q 的倍数. 证明：$f(X, Y) = Xg(X, Y)$ 或 $f(X, Y) = Yg(X, Y)$，对某个整系数多项式 g 成立.

证： 我们要证明，$f(X, 0)$ 和 $f(0, Y)$ 至少一个是 0. 假设不对，取正整数 c, d，使得对所有正整数 x，

$$\max(|f(x, 0)|, |f(0, x)|) \leq cx^d.$$

因为 $f(X, 0)$ 和 $f(0, X)$ 是多项式，这是可以办到的. 设 S 是 $f(0, X)$ 的所有根构成的集合. 考虑足够大的正整数 N，使得方程 $f(X, 0) = 0$ 在 $(cN^d, 2cN^d)$ 内没有解.

我们声明，若 $q \leq N$，$p > cN^d$ 是素数，则 $q \in S$ 或 $q \mid f(p, 0)$. 实际上，假设 $q \notin S$，q 不整除 $f(p, 0)$，则 q 不整除 $f(p, q)$，因此 $p \mid f(p, q)$. 于是 $p \mid f(0, q)$，这和 $f(0, q) \neq 0$ 及 $|f(0, q)| \leq cq^d \leq cN^d < p$ 矛盾. 声明得证.

我们已经证明了对所有素数 $p > cN^d$，有

$$\prod_{q \leq N, q \notin S} q \mid f(p, 0).$$

根据 Bertrand 假设，存在素数 $p \in (cN^d, 2cN^d)$，而且根据 N 的选择 $f(p, 0) \neq 0$，且有 $|f(p, 0)| \leq cp^d < c(2cN^d)^d$. 因此存在常数 k，使得对所有足够大 N，有

$$\prod_{q \leq N} q \leq kN^{d^2}.$$

这和例 5.48 矛盾，证毕. $\square$

5.4　实战题目

p 进赋值的训练

题 5.1. （俄罗斯2000）证明：可以将 $\mathbf{N}$ 分割成 100 个集合，使得若 $a, b, c \in \mathbf{N}$ 满足 $a + 99b = c$，则 a, b, c 中至少有两个数属于同一个集合.

题 5.2. （伊朗2012）证明：对每个正整数 t，存在与 t 互素的整数 $n > 1$，使得 $n + t$，$n^2 + t$，$n^3 + t$，$\cdots$ 都不是整数幂.

题 5.3. 证明：若 n, k 是正整数，则无论如何选择符号

$$\pm \frac{1}{k} \pm \frac{1}{k+1} \pm \cdots \pm \frac{1}{k+n}$$

都不是整数.

题 5.4. （罗马尼亚TST2007）设 $n \geq 3$，正整数 $a_1, \cdots, a_n$ 的最大公约数是 1，且 $\mathrm{lcm}(a_1, \cdots, a_n) \mid a_1 + \cdots + a_n$. 证明：$a_1 a_2 \cdots a_n \mid (a_1 + a_2 + \cdots + a_n)^{n-2}$.

题 5.5. (Erdös-Turan) 设 p 是奇素数，S 是 n 个正整数构成的集合. 证明：可以找到 S 的子集 T，含至少 $\lceil \frac{n}{2} \rceil$ 个元素，满足对所有不同的 $a, b \in T$，有

$$v_p(a + b) = \min(v_p(a), v_p(b)).$$

题 5.6. （ Ostrowski）求所有函数 $f : \mathbf{Q} \to [0, \infty)$ 使得：

  (i) $f(x) = 0$ 当且仅当 $x = 0$；

  (ii) $f(xy) = f(x) \cdot f(y)$ 和 $f(x + y) \leq \max(f(x), f(y))$，对所有 x, y 成立.

题 5.7. 求所有整数 $n > 1$，使得

$$n^n \mid (n-1)^{n^{n+1}} + (n+1)^{n^{n-1}}.$$

题 5.8. （ Mathlinks ）设 a, b 是不同的正有理数，满足 $a^n - b^n \in \mathbf{Z}$ 对无穷多正整数 n 成立. 证明：$a, b \in \mathbf{Z}$.

题 5.9. （圣彼得堡）求所有正整数 m, n，使得 $m^n \mid n^m - 1$.

题 5.10. （Balkan 1993）设 p 是素数，$m \geq 2$ 是整数. 证明：若方程

$$\frac{x^p + y^p}{2} = \left(\frac{x + y}{2} \right)^m$$

有正整数解 $(x, y) \neq (1, 1)$，则 $m = p$.

题 5.11. （CTST2004）设 a 是正整数. 证明：方程 $n! = a^b - a^c$ 只有有限组正整数解 (n, b, c).

题 5.12. （CTST2016）设 $c, d > 1$ 是整数. 定义序列 $(a_n)_{n \geq 1}$：

$$a_1 = c, \quad a_{n+1} = a_n^d + c, \quad n \geq 1.$$

证明：对每个 $n \geq 2$ 存在素数 p 整除 a_n，但不整除 $a_1 a_2 \cdots a_{n-1}$.

题 5.13. （Kvant 1687）集合 $\{2^n - 1 \mid n \in \mathbf{Z}\}$ 中最多可以有多少项，同时属于某个等比数列？

题 5.14. （伊朗TST2009）设 a 是正整数. 证明：存在无穷多素数整除数列 $2^{2^1} + a, 2^{2^2} + a, 2^{2^3} + a, \cdots$ 中至少一项.

题 5.15. （CTST2016）坐标平面上一点如果两个坐标都是有理数，则称为有理点. 给定正整数 n，是否可以将所有有理点涂成 n 种颜色，使得：

(a) 每个点只有一种颜色；

(b) 端点都是有理点的任何线段上面包含每种颜色的点？

题 5.16. （CTST2010）设 $k > 1$ 是整数，$n = 2^{k+1}$. 证明：对每个正整数 $a_1 < a_2 < \cdots < a_n$，数 $\prod_{1 \leq i < j \leq n} (a_i + a_j)$ 至少有 $k + 1$ 个不同的素因子.

勒让德公式

题 5.17. （Komal）哪些组合数是素数的幂？

题 5.18. 证明：$\binom{2n}{n} \mid \operatorname{lcm}(1, 2, \cdots, 2n)$ 对所有正整数 n 成立.

题 5.19. 证明：对所有正整数 n 和所有整数 a，有

$$\frac{1}{n!}(a^n - 1)(a^n - a) \cdots (a^n - a^{n-1}) \in \mathbf{Z}.$$

题 5.20. 证明：若 $k < n$，则

$$n \binom{n-1}{k} \mid \operatorname{lcm}(n, n-1, \cdots, n-k).$$

题 5.21. （数学反思$S\,206$）求所有整数 $n > 1$ 及它的素因子 p，使得 $v_p(n!) \mid n - 1$.

题 5.22. （罗马尼亚TST2015）设 $k > 1$ 是整数. 当 n 遍历大于等于 k 的整数时，$\binom{n}{k}$ 最多有多少个因子属于 $\{n - k + 1, n - k + 2, \cdots, n\}$？

题 5.23. （数学反思 O 285）定义序列 $(a_n)_{n\geq 1}$ 为

$$a_1 = 1, a_{n+1} = 2^n(2^{a_n} - 1), n \geq 1.$$

证明：$n! \mid a_n$，对所有 $n \geq 1$ 成立.

题 5.24. （中国2015）对哪些整数 k 存在无穷多正整数 n 使得 $n+k$ 不整除 $\binom{2n}{n}$？

题 5.25. （罗马尼亚TST2007）求所有正整数 x, y，使得

$$x^{2\,007} - y^{2\,007} = x! - y!.$$

题 5.26. (a) 证明：对所有 $n \geq 2$，有

$$v_2(\binom{4n}{2n} - (-1)^n \binom{2n}{n}) = S_2(n) + 2 + 3v_2(n),$$

其中 $S_2(n)$ 是 n 的二进制数码和.

(b) （AMME2640）求 $\binom{2^{n+1}}{2^n} - \binom{2^n}{2^{n-1}}$ 的素因子分解式中 2 的幂次.

题 5.27. （CTST2016）定义函数 $f : \mathbf{N} \to \mathbf{Q}^*$ 如下：设有正整数 $n = 2^k m$，m 是奇数，则定义 $f(n) = m^{1-k}$. 证明：对所有 $n \geq 1$，$f(1)f(2)\cdots f(n)$ 是整数，且被任何不超过 n 的正奇数整除.

题 5.28. （IMOSL2014）若 x 是实数，记 $\|x\|$ 为 x 和离它最近的整数的距离. 证明：若 a, b 是正整数，则可以找到素数 $p > 2$ 和正整数 k 使得

$$\left\|\frac{a}{p^k}\right\| + \left\|\frac{b}{p^k}\right\| + \left\|\frac{a+b}{p^k}\right\| = 1.$$

题 5.29. （Erdös-Palfy-Szegedy定理）设 a, b 是正整数，满足 a 被任何素数 p 除的余数不超过 b 被同一个素数 p 除的余数. 证明：$a = b$.

组合数估计和素数分布

题 5.30. 证明：存在两个连续的平方数，使得它们之间至少有 2 000 个素数.

题 5.31. 一个有限长的连续正整数序列包含至少一个素数，证明：这个序列包含一项，和其他项都互素.

题 5.32. 证明：$2p_{n+1} \geq p_n + p_{n+2}$ 对无穷多 n 成立，其中 p_n 是第 n 个素数.

题 5.33. （AMM）求所有整数 $m, n > 1$，使得

$$1! \cdot 3! \cdot \ldots \cdot (2n-1)! = m!.$$

题 5.34. （EMMO 2016）设 $a_1 < a_2 < \cdots$ 是递增的正整数无穷序列，满足序列 $\left(\frac{a_n}{n}\right)_{n \geq 1}$ 是有界的. 证明：对无穷多 n，a_n 整除 $\mathrm{lcm}(a_1, \cdots, a_{n-1})$.

题 5.35. 方程 $x! = y!(y+1)!$ 是否有无穷多正整数解?

题 5.36. （Richert定理）证明：任何大于 6 的整数是不同的素数的和.

题 5.37. （CTST2015）证明：存在无穷多整数 n，使得 $n^2 + 1$ 无平方因子.

题 5.38. （USAMO 2014）证明：存在常数 $c > 0$ 满足：若 a, b, n 是正整数，满足 $\gcd(a+i, b+j) > 1$，对所有 $i, j \in \{0, 1, \cdots, n\}$ 成立，则

$$\min\{a, b\} > c^n \cdot n^{\frac{n}{2}}.$$

题 5.39. （Mertens）证明：对所有 $n > 1$，有

$$-6 < \sum_{p \leq n} \frac{\ln p}{p} - \ln n < 4.$$

题 5.40. （Mertens）证明：序列

$$a_n = \sum_{p \leq n} \frac{1}{p} - \ln\ln n, \quad n \geq 2$$

是有界的，其中求和对所有不超过 n 的素数进行.

第六章 模合数的同余式

这一章的目的是进一步细致研究欧拉函数，以及它在模合数同余式上的应用．第一节讲中国剩余定理，可以用来将模合数的多项式同余式化归为模素数或素数幂的同余式（这些是前一章的内容）．然后，我们建立欧拉定理，给出很多应用．最后我们讨论了模 n 的阶和原根的概念．

6.1 中国剩余定理

6.1.1 定理的证明和例子

中国剩余定理是非常有用的定理，可以用来求解模两两互素的线性同余方程组．它在构造性问题中也很重要．粗略地说，定理说明了只要 a, b 互素，则模 a 和模 b 的两个同余式是不相关的．准确的表述如下：

定理 6.1. 设 $m_1, m_2, \cdots, m_k$ 是两两互素的整数，$a_1, \cdots, a_k$ 是任意整数．则同余方程组

$$x \equiv a_i \pmod{m_i}, 1 \le i \le k.$$

有解，这些解构成一个无穷的等差数列，公差为 $m_1 \cdots m_k$（也就是说，任何两个解相差 $m_1 \cdots m_k$ 的倍数）．

证： 对每个 $i \in \{1, 2, \cdots, k\}$，有 $\gcd(m_i, \prod_{j \ne i} m_j) = 1$，因此存在整数 k_i，使得 $k_i \cdot \prod_{j \ne i} m_j \equiv 1 \pmod{m_i}$．设 $x_i = k_i \cdot \prod_{j \ne i} m_j$，则 $x_i \equiv \delta_{ij} \pmod{m_j}$，$1 \le i, j \le k$，其中 δ_{ij} 是克罗内克函数．取 $x = a_1 x_1 + \cdots + a_k x_k$，则 $x \equiv a_i \pmod{m_i}$，对每个 $1 \le i \le k$ 成立，证明了存在性部分．

接下来，固定方程组的一个解 x_0．任何其他解 x 满足 $x \equiv x_0 \pmod{m_i}$，对 $1 \le i \le k$ 成立．因此 $m_1, \cdots, m_k$ 都整除 $x - x_0$，它们两两互素，可得 $m_1 \cdots m_k \mid x - x_0$．因此方程组的任何两个解相差 $m_1 \cdots m_k$ 的倍数．反之，若 $m_1 \cdots m_k \mid$

$x - x_0$，则 $m_1, \cdots, m_k$ 都整除 $x - x_0$，所以 x 也是一个解．因此方程组的所有解构成公差为 $m_1 \cdots m_k$ 的等差数列． $\qquad\square$

我们接下来给出一些例子，说明中国剩余定理的应用．定理 6.1 中，m_1，$\cdots$，m_k 两两互素的条件看起来太强．然而，如果 $x, a_1, \cdots, a_k, m_1, \cdots, m_k$ 是整数，$x \equiv a_i \pmod{m_i}$ 对 $1 \leq i \leq k$ 成立，则必须有 $\gcd(m_i, m_j)$ 整除 $a_i - a_j = (x - a_j) - (x - a_i)$，对所有 $1 \leq i, j \leq k$ 成立．下面的例子说明了这个必要条件也是充分的，于是给出了中国剩余定理的最佳形式．

例 6.2. 若 $a_1, a_2, \cdots, a_k$ 是整数，$m_1, m_2, \cdots, m_k$ 是正整数，使得

$$a_i \equiv a_j \pmod{\gcd(m_i, m_j)}, \quad 1 \leq i, j \leq k,$$

则存在整数 x，使得 $x \equiv a_i \pmod{m_i}$，对 $1 \leq i \leq k$ 成立．

证： 如果 $m_1 \cdots m_k = 1$，则题目是平凡的．否则假设 $p_1, \cdots, p_n$ 是 $m_1 \cdots m_k$ 的不同素因子．对每个 $1 \leq i \leq n$，取 $j(i)$ 使

$$v_{p_i}(m_{j(i)}) = \max(v_{p_i}(m_1), \cdots, v_{p_i}(m_k)),$$

然后设 $s_i = v_{p_i}(m_{j(i)})$．

根据中国剩余定理，我们可以找到 x，使得 $x \equiv a_{j(i)} \pmod{p_i^{s_i}}$，对所有 $1 \leq i \leq k$ 成立．我们声明这个 x 是一个解，只需验证 $v_{p_i}(x - a_l) \geq v_{p_i}(m_l)$ 对所有 $1 \leq l \leq k$ 和 $1 \leq i \leq n$ 成立．根据题目条件 $\gcd(m_l, m_{j(i)})$ 整除 $a_l - a_{j(i)}$，因此 $v_{p_i}(a_l - a_{j(i)}) \geq v_{p_i}(\gcd(m_l, m_{j(i)})) = v_{p_i}(m_l)$．于是有

$$v_{p_i}(x - a_l) \geq \min(v_{p_i}(x - a_{j(i)}), v_{p_i}(a_{j(i)} - a_l)) \geq \min(s_i, v_{p_i}(m_l)) = v_{p_i}(m_l)$$

证毕． $\qquad\square$

我们接下来给出几个构造性问题，其解法关键是中国剩余定理．

例 6.3. （Czech-Slovak 2008）证明：存在正整数 n，使得对所有整数 k，$k^2 + k + n$ 的所有素因子大于 2 008．

证： 设 $p_1, \cdots, p_k$ 是不超过 2 008 的所有素数．我们先分别处理每个 p_i，找 n，使得 $k^2 + k + n \equiv 0 \pmod{p_i}$ 对 k 无解．

若 $p_i = 2$，选择 $n = 1$ 即可．若 $p_i > 2$，选择模 p_i 的平方非剩余 a，取 n 满足 $4n - 1 \equiv -a \pmod{p_i}$（因为 p_i 是奇数这可以办到）．则同余方程 $k^2 + k + n \equiv 0 \pmod{p_i}$ 等价于 $(2k + 1)^2 \equiv -(4n - 1) \equiv a \pmod{p_i}$，无解．

这样我们对每个 i，找到了整数 n_i，使得同余方程 $k^2 + k + n_i \equiv 0 \pmod{p_i}$ 无解. 中国剩余定理说明，可以找到 n 模 p_i 同余于 n_i，对所有 $1 \le i \le k$ 成立. 这个 n 满足所需的所有条件. $\qquad\square$

例 6.4. （俄罗斯1995）是否存在所有正整数的一个排列 $a_1, a_2, \cdots$，满足对所有 $n \ge 1$，$a_1 + a_2 + \cdots + a_n$ 是 n 的倍数？

证： 我们将用归纳法构造这样一个序列，从而证明问题有解. 定义 $a_1 = 1$，假设已构造 $a_1, \cdots, a_k$，我们要定义 a_{k+1} 和 a_{k+2}.

设 a_{k+2} 是不同于 $a_1, \cdots, a_k$ 的最小正整数. 然后选择 a_{k+1} 与 $a_1, \cdots$，a_k，a_{k+2} 都不相同，使得 $a_{k+1} \equiv -(a_1 + \cdots + a_k) \pmod{k+1}$ 和 $a_{k+1} \equiv -(a_1 + \cdots + a_k + a_{k+2}) \pmod{k+2}$.

a_{k+1} 的存在性可从中国剩余定理得到，而根据构造方法，$a_1, a_2, \cdots$ 没有重复，而且逐渐遍历所有的正整数，因此满足题目条件. $\qquad\square$

例 6.5. （*Baltic* 2006）是否存在正整数序列 $a_1, a_2, a_3, \cdots$，使得对所有的正整数 n，任何连续的 n 项之和都被 n^2 整除？

证： 我们将归纳构造这个序列. 定义 $a_1 = 1$，假设 $a_1, \cdots, a_k$ 已经构造.

对每个 $1 \le i \le k$，令 $b_i = (i+1)^2$，$c_i = -a_k - a_{k-1} - \cdots - a_{k-i+1}$. 注意，若 $i < j$，则 $c_j - c_i$ 是序列 $a_1, \cdots, a_k$ 的 $j - i$ 项之和，因此是 $(j-i)^2$ 的倍数. 而 $(j-i)^2$ 是 $\gcd(b_i, b_j)$ 的倍数.

根据例 6.2，可以找到 a_{k+1}，使得 $a_{k+1} \equiv c_i \pmod{b_i}$ 对 $1 \le i \le k$ 成立. 可以验证，序列 $a_1, \cdots, a_{k+1}$ 中任何连续的 $j \in \{1, 2, \cdots, k+1\}$ 项之和是 j^2 的倍数，归纳步骤完成. $\qquad\square$

我们给出几个更难的例子，结束这一节.

例 6.6. （俄罗斯2008）求所有正整数 n 满足性质：存在不全相同的正整数 b_1，b_2，$\cdots$，b_n，使得对所有自然数 k，$(b_1+k)(b_2+k)\cdots(b_n+k)$ 是整数的幂. 这里整数的幂指 x^y 型的数，整数 $x, y > 1$.

证： 若 n 是合数，如 $n = ab$，$a, b > 1$. 可以选择 $b_1 = b_2 = \cdots = b_a = 1$，$b_{a+1} = \cdots = b_{2a} = 2$，所有其他 $b_i = 1$. 则对每个 k，有

$$(b_1+k)(b_2+k)\cdots(b_n+k) = (k+1)^a(k+2)^a(k+1)^{a(b-2)},$$

是整数的幂.

若 n 是素数，而 $b_1, \cdots, b_n$ 满足题目条件．设 $c_1, c_2, \cdots, c_N$ 是 $b_1, \cdots, b_n$ 中所有两两不同的数，分别有重数 $m_1, m_2, \cdots, m_N$．根据假设，有 $N > 1$ 和 $n = m_1 + m_2 + \cdots + m_N$．进一步，对每个 k，$(c_1 + k)^{m_1}(c_2 + k)^{m_2} \cdots (c_N + k)^{m_N}$ 总是整数的幂．关键点是选取 k，使得可以找到不同的素数 $p_1, p_2, \cdots, p_N$，使得 $v_{p_i}(c_j + k) = \delta_{ij}$，即克罗内克函数．如果此时有

$$(c_1 + k)^{m_1}(c_2 + k)^{m_2} \cdots (c_N + k)^{m_N} = x^y, x, y > 1,$$

那么 $y v_{p_i}(x) = m_i$，y 整除所有 m_i，也整除它们的求和 n．因此 $n = y$，n 整除每个 m_i，与 $N > 1$ 矛盾．

现在证明可以取到 $p_1, p_2, \cdots, p_N$ 和 k，使得 $v_{p_i}(c_j + k) = \delta_{ij}$．首先选取不同的素数 $p_1, p_2, \cdots, p_N$，这些素数足够大，不整除任何 $c_i - c_j$，$i \neq j$．然后选取 k，使得 $k + c_i \equiv p_i \pmod{p_i^2}$，对所有 i 成立．根据中国剩余定理，这个 k 存在．$v_{p_i}(k + c_i) = 1$；而对 $j \neq i$，$p_i \nmid c_j + k$，否则 $p_i \mid c_i - c_j$，与 p_i 选取矛盾．

因此满足题目条件的 k 恰好是所有的合数． $\square$

例 6.7. （IMOSL2014）设 $a_1 < a_2 < \cdots < a_n$ 是两两互素的正整数，a_1 是素数，$a_1 \geq n + 2$．在实数轴上的区间 $I = [0, a_1 a_2 \cdots a_n]$ 上将 $a_1, a_2, \cdots, a_n$ 的所有倍数标记出来，这些标记点将 I 分割成小线段．证明：所有线段长度的平方和是 a_1 的倍数．

证： 设 $0 = b_0 < b_1 < \cdots < b_l = a_1 a_2 \cdots a_n$ 是所有被标记的整数，因此我们需要研究

$$(b_1 - b_0)^2 + (b_2 - b_1)^2 + \cdots + (b_l - b_{l-1})^2.$$

我们首先想办法找到一个更容易处理的表示方法．$[0, a_1 \cdots a_n]$ 的一个闭的子区间 $[a, b]$ 如果在内部 (a, b) 不包含标记点，则称这个区间是可行的．设 N 是可行区间的个数．考虑一对区间 (I, J)，其中 I 是 $[b_0, b_1], [b_1, b_2], \cdots, [b_{l-1}, b_l]$ 中的一个区间，而 J 是包含在 I 中的一个可行区间．

因为 $[b_0, b_1], [b_1, b_2], \cdots, [b_{l-1}, b_l]$ 没有公共的内部点，而且合在一起覆盖区间 $[0, a_1 \cdots a_n]$，每个可行区间 J 唯一出现在上述某对 (I, J) 中．这样的对有 N 个．另一方面，若固定区间 I，设为 $I = [b_i, b_{i+1}]$，则包含在 I 中的可行区间都是 $[x, y]$ 型，满足 $b_i \leq x < y \leq b_{i+1}$，共有 $\binom{b_{i+1} - b_i + 1}{2}$ 个这样的区间．因此，对区间对个数应用算两次原理给出恒等式

$$\sum_{i=0}^{l-1} \binom{b_{i+1} - b_i + 1}{2} = N \quad \Leftrightarrow \quad \sum_{i=0}^{l-1} (b_{i+1} - b_i)^2 = 2N - a_1 \cdots a_n.$$

因此只需证明 N 是 a_1 的倍数. 这个的优势在于 N 更容易理解. 因为可行区间内部不包含 a_1 的倍数, 它的长度不超过 a_1. 现在固定 $1 \leq d \leq a_1$, 计算长度为 d 的可行区间个数. 也就是说, 要计算满足 $0 \leq x \leq a_1 \cdots a_n - d$, $(x, x + d)$ 不包含任何 a_i, $1 \leq i \leq n$ 的倍数的 x 的个数. 这个要求还可以叙述为, $0 \leq x \leq a_1 \cdots a_n - 1$ 除以每个 a_i, $1 \leq i \leq n$ 的余数不超过 $a_i - d$. 因为 $a_1, \cdots, a_n$ 两两互素, 根据中国剩余定理, x 的解的个数是 $f(d) = \prod_{i=1}^{n}(a_i - d + 1)$. 因此

$$N = \sum_{d=1}^{a_1}(a_1 + 1 - d)(a_2 + 1 - d) \cdots (a_n + 1 - d).$$

因为多项式 $\prod_{i=1}^{n}(a_i + 1 - X)$ 的次数是 $n < a_1 - 1$, 而 a_1 是素数, 推论 4.77 给出

$$N = \sum_{d=1}^{a_1}(a_1 + 1 - d)(a_2 + 1 - d) \cdots (a_n + 1 - d) \equiv 0 \pmod{a_1}, \qquad \Box$$

例 6.8. (USATST2012) 函数 $f : \mathbf{N} \to \mathbf{N}$ 满足: 若 $\gcd(m, n) = 1$, 则 $\gcd(f(m), f(n)) = 1$; 对所有 n, $n \leq f(n) \leq n + 2\,012$. 证明: 若 $n > 1$, 则 $f(n)$ 的每个素因子都是 n 的素因子.

证: 我们先证明 f 有很多不动点, 更精确地说, 我们证明: 存在两两互素的整数构成的无穷序列 $1 < j_1 < j_2 < \cdots$, 满足 $f(j_k) = j_k$, 对所有 k 成立.

定义序列 (a_n) 为: $a_1 = 2\,013! + 1$, $a_{i+1} = a_i! + 1, i \geq 1$. 显然 $a_1, a_2, \cdots$ 是两两互素, 因此 $f(a_1), f(a_2), \cdots$ 两两互素.

因为 $0 \leq f(a_i) - a_i \leq 2\,012$, 对所有 i 成立, 因此存在 $k \in \{0, 1, \cdots, 2\,012\}$ 和无穷序列 $i_1 < i_2 < \cdots$, 使得 $f(a_{i_1}) - a_{i_1} = f(a_{i_2}) - a_{i_2} = \cdots = k$. 因为 $k + 1 \mid a_i - 1 = a_{i-1}!$, 对 $i \geq 1$ 成立 (注意所有 $a_j > 2\,013$), 所以 $k + 1 \mid a_{i_j} + k = f(a_{i_j})$, 对所有 $j \geq 2$ 成立. 而 $f(a_{i_2})$ 和 $f(a_{i_3})$ 互素, 必有 $k = 0$, 因此令 $j_1 = a_{i_1}, j_2 = a_{i_2}, \cdots$, 得到要求的不动点序列.

因为 $j_1, j_2, \cdots$ 两两互素, 对每个 $N > 1$ 存在无穷多 k 使得 $\gcd(j_k, N) = 1$. 设 $n > 1$, p 是 $f(n)$ 的素因子. 假设 p 不整除 n. 根据前面假设, 可以找到 $q_1 < \cdots < q_{2\,012}$, 都与 $pn \cdot 2\,012!$ 互素, 且满足 $f(q_i) = q_i, 1 \leq i \leq 2\,012$.

根据中国剩余定理, 存在整数 $a > 1$, 使得 $a \equiv 0 \pmod{p}$, $a \equiv 1 \pmod{n}$ 及 $a \equiv -i \pmod{q_i}$ 对 $1 \leq i \leq 2\,012$ 成立. 现在 $\gcd(a, n) = 1$, $p \mid \gcd(a, f(n))$, 因此 $f(a) \neq a$, 设 $f(a) = a + i$, 对某个 $1 \leq i \leq 2\,012$ 成立. 现在

$$\gcd(f(q_i), f(a)) = \gcd(q_i, a + i) = q_i > 1,$$

因此 $\gcd(q_i, a) > 1$. 结合 $q_i \mid a + i$, 有 $\gcd(q_i, i) > 1$, 与假设 $\gcd(q_i, 2\,012!) = 1$ 矛盾. 因此 p 必然整除 n, 问题得证. $\qquad \Box$

6.1.2 局部—整体原则

下面的定理实际解题很有用：要求解多项式同余方程 $f(x) \equiv 0 \pmod{n}$，只需了解清楚 n 是素数幂时，方程的可解性，后者我们在第四章已经处理.

定理 6.9. 设 f 是整系数多项式. 若 n 是正整数，设

$$A(n) = \{x \in \{0, 1, \cdots, n-1\} | \quad f(x) \equiv 0 \pmod{n}\}.$$

若 $m_1, \cdots, m_k$ 两两互素，则映射（$x \pmod{N}$ 表示 x 除以 N 的余数）

$$A(m_1 \cdots m_k) \to A(m_1) \times \cdots \times A(m_k),$$
$$x \mapsto (x \pmod{m_1}, \cdots, x \pmod{m_k})$$

是双射. 特别地，$A(m_1 \cdots m_k)$ 非空当且仅当 $A(m_i)$ 对每个 $1 \le i \le k$ 都非空，这时还有

$$|A(m_1 \cdots m_k)| = |A(m_1)| \cdot \ldots \cdot |A(m_k)|.$$

证： 设 $n = m_1 \cdots m_k$. 注意若有 $f(x) \equiv 0 \pmod{n}$ 和 $x \equiv r_i \pmod{m_i}$，则 $0 \equiv f(x) \equiv f(r_i) \pmod{m_i}$，因此 $r_i \in A(m_i)$. 因此定理叙述中的映射（记为 T）的定义是恰当的.

现在证明 T 是单射. 若 $x, y \in A(n)$ 的像相同，则 $x \equiv y \pmod{m_i}$，对每个 $1 \le i \le k$ 成立. 因为 $m_1, \cdots, m_k$ 两两互素，根据中国剩余定理，x 和 y 模 $n = m_1 \cdots m_k$ 同余. 而 $x, y \in \{0, 1, \cdots, n-1\}$，因此 $x = y$.

现在证明 T 是满射. 设 $x_i \in A(m_i)$，根据中国剩余定理，存在 $0 \le x < n$，使得 $x \equiv x_i \pmod{m_i}, 1 \le i \le k$. 则 $f(x) \equiv f(x_i) \equiv 0 \pmod{m_i}$. 利用 $m_1, \cdots, m_k$ 两两互素，可得 $f(x) \equiv 0 \pmod{n}$，因此 $x \in A(n)$. □

下面的结果是前面定理的直接推论.

推论 6.10. 设 f 是整系数多项式，整数 $n > 1$ 有素因子分解式 $n = p_1^{k_1} \cdots p_s^{k_s}$. 则同余方程 $f(x) \equiv 0 \pmod{n}$ 的解数是同余方程 $f(x) \equiv 0 \pmod{p_i^{k_i}}$ 解数的连乘积，其中 $1 \le i \le s$.

例 6.11. 设 $n > 1$ 是整数. 求整数 $x \in \{0, 1, \cdots, n-1\}$ 的个数，使得（两个条件代表两个题目. ——译者注）

(a) $x^2 \equiv x \pmod{n}$.

(b) $x^2 \equiv 1 \pmod{n}$.

证: (a) 先考虑 n 是素数幂的情形，设 $n = p^k$，p 是素数，$k \geq 1$. 则 $x^2 \equiv x \pmod{n}$，等价于 $p^k \mid x(x-1)$. 因为 x 和 $x-1$ 是互素的，因此必有 $p^k \mid x$ 或 $p^k \mid x-1$. 因此模 p^k 的解有两个：0 和 1. 推论 6.10 给出一般的同余方程 $x^2 \equiv x \pmod{n}$ 有 2^s 个解，其中 s 是 n 的不同素因子个数.

(b) 类似考虑 $n = p^k$ 的情形，方程变为 $p^k \mid (x-1)(x+1)$.

若 $p > 2$，则 p 不同时整除 $x-1$ 和 $x+1$，因此 $p^k \mid x-1$ 或 $p^k \mid x+1$，得到两个解 $x = 1$ 和 $x = p^k - 1$.

若 $p = 2$. 当 $k = 1$ 时，有一个解 $x = 1$. 当 $k = 2$ 时，有两个解 $x = 1$ 和 $x = 3$. 当 $k \geq 3$ 时，x 必须是奇数，$x-1$ 和 $x+1$ 其中一个模 4 余 2，因此另一个必然是 2^{k-1} 的倍数. 这样得到 4 个解：$x = 1, 2^{k-1}+1, 2^k - 1, 2^{k-1}-1$.

最终利用推论 6.10，若有素因子分解式 $n = 2^\alpha p_1^{k_1} \cdots p_s^{k_s}$ 则同余方程 $x^2 \equiv 1 \pmod{n}$ 的解数为

$$
\begin{cases}
2^s, & \alpha \leq 1, \\
2^{s+1}, & \alpha = 2, \\
2^{s+2}, & \alpha \geq 3.
\end{cases}
\qquad \square
$$

例 6.12. 证明：同余方程 $x^2 \equiv -1 \pmod{n}$ 的解数是：

(a) 0，若 $4 \mid n$ 或者 $p \mid n$，$p \equiv 3 \pmod 4$；

(b) 2^s，若(a)的条件不满足，其中 s 是 n 的不同奇素数因子个数.

证: (a)可直接从推论 4.28 得到. 对于(b)，根据推论 6.10 只需处理素数幂 $n = p^k$，$p \equiv 1 \pmod 4$，$k \geq 1$ 的情形. 对这个情形我们要证明，恰好有两个解. $k = 1$ 的情形直接从定理 4.55 得到. 一般的情形从亨泽尔引理得到：$x^2 \equiv -1 \pmod{p}$ 的每个解唯一提升为方程 $x^2 \equiv -1 \pmod{p^k}$ 的一个解. $\qquad \square$

例 6.13. 求所有整数 $n > 1$，使得可以找到整数 a, b，满足

$$
a^2 + b^2 + 1 \equiv 0 \pmod{n}.
$$

证: 因为 $x^2 \equiv 0, 1 \pmod 4$，对每个整数 x 成立，$a^2 + b^2 + 1$ 不能被 4 整除. 若 n 是 4 的倍数，则题目无解. 反之，我们将证明：若 $n > 1$ 不是 4 的倍数，则同余方程 $a^2 + b^2 + 1 \equiv 0 \pmod{n}$ 有解.

设 $n = 2^e \cdot p_1^{e_1} \cdots p_s^{e_s}$，$2, p_1, \cdots, p_s$ 是两两不同的素数，$e \in \{0, 1\}$，$e_1, \cdots, e_s \geq 0$ 是整数. 若存在整数 $a_0, b_0, \cdots, a_s, b_s$，使得

$$
a_0^2 + b_0^2 + 1 \equiv 0 \pmod{2^e}, \quad a_i^2 + b_i^2 + 1 \equiv 0 \pmod{p_i^{e_i}}, 1 \leq i \leq s,
$$

则中国剩余定理保证，存在整数 a, b，使得

$$a \equiv a_0 \pmod{2^e}, \quad a \equiv a_i \pmod{p_i^{e_i}}, 1 \leq i \leq s$$

$$b \equiv b_0 \pmod{2^e}, \quad b \equiv b_i \pmod{p_i^{e_i}}, 1 \leq i \leq s$$

成立. 则显然 $a^2 + b^2 + 1 \equiv 0 \pmod{n}$ 是方程的解. 因此我们只需考虑 $n = p^k$，$p = 2, k \leq 1$ 或 $p > 2$ 是素数.

$p = 2$ 的情形取 $a = 1, b = 0$ 即可. 设 $p > 2, n = p^k, k \geq 1$. 可以找到 $a, b \in \{0, 1, \cdots, \frac{p-1}{2}\}$，使得 $a^2 \equiv -(b^2 + 1) \pmod{p}$（因为这两边分别可以取 $\frac{p+1}{2}$ 个不同的模 p 的值，因此有重复）. 因此同余方程 $a^2 + b^2 + 1 \equiv 0 \pmod{p}$ 有解 (a_0, b_0)，不妨设 $\gcd(p, a_0) = 1$（否则 a_0, b_0 互换）. 选定整数（这里的意思是，b_0 是个剩余类，代表很多整数，b 是其中一个代表元）b 模 p 同余于 b_0. 对多项式 $f(X) = X^2 + b^2 + 1$ 应用亨泽尔引理，a_0 可以唯一提升为 $f(x) \equiv 0 \pmod{p^k}$ 的一个解 a. 因此同余方程 $a^2 + b^2 + 1 \equiv 0 \pmod{p^k}$ 有解. $\qquad\square$

例 6.14.（IMOSL1997推广）设 $m, n > 1$ 是互素整数. 无穷等差数列中包含 m 次幂也包含 n 次幂，证明：数列包含 mn 次幂.

证： 记等差数列为 $(a + jd)_{j \geq 0}$. 根据假设 $x^m \equiv a \pmod{d}$ 及 $y^n \equiv a \pmod{d}$ 都有解，我们要证 $z^{mn} \equiv a \pmod{d}$ 也有解. 利用定理 6.9，我们只需对 $d = p^k$ 的情形证明，其中 p 是素数，k 是正整数.

取 x, y，使得 $x^m \equiv a \pmod{p^k}$ 和 $y^n \equiv a \pmod{p^k}$ 成立. 若 a 是 p^k 的倍数，只需取 $z = 0$ 即可，因此假设 $v_p(a) < k$. 因为 $x^m \equiv a \pmod{p^k}$，所以 $m v_p(x) = v_p(x^m) = v_p(a)$. 类似地 $n v_p(y) = v_p(a)$. 因为 m 和 n 互素，所以 $v_p(a)$ 是 mn 的倍数. 记 $v_p(a) = mnt$，因此 $v_p(x) = nt$，$v_p(y) = mt$. 由 $x^m \equiv a \pmod{p^k}$，可得 $\frac{a}{p^{mnt}}$ 模 p^{k-mnt} 是 m 次幂. 同理 $\frac{a}{p^{mnt}}$ 模 p^{k-mnt} 是 n 次幂. 因此，证明下面引理即可完成题目.

引理 6.15. 设 m, n 是互素，p 是素数，$N \geq 1$. 若 x 模 p^N 是与 p 互素的 m 次幂和 n 次幂. 则它是模 p^N 的 mn 次幂.

引理的证明很简单，选取整数 a, b 使得 $x \equiv a^m \equiv b^n \pmod{p^N}$. 根据裴蜀定理，可取整数 u, v，满足 $nu + mv = 1$，则

$$x = x^{nu + mv} \equiv a^{mnu} b^{nmv} \equiv (a^u b^v)^{mn} \pmod{p^N}$$

同余于整数的 mn 次幂. 其中，利用了 x, a, b 均与 p 互素，因此 x, a, b 的负数次幂均可看成 $\pmod{p^N}$ 的整数. $\qquad\square$

例 6.16. 考虑多项式 $f(X) = (X^2+3)(X^2-13)(X^2+39)$. 证明同余式 $f(x) \equiv 0 \pmod{n}$ 对所有整数 $n > 1$ 有解.

证: 根据推论 6.10, 可以假设 n 是素数的幂, 设 $n = p^k$.

先看 $k = 1$ 的情形, 我们证明, 三个同余方程 $x^2 \equiv -3 \pmod{p}$, $x^2 \equiv 13 \pmod{p}$ 和 $x^2 \equiv -39 \pmod{p}$ 至少一个有解. 这除去 $p = 3$ 或 13 的情形, 这等价于说三个勒让德符号 $\left(\frac{-3}{p}\right)$, $\left(\frac{13}{p}\right)$, $\left(\frac{-39}{p}\right)$ 不全是 -1. 但是根据勒让德符号的乘积性（定理 4.101）, 三个都是 -1 的时候会有矛盾:

$$-1 = \left(\frac{-39}{p}\right) = \left(\frac{-3}{p}\right) \cdot \left(\frac{13}{p}\right) = (-1) \cdot (-1) = 1.$$

假设 $k > 1$, $p \neq 2, 3, 13$. 根据亨泽尔引理, 同余方程 $x^2 \equiv a \pmod{p}$ 的任何解 x_0 唯一提升为 $x^2 \equiv a \pmod{p^k}$ 的解. 这个情况也解决了.

若 $p = 3$, 可以对 $x^2 \equiv 13 \pmod{3}$ 用亨泽尔引理提升解 $x = 1$, 得到 $x^2 \equiv 13 \pmod{3^k}$ 的解.

对 $p = 13$, 类似地, 将方程 $x^2 + 3 \equiv 0 \pmod{13}$ 的解 $x = 6$ 提升.

对 $p = 2$, 从 $x^2 \equiv -39 \pmod{8}$ 的解 $x = 1$, 开始提升, 得到模 2^n 的解. 从 $x_1 = x_2 = x_3 = 1$ 开始, 假设已有 $x_n^2 + 39 = 2^n \cdot k$, $n \geq 3$, 取 $x_{n+1} = u \cdot 2^{n-1} + x_n$, 则模 2^{n+1}, 有

$$x_{n+1}^2 + 39 \equiv x_n^2 + 39 + 2^n u x_n \equiv 2^n(k + u x_n) \pmod{2^{n+1}}.$$

因为 x_n 是奇数, 存在 u, 使得上式右端同余于零（实际上, 取 $u \equiv k \pmod{2}$ 即可）. 这样归纳证明了, 方程 $x_n^2 + 39 \equiv 0 \pmod{2^n}$ 有解.

注意 $p = 2$ 的情形还可以直接应用例 4.170 (b), 其中证明了 $x^2 \equiv a \pmod{2^n}$ 对所有 n 有解当且仅当 $a \equiv 1 \pmod{8}$, 本题 $a = -39$. □

下一个例子是定理 6.9 的一个变形.

例 6.17. （AMME2330） 设函数 $f : \mathbf{N} \to \mathbf{Z}$ 满足 $a - b \mid f(a) - f(b)$ 对所有正整数 a, b 成立. 设 $a(n)$ 和 $b(n)$ 分别是序列 $f(1), f(2), \cdots, f(n)$ 中 n 的倍数和与 n 互素的项的个数. 证明: $a, b : \mathbf{N} \to \mathbf{Z}$ 是积性函数, 且

$$b(n) = n \prod_{p \mid n} \left(1 - \frac{a(p)}{p}\right).$$

证: 设 m, n 是互素整数, 考虑 $1 \leq j \leq mn$. 设 $1 \leq u \leq n$ 和 $1 \leq v \leq m$ 分别满足 $j \equiv u \pmod{n}$ 和 $j \equiv v \pmod{m}$. 利用题目条件, mn 整除 $f(j)$ 当且仅当 $n \mid f(u)$ 且 $m \mid f(v)$. 实际上, mn 整除 $f(j)$ 当且仅当 $m \mid f(j)$ 且 $n \mid f(j)$, 而这

两个条件分别等价于 $m \mid f(v)$ 和 $n \mid f(u)$（因为 $j \equiv v \pmod{m}$ 推出 $f(j) \equiv f(v)$ $\pmod{m}$，类似地 $f(j) \equiv f(u) \pmod{n}$）.

其次，设

$$A = \{u \mid 1 \le u \le n, n \mid f(u)\}, \quad B = \{v \mid 1 \le v \le m, m \mid f(v)\}.$$

对每个 $(u, v) \in A \times B$ 由中国剩余定理，存在唯一整数 $j(u, v) \in \{1, 2, \cdots, mn\}$，使得 $j(u, v) \equiv u \pmod{n}$ 和 $j(u, v) \equiv v \pmod{m}$ 成立. 因此结合上一段叙述，当 (u, v) 遍历 $A \times B$ 时，$j(u, v)$ 恰好遍历 $j \in \{1, 2, \cdots, mn\}$，使得 $mn \mid f(j)$. 这样证明了 $a(mn) = a(m)a(n)$.

再次，对 n 的每个素数因子，设 $A_p = \{j \mid 1 \le j \le n, p \mid f(j)\}$. 容斥原理给出

$$b(n) = n - |\cup_{p \mid n} A_p| = n - \sum_{p \mid n} |A_p| + \sum_{p \ne q \mid n} |A_{pq}| + \cdots$$

若 d 是 n 的一个正因子，$d \mid f(k)$ 当且仅当 $d \mid f(u_k)$，其中 $1 \le u_k \le d$，$u_k \equiv k$ $\pmod{d}$，因此有 $\frac{na(d)}{d}$ 个这样的 $1 \le k \le n$. 因此，若 $p_1, \cdots, p_s$ 是 n 的两两不同的素因子，则

$$|A_{p_1 \cdots p_s}| = \frac{n}{p_1 \cdots p_s} a(p_1 \cdots p_s) = \frac{n}{p_1 \cdots p_s} a(p_1) \cdots a(p_s)$$

代入之前的公式，给出 $b(n) = n \prod_{p \mid n} \left(1 - \frac{a(p)}{p}\right)$. 从 $b(n)$ 最后的表达式可以看出，$n \mapsto b(n)$ 是积性函数. $\qquad \square$

前面例子中的结果比较有用，如下面两个例子所示.

例 6.18. 证明：对每个整数 $n > 1$，满足 $1 \le a \le n$，a 和 $a + 1$ 都与 n 互素的 a 的个数是 $n \prod_{p \mid n} \left(1 - \frac{2}{p}\right)$.

证： 取 $f(x) = x(x+1)$ 应用例 6.17. 对每个素数 p 恰好存在两个整数 $1 \le k \le p$ 使得 $p \mid f(k)$，即 $k = p - 1$ 和 $k = p$. 因此根据例 6.17 的记号，有 $a(p) = 2$，对所有素数 p 成立，问题得证. $\qquad \square$

例 6.19. （Menon 恒等式）证明：对每个整数 $n > 1$

$$\sum_{\substack{1 \le k \le n \\ \gcd(k, n) = 1}} \gcd(n, k - 1) = \phi(n)\tau(n).$$

证： 利用高斯定理 3.114，可得

$$\sum_{\substack{1 \le k \le n \\ (k, n) = 1}} \gcd(n, k - 1) = \sum_{\substack{1 \le k \le n \\ (k, n) = 1}} \sum_{e \mid (n, k-1)} \varphi(e) = \sum_{e \mid n} \varphi(e) \sum_{k \in S(e)} 1 = \sum_{e \mid n} \varphi(e) |S(e)|,$$

其中（上式中为了避免式子写的太长，我们用 (x, y) 简记 $\gcd(x, y)$）

$$S(e) = \{k | 1 \le k \le n, \gcd(k, n) = 1, k \equiv 1 \pmod{e}\}.$$

只需证明，对所有 $e \mid n$，$S(e)$ 恰好有 $\frac{\varphi(n)}{\varphi(e)}$ 个元素即可.

固定 e，注意 $S(e)$ 对应于 $0 \le x < \frac{n}{e}$，使得 $1 + xe$ 与 n 互素，等价于 $1 + xe$ 与 $\frac{n}{e}$ 互素. 应用例 6.17 到多项式 $f(x) = 1 + xe$，注意到 $f(1), \cdots, f(p)$ 中 p 的倍数个数，当 $p \nmid e$ 时是 1，当 $p \mid e$ 时是 0. 因此

$$|S(e)| = \frac{n}{e} \prod_{\substack{p | \frac{n}{e} \\ \gcd(p, e) = 1}} \left(1 - \frac{1}{p}\right) = \frac{n}{e} \cdot \frac{\prod_{p|n}\left(1 - \frac{1}{p}\right)}{\prod_{p|e}\left(1 - \frac{1}{e}\right)} = \frac{\varphi(n)}{\varphi(e)}. \qquad \square$$

我们给出更困难的结果，结束这一节.

定理 6.20. 若整数 a 模所有足够大素数是平方剩余，则 a 是完全平方数.

证： 注意，若 p^2 整除 a，p 是素数，则 a/p^2 也满足题目条件. 因此不妨设 a 没有平方因子，$a = \pm p_1 p_2 \cdots p_s$，其中 $p_1, \cdots, p_s$ 是两两不同的素数.

若 p_s 是奇数. 设 r 是模 p_s 的一个平方非剩余. 根据中国剩余定理，同余方程

$$q \equiv 1 \pmod{8p_1 \cdots p_{s-1}}, q \equiv r \pmod{p_s}$$

的解构成一个等差数列 $x + 8p_1 \cdots p_s \mathbf{Z}$，$x$ 是整数. 显然 $\gcd(x, 8p_1 \cdots p_s) = 1$，因此根据 Dirichlet 定理，这个等差数列中存在无穷多素数，取这里的一个足够大素数 q. 因为 $q \equiv 1 \pmod 8$，有 $\left(\frac{\pm 2}{q}\right) = 1$. 又有 $(-1)^{(q-1)/2} = 1$，二次互反律给出

$$\left(\frac{p_i}{q}\right) = \left(\frac{q}{p_i}\right) = \begin{cases} 1, & i \ne s \\ -1, & i = s. \end{cases}$$

因此 $\left(\frac{a}{q}\right) = \left(\frac{\pm 1}{q}\right) \prod_{i=1}^{s} \left(\frac{p_i}{q}\right) = -1$ 与 a 的假设条件不符. 因此 a 没有奇素数因子.

而 $a = \pm 1$ 或 ± 2 时，取 q 是模 8 余 3 的足够大素数，则 $\left(\frac{-1}{q}\right) = -1$，$\left(\frac{2}{q}\right) = -1$；若取 q 是模 8 余 5，则 $\left(\frac{-2}{q}\right) = -1$.

因此只剩下 $a = 1$ 是可以符合条件的. 因为之前约掉了很多次素数的平方，所以原始的 a 是完全平方数. $\qquad \square$

例 6.21. 整系数二次多项式 f 满足，对每个素数 p，同余方程 $f(n) \equiv 0 \pmod p$ 至少有一个解. 证明：f 有一个有理根.

证： 记 $f(X) = aX^2 + bX + c$，要证 $\Delta := b^2 - 4ac$ 是完全平方数. 设 p 是任何素数，n 是整数，满足 $f(n) \equiv 0 \pmod{p}$，则

$$\Delta \equiv 4af(n) + \Delta = (2an + b)^2 \pmod{p}.$$

所以 Δ 是模 p 的平方剩余. 结论因此从定理 6.20 得出. $\qquad\square$

例 6.22. （Mathlinks）非负整数 $a_1, a_2, \cdots, a_{2\,004}$ 满足：对所有正整数 n，$a_1^n + \cdots + a_{2\,004}^n$ 是完全平方数. $a_1, \cdots, a_{2\,004}$ 中最少有多少项等于 0？

证： 假设 $b_1, \cdots, b_k$ 是正整数，使得对所有 n，$b_1^n + b_2^n + \cdots + b_k^n$ 是完全平方数. 若素数 p 不整除 $b_1 b_2 \cdots b_k$，则费马小定理给出

$$b_1^{p-1} + b_2^{p-1} + \cdots + b_k^{p-1} \equiv k \pmod{p}$$

左边是完全平方数，因此 k 是模 p 的平方剩余. 根据定理 6.20，k 是完全平方数. 不超过 2 004 的最大的完全平方数是 $44^2 = 1\,936$，因此序列 $a_1, \cdots, a_{2\,004}$ 中至少有 $2\,004 - 1\,936 = 68$ 个 0.

只需取 $a_1 = \cdots = a_{1\,936} = 1$，其他项为 0 可以看出这就是最小值. $\qquad\square$

6.1.3　覆盖同余式

这一节我们讨论一个和中国剩余定理密切相关的一个主题，覆盖同余式组. Erdös 引入了这个概念，为了显式构造正整数的无穷等差数列，其中每一项都不能写成 $2^k + p$ 的形式，其中 $k \geq 0$，p 是素数. 这个问题历史久远，de Polignac 在 1849 年猜想：任何奇数 $n > 1$ 可以写成 $n = 2^k + p$ 的形式，其中 $k \geq 0$，p 是素数或 1. 这个猜想实际上不成立，例如例如 127 和 905 都是反例. 利用覆盖同余式组和中国剩余定理的巧妙应用，Erdös 构造了一个无穷项等差数列，所有项都是 de Polignac 猜想的反例（在这之前根据 van der Corput 的工作已经知道，所有奇数的一个正比例的部分是反例）. 我们将在这一节给出他的构造，以及其他和覆盖同余式有关的结果.

若 a 和 n 是整数，$n > 1$，记 $a + n\mathbf{Z} = \{a + nx \mid x \in \mathbf{Z}\}$ 表示所有模 n 同余于 a 的整数构成的无穷等差数列，这也就是 a 所在的模 n 剩余类.

定义 6.23. 一个覆盖同余式组包含有限个无穷整数等差数列 $a_1 + n_1\mathbf{Z}, \cdots, a_k + n_k\mathbf{Z}$，满足 $a_1, \cdots, a_k \in \mathbf{Z}$ 和 $n_1, \cdots, n_k > 1$，使得 $\mathbf{Z} = \cup_{i=1}^{k}(a_i + n_i\mathbf{Z})$. 数 $n_1, \cdots, n_k$ 称为覆盖同余式组的模（注意我们现在开始要求 $n_1, \cdots, n_k > 1$ 来避免平凡的情况）.

一个平凡的覆盖同余式组如下得到：选择任何整数 $N > 1$ 考虑所有等差数列 $(i + N\mathbf{Z})_{1 \le i \le N}$. 这个显然不是很特别，我们再给出几个其他的例子.

(a) 一个有趣的覆盖同余式组（最小模为2）是

$$2\mathbf{Z}, 3\mathbf{Z}, 1 + 4\mathbf{Z}, 5 + 6\mathbf{Z}, 7 + 12\mathbf{Z}.$$

读者可以很容易验证这确实是个覆盖同余式组.

(b) Erdös 的构造使用了如下的同余式组

$$2\mathbf{Z}, 3\mathbf{Z}, 1 + 4\mathbf{Z}, 3 + 8\mathbf{Z}, 7 + 12\mathbf{Z}, 23 + 24\mathbf{Z}.$$

也不难通过一些稍微繁琐的验证，说明这是覆盖同余式组.

(c) Davenport 和 Erdös 给出的一个最小模为 3 的覆盖同余式组是

$$3\mathbf{Z}, 4\mathbf{Z}, 5\mathbf{Z}, 1 + 6\mathbf{Z}, 6 + 8\mathbf{Z}, 3 + 10\mathbf{Z}, 5 + 12\mathbf{Z}, 11 + 15\mathbf{Z},$$
$$7 + 20\mathbf{Z}, 10 + 24\mathbf{Z}, 2 + 30\mathbf{Z}, 34 + 40\mathbf{Z}, 59 + 60\mathbf{Z}, 98 + 120\mathbf{Z}.$$

(d) Erdös 给出的另外一个例子是：

$$2\mathbf{Z}, 3\mathbf{Z}, 5\mathbf{Z}, 1 + 6\mathbf{Z}, 7\mathbf{Z}, 1 + 10\mathbf{Z}, 1 + 14\mathbf{Z}, 2 + 15\mathbf{Z}, 2 + 21\mathbf{Z},$$
$$23 + 30\mathbf{Z}, 4 + 35\mathbf{Z}, 5 + 42\mathbf{Z}, 59 + 70\mathbf{Z}, 104 + 105\mathbf{Z}.$$

读者可能已经猜到，要验证后面两个例子是覆盖同余式组还是需要很多计算的. 很可能受前面例子的影响，Erdös 猜测：对每个 N，可以找到一个覆盖同余式组，有两两不同的模，且最小模超过 N. Choi 在 1971 年构造了一个最小模为 20 的覆盖同余式组，然后直到 2006 年，Gibson 构造了最小模为 25 的，2009 年，Nielsen 证明存在一个最小模是 40 的. 所有这些都支持 Erdös 猜想的正确性. 然而在 2015 年，Bob Hough 的一个很精彩的工作证明了下面的结果，否定了 Erdös 的猜想.

定理 6.24. （Bob Hough）在每个覆盖同余式组，若模两两不同，则最小模不超过 10^8.

有很多和覆盖同余式相关的未解决问题，例如 Erdös-Selfridge 猜想说，不存在覆盖同余式组，模是不同的大于 1 的奇数.

我们现在给出 Erdös 的聪明论证.

定理 6.25. （Erdös）存在正奇数无穷等差数列，每一项都不能写成一个 2 的幂和一个素数的求和.

证： 我们将使用覆盖同余式 $2\mathbf{Z}, 3\mathbf{Z}, 1+4\mathbf{Z}, 3+8\mathbf{Z}, 7+12\mathbf{Z}, 23+24\mathbf{Z}$. 我们将其表示为 $(a_i + n_i\mathbf{Z})_{1 \le i \le k}$（$a_1 = 0, n_1 = 2, a_2 = 0, n_2 = 3$，等等）. 然后选取两两不同的素数 $p_1, \cdots, p_k$，使得 $p_i \mid 2^{n_i} - 1$，对所有 i 成立. 这是可以办到的，例如有

$$3 \mid 2^2 - 1, \ 7 \mid 2^3 - 1, \ 5 \mid 2^4 - 1, \ 17 \mid 2^8 - 1, \ 13 \mid 2^{12} - 1, \ 241 \mid 2^{24} - 1.$$

根据中国剩余定理，可以定义无穷等差数列为所有正奇数 n，使得

$$n > 2^{241} + 241, \quad n \equiv 1 \pmod{2^{241}}, \quad n \equiv 2^{a_i} \pmod{p_i}, 1 \le i \le 6.$$

我们声明这样的 n 都不是 $2^k + p$ 型的形式，$k \ge 0$，p 是素数. 实际上，假设 $n = 2^k + p$，取 i，使得 $k \equiv a_i \pmod{n_i}$. 则 $2^k \equiv 2^{a_i} \pmod{2^{n_i} - 1}$，因此 $2^k \equiv 2^{a_i} \pmod{p_i}$. 因为 $n \equiv 2^{a_i} \pmod{p_i}$，可得 $p \equiv 0 \pmod{p_i}$ 所以 $p = p_i$.

又因为 $n > 2^{241} + 241$ 和 $p_i \le 241$，所以 $k > 241$. 现在把 $n = 2^k + p_i$ 模 2^{241} 给出 $1 \equiv p_i \pmod{2^{241}}$，与 $p_i \le 241$ 矛盾.（题目中 2^{241} 中的 241 可以换成 8，只用到了 $2^{241} > \max\{p_i, 1 \le i \le 6\}$. ——译者注）$\qquad\square$

下面的例子用了一个十分类似的论述.

例 6.26. （Sierpinski-Selfridge）证明：存在正整数 k，使得对所有正整数 n，$k \cdot 2^n + 1$ 是合数.

证： 设 $F_n = 2^{2^n} + 1$ 是第 n 个费马数，记 $F_5 = ab$，$a, b > 1$（其中 $a = 641$，参见例 1.12）. 因为费马数两两互素（见例 2.12），中国剩余定理给出无穷多正整数 k 使得

$$k \equiv 2 \pmod{F_0 F_1 F_2 F_3 F_4 a}, \quad k \equiv -2 \pmod{b}.$$

我们将证明：对每个 $n \ge 0$，$a, b, F_0, \cdots, F_4$ 之一整除 $k \cdot 2^n + 1$. 设 $j = v_2(n+1)$，$n = s \cdot 2^j - 1$，s 是奇数. 我们将讨论三种情况.

若 $j > 5$，则 $k \cdot 2^n + 1 \equiv -2^{n+1} + 1 \pmod{b}$. 而 $2^6 \mid n+1$，因为 $b \mid F_5 \mid 2^{2^6} - 1 \mid 2^{n+1} - 1$，所以 $b \mid k \cdot 2^n + 1$.

若 $j = 5$，则因为 $a \mid F_5$，有

$$k \cdot 2^n + 1 \equiv 2^{n+1} + 1 = 2^{2^5 s} + 1 \equiv 0 \pmod{a}.$$

类似地，若 $j \le 4$，则

$$k \cdot 2^n + 1 \equiv 2^{n+1} + 1 = 2^{2^j s} + 1 \equiv 0 \pmod{F_j}.$$

现在只要取 $k > F_5$，满足前面的同余性质，则对所有 $n \ge 0$，$k \cdot 2^n + 1$ 比 $F_0, \cdots, F_4, a, b$ 都大，又被其中之一整除，因此是合数.$\qquad\square$

注释 6.27. (a) 前面例子的结果由 *Sierpinski* 在 1960 年建立, 他的方法（上面所用的）给出无穷多组解, 即所有

$$k \equiv 15\,511\,380\,746\,462\,593\,381 \quad (\text{mod } 2 \cdot 3 \cdot 5 \cdot 17 \cdot 257 \cdot 65\,537 \cdot 641 \cdot 6\,700\,417).$$

在 1962 年, *Selfridge* 发现, 对所有 $n \geq 1$, $78\,557 \cdot 2^n + 1$ 是合数. 分别是 3, 5, 7, 13, 19, 37 或 73 之一的倍数. 这依赖覆盖同余式组

$$2\mathbf{Z}, 1 + 4\mathbf{Z}, 3 + 9\mathbf{Z}, 15 + 18\mathbf{Z}, 27 + 36\mathbf{Z}, 1 + 3\mathbf{Z}, 11 + 12\mathbf{Z}$$

和 $x = 78\,557$ 是下面同余方程组的一个解

$$x \equiv 2 \quad (\text{mod } 3), x \equiv 2 \quad (\text{mod } 5), x \equiv 9 \quad (\text{mod } 73), x \equiv 11 \quad (\text{mod } 19),$$
$$x \equiv 6 \quad (\text{mod } 37), x \equiv 3 \quad (\text{mod } 7), x \equiv 11 \quad (\text{mod } 13).$$

例如, 若 $n \in 2\mathbf{Z}$, 则 $x \cdot 2^n + 1$ 是 3 的倍数, 若 $n \in 1 + 4\mathbf{Z}$, 则 $x \cdot 2^n + 1$ 是 5 的倍数, 等等. 猜想 78 557 是最小正整数 k, 使得 $k \cdot 2^n + 1$ 对所有 n 是合数. （已经知道, 最多还有五个可能的更小解).

(b) 我们还可以利用 *Erdös* 定理证明中的覆盖同余式用类似方法证明这个结果. 将同余式中的符号变号, 给出无穷多 n, 使得对所有 k, $n + 2^k$ 被 3, 5, 7, 13, 17, 241 之一整除. 则对每个这样的 n 和任何 k,

$$n + 2^{k((3-1)(5-1)(7-1)(13-1)(17-1)(241-1)-1)}$$

被某个素数 $p \in \{3, 5, 7, 13, 17, 241\}$ 整除, 然后费马小定理给出 $p \mid n \cdot 2^k + 1$.

例 6.28. 设 $a_i + n_i\mathbf{Z}, i = 1, \cdots, k$ 是覆盖同余式组, 有两两不同的模. 证明: 等差数列 $a_i + n_i\mathbf{Z}, i = 1, \cdots, k$ 不是两两交为空的集合.

证: 假设等差数列两两交为空, 设

$$N = \text{lcm}(n_1, \cdots, n_k), \zeta_N = e^{\frac{2i\pi}{N}}.$$

对每个 $1 \leq j \leq k$, 设 $z_j = e^{\frac{2i\pi a_j}{n_j}}$. 不难发现, 方程 $x^{\frac{N}{n_j}} = z_j$ 的解恰好是 ζ_N^u, 其中 $u \in a_j + n_j\mathbf{Z}$.

因为等差数列 $a_i + n_i\mathbf{Z}, i = 1, \cdots, k$ 两两交集为空, 并集为 $\mathbf{Z}$, 可得 $X^N - 1 = P_1 P_2 \cdots P_k$, 其中 $P_j(X) = X^{\frac{N}{n_j}} - z_j$. 实际上, 从上面对 $P_1, \cdots, P_k$ 的根的描述可知, $X^N - 1$ 和 $P_1 \cdots P_k$ 的根的集合完全一样（重数也一样).

根据对称性，不妨设 $n_k > \cdots > n_1$，所以 $\frac{N}{n_1} > \cdots > \frac{N}{n_k}$. 在等式

$$X^N - 1 = (X^{\frac{N}{n_1}} - z_1) \cdot \ldots \cdot (X^{\frac{N}{n_k}} - z_k)$$

右端 $X^{\frac{N}{n_k}}$ 的系数是 $(-1)^{k-1} z_1 \cdots z_{k-1}$，而它在左端的系数是 0，矛盾. □

读者可以将下面的结果和例 6.2 中建立的结果比较.

例 6.29.（AMM5747）设整数 $1 < n_1 < \cdots < n_k$，$0 \le b_i < n_i, 1 \le i \le k$. 假设 $\gcd(n_i, n_j)$ 不整除 $b_i - b_j$，对所有 $i \neq j$ 成立. 证明：存在整数 x，对所有 $1 \le i \le k$，有 $x \not\equiv b_i \pmod{n_i}$.

证： 假设结论不成立，则任何整数 x，满足某个同余方程 $x \equiv b_i \pmod{n_i}$，也就是说 $(b_i + n_i \mathbf{Z})_{1 \le i \le k}$ 构成一个覆盖同余式组. 注意，若 $i \neq j$，则 x 不同时满足 $x \equiv b_i \pmod{n_i}$ 和 $x \equiv b_j \pmod{n_j}$，否则 $\gcd(n_i, n_j) \mid b_i - b_j$，与题目条件矛盾. 现在题目马上可从前面的例子得到. □

例 6.30. (Erdös-Sun) k 个等差数列 $(a_i + n_i \mathbf{Z})_{1 \le i \le k}$（$a_i, n_i$ 是整数，$n_i > 1$）满足条件：$\bigcup_{i=1}^k (a_i + n_i \mathbf{Z})$ 包含 2^k 个连续的整数. 证明：这些等差数列构成覆盖同余式组.

证： 关键的发现是，整数 x 属于 $\cup_{i=1}^k (a_i + n_i \mathbf{Z})$ 当且仅当

$$\prod_{j=1}^k \left(1 - e^{\frac{2i\pi}{n_j}(x - a_j)} \right) = 0.$$

强制展开左端给出

$$\prod_{j=1}^k \left(1 - e^{\frac{2i\pi}{n_j}(x - a_j)} \right) = \sum_{I \subset \{1, 2, \cdots, k\}} c_I \cdot e^{2i\pi x d_I},$$

其中

$$c_I = (-1)^{|I|} \prod_{j \in I} e^{-2i\pi \frac{a_j}{n_j}}, \quad d_I = \sum_{j \in I} \frac{1}{n_j}.$$

求和对 $\{1, 2, \cdots, k\}$ 的子集 I 进行（约定当 I 是空集时，乘积为 1）.

注意 c_I, d_I 是和等差数列组相关，和 x 无关. 令 $z_I = e^{2i\pi d_I}$，题目条件是 $\sum_I c_I z_I^x = 0$ 对连续的 2^k 个整数 x 成立，我们想要证明它对所有整数 x 成立.

设 $u_n = \sum_I c_I z_I^n$，于是这个序列的连续 2^k 项为零. 另一方面，序列 $(u_n)_n$ 满足某个常系数线性递推关系，阶为 2^k，归纳马上可得数列的所有项为零. □

例 6.31. （Zhang定理）证明：对每个覆盖同余式组 $(a_i + n_i\mathbf{Z})_{1 \le i \le k}$，存在非空子集 $I \subseteq \{1, \cdots, k\}$，使得 $\sum_{i \in I} \frac{1}{n_i} \in \mathbf{Z}$.

证： 和例 6.30 的证明中同样的论述给出，对所有整数 n

$$1 + \sum_{I \subset \{1, 2, \cdots, k\}} c_I \cdot e^{2i\pi n d_I} = 0,$$

其中求和对 $\{1, 2, \cdots, k\}$ 的所有非空子集 I 进行，

$$c_I = (-1)^{|I|} \prod_{j \in I} e^{-2i\pi \frac{a_j}{n_j}}, \quad d_I = \sum_{j \in I} \frac{1}{n_j}.$$

我们要证，至少一个 d_I 是整数.

关键的部分是下面的

引理 6.32. 假设 $x \in \mathbf{R}$ 不是整数. 则序列 $a_n = \sum_{k=1}^{n} e^{2i\pi xk}$ 有界.

证： 设 $z = e^{2i\pi x}$，则因为 x 不是整数，$z \ne 1$. 于是

$$a_n = z + z^2 + \cdots + z^n = z \cdot \frac{1 - z^n}{1 - z}$$

所以 $|a_n| \le \frac{2}{|1-z|}$. □

假设对所有的非空集合 I，d_I 都不是整数，则

$$-N = \sum_{I \subset \{1, 2, \cdots, k\}} c_I \cdot \sum_{n=1}^{N} \cdot e^{2i\pi n d_I}.$$

式子左端显然是无界的，但是右端根据引理是有界的，矛盾. □

6.2 欧拉定理

6.2.1 既约剩余系和欧拉定理

我们先引入一些有用的名词（既约剩余系的概念之前用过，将原作者的某些叙述直接用了缩系的名词代替，译者注）. 回忆一些整数 $a_1, \cdots, a_n$ 如果除以 n 的余数恰好是 $0, 1, \cdots, n-1$ 的置换，则称为是模 n 的完全剩余系. 现在考虑所有 n 的互素子（定义为所有的 $1 \le a \le n$，使得 $\gcd(a, n) = 1$），可以自然的给出下面的定义.

定义 6.33. 给定正整数 n 和整数集 $a_1, \cdots, a_k$，如果任何与 n 互素的整数总是恰好模 n 同余于 $a_1, \cdots, a_k$ 中的一个，则称 $a_1, \cdots, a_k$ 为模 n 的既约剩余系，简称缩系.

我们现有下面的简单命题，是既约剩余系定义的直接结果.

命题 6.34. $a_1, \cdots, a_k$ 构成模 n 的既约剩余系，当且仅当它们模 n 的余数恰好是 n 的所有互素子的一个排列. 特别地，任何模 n 的缩系中恰好有 $\varphi(n)$ 个元素. 如果 $a_1, a_2, \cdots, a_k$ 和 $b_1, \cdots, b_k$ 是模 n 的两个缩系，则存在 $1, 2, \cdots, k$ 的排列 σ，使得 $a_i \equiv b_{\sigma(i)} \pmod{n}$，对所有 i 成立.

若 $a_1, \cdots, a_n$ 构成模 n 的完系，则对每个与 n 互素的整数 a，$aa_1, \cdots, aa_n$ 也构成模 n 的完系. 下面的命题给出了对应缩系的类似结果.

命题 6.35. 若 $a_1, \cdots, a_k$ 构成模 n 的缩系，a 是与 n 互素的整数，则 aa_1, aa_2, $\cdots$, aa_k 也构成模 n 的缩系.

证： 首先因为 a 和 a_i 都与 n 互素，aa_i 也与 n 互素. 接下来，根据命题 6.34，只需证明 $aa_1, aa_2, \cdots, aa_k$ 模 n 两两不同. 若 $aa_i \equiv aa_j \pmod{n}$，根据高斯引理，有 $a_i \equiv a_j \pmod{n}$，因此 $i = j$. $\qquad\square$

我们现在可以叙述并证明下面的重要定理，是费马小定理的推广.

定理 6.36. （欧拉定理）若 n 是正整数，则对所有与 n 互素的整数 a，有

$$a^{\varphi(n)} \equiv 1 \pmod{n}.$$

证： 取 $a_1, \cdots, a_k$ 是一个模 n 的缩系. 根据命题 6.35，$aa_1, \cdots, aa_k$ 也构成模 n 的缩系，因此根据命题 6.34 有

$$a_1 a_2 \cdots a_k \equiv (aa_1) \cdot (aa_2) \cdot \ldots \cdot (aa_k) \pmod{n},$$

两边约去与 n 互素的因子 $a_1 a_2 \cdots a_k$（因为每个 a_i 与 n 互素，其乘积与 n 互素），得到 $a^{\varphi(n)} \equiv 1 \pmod{n}$. $\qquad\square$

我们还可以如下证明欧拉定理. 设 p 是 n 的素因子，因此 $p - 1 \mid \varphi(n)$. 根据费马小定理和升幂定理（确切说是定理 5.22），有

$$v_p(a^{\varphi(n)} - 1) = v_p\left((a^{p-1})^{\frac{\varphi(n)}{p-1}} - 1 \right) \geq v_p(a^{p-1} - 1) + v_p\left(\frac{\varphi(n)}{p-1} \right).$$

因为 $v_p(a^{p-1} - 1) \geq 1$ 和 $v_p\left(\frac{\varphi(n)}{p-1} \right) \geq v_p(n) - 1$，所以 $v_p(a^{\varphi(n)} - 1) \geq v_p(n)$. 由上式对任何 n 的素因子均成立，因此 $n \mid a^{\varphi(n)} - 1$.

我们给出欧拉定义应用的几个简单例子，更困难的例子放在下一小节.

例 6.37. 证明: 对所有 $a \geq 2$ 和 $n \geq 1$, 有 $n \mid \varphi(a^n - 1)$.

证: 根据欧拉定理, 有 $a^{\varphi(a^n-1)} \equiv 1 \pmod{a^n - 1}$. 因此 $a^n - 1 \mid a^{\varphi(a^n-1)} - 1$. 利用推论 2.36, 可得 $n \mid \varphi(a^n - 1)$. □

例 6.38. 证明: $n^2 - 1 \mid 2^{n!} - 1$ 对所有偶数 $n > 0$ 成立.

证: 因为 n 是偶数, $n - 1$ 和 $n + 1$ 互素, 因此只需证明 $n - 1$ 和 $n + 1$ 分别整除 $2^{n!} - 1$. 根据欧拉定理 $n \pm 1 \mid 2^{\varphi(n\pm1)} - 1$, 因此只需证 $\varphi(n \pm 1) \mid n!$. 这是显然的, 因为 $\varphi(n \pm 1) \leq (n \pm 1) - 1 \leq n$. □

例 6.39. 设 p 是素数, $\gcd(a, p!) = 1$. 证明: $a^{(p-1)!} - 1$ 被 $p!$ 整除.

证: 根据费马小定理 $a^{(p-1)!} - 1$ 是 p 的倍数, 因此只需证明 $(p-1)! \mid a^{(p-1)!} - 1$ (p 和 $(p-1)!$ 互素). 若 $q < p$ 是素数, $k = v_q((p-1)!)$, 则 $\varphi(q^k) = q^{k-1}(q-1) \mid (p-1)!$, 欧拉定理给出结论. □

例 6.40. 求所有正整数, 整除序列 $1, 11, 111, 1\,111, \cdots$ 中无穷多项.

证: 显然序列 $1, 11, 111, \cdots$ 中没有偶数或 5 的倍数, 因此题目的任何解与 2 和 5 互素. 反之, 设正整数 n 与 10 互素. 我们将证明: 对无穷多 k, 有 $n \mid \frac{10^k - 1}{9}$, 或者等价地 $9n \mid 10^k - 1$. 只需取 $k = M\varphi(9n)$, $M \geq 1$, 利用欧拉定理即可证明如此. □

我们再给两个和缩系有关的结果, 结束这一小节. 下面的定理对于互素的整数 m, n, 将模 m 和模 n 的缩系联系到模 mn 的缩系. 这个定理马上可以得到欧拉函数 φ 是积性函数, 这个性质之前是用 φ 的显式公式来证明.

定理 6.41. 设 $a_1, \cdots, a_k$ 是模 n 缩系, $b_1, \cdots, b_l$ 是模 m 缩系. 若 $\gcd(m, n) = 1$, 则 $(ma_i + nb_j)_{1 \leq i \leq k, 1 \leq j \leq l}$ 是模 mn 的缩系.

证: 首先, 我们检验 $\gcd(ma_i + nb_j, mn) = 1$, 对所有 i, j 成立. 若素数 p 整除 mn 及 $ma_i + nb_j$. 不妨设 $p \mid m$, 则 $p \mid nb_j$. 而 $\gcd(m, n) = 1$, 于是 $p \mid b_j$, 与 b_j 属于模 m 的缩系矛盾.

接下来, 我们证明 $ma_i + nb_j$ 模 mn 两两不同. 假设 $ma_i + nb_j \equiv ma_k + nb_l \pmod{mn}$. 则 $nb_j \equiv nb_l \pmod{m}$, 利用 $\gcd(n, m) = 1$, 有 $b_j \equiv b_l \pmod{m}$, 因此 $j = l$. 同理得到 $i = k$.

最后我们证明, 对每个与 mn 互素的 x, 可以找到 i, j 使得 $x \equiv ma_i + nb_j \pmod{mn}$. 取 m', 使 $mm' \equiv 1 \pmod{n}$ (因为 $\gcd(m, n) = 1$ 所以 m' 存在). 则 $\gcd(m'x, n) = 1$, 因此存在 i, 使 $m'x \equiv a_i \pmod{n}$. 现在 $x \equiv ma_i \pmod{n}$,

同理可找到 j, 使 $x \equiv nb_j \pmod{m}$. 则 $x \equiv ma_i + nb_j \pmod{m}$ 且 $x \equiv ma_i + nb_j$ $\pmod{n}$, 因此 $x \equiv ma_i + nb_j \pmod{mn}$. $\qquad\square$

注释 6.42. 上面命题的证明如果利用 $\varphi(mn) = \varphi(m)\varphi(n)$ 可以缩短, 不需给出证明的第三段. 给出上面更长证明的原因是, 这给出了欧拉函数积性性质的另一个证明.

最后, 我们描述缩系中元素的乘积模 n 的余数, 下面的定理属于高斯.

定理 6.43. 设 $a_1, \cdots, a_{\varphi(n)}$ 是模 $n > 2$ 的缩系, N 是同余方程 $x^2 \equiv 1 \pmod{n}$ 的解数. 则 $\prod_{i=1}^{\varphi(n)} a_i \equiv (-1)^{\frac{N}{2}} \pmod{n}$.

证: 若整数 r 与 n 互素, 则它的逆 r^{-1} 存在, 也与 n 互素. 因此可以将模 n 的缩系分成数对 (r, r^{-1}) 型, 每对中两个数乘积模 n 为 1. 当发生 $r = r^{-1}$ 的情况时, 这一对的两个数相同. 这个情况等价于 $r^2 \equiv 1 \pmod{n}$. 因此除了 $x^2 \equiv 1$ $\pmod{n}$ 的解, 缩系中所有数乘积模 n 为 1. 于是

$$\prod_{i=1}^{\varphi(n)} a_i \equiv \prod_{x^2 \equiv 1 \pmod{n}} x \pmod{n}.$$

现在要证最后的乘积模 n 是 $(-1)^{N/2}$. 我们用另一种配对方式, 若 x 是 $x^2 \equiv 1 \pmod{n}$ 的一个解, 则 $-x$ 也是. 而且任何时候 x 和 $-x$ 模 n 不同余 (此处用到 $n > 2$). 因此 $x^2 \equiv 1 \pmod{n}$ 的所有解可以分成 $N/2$ 对, 每对是 $(x, -x)$ 型, 一对的乘积模 n 是 $-x^2 \equiv -1 \pmod{n}$. 因此

$$\prod_{x^2 \equiv 1 \pmod{n}} x \equiv (-1)^{N/2} \pmod{n}. \qquad\square$$

注释 6.44. N 的精确值在例 6.11 给出, 利用中国剩余定理, 我们得到结论: 当 $n = 4, p^k, 2p^k$, p 是奇素数 $k \geq 1$ 时, $\prod_{i=1}^{k} a_i \equiv -1 \pmod{n}$; 其他情况下, $\prod_{i=1}^{k} a_i \equiv 1 \pmod{n}$.

6.2.2 欧拉定理练习

这一小节我们给出几个不太直接的例子, 其中欧拉定理是关键. 我们从中国剩余定理的存在性部分的一个很简短的证明开始.

例 6.45. 利用欧拉定理证明中国剩余定理的存在性部分.

证： 设 $m_1, \cdots, m_n$ 是两两互素的整数，$a_1, \cdots, a_n$ 是任意整数．我们要找 x，使得 $x \equiv a_i \pmod{m_i}$，对所有 i 成立．只需取

$$x = a_1(m_2 \cdots m_n)^{\varphi(m_1)} + a_2(m_1 m_3 \cdots m_n)^{\varphi(m_2)} + \cdots + a_n(m_1 \cdots m_{n-1})^{\varphi(m_n)}.$$

根据欧拉定理 x 满足题目条件． $\square$

我们再给出三个比较精彩的同余式结果．

例 6.46. 证明：对所有正整数 n 和所有整数 a，有 $\sum_{d|n} \varphi(d) a^{\frac{n}{d}} \equiv 0 \pmod{n}$．

证： 设 $x_n(a) = \sum_{d|n} \varphi(d) a^{\frac{n}{d}}$，$P(n)$ 代表命题"$n \mid x_n(a)$ 对所有整数 a 成立"．首先我们检验，若 $\gcd(m, n) = 1$，$P(m)$ 和 $P(n)$ 成立，则 $P(mn)$ 成立．

设 a 是整数．因为 $\gcd(m, n) = 1$，只需证明 $m \mid x_{mn}(a)$ 和 $n \mid x_{mn}(a)$．由对称性，只需证明 $m \mid x_{mn}(a)$．因为 $\gcd(m, n) = 1$ 和 φ 是积性函数，有

$$x_{mn}(a) = \sum_{d|mn} \varphi(d) a^{\frac{mn}{d}} = \sum_{e|m, f|n} \varphi(e) \varphi(f) a^{\frac{m}{e} \cdot \frac{n}{f}}$$
$$= \sum_{f|n} \varphi(f) \sum_{e|m} \varphi(e) (a^{\frac{n}{f}})^{\frac{m}{e}} = \sum_{f|n} \varphi(f) x_m(a^{\frac{n}{f}}).$$

因为 $P(m)$ 成立，每个 $x_m(a^{\frac{n}{f}})$ 都是 m 的倍数，得证．

现在需证 $p^n \mid x_{p^n}(a)$ 对所有 a 成立，其中 $n \geq 1$，p 是素数．计算有

$$x_{p^n}(a) = a^{p^n} + (p-1)a^{p^{n-1}} + p(p-1)a^{p^{n-2}} + \cdots + p^{n-1}(p-1)a$$
$$= a^{p^n} - a^{p^{n-1}} + p(a^{p^{n-1}} + (p-1)a^{p^{n-2}} + \cdots + p^{n-2}(p-1)a)$$
$$= a^{p^n} - a^{p^{n-1}} + p x_{p^{n-1}}(a).$$

因此，对 n 归纳，只需证明：$p \mid x_p(a)$（这等价于 $a^p \equiv a \pmod{p}$，即费马小定理）和 $p^n \mid a^{p^n} - a^{p^{n-1}}$．最后的这个式子当 $p \mid a$ 时显然，当 $p \nmid a$ 时由欧拉定理给出． $\square$

例 6.47. 证明：对所有正整数 n 和所有整数 a，$n \mid \sum_{i=1}^{n} a^{\gcd(i,n)}$．

证： 若 d 是 n 的一个正因子，则使得 $\gcd(i, n) = d$ 的整数 $i \in \{1, 2, \cdots, n\}$ 恰好是所有的 dj，j 是 $\frac{n}{d}$ 的一个互素子，因此有 $\varphi(\frac{n}{d})$ 个这样的 i．可得

$$\sum_{i=1}^{n} a^{\gcd(i,n)} = \sum_{d|n} \varphi(\frac{n}{d}) a^d = \sum_{d|n} \varphi(d) a^{\frac{n}{d}}$$

题目由例 6.46 可证． $\square$

例 6.48. （IMOSL1987）设 $(a_n)_{n \geq 1}$ 是整数序列，满足 $\sum_{d|n} a_d = 2^n$，对所有 n 成立. 证明：n 整除 a_n，对所有 n 成立.

证：很容易对 $n = 1$ 和 $n = 2$ 检验性质成立. 用第二数学归纳法，假设 $n > 2$ 而且对所有 $k < n$，a_k 被 k 整除. 只需证明：若 p 是素数，$m = v_p(n)$，则 p^m 整除 a_n. 根据假设 $a_n = 2^n - \sum_{d|n, d<n} a_d$. 若 $d < n$ 是 n 的约数，使得 $p^m \mid d$，则 $p^m \mid a_d$. 因此

$$a_n \equiv 2^n - \sum_{d | \frac{n}{p}} a_d = 2^n - 2^{n/p} \pmod{p^m}.$$

只需证明：$2^n - 2^{n/p}$ 是 p^m 的倍数. 若 $p = 2$，则 $n/p \geq 2^{m-1} \geq m$（因为 $p^m \mid n$）. 若 $p > 2$. 设 $n = kp^m$，则根据欧拉定理，$p^m \mid 2^{\varphi(p^m)} - 1$，而 $n - n/p = k(p^m - p^{m-1}) = k\varphi(p^m)$. 因此 $p^m \mid 2^n - 2^{n/p}$. $\qquad\square$

下面的例子有更多组合和构造的风格.

例 6.49. 设 $a_1, \cdots, a_n$ 是有理数，满足 $a_1^k + a_2^k + \cdots + a_n^k$ 是整数，对所有 $k \geq 1$ 成立. 证明：$a_1, \cdots, a_n$ 都是整数.

证：设 d 是 $a_1, \cdots, a_n$ 的分母的乘积，记 $x_i = da_i$，$x_1, \cdots, x_n$ 是整数. 根据假设 $d^k \mid x_1^k + \cdots + x_n^k$，对所有 $k \geq 1$ 成立. 我们要证明：$d \mid x_i$，对所有 i 成立. 利用 d 的素因子分解式，我们可以假设 d 是素数的幂 $d = p^j$. 对 j 直接归纳证明，只需考虑 $j = 1$ 的情形. 因此 $p^k \mid x_1^k + \cdots + x_n^k$ 对所有 $k \geq 1$ 成立，我们要证 $p \mid x_1, \cdots, x_n$.

设 I 是使得 $p \nmid x_i$ 的指标 $i \in \{1, \cdots, n\}$ 的集合. 利用欧拉定理，可得

$$x_1^{\varphi(p^k)} + \cdots + x_n^{\varphi(p^k)} \equiv |I| \pmod{p^k}.$$

另一方面，根据假设 $p^{\varphi(p^k)}$ 整除左端，而 $\varphi(p^k) > k$，所以 p^k 整除左边. 因此对所有 $k \geq 1$，都有 p^k 整除 $|I|$，必有 $|I| = 0$，证毕. $\qquad\square$

注释 6.50. 如果没有 $a_1, \cdots, a_n$ 是有理数的条件，命题不对. 例如 $a_1 = 1 + \sqrt{2}$ 和 $a_2 = 1 - \sqrt{2}$. 更一般的结果（证明超出本书范围）是下面的结果：设有复数 $a_1, \cdots, a_n$，则 $a_1^k + \cdots + a_n^k$ 对所有 $k \geq 1$ 是整数，当且仅当 $\prod_{i=1}^n (X - a_i)$ 是整系数多项式.

例 6.51. （CTST2006）证明：对每个正整数 m, n，存在正整数 k，使得 $2^k - m$ 有至少 n 个不同的素因子.

证：将 m 替换成它的最大的奇因子，我们可以假设 m 是奇数. 设 $\omega(x)$ 表示 x 的不同素因子个数. 只需证明：若 $2^k - m > 1$，则我们可以找到 $l > k$，使得 $\omega(2^l - m) > \omega(2^k - m)$.

设 $2^k - m = p_1^{\alpha_1} \cdots p_N^{\alpha_N}$ 是 $2^k - m$ 的素因子分解式，因为 m 是奇数，p_i 都是奇数. 取 $l = k + \prod_{i=1}^N \varphi(p_i^{\alpha_i+1})$，则根据欧拉定理

$$2^l - m \equiv 2^k - m \pmod{p_i^{\alpha_i+1}}$$

特别地，$v_{p_i}(2^l - m) = \alpha_i = v_{p_i}(2^k - m)$，对所有 $1 \le i \le N$ 成立. 因为 $2^l - m > 2^k - m$，所以 $2^l - m$ 一定有不同于 $p_1, \cdots, p_N$ 的素因子，因此 $\omega(2^l - m) > \omega(2^k - m)$. □

例 6.52. 设 y 是正整数. 证明：存在无穷多素数 p，使得 $p \equiv -1 \pmod 4$ 和 $p \mid 2^n y + 1$，对某个正整数 n 成立.

证：我们可以假设 y 是奇数，于是 $2y + 1 \equiv -1 \pmod 4$. 假设 $p_1, \cdots, p_k$ 是所有整除序列 $2y + 1, 4y + 1, 8y + 1, \cdots$ 中至少一项的 $4m + 3$ 型素数. 设 $n = \varphi((2y+1)p_1 \cdots p_k) + 1$. 根据欧拉定理，有

$$2^n y + 1 \equiv 2y + 1 \pmod{(2y+1)p_1 \cdots p_k}.$$

因此我们可以写出 $2^n y + 1 = (2y+1)(sp_1 \cdots p_k + 1)$，对某个正整数 s 成立. 因为 $2^n y + 1 \equiv 1 \pmod 4$，而 $2y + 1 \equiv 3 \pmod 4$，所以 $sp_1 \cdots p_k + 1 \equiv -1 \pmod 4$，因此存在素数 $q \equiv -1 \pmod 4$，$q \mid sp_1 \cdots p_k + 1$. 于是 $q \mid 2^n y + 1$，$q \in \{p_1, \cdots, p_k\}$，矛盾. □

例 6.53. （IMOSL2012）设 x 和 y 是正整数. 若对所有正整数 n，$x^{2^n} - 1$ 被 $2^n y + 1$ 整除，证明：$x = 1$.

证：假设存在 q，使得 $q \mid 2^n y + 1$ 和 $q \equiv -1 \pmod 4$，则

$$q \mid x^{2^n} - 1 = (x-1)(x+1)(x^2+1)(x^4+1)\cdots(x^{2^{n-1}}+1).$$

但是 q 不能整除 $x^{2^m} + 1, m \ge 1$（见推论 4.28），所以 $q \mid x^2 - 1$. 利用前面例子，这样的 q 有无穷多，因此 $x = 1$. □

例 6.54. 设 $a_1, \cdots, a_n$ 是不全相同的正整数，证明：整除数列 $a_1^k + a_2^k + \cdots + a_n^k (k \ge 1)$ 中至少一项的素数有无穷多.

证： 可以假设 $\gcd(a_1, \cdots, a_n) = 1$. 记 $f(k) = a_1^k + \cdots + a_n^k$. 假设 $f(1), f(2), \cdots$ 的所有素因子为 $\{p_1, \cdots, p_N\}$. 对每个 $1 \le i \le N$, 设 b_i 是 $a_1, \cdots, a_n$ 中不被 p_i 整除的项的个数. 因为 $\gcd(a_1, \cdots, a_n) = 1$, 有 $b_i \ge 1, 1 \le i \le N$.

取

$$k = t \prod_{i=1}^{N} \varphi\left(p_i^{1+v_{p_i}(b_i)}\right), t \ge 2.$$

对每个 $1 \le j \le n$, 若 $p_i \nmid a_j$, 则根据欧拉定理 $a_j^k \equiv 1 \pmod{p_i^{v_p(b_i)+1}}$; 若 $p_i \mid a_j$, 则 $a_j^k \equiv 0 \pmod{p_i^{v_p(b_i)+1}}$. 因此 $f(k) \equiv b_i \pmod{p_i^{v_p(b_i)+1}}$, 对所有 $1 \le i \le N$ 成立. 进而 $v_{p_i}(f(k)) = v_{p_i}(b_i)$, 对所有 i 成立. 因为 $f(k)$ 的素因子都包含于 $\{p_1, p_2, \cdots, p_N\}$, 所以

$$f(k) = p_1^{v_{p_1}(b_1)} p_2^{v_{p_2}(b_2)} \cdots p_N^{v_{p_N}(b_N)}.$$

而 $f(k)$ 显然关于 t 递增, 矛盾. $\qquad\square$

例 6.55. (USATST2007) 是否存在整数 $a, b \ge 1$, 使得对所有 $n \ge 1$, a 不整除 $b^n - n$?

证： 答案是否定的. 我们对 a 用第二数学归纳法证明：对所有 $b \ge 1$ 存在无穷多 n, 使得 $a \mid b^n - n$. 当 $a = 1$ 是显然的. 假设命题对不超过 $a - 1$ 的数都对, 现在要证对 a 也成立.

因为 $\varphi(a) < a$, 归纳假设给出, 存在无穷多 n 使得 $\varphi(a) \mid b^n - n$. 我们声明, 若 $\varphi(a) \mid b^n - n$, 且 n 足够大, 则 $a \mid b^{b^n} - b^n$, 则归纳完毕.

要证明这个声明, 记 $b^n - n = c\varphi(a)$, 则

$$b^{b^n} - b^n = b^{n+c\varphi(a)} - b^n = b^n((b^c)^{\varphi(a)} - 1).$$

对 a 的任何素因子 p, 设 $k = v_p(a)$. 若 $p \nmid b$, 则根据欧拉定理

$$p^k \mid (b^c)^{\varphi(p^k)} - 1 \mid (b^c)^{\varphi(a)} - 1.$$

另一方面, 若 $p \mid b$, 且 $n \ge k$, 则 $p^k \mid b^n$. 因此若 $n \ge \max_{p \mid a} v_p(a)$, 则 $a \mid b^n((b^c)^{\varphi(a)} - 1)$, 证毕. $\qquad\square$

例 6.56. （俄罗斯2004）是否存在整数 $n > 10^{1\,000}$, 不被 10 整除, 而且可以交换它十进制表达式的两个不同的非零数码, 使其不同素因子构成的集合不变?

证: 答案是肯定的, 实际上有无穷多这样的数. 对每个正整数 k, 设

$$n_k = 13 \cdot \frac{10^{360k} - 1}{9} = 144\cdots43$$

交换 1 和 3, 得到

$$344\cdots41 = 31 \cdot \frac{10^{360k} - 1}{9}.$$

两个数有相同的素因子集合, 因为根据欧拉定理, $10^{360k} - 1$ 同时被 13 和 31 整除. □

6.3 模 n 的阶

6.3.1 基本性质和例子

设 n 是正整数, 整数 a 与 n 互素. 根据欧拉定理, 存在无穷多正整数 k 使得 $a^k \equiv 1 \pmod{n}$, 例如 $\varphi(n)$ 的所有倍数. 这一节我们更细致研究同余式 $a^x \equiv 1 \pmod{n}$. 我们将发现, 所有解都由最小的正整数解决定. 下面的定义因此是比较自然的.

定义 6.57. 若 n 是正整数, a 是与 n 互素的整数, $a^x \equiv 1 \pmod{n}$ 的最小正整数解 x 称作是 a 模 n 的阶, 记为 $\mathrm{ord}_n(a)$.

注意, 若 a 与 n 不互素, $\mathrm{ord}_n(a)$ 无定义. $1, a, a^2, \cdots$ 模 n 的余数序列是周期的, 其最小正周期是 $\mathrm{ord}_n(a)$. 这可以从 $a^i \equiv a^{i+j} \pmod{n}$ 等价于 (由高斯引理) $a^j \equiv 1 \pmod{n}$ 得到.

例如, 考虑 $a = 3$ 和 $n = 17$, 则 $1, a, a^2, \cdots$ 除以 n 的余数序列是

$$1, 3, 9, 10, 13, 5, 15, 11, 16, 14, 8, 7, 4, 12, 2, 6, 1, 3, 9, \cdots$$

周期为 16, 因此 $\mathrm{ord}_{17}(3) = 16$.

下面的基本定理总结了 $\mathrm{ord}_n(a)$ 的最重要性质.

定理 6.58. 设 a 是整数, 与 $n > 1$ 互素.

(a) 同余方程 $a^x \equiv 1 \pmod{n}$ 的解恰好是 $\mathrm{ord}_n(a)$ 的所有倍数.

(b) $\mathrm{ord}_n(a)$ 整除 $\varphi(n)$.

证: 注意 (b) 从 (a) 和欧拉定理得到, 所以只需证明 (a).

设 $d = \mathrm{ord}_n(a)$. 因为 $a^d \equiv 1 \pmod{n}$, 有 $a^{md} \equiv 1 \pmod{n}$, 所以 d 是同余方程 $a^x \equiv 1 \pmod{n}$ 的解.

反之，设 $k > 0$ 满足 $a^k \equiv 1 \pmod{n}$. 考虑带余除法 $k = q \cdot d + r$, $0 \le r < d$. 则 $1 \equiv a^k \equiv a^{qd} \cdot a^r \equiv a^r \pmod{n}$. 因此 $a^r \equiv 1 \pmod{n}$, 由 d 的最小性，必有 $r = 0$, 于是 $d \mid k$. $\square$

前面定理的(b)部分经常非常有用，特别是 $\varphi(n)$ 的形式比较简单的时候. 下面有几个简单的例子（下一小节有更困难的例子）.

例 6.59. 对下列情况，求 $\mathrm{ord}_n(a)$:

(a) $a = 2$ 和 $n \in \{7, 11, 15\}$.

(b) $a = 5$ 和 $n \in \{7, 11, 23\}$.

证： 在所有情形中，都记 $d = \mathrm{ord}_n(a)$, 应用 $d \mid \varphi(n)$.

(a) 若 $n = 7$, $\varphi(7) = 6$ 和 $d \mid 6$. 检验 6 的因子，给出 $d = 3$.

若 $n = 11$, 则 $d \mid 10$. 检验 $1, 2, 5, 10$, 给出 $d = 10$.

若 $n = 15$, 有 $\varphi(n) = 8$, $d \mid 8$. 因为 $2^4 \equiv 1 \pmod{15}$ 和 $2^2 \not\equiv 1 \pmod{15}$, 所以 $d = 4$.

(b) 若 $n = 7$, 有 $d \mid 6$. 因为 $7 \nmid 5^2 - 1$, $7 \nmid 5^3 - 1$, 所以 $d = 6$.

若 $n = 11$, 有 $d \mid 10$. 先有 $11 \nmid 5^2 - 1$, 然后 $5^5 \equiv 25 \cdot 125 \equiv 3 \cdot 4 \equiv 1 \pmod{11}$. 所以 $d = 5$.

若 $n = 23$, 有 $d \mid 22$. 先有 $23 \nmid 5^2 - 1$, 然后

$$5^{11} \equiv 5 \cdot 25^5 \equiv 5 \cdot 2^5 \equiv 5 \cdot 9 \equiv -1 \pmod{23}.$$

因此 $d = 22$. $\square$

例 6.60. 设 $n > 1$ 是整数.

(a) 计算 $\mathrm{ord}_{2^n}(5)$, 并证明:

$$1, 5, 5^2, \cdots, 5^{2^{n-2}-1}, -1, -5, \cdots, -5^{2^{n-2}-1}$$

构成模 2^n 的缩系.

(b) 证明：对每个 $a \equiv 1 \pmod{4}$, 存在唯一的 $0 \le i \le 2^{n-2} - 1\}$, 使得 $a \equiv 5^i \pmod{2^n}$; 对每个 $a \equiv -1 \pmod{4}$, 存在唯一的 $0 \le i \le 2^{n-2} - 1\}$, 使得 $a \equiv -5^i \pmod{2^n}$.

证： (a) 设 $d = \mathrm{ord}_{2^n}(5)$, 则 $d \mid \varphi(2^n) = 2^{n-1}$, 所以 $d = 2^k$, 对某个 $0 \le k < n$ 成立. 我们要找最小的 $k \ge 0$, 使得 $2^n \mid 5^{2^k} - 1$. 利用因式分解

$$5^{2^k} - 1 = (5-1)(5+1)(5^2+1) \cdots (5^{2^{k-1}}+1)$$

或者利用升幂定理，可得 $v_2(5^{2^k} - 1) = k + 2$. 因此 $v_2(5^{2^k} - 1) \geq n$ 等价于 $k \geq n - 2$, $d = 2^{n-2}$.

因为 $\varphi(2^n) = 2^{n-1}$，模 2^n 的缩系有 2^{n-1} 个元素. 只需证

$$1, 5, 5^2, \cdots, 5^{2^{n-2}-1}, -1, -5, \cdots, -5^{2^{n-2}-1}$$

模 2^n 互不同余. 因为 $\mathrm{ord}_{2^n}(5) = 2^{n-2}$，因此 $5^i, 0 \leq i \leq 2^{n-2}-1$ 模 2^n 互不同余，这一组都是模 4 余 1 的数. 这组都乘以 -1, $-5^i, 0 \leq i \leq 2^{n-2}-1$ 也模 2^n 互不同余，这一组都是模 4 余 3 的数，两组之间也不同余，得证.

(b) 这在 (a) 中的证明中已经很明显，$5^k \equiv 1 \pmod 4$，$-5^k \equiv 3 \pmod 4$，对所有 k 成立. $\square$

下面例子中 (a) 部分的结果很重要.

例 6.61. （Lucas 1878）设 $n > 1$ 是整数，p 是 $F_n = 2^{2^n} + 1$ 的素因子.

(a) 证明：2 模 p 的阶是 2^{n+1}，然后证明 $2^{n+1} \mid p - 1$.

(b) 证明：$a = 2^{2^{n-2}}(2^{2^{n-1}} - 1)$ 模 p 的阶是 2^{n+2}，由此推出 $2^{n+2} \mid p - 1$.

(c) 证明：若 $p^2 \mid F_n$，则 $p^2 \mid 2^{p-1} - 1$.

(d) 证明：$p \mid 2^{\frac{p-1}{2}} - 1$，给出 $2^{n+2} \mid p - 1$ 的新证明.

证： (a) 设 d 是 2 模 p 的阶. 因为 $2^{2^n} \equiv -1 \pmod p$，于是 $2^{2^{n+1}} \equiv 1 \pmod p$. 因此 d 整除 2^{n+1} 但不整除 2^n，$d = 2^{n+1}$. 又因为 d 整除 $\varphi(p) = p - 1$，所以 $2^{n+1} \mid p - 1$.

(b) 注意

$$a^2 = 2^{2^{n-1}}(2^{2^n} - 2 \cdot 2^{2^{n-1}} + 1) \equiv -2 \cdot 2^{2^{n-1}+2^{n-1}} \equiv -2(-1) = 2 \pmod p,$$

因此 $a^{2^{n+1}} \equiv -1 \pmod p$，$a$ 模 p 的阶是 2^{n+2}，有 $2^{n+2} \mid p - 1$.

(c) 因为根据 (a)，有 $2^{n+1} \mid p - 1$，因此

$$p^2 \mid F_n \mid 2^{2^{n+1}} - 1 \mid 2^{p-1} - 1.$$

(d) 整除性 $p \mid 2^{\frac{p-1}{2}} - 1$ 根据欧拉准则（定理 4.99）等价于 $\left(\frac{2}{p}\right) = 1$，进一步等价于（根据定理 4.125）$p \equiv \pm 1 \pmod 8$，这可以从 (a) 得到.

进一步，2 模 p 的阶是 2^{n+1}（由 (a) 部分），$2^{\frac{p-1}{2}} \equiv 1 \pmod p$，可得 2^{n+1} 整除 $\frac{p-1}{2}$，所以 $2^{n+2} \mid p - 1$. $\square$

注释 6.62. 已知的满足 $p^2 \mid 2^{p-1} - 1$ 的素数 p，有 1 093 和 3 511，分别在 1913 年和 1922 年由 *Meissner* 和 *Beeger* 发现. 这些素数称作是 *Wieferich* 素数. 是否

存在无穷多这样的素数，还是一个未解决问题．注意 1 093 和 3 511 不整除任何费马素数，因为 2^7 不整除 1 092 或 3 510，而根据卢卡斯定理，$2^{2^n}+1, n \geq 5$ 的素因子模 2^7 都是 1（更小的费马数直接检验）．因此目前尚不知道任何有平方因子的费马数！

前面的注释和下一个例子说明，当 p 是素数时 2^p-1 非常有可能是无平方因子数（虽然还是没有已知的证明或反例）．

例 6.63. 假设 p, q 是素数和 $p^2 \mid 2^q - 1$．证明：$2^{p-1} \equiv 1 \pmod{p^2}$．

证： 设 d 是 2 模 p^2 的阶，则 $d \mid \varphi(p^2) = p(p-1)$．题目条件给出 $d \mid q$．显然 $d \neq 1$，因此必有 $d = q$，$q \mid p(p-1)$．若 $q = p$，则 $p \mid 2^p - 1$，和费马小定理矛盾．因此 $q \mid p-1$，于是 $p^2 \mid 2^q - 1 \mid 2^{p-1} - 1$． □

例 6.64. 设 $n > 1$ 是整数，满足 $a = 2^n + 1$ 是伪素数，即 $a \mid 2^a - 2$．证明：n 是 2 的幂．

证： 设 d 是 2 模 $2^n + 1$ 的阶．因为 $2^{2n} \equiv 1 \pmod{2^n + 1}$，所以 $d \mid 2n$，d 是 2 的幂．另一方面，$2^n \equiv -1 \pmod{2^n + 1}$，因此 $2^{2n} \equiv 1 \pmod{2^n + 1}$，$d \mid 2n$．若 $d \neq 2n$，则 $d \leq n$，$2^d - 1 < 2^n + 1$，与 $2^n + 1 \mid 2^d - 1$ 矛盾．因此 $d = 2n$．又因为 d 是 2 的幂，n 也是 2 的幂． □

例 6.65. （Kvant 1355）设 n 是正整数，使得 $2^{2n} + 2^n + 1$ 是素数．证明：这个素数整除 $2^{2^n+1} - 1$．

证： 设 $p = 2^{2n} + 2^n + 1$，因为 $p \mid 2^{3n} - 1$．因此要证 $p \mid 2^{2^n+1} - 1$ 只需证明 $3n \mid 2^n + 1$．设 $d = \mathrm{ord}_p(2)$．因为 $2^{3n} \equiv 1 \pmod{p}$，所以 $d \mid 3n$．又因为 $2^d > p > 2^{2n}$，有 $d > 2n > \frac{3n}{2}$，所以 $d = 3n$．因为 $d \mid p - 1$，所以 $3n \mid p - 1 = 2^n(2^n + 1)$．最后，注意 n 是奇数（若 $n > 1$ 是偶数，则 $p = 2^{2n} + 2^n + 1$ 被 3 整除，矛盾），因此 $\gcd(3n, 2^n) = 1$，$3n \mid 2^n + 1$． □

我们再给出几个理论结果，在处理模 n 的阶时很有用．第一个结果说，如果知道如何计算 $\mathrm{ord}_n(a)$，则可以很容易计算 $\mathrm{ord}_n(a^k), k \geq 1$．

命题 6.66. 设 a, n 是互素整数，$n > 1$，令 $d = \mathrm{ord}_n(a)$．则对每个正整数 k

$$\mathrm{ord}_n(a^k) = \frac{d}{\gcd(d, k)}.$$

特别地：

(a) $\mathrm{ord}_n(a^k) = d$ 当且仅当 $\gcd(d, k) = 1$．

(b) 若 $k \mid d$，则 $\mathrm{ord}_n(a^k) = \frac{d}{k}$．

证：令 $t = \operatorname{ord}_n(a^k)$，则根据定义（在 x 是正整数范围内）

$$t = \min_{n \mid a^{kx}-1} x = \min_{d \mid kx} x = \min_{\frac{d}{\gcd(d,k)} \mid x} x = \frac{d}{\gcd(d,k)}. \qquad \square$$

下面的结果将 $\operatorname{ord}_n(a)$ 的计算化归到 n 是素数幂的情形.

命题 6.67. 设 a, n 是互素整数，$n > 1$. 设 $n = p_1^{\alpha_1} p_2^{\alpha_2} \cdots p_k^{\alpha_k}$ 是 n 的素因子分解式. 则

$$\operatorname{ord}_n(a) = \operatorname{lcm}(\operatorname{ord}_{p_1^{\alpha_1}}(a), \cdots, \operatorname{ord}_{p_k^{\alpha_k}}(a)).$$

证：简记 $d = \operatorname{ord}_n(a)$，$d_i = \operatorname{ord}_{p_i^{\alpha_i}}(a), 1 \le i \le k$. 如前，根据阶的定义，

$$d = \min_{n \mid a^x - 1} x = \min_{\substack{p_i^{\alpha_i} \mid a^x - 1, \\ 1 \le i \le k}} x = \min_{\substack{d_i \mid x, \\ 1 \le i \le k}} x = \min_{\operatorname{lcm}(d_1,\dots,d_k) \mid x} x = \operatorname{lcm}(d_1, \dots, d_k). \qquad \square$$

最后，下面的公式将 $\operatorname{ord}_{p^k}(a)$ 的计算化为 $\operatorname{ord}_p(a)$ 和 $v_p(a^{\operatorname{ord}_p(a)} - 1)$. 这是升幂定理的推论（在讨论例 6.60 时已经用过）. 我们强烈建议读者在计算 $\operatorname{ord}_{p^k}(a)$ 形式的量时，重复这个证明，而不是完全记忆这个比较繁琐的公式.

命题 6.68. 设 p 是素数，α 是正整数，整数 $a > 1$ 与 p 互素. 令 $d = \operatorname{ord}_p(a)$，$v = v_p(a^d - 1) \ge 1$.

(a) 假设 $p > 2$. 则 $\operatorname{ord}_{p^\alpha}(a) = d \cdot p^{\max(\alpha - v, 0)}$. 特别地，若 $v_p(a^{\operatorname{ord}_p(a)} - 1) = 1$，则 $\operatorname{ord}_{p^\alpha}(a) = \operatorname{ord}_p(a) \cdot p^{\alpha - 1}$.

(b) 假设 $p = 2$ 和 $\alpha > 1$. 若 $a \equiv 1 \pmod{2^\alpha}$，则 $\operatorname{ord}_{2^\alpha}(a) = 1$；若 $a \equiv -1 \pmod{2^\alpha}$，则 $\operatorname{ord}_{2^\alpha}(a) = 2$；对所有其他情况，$\operatorname{ord}_{2^\alpha}(a) = 2^{\alpha + 1 - v_2(a^2 - 1)}$.

证：(a) 设 $k = \operatorname{ord}_{p^\alpha}(a)$. 则 $p^\alpha \mid a^k - 1$，因此 $p \mid a^k - 1$，根据阶的基本性质 $d \mid k$. 若 $v \ge \alpha$，则 $p^\alpha \mid a^d - 1$，因此 $k \mid d$，推出 $k = d$.

若 $v < \alpha$，记 $k = dl$. 因为 $p^\alpha \mid a^k - 1$，$p \mid a^d - 1$，升幂定理给出

$$\alpha \le v_p(a^k - 1) = v_p(a^{dl} - 1) = v_p(a^d - 1) + v_p(l) = v + v_p(l).$$

于是 $v_p(l) \ge \alpha - v$，$p^{\alpha - v} \mid l$，因此 $d \cdot p^{\alpha - v} \mid k$. 反之，同样根据升幂定理，确实有 $p^\alpha \mid a^{d \cdot p^{\alpha - v}} - 1$，所以 $k = d \cdot p^{\alpha - v}$.

(b) 前两个情形是显然的，现在设 a 模 2^α 不是 ± 1，因此 $\alpha > v_2\left(\frac{a^2 - 1}{2}\right)$. 根据欧拉定理 $k \mid 2^{\alpha - 1}$，所以 $k = 2^r$，$r \ge 0$. 进一步，利用升幂定理给出

$$\alpha \le v_2(a^k - 1) = v_2\left(\frac{a^2 - 1}{2}\right) + r,$$

因此有 $r \ge \alpha - v_2\left(\frac{a^2 - 1}{2}\right)$. 类似的论述说明对 $k = 2^{\alpha - v_2\left(\frac{a^2 - 1}{2}\right)}$，有 $a^k \equiv 1 \pmod{2^\alpha}$. $\qquad \square$

注释 6.69. 若 $v_p(a^{\mathrm{ord}_p(a)} - 1) > 1$，则 $p^2 \mid a^{p-1} - 1$（因为 $\mathrm{ord}_p(a) \mid p - 1$）. 对每个 a，这种情况只对很少的素数 p 成立（$a = 2$ 的情形见注释 6.62）

例 6.70. 证明：若 n 是正整数，则 2 模 5^n 的阶是 $4 \cdot 5^{n-1}$.

证： 显然有 $\mathrm{ord}_5(2) = 4$ 和 $v_5(2^4 - 1) = 1$，利用命题 6.68 (a) 可得. $\qquad\square$

例 6.71. 证明：若 p 是奇素数，n 是正整数，则 $1 + p$ 模 p^n 的阶是 p^{n-1}.

证： $1 + p$ 模 p 的阶显然是 1，而 $v_p((1 + p)^1 - 1) = 1$，由命题 6.68 可得. $\qquad\square$

例 6.72. （中国西部2010）设 m, k 是非负整数，假设 $p = 2^{2^m} + 1$ 是素数. 证明：2 模 p^{k+1} 的阶是 $2^{m+1} p^k$.

证： 对 $k = 0$，我们要证 $\mathrm{ord}_p(2) = 2^{m+1}$，之前已经证了类似的（见例 6.61）. 还有 $v_p(2^{2^{m+1}} - 1) = v_p((p - 2)p) = 1$. 利用命题 6.68 (a)，可证. $\qquad\square$

我们给出阶和十进制展开的一个联系，结束这一小节. 若 $x \in [0, 1)$ 是实数，则可以将 x 关联到一个数字序列 $a_1, a_2, \cdots \in \{0, \cdots, 9\}$ 如下：

定义 $a_1 = [10x]$，$b_1 = 10x - a_1 \in [0, 1)$. 然后 $a_2 = [10b_1]$，$b_2 = 10b_1 - a_2$，以此类推. 容易看出对所有的 $n \geq 1$，有

$$0 \leq x - \left(\frac{a_1}{10} + \frac{a_2}{10^2} + \cdots + \frac{a_n}{10^n} \right) < \frac{1}{10^n},$$

因此有理数序列 $\left(\frac{a_1}{10} + \cdots + \frac{a_n}{10^n} \right)_{n \geq 1}$ 可以逼近 x 到任意精确度. 表达式 $0.a_1 a_2 \cdots$ 称为 x 的十进制（小数）表达式. 若 x 是一般的实数，可以先写 $|x| = \pm x = N + z$ 其中 N 是非负整数，$z \in [0, 1)$. 若 $N = b_k \cdot 10^k + \cdots + b_1 \cdot 10 + b_0$ 是 N 的十进制表达式，$0.a_1 a_2 \cdots$ 是 z 的十进制表达式，我们称 $\pm b_k \cdots b_0.a_1 a_2 \cdots$ 是 x 的十进制表达式. 我们如果序列 $(a_n)_{n \geq 1}$ 最终是周期的，则称十进制表达式是周期的. 即存在 $T \geq 1$，使得对所有足够大 n，有 $a_n = a_{n+T}$. 如果十进制表达式从小数点后第一位是周期的，即存在 $T \geq 1$，使得 $a_n = a_{n+T}$，对所有 $n \geq 1$ 成立，则称十进制表达式是纯周期的（这一段都是小学熟知的内容，译者注）.

定理 6.73. 设 x 是实数：

(a) x 的十进制表达式是周期的当且仅当 x 是有理数.

(b) x 的十进制表达式是纯周期的当且仅当 x 是有理数，并且 x 写成最简分数的分母和 10 互素.

(c) 若 x 是有理数并且 x 的分母具有形式 $2^u 5^v q$，$\gcd(q, 10) = 1$，则 x 的十进制表达式的最小周期是 10 模 q 的阶.

证： 假设 x 的十进制表达式是周期的，比如

$$x = n.a_1 \cdots a_s b_1 \cdots b_k b_1 \cdots b_k b_1 \cdots b_k \cdots,$$

其中 n 是整数，$a_1, \cdots, a_s, b_1, \cdots, b_k$ 是 0 到 9 的数字。则

$$x = n + \frac{\overline{a_1 \cdots a_s}}{10^s} + \frac{\overline{b_1 \cdots b_k}}{10^{k+s}} + \frac{\overline{b_1 \cdots b_k}}{10^{2k+s}} + \cdots$$

因此

$$x = n + \frac{\overline{a_1 \cdots a_s}}{10^s} + \frac{\overline{b_1 \cdots b_k}}{10^s(10^k - 1)},$$

显然是有理数。进一步，这也证明了若 x 的十进制表达式是纯周期的，则可以取 $s = 0$，则 x 的分母整除 $10^k - 1$，与 10 互素。这样证明了 (a) 和 (b) 的一个方向。

现在假设 x 是有理数，取足够大的 s 使得 $10^s x$ 的分母与 10 互素，利用带余除法，可以写 $10^s x = y + \frac{z}{q}$，y, z, q 是整数，$0 \le z < q$。设 $k = \mathrm{ord}_q(10)$，则

$$10^s x = y + \frac{z \cdot \frac{10^k - 1}{q}}{10^k - 1} = y + \frac{N}{10^k - 1}$$

其中 $0 \le N < 10^k - 1$ 是整数。将 y, N 写成

$$y = 10^s n + \overline{a_1 \cdots a_s}, \quad N = \overline{b_1 \cdots b_k},$$

则

$$x = n + \frac{\overline{a_1 \cdots a_s}}{10^s} + \frac{\overline{b_1 \cdots b_k}}{10^s(10^k - 1)} = n.a_1 \cdots a_s b_1 \cdots b_k b_1 \cdots b_k b_1 \cdots b_k \cdots$$

因此 x 的十进制表达式是周期的，$k = \mathrm{ord}_q(10)$ 是一个周期。进一步，若 x 的分母与 10 互素，则我们可以取 $s = 0$，因此 x 的十进制表达式是纯周期的。这样证明了 (a) 和 (b)，同时也说明了十进制表达式的最小周期 k_0 不能超过 k。

另一方面，若 k_0 是 x 的十进制表达式的最小周期，则前面说明了可以写出

$$10^s x = A + \frac{B}{10^{k_0} - 1},$$

s, A, B 是整数。若 x 的分母是 $2^u 5^v q$，$\gcd(q, 10) = 1$，则 $q \mid 10^{k_0} - 1$，所以 $k \mid k_0$。因此 $k_0 = k = \mathrm{ord}_q(10)$，得证。 $\qquad \square$

一个具体的例子，考虑 $x = \frac{1}{7}$，则可以检验 $\mathrm{ord}_7(10) = 6$，$10^6 - 1 = 7 \times 142\,857$，因此

$$x = \frac{1}{7} = \frac{142\,857}{10^6 - 1} = \frac{142\,857}{10^6} + \frac{142\,857}{10^{12}} + \cdots = 0.142\,857\,142\,857 \cdots$$

例 6.74. （Moscow 1990）一个有理数 A 的十进制表达式是纯周期的，周期为 n.则 A^2 的十进制表达式周期的最大可能值是多少？

证： 设 $A = \frac{a}{b}$，题目条件说明 $\mathrm{ord}_b(10) = n$ 我们要找 $\mathrm{ord}_{b^2}(10)$ 的最大值.记 $10^n = 1 + kb$，根据二项式定理，有

$$10^{nb} = (1 + kb)^b = 1 + kb^2 + \cdots \equiv 1 \pmod{b^2}.$$

因为 $b^2 \mid 10^{bn} - 1$，所以 $\mathrm{ord}_{b^2}(10) \mid bn$，特别地，$\mathrm{ord}_{b^2}(10) \le bn \le n(10^n - 1)$.

要证这就是答案，我们需要证明存在 A，使得 $\mathrm{ord}_b(10) = n$ 和 $\mathrm{ord}_{b^2}(10) = n(10^n - 1)$.取 $A = \frac{1}{10^n - 1}$，则 $b = 10^n - 1$.设 $k = \mathrm{ord}_{b^2}(10)$，则 $n \mid k$ 和 $k = nc$，对某个正整数 c 成立.现在 $(10^n - 1)^2 \mid 10^{nc} - 1$，因此 $10^n - 1 \mid 1 + 10^n + \cdots + 10^{n(c-1)}$，给出 $10^n - 1 \mid c$，所以 $\mathrm{ord}_{b^2}(10) = n(10^n - 1)$.（这一段避免麻烦没有考虑模素数幂，因此没有用升幂定理.——译者注） □

例 6.75. (USAMO 2013) 设 m 和 n 是正整数.证明：存在正整数 c，使得 cm 和 cn 在十进制下的表达式中每个非零数字出现的次数相同.

证： 先选择正整数 k，使得 $10^k m - n$ 可以写成 $2^x 5^y z$ 的形式，$x, y \ge 0$，z 与 10 互素，且 $z > \max(m, n)$.这是可能的，因为只要 $k > \max(v_2(n), v_5(n))$，则对于 $p \in \{2, 5\}$，$v_p(10^k m - n) = v_p(n)$，因此 $z \ge \frac{10^k m - n}{2^{v_2(n)} 5^{v_5(n)}}$，$k$ 足够大时超过 $\max(m, n)$

接下来，设 b 是 10 模 z 的阶，记 $10^b - 1 = zc$，c 是正整数.我们声明 c 是问题的解.

首先，b 是 $\frac{1}{z}$ 的循环节长度，一个循环节是 c 的十进制表示（b 位整数，可能左边添零）.因为 $z > \max(m, n)$，$\frac{m}{z}$ 和 $\frac{n}{z}$ 的循环节都包含 b 位数，分别是 cm 和 cn 的十进制表示.

因为 $10^k \frac{m}{z} = \frac{n}{z} + 2^x 5^y$，$\frac{n}{z}$ 的十进制表示是把 $\frac{m}{z}$ 的十进制表示小数点右移 k 位，然后去掉整数部分得到的.因此 cm 和 cn 的 b 位整数表示相互之间差一个轮换，因此 c 是问题的解. □

例 6.76. （ IMOSL1999）(a) 证明：存在无穷多素数 p，使得 $\frac{1}{p}$ 的十进制表示的周期是 3 的倍数.

(b) 若 p 是这样的素数，记 $\frac{1}{p} = 0.a_1 a_2 \cdots a_{3k} a_1 a_2 \cdots a_{3k} \cdots$.对所有这样的素数，求 $\max_{1 \le i \le k}(a_i + a_{i+k} + a_{i+2k})$ 的最大值.

证： (a) 我们先要保证 10 模 p 的阶是 3 的倍数.若这个阶是 $3d$，则 p 整除 $10^{2d} + 10^d + 1$，因此我们找 $10^{2q} + 10^q + 1$ 类型的数的因子，q 是素数（于是 $3q$ 的因子很少）.

更准确地说，我们证明：对每个素数 q，可以找到 $10^{2q} + 10^q + 1$ 的素因子 $p = f(q)$，不整除 $10^3 - 1$. 进一步，我们将证明：10 模 p 的阶是 $3q$，特别地 $q \to f(q)$ 是单射，这将证明(a).

注意 $10^{2q} + 10^q + 1 \equiv 3 \pmod 9$，因此，若 $10^{2q} + 10^q + 1$ 的所有素因子整除 $10^3 - 1 = 9 \cdot 111 = 27 \cdot 37$，则 $10^{2q} + 10^q + 1 = 3 \cdot 37^k$. 模 4 左端为 1，右端为 3，矛盾（也可用升幂定理，$v_{37}(10^{3q} - 1) = 1$，除非 $q = 37$，译者注）. 这证明了 p 的存在性.

接下来，设 d 是 10 模 p 的阶. 因为 p 整除 $10^{2q} + 10^q + 1$，也整除 $10^{3q} - 1$. 但是 $p \nmid 10^3 - 1$（前面假设），$p \nmid 10^q - 1$（否则 $10^{2q} + 10^q + 1 \equiv 3 \pmod p$，矛盾）. 因此 $d = 3q$.

(b) 这部分比较微妙. 我们已有 $p \mid 10^{2k} + 10^k + 1$. 因为

$$\frac{10^{3k} - 1}{p} = a_1 \cdot 10^{3k-1} + \cdots + a_{3k},$$

所以 $10^k - 1 \mid a_1 \cdot 10^{3k-1} + \cdots + a_{3k}$. 利用 $10^{kj+r} \equiv 10^r \pmod{10^k - 1}$，可以进一步写成

$$10^k - 1 \mid b_1 \cdot 10^{k-1} + b_2 \cdot 10^{k-2} + \cdots + b_k,$$

其中 $b_i = a_i + a_{i+k} + a_{i+2k}$. 注意 $0 \le b_i \le 27$，因此

$$b_1 \cdot 10^{k-1} + b_2 \cdot 10^{k-2} + \cdots + b_k \le 27 \cdot \frac{10^k - 1}{9} = 3(10^k - 1).$$

等号成立当且仅当 $a_1 = \cdots = a_{3k} = 9$，这不可能（周期是 1）.

因此 $b_1 \cdot 10^{k-1} + b_2 \cdot 10^{k-2} + \cdots + b_k \le 2(10^k - 1)$，特别地 $b_1 < 20$. 另一方面，因为 $10^k - 1 \mid 10(b_1 \cdot 10^{k-1} + b_2 \cdot 10^{k-2} + \cdots + b_k)$，所以 $10^k - 1 \mid b_2 \cdot 10^{k-1} + \cdots + 10b_k + b_1$，前面的论述又给出 $b_2 < 20$. 如此继续，可得 $b_3, \cdots, b_k < 20$，因此 $\max_{1 \le i \le k}(a_i + a_{i+k} + a_{i+2k}) \le 19$.

我们可以看到当 $p = 7$ 时，最大值可以取到，这时一个循环节为 $142\,857$，其中 $4 + 8 + 7 = 19$ 取到最大值. $\square$

6.3.2 阶的训练

这一小节我们用具体的例子来演示前面理论结果的应用，这些例子更难一些. 下一个问题的结果实际很有用. 它基本上是说，若 a, b 是整数，则 $a^p - b^p$（p 是素数）的素因子有比较特殊的形式.

例 6.77. 设 a 和 b 是不同整数，p 是素数.

(a) 证明：$a^p - b^p$ 的任何素因子 q 或者是 $\gcd(a, b) \cdot (a - b)$ 的约数，或者是 $1 + kp$ 型数.

(b) 假设 $\gcd(a, b) = 1$. 证明：$\frac{a^p - b^p}{a - b}$ 的任何素因子，或者等于 p，或者是 $1 + kp$ 型数.

证：(a) 若 $q \mid a$，则显然 $q \mid b$，所以 $q \mid \gcd(a, b)$.

现在假设 q 不整除 a，则它也不整除 b（因为 $q \mid a^p - b^p$）. 设 c 是整数，使得 $ca \equiv 1 \pmod{q}$，则 $q \mid (ca)^p - (cb)^p$，因此 $q \mid (cb)^p - 1$.

若 $d = \mathrm{ord}_q(cb)$，则 $d \mid p$，且 $d \mid \varphi(q) = q - 1$. 若 $d = 1$，则 $q \mid cb - 1$，进而 $q \mid a - b$. 若 $d = p$，则 $p \mid q - 1$，证毕.

(b) 因为 $q \mid \frac{a^p - b^p}{a - b}$，有 $q \mid a^p - b^p$. 根据(a)和题目条件 $q \mid a - b$ 或者 $q \equiv 1 \pmod{p}$. 若 $p \mid q - 1$，题目已经成立.

若 $q \mid a - b$. 我们还有 $q \mid a^{p-1} + a^{p-2}b + \cdots + b^{p-1}$，因此 $q \mid pa^{p-1}$ 和 $q \mid pb^{p-1}$. 而 $\gcd(a^{p-1}, b^{p-1}) = 1$，因此 $q \mid p$，$q = p$. $\qquad\square$

注释 6.78. 在(b)部分中，如果我们假设 $p, q > 2$，则 $q \equiv 1 \pmod{2p}$，因此 $q \geq 2p + 1$.

下面是一个非常类似的结果.

例 6.79. 设 a 和 b 是互素整数，n 是正整数. 证明：$a^{2^n} + b^{2^n}$ 的任何正奇数因子 模 2^{n+1} 余 1.

证：只需证明：$a^{2^n} + b^{2^n}$ 的任何奇素数因子 p 模 2^{n+1} 余 1. 注意因为 $\gcd(a, b) = 1$，p 不整除 ab. 设 c 是整数，满足 $bc \equiv 1 \pmod{p}$，则 $p \mid (ac)^{2^n} + 1$. 则 ac 模 p 的阶 k 整除 2^{n+1}，但不整除 2^n. 因此 $k = 2^{n+1}$，而 $k \mid p - 1$，证毕. $\qquad\square$

下面四个例子演示了刚刚这个例子结果的应用.

例 6.80. （Kvant 1476）求所有素数 p 和 q，使得

$$pq \mid (2^p + 1)(2^q + 1).$$

证：若 $p \mid 2^p + 1$，则费马小定理给出 $p \mid 3$，因此 $p = 3$. 这时有 $q \mid 3(2^q + 1)$，再 用费马小定理，可得 $q \mid 9$，$q = 3$. 给出一组解 $(p, q) = (3, 3)$.

另一方面，若 $(p, q) \neq (3, 3)$，前面讨论给出两个素数都不是 3. 因此 $p \neq q$，$p \mid 2^q + 1$，$q \mid 2^p + 1$. 我们将证明这些方程无解.

因为 $p \neq 3$，$p \mid 2^q + 1$，有 $p \mid \frac{(-2)^q - 1}{-2 - 1}$. 例 6.77 给出 $p \equiv 1 \pmod{q}$，特别地 $p > q$. 由对称性，我们还会得到 $q > p$，矛盾.

因此 $(p, q) = (3, 3)$ 是问题的唯一解. $\qquad\square$

例 6.81. （IMOSL2006）求方程 $\frac{x^7-1}{x-1} = y^5 - 1$ 的所有整数解.

证： 我们将证明方程无解. 使用两次例 6.77 的下面特例：若 p 是素数，x 是整数，则 $\frac{x^p-1}{x-1}$ 的任何素因子 q 模 p 为 0 或 1.

注意对任何 $x \neq 1$，$x - 1$ 和 $x^7 - 1$ 总是同号，因此 $\frac{x^7-1}{x-1} > 0$. 于是总有 $y > 1$. 前面讨论说明 $y - 1$ 和 $z := y^4 + y^3 + y^2 + y + 1$ 的每个素因子模 7 余 0 或者 1. 若 $y - 1 \equiv 0 \pmod 7$，则 $z \equiv 5 \pmod 7$，矛盾. 若 $y - 1 \equiv 1 \pmod 7$，则 $z \equiv 2^4 + 2^3 + 2^2 + 2 + 1 \equiv 3 \pmod 7$，也矛盾. 因此方程无解. $\qquad\square$

例 6.82. 求所有整数 $a, n > 1$，使得 n 和 $a^n + 1$ 的素因子集合相同.

证： 设 p 是 n 的最大的素因子. 若 $p = 2$，则 n 是 2 的幂，同时 $a^n + 1 = (a^{\frac{n}{2}})^2 + 1$ 也是 2 的幂. 因为上式右端是平方数加 1，所以不被 4 整除，只有 $a^n + 1 = 2$，矛盾.

因此 $p > 2$. 设 $b = a^{\frac{n}{p}}$，

$$A = \frac{b^p + 1}{b + 1} = \frac{(-b)^p - 1}{(-b) - 1} = \frac{a^n + 1}{a^{\frac{n}{p}} + 1}.$$

根据例 6.77，A 的任何素因子 q 或者等于 p，或者模 p 余 1. 由 p 是 n 的最大素因子，题目假设 $a^n + 1$ 的素因子集合与 n 相同，$q \equiv 1 \pmod p$ 不能成立. 因此 $q = p, A = p^k$.

进一步，$p \mid b^p + 1$，所以根据费马小定理 $p \mid b + 1$. 利用升幂定理可得 $v_p(A) = 1$，所以 $A = p$，即 $b^p + 1 = p(b + 1)$. 像例 5.29 的解答中一样用不等式估计，给出 $b = 2$ 和 $p = 3$. 因此 $a^{\frac{n}{p}} = 2$，$a = 2$，$n = 3$.

问题的唯一解是 $(a, n) = (2, 3)$. $\qquad\square$

例 6.83. （IMOSL2005）求所有正整数 n，使得存在唯一整数 $0 \le a \le n! - 1$ 满足 $n! \mid a^n + 1$.

证： 不难看到 $n = 2$ 和 $n = 3$ 是问题的解.

现在假设 $n > 3$. 若 $n! \mid a^n + 1$，则 $4 \mid a^n + 1$，所以 n 必须是奇数. $a = n! - 1$ 满足 $n! \mid a^n + 1$，因此 n 是问题的解当且仅当对任何 $b \in \{0, 1, \cdots, n! - 2\}$，$b^n + 1$ 不是 $n!$ 的倍数.

先假设 n 是素数而且 $b \in \{0, 1, \cdots, n! - 2\}$ 满足 $n! \mid b^n + 1$. 则 $n \mid b^n + 1$，费马小定理给出 $n \mid b + 1$. 另一方面，对任何 $q < n$，令 $k = v_q((n - 1)!)$，则 $q^k \mid (b + 1) \cdot \frac{b^n + 1}{b + 1}$. 由于 $q < n$，例 6.77 表明 q 不能整除 $\frac{b^n + 1}{b + 1}$，因此 $q^k \mid b + 1$. 进一步得到 $(n - 1)! \mid b + 1$，结合 $n \mid b + 1$ 和 $\gcd(n, (n - 1)!) = 1$，给出 $n! \mid b + 1$，矛盾. 因此所有素数是问题的解.

现在假设 n 是合数，最小素因子为 p. 我们将证明 $b = \frac{n!}{p} - 1 \in \{0, 1, \cdots,$ $n! - 2\}$ 满足 $n! \mid b^n + 1$, 于是 n 不是问题的解. 因为

$$b^n + 1 = (b+1)(b^{n-1} - b^{n-2} + \cdots + 1) = \frac{n!}{p} \cdot (b^{n-1} - b^{n-2} + \cdots + 1)$$

所以只需证明：$p \mid b^{n-1} - b^{n-2} + \cdots + 1$. 因为 p 是 n 的最小素因子，n 是合数，有 $p^2 \leq n$, 因此 $p^2 \mid n!$, $b \equiv -1 \pmod{p}$. 代入得

$$b^{n-1} - b^{n-2} + \cdots + 1 \equiv 1 + 1 + \cdots + 1 = n \equiv 0 \pmod{p}.$$

因此问题的解恰好是所有素数. $\qquad\square$

例 6.84. （Komal）设 $n \geq 1$ 和 a 是整数，满足 $n \mid a^n - 1$. 证明：$a + 1, a^2 + 2, a^3 + 3, \cdots, a^n + n$ 构成模 n 的完系.

证： 我们对 n 用第二数学归纳法证明. $n = 1$ 的情形显然. 假设命题对直到 $n-1$ 的数都成立，现在对 n 证明.

注意，因为 $n \mid a^n - 1$, 所以 $\gcd(a, n) = 1$, 记 $d = \mathrm{ord}_n(a)$. 有 $d \mid \varphi(n)$, 特别地，$d < n$. 进一步，因为 $a^n \equiv 1 \pmod{n}$, 所以 $d \mid n$, 进而 $a^d \equiv 1 \pmod{d}$. a 和 d 满足题目条件，而 $d < n$, 根据归纳假设 $(a^i + i)_{1 \leq i \leq d}$ 是模 d 的完系.

现在假设有 $a^i + i \equiv a^j + j \pmod{n}$, 则 $a^i + i \equiv a^j + j \pmod{d}$ （因为 $d \mid n$）根据前面的讨论 $i \equiv j \pmod{d}$. 然后 $a^i \equiv a^j \pmod{n}$ （因为 $a^d \equiv 1 \pmod{n}$），于是得到 $i \equiv j \pmod{n}$, 结论对 n 成立. $\qquad\square$

例 6.85. （印度2014）设 p 是奇素数，k 是正奇数. 证明：$pk + 1$ 不整除 $p^p - 1$.

证： 假设结论不成立，取 k 是最小的正奇数，使得 $pk + 1 \mid p^p - 1$. p 模 $pk + 1$ 的阶整除 p, 而且不能是 1 （因为 $pk + 1 > p - 1$），因此必然是 p, 欧拉定理给出 $p \mid \varphi(pk + 1)$. 因为 $\gcd(p, pk + 1) = 1$, 所以存在素数 $q \mid pk + 1$ 使得 $p \mid q - 1$.

记 $pk + 1 = q^s m$, $s \geq 1$, $m \geq 1$ 是偶数. 对等式 $pk + 1 = q^s m$ 模 p 计算，可知 $q \equiv 1 \pmod{p}$, $m \equiv 1 \pmod{p}$. 因此 $m = 1 + up$, 而 m 是偶数，所以 u 是奇数. 现在 $m < pk + 1$, $m \mid pk + 1 \mid p^p - 1$, 和 k 的最小性矛盾. $\qquad\square$

我们给出一些更困难的问题，结束这一小节.

例 6.86. （罗马尼亚TST2009）证明：存在无穷多对不同的素数 (p, q), 使得 $p \mid 2^{q-1} - 1$ 和 $q \mid 2^{p-1} - 1$.

证： 设 $F_n = 2^{2^n} + 1$ 是第 n 个费马数. 对每个 $n > 1$ 设 p_n 是 F_n 的一个素因子，q_n 是 F_{n+1} 的一个素因子. 则因为费马数两两互素（见例2.12），所以 $p_2, p_3, \cdots$ 两两不同，且 $p_n \neq q_n$, 对所有 n 成立.

进一步因为例 6.61, 有 $p_n \equiv 1 \pmod{2^{n+2}}$ 和 $q_n \equiv 1 \pmod{2^{n+3}}$. 因此有 $p_n \mid 2^{2^n} + 1 \mid 2^{2^{n+1}} - 1 \mid 2^{q_n-1} - 1$ 及 $q_n \mid 2^{2^{n+1}} + 1 \mid 2^{2^{n+2}} - 1 \mid 2^{p_n-1} - 1$. 对所有 $n > 1$, (p_n, q_n) 是题目的解. □

例 6.87. (俄罗斯2009) 设 x 和 y 是整数, 满足 $2 \leq x, y \leq 100$. 证明: 存在正整数 n, 使得 $x^{2^n} + y^{2^n}$ 是合数.

证: 若 $x = y$, 取 $n = 1$ 即可. 现在假设 $x \neq y$. 我们先证明 $257 \mid x^{2^n} + y^{2^n}$, 对某个 $n \geq 1$ 成立. 因为 257 是素数, 而且 y 不是 257 的倍数, 所以存在 q, 使得 $x \equiv qy \pmod{257}$. 注意根据 $2 \leq x \neq y \leq 100$, q 模 257 不是 0 或 ± 1.

设 $d = \operatorname{ord}_{257}(q)$, 则 $d \mid 256 = 2^8$, $d = 2^k$, k 是正整数. 因为 257 不整除 $q \pm 1$, 所以 $k \geq 2$. 进一步, 因为 $257 \mid q^{2^k} - 1$, 257 不整除 $q^{2^{k-1}} - 1$, 所以 $257 \mid q^{2^{k-1}} + 1$. 最后, 因为 $x \equiv qy \pmod{257}$, 所以 $257 \mid x^{2^{k-1}} + y^{2^{k-1}}$. 令 $n = k - 1 \geq 1$.

若 $x^{2^n} + y^{2^n}$ 是素数, 则必有 $x^{2^n} + y^{2^n} = 257$. 记 $a = x^{2^{n-1}}$, $b = y^{2^{n-1}}$, 则 $a^2 + b^2 = 257$, $a, b > 1$ (因为 $x, y > 1$). 直接计算发现这是不可能的 (一般的 $4k + 1$ 型素数能唯一写成两个正整数的平方和, 这里 $257 = 16^2 + 1^2$), 所以 $x^{2^n} + y^{2^n}$ 是合数. □

例 6.88. (AMME2948) 设 x, y 是大于 1 的互素整数. 证明: 对无穷多素数 p, $v_p(x^{p-1} - y^{p-1})$ 是奇数.

证: 若 $k > 2$ 是整数, 根据定理 2.51 和其后的注释, $x^{2^{k-1}} + y^{2^{k-1}}$ 不是完全平方数或 2 倍完全平方数. 因此, 我们可以找到奇素数 p_k 使得 $v_{p_k}(x^{2^{k-1}} + y^{2^{k-1}})$ 是奇数.

因为 $\gcd(x, y) = 1$, 所以 p_k 不整除 xy. 又因为 p_k 整除 $x^{2^{k-1}} + y^{2^{k-1}}$, 例 6.79 表明 2^k 整除 $p_k - 1$. 升幂定理给出

$$v_{p_k}(x^{p_k-1} - y^{p_k-1}) = v_{p_k}(x^{2^k} - y^{2^k}) + v_{p_k}\left(\frac{p_k - 1}{2^k}\right) = v_{p_k}(x^{2^{k-1}} + y^{2^{k-1}}),$$

根据 p_k 的选法, 最后的数是奇数.

通过取 $k = 3, 4, \cdots$, 得到素数数列 (p_k), 而 $p_k \geq 1 + 2^k$, 说明这些素数无界, 其中有无穷多互不相同的 p_k (事实上, 根据 x, y 互素, 能得到 $x^{2^k} + y^{2^k}$ 对不同的 k, 最大公约数至多为 2, 这些 p_k 本来就是不一样的. ——译者注). □

例 6.89. (CTST2005) 证明: 对每个 $n > 2$, $2^{2^n} + 1$ 有素因子大于 $(n + 1) \cdot 2^{n+2}$.

证： 对 $n = 3$ 结论显然成立（注意 $2^8 + 1$ 是素数），因此假设 $n \geq 4$.

考虑素因子分解式 $2^{2^n} + 1 = p_1^{\alpha_1} \cdots p_k^{\alpha_k}$，其中 $p_1 < \cdots < p_k$ 是素数. 根据例 6.61，存在正整数 $q_1, \cdots, q_k$ 使得 $p_i = 1 + 2^{n+2} q_i$. 利用 $2^n \geq 2n + 4$ 和 $p_i^{\alpha_i} \equiv 1 + 2^{n+2} \alpha_i q_i \pmod{2^{2n+4}}$，可得

$$1 \equiv 2^{2^n} + 1 \equiv \prod_{i=1}^{k}(1 + 2^{n+2}\alpha_i q_i) \equiv 1 + 2^{n+2}\sum_{i=1}^{k} q_i \alpha_i \pmod{2^{2n+4}}.$$

因此 $\alpha_1 q_1 + \cdots + \alpha_k q_k \geq 2^{n+2}$.

假设 $\max_i(q_i) \leq n$，则 $\alpha_1 + \cdots + \alpha_k \geq \frac{2^{n+2}}{n}$，就有

$$1 + 2^{2^n} = \prod_{i=1}^{k}(1 + 2^{n+2}q_i)^{\alpha_i} > \prod_{i=1}^{k}(2^{n+2})^{\alpha_i} \geq (2^{n+2})^{\frac{2^{n+2}}{n}} = 2^{\frac{n+2}{n} \cdot 2^{n+2}}.$$

观察等式最左端和最右端，有 $1 + 2^{2^n} > 2^{2^{n+2}}$，矛盾. 因此 $\max_i(q_i) \geq n + 1$，$\max_i(p_i) > (n+1)2^{n+2}$. □

例 6.90. （伊朗 2011）设 $k \geq 7$ 是整数. 求整数对 (x, y) 的个数，使得 $0 \leq x, y < 2^k$，且

$$73^{73^x} \equiv 9^{9^y} \pmod{2^k}.$$

证： 我们先研究 $1, 9, 9^2, \cdots$ 模 2^N 的可能余数，$N \geq 4$ 是给定整数. 容易得到（利用命题 6.68 或者直接计算），9 模 2^N 的阶是 2^{N-3}. 因此 9 的幂次模 2^N 恰好取 2^{N-3} 个不同的余数，每个都是 $8k+1$ 型. 也只有这么多 $8k+1$ 型的余数，所以这些就是可能取到的余数.

因为 $73 \equiv 1 \pmod 8$，前面一段得到，存在 $u \geq 1$，使得 $73 \equiv 9^u \pmod{2^k}$. 因为 $73 \equiv 9 \pmod{64}$，所以 $9^{u-1} \equiv 1 \pmod{2^6}$，升幂定理给出 $u \equiv 1 \pmod 8$.

9 模 2^k 的阶是 2^{k-3}，所以同余方程 $73^{73^x} \equiv 9^{9^y} \pmod{2^k}$ 等价于 $u9^{ux} \equiv 9^y \pmod{2^{k-3}}$. 我们要找到这个方程的解 $x, y \in \{0, 1, \cdots, 2^k - 1\}$.

固定 $x \in \{0, 1, \cdots, 2^k - 1\}$，则 $u9^{ux} \equiv 1 \pmod 8$，因此根据第一段，存在 v，使得 $u9^{ux} \equiv 9^v \pmod{2^{k-3}}$. 现在 $9^y \equiv 9^v \pmod{2^{k-3}}$ 当且仅当 $y \equiv v \pmod{2^{k-6}}$. 存在 2^6 这样的 $y \in \{0, 1, \cdots, 2^k - 1\}$. 因此，对每个 x 对应的同余式有 2^6 个 y 的解，解的总数是 2^{k+6}. □

例 6.91. （伊朗 TST 2009）证明：对所有正整数 n，有

$$3^{\frac{5^{2^n}-1}{2^{n+2}}} \equiv (-5)^{\frac{3^{2^n}-1}{2^{n+2}}} \pmod{2^{n+4}}.$$

证： 简记 $5^{2^n} - 1 = b$ 和 $3^{2^n} - 1 = c$. 容易验证，利用升幂定理或者公式

$$x^{2^n} - 1 = (x - 1)(x + 1)(x^2 + 1) \cdots (x^{2^{n-1}} + 1),$$

得到 $v_2(b) = v_2(c) = n + 2$，因此 $\frac{b}{2^{n+2}}$ 及 $\frac{c}{2^{n+2}}$ 都是奇数，同余式可以写成

$$(-3)^{\frac{b}{2^{n+2}}} \equiv 5^{\frac{c}{2^{n+2}}} \pmod{2^{n+4}}.$$

接下来，根据例 6.60，存在 $a \geq 1$ 使得 $-3 \equiv 5^a \pmod{2^{n+4}}$. 前面的同余式变为 $5^{\frac{ab}{2^{n+2}}} \equiv 5^{\frac{c}{2^{n+2}}} \pmod{2^{n+4}}$. 因为 5 模 2^{n+4} 的阶是 2^{n+2}（见例 6.60），这个同余式进一步等价于 $\frac{ab}{2^{n+2}} \equiv \frac{c}{2^{n+2}} \pmod{2^{n+2}}$，或者 $ab \equiv c \pmod{2^{2n+4}}$.

然后，注意到若 x, y 是奇数，$x \equiv y \pmod{2^k}$，则 $x^{2^m} \equiv y^{2^m} \pmod{2^{m+k}}$ 对所有 $m \geq 1$ 成立. 这可以直接归纳得到. 因为 $-3 \equiv 5^a \pmod{2^{n+4}}$，所以 $3^{2^n} \equiv 5^{a \cdot 2^n} \pmod{2^{2n+4}}$. 因此

$$1 + c \equiv (1 + b)^a = 1 + ab + \binom{a}{2} b^2 + \cdots \pmod{2^{2n+4}}.$$

因为 $v_2(b) = n + 2$，最后的同余式等价于 $c \equiv ab \pmod{2^{2n+4}}$，恰是我们需要证明的. $\qquad\square$

例 6.92. （CTST2004）证明：对每个整数 $m > 1$，存在素数 p，使得对每个 n，$p \nmid n^m - m$.

证： 选 m 的素因子 q，我们下一段要证明，可以找到素数 p，使得 $p \mid m^q - 1$，$p \nmid m - 1$ 且 $\gcd(p - 1, qm) \mid m$. 我们说这样的 p 是问题的解. 实际上，假设 $p \mid n^m - m$，则 $n^{mq} \equiv m^q \equiv 1 \pmod{p}$. 因此 $d := \mathrm{ord}_p(n)$ 整除 mq. 又因为 $d \mid p - 1$，所以 $d \mid \gcd(mq, p - 1) \mid m$，然后有 $p \mid n^m - 1$. 这和假设 $p \mid n^m - m$，及 $p \nmid m - 1$ 矛盾.

我们现在证明素数 p 的存在性. 设 $k = v_q(m)$，考察

$$A = \frac{m^q - 1}{m - 1} = 1 + m + m^2 + \cdots + m^{q-1}.$$

A 模 q^{k+1} 的余数是 $1 + m$，不同余于 1. 因此 A 有素因子 p，模 q^{k+1} 不是 1. 显然 $p \mid m^q - 1$，且有 $\gcd(p - 1, mq) \mid m$. 接下来若 $p \mid m - 1$，则 $p \mid A = 1 + m + \cdots + m^{q-1}$ 推出 $p \mid q$，和 $p \mid m - 1$，$q \mid m$ 矛盾. 因此 p 满足所有上一段所声明的性质，证毕. $\qquad\square$

注释 6.93. m 是素数的情形是 IMO2003 的一道题目.

6.3.3 模 n 的原根

我们已经看到，对每个整数 n 和与 n 互素的整数 a，a 模 n 的阶整除 $\varphi(n)$，特别它不能超过 $\varphi(n)$．我们在这一节要刻画那些 n，这个上界可以取到，即存在 a，使得 $\gcd(a, n) = 1$ 且 $\operatorname{ord}_n(a) = \varphi(n)$．我们先给这样的 a 一个名称．

定义 6.94. 设 n 是正整数，如果 $\gcd(a, n) = 1$ 且 $\operatorname{ord}_n(a) = \varphi(n)$，则整数 a 称作是模 n 的原根，

显然，若 a 是模 n 的原根，$b \equiv a \pmod{n}$，则 b 也是模 n 的原根．注意与 n 互素的整数 a，是模 n 原根当且仅当 $1, a, \cdots, a^{\varphi(n)-1}$ 模 n 两两不同．这给出了下面的命题．

命题 6.95. 设整数 a 与正整数 n 互素．则下面的说法等价：

(a) a 是模 n 的原根；

(b) $1, a, a^2, \cdots, a^{\varphi(n)-1}$ 构成模 n 的缩系；

(c) 对每个与 n 互素的整数 x，存在正整数 k 使得 $x \equiv a^k \pmod{n}$．

我们先给出几个例子：奇数都是模 2 的原根．2 是模 3 的原根．3 是模 4 的原根．2 或 3 是模 5 的原根．5 是模 6 的原根．下一个命题给出了一个有用的准则，判断某个整数 a 是否是模 n 的原根．

命题 6.96. 设整数 $n > 1$，整数 a 与 n 互素．则 a 是模 n 的原根当且仅当 n 不整除 $a^{\frac{\varphi(n)}{q}} - 1$ 对所有素数 $q | \varphi(n)$ 成立．

证： 若 a 是一个模 n 的原根，则 n 不整除 $a^{\frac{\varphi(n)}{q}} - 1$，否则 $\varphi(n) = \operatorname{ord}_n(a)$ 要整除 $\frac{\varphi(n)}{q}$．

反之，假设 n 不整除 $a^{\frac{\varphi(n)}{q}} - 1$，对每个 $q | \varphi(n)$ 成立．设 $d = \operatorname{ord}_n(a)$，则 $d \mid \varphi(n)$．根据假设，d 不整除 $\frac{\varphi(n)}{q}$，对每个素数 $q \mid \varphi(n)$ 成立．因此 $\frac{\varphi(n)}{d}$ 是 $\varphi(n)$ 的一个因子，不会被任何 $\varphi(n)$ 的素因子整除．只能是 $\frac{\varphi(n)}{d} = 1$，然后 a 是模 n 的原根． $\square$

我们再举几个具体的例子，说明上一个命题的应用，其中还用了很多第四章的二次剩余的知识．

例 6.97. 证明：2 是模 29 的原根，并求解

$$1 + x + \cdots + x^6 \equiv 0 \pmod{29}.$$

证： 根据命题 6.96，只需验证 2^{14} 和 2^4 模 29 不是 1．对 2^4，这是显然的．而对 2^{14}，有

$$2^{14} \equiv (2^5)^2 \cdot 2^4 \equiv 3^2 \cdot 16 = 3 \cdot 48 \equiv -30 \equiv -1 \pmod{29}.$$

因此 2 是模 29 的原根（还可以用 $29 \equiv 5 \pmod 8$，因此 $\left(\frac{2}{29}\right) = -1$，然后欧拉准则给出 $2^{14} \equiv -1 \pmod{29}$）．

显然 x 模 29 不是 1，则 $1 + x + \cdots + x^6 \equiv 0 \pmod{29}$，当且仅当 $x^7 \equiv 1 \pmod{29}$．因为 2 是模 29 的原根，可以设 $x \equiv 2^k \pmod{29}$，$0 \leq k \leq 27$．则 $x^7 \equiv 1 \pmod{29}$ 当且仅当 $28 \mid 7k$，即 $4 \mid k$．因此同余方程的解为 $2^{4k}, 1 \leq k \leq 6$． $\square$

例 6.98. （普特南1994）对非负整数 a，设 $n_a = 101a - 100 \cdot 2^a$．证明：若 $0 \leq a, b, c, d \leq 99$，满足 $n_a + n_b \equiv n_c + n_d \pmod{10\,100}$，则 $\{a, b\} = \{c, d\}$．

证： 同余式 $n_a + n_b \equiv n_c + n_d \pmod{10\,100}$ 等价于 $a + b \equiv c + d \pmod{100}$ 及 $2^a + 2^b \equiv 2^c + 2^d \pmod{101}$．因为 101 是素数，费马小定理结合 $a + b \equiv c + d \pmod{100}$ 给出 $2^a \cdot 2^b \equiv 2^c \cdot 2^d \pmod{101}$．因此

$$(X - 2^a)(X - 2^b) \equiv (X - 2^c)(X - 2^d) \pmod{101},$$

代入 $X = 2^a$，得到 $(2^a - 2^c)(2^a - 2^d) \equiv 0 \pmod{101}$．由对称性，我们设 $2^a \equiv 2^c \pmod{101}$，因此 $\mathrm{ord}_{101}(2) \mid a - c$．我们下面会证明 $\mathrm{ord}_{101}(2) = 100$，这就给出 $a = c$ 和 $b = d$．

还要证明 2 是模 101 的原根．根据命题 6.96，只需证明 $2^{20} - 1$ 和 $2^{50} - 1$ 不是 101 的倍数．对 $2^{20} - 1$，我们看到

$$2^{20} = (2^{10})^2 \equiv 14^2 \equiv 95 \pmod{101}.$$

对 $2^{50} - 1$，可类似证明．还可以利用欧拉准则（定理 4.99）及 $\left(\frac{2}{101}\right) = -1$（用定理 4.125 和 $101 \equiv 5 \pmod 8$）． $\square$

例 6.99. 设 $p > 3$ 是一个费马素数，即 $2^n + 1$ 型素数．证明：3 是模 p 的原根．

证： 因为 $\varphi(p) = p - 1 = 2^n$，根据命题 6.96 只需证明 $3^{\frac{p-1}{2}} - 1$ 不是 p 的倍数，这根据欧拉准则（定理 4.99）等价于 $\left(\frac{3}{p}\right) = -1$．利用二次互反律（定理 4.124），可得

$$\left(\frac{3}{p}\right) = (-1)^{\frac{p-1}{2}} \cdot \left(\frac{p}{3}\right) = -1,$$

最后的等式利用了 $p \equiv 1 \pmod 4$ 和 $p \equiv 2 \pmod 3$，得证． $\square$

例 6.100. 设 $q \equiv 1 \pmod 4$ 是素数，满足 $p = 2q + 1$ 也是素数. 证明：2 是模 p 的原根.

证： 根据命题 6.96 只需证明 $2^{\frac{p-1}{2}} - 1$ 和 $2^{\frac{p-1}{q}} - 1$ 不是 p 的倍数. 对 $2^{\frac{p-1}{q}} - 1 = 3$ 这是显然的. 只需证明 $\left(\frac{2}{p}\right) = -1$（用了欧拉准则，定理 4.99）. 这从定理 4.125 和 $p \equiv 3 \pmod 8$ 得到. $\qquad\square$

注释 6.101. *Artin 的一个著名猜想是：存在无穷多素数 p，使得 2 是模 p 的原根. 前面的例子说明，如果存在无穷多素数 $q \equiv 1 \pmod 4$，使得 $p = 2q + 1$ 也是素数，则 Artin 猜想成立.*

一个自然的问题是，是否对每个正整数 n 存在模 n 原根. 答案是否定的：因为任何奇数 a 满足 $a^2 \equiv 1 \pmod 8$，任何奇数模 8 的阶是 1 或 2，所以没有模 8 的原根. 类似地，可以检验模 $2^n, n > 2$ 的原根都不存在. 下面的结果更精确地给出了原根存在的充要条件.

命题 6.102. 设 n 是正整数，使得存在模 n 的原根. 则 $n = 1, 2, 4, p^k$ 或 $2p^k$，其中 p 是奇素数，k 是正整数.

证： 假设存在模 n 的原根 x. 注意根据上一个命题，n 不能是大于 4 的 2 的幂. 考虑素因子分解式，可以写成 $n = ab, a > 2, b > 2, \gcd(a, b) = 1$. 因为 $a, b > 2$，$\varphi(a)$ 和 $\varphi(b)$ 都是偶数. 根据欧拉函数是积性函数，$\varphi(n) = \varphi(a)\varphi(b)$. 因此 $\varphi(a) \mid (\varphi(n)/2), \varphi(b) \mid (\varphi(n)/2)$. 根据欧拉定理，有

$$a \mid x^{\varphi(a)} - 1 \mid x^{\varphi(n)/2} - 1, b \mid x^{\varphi(b)} - 1 \mid x^{\varphi(n)/2} - 1.$$

因此 $n = ab \mid x^{\varphi(n)/2} - 1$，与 $\varphi(n)$ 是 x 模 n 的阶矛盾. $\qquad\square$

Gauss 的一个精彩定理给出了这个结果的逆定理，这样就给出了存在原根的正整数 n 的完整描述.

定理 6.103. （高斯）设 n 是正整数，下面的陈述是等价的.

(a) 存在模 n 的原根.

(b) n 等于 $1, 2, 4, p^k$ 或 $2p^k$，其中 p 是奇素数，$k \geq 1$.

我们已经证明了其中一个方向的蕴含关系. 另一个方向更加深刻，我们通过几个步骤来证明. 每个步骤本身也是有趣的方法. 其中最精细的步骤是证明模奇素数的原根的存在性，我们现在就做这个步骤.

定理 6.104. 设 p 是奇素数. 对 $\varphi(p) = p - 1$ 的每个正因子 d, 恰好存在 $\varphi(d)$ 个 $n \in \{1, 2, \cdots, p-1\}$, 使得 $\mathrm{ord}_p(n) = d$. 特别地, 存在 $\varphi(p-1) \geq 1$ 个模 p 的原根.

证: 设 $f(d)$ 是满足 $\mathrm{ord}_p(n) = d$ 的整数 $n \in \{1, 2, \cdots, p-1\}$ 的个数. 我们后面要证明 $f(d) \leq \varphi(d)$, 对所有 $d \mid p-1$ 成立. 假设这个成立, 可得

$$\sum_{d \mid p-1} f(d) \leq \sum_{d \mid p-1} \varphi(d) = p - 1,$$

最后的等式是高斯定理 3.114 的结论. 因为 $\mathrm{ord}_p(n) \mid p-1$, 对所有 $1 \leq n \leq p-1$ 成立, 所以我们有 $\sum_{d \mid p-1} f(d) = p - 1$. 前面的所有的不等式 $f(d) \leq \varphi(d)$ 成立等号, 定理证明完成.

我们还要证明 $f(d) \leq \varphi(d)$. 若 $f(d) = 0$, 这是显然的. 现在假设存在 $n \in \{1, 2, \cdots, p-1\}$, 使得 $\mathrm{ord}_p(n) = d$. 根据拉格朗日定理 4.69 以及 $n, n^2, \cdots, n^d$ 是方程 $x^d \equiv 1 \pmod{p}$ 的两两不同的解, 这些数模 p 是同余方程的所有解. 因此若 $m \in \{1, 2, \cdots, p-1\}$ 模 p 的阶也是 d, 则 m 满足方程 $x^d \equiv 1 \pmod{p}$, 有 $m \equiv n^j \pmod{p}$, 对某个 $1 \leq j \leq d$ 成立. 再根据命题 6.66, $\gcd(j, d) = 1$. 也就是说, 所有模 p 阶为 d 的数 $m \in \{1, 2, \cdots, p-1\}$ 都可以写成 n^j 的形式, 其中 j 是 d 的一个互素子. 这样就证明了 $f(d) \leq \varphi(d)$. $\square$

注释 6.105. (a) 定理 6.104 最难的部分是模 p 原根的存在性. 实际上, 若 a 是模 p 原根, 则任何 $1 \leq n \leq p-1$ 同余于某个 a^k, $0 \leq k \leq p-2$. 命题 6.66 证明了, $\mathrm{ord}_p(n) = d$ 当且仅当 $\frac{p-1}{\gcd(p-1, k)} = d$, 即 $k = \frac{p-1}{d} \cdot e$, e 是 d 的一个互素子. 因此存在 $\varphi(d)$ 这样的整数 n.

(b) 这里还有定理 6.104 的也挺不错的证明. 设 $f(d)$ 是满足 $\mathrm{ord}_p(n) = d$ 的整数 $1 \leq n \leq p-1$ 的个数. 我们声明, 对每个 $d \mid p-1$, $\sum_{e \mid d} f(e) = d$. 一个数 $1 \leq x \leq p-1$ 满足 $x^d \equiv 1 \pmod{p}$ 当且仅当 $e := \mathrm{ord}_p(x)$ 是 d 的一个因子, 前面式子左边统计了 $x^d \equiv 1 \pmod{p}$ 的解的个数, 正好是 d (根据定理 4.78).

利用莫比乌斯反演公式 (注释 3.127 的第三部分), 可得

$$f(d) = \sum_{e \mid d} \mu(e) \frac{d}{e} = \varphi(d),$$

证明了定理. 同样的论述在下一个例子也用到了.

例 6.106. (伊朗 TST 2003) 设 $a_1, \cdots, a_k$ 是模奇素数 p 的所有原根. 证明:

$$a_1 + a_2 + \cdots + a_k \equiv \mu(p-1) \pmod{p}.$$

证：对每个 $d \mid p-1$，记

$$f(d) = \sum_{x^d \equiv 1 \pmod{p}} x \pmod{p},$$

即 $f(d)$ 是同余方程 $x^d \equiv 1 \pmod{p}$ 所有解求和模 p 的余数．根据定理 4.78，这个方程有 d 个解，记为 $x_1, \cdots, x_d$．拉格朗日定理 4.69 给出

$$X^d - 1 \equiv (X - x_1)(X - x_2) \cdots (X - x_d) \pmod{p},$$

比较 X^{d-1} 的系数，可得 $f(d) \equiv x_1 + \cdots + x_d \equiv 0 \pmod{p}$，对 $d > 1$ 成立．还有显然 $f(1) = 1$．另一方面，$f(d) = \sum_{u \mid d} g(u)$，其中 $g(d)$ 是模 p 阶 $\mathrm{ord}_p(x)$ 等于 d 的所有 $x \in \{1, 2, \cdots, p-1\}$ 的求和．考虑到 f 的值，使用莫比乌斯反演公式（见注释 3.127），得出题目结论． $\square$

下一个例子给出模 p 原根存在性的另一个证明．

例 6.107. (a) 设 n 是正整数，$a_1, \cdots, a_d$ 是整数，与 n 互素．证明：存在整数 c，与 n 互素使得 $\mathrm{ord}_n(c) = \mathrm{lcm}(\mathrm{ord}_n(a_1), \cdots, \mathrm{ord}_n(a_d))$．

(b) 证明：对每个奇素数 p，存在模 p 的原根．

证：(a) 设 $M = \mathrm{lcm}(\mathrm{ord}_n(a_1), \cdots, \mathrm{ord}_n(a_d))$，$M = 1$ 的情形是平凡的，因此假设 $M > 1$．设 $M = p_1^{\alpha_1} \cdots p_k^{\alpha_k}$ 是 M 的素因子分解式，固定 $i \in \{1, \cdots, k\}$．因为 $p_i^{\alpha_i} \mid \mathrm{lcm}(\mathrm{ord}_n(a_1), \cdots, \mathrm{ord}_n(a_d))$，存在 $x_i \in \{a_1, \cdots, a_d\}$，使得 $p_i^{\alpha_i} \mid \mathrm{ord}_n(x_i)$．根据命题 6.66，$c_i = x_i^{\mathrm{ord}_n(x_i) \cdot p_i^{-\alpha_i}}$ 模 n 的阶是 $p_i^{\alpha_i}$．

取 $c = c_1 c_2 \cdots c_k$．因为 $\mathrm{ord}_n(c_i) \mid M$，所以 $n \mid c_i^M - 1, 1 \leq i \leq k$，进而 $n \mid c^M - 1$．另一方面，若 $n \mid c^N - 1$，则 $c^{N \cdot M \cdot p_i^{-\alpha_i}} \equiv 1 \pmod{n}$，化简为 $c_i^{N \cdot M \cdot p_i^{-\alpha_i}} \equiv 1 \pmod{n}$．于是 $p_i^{\alpha_i} \mid N \cdot M \cdot p_i^{-\alpha_i}$，因此 $p_i^{\alpha_i} \mid N$，对所有 i 成立．

所以 $M \mid N$，我们证明了 $\mathrm{ord}_n(c) = M$．

(b) 令

$$k = \mathrm{lcm}(\mathrm{ord}_p(1), \mathrm{ord}_p(2), \cdots, \mathrm{ord}_p(p-1)).$$

根据 (a)，可以找到 s 与 p 互素，使得 $k = \mathrm{ord}_n(s)$．从 k 的定义，$a^k \equiv 1 \pmod{p}$，对所有 $1 \leq a \leq p-1$ 成立．推论 4.76 给出 $p-1 \mid k$，因此 s 是模 p 的原根． $\square$

我们现在解释一下定理 6.103 的证明．技术性的部分是下面的结果，是升幂定理的简单推论，准确地说是命题 6.68 的推论．

定理 6.108. 设 p 是奇素数，a 是模 p 的原根．

(a) a 是模 p^2 原根当且仅当 $v_p(a^{p-1} - 1) = 1$．

(b) 若 a 是模 p^2 的原根，则对所有 $n \geq 1$，a 是模 p^n 的原根．

证： (a) 命题6.68给出

$$\text{ord}_{p^2}(a) = (p-1) \cdot p^{2-v},$$

其中 $v = v_p(a^{p-1} - 1)$. 因为 a 是模 p^2 原根当且仅当 $\text{ord}_{p^2}(a) = p(p-1)$, 结论成立.

(b) 直接从命题命题6.68和(a)部分得到. □

注释 6.109. 假设 $a \in \{1, 2, \cdots, p-1\}$ 是模 p 原根. 有可能（很少）会 $p^2 \mid a^{p-1} - 1$, 也就是说, a 不一定是模 p^2 原根. 例如, 可以证明 5 是模 $p = 40\,487$ 原根, 而 $5^{p-1} \equiv 1 \pmod{p^2}$.

我们现在可以完成定理6.103的证明. 我们需要证明, 对每个奇素数 p, 存在模 p^n 的原根, 和模 $2p^n$ 的原根. 选择模 p 的一个原根 a, 则 $a+p$ 也是模 p 的原根. 我们声明, a 和 $a+p$ 两个之一是模 p^2 原根.

事实上, 若两个都不是, 前面定理给出 $p^2 \mid a^{p-1} - 1$ 和 $p^2 \mid (a+p)^{p-1} - 1$. 而利用二项式定理, 又可得

$$(a+p)^{p-1} - a^{p-1} \equiv \binom{p-1}{1} a^{p-2} p \not\equiv 0 \pmod{p^2},$$

矛盾. 这样找到了模 p^2, 进而根据上一个定理, 模 p^n 的原根, 记为 b.

最后, b 和 $b+p^n$ 之一是奇数, 不妨设 b 是奇数. 因为 $\varphi(2p^n) = \varphi(p^n)$, 而且 $\text{ord}_{p^n}(b) = \varphi(p^n)$, 显然 $\text{ord}_{2p^n}(b) = \varphi(2p^n)$. 因此 b 是模 $2p^n$ 的一个原根. 定理6.103证明完毕.

我们最后给出几个具体的例子, 关键的地方使用了原根的概念.

例 6.110. (a) 证明: 奇素数 p 模 8 余 1 当且仅当同余方程 $x^4 \equiv -1 \pmod{p}$ 有解.

(b) 证明: 若 $p \equiv 1 \pmod 8$, 则 $2^{\frac{p-1}{2}} \equiv 1 \pmod{p}$（应该是要求不用二次剩余、欧拉准则证明这个. ——译者注）.

证： (a) 若 $p \equiv 1 \pmod 8$, 设 $x = g^{\frac{p-1}{8}}$, g 是模 p 的原根. 则 $\text{ord}_p(x) = 8$, 因此 $x^8 \equiv 1 \pmod{p}$. $x^4 \pmod{p}$ 不是1, 它的平方模 p 是1. 因此 $x^4 \equiv -1 \pmod{p}$, 证明了一个方向.

反之, 假设存在 x, 使得 $x^4 \equiv -1 \pmod{p}$. 则因为 $\text{ord}_p(x)$ 整除8, 不整除4, 所以 $\text{ord}_p(x) = 8$. 而 $\text{ord}_p(x) \mid p-1$, 有 $p \equiv 1 \pmod 8$, 得证.

(b) 取 x, 使得 $x^4 \equiv -1 \pmod{p}$. 由 $\gcd(p, x) = 1$, 存在整数 y, 使得 $xy \equiv 1 \pmod{p}$. 设 $z = x + y$, 则 $z^2 \equiv 2 + x^2 + y^2 \pmod{p}$. 另一方面 $x^4 y^2 \equiv -y^2$

$\pmod p$ 和 $x^4 y^2 \equiv x^2 \pmod p$，给出 $p \mid x^2 + y^2$．所以 $z^2 \equiv 2 \pmod p$，因此 $1 \equiv z^{p-1} \equiv 2^{\frac{p-1}{2}} \pmod p$，证毕．　　　　□

下面的例子给出了推论 4.77 的概念性证明．

例 6.111. 证明：对所有素数 p 和所有正整数 n，有

$$1^n + 2^n + \cdots + (p-1)^n \equiv \begin{cases} 0 \pmod p, & p - 1 \nmid n, \\ -1 \pmod p, & p - 1 \mid n. \end{cases}$$

证： 若 a 是模 p 的原根，则 $1, 2, \cdots, p-1$ 是模 p 同余于 $1, a, \cdots, a^{p-2}$ 的一个排列，因此

$$1^n + 2^n + \cdots + (p-1)^n \equiv 1 + a^n + a^{2n} + \cdots + a^{(p-2)n}.$$

若 $p - 1 \mid n$，则 $a^n \equiv 1 \pmod p$，因此 $1^n + \cdots + (p-1)^n \equiv p - 1 \equiv -1 \pmod p$．

若 $p - 1$ 不整除 n，则 $p \nmid a^n - 1$，利用等比数列求和公式

$$1 + a^n + \cdots + a^{(p-2)n} = \frac{a^{(p-1)n} - 1}{a^n - 1} \equiv 0 \pmod p,$$

其中最后的同余式分母与 p 互素，分子模 p 为 0，证毕．　　　　□

例 6.112. 设 a, n, k 是整数，$n, k > 0$，$\gcd(a, n) = 1$．假设存在模 n 的原根，设 $d = \gcd(k, \varphi(n))$．

(a) 证明：同余方程 $x^k \equiv a \pmod n$ 有解当且仅当 $a^{\frac{\varphi(n)}{d}} \equiv 1 \pmod n$，这时同余方程有 d 个解．

(b) 对多少与 n 互素的整数 $a \in \{0, 1, \cdots, n-1\}$，同余方程 $x^k \equiv a \pmod n$ 有解？

证： (a) 设 g 是模 n 的原根．若 $x^k \equiv a \pmod n$，则因为 $\gcd(a, n) = 1$，所以 $\gcd(x, n) = 1$．因此，我们可以写 $x \equiv g^j \pmod n$ 及 $a \equiv g^u \pmod n$，其中整数 $0 \le j, u \le \varphi(n) - 1$ 是唯一确定的．

同余方程 $x^k \equiv a \pmod n$ 于是等价于 $g^{kj-u} \equiv 1 \pmod n$，或者 $kj \equiv u \pmod{\varphi(n)}$．这个线性同余方程（$j$ 是未知量）有解当且仅当 u 是 d 的倍数，这时恰好有 d 个解．

另一方面，同余式 $a^{\frac{\varphi(n)}{d}} \equiv 1 \pmod n$ 等价于 $g^{u\frac{\varphi(n)}{d}} \equiv 1 \pmod n$，或 $\varphi(n) \mid u\frac{\varphi(n)}{d}$，等价于 $d \mid u$，得证．

(b) 根据(a) 我们需要知道同余方程 $a^{\frac{\varphi(n)}{d}} \equiv 1 \pmod{n}$ 的解数. 根据(a)的证明, 这等价于找到整数 $u \in \{0, 1, \cdots, \varphi(n) - 1\}$, 使得 $u \equiv 0 \pmod{d}$, 恰好有 $\frac{\varphi(n)}{d}$ 个这样的 u. $\qquad\square$

注释 6.113. 取 $n = p$ 是奇素数和 $k = 2$, 我们又得到了欧拉准则和模 p 二次剩余个数的公式.

例 6.114. 证明: 方程 $x^{n-1} \equiv 1 \pmod{n}$ 的解数是 $\prod_{p|n} \gcd(p-1, n-1)$.

证: 设 $n = p_1^{\alpha_1} \cdots p_k^{\alpha_k}$ 是 n 的素因子分解式, a_i 是同余方程 $x^{n-1} \equiv 1 \pmod{p_i^{\alpha_i}}$ 的解数. 根据中国剩余定理（更确切地说根据定理6.9）, 只需证明

$$\prod_{i=1}^{k} a_i = \prod_{i=1}^{k} \gcd(p_i - 1, n - 1).$$

我们将证明: $a_i = \gcd(p_i - 1, n - 1)$ 对 $1 \leq i \leq k$ 成立. 若 $p_i > 2$, 则 $p_i^{\alpha_i}$ 有原根, 所以 $x^{n-1} \equiv 1 \pmod{p_i^{\alpha_i}}$ 有

$$\gcd(n - 1, \varphi(p_i^{\alpha_i})) = \gcd(n - 1, p_i^{\alpha_i - 1}(p_i - 1)) = \gcd(n - 1, p_i - 1)$$

个解, 这是要证的.

当 $p_i = 2$ 时可以用类似的证明（严格说这个情况不算类似, 后者不一定有原根. 可以直接考察 $x^{n-1} \equiv 1 \pmod{2^{\alpha_i}}$ 的解数. $n-1$ 是奇数, $x^{n-1} - 1$ 可以分解成 $x - 1$ 乘以一个必然是奇数的式子, 因此解只有 $x \equiv 1 \pmod{2^{\alpha_i}}$, $a_i = 1$, 译者注）. $\qquad\square$

例 6.115. （AMME3212）判断命题是否成立:

若 n 是足够大, $a_1, a_2, \cdots, a_n$ 是 $1, 2, \cdots, n$ 的任意置换, 则我们总可以找到整数 i, d, 使得 $1 \leq i < i + d < i + 2d \leq n$, 且 a_i, a_{i+d}, a_{i+2d} 构成等差数列?

证: 答案是否定的. 若 p 是奇素数, 设 g 是模 p 的原根. 考虑 $1, 2, \cdots, p-1$ 的排列 $a_1, \cdots, a_{p-1}$, 定义为 $a_i \equiv g^i \pmod{p}$.

若 a_i, a_{i+d}, a_{i+2d} 构成等差数列, 则 $g^i + g^{i+2d} \equiv 2g^{i+d} \pmod{p}$, 所以 $(g^d - 1)^2 \equiv 0 \pmod{p}$. 因此有 $g^d \equiv 1 \pmod{p}$, 根据 g 是原根, $p-1 \mid d$, $d \geq p-1$, 矛盾. $\qquad\square$

例 6.116. （Komal）是否存在正整数 n, 使得每个数字在下列数的十进制表达式中出现相同次数（意思是 2016 个数中 1 的个数相同, 2 的个数相同, 等等. ——译者注）?

$$n, 2n, 3n, \cdots, 2\,016n$$

证：取素数 $p > 2\,016$，使得 10 是模 p 原根. 取 n 使得 $n \cdot p = 10^{p-1} - 1$.

类似例 6.75 中可以发现，分数 $\frac{1}{p}$，$\cdots$，$\frac{2\,016}{p}$ 的十进制小数表示的循环节互相之间差一个轮换. 这些循环节对应的十进制整数恰好分别是 n，$\cdots$，$2\,016n$. 因此 n 是问题的解.

我们现在证明有这样的素数 p，实际上我们验证 $p = 2^{16} + 1$ 符合条件. 熟知（也不难验证）p 是素数. 10 模 p 的阶整除 $p - 1 = 2^{16}$. 如果这个阶不是 $p - 1$，必然整除 $\frac{p-1}{2}$，则 $10^{\frac{p-1}{2}} \equiv 1 \pmod{p}$，说明 10 是模 p 的平方剩余. 但是 $\left(\frac{2}{p}\right) = 1$（因为 $p \equiv 1 \pmod 8$）；$\left(\frac{5}{p}\right) = \left(\frac{p}{5}\right) = \left(\frac{2}{5}\right) = -1$，矛盾. $\square$

注释 6.117. 不知道以 10 为原根的素数 p 是否有无穷多个，这是 Artin 猜想的特殊情形，猜想说对任何 $a \neq -1$，也不是平方数，有无穷多素数 p 以 a 为原根.

例 6.118. （USATST2010）是否存在正整数 k，使得 $p = 6k + 1$ 是素数，并且 $\binom{3k}{k} \equiv 1 \pmod{p}$？

证：答案是否定的. 假设 $p = 6k + 1$ 是素数，并且 $\binom{3k}{k} \equiv 1 \pmod{p}$. 设 g 是模 p 的一个原根，令 $z = g^6$.

则 z 模 p 的阶是 k，于是当 $k \nmid j$ 时 $\sum_{i=0}^{k-1} z^{ij}$ 模 p 为 0，否则模 p 为 k. 我们然后得到

$$S = \sum_{i=0}^{k-1}(1 + z^i)^{3k} = \sum_{i=0}^{k-1}\sum_{j=0}^{3k}\binom{3k}{j}z^{ij} = \sum_{j=0}^{3k}\binom{3k}{j}\sum_{i=0}^{k-1}z^{ij}$$

$$\equiv \left(\binom{3k}{0} + \binom{3k}{k} + \binom{3k}{2k} + \binom{3k}{3k}\right)k$$

$$= \left(2 + 2\binom{3k}{k}\right)k \equiv 4k \pmod{p}.$$

另一方面，对所有 $0 \leq i \leq k - 1$ 成立，都有

$$(1 + z^i)^{3k} \equiv (1 + z^i)^{\frac{p-1}{2}} \equiv -1, 0, 1 \pmod{p}.$$

不可能找到模 p 的 k 个余数，每个都是 -1，0 或 1，其求和模 p 为 $4k$. $\square$

6.4 实战题目

中国剩余定理

题 6.1. （波兰2003）整系数多项式 f 满足存在 $a \neq b$，$\gcd(f(a), f(b)) = 1$. 证明：存在无限整数集 S，使得任意 $m \neq n \in S$，有 $\gcd(f(m), f(n)) = 1$.

题 6.2. 证明: 对所有正整数 k 和 n, 存在 n 个连续的的正整数构成的集合 S, 使得任何 $x \in S$ 有至少 k 个不同的素因子不整除 S 中其他元素.

题 6.3. 一个格点如果两个坐标互素, 则称为可见格点. 证明: 对每个正整数 k, 存在一个格点和每个可见格点距离超过 k.

题 6.4. (a) 证明: 对所有 $n \geq 1$, 存在正整数 a 使得 $a, 2a, \cdots, na$ 都是整数的幂.

(b) (Balkan 2000) 证明: 对所有 $n \geq 1$, 存在 n 个正整数构成的集合 A, 使得对所有 $1 \leq k \leq n$ 和所有 $x_1, x_2, \cdots, x_k \in A$, $\frac{x_1 + x_2 + \cdots + x_k}{k}$ 是整数幂.

题 6.5. 设 a, b, c 是两两不同的正整数. 证明: 存在整数 n, 使得 $a+n, b+n, c+n$ 两两互素.

题 6.6. (AMM) 证明: 存在任意长连续整数的序列, 其中任何一个都不能写成两个整数的平方和.

题 6.7. 设 f 是非常数整系数多项式, n 和 k 是正整数. 证明: 存在正整数 a, 使得 $f(a), f(a+1), \cdots, f(a+n-1)$ 中每个数有至少 k 个不同的素因子.

题 6.8. (IMC 2013) 设 p 和 q 是互素的正整数. 证明:

$$\sum_{k=0}^{pq-1} (-1)^{\left\lfloor \frac{k}{p} \right\rfloor + \left\lfloor \frac{k}{q} \right\rfloor} = \begin{cases} 0, & 2 \mid pq, \\ 1, & 2 \nmid pq. \end{cases}$$

题 6.9. (IMOSL1999) 求所有正整数 n, 使得存在整数 m, $2^n - 1 \mid m^2 + 9$.

题 6.10. (保加利亚 2003) 正整数的有限集 C 被称为好集, 如果对每个 $k \in \mathbf{Z}$, 存在 $a \neq b \in C$, 使得 $\gcd(a+k, b+k) > 1$. 证明: 若如果一个好集 C 的所有元素之和是 2 003, 则存在 $c \in C$, 使得集合 $C - \{c\}$ 也是好集.

题 6.11. 是否存在 101 个连续奇数的序列, 使得其中任何一项包含不超过 103 的素因子?

题 6.12. (USATST2010) 序列 $(a_n)_{n \geq 1}$ 满足 $a_1 = 1$ 及

$$a_n = a_{\lfloor n/2 \rfloor} + a_{\lfloor n/3 \rfloor} + \cdots + a_{\lfloor n/n \rfloor} + 1$$

对所有 $n \geq 2$ 成立. 证明: 对无穷多 n, $a_n \equiv n \pmod{2^{2\,010}}$.

题 6.13. （CTST2014）函数 $f: \mathbf{N} \to \mathbf{N}$ 满足对所有 $m, n \geq 1$,

$$\gcd(f(m), f(n)) \leq \gcd(m, n)^{2\,014}, n \leq f(n) \leq n + 2\,014.$$

证明: 存在正整数 N, 使得 $f(n) = n$ 对 $n \geq N$ 成立.

欧拉定理

题 6.14. （伊朗2007）设 n 是正整数, 满足 $\gcd(n, 2(2^{1\,386} - 1)) = 1$. a_1, a_2, $\cdots$, $a_{\varphi(n)}$ 是模 n 的缩系. 证明:

$$n \mid a_1^{1\,386} + a_2^{1\,386} + \cdots + a_{\varphi(n)}^{1\,386}$$

题 6.15. 设 $n > 1$ 是整数, $r_1, r_2, \cdots, r_{\varphi(n)}$ 是模 n 缩系. 对哪些整数 a, $r_1 + a, r_2 + a, \cdots, r_{\varphi(n)} + a$ 也是模 n 的缩系?

题 6.16. 证明: 任何正整数 n 都有一个倍数, 其数码和也是 n.

题 6.17. 对哪些整数 $n > 1$, 存在整系数多项式 f, 满足 $f(k) \equiv 0 \pmod{n}$ 或 $f(k) \equiv 1 \pmod{n}$ 对每个整数 k 成立, 而且两个同余式都有解?

题 6.18. （圣彼得堡1998）是否存在整系数非常数多项式 f, 和整数 $a > 1$, 使得

$$f(a), f(a^2), f(a^3), \cdots$$

两两互素?

题 6.19. (a) （IMO1971）证明: 序列 $(2^n - 3)_{n \geq 1}$ 中包含一个无穷子序列, 其中任何两项互素.

(b) （罗马尼亚TST1997）设 $a > 1$ 是正整数. 对序列 $(a^{n+1} + a^n - 1)_{n \geq 1}$ 证明(a) 中同样的结果.

题 6.20. （CTST2005）整数 $a_0, a_1, \cdots, a_n$ 和 $x_0, x_1, \cdots, x_n$ 满足

$$a_0 x_0^k + a_1 x_1^k + \cdots + a_n x_n^k = 0,$$

对所有 $1 \leq k \leq r$ 成立, 其中 r 是正整数. 证明: m 整除 $a_0 x_0^m + a_1 x_1^m + \cdots + a_n x_n^m$, 对所有 $r + 1 \leq m \leq 2r + 1$ 成立.

题 6.21. （中国香港2010）设 $n > 1$ 是整数, $1 \leq a_1 < \cdots < a_k \leq n$ 是 n 的所有互素子. 证明: 对任何与 n 互素的整数 a, 有

$$\frac{a^{\phi(n)} - 1}{n} \equiv \sum_{i=1}^{k} \frac{1}{aa_i} \left\lfloor \frac{aa_i}{n} \right\rfloor \pmod{n}$$

题 6.22. （Komal）设 $x_1, x_2, \cdots, x_n$ 是整数，满足 $\gcd(x_1, \cdots, x_n) = 1$，设 $s_i = x_1^i + x_2^i + \cdots + x_n^i$. 证明：

$$\gcd(s_1, s_2, \cdots, s_n) \mid \mathrm{lcm}(1, 2, \cdots, n).$$

题 6.23. （巴西2005）设 a 和 c 是正整数. 证明：对每个整数 b，存在正整数 x，使得

$$a^x + x \equiv b \pmod{c}.$$

题 6.24. （Ibero 2012）证明：对每个整数 $n > 1$，存在 n 个连续的正整数，每一个都不被自己的数码和整除.

模 n 的阶

题 6.25. （俄罗斯2006）设 x 和 y 是纯循环十进制分数，满足 $x + y$ 和 xy 也是纯循环十进制分数，周期为 T. 证明：x 和 y 的周期不超过 T.

题 6.26. （伊朗2013）设 p 是奇素数，$d \mid p - 1$. 设 S 是满足 $\mathrm{ord}_p(x) = d$ 的 $x \in \{1, 2, \cdots, p-1\}$ 构成的集合. 求 $\prod_{x \in S} x$ 模 p 的余数.

题 6.27. 设 a, b, n 是正整数，$a \neq b$. 证明：

$$2n \mid \varphi(a^n + b^n), \; n \mid \varphi\left(\frac{a^n - b^n}{a - b}\right).$$

题 6.28. 求所有素数 p 和 q，使得 $p^2 + 1 \mid 2\,003^q + 1$ 及 $q^2 + 1 \mid 2\,003^p + 1$.

题 6.29. （MOSP 2001）设 p 是素数，m, n 是大于 1 的整数，使得 $n \mid m^{p(n-1)} - 1$. 证明：$\gcd(m^{n-1} - 1, n) > 1$.

题 6.30. (a) （Pepin测试）设 n 是正整数，$k = 2^{2^n} + 1$. 证明：k 是素数当且仅当 $k \mid 3^{\frac{k-1}{2}} + 1$.

(b) （欧拉—拉格朗日）设 $p \equiv -1 \pmod 4$ 是素数. 证明：$2p + 1$ 是素数当且仅当 $2p + 1 \mid 2^p - 1$.

题 6.31. 设 $p > 2$ 是奇素数，a 是模 p 的原根. 证明：$a^{\frac{p-1}{2}} \equiv -1 \pmod p$.

题 6.32. 假设 $n > 1$ 是整数，使得存在模 n 原根. 证明：集合 $\{1, 2, \cdots, n\}$ 恰好包含 $\varphi(\varphi(n))$ 个模 n 的原根.

题 6.33. 设 p 是奇素数. 证明：p 是费马素数（即 $2^n + 1$ 型素数，$n \geq 1$），当且仅当每个模 p 的平方非剩余是模 p 的原根.

题 6.34. 设 $\lambda(n)$ 是最小的正整数 k, 使得 $x^k \equiv 1 \pmod{n}$, 对所有与 n 互素的 x 成立. 证明:

(a) 若 k 是正整数, 满足 $x^k \equiv 1 \pmod{n}$, 对所有与 n 互素的 x 成立, 则 k 是 $\lambda(n)$ 的倍数.

(b) 若 m, n 互素, $\lambda(mn) = \mathrm{lcm}(\lambda(m), \lambda(n))$.

(c) 当 $n = 2, 4$ 或奇素数的幂, $\lambda(n) = \varphi(n)$; $\lambda(2^n) = 2^{n-2}$ 对 $n \geq 3$ 成立.

(d) 对每个 n, 集合 $\{\mathrm{ord}_n(x) \mid \gcd(x, n) = 1\}$ 恰好是 $\lambda(n)$ 的所有正因子集合.

题 6.35. 设 $p > 2$ 是素数, a 是模 p 原根. 证明: $-a$ 是模 p 原根当且仅当 $p \equiv 1 \pmod 4$.

题 6.36. （Unesco 1995）设 m, n 是大于 1 的整数. 证明: $1^n, 2^n, \cdots, m^n$ 模 m 的余数两两不同当且仅当 m 无平方因子且 n 与 $\varphi(m)$ 互素.

题 6.37. （Tuymaada 2011 改编）证明: 在 2 500 个连续正整数中, 存在整数 n, 使得 $\frac{1}{n}$ 的十进制表达式周期大于 2 011.

题 6.38. 是否存在正整数, 被它的数码乘积 P 整除, 而 P 是 7 的一个幂, 大于 $10^{2\,016}$?

题 6.39. 设 m, n 是正整数. 证明: 存在正整数 k, 使得 $2^k \equiv 1\,999 \pmod{3^m}$ 和 $2^k \equiv 2\,009 \pmod{5^n}$.

题 6.40. （伊朗 2012）设 p 是奇素数. 证明: 存在正整数 x, 使得 x 和 $4x$ 都是模 p 的原根.

题 6.41. （巴西 2009）设 p, q 是奇素数, 满足 $q = 2p + 1$. 证明: 存在 q 的倍数, 其数码和是 $1, 2$ 或 3.

题 6.42. （巴西 2012）求最小的正整数 n, 使得存在正整数 k, n^k 的十进制表达式的最后 2 012 位数都是 1.

题 6.43. （Nieuw Archief voor Wiskunde）假设 $\alpha \geq \frac{\log 10}{\log 5} = 1.430\,67 \cdots$. 证明: 对每个 $n \geq 1$, 任何 n 个数字序列（在 0 和 9 之间）, 可以作为连续的数字出现在 2 的某个幂次的十进制表达式最后 $\lceil \alpha n \rceil$ 位中.

题 6.44. 求所有正整数序列 $(a_n)_{n \geq 1}$ 使得:

(a) $m - n \mid a_m - a_n$ 对所有正整数 m, n 成立;

(b) 若 m, n 是互素, 则 a_m 和 a_n 也互素.

题 6.45. （CTST2012改编）设 $n > 1$ 是整数. 求所有函数 $f: \mathbf{Z} \to \{1, \cdots, n\}$, 使得对任何 $k \in \{1, 2, \cdots, n-1\}$ 存在 $j(k) \in \mathbf{Z}$, 满足对所有整数 m, 有

$$f(m + j(k)) \equiv f(m + k) - f(m) \pmod{n+1}.$$

实战题目解答

第一章 整除

题 1.1. 证明：5^{2^n+n+2} 的最后 $n+2$ 位数字是 5^{n+2} 的所有数字左端补零得到的.

证： 等价于要证明

$$5^{2^n+n+2} \equiv 5^{n+2} \pmod{10^{n+2}}.$$

因此，只需证明：$5^{2^n} \equiv 1 \pmod{2^{n+2}}$. 这从定理 1.31 得到，即因式分解

$$5^{2^n} - 1 = 2^2 \cdot (5+1)(5^2+1) \cdots (5^{2^{n-1}}+1). \qquad \square$$

题 1.2. 是否存在整系数多项式 f，使得同余方程 $f(x) \equiv 0 \pmod 6$ 在集合

$$\{0, 1, 2, \cdots, 5\}$$

中的根恰好是 2 和 3?

证： 答案是否定的. 实际上，若 f 满足这个条件，则 $3f(2) - 2f(3)$ 是 6 的倍数. 另一方面 $f(2) \equiv f(0) \pmod 2$，$2f(3) \equiv 2f(0) \pmod 6$，因此 $3f(2) - 2f(3) \equiv 3f(0) - 2f(0) \equiv f(0) \pmod 6$，$6 \mid f(0)$，矛盾. $\qquad \square$

题 1.3. （伊朗2003）是否存在无穷集 S，其中任何两个不同数 a, b 满足 $a^2 - ab + b^2 \mid a^2 b^2$?

证： 不存在这样的集合 S. 假设有这样的 S，则 S 中有无穷多数同号，将所有数变号依然满足题目条件，不妨设 S 中有无穷多正整数. 固定正整数 $a \in S$，在 S 中取 $b > a$. 则 $a^2 - ab + b^2 \mid a^2 b^2$，但是 $a^2 - ab + b^2 \mid a^2(a^2 - ab + b^2)$. 相减得 $a^2 - ab + b^2 \mid a^3 b - a^4$，因此

$$a^2 - ab + b^2 \leq a^3 b - a^4 < a^3 b.$$

因为左端至少是 $\frac{3b^2}{4}$，我们得到 $b < \frac{4a^3}{3}$. 而 b 是 S 中任意大于 a 的数，我们得到 S 是有限集，矛盾. $\qquad \square$

题 1.4. （俄罗斯2003）是否可以在无穷大的棋盘的每个格子中填上一个正整数，使得对所有的 $m, n > 100$，每个 $m \times n$ 矩形中格子所填数之和被 $m + n$ 整除？

证： 答案是否定的：假设我们可以将数这样填入棋盘，取任何整数 $n > 100$，以及棋盘上任意格子. 考虑以这个格子为中心的 $(2n+1) \times (2n+1)$ 正方形. 可以将这个正方形分成四个 $n \times (n+1)$ 或 $(n+1) \times n$ 的矩形 $R_1, \cdots, R_4$，加上中间的一个格子. 根据题目假设，每个 $R_i, 1 \le i \le 4$ 中的数之和是 $2n+1$ 的倍数，而且大正方形中的数之和是 $4n+2$ 的倍数，也是 $2n+1$ 的倍数. 这样中间的格子也是 $2n+1$ 的倍数. 由 n 的任意性，矛盾. $\qquad\square$

题 1.5. 设整数 $k > 1$，证明：存在无穷多正整数 n，满足 $n \mid k^n + 1$.

证： 若 k 是奇数，则 $n = 2$ 是一个解. 若 k 是偶数，则 $n = k + 1$ 是问题的解.

从一个解 n 开始，我们将构造一个更大的解 $n_1 = k^n + 1 > n$. 我们检验 n_1 是解，即 $n_1 \mid k^{n_1} + 1$，等价地 $k^n + 1 \mid k^{n_1} + 1$. 若 $\frac{n_1}{n}$ 是奇数（这个商总是整数，因为 n 是解，$n \mid n_1 = k^n + 1$），则这个整除关系成立.

当 k 是偶数时，这个商自动是奇数. 若 k 是奇数，n 是偶数，则 $n_1 = k^n + 1$ 是偶数，且模8余2，因此 $\frac{n_1}{n}$ 若是整数，则是奇数.

既然当 k 是奇数时，我们最开始给出的 $n = 2$ 是偶数，对于奇数 k，可以归纳得到一系列递增的偶数解. 而对于偶数 k，归纳得到一系列递增的奇数解. $\qquad\square$

题 1.6. （Kvant 904）若正整数 A 的十进制表示式是 $A = \overline{a_n a_{n-1} \cdots a_0}$，定义 $F(A) = a_n + 2a_{n-1} + \cdots + 2^{n-1}a_1 + 2^n a_0$. 考虑序列 $A_0 = A, A_1 = F(A_0), A_2 = F(A_1), \cdots$.

(a) 证明：存在序列中的一项 A^*，满足 $A^* < 20$ 和 $F(A^*) = A^*$.

(b) 对 $A = 19^{2\,013}$，计算 A^*.

证： (a) 若 A 是个位数，或 $A = 19$，则容易验证 $F(A) = A$. 我们将证明：对每个其他的 A，$F(A) < A$. 这样，序列 $A_0, A_1, \cdots$ 将是严格递减到19或一个个位数. 我们记这个数是 A^*，$F(A^*) = A^*$.

假设 A 是个两位数，满足 $F(A) \ge A$. 记 $A = 10a + b$，则有 $10a + b \le 2b + a$ 或者 $9a \le b$. 因为 a 非零，b 是个位数，只能 $b = 9, a = 1$，所以 $A = 19$.

若 A 有 $n + 1$ 个数字，$n \ge 2$，则 $A \ge 10^n$. 因此

$$F(A) = a_n + 2a_{n-1} + \cdots + 2^{n-1}a_1 + 2^n a_0 \le 9 + 2 \cdot 9 + \cdots + 2^n \cdot 9$$
$$= 9(2^{n+1} - 1) < 72 \cdot 2^{n-2} < 10^n \le A.$$

这样证明了，除非 $A = 19$ 或 A 是个位数，否则 $F(A) < A$.

(b) 注意

$$2^n A - F(A) = (20^n - 1)a_n + 2(20^{n-1} - 1)a_{n-1} + \cdots + 2^{n-1}(20 - 1)a_1$$

被 19 整除. 因此，若 A 被 19 整除，则 $F(A)$ 也被 19 整除. 所以从 $19^{2\,013}$ 生成的序列都被 19 整除，$A^* = 19$. $\qquad\square$

题 1.7. 是否存在无穷多的正整数构成的 5-数组 (a, b, c, d, e)，满足 $1 < a < b < c < d < e$ 及 $a \mid b^2 - 1$，$b \mid c^2 - 1$，$c \mid d^2 - 1$，$d \mid e^2 - 1$ 和 $e \mid a^2 - 1$？

证： 答案是肯定的. 取

$$b = c - 1, c = d - 1, d = e - 1,$$

则问题变为，找无穷多对 (a, b)，使得 $1 < a < b$，$a \mid b^2 - 1$，$b + 3 \mid a^2 - 1$. 再取 $b = 2a - 1$，则 $a \mid b^2 - 1$ 自动满足，$b + 3 = 2a + 2 \mid a^2 - 1$ 当且仅当 $2 \mid a - 1$. 因此对所有奇数 a，$(a, 2a - 1, 2a, 2a + 1, 2a + 2)$ 是方程组的解. $\qquad\square$

题 1.8. （罗马尼亚 JBMO TST 2003）设 A 是正整数的有限集，含至少 3 个元素. 证明：A 中存在两个元素，它们的和不整除 A 中其他元素的和.

证： 设 $a_1 < a_2 < \cdots < a_k$ 是 A 的所有元素，假设 $a_i + a_j$ 整除 $\sum_{l \neq i, j} a_l$ 对所有 $i \neq j$ 成立. 则 $a_i + a_j$ 也整除 $S = a_1 + a_2 + \cdots + a_k$. 特别地，存在正整数 x_i，使得 $S = x_i(a_k + a_i)$ 对 $1 \leq i < k$ 成立.

因为 $a_1 < a_2 < \cdots < a_{k-1}$，所以 $x_1 > x_2 > \cdots > x_{k-1}$. 又因为 $x_i > 1$，$a_k x_i < S < k a_k$，所以 $x_i < k, 1 \leq i < k$. 因此 $\{2, 3, \cdots, k - 1\}$ 包含了 $k - 1$ 个不同的正整数 $x_1, x_2, \cdots, x_{k-1}$，矛盾. $\qquad\square$

题 1.9. （伊朗 2005）证明：存在无穷多正整数 n，使得 $n \mid 3^{n+1} - 2^{n+1}$.

证： 我们将找 $3^a - 2^a$ 型的 n. 若 $a \mid n + 1 = 3^a - 2^a + 1$，则 $n \mid 3^{n+1} - 2^{n+1}$.

我们声明，$a = 2 \cdot 3^k, k \geq 1$ 满足要求. 只需证明 $3^k \mid 4^{3^k} - 1$. 但是

$$4^{3^k} - 1 = (4 - 1)(4^2 + 4 + 1)(4^{2 \cdot 3} + 4^3 + 1) \cdots (4^{2 \cdot 3^{k-1}} + 4^{3^{k-1}} + 1)$$

上面每个因子都是 3 的倍数（这一章还没有升幂定理可以用. —— 译者注）. $\qquad\square$

题 1.10. （数学反思 $S259$）设整数 a, b, c, d, e 满足

$$a(b + c) + b(c + d) + c(d + e) + d(e + a) + e(a + b) = 0.$$

证明： $a + b + c + d + e$ 整除 $a^5 + b^5 + c^5 + d^5 + e^5 - 5abcde$.

证：设 A, B, C, D, E 是整数，满足多项式关系

$$(X-a)(X-b)(X-c)(X-d)(X-e) = X^5 + AX^4 + BX^3 + CX^2 + DX + E.$$

展开可以得到，

$$A = -(a+b+c+d+e), \quad B = ab+ac+ad+ae+\cdots+de, \quad \cdots, \quad E = -abcde.$$

注意

$$B = a(b+c) + b(c+d) + c(d+e) + d(e+a) + e(a+b) = 0.$$

对每个 $x \in \{a, b, c, d, e\}$，有

$$x^5 + Ax^4 + Cx^2 + Dx + E = 0.$$

相加得到

$$a^5 + b^5 + c^5 + d^5 + e^5 - 5abcde$$
$$+ A(a^4 + \cdots + e^4) + C(a^2 + \cdots + e^2) + D(a + \cdots + e) = 0.$$

求和中最后一项和倒数第三项都被 $a+b+c+d+e$ 整除，要完成题目，只需证明 $C(a^2 + b^2 + c^2 + d^2 + e^2)$ 是 A 的倍数. 但是

$$A^2 = (a+b+c+d+e)^2 = a^2 + b^2 + c^2 + d^2 + e^2 + 2B = a^2 + b^2 + c^2 + d^2 + e^2,$$

问题得证. $\qquad\qquad\qquad\qquad\qquad\qquad\qquad\qquad\qquad\qquad\qquad\qquad\qquad\qquad \square$

题 1.11. （哈萨克斯坦2011）求最小的整数 $n > 1$，使得存在正整数 $a_1, \cdots, a_n$，满足 $a_1^2 + \cdots + a_n^2 \mid (a_1 + \cdots + a_n)^2 - 1$.

证：设 n 是问题的解，记

$$(a_1 + \cdots + a_n)^2 - 1 = k(a_1^2 + \cdots + a_n^2), \qquad\qquad\qquad (1)$$

k 是正整数.

我们声明 $a_1 + \cdots + a_n$ 是奇数. 否则式 (1) 左端是奇数，而 $a_1^2 + \cdots + a_n^2$ 与 $a_1 + \cdots + a_n$ 同是偶数，式 (1) 右端是偶数，矛盾.

$a_1 + \cdots + a_n$ 是奇数，所以 $(a_1 + \cdots + a_n)^2 - 1$ 是 8 的倍数. 在式 (1) 中，$a_1^2 + \cdots + a_n^2$ 是奇数，因此 k 是 8 的倍数，$k \geq 8$. 另一方面，柯西不等式给出

$$k(a_1^2 + \cdots + a_n^2) = (a_1 + \cdots + a_n)^2 - 1 \leq n(a_1^2 + \cdots + a_n^2) - 1 < n(a_1^2 + \cdots + a_n^2).$$

因此 $n > 8$，题目最小的解至少是 9.

9 是可以取到的，令 $a_1 = a_2 = 2$，$a_3 = \cdots = a_9 = 1$ 即可. $\qquad\qquad\qquad \square$

题 1.12. （Kvant 898）求所有的奇数 $0 < a < b < c < d$，满足

$$ad = bc, \ a + d = 2^k, \ b + c = 2^m,$$

其中 k 和 m 是正整数.

证： 我们先证明：$k > m$. 实际上，有

$$2^k - 2^m = a - b + d - \frac{ad}{b} = \frac{(b-a)(d-b)}{b} > 0.$$

接下来我们证明：$a + b = 2^{m-1}$. 我们将恒等式 $ad = bc$ 写成 $a(2^k - a) = b(2^m - b)$，即 $b^2 - a^2 = 2^m(b - 2^{k-m}a)$，因此 2^m 整除 $(b-a)(b+a)$. 而 b 和 a 是奇数，$b - a$ 和 $b + a$ 一个被 2 整除，另一个被 2^{m-1} 整除. 但是

$$b - a < b < \frac{b+c}{2} = 2^{m-1}$$

所以 $b + a$ 是 2^{m-1} 的倍数. 另一方面 $b + a < b + c = 2^m$，因此 $b + a = 2^{m-1}$.

现在有 $b = 2^{m-1} - a$，$c = 2^m - b = 2^{m-1} + a$ 和 $ad = bc = 2^{2m-2} - a^2$. 因此 a 整除 2^{2m-2}，而 a 是奇数，只能 $a = 1$.

最后 $a = 1$，$b = 2^{m-1} - 1$，$c = 2^{m-1} + 1$，$d = 2^{2m-2} - 1$，$k = 2m - 2$，其中 $m \geq 3$ 是任意整数. $\qquad\square$

题 1.13. 设 f 是一个整系数多项式，满足 $f(n) > n$，对所有正整数 n 成立. 定义序列 $(x_n)_{n \geq 1}$ 为：$x_1 = 1$，$x_{i+1} = f(x_i)$，$i \geq 1$. 假设每个正整数都有倍数属于 $x_1, x_2, \cdots$，证明：$f(X) = X + 1$.

证： 根据题目条件，有 $x_{i+1} > x_i$，对所有 $i \geq 1$ 成立. 序列 $(x_n)_{n \geq 1}$ 是递增的.

进一步，根据题目条件，给定 $n \geq 2$，可以找到 m，使得 $x_n - x_{n-1} \mid x_m$. 取最小的这样的 m. 假设 $m \geq n$. 我们注意 $x_{j+2} - x_{j+1} = f(x_{j+1}) - f(x_j)$ 是 $x_{j+1} - x_j$ 的倍数，因此若 $k \geq j$，则 $x_{j+1} - x_j \mid x_{k+1} - x_k$. 由 $x_n - x_{n-1} \mid x_m - x_{m-1}$ 可得到 $x_n - x_{n-1} \mid x_{m-1}$，与 m 的最小性矛盾. 因此必有 $m < n$.

所以 $x_n - x_{n-1} \leq x_{n-1}$，$f(x_{n-1}) \leq 2x_{n-1}$，对所有 $n \geq 2$ 成立.

若 $\deg f \geq 2$，则对足够大 x，有 $f(x) > 2x$，与上面矛盾.

因此 $f(X) = aX + b$，a, b 是整数. 因为 $f(n) > n$，对所有 n 成立，所以 $a \geq 1$. 因为 $ax_{n-1} + b \leq 2x_{n-1}$，对所有 $n > 1$ 成立，所以 $a \leq 2$. 因此 $a = 1$ 或 $a = 2$.

若 $a = 1$，则 $x_n = 1 + (n-1)b$. 根据假设，存在 n，使得 $b \mid x_n$，说明 $b = 1$ 及 $f(X) = X + 1$.

若 $a = 2$，简单归纳给出 $x_n = 2^{n-1}(1+b) - b$. 根据假设存在 n，使得 $1 + b \mid x_n$，得到 $1 + b \mid b$，只能是 $b = 0$. 此时 $x_n = 2^{n-1}$，不满足条件. $\qquad\square$

题 1.14. （伊朗2013）设 a, b 是两个正奇数，满足 $2ab + 1 \mid a^2 + b^2 + 1$，证明：$a = b$.

证： 用通常的无穷递降法论述，我们考虑满足题目条件，但不满足题目结论，且使 $a + b$ 最小的 (a, b). 不妨设 $a > b$.

记 $a^2 + b^2 + 1 = c(2ab + 1)$. 因为 $a \neq b$，所以 $c \neq 1$. 考虑方程 $x^2 - 2bcx + b^2 + 1 - c = 0$ 的另一个解 $a' = 2bc - a = \frac{b^2 + 1 - c}{a}$.

注意 $a' = 2bc - a$ 是奇数，$a' \neq b$（因为 $c \neq 1$）. 若 $a' \leq 0$，则 $a' \leq -1$，$b^2 + 1 - c \leq -a$，

$$b^2 + a + 1 \leq c = \frac{a^2 + b^2 + 1}{2ab + 1} < \frac{2a^2 + b^2}{2ab} \leq a + b^2,$$

矛盾.

根据 (a, b) 的最小性，可得 $a' \geq a$. 这是不可能的，因为 $c > 1$，

$$a' = \frac{b^2 + 1 - c}{a} < \frac{b^2}{a} \leq a. \qquad \square$$

题 1.15. （Kvant）证明：存在无穷多正整数 n，$n^2 + 1$ 整除 $n!$.

证： 我们先取 n，使得 $n^2 + 1$ 可以因式分解. 例如，取 $n = 2k^2$，给出

$$n^2 + 1 = 4k^4 + 1 = (2k^2)^2 + 4k^2 + 1 - (2k)^2 = (2k^2 - 2k + 1)(2k^2 + 2k + 1).$$

注意 $2k^2 - 2k + 1 < n$ 对 $k > 0$ 成立. $2k^2 + 2k + 1$ 不小于 n，我们还要再改进一下. 我们选择 k，使得 $2k^2 + 2k + 1$ 是5的倍数. 例如取 $k = 5t + 1$，则 $2k^2 + 2k + 1 = 5(10t^2 + 6t + 1)$. 因此

$$n^2 + 1 = 5(10t^2 + 6t + 1)(2k^2 - 2k + 1)$$

这些因子 $5, 10t^2 + 6t + 1, 2k^2 - 2k + 1$ 是两两不同的小于 n 的数（实际上应该去掉可能的有限个特殊值. ——译者注），其乘积整除 $n!$. $\qquad \square$

注释 7.1. AMM 的第 11358 题推广了前面的结果如下：对任何 $d \geq 1$，存在无穷多正整数 n，使得 $dn^2 + 1 \mid n!$.

我们留给读者验证，对每个 $k \geq 2$，$n_k = dk^2(d+1)^2 + k(d+1) + 1$ 满足

$$dn_k^2 + 1 = (dk^2(d+1)^2 + 1)(d+1)(d^2k^2(d+1) + 2dk + 1),$$

然后得到 $dn_k^2 + 1 \mid n_k!$，对所有 $k > 1$ 成立.

题 1.16. （越南2001）设递增正整数数列 $(a_n)_{n \geq 1}$ 满足 $a_{n+1} - a_n \leq 2\,001$，对所有 n 成立. 证明：存在无穷多对 (i,j)，$i < j$，满足 $a_i | a_j$.

证： 可将 $2\,001$ 替换为任意正整数 k，考察下面的 k 列无穷矩阵：

第一行为 $a_1 + 1, a_1 + 2, \cdots, a_1 + k$. 若第 j 行是，$x + 1, x + 2, \cdots, x + k$，则第 $j + 1$ 行是 $N + x + 1, N + x + 2, \cdots, N + x + k$，其中

$$N = (x+1)(x+2) \cdots (x+k)$$

是第 j 行所有数的乘积. 显然，若 $a < b$ 在同一列，则 $a \mid b$.

根据假设，任何大于 a_1 的连续的 k 个正整数，必然包含数列中至少一项. 因此矩阵中每一行都有至少一项在数列中.

另一方面，选取矩阵中任何连续的 $k + 1$ 行，根据抽屉原则，必然有两项在同一列上，这两项中小数整除大数. 这样我们就得到无穷多对不同的满足题目条件的数列中项. □

题 1.17. （城市锦标赛）定义序列 $(a_n)_{n \geq 0}$，为 $a_0 = 9$，$a_{n+1} = a_n^3(3a_n + 4)$，$n \geq 0$. 证明：对所有 n，$a_n + 1$ 是 10^{2^n} 的倍数.

证： 我们用归纳法证明，$n = 0$ 的情形显然. 现在假设 $a_n + 1 = k \cdot 10^{2^n}$，$k$ 是整数. 强制展开给出

$$a_n^3 = (k \cdot 10^{2^n} - 1)^3 \equiv 3k \cdot 10^{2^n} - 1 \pmod{10^{2^{n+1}}}.$$

因此

$$a_{n+1} \equiv (3k \cdot 10^{2^n} - 1)(3k \cdot 10^{2^n} + 1) = 9k^2 \cdot 10^{2^{n+1}} - 1 \equiv -1 \pmod{10^{2^{n+1}}},$$

归纳完成.

我们还可以观察到恒等式（直接展开证明）

$$x^3(3x + 4) + 1 = (x+1)^2(3x^2 - 2x + 1),$$

表明 $(a_n + 1)^2$ 整除 $a_{n+1} + 1$，马上也给出题目的结论. □

题 1.18. 求最大的整数 k，对所有正整数 n，都有 k 整除 $8^{n+1} - 7n - 8$.

证： 取 $n = 1$，可得 $k \mid 49$，所以 $k \leq 49$. 我们将证明 $49 \mid 8^{n+1} - 7n - 8$，对所有 n 成立. 则题目答案是 49.

利用二项式定理，有

$$8^{n+1} = (1+7)^{n+1} = 1 + 7(n+1) + \binom{n+1}{2}7^2 + \cdots + 7^{n+1}$$

$$\equiv 1 + 7(n+1) = 7n + 8 \pmod{49}.$$
□

题 1.19. 设 a, b 是不同的正整数，n 是正整数. 证明：$(a-b)^2 \mid a^n - b^n$ 当且仅当 $a - b \mid nb^{n-1}$.

证： 记 $a - b = k$，则 $(a-b)^2 \mid a^n - b^n$ 当且仅当 $k^2 \mid (k+b)^n - b^n$. 利用二项式定理，可得

$$(k+b)^n - b^n = k^n + \binom{n}{1}k^{n-1}b + \cdots + \binom{n}{n-1}kb^{n-1} \equiv nkb^{n-1} \pmod{k^2}.$$

因此 $k^2 \mid (k+b)^n - b^n$ 当且仅当 $k^2 \mid nkb^{n-1}$，或者等价地 $k \mid nb^{n-1}$（因为 $k \neq 0$）. $\square$

题 1.20. （BAMO 2012）设 n 是正整数，满足 81 整除 n 和 n 经过数码反序得到的数. 证明：81 也整除 n 的数码求和.

证： 二项式定理给出 $10^k = (1+9)^k \equiv 1 + 9k \pmod{81}$ 对所有 $k \geq 0$ 成立. 设有十进制表达式 $n = a_0 + 10a_1 + \cdots + 10^k a_k$，可得

$$n \equiv \sum_{i=0}^{k} a_i(1 + 9i) = \sum_{i=0}^{k} a_i + 9\sum_{i=0}^{k} ia_i \pmod{81}.$$

设 $n' = a_k + 10a_{k-1} + \cdots + 10^k a_0$ 是将 n 数码反序的到的数. 则类似的有

$$n' \equiv \sum_{i=0}^{k} a_i + 9\sum_{i=0}^{k} (k-i)a_i.$$

因为 n 和 n' 都是 81 的倍数，$n + n'$，利用前面的同余式，可得

$$2\sum_{i=0}^{k} a_i + 9k\sum_{i=0}^{k} a_i = (9k+2)S$$

是 81 的倍数，其中 S 是 n 的数码和. 因此 $81 \mid (9k+2)S$，剩下的留给读者（先说明 $9 \mid S$，然后说明 $81 \mid S$）. $\square$

题 1.21. 证明：对所有 $n \geq 1$，$\frac{(2n)!(3n)!}{n!^5}$ 是 $(n+1)^2$ 的倍数.

证： $\frac{(2n)!(3n)!}{(n+1)^2 n!^5} = \left(\frac{1}{n+1}\binom{2n}{n}\right)^2 \cdot \binom{3n}{n}$. 根据例 1.54，$n+1 \mid \binom{2n}{n}$. $\square$

题 1.22. 求所有整数 a，使得 n^2 整除 $(n+a)^n - a$，对所有正整数 n 成立.

证： 二项式定理说明 $(n+a)^n - a \equiv a^n - a \pmod{n^2}$. 因此，我们要找到 a，使得 n^2 整除 $a^n - a$，对所有 $n \geq 1$ 成立.

显然 $a = 0$ 和 $a = 1$ 满足条件. 而 $a = -1$ 不满足条件（取 $n = 2$）.

假设 $k = |a| > 1$. 取 $n = k$，则 $k^2 \mid a^k - a$. 然而 $k^2 \mid a^k$（因为 $k > 1$），因此有 $k^2 \mid a$ 和 $k^2 \mid k$，矛盾.

因此问题的解是 $a = 0$ 和 $a = 1$. $\square$

题 1.23. （ Erdös）证明：每个正整数可以写成一个或多个 $2^r \cdot 3^s$ 形式的数之和，其中 r 和 s 是非负整数，这些和项互不整除.

证： 我们用归纳法证明，初始情况是 $1 = 2^0 3^0$. 假设所有不超过 $n-1$ 的正整数可以如此表示.

若 n 是偶数，则将 $n/2$ 的表示每一项乘以 2，得到 n 的表示.

若 n 是奇数. 选取 m，使得 $3^m \le n < 3^{m+1}$. 若 $3^m = n$，则已经表示了 n. 否则选取表示 $(n - 3^m)/2 = s_1 + \cdots + s_k$，考察表示 $n = 3^m + 2s_1 + \cdots + 2s_k$.

显然所有 $2s_i$ 互相不整除；$2s_i$ 不整除 3^m. 进一步，因为 $2s_i \le n - 3^m < 3^{m+1} - 3^m$，所以 $s_i < 3^m$，3^m 不整除 $2s_i$. 因此得到了 n 的符合要求的表示，完成归纳步骤. $\qquad\square$

注意这样的表示并不唯一. 例如，$11 = 2 + 3^2 = 3 + 2^3$.

题 1.24. （ Kvant 2274）设 $k \ge 2$ 是整数，求所有的正整数 n，使得 2^k 整除 $1^n + 2^n + \cdots + (2^k - 1)^n$.

证： 我们将证明：问题的解是所有奇数 $n \ge 3$.

先假设 n 是奇数，则

$$1^n + 2^n + \cdots + (2^k - 1)^n$$
$$= (1^n + (2^k - 1)^n) + \cdots + ((2^{k-1} - 1)^n + (2^{k-1} + 1)^n) + (2^{k-1})^n$$

第二行中除了最后一项都是 2^k 的倍数（回忆当 n 是奇数时，$a^n + b^n$ 被 $a + b$ 整除）. 因此求和是 2^k 的倍数当且仅当 $(2^{k-1})^n$ 是 2^k 的倍数，即 $n \ge 3$.

现在设 n 是偶数，我们要对 k 归纳证明

$$S_{n,k} := 1^n + 2^n + \cdots + (2^k - 1)^n$$

不是 2^k 的倍数. 当 $k = 2$ 时，验算

$$S_{n,2} = 1^n + 2^n + 3^n \equiv 2 \pmod 4.$$

现在假设 2^k 不整除 $S_{n,k}$ 对所有偶数 n 成立.

因为 $a^n \equiv (2^{k+1} - a)^n \pmod{2^{k+1}}$，所以

$$S_{n,k+1} \equiv 2(1^n + 2^n + \cdots + (2^k - 1)^n) + 2^{kn} \equiv 2S_{n,k} \pmod{2^{k+1}},$$

证明了 $S_{n,k+1}$ 不是 2^{k+1} 的倍数. $\qquad\square$

题 1.25. 设整数 $k > 1$，$a_1, \cdots, a_n$ 是整数，满足

$$a_1 + 2^i a_2 + 3^i a_3 + \cdots + n^i a_n = 0$$

对所有 $i = 1, 2, \cdots, k - 1$ 成立．证明：$a_1 + 2^k a_2 + \cdots + n^k a_n$ 是 $k!$ 的倍数．

证： 若 $b_0, b_1, \cdots, b_{k-1}$ 是整数，则

$$b_0(a_1 + 2a_2 + \cdots + na_n) + b_1(a_1 + 2^2 a_2 + \cdots + n^2 a_n) + \cdots$$
$$+ b_{k-1}(a_1 + 2^{k-1} a_2 + \cdots + n^{k-1} a_n) = 0.$$

我们将这个式子变形为

$$a_1(b_0 + b_1 + \cdots + b_{k-1}) + a_2(2b_0 + 2^2 b_1 + \cdots + 2^{k-1} b_{k-1}) + \cdots$$
$$+ a_n(nb_0 + \cdots + n^{k-1} b_n) = 0.$$

说明对每个次数不超过 $k - 1$，常数项为 0 的整系数多项式

$$P(X) = b_0 X + b_1 X^2 + \cdots + b_{k-1} X^{k-1},$$

有

$$a_1 P(1) + a_2 P(2) + \cdots + a_n P(n) = 0.$$

特别地，多项式 $P(X) = X^k - X(X-1)\cdots(X-k+1)$ 满足前面的条件，因此有

$$a_1 + 2^k a_2 + \cdots + n^k a_n = \sum_{i=1}^{n} a_i i(i-1)\cdots(i-k+1) = k! \sum_{i=1}^{n} a_i \binom{i}{k}.$$

等式右端是 $k!$ 的倍数，证毕． $\qquad\square$

题 1.26. 证明：对任何整数 $k \geq 3$，存在 k 个两两不同的正整数，满足它们的和被其中每一个数整除．

证： 只需证明存在两两不同的正整数 $a_1, a_2, \cdots, a_k$ 使得

$$\frac{1}{a_1} + \frac{1}{a_2} + \cdots + \frac{1}{a_k} = 1,$$

则令

$$b_i = \frac{a_1 a_2 \cdots a_k}{a_i}, i = 1, \cdots, k$$

给出要求的数．

现在我们用归纳法证明 $a_1, \cdots, a_k$ 的存在性. 对 $k = 3$, 取 $a_1 = 2, a_2 = 3$ 及 $a_3 = 6$. 假设已有两两不同的正整数 $a_1, \cdots, a_k$ 它们的倒数和是 1, 不妨设 a_k 是这些数中最大的. 因为 $\frac{1}{a} = \frac{1}{a+1} + \frac{1}{a(a+1)}$, 所以

$$a_1, a_2, \cdots, a_k + 1, a_k(a_k + 1)$$

是 $k + 1$ 个两两不同的正整数, 倒数和为 1. $\qquad\square$

题 1.27. （Kvant）证明: 对每个整数 $n > 1$, 存在 n 个两两不同的正整数, 其中任何两个数 a, b, 满足 $a - b$ 整除 $a + b$.

证: 我们对 n 归纳证明命题. 对 $n = 2$, 考虑 $1, 2$. 假设命题对 n 成立, 并设 $1 \le a_1 < a_2 < \cdots < a_n$, 使得 $a_i + a_j$ 是 $a_i - a_j$ 的倍数, 对所有 $i \ne j$ 成立.

定义

$$b_0 = a_1 a_2 \cdots a_n \cdot \prod_{1 \le i < j \le n} (a_j - a_i)$$

及 $b_i = a_i + b_0, 1 \le i \le n$.

我们证明 $b_0, b_1, \cdots, b_n$ 满足题目条件. 对 $1 \le i \le n$, 有 $b_i - b_0 = a_i \mid b_i + b_0$, 因为 a_i 整除 b_0. 而且, 对 $1 \le i < j \le n$, 有

$$b_j - b_i = a_j - a_i \mid a_i + a_j + 2b_0 = b_i + b_j,$$

因为 $a_i - a_j$ 整除 $a_i + a_j$, $a_i - a_j$ 整除 b_0. $\qquad\square$

题 1.28. （罗马尼亚TST1987）设整数 a, b, c 满足 $a + b + c$ 整除 $a^2 + b^2 + c^2$. 证明: 对无穷多正整数 n, 有 $a + b + c$ 整除 $a^n + b^n + c^n$.

证: 因为 $(a + b + c)^2 = a^2 + b^2 + c^2 + 2(ab + bc + ca)$, 所以 $a + b + c$ 整除 $2(ab + bc + ca)$. 又因为

$$(a^2 + b^2 + c^2)^2 = a^4 + b^4 + c^4 + 2(a^2 b^2 + b^2 c^2 + c^2 a^2)$$

及

$$2(a^2 b^2 + b^2 c^2 + c^2 a^2) = 2(ab + bc + ca)^2 - 4abc(a + b + c)$$

是 $a + b + c$ 的倍数, 所以 $a + b + c$ 整除 $2(a^2 b^2 + b^2 c^2 + c^2 a^2)$, 进而整除 $a^4 + b^4 + c^4$.

我们将归纳证明 $a + b + c$ 整除 $a^{2^n} + b^{2^n} + c^{2^n}$ 及 $2((ab)^{2^n} + (bc)^{2^n} + (ca)^{2^n})$, 对 $n \ge 1$ 成立. 前面已经证明了 $n = 1, 2$ 的情形.

假设命题对 n 成立, 则

$$a^{2^{n+1}} + b^{2^{n+1}} + c^{2^{n+1}} = (a^{2^n} + b^{2^n} + c^{2^n})^2 - 2((ab)^{2^n} + (bc)^{2^n} + (ca)^{2^n})$$

说明 $a+b+c \mid a^{2^{n+1}} + b^{2^{n+1}} + c^{2^{n+1}}$. 而

$$(ab)^{2^{n+1}} + (bc)^{2^{n+1}} + (ca)^{2^{n+1}}$$
$$= ((ab)^{2^n} + (bc)^{2^n} + (ca)^{2^n})^2 - 2(abc)^{2^n}(a^{2^n} + b^{2^n} + c^{2^n}).$$

说明 $a+b+c$ 整除 $2((ab)^{2^{n+1}} + (bc)^{2^{n+1}} + (ca)^{2^{n+1}})$.

我们再给出 Richard Stong 提出的一个证明. 设 $S = a+b+c$. 因为 $(a+b+c)^2 = a^2+b^2+c^2+2(ab+bc+ca)$, 所以 $S \mid 2(ab+bc+ca)$. 设 $P_n = a^n+b^n+c^n$.

因为 a, b, c 是方程

$$(X-a)(X-b)(X-c) = X^3 - SX^2 + (ab+bc+ca)X - abc,$$

的三个根. 我们知道

$$P_{n+3} = SP_{n+2} - (ab+bc+ca)P_{n+1} + abcP_n.$$

根据题目的条件, S 整除 P_1 和 P_2. 我们要证 S 整除 P_n, 对无穷多 n 成立.

现在考虑两个情况. 若 S 是奇数, 则 $S \mid ab+bc+ca$. 因此从递推关系看出, 若 S 整除 P_n, 则 S 也整除 P_{n+3}. 因此归纳给出 S 整除 P_{3k+1} 及 P_{3k+2}, 对所有 $k \geq 0$ 成立.

若 S 是偶数, 则 P_n 总是偶数. 因此 S 总是整除 $(ab+bc+ca)P_{n+1}$. 我们还是能得出, 若 S 整除 P_n, 则 S 整除 P_{n+3}. 因此 S 整除 P_{3k+1} 和 P_{3k+2}, 对所有 $k \geq 0$ 成立. $\square$

题 1.29. (俄罗斯1995) 设整数 $a_1 > 1$, 证明: 存在一个递增正整数数列 $a_1 < a_2 < \cdots$, 满足 $a_1 + a_2 + \cdots + a_k \mid a_1^2 + \cdots + a_k^2$, 对所有 $k \geq 1$ 成立.

证: 我们将归纳地构造这个序列. 假设已经得到 $a_1, \cdots, a_{k-1}$, 要构造 a_k. 为简化记号, 设 $x = a_1 + \cdots + a_{k-1}$, $y = a_1^2 + \cdots + a_{k-1}^2$. 我们要找 $a_k + x \mid a_k^2 + y$. 因为 $a_k + x \mid a_k^2 - x^2$, 所以 $a_k + x \mid (a_k^2 + y) - (a_k^2 - x^2) = x^2 + y$.

最简单的取法是令 $a_k = x^2 + y - x = x(x-1) + y$. 因为 $a_{k-1} > 1$, $x \geq a_{k-1}$, $y \geq a_{k-1}^2$, 所以 $a_k > a_{k-1}$. 构造过程使得 $a_1 + a_2 + \cdots + a_k \mid a_1^2 + \cdots + a_k^2$, 归纳完成. $\square$

题 1.30. 设 n 是正整数, 证明:

(a) $10^n - 1$ 的任何倍数, 若不超过 $10^n(10^n - 1)$, 则其数码和为 $9n$.

(b) $10^n - 1$ 的任何倍数的数码和至少是 $9n$.

证: (a) 设此倍数是 $N = (10^n - 1)k$，因为不超过 $10^n(10^n - 1)$，所以 $k \leq 10^n$. 删掉 k 末尾的零，不改变 N 的数码和. 因此我们假设 k 不是 10 的倍数，特别地，$k < 10^n$.

设有十进制表示 $k = a_0 + \cdots + a_{n-1}10^{n-1}$，$a_0 \neq 0$（我们不要求 $a_{n-1} \neq 0$）. 直接代数计算给出

$$N = (10^n - 1)k = \overline{a_{n-1}\cdots a_0 00\cdots 0} - \overline{a_{n-1}\cdots a_0}$$
$$= \overline{a_{n-1}\cdots a_1(a_0 - 1)(9 - a_{n-1})\cdots(9 - a_1)(10 - a_0)}.$$

最后这个数的数码和显然是 $9n$.

(b) 设 $S(x)$ 表示 x 的数码和. 我们将对 k 用第二数学归纳法证明 $S((10^n - 1)k) \geq 9n$，对所有 $k \geq 1$ 成立. 当 $k \leq 10^n$ 时，这已经在(a)中证明了. 假设 $k > 1$ 及 $S((10^n - 1)j) \geq 9n$，对 $1 \leq j < k$ 成立.

设 $(10^n - 1)k$ 在十进制下的表达式为

$$(10^n - 1)k = b_0 + b_1 \cdot 10^n + \cdots + b_d \cdot (10^n)^d$$

其中 $b_i \in \{0, 1, \cdots, 10^n - 1\}$. 因为 $10^n - 1$ 整除 $10^{sn} - 1$，前面的等式表明 $10^n - 1$ 整除 $b_0 + b_1 + \cdots + b_d$.

注意 $b_0 + \cdots + b_d < b_0 + 10^n b_1 + \cdots + 10^{nd} b_d$，因此 $b_0 + b_1 + \cdots + b_d = j(10^n - 1)$，$j < k$. 根据归纳假设，有 $S(b_0 + \cdots + b_d) \geq 9n$. 又根据数码和性质

$$S(k(10^n - 1)) = S(b_0) + S(b_1) + \cdots + S(b_d) \geq S(b_0 + \cdots + b_d) \geq 9n. \qquad \square$$

注释 7.2. 解答中我们用了不等式 $S(a + b) \leq S(a) + S(b)$，请读者给出这个不等式的证明.

题 1.31. （USAMO 1998）证明：对任何 $n \geq 2$，存在 n 个整数构成的集合 S，满足其中任何两个不同数 a, b，有 $(a - b)^2$ 整除 ab.

证: 我们将归纳构造一个这样的集合，包含了非零整数. 对 $n = 2$，集合 $\{1, 2\}$ 符合要求. 假设已经构造集合 $S = \{a_1, \cdots, a_n\}$. 新的集合 T 将有形式

$$T = \{a_1 + k, \cdots, a_n + k\} \cup \{k\}$$

k 是适当选取的正整数.

我们需要 $(a_i - a_j)^2 \mid (a_i + k)(a_j + k)$ 及 $a_i^2 \mid k(a_i + k)$，对所有 $i \neq j$ 成立. 只要取 $a_i^2 \mid k$（甚至只要 $a_i \mid k$ 即可），整除关系 $a_i^2 \mid k(a_i + k)$ 就能成立. 另一

方面，因为 $(a_i - a_j)^2 \mid a_i a_j$，若我们要求 $(a_i - a_j)^2 \mid k$，则整除关系 $(a_i - a_j)^2 \mid (a_i + k)(a_j + k)$ 成立.

因此，只需取非零整数 k 是 $\prod_{i=1}^{n} a_i^2 \cdot \prod_{1 \le i < j \le n} (a_i - a_j)^2$ 的倍数即可.   □

题 1.32. （罗马尼亚 JBMO TST 2004）设 A 是正整数构成的集合，满足

(a) 若 $a \in A$，则 a 的所有正因子也包含于 A；

(b) 若 $a, b \in A$，$1 < a < b$，则 $1 + ab \in A$.

证明：若 A 至少含三个元素，则 A 包含所有正整数.

证： 我们从证明 A 包含 $1, 2, 3, 4, 5$ 开始. 显然 $1 \in A$.

若 $2 \notin A$，则根据(a)，A 的所有元素是奇数. 因为 A 至少有三个元素，取两个奇数 $a, b \in A$，满足 $1 < a < b$. 根据(b)，$1 + ab \in A$ 是偶数，矛盾. 因此 $2 \in A$.

接下来，我们证明 A 包含 4 的倍数，因此 $4 \in A$. 取 $a > 2$ 包含于 A（因为 $|A| \ge 3$）. 则根据(b)，$1 + 2a \in A$，然后 $1 + 2(1 + 2a) = 3 + 4a \in A$，最后 $b = 1 + (1 + 2a)(3 + 4a) \in A$. 注意 $b > 2$ 是偶数，刚才的过程再做一次，得到 $c = 1 + (1 + 2b)(3 + 4b) \in A$ 是 4 的倍数.

现在 $1 + 2 \cdot 4 = 9 \in A$，因此 $3 \in A$. $1 + 2 \cdot 3 = 7 \in A$，$1 + 2 \cdot 7 = 15 \in A$，因此 $5 \in A$. $1 + 5 \cdot 7 = 36 \in A$，因此 $6 \in A$.

现在我们归纳证明，所有的正整数 n 属于 A. 根据前面的结果，设 $n \ge 7$，而且直到 $n - 1$ 的正整数属于 A. 若 n 是奇数，则 $n = 1 + 2k, 2 \in A, k \in A$，根据(b)，$n \in A$. 若 $n = 2k$ 是偶数，$k > 3$. 首先和刚才一样，可得 $2k + 1 \in A$，因此 $4k^2 = 1 + (2k - 1)(2k + 1) \in A$，于是 $2k \in A$.   □

题 1.33. （USAMO 2002）设 a, b 是大于 2 的整数，证明：存在正整数 k 和正整数数列 $n_1, n_2, \cdots, n_k$，满足 $n_1 = a$，$n_k = b$，而且对每个 $1 \le i < k$，都有 $n_i + n_{i+1}$ 整除 $n_i n_{i+1}$.

证： 设 a, b 是正整数，若存在正整数 k 和有限正整数数列 $n_1 = a, n_2, \cdots, n_k = b$，满足对每个 $1 \le i \le k - 1$，$n_i n_{i+1}$ 被 $n_i + n_{i+1}$ 整除，则称 a, b 是关联的. 显然，若 a 与 b 关联，b 与 c 关联，则 a 与 c 关联.

其次，若 $a > 1$ 是奇数，则 a 和 $a + 1$ 关联，因为可以使用序列 $a, a^2 - a, a^2 + a, a + 1$.

若 $a = 2k > 2$ 是偶数，使用序列 $a, 2k^2 - 2k, 2k^2 + 2k, 2k + 2 = a + 2$ 可以将 a 和 $a + 2$ 关联. 因此所有的偶数是关联的.

因为奇数 a 和偶数 $a + 1$ 关联，因此所有大于 2 的数是相互关联的.   □

注释 7.3. 我们建议读者解决下面的很相似的问题（在*2006年伊朗数学奥林匹克出现*）：设 m, n 是大于2的整数. 证明：存在大于1的整数序列 $a_0, \cdots, a_k$, 使得 $a_0 = m$, $a_k = n$, 且 $a_i + a_{i+1} \mid a_i a_{i+1} + 1$, 对所有 $0 \le i < k$ 成立.

题 1.34. 是否对任何整数 $k > 1$, 总可以找到整数 $n > 1$, 使得 k 整除

$$\binom{n}{1}, \binom{n}{2}, \cdots, \binom{n}{n-1}$$

中的每一个数？

证： 答案是否定的. 我们将证明：对 $k = 4$ 不存在这样的 n. 假设 4 整除每个 $\binom{n}{i}$, $1 \le i \le n-1$. 则 4 也整除它们的和 $2^n - 2$, 必有 $n = 1$, 矛盾. $\square$

题 1.35. （卡特兰）证明：对所有正整数 m, n, $m! n! (m+n)!$ 整除 $(2m)!(2n)!$.

证： 设 $f(m, n) = \frac{(2m)!(2n)!}{m! n! (m+n)!}$. 我们对 m 归纳，证明对 $n \ge 1$, 有 $f(m, n) \in \mathbf{Z}$.

$m = 1$ 的情形可从例 1.54 得到. 假设现在命题对 m 成立，我们证明它对 $m+1$ 也成立. 固定 $n > 1$. 则直接计算给出

$$f(m, n-1) = \frac{(2m)!(2n-2)!}{m!(n-1)!(m+n-1)!}$$
$$= f(m, n) \cdot \frac{n(m+n)}{2n(2n-1)} = f(m, n) \cdot \frac{m+n}{2(2n-1)}$$

及

$$f(m+1, n-1) = \frac{(2m+2)!(2n-2)!}{(m+1)!(n-1)!(m+n)!}$$
$$= f(m, n) \cdot \frac{(2m+1)(2m+2)n}{2n(2n-1)(m+1)} = \frac{2m+1}{2n-1} f(m, n).$$

可得 $f(m+1, n-1) = 4f(m, n-1) - f(m, n)$. 由归纳假设，右端是整数. 因此 $f(m+1, n-1)$ 也是整数，证明了归纳步骤. $\square$

注释 7.4. 前面的解答不是很自然，也不容易想到. 就现有的工具来说，不容易找到一个自然的证明. 一旦素数的理论和 p 进赋值建立起来（这会花不少时间），这个题目就是一个很直接的练习.

题 1.36. 设 $x_1 < x_2 < \cdots < x_{n-1}$ 是连续的正整数，满足 $x_k \mid k\binom{n}{k}$, 对所有 $1 \le k \le n-1$ 成立. 证明：x_1 等于 1 或 2.

证： 设 $x = x_1 - 1$，假设 $x > 1$，即结论不成立. 注意 $x_i = x + i$，对 $1 \leq i \leq n-1$ 成立. 关键部分是下面的恒等式

$$\frac{n!}{(x+1)\cdots(x+n)} = \sum_{k=1}^{n} (-1)^{k-1} \frac{k\binom{n}{k}}{x+k}.$$

先承认这个恒等式，看看怎么证明题目结论. 根据假设条件，除了最后一项，求和为整数. 因此

$$a := \frac{n!}{(x+1)\cdots(x+n)} + (-1)^n \frac{n}{x+n}$$

是整数. 然而，因为 $x \geq 2$，有

$$|a| < \frac{n!}{2\cdots\cdots(n+1)} + \frac{n}{n+1} = 1,$$

因此 $a = 0$. 这样必然 n 是奇数，而且

$$(x+1)\cdots(x+n-1) = (n-1)!.$$

这是不可能的，因为左边大于 $(n-1)!$. 因此只需证上面的恒等式.

将恒等式两端乘以 $(x+1)\cdots(x+n)$，我们要证

$$(x+2)\cdots(x+n)\binom{n}{1} - (x+1)(x+3)\cdots(x+n)2\binom{n}{2} + \cdots$$
$$+ (-1)^{n-1}n\binom{n}{n}(x+1)\cdots(x+n-1) = n!.$$

左端和右端的差是一个次数不超过 $n-1$ 的多项式 $f(x)$，和容易检验 $f(-1) = f(-2) = \cdots = f(-n) = 0$（注意左端的复杂求和在代入上述值后，只有一个非零项）. 因此多项式 f 恒等于 0，证明了恒等式. $\square$

题 1.37. 证明：对任何 $n > 1$，存在 $2n-2$ 个正整数，其中任何 n 个的平均值不是整数.

证： 取任意正整数 $a_1, \cdots, a_{n-1}$ 被 n 整除，和任意正整数 $b_1, \cdots, b_{n-1}$ 模 n 余 1. 显然 $a_1, \cdots, a_{n-1}, b_1, \cdots, b_{n-1}$ 中任何 n 个数，它们求和模 n 的余数最小是 1，最大是 $n-1$，因此不被 n 整除. 这 $2n-2$ 个数符合条件. $\square$

题 1.38. 设 n 是正整数，计算 3^{2^n} 被 2^{n+3} 除的余数.

证： 有

$$3^{2^n} - 1 = (3-1)(3+1)(3^2+1)\cdots(3^{2^{n-1}}+1).$$

其中 3^2+1, $\cdots$, $3^{2^{n-1}}+1$ 每个数是偶数, 不被 4 整除, 因此乘积是 $2^{n-1}(2k+1)$ 型. 然后

$$3^{2^n} - 1 = 2^{n+2}(2k+1) = 2^{n+3}k + 2^{n+2}.$$

所以 3^{2^n} 除以 2^{n+3} 的余数是 $2^{n+2}+1$. $\qquad\square$

题 1.39. (圣彼得堡1996) 设 P 是整系数多项式, 次数大于 1. 证明: 存在一个无穷项等差数列, 其中每一项都不属于 $\{P(n)|n \in \mathbf{Z}\}$.

证: 因为 $\deg P > 1$, 多项式 $P(X+1) - P(X)$ 不是常数. 因此, 我们可以找到 $x > 1$, 使得 $d = |P(x+1) - P(x)| > 1$.

因为 $P(x)$ 和 $P(x+1)$ 模 d 余数相同, 在 0 和 $d-1$ 之间存在 r, 使得 $P(x)$, $P(x+1)$, $\cdots$, $P(x+d-1)$ 模 d 余数都不是 r.

若 m 是任何整数, 可以找到 $x \le y \le x+d-1$, 使得 $m \equiv y \pmod{d}$. 则 $P(m) \equiv P(y) \pmod{d}$, 说明 $P(m)$ 除以 d 的余数不是 r. 因此集合 $\{P(n)|\ n \in \mathbf{Z}\}$ 与等差数列 $r + d\mathbf{Z}$ (包含模 d 余 r 的所有整数) 的交为空集. $\qquad\square$

题 1.40. (Baltic 2011) 求所有正整数 d, 使得只要 d 整除一个正整数 n, d 就整除 n 通过数码重新排列得到的任何数.

证: 设 d 是问题的解. 选择大整数 N 使得 $10^N > n$. 在连续整数

$$10^{N+1} + 2 \cdot 10^N, 10^{N+1} + 2 \cdot 10^N + 1, \cdots, 10^{N+1} + 2 \cdot 10^N + 10^N - 1$$

中存在 n 的倍数, 这个数有形式 $\overline{12a_1 \cdots a_n}$.

根据题目假设, d 整除 $\overline{12a_1 \cdots a_n}$ 的任何数码重排数. 特别地, 它整除两个数 $\overline{a_1 \cdots a_n 21}$ 和 $\overline{a_1 \cdots a_n 12}$. 因此 d 也整除它们的差, 即 $d \mid 9$, $d = 1, 3$ 或 9.

反之, 熟知任何数模 9 与它的数码和同余, 因此数码重排不改变被 9 除的余数. $d = 1, 3, 9$ 都满足题目要求. $\qquad\square$

题 1.41. (俄罗斯) 坐标平面上的一个凸多边形包含至少 $m^2 + 1$ 个整点, 证明: 其中 $m+1$ 个整点在一条直线上.

证: 对多边形内的每个整点, 考虑它的两个坐标除以 m 的余数. 不同的余数搭配有 m^2 种, 根据抽屉原则, 可以找到两个点 $P(a, b)$ 和 $Q(c, d)$, 使得 $a \equiv c \pmod{m}$, $b \equiv d \pmod{m}$. 则坐标为 $c + \frac{k}{m}(a-c)$ 和 $d + \frac{k}{m}(b-d)$ 的整点 $A_k, 0 \le k \le m$, 在连接 P, Q 的线段上. 根据多边形的凸性, 这些整点在多边形内. $\qquad\square$

题 1.42. （IMO2001）设奇整数 $n > 1$，$c_1, c_2, \cdots, c_n$ 是整数. 对 $1, 2, \cdots, n$ 的每个排列 $a = a_1, a_2, \cdots, a_n$，定义

$$S(a) = c_1 a_1 + c_2 a_2 + \cdots + c_n a_n.$$

证明：存在 $1, 2, \cdots, n$ 的两个排列 $a \neq b$，使得 $n! \mid S(a) - S(b)$.

证： 假设对 $1, 2, \cdots, n$ 的任何两个排列 a 和 b，$n!$ 不整除 $S(a) - S(b)$. 因为模 $n!$ 有 $n!$ 个不同余数，而且有 $n!$ 个 $1, 2, \cdots, n$ 的排列. 所以当 a 遍历所有排列时，$S(a)$ 模 $n!$ 的余数是 $0, 1, \cdots, n! - 1$ 的重拍.

因此

$$\sum_a S(a) \equiv 1 + 2 + \cdots + (n! - 1) = \frac{n!(n! - 1)}{2} \pmod{n!}.$$

另一方面，

$$\sum_a S(a) = \sum_a \sum_{j=1}^n a_j c_j = \sum_{j=1}^n c_j \cdot \sum_a a_j.$$

对每个 $k \in \{1, 2, \cdots, n\}$，恰好存在 $(n-1)!$ 个排列 a，使得 $a_j = k$，因此

$$\sum_a a_j = \sum_{k=1}^n (n-1)! k = (n-1)! \cdot \frac{n(n+1)}{2} = n! \cdot \frac{n+1}{2} \equiv 0 \pmod{n!},$$

最后用到了 n 是奇数. 两个结合，得到 $n!$ 整除 $\frac{n!(n!-1)}{2}$，矛盾. $\qquad\square$

题 1.43. 设整数 $n, k > 1$，考虑 k 个整数构成的一个集合 A. 对 A 的每个非空子集 B，计算 B 的元素之和被 n 除的余数. 假设 0 不出现在这些余数中. 证明：至少有 k 个不同的余数. 进一步，如果恰好有 k 个这样的余数，证明 A 中所有元素除以 n 的余数相同.

证： 设 $a_1, \cdots, a_k$ 是 A 种的元素. 我们声明

$$a_1, a_1 + a_2, \cdots, a_1 + a_2 + \cdots + a_k$$

模 n 给出两两不同的余数，这样就证明了题目的第一部分. 实际上，若 $a_1 + \cdots + a_i$ 和 $a_1 + \cdots + a_j$ 同余，则 $a_{i+1} + \cdots + a_j$ 是 n 的倍数，矛盾.

现在假设恰好存在 k 个不同的余数，只能是 $a_1, a_1 + a_2, \cdots, a_1 + \cdots + a_k$. 上一段的论述实际上与 A 中的数排序无关. 如果以 $a_2, a_1, a_3, \cdots, a_n$ 的顺序进行同样的论述，那么这 k 个余数，也是 $a_2, a_2 + a_1, \cdots, a_2 + a_1 + a_3 \cdots + a_k$. 两个集合比较，发现必有 $a_1 \equiv a_2 \pmod{n}$. 再由实际上 a_1, a_2 的任意性，A 中所有的数模 n 同余. $\qquad\square$

题 1.44.（IMO2005）一个整数序列 $a_1, a_2, \cdots$ 有如下的性质：

(a) $a_1, a_2, \cdots, a_n$ 是模 n 的完全剩余系，对所有 $n \geq 1$ 成立.

(b) 序列中有无穷多项正数和无穷多项负数.

证明：每个整数恰好在这个数列中出现一次.

证： 每个整数在数列中至多出现一次，否则若 $a_m = a_n$，则当 $N > \max(m, n)$ 时，$a_1, \cdots, a_N$ 中有两个相同的数 a_m, a_n，不可能构成完系.

现在要证明每个整数 k 都在序列中出现. 通过考虑序列 $a_1 - k, a_2 - k, \cdots$（也满足题目性质），我们只需证明 $k = 0$ 在序列中一定出现.

现在假设所有 a_n 非零. 将 a_n 都替换成 $-a_n$ 性质(a)和(b)依旧满足，不妨设 $a_1 > 0$. 设 n 是最小正整数，使得 $a_n < 0$. 设 $i \in \{1, \cdots, n-1\}$ 满足 $a_i = \max(a_1, \cdots, a_{n-1})$. 因为 $a_1, \cdots, a_{n-1}$ 是两两不同的正整数，$a_i \geq n-1$，因此 $N = a_i - a_n \geq n$. 因为 $a_i \equiv a_n \pmod{N}$，所以 $a_1, \cdots, a_N$ 中间有两个模 N 同余的数 a_i, a_n，与它们构成模 N 完系矛盾.

因此存在 $a_n = 0$，根据前面的解释，这完成了证明.

这里有 Richard Stong 给出的另一个证明. 我们对 n 用归纳法证明，满足条件(a)的任何序列 $a_1, a_2, \cdots$ 具有性质：对所有 n，$a_1, \cdots, a_n$ 是连续的正整数的重排. 然后题目结论马上得到：根据 b，找到足够大的正数和足够小的负数出现在数列中，则包含这两项的数列的前 k 项一定包含这两项之间的所有整数.

命题在 $n = 1$ 时是显然的. 要证归纳步骤，假设已有 $a_1, a_2, \cdots, a_n$ 组成连续整数. a_{n+1} 不能与前面的项重复（否则不构成完系）. 如果 a_{n+1} 不继续前 n 个构成连续整数，则 a_{n+1} 与某个 $a_i, 1 \leq i \leq n$ 的差 N 大于 n. 则 $a_1, a_2, \cdots, a_N$ 包含模 N 同余的两项，矛盾. $\qquad\square$

题 1.45. 对一个正整数 n，考虑集合

$$S = \{0, 1, 1+2, 1+2+3, \cdots, 1+2+3+\cdots+(n-1)\}.$$

证明：S 是模 n 的完系，当且仅当 n 是 2 的幂.

证： 首先，假设 n 是 2 的幂，记 $n = 2^k$. 我们要证明：若 $0 \leq i < j \leq n-1$ 满足 $\frac{i(i+1)}{2} \equiv \frac{j(j+1)}{2} \pmod{n}$，则 $i = j$. 注意

$$\frac{i(i+1)}{2} - \frac{j(j+1)}{2} = \frac{i^2 - j^2 + i - j}{2} = \frac{(i-j)(i+j+1)}{2}.$$

若 2^{k+1} 整除 $(i-j)(i+j+1)$. $i - j$ 和 $i + j + 1$ 之一是奇数，因此 2^{k+1} 整除 $j - i$ 或 $i + j + 1$. 因为这两个数都小于 2^{k+1}，所以只能是其中一个是 0，即 $i = j$.

接下来，假设 n 不是 2 的幂，记 $n = 2^k m$，m 是奇数．取整数 $0 \le j < m$，使 $m \mid 2j + 1 + 2^{k+1}$（因为 m 是奇数，这是可以办到的）．

设 $i = j + 2^{k+1}$．则 $0 \le i < n$，n 不整除 $i - j = 2^{k+1}$，但 n 整除

$$\frac{i(i+1)}{2} - \frac{j(j+1)}{2} = \frac{(i-j)(i+j+1)}{2},$$

因为 2^k 整除 $\frac{i-j}{2}$，m 整除 $i + j + 1$．因此 S 不是模 n 的完系，矛盾． $\qquad \square$

题 1.46.（阿根廷2008）101 个正整数写成一行．证明：我们可以在数之间写上符号 $+$，$\times$ 和括号，不改变数的顺序，使得最后的表达式有效，并且运算结果被 $16!$ 整除．

证： 根据例 1.89，对每个整数 $a_1, \cdots, a_m$，存在 $i < j$，使得 m 整除 $a_{i+1} + \cdots + a_j$．特别地

$$m \mid (a_1 + \cdots + a_i) \times (a_{i+1} + \cdots + a_j) \times (a_{j+1} + \cdots a_m).$$

因此若 a, b 是正整数，$m = ab$，$n = a + b$，则对任何 n 个整数构成的序列，我们可以插入括号和运算 $+$，$\times$，在前 a 项可以得到一个因子被 a 整除，在后 b 项得到一个因子被 b 整除，最后将这些括起来相乘，得到 m 的倍数．观察到下面的因式分解

$$m = 16! = 2^{15} \times 3^6 \times 5^3 \times 7^2 \times 11 \times 13,$$

用 $30 + 18 + 15 + 14 + 11 + 13 = 101$ 项构成的序列可以插入括号和加乘号，是结果被 $16!$ 整除． $\qquad \square$

题 1.47.（改编自 Kvant M33）考虑 2^n 除以 $1, 2, \cdots, n$ 的余数．证明：存在一个与 n 无关的常数 $c > 0$，使得这些余数之和总是超过 $cn \log n$．

证： 若 $k > 1$ 是奇数，则 2^n 除以 $2^i k$ 的余数被 2^i 整除，且非零，因此至少是 2^i．设 x_i 是 $2^i(2k+1)$ 型的数的个数，满足 $k \ge 1$ 和 $2^i(2k+1) \le n$．则显然有

$$x_i = \left\lfloor \frac{n - 2^i}{2^{i+1}} \right\rfloor \ge \frac{n - 3 \cdot 2^i}{2^{i+1}}.$$

选取 N，使得 $3 \cdot 2^N \le n < 3 \cdot 2^{N+1}$．前面的估计给出

$$\sum_{k=1}^{n} (2^n \pmod{k}) \ge x_0 + 2x_1 + \cdots + 2^N x_N \ge \sum_{i=0}^{N} \frac{n - 3 \cdot 2^i}{2}$$

$$= (N+1)\frac{n}{2} - \frac{3}{2}(2^{N+1} - 1).$$

利用不等式 $3 \cdot 2^N \le n < 3 \cdot 2^{N+1}$，得到最后的式子至少是 $\frac{n}{2}(\log_2(n) - 4)$． $\qquad \square$

第二章 最大公约数和最小公倍数

题 2.1. 证明：对所有的正整数 a, b, c，有

$$\gcd(a, bc) \mid \gcd(a, b) \cdot \gcd(a, c).$$

证： 设 $d = \gcd(a, b)$，$a = du$，$b = dv$，则 $\gcd(u, v) = 1$. 我们要证 $d \gcd(u, vc) \mid d \gcd(a, c)$，或者等价地 $\gcd(u, vc) \mid \gcd(a, c)$.

因为 $\gcd(u, vc)$ 整除 u，所以整除 a. 又因为 $\gcd(u, v) = 1$，高斯引理给出 $\gcd(u, vc) \mid c$. 题目得证. $\square$

题 2.2. （罗马尼亚TST1990）设 a, b 是互素的正整数，x, y 是非负整数，n 是正整数，满足 $ax + by = a^n + b^n$. 证明：

$$\left\lfloor \frac{x}{b} \right\rfloor + \left\lfloor \frac{y}{a} \right\rfloor = \left\lfloor \frac{a^{n-1}}{b} \right\rfloor + \left\lfloor \frac{b^{n-1}}{a} \right\rfloor.$$

证： 将第一个方程模 a 和模 b 化简，利用 $\gcd(a, b) = 1$，可得 $y \equiv b^{n-1} \pmod{a}$ 及 $x \equiv a^{n-1} \pmod{b}$. 因此可以找到整数 c, d，使得 $y = b^{n-1} + ca$ 和 $x = a^{n-1} + db$. 代入方程 $ax + by = a^n + b^n$，可得 $c + d = 0$. 于是

$$\left\lfloor \frac{x}{b} \right\rfloor + \left\lfloor \frac{y}{a} \right\rfloor = \left\lfloor \frac{a^{n-1}}{b} + d \right\rfloor + \left\lfloor \frac{b^{n-1}}{a} + c \right\rfloor$$

我们利用了取整函数的周期是 1 的性质（严格说是小数部分函数周期是一，对取整函数，性质是若 n 是整数，则 $[x + n] = [x] + n$. ——译者注）. $\square$

题 2.3. （Kvant 1996）求所有的整数 $n > 1$，使得存在两两不同的正整数 a_1，a_2，$\cdots$，a_n，满足

$$\frac{a_1}{a_2} + \frac{a_2}{a_3} + \cdots + \frac{a_{n-1}}{a_n} + \frac{a_n}{a_1}$$

是整数.

证： 对每个 $n \geq 3$，考虑正整数 $a_i = (n-1)^{i-1}$，$1 \leq i \leq n$. 则

$$\frac{a_1}{a_2} + \frac{a_2}{a_3} + \cdots + \frac{a_{n-1}}{a_n} + \frac{a_n}{a_1} = 1 + (n-1)^{n-1}$$

是整数，并且 a_i，$1 \leq i \leq n$ 两两不同，符合要求.

当 $n = 2$ 时，若 $a_1 \neq a_2$，而 $\frac{a_1}{a_2} + \frac{a_2}{a_1}$ 是整数. 将两个数约去它们的最大公约数，不妨设 a_1, a_2 互素. 则 $a_1 a_2 \mid a_1^2 + a_2^2$ 推出 $a_1 \mid a_2^2$，由高斯引理，$a_1 = 1$，同理 $a_2 = 1$，矛盾.

所以题目答案为 $n \geq 3$. $\square$

题 2.4. 设 m, n 是大于 1 的整数，定义集合 P_k 为分母为 k 的 $(0,1)$ 内分数的集合，不要求是最简分数．求 $\min\{|a-b| : a \in P_m, b \in P_n\}$．

证： 我们要求 $f(i,j) := \left|\frac{i}{m} - \frac{j}{n}\right|$ 的最小值，其中 $1 \le i < m$，$1 \le j < n$．

若 $\gcd(m,n) = d > 1$，则可以取 $i = \frac{m}{d}$ 及 $j = \frac{n}{d}$，得 $f(i,j) = 0$．

若 $\gcd(m,n) = 1$，我们无法得到 $f(i,j) = 0$．否则 $in = jm$，$m \mid in$，根据高斯引理，有 $m \mid i$，矛盾．因此

$$f(i,j) = \frac{|in - jm|}{mn} \ge \frac{1}{mn}.$$

而根据裴蜀定理，可以找到 $1 = mx + ny$．将 x 增加或减少 n，相应的 y 减少或增加 m，等式依然成立．因此可以找到 $1 = mx + ny$，且 $0 \le x < n$．显然 $x \ne 0$（利用 $n > 1$），因此 $x \in \{1, \cdots, n-1\}$．此时 $-y = \frac{mx-1}{n}$ 大于 0，小于 m．显然有 $\frac{x}{n} - \frac{-y}{m} = \frac{1}{mn}$ 取到上面的最小值． $\square$

题 2.5. （圣彼得堡2004）正整数 m, n, k 满足 $5^n - 2$ 和 $2^k - 5$ 都是 $5^m - 2^m$ 的倍数．证明：$\gcd(m,n) = 1$．

证： 设 $d = \gcd(m,n)$．则有 $5^d - 2^d \mid 5^m - 2^m$ 和 $5^d - 2^d \mid 5^{kn} - 2^{kn}$．但是

$$5^{kn} - 2^{kn} \equiv (5^n)^k - (2^k)^n \equiv 2^k - 5^n \equiv 5 - 2 = 3 \pmod{5^m - 2^m}.$$

因此 $5^d - 2^d \mid 3$，所以 $d = 1$． $\square$

题 2.6. （俄罗斯2000）萨沙想猜出一个正整数 $X \le 100$，他可以选择任何两个小于 100 的正整数 M, N，然后询问 $\gcd(X + M, N)$ 的值．证明：萨沙可以通过 7 个问题找到 X．

证： 设 $f(n)$ 是 X 模 2^n 的余数．因为 $X \le 100$，有 $X = f(7)$．注意 $f(n+1) = f(n)$ 或 $f(n+1) = f(n) + 2^n$，后者发生当且仅当 $\gcd(X + 2^n - f(n), 2^{n+1}) = 2^n$．

先有 $f(0) = 0$，而前面讨论说明一个问题可以从 $f(n)$ 得到 $f(n+1)$，只要 $2^{n+1} < 100$．因此萨沙可以问六个问题后找到 $f(6)$．这时 X 或者是 $f(6)$ 或者是 $f(6) + 64$．

最后一个问题只需选取适当 $M \in \{1, 2, 3\}$，使 $f(6) + M$ 和 $f(6) + 64 + M$ 中恰好有一个被 3 整除，然后询问 $\gcd(X + M, 3)$，即可判断 X 是这两个数中的哪一个． $\square$

题 2.7. （波兰2002）设 k 是一个固定的正整数，序列 $\{a_n\}_{n \ge 1}$ 定义为

$$a_1 = k + 1, \quad a_{n+1} = a_n^2 - ka_n + k.$$

证明：若 $m \ne n$，则 a_m 和 a_n 互素．

证： 将递推方程写作 $a_{n+1} - k = a_n(a_n - k)$，直接归纳可得 $a_n > k$，$a_n \equiv 1 \pmod{k}$ 对所有 k 成立．接下来，将前面的递推关系相乘，消去两边相同的因子，得到 $a_n - k = a_1 a_2 \cdots a_{n-1}$．

若 d 整除 a_n 和 a_m，$m < n$，则它也整除 $a_1 a_2 \cdots a_{n-1} = a_n - k$．因此 $d \mid k$ 和 a_n．而 $a_n \equiv 1 \pmod{k}$ 和 k 互素，因此 $d = 1$． $\square$

题 2.8. （罗马尼亚TST2005）设 m, n 是互素的正整数，满足 m 是偶数，n 是奇数．证明：

$$\sum_{k=1}^{n-1} (-1)^{\left\lfloor \frac{mk}{n} \right\rfloor} \left\{ \frac{mk}{n} \right\} = \frac{1}{2} - \frac{1}{2n}.$$

其中 $\{x\}$ 表示 x 的小数部分，即 $\{x\} = x - \lfloor x \rfloor$．

证： 将 mk 对 n 做带余除法，得到 $mk = q_k n + r_k$，$1 \le k \le n-1$ 成立．因为 $\gcd(m, n) = 1$，余数 $r_1, \cdots, r_{n-1}$ 非零且两两不同，因此是 $1, 2, \cdots, n-1$ 的一个排列．

另一方面，有 $\left\lfloor \frac{mk}{n} \right\rfloor = q_k$，$\left\{ \frac{mk}{n} \right\} = \frac{mk}{n} - q_k = \frac{r_k}{n}$．因此恒等式等价于

$$\sum_{k=1}^{n-1} (-1)^{q_k} r_k = \frac{n-1}{2}.$$

因为 m 是偶数，n 是奇数，有 $0 \equiv mk = q_k n + r_k \equiv q_k + r_k \pmod 2$，因此 $(-1)^{q_k} = (-1)^{r_k}$．我们只需证 $\sum_{k=1}^{n-1} (-1)^{r_k} r_k = \frac{n-1}{2}$．根据第一段的描述，这等价于 $\sum_{k=1}^{n-1} (-1)^k k = \frac{n-1}{2}$，可直接配对求和或者归纳得到． $\square$

题 2.9. 无穷正整数序列 $a_1, a_2, \cdots$ 具有性质 $\gcd(a_m, a_n) = \gcd(m, n)$，对所有 $m \ne n \ge 1$ 成立．证明：$a_n = n$，对所有 $n \ge 1$ 成立．

证： 取 $m = 2n$ 给出 $\gcd(a_{2n}, a_n) = n$，因此 $n \mid a_n$．取 $m = a_n$，又有

$$\gcd(a_{a_n}, a_n) = \gcd(a_n, n) = n,$$

第二个关系用了 $n \mid a_n$．因为 $a_n \mid a_{a_n}$，所以 $(a_{a_n}, a_n) = a_n$．结合上一个式子，得到 $a_n = n$． $\square$

题 2.10. （伊朗2011）证明：存在无穷多正整数 n，满足 $n^2 + 1$ 没有 $k^2 + 1$ 形式的真因子．

证： 若 $n^2 + 1$ 没有 $k^2 + 1$ 型的因子，则称 n 是好数．我们将证明：$F_n = 2^{2^n} + 1$ 有一个好的因子．因为 $n \ne m$ 时，$\gcd(F_n, F_m) = 1$，题目就得证．

现在假设 F_n 的所有因子是坏的. 首先 F_n 是平方加一形式的数, 它是坏的, 说明有个平方加一型的真因子; 这个真因子是坏的, 有更小的平方加一型真因子; 如此继续, 得到无穷递减的真因子序列, 矛盾.（本题只要找到两两互素的平方加一型数列即可同样证明. —— 译者注）   □

题 2.11. (a)（大师赛2009）设 $a_1, \cdots, a_k$ 是非负整数, $d = \gcd(a_1, \cdots, a_k)$, $n = a_1 + \cdots + a_k$. 证明：

$$\frac{d}{n} \cdot \frac{n!}{a_1! \cdots a_k!} \in \mathbf{Z}.$$

(b) 证明：对所有的正整数 n, k, $(n)!^k k! \mid (nk)!$.

证： (a) 用裴蜀定理写出 $d = a_1 x_1 + \cdots + a_k x_k$, $x_1, \cdots, x_k$ 是整数. 有

$$\frac{d}{n} \cdot \frac{n!}{a_1! \cdots a_k!} = \sum_{i=1}^{k} x_i \cdot \frac{a_i}{n} \cdot \frac{n!}{a_1! \cdots a_k!},$$

因此只需证明 $\frac{a_i}{n} \cdot \frac{n!}{a_1! \cdots a_k!}$ 是整数. 若 $a_i = 0$, 这是显然的. 若 $a_i > 0$, 有

$$\frac{a_i}{n} \cdot \frac{n!}{a_1! \cdots a_k!} = \frac{(n-1)!}{a_1! \cdots a_{i-1}!(a_i-1)!a_{i+1}! \cdots a_k!} \in \mathbf{Z},$$

其中用到的性质 $\frac{(b_1 + \cdots + b_k)!}{b_1! \cdots b_k!} \in \mathbf{Z}$ 可以归纳证明. $k = 2$ 时, 这等价于 $\binom{b_1+b_2}{b_1} \in \mathbf{Z}$. 而从 $k-1$ 到 k 有

$$\frac{(b_1 + \cdots + b_k)!}{b_1! \cdots b_k!} = \binom{b_1 + \cdots + b_k}{b_k} \cdot \frac{(b_1 + \cdots + b_{k-1})!}{b_1! \cdots b_{k-1}!}.$$

(b) 我们有

$$\frac{(nk)!}{k!(n!)^k} = \prod_{\ell=0}^{k-2} \frac{(n(k-\ell))!}{(k-l)n!(n(k-\ell-1))!}$$

而根据(a)每个数 $\dfrac{(n(k-\ell))!}{(k-l)n!(n(k-\ell-1))!}$ 是整数.

还可以给出一个组合证明. 看出 $\frac{(nk)!}{(n!)^k k!}$ 表示将 nk 个人分成 k 组（组和组之间没有顺序）, 每组 n 个人的方法数.   □

题 2.12.（巴西2011）是否存在 2 011 个正整数 $a_1 < a_2 < \cdots < a_{2\,011}$, 使得 $\gcd(a_i, a_j) = a_j - a_i$ 对所有 $1 \le i < j \le 2\,011$ 成立？

证： 对所有 $i < j$, 我们有 $\gcd(a_i, a_j) \le a_j - a_i$, 因为 $a_j - a_i$ 是 $\gcd(a_i, a_j)$ 的正倍数. 条件 $\gcd(a_i, a_j) = a_j - a_i$ 等价于 $a_j - a_i \mid a_i$（这也直接蕴含 $a_j - a_i \mid a_j$, 所以 $a_j - a_i \mid \gcd(a_i, a_j)$）.

我们将归纳证明，对任何 $n \geq 2$ 我们可以找到正整数 $a_1 < \cdots < a_n$，使得 $a_j - a_i \mid a_i$，对所有 $i < j$ 成立．对 $n = 2$，取 $a_1 = 1$ 和 $a_2 = 2$．

假设已经构造 $a_1, \cdots, a_n$，定义 $b_1 = a_1 \cdots a_n$ 和 $b_i = a_1 \cdots a_n + a_{i-1}$，$2 \leq i \leq n+1$．则 $b_1 < \cdots < b_{n+1}$，而且不难验证对 $i < j$，$b_j - b_i \mid b_i$ 成立．

实际上，若 $i > 1$，相当于 $a_{j-1} - a_{i-1} \mid a_{i-1} + a_1 \cdots a_n$，而 $a_{j-1} - a_{i-1}$ 同时整除 a_{i-1} 和 $a_1 \cdots a_n$．若 $i = 1$，相当于 $a_{j-1} \mid a_1 \cdots a_n$，也成立． $\square$

题 2.13. （城市锦标赛2001）是否存在正整数 $a_1 < a_2 < \cdots < a_{100}$，使得

$$\gcd(a_1, a_2) > \gcd(a_2, a_3) > \cdots > \gcd(a_{99}, a_{100}) > \gcd(a_{100}, a_1)?$$

证： 我们先构造序列 b_k，$1 \leq k \leq 100$，使得

$$\gcd(b_1, b_2) > \gcd(b_2, b_3) > \cdots > \gcd(b_{99}, b_{100}) > \gcd(b_{100}, b_1),$$

先不在意 b_k 的大小关系．这是容易的，例如可以取 $b_k = (203 - 2k)(205 - 2k)$．则我们计算 $\gcd(b_k, b_{k+1}) = 203 - 2k$，$k = 1, \cdots, 99$，而

$$\gcd(b_{100}, b_1) = \gcd(15, 201 \cdot 203) = 3$$

接下来，我们改变 b_k 的相对大小，但不改变彼此的最大公约数．为此，归纳定义 $a_1 = b_1$，$a_k = b_k(1 + a_{k-1}b_{k+1})$，$2 \leq k \leq 99$，$a_{100} = b_{100}(1 + a_{99}b_1)$．显然这给出了 $a_1 < a_2 < \cdots < a_{100}$．要看出最大公约数没有改变，只需计算

$$\gcd(a_k, a_{k+1}) = \gcd(a_k, b_{k+1}(1 + a_k b_{k+2})) = \gcd(a_k, b_{k+1})$$
$$= \gcd(b_k(1 + a_{k-1}b_{k+1}), b_{k+1}) = \gcd(b_k, b_{k+1})$$

对 $2 \leq k \leq 99$ 成立． $\gcd(a_{100}, a_1)$ 的计算类似． $\square$

题 2.14. （俄罗斯2012）设整数 $n > 1$，当 a 遍历所有大于 1 的整数时，$1+a, 1+a^2, \cdots, 1+a^{2^n-1}$ 中最多有多少个两两互素的数？

证： 我们先证明，这些数中至多有 n 个两两互素．为此，注意若 k 是奇数则 $1+a^m$ 整除 $1+a^{km}$．因为 $1, 2, 3, \cdots, 2^n - 1$ 中每个数有 $2^t k$ 的形式，其中 $0 \leq t \leq n - 1$，k 是奇数．因此给定的数中，每一个被下面的 n 个数之一整除：

$$1+a, 1+a^2, 1+a^4, \cdots, 1+a^{2^{n-1}}.$$

因此给定的数中任取 $n + 1$ 个数，有两个被上面 n 个数中同一个整除，不互素．

我们知道费马数两两互素，取 $a = 2$，则 $1 + 2^{2^i}$，$0 \leq i \leq n - 1$ 是两两互素的数．因此所求的个数最大值是 n． $\square$

题 2.15. （巴西复仇赛2014）

(a) 证明：对所有正整数 n，有

$$\gcd\left(n, \lfloor n\sqrt{2}\rfloor\right) < \sqrt[4]{8n^2}.$$

(b) 证明：存在无穷多正整数 n，使得

$$\gcd\left(n, \lfloor n\sqrt{2}\rfloor\right) > \sqrt[4]{7.99n^2}.$$

证： (a) 设 $d = \gcd\left(n, \lfloor n\sqrt{2}\rfloor\right)$，记 $n = kd$ 及 $\lfloor n\sqrt{2}\rfloor = md$，$k, m$ 是正整数. 则 $md \le kd\sqrt{2} < md + 1$.

第一个不等式给出 $m \le k\sqrt{2}$ 所以 $m^2 \le 2k^2$. 因为 $\sqrt{2}$ 是无理数，这不能成立等号. 因此 $m^2 \le 2k^2 - 1$.

第二个不等式可以写作 $d(k\sqrt{2} - m) < 1$，或者 $d(2k^2 - m^2) < m + k\sqrt{2}$. 因为 $2k^2 - m^2 \ge 1$，$m \le k\sqrt{2}$，可得 $d < 2\sqrt{2}k$. 这等价于 $d < \sqrt[4]{8n^2}$.

(b) 上一部分已经暗示了如何选取 n，使得不等式接近等号. 用同样的记号，我们需要保证 $2k^2 - m^2 = 1$.

这个方程（后面会研究的佩尔方程）有无穷多正整数解，可如下得出. 将 $(1+\sqrt{2})^{2N+1}$ 写成 $m_N + k_N\sqrt{2}$ 的形式，其中 m_N, k_N 是正整数，则 $m_N^2 - 2k_N^2 = -1$.

若 (m, k) 是这样的一个解，我们要取 $n = kd$，希望有 $\lfloor n\sqrt{2}\rfloor = md$，这根据(a)部分的不等式，等价于 $d < k\sqrt{2} + m$.

另一方面，不等式 $\gcd\left(n, \lfloor n\sqrt{2}\rfloor\right) > \sqrt[4]{7.99n^2}$ 等价于 $d > \sqrt{7.99}k$.

若 k 足够大，可以找到整数 d 在 $\sqrt{7.99}k$ 和 $k\sqrt{2} + m = k\sqrt{2} + \sqrt{2k^2 - 1}$ 之间，则 $n = kd$ 给出题目的解. $\qquad\square$

题 2.16. （AMM）正整数集合 D 的最大公约数是 1. 证明：存在一一映射 $f: \mathbf{Z} \to \mathbf{Z}$，使得 $|f(n) - f(n-1)| \in D$ 对所有整数 n 成立.

证： 首先，我们声明可以假设 D 是有限集. 实际上，若 D 是无限集，将其中元素递增排列 $a_1 < a_2 < \cdots$. 设 $x_n = \gcd(a_1, \cdots, a_n)$. 则 $x_n \ge x_{n+1}$，因此非增正整数序列 $(x_n)_{n \ge 1}$ 最终是常数，这个常数整除 D 中所有元素，因此是 1. 这样，我们找到了 D 中有限个元素，最大公约数是 1.

现在设 D 是有限集，我们将对 $|D|$ 归纳证明，可以找到一一映射 $f: \mathbf{Z} \to \gcd(D) \cdot \mathbf{Z}$，使得 $|f(n) - f(n-1)| \in D$，对所有 n 成立. $|D| = 1$ 的情形是显然的，若 $D = \{d\}$，定义 $f(n) = nd$ 即可.

假设现在对元素个数小于 m 的有限集命题成立，考虑元素个数为 m 的 D. 固定元素 $b \in D$，考虑 $D' = D \setminus \{b\}$. 记 $d = \gcd(D)$，$d' = \gcd(D')$ 及 $k = \frac{d'}{d}$. 对 D' 应用归纳假设，可以找到一一映射 $g : \mathbf{Z} \to d'\mathbf{Z}$ 使得 $|g(n) - g(n-1)| \in D'$ 对所有整数 n 成立.

对任何整数 n 用带余除法写成 $n = qk + r$，$0 \le r < k$. 定义 $f(n) = g(q) + br$，若 q 是偶数；及 $f(n) = g(q) + b(k - 1 - r)$，若 q 是奇数.

不难验证，d 的任何倍数都可以唯一写成 $d'u + br$ 的形式，$u \in \mathbf{Z}$ 和 $0 \le r < k$（只需利用 $d = \gcd(d', b)$ 和裴蜀定理）. 因此马上得出 f 是双射.

另一方面，我们检验 $|f(n) - f(n-1)| \in D$，对所有 n 成立. 若 k 不整除 n，则根据构造方法，$|f(n) - f(n-1)| = b \in D$. 若 $n = kx$，则若 x 是偶数，$f(n) = g(x)$，$f(n-1) = g(x-1)$；若 x 是奇数，$f(n) = g(x) + b(k-1)$，$f(n-1) = g(x-1) + b(k-1)$. 总有 $|f(n) - f(n-1)| = |g(x) - g(x-1)| \in D' \subset D$. 这样 f 满足所需的性质，归纳完毕. $\square$

题 2.17. （CTST2012）设 n 是大于 1 的整数，证明：至多有有限个正整数组成的 n 数组 $(a_1, a_2, \cdots, a_n)$，满足：

(a) $a_1 > a_2 > \cdots > a_n$；

(b) $\gcd(a_1, a_2, \cdots, a_n) = 1$；

(c) $a_1 = \gcd(a_1, a_2) + \gcd(a_2, a_3) + \cdots + \gcd(a_{n-1}, a_n) + \gcd(a_n, a_1)$.

证： 关键的部分是理解条件(c)说了什么. 因为 $\gcd(a_i, a_{i+1}) \le a_i - a_{i+1}$（这里用到(a)部分条件），$\gcd(a_n, a_1) \le a_n$，所以

$$\gcd(a_1, a_2) + \cdots + \gcd(a_n, a_1) \le a_1 - a_2 + a_2 - a_3 + \cdots + a_{n-1} - a_n + a_n = a_1.$$

因此，条件(c)说明上面的不等式都成立等号，故有 $a_i = a_{i+1} + \gcd(a_i, a_{i+1})$，等价于 $(a_i - a_{i+1}) \mid a_{i+1}$；及 $\gcd(a_1, a_n) = a_n$，等价于 $a_n \mid a_1$.

设 $b_i = \frac{a_{i+1}}{\gcd(a_i, a_{i+1})}$，$1 \le i < n$，则 $a_i = a_{i+1}(1 + \frac{1}{b_i})$，而

$$\frac{a_1}{a_n} = \left(1 + \frac{1}{b_1}\right) \cdots \left(1 + \frac{1}{b_{n-1}}\right)$$

是整数. 因为每个 $1 + \frac{1}{b_i}$ 不超过 2，这个整数 a_1/a_n 不超过 2^{n-1}. 下面的引理说明，仅有有限组 $(b_1, \cdots, b_{n-1})$ 满足上面条件.

引理 7.5. 对每个正实数 x 和正整数 k，存在有限多个正整数构成的 k- 数组 $(b_1, \cdots, b_k)$，使得

$$\left(1 + \frac{1}{b_1}\right) \cdot \left(1 + \frac{1}{b_2}\right) \cdots \left(1 + \frac{1}{b_k}\right) = x.$$

证： 我们对 k 归纳证明，当 $k = 1$ 的时候显然. 假设命题对 $k - 1$ 成立，现在证明 k 的情形. 我们可以假设 $x > 1$，否则方程无解. 若

$$\left(1 + \frac{1}{b_1}\right) \cdot \left(1 + \frac{1}{b_2}\right) \cdots \left(1 + \frac{1}{b_k}\right) = x,$$

则存在 b_i，满足 $1 + \frac{1}{b_i} > \sqrt[n]{x}$. 这样的 b_i 只有有限多可能值. 根据归纳假设，对每一个 b_i 的可能值，都有有限多 $(k-1)$-数组 $(b_j)_{j \neq i}$ 满足

$$\prod_{j \neq i} \left(1 + \frac{1}{b_j}\right) = \frac{x}{1 + \frac{1}{b_i}},$$

这样归纳完成了引理的证明. □

我们尚未用到题目条件 $\gcd(a_1, \cdots, a_n) = 1$. 注意，对每个 $1 \leq i \leq n$

$$b_1 b_2 \cdots b_{n-1} a_i = a_i \prod_{j=1}^{n-1} \frac{a_{j+1}}{\gcd(a_j, a_{j+1})}$$

$$= \prod_{j < i} \frac{a_{j+1}}{\gcd(a_j, a_{j+1})} \cdot \prod_{i \leq j \leq n-1} \frac{a_j}{\gcd(a_j, a_{j+1})} \cdot a_n$$

是 a_n 的倍数. 因此 a_n 必然整除

$$b_1 b_2 \cdots b_{n-1} \gcd(a_1, \cdots, a_n) = b_1 b_2 \cdots b_{n-1}$$

所以 a_n 只取有限个可能值. 因为 $a_i = a_{i+1}(1 + \frac{1}{b_i})$，所有 $a_i, 1 \leq i \leq n$ 可以由 $b_1, \cdots, b_{n-1}$ 和 a_n 唯一确定. 因此 n 数组 $(a_1, \cdots, a_n)$ 有有限组可能值. □

题 2.18. 整数 a, b 和有理数 x, y 满足 $y^2 = x^3 + ax + b$. 证明：*存在整数 u, v, w，满足 $\gcd(u, v) = \gcd(w, v) = 1$，且 $x = \frac{u}{v^2}$，$y = \frac{w}{v^3}$.*

证： 设 $x = \frac{p}{q}$ 和 $y = \frac{r}{s}$ 是最简分式表示，$q, s > 0$.

方程 $y^2 = x^3 + ax + b$ 通分以后等价于

$$r^2 q^3 = p^3 s^2 + apq^2 s^2 + bq^3 s^2.$$

方程右端是 s^2 的倍数，因此 $s^2 \mid r^2 q^3$. 因为 $\gcd(r, s) = 1$，所以 $s^2 \mid q^3$.

另一方面，方程模 q^3，可得 $ps^2(p^2 + aq^2) \equiv 0 \pmod{q^3}$. 因为 $\gcd(q, p) = 1$，有 $\gcd(q, p(p^2 + aq^2)) = 1$，因此 $q^3 \mid s^2$.

我们于是有 $q^3 = s^2$. 则 q 是平方数，记 $q = v^2$，然后必然有 $s = v^3$. □

题 2.19.（Kvant 905）设 x 和 n 是正整数，使得 $4x^n + (x+1)^2$ 是完全平方数. 证明：$n = 2$，并且找到至少一个满足条件的 x.

证：设 $4x^n + (x+1)^2 = y^2$. 则

$$(y - x - 1)(y + x + 1) = 4x^n$$

因为 $y - x - 1$ 和 $y + x + 1$ 奇偶性相同，必然都是偶数. 设 $y - x - 1 = 2a$，则 $y + x + 1 = 2(a + x + 1)$，我们得到 $a(a + x + 1) = x^n$.

若有素数 $p \mid \gcd(a, a+x+1)$，则 $p \mid x+1$，$p \mid x$，矛盾. 因此 a 和 $a+x+1$ 互素，它们乘积是 n 次幂，必然每个是 n 次幂. 因此 $a = u^n$，$a + x + 1 = v^n$，$x = uv$，所以 $uv + 1 = v^n - u^n$.

当 $n = 1$ 时，$uv > v - u$，方程不可能有解. 当 $n \geq 3$ 时

$$v^n - u^n = (v - u)(v^{n-1} + v^{n-2}u + \cdots + u^{n-1}) \geq uv + 2,$$

方程也无解.

因此 $n = 2$，其中一个解是 $x = 2$，$y = 5$（这不是所有解，例如 $x = 104$，$y = 233$ 也是解）. $\square$

题 2.20. *求方程的正整数解*

$$\frac{1}{x^2} + \frac{1}{y^2} = \frac{1}{z^2}.$$

证：方程等价于

$$x^2 + y^2 = \left(\frac{xy}{z}\right)^2.$$

因为 $z^2 \mid (xy)^2$，所以 $z \mid xy$，取正整数 t 满足 $xy = zt$. 前面方程为 $x^2 + y^2 = t^2$. 根据定理 2.50，利用 x 和 y 的对称性，我们可以将解写成

$$x = d(m^2 - n^2), \quad y = 2dmn, \quad t = d(m^2 + n^2).$$

$m > n > 0$ 有不同的奇偶性，并且互素. 根据 $xy = zt$，可以得到

$$z(m^2 + n^2) = 2dmn(m^2 - n^2).$$

注意因为 m, n 互素，奇偶性不同，所以 $m^2 + n^2$ 是奇数，与 $m, n, m^2 - n^2$ 均互素. 因此 $m^2 + n^2$ 整除 d. 记 $d = k(m^2 + n^2)$，可得所有解是

$$x = k(m^4 - n^4), \quad y = 2kmn(m^2 + n^2), \quad z = 2kmn(m^2 - n^2)$$

或

$$x = 2kmn(m^2 + n^2), \quad y = k(m^4 - n^4), \quad z = 2kmn(m^2 - n^2). \quad \square$$

题 2.21.（罗马尼亚TST2015）勾股数是方程 $x^2 + y^2 = z^2$ 的正整数解 (x, y, z)，其中我们将 (x, y, z) 和 (y, x, z) 认为是相同的解. 给定非负整数 n，证明：存在正整数恰好出现在 n 组不同的勾股数中.

证: 我们将证明：3^n 恰好出现在 n 组不同的勾股数中. 当 $n = 0$ 时这是显然的. 所以假设 $n > 0$.

首先，方程 $x^2 + y^2 = 3^{2n}$ 没有正整数解. 实际上，不难看出，方程的解必然满足 x, y 都是 3 的倍数. 设 $x = 3x_1, y = 3y_1$，则 $x_1^2 + y_1^2 = 3^{2(n-1)}$. 因此，我们可以如此继续，最终得到正整数 x_n, y_n，使得 $x_n^2 + y_n^2 = 1$，显然不可能.

现在考虑方程 $3^{2n} + y^2 = z^2$. 则 $(z - y)(z + y) = 3^{2n}$，因此有 $z - y = 3^a$ 和 $z + y = 3^b$，其中 $a + b = 2n$. 这样给出了 $y = \frac{3^b - 3^a}{2}$ 及 $z = \frac{3^b + 3^a}{2}$. 注意因为 $y > 0$，必然有 $b > a$.

反之，对每个 $b \in \{n+1, \cdots, 2n\}$，令 $a = 2n - b$，用上面的式子定义 y, z，确实得到一个解. 我们因此恰好得到包含 3^n 的 n 组勾股数. $\qquad \square$

题 2.22. 求所有的正整数组 (x, y, n)，满足 $\gcd(x, n+1) = 1$ 和 $x^n + 1 = y^{n+1}$.

证: 若 $n = 1$，则 $x = y^2 - 1$. 因为 x 是奇数，y 可以是任何正偶数. 现在假设 $n > 1$ 而且 $x^n + 1 = y^{n+1}$，$\gcd(x, n+1) = 1$. 则

$$(y - 1)(y^n + y^{n-1} + \cdots + y + 1) = x^n.$$

若素数 p 是 $y - 1$ 和 $y^n + \cdots + y + 1$ 公约数，则因为 $y^n + \cdots + y + 1 \equiv n + 1 \pmod{y - 1}$，$p$ 整除 $n + 1$. p 整除 x^n，则 $p \mid \gcd(x^n, n+1) = 1$ 矛盾. 因此 $y - 1$ 和 $y^n + \cdots + y + 1$ 互素.

因为它们的乘积是 n 次幂，两个都是 n 次幂. 设 $y^n + \cdots + y + 1 = a^n$，$a$ 是某个正整数. 因为 $n > 1$，二项式定理表明

$$y^n < y^n + \cdots + y + 1 < (y + 1)^n,$$

给出 $y < a < y + 1$，矛盾. 因此对 $n \geq 2$ 方程无解. $\qquad \square$

题 2.23. 设 n 是正整数，使得 n^2 是某相邻两个正整数的立方差. 证明：n 是两个相邻正整数的平方和.

证: 设 $n^2 = (m+1)^3 - m^3$. 则 n 是奇数，$n^2 = 3m^2 + 3m + 1$ 可以进一步写成 $(2n+1)(2n-1) = 3(2m+1)^2$. 因为 $2n - 1$ 和 $2n + 1$ 互素，因此其中一个是平方数，另一个是 3 倍平方数.

但 n 是奇数，$2n + 1 \equiv 3 \pmod 4$，所以 $2n + 1$ 不是平方数. 因此 $2n - 1 = (2l + 1)^2$，$n = l^2 + (l+1)^2$. $\qquad \square$

题 2.24. （越南2007）设 x, y 是不等于 -1 的整数，满足 $\frac{x^4-1}{y+1} + \frac{y^4-1}{x+1}$ 也是整数. 证明：$x^4 y^{44} - 1$ 是 $x+1$ 的倍数.

证： 设 $a = \frac{x^4-1}{y+1}$ 和 $b = \frac{y^4-1}{x+1}$. 根据假设 a, b 是有理数，$a+b$ 是整数. 注意 $ab = \frac{x^4-1}{x+1} \cdot \frac{y^4-1}{y+1}$ 也是整数，因为 $u^4 - 1$ 是 $u+1$ 的倍数. 因此首一多项式 $(X-a)(X-b) = X^2 - (a+b)X + ab$ 的系数是整数，根 a, b 是有理数，可得 a, b 是整数. 因此 $x+1 \mid y^4 - 1$.

最后 $x^4 \equiv 1 \pmod{x+1}$，$y^{44} \equiv (y^4)^{11} \equiv 1 \pmod{x+1}$，因此 $x^4 y^{44} \equiv 1 \pmod{x+1}$. $\qquad\square$

题 2.25. （Balkan 2006）求所有的正有理数三数组 (m, n, p)，使得 $m + \frac{1}{np}$，$n + \frac{1}{pm}$ 和 $p + \frac{1}{mn}$ 都是整数.

证： 显然 mnp 在题目中很重要，设 $a = mnp$. 根据假设 $\frac{a+1}{np}, \frac{a+1}{pm}, \frac{a+1}{mn}$ 都是整数，因此它们的乘积也是整数，即 $\frac{(a+1)^3}{a^2}$ 是整数. 设有 $(a+1)^3 = ka^2$，k 是整数. 则 a 是首一整系数多项式 $(X+1)^3 - kX^2$ 的有理根，必然是整数.

现在 $a \mid ka^2 = (a+1)^3$，因此 $a \mid 1$，$a = 1$. 于是 $\frac{a+1}{np} = \frac{2}{np} = 2m$ 是整数，类似地，$2n$ 和 $2p$ 是整数. 进一步，$2m, 2n, 2p$ 的乘积等于 8.

枚举 8 写成三个正整数的乘积的方法，得到所有解是

$$(1, 1, 1), \quad \left(4, \frac{1}{2}, \frac{1}{2}\right), \quad \left(2, \frac{1}{2}, 1\right)$$

以及它们的排列. $\qquad\square$

题 2.26. 整系数多项式 f 满足 $|f(a)| = |f(b)| = 1$，其中 a, b 是不同的整数.

(a) 证明：若 $|a - b| > 2$，则 f 没有有理根.

(b) 证明：若 $|a - b| = 2$，则 f 的唯一可能的有理根是 $\frac{a+b}{2}$.

证： (a) 假设 $x = \frac{p}{q}$ 是 f 的一个有理根，p, q 是互素整数. 根据例 2.65，我们知道可以有因式分解 $f(X) = (qX - p)g(X)$，g 是整系数多项式. 则将 a 代入得到 $|(qa - p)| \cdot |g(a)| = |f(a)| = 1$，所以 $|qa - p| = |g(a)| = 1$，类似地，还有 $|qb - p| = 1$. 于是

$$|qa - qb| = |(qa - p) - (qb - p)| \leq |qa - p| + |qb - p| = 2,$$

所以 $|a - b| \leq 2$（因为 $|q| \geq 1$），矛盾.

(b) 我们还是有 $|qa - qb| \leq 2$，此时 $|a - b| = 2$，因此 $|q| \leq 1$，于是整数 $q = \pm 1$. 整数 $qa - p$ 和 $qb - p$ 都是 ± 1，差的绝对值是 2. 因此一个是 1，另一个是 -1. 这样 $qa - p = p - qb$，因此 $x = \frac{p}{q} = \frac{a+b}{2}$. $\qquad\square$

题 2.27.（土耳其2003）求所有的正整数 n，满足 $2^{2n+1} + 2^n + 1$ 是整数的幂.

证： 假设 $2^{2n+1} + 2^n + 1 = a^k$，整数 $a, k > 1$. 若 k 是偶数，设 $b = a^{\frac{k}{2}}$，则

$$2^n(2^{n+1} + 1) = b^2 - 1 = (b-1)(b+1).$$

因为 $\gcd(b-1, b+1) = 2$，所以 $2^{n-1} \mid b-1$ 或 $2^{n-1} \mid b+1$. 记 $b - r = 2^{n-1}c$，$r \in \{-1, 1\}$，$c > 0$. 代入方程给出 $2^{n+1} + 1 = c(r + 2^{n-2}c)$，等价地

$$2^{n-2}(c^2 - 8) + cr - 1 = 0.$$

因此 $c^2 - 8 \mid cr - 1 \mid c^2 - 1$，然后 $c^2 - 8 \mid 7$. 因此得到 $c = 3$（$c = 1$ 的情形代入方程不符合）. 解得 $r = -1$ 和 $n = 4$，确实是问题的解，也是当 k 是偶数时唯一的解.

假设现在 k 是奇数. 则

$$2^n(2^{n+1} + 1) = a^k - 1 = (a-1)(1 + a + \cdots + a^{k-1}).$$

显然 a 是奇数，于是 $1 + a + \cdots + a^{k-1}$ 也是奇数. 必然有 $2^n \mid a-1$ 和 $1 + a + \cdots + a^{k-1} \mid 2^{n+1} + 1$. 因此有不等式 $a \geq 2^n + 1$ 和 $1 + a + \cdots + a^{k-1} \leq 2^{n+1} + 1$. 但是

$$1 + a + \cdots + a^{k-1} \geq 1 + a + a^2 > 1 + 2^n + 2^{2n} > 1 + 2^{n+1},$$

矛盾. 因此这种情况下方程无解.

$n = 4$ 是问题的唯一解. □

注释 7.6. 不定方程 $2^{2n+1} + 2^n + 1 = x^2$ 在IMO2006中出现过.

题 2.28. 设 f 是有理系数多项式，满足对所有正整数 n，方程 $f(x) = n$ 有至少一个有理根. 证明：$\deg(f) = 1$.

证： 显然 f 不能是常数，假设 $d = \deg(f) > 1$. 设 x_n 是 $f(x_n) = n$ 的一个根. 选择正整数 N，使得多项式 $Nf = g$ 的系数是整数. 则 $g(x_n) = nN$，根据有理根定理，x_n 的分母（写成最简分式后）整除 g 的首项系数 C. 记 $a_n = Cx_n$，则整数序列 u_n 满足 $g\left(\frac{a_n}{C}\right) = nN$. 注意 $\{a_n, n \in \mathbf{N}\}$ 互不相同（因为代入 g 互不相同）.

另一方面，因为整系数多项式 g 的次数大于1，存在正常数 M，使得对 $|x| > M$，有 $|g(x)| \geq 0.5x^2$. 设 M' 是 g 在区间 $[-M, M]$ 上的最大值. 则当 $nN > M'$ 时，有 $\left|\frac{a_n}{C}\right| > M$，因此 $nN \geq 0.5\left(\frac{a_n}{C}\right)^2$，等价于 $|a_n| \leq C\sqrt{2nN} = D\sqrt{n}$.

对这个范围内的 n，$\{a_1, a_2, \cdots, a_n\}$ 是在 $[-D\sqrt{n}, D\sqrt{n}]$ 区间内（这时显然有 $D\sqrt{n} > CM$）两两不同的整数，矛盾（这段在遵循原作者的思想基础上进行了重新叙述和增减. —— 译者注）.

因此 $d = 1$. $\hfill\square$

题 2.29. （Kyiv数学节2014）

(a) 设 y 是正整数，证明：存在无穷多正整数 x，使得

$$\mathrm{lcm}(x, y+1) \cdot \mathrm{lcm}(x+1, y) = x(x+1).$$

(b) 证明：存在正整数 y，满足

$$\mathrm{lcm}(x, y+1) \cdot \mathrm{lcm}(x+1, y) = y(y+1)$$

对至少 $2\,014$ 个正整数 x 成立.

证： (a) 注意 $\mathrm{lcm}(x, y+1)$ 是 x 的倍数，$\mathrm{lcm}(x+1, y)$ 是 $x+1$ 的倍数，因此题目中等式成立当且仅当同时有 $\mathrm{lcm}(x, y+1) = x$ 和 $\mathrm{lcm}(x+1, y) = x+1$，也就是说 $y+1 \mid x$ 和 $y \mid x+1$.

我们要找 $x = k(y+1)$，使得 $y \mid x+1$ 成立. 这个条件等价于 $y \mid ky + k + 1$ 或 $y \mid k+1$. 因此只要取 $x = (ry-1)(y+1), r > 1$ 即可.

(b) 同样，我们要找 x，使得 $x \mid y+1$ 和 $x+1 \mid y$ 同时成立. 取 $y = 2^{2^N} - 1$，N 足够大. 则任何 $x = 2^{2^d}, 1 \le d \le N-1$ 满足 $x \mid y+1$ 和 $x+1 \mid y$. $\hfill\square$

题 2.30. （Kvant 666）求最小的正整数 a，使得存在大于 a 的两两不同的正整数 $a_1, a_2, \cdots, a_9$，满足

$$\mathrm{lcm}(a, a_1, a_2, \cdots, a_9) = 10a.$$

证： 我们可以假设 $a < a_1 < \cdots < a_9$. 设 $A = \mathrm{lcm}(a, a_1, a_2, \cdots, a_9)$. 则

$$\frac{A}{a} > \frac{A}{a_1} > \cdots > \frac{A}{a_9}$$

是正整数. 又因为 $\frac{A}{a} = 10$，必有

$$\frac{A}{a} = 10, \quad \frac{A}{a_1} = 9, \quad \cdots, \quad \frac{A}{a_9} = 1.$$

因此 A 是 $\mathrm{lcm}(2, 3, \cdots, 10) = 2^3 3^2 \cdot 5 \cdot 7$ 的倍数. 最小的 a 等于 $\frac{2^3 3^2 \cdot 5 \cdot 7}{10} = 252$. 此时 $a_k = \frac{2^3 3^2 \cdot 5 \cdot 7}{10-k}$，$k = 1, 2, \cdots, 9$，满足给定条件. $\hfill\square$

题 2.31. （Korea 2013）求所有的函数 $f : \mathbf{N} \to \mathbf{N}$ 满足

$$f(mn) = \operatorname{lcm}(m, n) \cdot \gcd(f(m), f(n))$$

对所有正整数 m, n 成立.

证: 取 $m = 1$, 设 $a = f(1)$, 可得 $f(n) = n \cdot \gcd(a, f(n))$, 特别地, $n \mid f(n)$.

然后, 将 n 替换为 an, 利用 $a \mid f(an)$ 可得

$$f(an) = an \cdot \gcd(a, f(an)) = a^2 n.$$

最后在原始式子中将 n 替换为 an, 可得

$$f(amn) = \operatorname{lcm}(m, an) \cdot \gcd(f(m), f(an)),$$

代入上一个式子得 $a^2 mn = \frac{amn}{\gcd(m, an)} \cdot \gcd(f(m), f(an))$. 这个式子两端除以 amn, 可得 $a \mid \gcd(f(m), f(an))$. 因此 $a \mid f(m)$, 对所有 m 成立.

于是 $\gcd(a, f(n)) = a$, 因此 $f(n) = n \cdot \gcd(a, f(n)) = an$, 对所有 n 成立. 反之, 容易验证对每个正整数 a, $f(n) = an$ 是问题的解. $\qquad\square$

题 2.32. （罗马尼亚TST1995）设 $f(n) = \operatorname{lcm}(1, 2, \cdots, n)$. 证明: 对任何 $n \geq 2$, 可以找到正整数 x, 使得

$$f(x) = f(x+1) = \cdots = f(x+n).$$

证: 只需找到 x, 使得 $x + 1, x + 2, \cdots, x + n$ 都是 $\operatorname{lcm}(1, 2, \cdots, x) = f(x)$ 的因子. 取 $x = 1 + N!$, N 待定.

则对所有 $j \in \{1, 2, \cdots, n\}$, 有

$$x + j = j + 1 + N! = (j + 1)\left(\frac{N!}{j+1} + 1\right).$$

若我们能保证 $j + 1$ 和 $\frac{N!}{j+1} + 1$ 是 1 和 x 之间的互素整数, 则 $x + j$ 整除 $f(x)$. 这很容易实现: 只需取 N, 使 $N!$ 是 $(j+1)^2$, $j \leq n$ 的倍数即可. $\qquad\square$

题 2.33. 证明: 对所有的正整数 $a_1, \cdots, a_n$, 有

$$\operatorname{lcm}(a_1, \cdots, a_n) \geq \frac{a_1 a_2 \cdots a_n}{\prod_{1 \leq i < j \leq n} \gcd(a_i, a_j)}.$$

证： 若 $n = 2$，要证的不等式是等式．我们接下来用归纳法证明这个结果．假设它对 $n-1$ 成立．记 $m = \mathrm{lcm}(a_1, \cdots, a_{n-1})$，则有

$$\mathrm{lcm}(a_1, \cdots, a_n) = \mathrm{lcm}(m, a_n) = \frac{ma_n}{\gcd(m, a_n)}.$$

利用归纳假设，我们只需证明

$$\frac{a_n}{\gcd(m, a_n)} \cdot \frac{a_1 \cdots a_{n-1}}{\prod_{1 \le i < j \le n-1} \gcd(a_i, a_j)} \ge \frac{a_1 \cdots a_n}{\prod_{1 \le i < j \le n} \gcd(a_i, a_j)},$$

等价于 $\gcd(m, a_n) \le \prod_{i=1}^{n-1} \gcd(a_n, a_i)$．这是 $\gcd(a, bc) \mid \gcd(a, b) \cdot \gcd(a, c)$ 的 $n-1$ 个变量的情形，可以用这个式子同样的证明和归纳法得到． □

题 2.34. （AMM3834）设 $n > 4$，正整数序列 $a_1 < a_2 < \cdots < a_n \le 2n$．证明：

$$\min_{1 \le i \ne j \le n} \mathrm{lcm}(a_i, a_j) \le 6(\lfloor n/2 \rfloor + 1).$$

证： 关键的发现是，对任何 $1 \le i \le n$，我们可以找到正整数 k_i，使得 $k_i a_i \in \{n+1, \cdots, 2n\}$．实际上，若 $a_i > n$，只需取 $k_i = 1$，其他情况下，因为 $\frac{2n}{a_i} - \frac{n}{a_i} \ge 1$，存在整数 k_i 在 $\frac{n}{a_i}$ 和 $\frac{2n}{a_i}$ 之间（还可以一直乘以 2 直到在 $n+1$ 和 $2n$ 之间．——译者注）．

利用这个发现，可以结束证明：若有不同的 i, j，使得 $k_i a_i = k_j a_j$，则 $k_i a_i$ 是 a_i, a_j 的公倍数，因此 $\mathrm{lcm}(a_i, a_j) \le k_i a_i \le 2n$，得证．否则，$k_1 a_1, \cdots, k_n a_n$ 是两两不同的 n 个数，在 $n+1$ 和 $2n$ 之间，因此是 $n+1, \cdots, 2n$ 的一个排列．

因为 $n > 4$，有 $3(\lfloor \frac{n}{2} \rfloor + 1) \in \{n+1, \cdots, 2n\}$（$3(\lfloor \frac{n}{2} \rfloor + 1)$ 显然不小于 $\frac{3n}{2} > n$；同时不超过 $\frac{3n}{2} + 3$，当 $n \ge 6$ 时，不超过 $2n$；$n = 5$ 时直接检验）．类似地，$2(\lfloor \frac{n}{2} \rfloor + 1) \in \{n+1, \cdots, 2n\}$．因此存在 i, j，使得 $k_i a_i = 2(\lfloor \frac{n}{2} \rfloor + 1)$ 和 $k_j a_j = 3(\lfloor \frac{n}{2} \rfloor + 1)$．然后 $\mathrm{lcm}(a_i, a_j)$ 整除 $6(\lfloor \frac{n}{2} \rfloor + 1)$，结论成立． □

注释 7.7. 结论对 $n = 4$ 不成立：考虑 $5, 6, 7, 8$．另一方面，不难检验结论对 $n \le 3$ 成立．表达式 $6(\lfloor \frac{n}{2} \rfloor + 1)$ 是最佳的，对序列 $n+1, n+2, \cdots, n+n$ 成立等号．

题 2.35. 设 $(a_n)_{n \ge 1}$ 是整数序列，满足 $m - n \mid a_m - a_n$，对所有 $m, n \ge 1$ 成立．假设存在多项式 f 使得 $|a_n| \le f(n)$，对所有 $n \ge 1$ 成立．证明：存在有理系数多项式 P，使得 $a_n = P(n)$，对所有 $n \ge 1$ 成立．

证： 设 $d = \deg f$，定义

$$P(X) = \sum_{k=1}^{d+1} a_k \prod_{j \neq k} \frac{X-j}{k-j}.$$

这个多项式是次数不超过 d，使得 $P(n) = a_n$ 对 $1 \leq n \leq d+1$ 成立的唯一的多项式. 我们将证明：$a_n = P(n)$，对所有 n 成立. 注意 P 的系数是有理数，我们可以找到正整数 N，使得 NP 的系数都是整数.

考虑序列 $(b_n)_{n \geq 1}$，定义为 $b_n = Na_n - NP(n)$. 这是整数序列，也满足 $m - n \mid b_m - b_n$，对所有 m, n 成立（因为序列 $(Na_n)_{n \geq 1}$ 和 $(NP(n))_{n \geq 1}$ 分别有这个性质. 前者是题目条件，后者因为 NP 系数是整数）.

因为 $b_1 = \cdots = b_{d+1} = 0$，所以 $n-1, \cdots, n-(d+1)$ 都整除 b_n，于是

$$\mathrm{lcm}(n-1, \cdots, n-d-1) \mid b_n.$$

另一方面，本章练习 2.33 给出，存在和 d 有关的常数 $C(d)$，使得对任何 $n > d + 1$，

$$\mathrm{lcm}(n-1, \cdots, n-d-1) \geq C(d)n^{d+1}.$$

因为 $\deg f, \deg P \leq d$，所以对足够大的 n，

$$|b_n| \leq Nf(n) + N|P(n)| < C(d)n^{d+1} \leq \mathrm{lcm}(n-1, \cdots, n-d-1).$$

必然有 $b_n = 0$ 对足够大的 n 成立，比如说 $n > M$.

现在对每个 $n \geq 1$ 及 $m \geq M$，有 $m - n \mid b_n - b_m = b_n$，（$b_n$ 有无穷多因子）因此必有 $b_n = 0$，所以 $a_n = P(n)$，对所有 n 成立. $\qquad\square$

题 2.36. 设 n, k 是正整数，整数序列 $1 < a_1 < \cdots < a_k \leq n$，满足 $\mathrm{lcm}(a_i, a_j) \leq n$，对所有 $1 \leq i, j \leq k$ 成立. 证明：$k \leq 2\lfloor\sqrt{n}\rfloor$.

证： 首先，

$$n \geq \mathrm{lcm}(a_i, a_{i+1}) = \frac{a_i a_{i+1}}{\gcd(a_i, a_{i+1})} \geq \frac{a_i a_{i+1}}{a_{i+1} - a_i},$$

还可以写作 $\frac{1}{a_i} - \frac{1}{a_{i+1}} \geq \frac{1}{n}$. 给定 $1 \leq j \leq k-1$，可得 $\sum_{i=j}^{k-1}\left(\frac{1}{a_i} - \frac{1}{a_{i+1}}\right) \geq \frac{k-j}{n}$，说明 $\frac{1}{a_j} - \frac{1}{a_k} \geq \frac{k-j}{n}$. 因为 $a_k \leq n$，所以 $a_j \leq \frac{n}{k-j+1}$.

另一方面，因为 $a_j > a_{j-1} > \cdots > a_1 \geq 1$，我们又有 $a_j \geq j$. 因此对所有 $1 \leq j < k$，有 $j(k-j+1) \leq n$.

若 $k = 2t+1$ 是奇数，取 $j = t+1$，得到 $n \geq (t+1)^2$，所以 $k \leq 2t+2 \leq 2\lfloor\sqrt{n}\rfloor$；若 $k = 2t$ 是偶数，取 $j = t$，得到 $n \geq t(t+1)$，所以 $k = 2\sqrt{t^2} \leq 2\lfloor\sqrt{n}\rfloor$. $\square$

题 2.37. （AMME3350）对 $n \geq 1$ 和 $1 \leq k \leq n$，定义

$$A(n, k) = \text{lcm}(n, n-1, \cdots, n-k+1).$$

设 $f(n)$ 是满足 $A(n, 1) < A(n, 2) < \cdots < A(n, k)$ 的最大的 k.

(a) 证明：$f(n) \leq 3\sqrt{n}$.

(b) 证明：若 $n > k! + k$，则 $f(n) > k$.

证： 在开始证明之前，我们先给出一些重要的观察结果. 首先是最重要的，因为 $A(n, k+1) = \text{lcm}(n-k, A(n, k))$，总有 $A(n, k+1) \geq A(n, k)$，等号成立当且仅当 $n-k$ 整除 $A(n, k)$. 可得若 $A(n, k) = A(n, k+1)$，则 $A(n+j, k+j) = A(n+j, k+j+1)$ 对所有 $j \geq 1$ 成立. 因此有 $f(n+j) \leq f(n)+j$，对所有 $n, j \geq 1$ 成立.

(a) 我们声明只需证明：$f(n^2) \leq n$，对所有 n 成立. 实际上，若这个不等式成立，则对每个 n，可以找到 k，使得 $k^2 \leq n < (k+1)^2$，则

$$f(n) \leq f(k^2) + n - k^2 \leq k + n - k^2 \leq k + k^2 + 2k - k^2 = 3k \leq 3\sqrt{n}.$$

要证 $f(n^2) \leq n$，只需证明 $A(n^2, n) = A(n^2, n+1)$，或者等价地 $n^2 - n \mid A(n^2, n)$. 这是简单的，因为 $n^2 - n$ 整除 $A(n^2, 2) = n^2(n^2 - 1)$.

(b) 首先

$$A(n, k+1) = \text{lcm}(n-k, A(n, k)) = \frac{(n-k)A(n, k)}{\gcd(n-k, A(n, k))}$$

$$\geq \frac{(n-k)A(n, k)}{\gcd(n-k, n) \cdot \gcd(n-k, n-1) \cdot \ldots \cdot \gcd(n-k, n-k+1)}$$

$$\geq \frac{A(n, k) \cdot (n-k)}{k!}.$$

因此对 $n > k! + k$，有 $A(n, 1) < \cdots < A(n, k+1)$，所以 $f(n) > k$. $\square$

题 2.38. 设 $a_1 < a_2 < \cdots < a_n$ 是正整数的等差数列，满足 a_1 与公差互素. 证明：$a_1 a_2 \cdots a_n$ 整除 $(n-1)! \cdot \text{lcm}(a_1, \cdots, a_n)$.

证： 设 d 是公差，则 $a_i = a_1 + (i-1)d$. 关键部分是恒等式

$$\frac{d^{n-1}(n-1)!}{a_1 a_2 \cdots a_n} = \sum_{k=1}^{n} (-1)^{k-1} \frac{\binom{n-1}{k-1}}{a_1 + (k-1)d}. \tag{1}$$

在第一章实战题目 1.36 的证明中建立了恒等式

$$\frac{n!}{(x+1)\cdots(x+n)} = \sum_{k=1}^{n} (-1)^{k-1} \frac{k\binom{n}{k}}{x+k}.$$

在这个恒等式中令 $x = \frac{a_1}{d}$，利用 $k\binom{n}{k} = n\binom{n-1}{k-1}$ 可得到 (1)．

恒等式 (1) 的右端显然是 $\frac{s}{\mathrm{lcm}(a_1,\cdots,a_n)}$ 形式的数，s 是整数．因此 $a_1 a_2 \cdots a_n$ 整除 $d^{n-1}(n-1)!\mathrm{lcm}(a_1, \cdots, a_n)$．但是 a_1 进而所有的 a_i 都与 d 互素，我们可以将 d^{n-1} 去掉．问题得证． $\square$

题 2.39. 设 $n > 1$，正整数数列 $a_0 < a_1 < \cdots < a_n$，满足 $\frac{1}{a_0}, \cdots, \frac{1}{a_n}$ 是等差数列．证明：$a_0 \geq \frac{2^n}{n+1}$．

证： 设 $M = \mathrm{lcm}(a_0, \cdots, a_n)$ 及 $M = a_i b_i$，则有 $b_0 > b_1 > \cdots > b_n$．根据假设 $b_0, \cdots, b_n$ 构成等差数列，$b_i \mid M$．因此 $M \geq \mathrm{lcm}(b_0, \cdots, b_n)$，

$$a_0 \geq \frac{\mathrm{lcm}(b_0, \cdots, b_n)}{b_0}.$$

只需证明：对每个正整数等差数列 $b_n < \cdots < b_0$，有

$$\frac{\mathrm{lcm}(b_0, \cdots, b_n)}{b_0} \geq \frac{2^n}{n+1}.$$

设 d 是 $b_n < \cdots < b_0$ 的公差．将 b_i 都除以 $\gcd(d, b_n)$ 不改变商 $\frac{\mathrm{lcm}(b_0,\cdots,b_n)}{b_0}$ 的大小，因此我们可以假设 $\gcd(d, b_n) = 1$．这个情况下，$\gcd(d, b_i) = 1$，对所有 i 成立．

令 $k = \lfloor \frac{n}{2} \rfloor$，将上一个题目的结果应用于 $b_0 > b_1 > \cdots > b_k$，可得

$$\frac{\mathrm{lcm}(b_0, \cdots, b_n)}{b_0} \geq \frac{\mathrm{lcm}(b_0, \cdots, b_k)}{b_0} \geq \frac{b_1 \cdots b_k}{k!}.$$

现在 $b_i \geq n+1-i$，因此

$$\frac{b_1 \cdots b_k}{k!} \geq \frac{n(n-1)\cdots(n-k+1)}{k!} = \binom{n}{k}.$$

而 $\binom{n}{k}$ 在所有的组合数 $\binom{n}{i}$，$0 \leq i \leq n$ 中最大，这些组合数的求和是 2^n，因此 $\binom{n}{k} \geq \frac{2^n}{n+1}$． $\square$

第三章 算术基本定理

题 3.1. 证明：若整数 $a > 1$，$n > 1$ 不是 2 的幂，则 $a^n + 1$ 是合数．

证： 因为 n 不是 2 的幂，有 $n = 2^k \cdot m$，$m > 1$ 是奇数，$k \geq 0$．则 $a^{2^k} + 1$ 整除 $(a^{2^k})^m + 1 = a^n + 1$，而 $1 < a^{2^k} + 1 < a^n + 1$，因此 $a^n + 1$ 是合数． $\square$

题 3.2. (圣彼得堡2004) 证明: 对每个整数 a, 存在无穷多正整数 n, 使得 $a^{2^n} + 2^n$ 是合数.

证: 若 $a = 0$ 我们则任何整数 $n > 1$ 符合条件, 所以假设 $a \neq 0$. 将 a 替换为 $-a$, 我们还可以假设 $a > 0$. 如果 $a = 1$, 选择 $n > 1$, 不是 2 的幂次, 应用上一个练习, 满足条件.

现在假设 $a > 1$. 取任何奇数 $k > 1$, 令 $n = 2k$. 则

$$a^{2^n} + 2^n = a^{2^n} + 4 \cdot 4^{k-1} = x^4 + 4y^4,$$

其中 $x = a^{2^{n-2}}$, $y = 2^{\frac{k-1}{2}}$. 注意, 当 $x, y > 1$ 时

$$x^4 + 4y^4 = (x^2 + 2y^2)^2 - (2xy)^2 = (x^2 - 2xy + 2y^2)(x^2 + 2xy + 2y^2)$$

是合数. $\qquad\qquad\square$

题 3.3. 求所有正整数 n, 使得 $n^n + 1$ 和 $(2n)^{2n} + 1$ 中至少一个是合数.

证: $n = 1$ 和 $n = 2$ 不是问题的解, 因为 $2^2 + 1$ 及 $4^4 + 1 = 2^8 + 1$ 是素数. 我们将证明: 所有 $n > 2$ 是问题的解.

假设 $n > 2$ 而且 $n^n + 1$ 和 $(2n)^{2n} + 1$ 是素数. 根据本章习题 3.1, n 必须是 2 的幂, 设 $n = 2^k$. 则 $n^n + 1 = 2^{k \cdot 2^k} + 1$ 是素数, 因此 $k \cdot 2^k$ 也是 2 的幂, 说明 k 是 2 的幂.

接下来, $(2n)^{2n} + 1 = 2^{(k+1)2^{k+1}} + 1$ 是素数, $k + 1$ 也是 2 的幂. 但是 k 和 $k + 1$ 有一个是奇数, 若同时是 2 的幂, 必然 $k = 1$ 及 $n = 2$, 矛盾. $\qquad\square$

题 3.4. 对哪些正整数 n, 两个数 $2^n + 3$ 和 $2^n + 5$ 都是素数?

证: 不难验证 $n = 1$ 和 $n = 3$ 是问题的解, 而 $n = 2$ 不是一个解. 我们声明 $n > 3$ 都不是解. 假设 $n > 3$ 而且 $2^n + 3$ 和 $2^n + 5$ 都是素数.

若 $n \equiv 1 \pmod 3$, 则 $7 \mid 2^n + 5$, 而 $2^n + 5 > 7$, 矛盾. 若 $n \equiv 2 \pmod 3$, 则 $7 \mid 2^n + 3$, 而 $2^n + 3 > 7$, 矛盾. 因此 n 是 3 的倍数. 同时, n 是奇数, 否则 $2^n + 5$ 会是 3 的倍数. 因此 $n \equiv 3 \pmod 6$, 记 $n = 6k + 3$.

若 k 是奇数, 则 $2^n + 3 = 8^{2k+1} + 3$ 是 5 的倍数, 矛盾. 若 k 是偶数, 则 $13 \mid 2^n + 5 = 8^{2k+1} + 5$, 而 $8^{2k+1} + 5 > 13$, 矛盾. $\qquad\square$

题 3.5. (圣彼得堡1996) 整数 a, b, c 使得多项式 $X^3 + aX^2 + bX + c$ 的根是两两互素的不同正整数. 证明: 若多项式 $aX^2 + bX + c$ 有正整数根, 则 $|a|$ 是合数.

证： 设 x_1, x_2, x_3 是多项式 $X^3 + aX^2 + bX + c$ 的根. 则 $x_1 + x_2 + x_3 = -a$, 而 x_1, x_2, x_3 是不同正整数, 因此 $|a| \geq 6$. 若 a 是偶数, 则 $|a|$ 是合数, 所以假设 a 是奇数. 则 $x_1 + x_2 + x_3$ 是奇数, 或者是三个奇数, 或者是二偶一奇, 后者因为三个数两两互素而排除.

因此 x_1, x_2, x_3 都是奇数. 现在 $b = x_1x_2 + x_2x_3 + x_3x_1$ 及 $-c = x_1x_2x_3$, 因此 b 和 c 也是奇数. 现在模 2 可以发现 $ax^2 + bx + c$ 不能有整数解, 因为若 y 是一个整数解, 则 $ay^2 + by + c \equiv y^2 + y + 1 \equiv 1 \pmod 2$, 矛盾. $\qquad\square$

题 3.6. （Vojtech Jarnik 2009）证明：若 $k > 2$, 则 $2^{2^k-1} - 2^k - 1$ 是合数.

证： 设 $N = 2^{2^k-1} - 2^k - 1$, 则

$$2N = 2^{2^k} - 1 - (2^{k+1} + 1) = (2-1)(2+1)(2^2+1)\cdots(2^{2^{k-1}}+1) - (2^{k+1}+1).$$

若 $k + 1 = 2^m n$, $m \geq 0$, n 是奇数. 则 $2^{k+1} + 1$ 是 $2^{2^m} + 1$ 的倍数, 而因为 $m \leq k-1$, $(2+1)(2^2+1)\cdots(2^{2^{k-1}}+1)$ 也是 $2^{2^m} + 1$ 的倍数. 因此 $2N$ 是 $2^{2^m} + 1$ 的倍数, 于是 $2^{2^m} + 1 \mid N$.

另一方面, 假设 $N = 2^{2^m} + 1$. 由 $N = 2^{2^k-1} - 2^k - 1$ 推出 $N \equiv -1 \pmod 4$. 因此必然有 $2^{2^m} \equiv -2 \pmod 4$, $m = 0$, $N = 3$ 矛盾. $\qquad\square$

题 3.7. 证明：若 $4k + 1$ 型正整数有两种不同的方式写成平方数之和, 则它是合数.

证： 设 n 是 $4k+1$ 型正整数, 有两种平方和表示 $n = x^2 + y^2 = u^2 + v^2$. 因为 $n \equiv 1 \pmod 4$, x, y 中恰好一个是奇数, 类似地, u, v 中恰好一个是奇数. 我们假设 x, u 是奇数, 而且不妨设 $x > u$. 注意 $\gcd(x-u, v-y)$ 是偶数, 设为 $2d$. 记 $x - u = 2ad$, $v - y = 2bd$, $\gcd(a, b) = 1$.

因为 $(x-u)(x+u) = (v-y)(v+y)$, 代入得到 $au + a^2 d = by + b^2 d$. 这个值同时被 a 和 b 整除, 因为 $\gcd(a, b) = 1$, 因此也被 ab 整除.

记 $au + a^2 d = by + b^2 d = abc$. 则 $u = bc - ad$ 和 $y = ac - bd$. 于是 $x = u + 2ad = bc + ad$ 及 $v = y + 2bd = ac + bd$. 最后有

$$n = x^2 + y^2 = (ac - bd)^2 + (bc + ad)^2 = (a^2 + b^2)(c^2 + d^2),$$

显然是合数. $\qquad\square$

注释 7.8. 根据欧拉定理, 后面会讲到, 每个 $4k + 1$ 型素数可以写成平方和的形式. 因此这个题目说明 $n = 4k + 1$ 是素数当且仅当它恰有一种方式写成平方和的形式.

题 3.8.（莫斯科）是否存在一个 1 997 位的合数，如果它的任何三个连续的数码替换成任何三个数码，还是得到合数？

证： 这样的数存在，设 A 是所有从 1 001 到 1 999 的奇数的乘积．因为每个这样的数小于 2 000，我们看到

$$A < 2\,000^{500} = 2^{500}10^{1\,500} = 32^{100}10^{1\,500} < 100^{100}10^{1\,500} = 10^{1\,700}.$$

现在我们在 A 的末尾添一些 0，然后末尾添一个 1，最后添 3 个 0，使得总位数是 1 997．得到的这个数记为 N，是合数．

当改变 N 的连续三个数字时，如果最后一位没有改变或者是偶数，则依然得到偶数，所以是合数．如果最后一位改变成奇数，则最后四位形成一个 1 001 到 1 999 的奇数，这个奇数整除 N．□

题 3.9.（AMM10947）证明：对所有 $n \geq 1$，$\frac{5^{5n}-1}{5^n-1}$ 是合数．

证： 假设 n 是偶数，记 $n = 2k$，记 $x = 5^k$，有

$$\frac{5^{5n}-1}{5^n-1} = \frac{x^{10}-1}{x^2-1} = \frac{x^5-1}{x-1} \cdot \frac{x^5+1}{x+1}.$$

这是两个大于 1 的数的乘积，因此是合数．

现在假设 n 是奇数．关键想法是利用恒等式

$$X^4 + X^3 + X^2 + X + 1 = (X^2 + 3X + 1)^2 - 5X(X+1)^2.$$

设 $X = 5^n$，$n = 2k+1$，可得

$$\frac{5^{5n}-1}{5^n-1} = (5^{2n} + 3 \cdot 5^n + 1)^2 - (5^{k+1}(5^n+1))^2$$
$$= (5^{2n} + 3 \cdot 5^n + 1 - 5^{k+1}(5^n+1))(5^{2n} + 3 \cdot 5^n + 1 + 5^{k+1}(5^n+1)).$$

只需验证 $5^{2n} + 3 \cdot 5^n > 5^{k+1}(5^n+1)$，显然成立．□

题 3.10. 设 $n > 1$ 是整数．证明：方程

$$(x+1)(x+2)\cdots(x+n) = y^n$$

没有正整数解．

证： 假设 (x, y) 是一个解．因为 $(x+1)(x+2)\cdots(x+n)$ 介于 $(x+1)^n$ 和 $(x+n)^n$ 之间，我们可以设 $y = x + k$，对某个 $k \in \{2, 3, \cdots, n-1\}$ 成立．这时左边的因子 $x + k + 1$ 和 y^n 互素，矛盾．□

题 3.11. 设 n 是正整数. 证明：若 n 整除 $\binom{n}{k}$，对所有 $1 \le k \le n-1$ 成立，则 n 是素数.

证： 用反证法，假设 n 有个素因子 $p < n$. 根据题目假设，$\frac{\binom{n}{p}}{n}$ 是整数，也就是说

$$\frac{(n-1)(n-2)\cdots(n-p+1)}{p!}$$

是整数. 这个分数的分子的因子没有 p 的倍数，但是分母被 p 整除，矛盾. 因此 n 必须是素数. $\qquad\square$

题 3.12. （USAMTS 2009）求正整数 n 使得

$$\frac{(n+1)(n+2)\cdots(n+500)}{500!}$$

的所有素因子大于 500.

证： 最简单的方式是找到 n，使得

$$\frac{(n+1)(n+2)\cdots(n+500)}{500!} \equiv 1 \pmod{500!}.$$

任何不超过 500 的素数整除 500!，因此不能整除模 500! 余 1 的数.

前面的同余式等价于 $(n+1)\cdots(n+500) \equiv 500! \pmod{(500!)^2}$. 只需选择 n 是 $(500!)^2$ 的倍数，则 $n+i \equiv i \pmod{(500!)^2}$，因此

$$(n+1)\cdots(n+500) \equiv 500! \pmod{(500!)^2}. \qquad\square$$

题 3.13. （俄罗斯1999）证明：任何正整数是两个素因子个数（不计算重数）相同的整数之差.

证： 若 n 是偶数，只需选择 $n = 2n - n$ 即可.

假设 n 是奇数. 若 p 是不整除 n 的最小奇素数. $n = pn - (p-1)n$. 由 p 的最小性，$p-1$ 的所有奇素数因子整除 n 而 $p-1$ 是偶数，因此 pn 和 $(p-1)n$ 有相同的素因子个数（在 n 的基础上一个多了 p，一个多了 2）. $\qquad\square$

题 3.14. （圣彼得堡）无穷合数数列 $(a_n)_{n \ge 1}$ 满足

$$a_{n+1} = a_n - p_n + \frac{a_n}{p_n}, n \ge 1$$

其中 p_n 是 a_n 的最小素因子. 如果序列的每一项都是 37 的倍数，求 a_1 的所有可能值.

证：因为 a_n 和 a_{n+1} 都是 37 的倍数，因此 $\frac{a_n}{p_n} - p_n$ 也是。若 $p_n \neq 37$，则 $\frac{a_n}{p_n}$ 是 37 的倍数，而 p_n 不是，矛盾。所以 $p_n = 37$，对所有 n 成立。即对所有 n，有

$$a_{n+1} - a_n = \frac{a_n}{37} - 37$$

令 $b_n = a_n - 37^2$，有 $b_{n+1} = \frac{38}{37} b_n$。因此 $b_n = \frac{38^{n-1}}{37^{n-1}} b_1$。而 b_n 是整数，可得 $37^{n-1} \mid b_1$，对所有 n 成立。必有 $b_1 = 0$ 和 $a_1 = 37^2$。

反之，若 $a_1 = 37^2$，则 $a_n = 37^2$，给出满足题目条件的序列。 □

题 3.15. 证明：存在无穷多对正整数 (a, b)，$a \neq b$，使得 a 和 b 有相同的素因子集合，而 $a + 1$ 和 $b + 1$ 也有相同的素因子集合。

证：设 $n \geq 2$，$a = 2^n - 2$，$b = 2^n(2^n - 2)$。则 a 和 b 显然有相同的素因子集合。而 $b + 1 = (a + 1)^2$ 也有相同的素因子集合。 □

题 3.16. 设 a, b, c, d, e, f 是正整数，满足 $abc = def$。证明：$a(b^2 + c^2) + d(e^2 + f^2)$ 是合数。

证：假设 $p = a(b^2 + c^2) + d(e^2 + f^2)$ 是素数。将同余式 $a(b^2 + c^2) \equiv -d(e^2 + f^2)$ $\pmod{p}$ 乘以 ef，利用题目条件得到

$$aef(b^2 + c^2) \equiv -abc(e^2 + f^2) \pmod{p}.$$

因为 $p > a$，所以 $p \nmid a$，得到

$$ef(b^2 + c^2) + bc(e^2 + f^2) \equiv 0 \pmod{p}.$$

左端可以因式分解为 $(ce + bf)(be + cf)$，所以 p 整除 $ce + bf$ 或 $be + cf$。

另一方面

$$p = a(b^2 + c^2) + d(e^2 + f^2) \geq b^2 + c^2 + e^2 + f^2 \geq 2ce + 2bf > ce + bf.$$

类似地，有 $p > be + cf$，矛盾。因此 p 是合数。 □

题 3.17. （Kvant 1762）是否存在正整数 n，恰有 2 013 个素因子，且 n 整除 $2^n + 1$？

证：答案是肯定的。我们用归纳证明，对每个 $k \geq 1$ 可以找到 n_k，恰好有 k 个素因子，使得 $3 \mid n_k$ 和 $n_k \mid 2^{n_k} + 1$。

若 $k = 1$，取 $n_1 = 3$．假设已经找到 $n = n_k$ 是 3 的倍数，有 k 个素因子，而且 $n \mid 2^n + 1$．显然 n 是奇数，因此 $3 \mid 2^{2n} - 2^n + 1$，

$$2^{3n} + 1 = (2^n + 1)(2^{2n} - 2^n + 1)$$

是 $3n$ 的倍数．

注意 $2^{2n} - 2^n + 1 = (2^n - 2)(2^n + 1) + 3$ 不是 9 的倍数，因为 $2^n - 2$ 和 $2^n + 1$ 都是 3 的倍数．因此 $2^{2n} - 2^n + 1$ 有素因子 $p > 3$．这个 p 不是 n 的一个因子，否则 p 整除 $\gcd(2^n + 1, 2^{2n} - 2^n + 1) = 3$．

令 $n_{k+1} = 3pn$，它有 $k + 1$ 个素因子，而且 n_{k+1} 整除 $2^{n_{k+1}} + 1$．（对任何 $n \mid 2^n + 1$，$m = 2^n + 1$，满足 $n \mid d \mid m$ 的所有 d，满足 $d \mid 2^d + 1$．本题解答证明了 m 的素因子个数比 n 多，避开了使用升幂定理．然后可以找到 d，其素因子个数恰好比 n 多 1．——译者注）　$\square$

题 3.18.（波兰 2000）设 p_1 和 p_2 是素数，对 $n \geq 3$，令 p_n 是 $p_{n-1} + p_{n-2} + 2\,000$ 的最大素因子．证明：序列 $(p_n)_{n \geq 1}$ 有界．

证： 首先，注意到

$$p_n \leq \max(p_{n-1}, p_{n-2}) + 2\,002. \qquad (*)$$

实际上，若 p_{n-1}, p_{n-2} 都是奇数，则 $p_{n-1} + p_{n-2} + 2\,000$ 是偶数，因此

$$p_n \leq \frac{p_{n-1} + p_{n-2} + 2\,000}{2} < \max(p_{n-1}, p_{n-2}) + 2\,002.$$

若 p_{n-1}, p_{n-2} 中至少一个是 2，则

$$p_n \leq p_{n-1} + p_{n-2} + 2\,000 \leq \max(p_{n-1}, p_{n-2}) + 2\,002.$$

有了这个以后，设 $M = \max(p_1, p_2) \cdot 2\,003! + 2$，我们要归纳证明 $p_n < M$，对所有 n 成立．当 $n = 1, 2$ 这是显然的．假设对 $k \leq n - 1$，有 $p_k < M$．则 $(*)$ 表明 $p_n < M + 2\,002$．但是因为 $M, M + 1, \cdots, M + 2\,001$ 都是合数，因此 $p_n < M$．$\square$

题 3.19.（Italy 2011）求所有素数 p，使得 $p^2 - p - 1$ 是整数的立方．

证： 显然 $p = 2$ 是问题的解，所以现在假设 $p > 2$．

设 $p^2 - p - 1 = n^3$．则

$$p(p - 1) = n^3 + 1 = (n + 1)(n^2 - n + 1),$$

因此 p 整除 $n+1$ 或者 n^2-n+1. 若 $p \mid n+1$, 则 $n \geq p-1$ 而 $p^2-p-1 \geq (p-1)^3$, 与 $p \geq 3$ 矛盾.

因此 $p \mid n^2-n+1$, 设 $n^2-n+1=kp$, 则 $p-1=k(n+1)$, 因此

$$n^2-n+1 = kp = k(1+k(n+1)) = k+k^2(n+1).$$

继续写成 $n^2-(1+k^2)n+1-k-k^2=0$. 这看成关于 n 的一元二次方程有整数解, 所以判别式 $\Delta=(1+k^2)^2+4(k^2+k-1)$ 必须是平方数.

当 $k \leq 2$ 时 Δ 不是平方数. 当 $k=3$ 时, Δ 是平方数, 方程是 $n^2-10n-11=0$ 给出解 $n=11$ 和 $p=37$. 若 $k>3$, 则估计式

$$\Delta=(k^2+3)^2+4(k-3) > (k^2+3)^2$$
$$(k^2+4)^2-(k^2+3)^2 = 2k^2+7 \geq 4(k-3).$$

说明 Δ 夹在两个平方数之间, 不是平方数.

因此问题的解只有 $p=2$ 和 $p=37$. $\qquad\square$

注释 7.9. 类似的一个问题 (用 p^2-p+1 替换 p^2-p-1) 在 1995 年圣彼得堡的比赛中出现, 后来在 2005 年 *Balkan* 数学奥林匹克出现. 这个新问题的唯一解是 $p=19$. 还有一个相似的问题在 2013 年 *Tuymaada* 奥林匹克出现: 求所有素数 p,q, 使得 $p^2-pq-q^3=1$.

题 3.20. (Kvant 2145) 设 $x>2, y>1$ 是整数, 满足 x^y+1 是完全平方数. 证明: x 至少有 3 个不同的素因子.

证: 设 $x^y+1=a^2$. 先假设 x 是素数幂. 于是 $(a-1)(a+1)$ 是素数的幂, 特别地, $a-1$ 和 $a+1$ 都是这个素数的幂, 两个都大于 1. 这两个数相差为 2, 这个素数要整除 2, 因此 $a=3$, $x^y=8$, 不符合 $x>2, y>1$ 的条件.

现在设 x 恰有两个素因子 $p<q$, 则 $(a-1)(a+1)=x^y$. 若 $\gcd(a-1,a+1)=1$, 则 $a-1$ 和 $a+1$ 都是 y 次幂, 比如 $a-1=b^y$ 和 $a+1=c^y$. 然后 $c^y-b^y=2$, 这和

$$c^y-b^y = (c-b)(c^{y-1}+\cdots+b^{y-1}) \geq 2^{y-1}+1 \geq 3,$$

矛盾. 因此 $\gcd(a-1,a+1)=2$, $p=2$. 有两种情况:

(i) $a-1=2q^{uy}$ 和 $a+1=2^{vy-1}$, u,v 是整数. 于是 $2^{vy-2}-1=q^{uy}$, 和下面的引理 7.10 矛盾.

(ii) $a-1=2^{uy-1}$ 和 $a+1=2q^{vy}$, u,v 是整数. 则 $2^{uy-2}+1=q^{vy}$. 利用下面的引理 7.10, 可得 $uy-2=3$ 和 $vy=2$, 无解, 证毕. $\qquad\square$

引理 7.10. (a) 若 $n > 1$，则 $2^n - 1$ 不是整数高次幂.

(b) 若 $2^n + 1$ 是整数高次幂，则 $n = 3$.

证： (a) 假设 $2^n - 1 = a^b$，$a, b > 1$. 因为 $2^n - 1$ 是 $4k + 3$ 型的数，不能是平方数，因此 b 是奇数. 则

$$2^n = (1 + a)(1 - a + a^2 - \cdots + a^{b-1}).$$

而 $1 - a + \cdots + a^{b-1} > 1 - a + a^2 \geq 3$ 是奇数，矛盾.

(b) 因为 $2^1 + 1 = 3$ 和 $2^2 + 1 = 5$ 都不是整数幂. 若 $2^n + 1$ 是整数幂，$n \geq 3$. 记 $2^n + 1 = x^k$，$x, k > 1$. 则 x 是奇数.

若 k 是奇数，则 $1 + x + \cdots + x^{k-1}$ 是大于 1 的奇数，整除 2^n，矛盾.

因此 k 是偶数，设 $k = 2l$. 则 $(x^l - 1)(x^l + 1) = 2^n$，$x^l - 1$ 和 $x^l + 1$ 都是 2 的幂，相差为 2. 必有 $x^l - 1 = 2$，$x = 3$ 和 $l = 1$. 所以 $k = 2$，$n = 3$. □

注释 7.11. 利用更高超的技巧（*Birkhoff-Vandiver* 定理），可以证明 x 至少有 $1 + \tau(y)$ 个素因子.

题 3.21. （俄罗斯2010）证明：对每个 $n > 1$，存在 n 个连续的正整数，其乘积被所有不超过 $2n + 1$ 的素数整除，但不被任何其他素数整除.

证： $(n + 2)(n + 3) \cdots (2n + 1)$ 的所有素因子不超过 $2n + 1$. 另一方面，$(n + 2) \cdots (2n + 1)$ 是 n 个连续整数的乘积，于是是 $n!$ 的倍数. 因此，若 $n + 1$ 不是素数，则 $(n + 2) \cdots (2n + 1)$ 被所有不超过 $2n + 1$ 的素数整除，满足题目条件.

假设 $n + 1$ 是素数，则 $n + 2$ 不是素数. $(n + 3) \cdots (2n + 1)(2n + 2)$ 是 $n!$ 的倍数，所有素因子不超过 $2n + 1$. 并且被

$$n + 1, n + 3, n + 4, \cdots, 2n + 1$$

中每一个整除. 因为 $n + 2$ 不是素数，可以得出 $(n + 3) \cdots (2n + 1)(2n + 2)$ 的所有素因子恰好是不超过 $2n + 1$ 的所有素数. 两种情况下问题都已解决. □

题 3.22. （伊朗2015）证明：存在无穷多正整数 n，不能写成两个正整数的和，这两个正整数的素因子都小于 1 394.

证： 设 $p_1, \cdots, p_k$ 是不超过 1 394 的所有素数. S_n 是满足素因子都在 $p_1, \cdots, p_k$ 中的整数 $j \in \{1, 2, 3, \cdots, 2^n\}$ 构成的集合.

任何 $j \in S_n$ 可以写成 $p_1^{\alpha_1} \cdots p_k^{\alpha_k}$ 的形式，其中非负整数 k 数组 $\alpha_1, \cdots, \alpha_k$ 唯一由 j 确定. 因为 $p_i \geq 2$ 及 $j \leq 2^n$，所以 $2^{\alpha_i} \leq 2^n$. 因此 $\alpha_i \leq n$，对所有 i 成立.

因此存在至多 $(1+n)^k$ 个不同的 k 数组，即 $|S_n| \leq (1+n)^k$. 因此 1 和 2^n 之间至多有 $(n+1)^{2k}$ 个数，可以表示成 S_n 中两个数之和. 当 n 足够大时，有 $(1+n)^{2k} < \frac{1}{2} 2^n$（根据二项式定理 $2^n > \binom{n}{2k+1}$，$\binom{n}{2k+1}$ 是关于 n 的一个 $2k+1$ 次多项式）. 因此，对于足够大的 n，1 和 2^n 至少一半的数是问题的解，完成了证明.

注意这个证明可以理解为，整数可以写成两个素因子都不超过 k 的数之和的概率是 0. $\qquad\square$

题 3.23. （中国2007）设 $n > 1$ 是整数. 证明：$2n-1$ 是素数，当且仅当对任何 n 个两两不同的正整数 $a_1, a_2, \cdots, a_n$，存在 $i, j \in \{1, 2, \cdots, n\}$，使得

$$\frac{a_i + a_j}{\gcd(a_i, a_j)} \geq 2n - 1.$$

证： 先设 $p = 2n - 1$ 是素数，$a_1, \cdots, a_n$ 是两两不同的正整数. 假设

$$\frac{a_i + a_j}{\gcd(a_i, a_j)} < p$$

对 $i, j \in \{1, \cdots, n\}$ 都成立. 将 $a_1, \cdots, a_n$ 中每个数除以 $\gcd(a_1, \cdots, a_n)$，我们可以假设 $\gcd(a_1, \cdots, a_n) = 1$.

若存在 i，使得 $p \mid a_i$，则我们可以取 j，使得 p 不整除 a_j，于是 p 不整除 $\gcd(a_i, a_j)$. 这样 p 整除 $\frac{a_i}{\gcd(a_i, a_j)}$，得到矛盾

$$p \leq \frac{a_i}{\gcd(a_i, a_j)} < \frac{a_i + a_j}{\gcd(a_i, a_j)} < p.$$

现在假设 $a_1, a_2, \cdots, a_n$ 都不是 p 的倍数. 由抽屉原则，$a_1, \cdots, a_n, -a_1, \cdots, -a_n$ 中两个数除以 p 的余数相同. 因此存在 $i \neq j$，使得 $p \mid a_i + a_j$ 或者 $p \mid a_i - a_j$. 注意 p 不整除 $\gcd(a_i, a_j)$，所以 p 整除 $\frac{a_i \pm a_j}{\gcd(a_i, a_j)}$，对其中一个符号选择成立. 又得到矛盾

$$p > \frac{a_i + a_j}{\gcd(a_i, a_j)} \geq |\frac{a_i \pm a_j}{\gcd(a_i, a_j)}| \geq p.$$

这样证明了问题的一个方向.

现在假设 $2n-1$ 是合数，记为 xy，$x, y > 1$. 定义 n 个整数 $a_1, a_2, \cdots, a_n$ 为前 x 个正整数和接下来的 $n-x$ 个偶数

$$1, 2, \cdots, x, x+1, x+3, \cdots, xy-x.$$

不难检验 $\frac{a_i + a_j}{\gcd(a_i, a_j)} < 2n - 1$，对所有 i, j 成立. $\qquad\square$

题 3.24. （城市锦标赛2009）最开始，黑板上写有数字6. 在第 n 步，将黑板上的数字 d 替换为 $d + \gcd(d, n)$. 证明：在每一步，黑板上的数字增加值是1或素数.

证： 这是一道非常难的题目. 设 a_n 是第 n 步写在黑板上的数字. 于是有 $a_0 = 6$ 和 $a_n = a_{n-1} + \gcd(a_{n-1}, n)$. 设 $b_n = a_n - a_{n-1}$，我们要证 b_n 是1或素数. 序列 $(b_n)_{n\geq 1}$ 最初的几个值是 $1, 1, 1, 1, 5, 3, 1, 1, 1, 1, 11, 3, \cdots$.

关键的是发现下面的规律：假设 $a_n = 3n$ 而且 $b_{n+1} = 1$. 设 k 是最小正整数，使得 $b_{n+k} \neq 1$. 则 b_{n+k} 是素数，$a_{n+k} = 3(n+k)$.

我们将归纳证明这个性质. 利用 $(b_n)_{n\geq 1}$ 前面已经求出的值，不难对 $n \leq 5$ 验证这一点. 从 $a_n = 3n$，$b_{n+1} = 1$ 开始. 若有 $a_{n+i} = 3n + i$，$1 \leq i < k$，而 $a_{n+k} > 3n + k$，则

$$\gcd(3n+i-1, n+i) = 1, 1 \leq i < k, \quad \gcd(3n+k-1, n+k) > 1$$

$$\Leftrightarrow \quad \gcd(3n+i-1, 2n-1) = 1, 1 \leq i < k, \quad \gcd(3n+k-1, 2n-1) > 1.$$

考虑到 $\gcd(3n+i, 2n-1) = \gcd(6n+2i, 2n-1) = \gcd(2i+3, 2n-1)$，$2k+1$ 必然是 $2n-1$ 的最小的素因子，记为 p. 这时可以完成归纳：

$$b_{n+k} = \gcd(3n+k-1, n+k) = p, \quad a_{n+k} = 3n+k-1+p = 3(n+k).$$

上面的规律显然可以推出问题结论. $\square$

题 3.25. （Komal）能否找到 $2\,000$ 个正整数，使得其中任何一个不能被任何另一个整除；而每个数的平方都可以被其他每个数整除？

证： 答案是肯定的. 设 $k = 2\,000$，取 $p_1, \cdots, p_k$ 是两两不同的素数. 设 $P = p_1 \cdots p_k$，$x_i = \dfrac{P^2}{p_i}$，$1 \leq i \leq k$.

$x_1, \cdots, x_k$ 是正整数，若 $i \neq j$，则 $\dfrac{x_i}{x_j} = \dfrac{p_j}{p_i}$ 不是整数. 而 $x_i^2 = \dfrac{P^2}{p_i^2} \cdot P^2$ 是 P^2 的倍数，因此是 x_j 的倍数，证毕. $\square$

题 3.26. 正整数 n 被称为是高幂数，如果对 n 的每个素因子 p，都有 $p^2 \mid n$. 证明：存在无穷多对相邻的高幂数.

证： 关键发现是：若 n 和 $n+1$ 是高幂数，则 $4n(n+1)$ 和 $4n(n+1)+1 = (2n+1)^2$ 也是，可以按定义证明. 因为8和9是高幂数，题目结论成立. $\square$

题 3.27. 设 p_n 是不超过 n 的最大素数，q_n 是大于 n 的最小的素数. 证明：对所有 $n > 1$，有

$$\sum_{k=2}^{n} \frac{1}{p_k q_k} < \frac{1}{2}.$$

证：设 $r_1, r_2, \cdots$ 是所有素数的递增序列. 则当 $r_i \leq k < r_{i+1}$ 时, $p_k = r_i, q_k = r_{i+1}$. 又设 $n < p_m$, 则有

$$\sum_{k=2}^{n} \frac{1}{p_k q_k} \leq \sum_{k=2}^{p_m-1} \frac{1}{p_k q_k} = \sum_{i=1}^{m-1} \sum_{k=r_i}^{r_{i+1}-1} \frac{1}{r_i r_{i+1}} = \sum_{i=1}^{m-1} \frac{r_{i+1} - r_i}{r_i r_{i+1}}$$

$$= \sum_{i=1}^{m-1} \left(\frac{1}{r_i} - \frac{1}{r_{i+1}} \right) = \frac{1}{2} - \frac{1}{r_m} < \frac{1}{2}. \qquad \square$$

题 3.28. （俄罗斯2010）是否有无穷多正整数, 不能写成 $\frac{x^2-1}{y^2-1}$ 的形式, 其中 x, y 是大于 1 的整数?

证：我们将证明: 对每个奇素数 p, p^2 不能写成 $\frac{x^2-1}{y^2-1}$ 的形式. 因此答案是肯定的.

假设 $\frac{x^2-1}{y^2-1} = p^2$, 即 $x^2 - 1 = p^2(y^2 - 1)$. $p \mid (x-1)(x+1)$, 因此 $p \mid x-1$ 或 $p \mid x+1$. 进一步, 有 $\gcd(x-1, x+1) = 2$, 因此必然 $p^2 \mid x-1$ 或 $p^2 \mid x+1$.

假设 $p^2 \mid x-1$, 记 $x - 1 = kp^2$, 则 $k(kp^2+2) = y^2 - 1$, 或 $(kp)^2 + 2k + 1 = y^2$. 但是

$$(kp)^2 < (kp)^2 + 2k + 1 < (kp)^2 + 2kp + 1 = (kp+1)^2,$$

因此 $kp < y < kp + 1$, 矛盾.

类似地, 若 $p^2 \mid x+1$, 记 $x = kp^2 - 1$, 则 $(kp)^2 - 2k + 1 = y^2$. 于是

$$(kp)^2 > (kp)^2 - 2k + 1 > (kp)^2 - 2kp + 1 = (kp-1)^2,$$

给出 $kp - 1 < y < kp$, 矛盾. $\qquad \square$

题 3.29. （Baltic 2004）是否存在无穷素数序列 $p_1, p_2, \cdots$, 使得 $|p_{n+1} - 2p_n| = 1$, 对每个 $n \geq 1$ 成立?

证：假设存在这样的序列. 若存在 i, 使得 $p_i > 3$.

假设 $p_i \equiv 1 \pmod 3$, 则 $2p_i + 1$ 是 3 的倍数, 并且大于 3, 因此必然有 $p_{i+1} = 2p_i - 1 \equiv 1 \pmod 3$. 同样结论给出 $p_{i+k} = 2p_{i+k-1} - 1$, 对所有 $k \geq 1$ 成立. 归纳法给出通项公式 $p_{i+k} = 2^k p_i - 2^k + 1$. 因此对所有 $k \geq 1$, $2^k p_i - 2^k + 1$ 是素数. 因为 p_i 是奇数, 存在 $k > 0$, 使得 $p_i \mid 2^k - 1$ （这里用到推论 3.15 或费马小定理, 译者注）. 则 $p_i \mid 2^k p_i - 2^k + 1$, 矛盾.

若 $p_i \equiv -1 \pmod 3$. 则 $2p_i - 1$ 是 3 的倍数, 类似地可以得到 $p_{i+1} = 2p_i + 1 \equiv -1 \pmod 3$. 类似上面的论述得到 $p_{i+k} = 2^k p_i + 2^k - 1, k \geq 1$. 取 $k \geq 1$, 使得 $p_i \mid 2^k - 1$, 则 $p_i \mid p_{i+k}$, 矛盾

若所有 $p_i \leq 3$, 显然也不可能. 因此不存在这样的序列. $\qquad \square$

题 3.30. 设 $a_1, a_2, \cdots, a_k$ 是正实数，使得对有限个以外的正整数 n，都有

$$\gcd(n, \lfloor a_1 n \rfloor + \lfloor a_2 n \rfloor + \cdots + \lfloor a_k n \rfloor) > 1.$$

证明：$a_1, \cdots, a_k$ 是整数.

证： 设 N 是正整数，使得对 $n > N$，有

$$\gcd(n, \lfloor a_1 n \rfloor + \lfloor a_2 n \rfloor + \cdots + \lfloor a_k n \rfloor) > 1.$$

设 $p_1, p_2, \cdots$ 是大于 N 的素数构成的序列，则对所有 $i \geq 1$，商

$$x_i = \frac{\lfloor a_1 p_i \rfloor + \lfloor a_2 p_i \rfloor + \cdots + \lfloor a_k p_i \rfloor}{p_i}$$

是整数.

另一方面，因为 $\lfloor x \rfloor \leq x < \lfloor x \rfloor + 1$，所以

$$a_1 + \cdots + a_k - \frac{k}{p_i} < x_i \leq a_1 + \cdots + a_k.$$

这对所有的 i 成立，不难得到 $a_1 + \cdots + a_k$ 是整数，并且 $x_i = a_1 + \cdots + a_k$ 对所有足够大 i 成立，比如说 $i > i_0$.

$$\{a_1 p_i\} + \cdots + \{a_k p_i\} = 0$$

对 $i > i_0$ 成立，其中 $\{x\}$ 是 x 的小数部分. 这要求 $a_j p_i \in \mathbf{Z}$ 对 $1 \leq j \leq k$ 和 $i > i_0$ 成立. 利用裴蜀定理，这马上得出 $a_1, \cdots, a_k$ 都是整数. $\square$

题 3.31. （IMOSL2006）定义序列 $a_1, a_2, a_3, \cdots$ 为

$$a_n = \frac{1}{n}\left(\left[\frac{n}{1}\right] + \left[\frac{n}{2}\right] + \cdots + \left[\frac{n}{n}\right]\right), \quad n \in \mathbf{N}$$

(a) 证明：$a_{n+1} > a_n$ 对无穷多 n 成立.

(b) 证明：$a_{n+1} < a_n$ 对无穷多 n 成立.

证： (a) 假设命题不成立，则序列 $(a_n)_n$ 是有界的（因为若 $a_{n+1} \leq a_n$，对 $n \geq N$ 成立，则 $a_n \leq \max(a_1, \cdots, a_N)$ 对所有 n 成立）. 然而

$$a_n > \frac{1}{n}\left(\frac{n}{1} - 1 + \frac{n}{2} - 1 + \cdots + \frac{n}{n} - 1\right) = 1 + \frac{1}{2} + \cdots + \frac{1}{n} - 1$$

最后的调和级数求和不是有界的，得证.

(b) 注意 $a_{n+1} < a_n$ 等价于

$$\sum_{k=1}^{n+1} \left\lfloor \frac{n+1}{k} \right\rfloor < \left(1 + \frac{1}{n}\right) \sum_{k=1}^{n} \left\lfloor \frac{n}{k} \right\rfloor$$

也等价于

$$1 + \sum_{k=1}^{n} \left(\left\lfloor \frac{n+1}{k} \right\rfloor - \left\lfloor \frac{n}{k} \right\rfloor \right) < \frac{1}{n} \sum_{k=1}^{n} \left\lfloor \frac{n}{k} \right\rfloor = a_n.$$

关键的性质是

$$\left\lfloor \frac{n+1}{k} \right\rfloor - \left\lfloor \frac{n}{k} \right\rfloor = \begin{cases} 0, & k \nmid n+1, \\ 1, & k \mid n+1. \end{cases}$$

这个性质可以用带余除法直接证明, 留给读者.

因此我们可以将前面的不等式写成因子个数 $\tau(n+1) < a_n$. 若取 $n = p-1$, p 是素数, 则左端是 2. 所以只需证明 $a_{p-1} > 2$ 对无穷多素数 p 成立, 这是对的. 因为在(a)中, 我们已经证明了 a_n 趋向于 ∞. □

题 3.32. (APMO 1994) 求所有整数 n, 具有形式 $a^2 + b^2$, 其中 a, b 是互素的正整数, 且任何素数 $p \le \sqrt{n}$ 整除 ab.

证: 题目条件是: 若 $p \le \sqrt{n}$, 则 p 整除 a 或 b. 因为 $\gcd(a, b) = 1$, 有 $\gcd(a, a^2 + b^2) = \gcd(b, a^2 + b^2) = 1$, 所以 p 不整除 n, 说明 n 是素数.

接下来, 设 $p_1, \cdots, p_k$ 是小于 $\sqrt{n}$ 的所有素数. 则 $p_{k+1} > \sqrt{n}$. 假设 $k \ge 4$, 则 Bonse 不等式给出

$$ab \ge p_1 \cdots p_k > p_{k+1}^2 > n = a^2 + b^2,$$

矛盾. 因此 $k \le 3$, $\sqrt{n} < 7$, 即 $n < 49$.

若 $n \ge 25$, 则 $k = 3$, $30 = p_1 p_2 p_3$ 整除 ab, 因此 $n = a^2 + b^2 \ge 2ab \ge 60$, 矛盾. 因此 $n \le 24$, 且 n 是素数. 验证小于 24 可写成平方数的素数有 $17 = 1^2 + 4^2, 13 = 2^2 + 3^2, 5 = 1^2 + 2^2, 2 = 1^2 + 1^2$, 因此 $n = 13, n = 5, n = 2$ 是问题的解. □

题 3.33. (伊朗TST2009) 求所有整系数多项式 f 具有性质: 对所有素数 p 和对所有整数 a, b, 若 $p \mid ab - 1$, 则 $p \mid f(a)f(b) - 1$.

证: 设 a 是正整数, 素数 p 和 a 互素, 则存在整数 b, 使得 $p \mid ab - 1$. 根据题目条件, $f(a)f(b) \equiv 1 \pmod{p}$.

设 $f(X) = a_0 + a_1 X + \cdots + a_n X^n$, $a_0, \cdots, a_n$ 是整数, $a_n \neq 0$. 则有 $ab \equiv 1 \pmod{p}$ 和 $a^n f(a) f(b) \equiv a^n \pmod{p}$. 但是

$$a^n f(b) \equiv a_n (ab)^n + a_{n-1}(ab)^{n-1} a + \cdots + a_0 a^n$$
$$\equiv a_n + a_{n-1} a + \cdots + a_0 a^n \pmod{p}.$$

因此令 $g(X) = a_n + a_{n-1} X + \cdots + a_0 X^n$, 可得

$$f(a) g(a) \equiv a^n \pmod{p}.$$

因此, 有无穷多素数整除 $f(a)g(a) - a^n$, 必然有 $f(a)g(a) = a^n$ 对每个正整数 a 成立. 得出多项式恒等式 $f(X)g(X) = X^n$, 因此 $f(X) = \pm X^d$, 对某个 $0 \leq d \leq n$ 成立.

反之, 任何多项式 $f(X) = \pm X^d$, $d \geq 0$ 是问题的解. $\square$

题 3.34. 证明: 存在正整数 n, 使得区间 $[n^2, (n+1)^2]$ 包含至少 $2\,016$ 个素数.

证: 设 $k = 2\,015$, 假设对所有 n, 区间 $[n^2, (n+1)^2]$ 存在至多 k 个素数. 任取 $N > 1$, 观察到

$$\sum_{p < N^2} \frac{1}{p} = \sum_{p < 2^2} \frac{1}{p} + \sum_{2^2 \leq p < 3^2} \frac{1}{p} + \cdots + \sum_{(N-1)^2 \leq p < N^2} \frac{1}{p}.$$

根据假设每个求和 $\sum_{j^2 \leq p < (j+1)^2} \frac{1}{p}$ 至多有 k 项, 每项不超过 $\frac{1}{j^2}$, 因此求和不超过 $\frac{k}{j^2}$. 可得

$$\sum_{p < N^2} \frac{1}{p} \leq \sum_{j=1}^{N} \frac{k}{j^2} < k + k \sum_{j=2}^{N} \frac{1}{j(j-1)} < 2k.$$

但是根据定理 3.76, 对足够大的 N, 有 $\sum_{p < N^2} \frac{1}{p} > 2k$, 矛盾. $\square$

题 3.35. （IMO1977）设整数 $n > 2$, V_n 是形如 $1 + kn, k \geq 1$ 的整数集合. $m \in V_n$ 被称为不可约的, 如果它不能写成 V_n 中两个数的乘积. 证明: 存在 $r \in V_n$, 可以用超过一种方式写成 V_n 中不可约元素的乘积（仅仅顺序不同的乘积不认为是不同的）.

证: 我们已经知道（见例 3.58）, 存在无穷多素数 p, 模 n 不同余于 1. 它们模 n 的余数属于一个有限集合, 因此我们可以找到两个这样的素数 $p, q > n$, 模 n 同余.

设 d 是最小正整数, 使得 $p^d \equiv 1 \pmod{n}$ （根据推论 3.15, 这是存在的, $d > 1$）. 则 p^d, q^d, pq^{d-1} 和 $p^{d-1}q$ 都是 V_n 中的不可约元素, 且互不相同. 实际上, 这几个数显然属于 V_n, 它们的任何真因子不属于 V_n（由于 d 的最小性）.

然后注意到 $p^d \cdot q^d = (pq^{d-1}) \cdot (qp^{d-1})$，有两种方式分解成 V_n 中不可约元素的乘积，证毕. $\qquad\square$

题 3.36. （GermanTST2009）序列 $(a_n)_{n \in \mathbf{N}}$ 定义为

$$a_1 = 1, \quad a_{n+1} = a_n^4 - a_n^3 + 2a_n^2 + 1, \quad n \geq 1.$$

证明：存在无穷多素数，不整除 $a_1, a_2, \cdots$ 中任何一项.

证： 题目的关键是研究序列 $b_n = a_n^2 + 1$. 注意

$$a_{n+1} = (a_n^2 + 1)^2 - a_n^3 = b_n^2 - a_n(b_n - 1).$$

因此 $a_{n+1} \equiv a_n \pmod{b_n}$，进而 $a_{n+1}^2 + 1 \equiv a_n^2 + 1 \equiv 0 \pmod{b_n}$. 也就是说 b_n 整除 b_{n+1}，对所有 n 成立.

我们还可以进一步改进这个发现，有

$$a_{n+1}^2 + 1 \equiv a_n^2(b_n - 1)^2 + 1 \equiv a_n^2(1 - 2b_n) + 1 \equiv b_n(1 - 2a_n^2) \pmod{b_n^2}.$$

注意 $\gcd(1 - 2a_n^2, b_n) = 1$，因为任何素数整除 $1 - 2a_n^2$ 和 $b_n = a_n^2 + 1$ 也整除 $1 - 2a_n^2 + 2(a_n^2 + 1) = 3$，但是 3 不整除 $a_n^2 + 1$. 因此我们得到 $b_{n+1} = b_n c_n$，$\gcd(b_n, c_n) = 1$.

注意显然有 $a_{n+1} > a_n$，因此有 $c_n > 1$. 设 p_k 是 c_k 的任意素因子，因为 $\gcd(b_k, c_k) = 1$，p_k 不整除 b_k，也不整除 $b_1 b_2 \cdots b_k$ （因为 $b_1 \mid b_2 \mid \cdots \mid b_k$）. 特别地，$p_k$ 不整除 $c_1 c_2 \cdots c_{k-1}$，所以 $p_1, p_2, \cdots$ 是两两不同的素数. 我们将证明，这里的任何素数，都是问题的解.

假设对某个 $n > 1$，$p \mid b_n$，而且对某个 $k > 1$，$p \mid a_k$. 注意对所有 $n \geq 1$，有 $a_{n+1} \equiv 1 = a_1 \pmod{a_n}$ 所以 $a_{n+2} \equiv a_1^4 - a_1^3 + 2a_1^2 + 1 \equiv a_2 \pmod{a_n}$. 归纳可得，$a_{n+j} \equiv a_j \pmod{a_n}$，对所有 $n, j \geq 1$ 成立. 特别地，$a_k \mid a_{jk}$，对所有 $j \geq 1$ 成立. 取 j，使得 $jk \geq n$，则 $p \mid a_k \mid a_{jk}$. 所以 p 不整除 $b_{jk} = a_{jk}^2 + 1$. 这是不可能的，因为 $p \mid b_n \mid b_{jk}$. $\qquad\square$

题 3.37. 证明：对所有 $n \geq 1$，有

$$\sum_{d \mid n} \sigma(d) = n \cdot \sum_{d \mid n} \frac{\tau(d)}{d}, \quad n \cdot \sum_{d \mid n} \frac{\sigma(d)}{d} = \sum_{d \mid n} d\tau(d).$$

证： 我们先证明第一个恒等式. 因为两边都是 n 的积性函数，只需证明：它们在素数幂上取值相同.

设 $n = p^k$，p 是素数，$k \geq 0$. 则

$$\sum_{d|n} \sigma(d) = \sum_{i=0}^{k} \sigma(p^i) = (k+1) + kp + \cdots + p^k$$

及

$$n \cdot \sum_{d|n} \frac{\tau(d)}{d} = p^k \sum_{i=0}^{k} (i+1)p^{-i} = (k+1) + kp + \cdots + p^k,$$

因此两边相同.

对第二个恒等式，我们类似处理，只需考虑 $n = p^k$ 的情形. 计算有

$$n \cdot \sum_{d|n} \frac{\sigma(d)}{d} = p^k \sum_{i=0}^{k} \frac{\sigma(p^i)}{p^i} = p^k + (p^k + p^{k-1}) + \cdots + (p^k + p^{k-1} + \cdots + 1)$$

$$= (k+1)p^k + kp^{k-1} + \cdots + 1 = \sum_{i=0}^{k} (i+1)p^i = \sum_{d|n} d\tau(d).$$

这里还有一个 Richard Stong 给出的利用数论卷积的方法. 设 1 是常函数，取值为 1，id 是恒等函数. 我们已经知道 $1 * 1 = \tau$ 和 $1 * \mathrm{id} = \sigma$. 我们容易计算

$$(\mathrm{id} * \mathrm{id})(n) = \sum_{d|n} d \cdot \frac{n}{d} = n\tau(n).$$

现在第一个等式用数论卷积论证为 $1 * \sigma = 1 * (1 * \mathrm{id}) = (1 * 1) * \mathrm{id} = \tau * \mathrm{id}$. 第二个是 $\sigma * \mathrm{id} = (1 * \mathrm{id}) * \mathrm{id} = 1 * (\mathrm{id} * \mathrm{id})$.   □

题 3.38. (a) 设 f 是积性函数，$f(1) = 1$（等价于说 f 非零）. 证明：对所有 $n > 1$，有

$$\sum_{d|n} f(d)\mu(d) = \prod_{p|n} (1 - f(p)),$$

乘积是 n 的所有素因子进行.

(b) 对 $n > 1$，推导

$$\sum_{d|n} \mu(d)\tau(d), \quad \sum_{d|n} \mu(d)\sigma(d), \quad \sum_{d|n} \mu(d)\varphi(d)$$

的封闭公式.

证: (a) 设 $p_1, p_2, \cdots, p_k$ 是 n 的不同的素因子. 使得 $f(d)\mu(d) \neq 0$ 的 n 的因子 d 是集合 $\{p_1, \cdots, p_k\}$ 中不同元素的乘积(包括空集元素的乘积,约定为 1). 因此

$$\sum_{d|n} f(d)\mu(d) = 1 - \sum_{i=1}^{k} f(p_i) + \sum_{1 \leq i < j \leq k} f(p_i p_j) + \cdots + (-1)^k f(p_1 \cdots p_k).$$

因为 f 是积性函数,上式右端可以继续写为

$$1 - \sum_{i=1}^{k} f(p_i) + \sum_{1 \leq i < j \leq k} f(p_i)f(p_j) + \cdots + (-1)^k f(p_1) \cdots f(p_k)$$

$$= (1 - f(p_1)) \cdots (1 - f(p_k)).$$

(b) 利用(a),可得

$$\sum_{d|n} \mu(d)\tau(d) = \prod_{p|n}(1 - \tau(p)) = (-1)^{\omega(n)},$$

其中 $\omega(n)$ 是 n 的不同素因子个数. 类似地,可得

$$\sum_{d|n} \mu(d)\sigma(d) = \prod_{p|n}(1 - (1+p)) = (-1)^{\omega(n)} \cdot \prod_{p|n} p$$

$$\sum_{d|n} \mu(d)\varphi(d) = \prod_{p|n}(1 - (p-1)) = \prod_{p|n}(2-p). \qquad \Box$$

题 3.39. 设 f 是数论函数,函数 g 定义为

$$g(n) = \sum_{d|n} f(d)$$

是积性函数. 证明: f 是积性函数.

证: 根据莫比乌斯反演公式 $f(n) = \sum_{d|n} \mu(d)g\left(\frac{n}{d}\right)$,因此 f 是两个积性函数 μ 和 g 的数论卷积. 定理 3.101 说明 f 是积性函数. $\qquad \Box$

题 3.40. (a) 设 f 是数论函数,g 定义为

$$g(n) = \sum_{d|n} f(d), \, n \geq 1.$$

证明:

$$\sum_{k=1}^{n} g(k) = \sum_{k=1}^{n} f(k) \left[\frac{n}{k}\right].$$

(b) 证明：下面的关系式对所有 $n \geq 1$ 成立

$$\sum_{k=1}^{n} \tau(k) = \sum_{k=1}^{n} \left[\frac{n}{k}\right], \quad \sum_{k=1}^{n} \sigma(k) = \sum_{k=1}^{n} k \left[\frac{n}{k}\right].$$

证： (a) 注意到在集合 $\{1, 2, \cdots, n\}$ 中存在 $\left[\frac{n}{k}\right]$ 个 k 的倍数，我们可以得到

$$\sum_{k=1}^{n} g(k) = \sum_{k=1}^{n} \sum_{d|k} f(d) = \sum_{d=1}^{n} f(d) \cdot \sum_{d|k, k \leq n} 1 = \sum_{k=1}^{n} f(k) \left[\frac{n}{k}\right].$$

(b) 第一个公式取 f 是常数 1，则 $g(n) = \tau(n)$，代入(a)得证.

第二个公式取 $f(n) = n$，则 $g(n) = \sigma(n)$，代入(a)得证.   □

题 3.41. 设 $f(n)$ 是 n 的 $3k+1$ 型正因子个数与 $3k-1$ 型正因子个数之差. 证明：f 是积性函数.

证： 设 m, n 是互素正整数. 则 mn 的每个正因子 d 可以唯一的写成乘积 $d = ef$，其中 $e \mid m$，$f \mid n$. 则 $d \equiv 1 \pmod 3$ 当且仅当 $e \equiv f \equiv 1 \pmod 3$ 或者 $e \equiv f \equiv 2 \pmod 3$. 因此，若 $g(n)$ 和 $h(n)$ 分别表示 n 的 $3k+1$ 型和 $3k-1$ 型因子个数，则

$$g(mn) = g(m)g(n) + h(m)h(n), \quad h(mn) = g(m)h(n) + g(n)h(m).$$

可得

$$f(mn) = g(mn) - h(mn) = g(m)(g(n) - h(n)) - h(m)(g(n) - h(n))$$
$$= f(n)f(m),$$

说明 f 是积性函数.   □

注释 7.12. (a) 一旦我们知道 f 是积性函数，不难验证 $f(n) \geq 0$ 对所有 n 成立. 实际上，若 $p \equiv 1 \pmod 3$，则 $f(p^n) = 1 + n$；若 $p \equiv 2 \pmod 3$，则 $f(p^n)$ 当 n 是偶数时为 1；当 n 是奇数时为 0.

(b) 可以证明：方程 $x^2 - xy + y^2 = n$ 恰好有 $6f(n)$ 个整数解.

(c) 类似地，可以证明：对每个 $k \in \{4, 6, 8, 12, 24\}$ 任何 n 的 $mk+1$ 型正因子个数不少于 $mk-1$ 型正因子个数. 这个性质对其他的 k 不成立.

题 3.42. (AMM 2001) 求所有的完全积性函数 $f : \mathbf{N} \to \mathbf{C}$，使得函数

$$F(n) = \sum_{k=1}^{n} f(k)$$

也是完全积性的.

证： 存在三个这样的函数：恒等于 0 的函数；恒等于 1 的函数；以及函数 f，满足 $f(1) = 1$，及 $n \geq 2$ 时，$f(n) = 0$.

对 $k > 1$，有 $f(2k) = f(2)f(k)$ 及

$$f(2k-1) = F(2k) - F(2k-2) - f(2k)$$
$$= F(2)(F(k) - F(k-1)) - f(2k)$$
$$= (1 + f(2))f(k) - f(2)f(k) = f(k).$$

因此 $f(n)$ 的每个值是 $f(2)$ 的幂，而且函数由 $f(2)$ 确定.

进一步，$f(2) = f(3) = f(5) = f(9) = f(3)^2 = f(2)^2$，因此 $f(2) \in \{0, 1\}$，结合 $f(1) \in \{0, 1\}$，可以得出可能的 f 只有上面 3 个. □

题 3.43. 求所有非零完全积性函数 $f : \mathbf{N} \to \mathbf{R}$，使得 $f(n+1) \geq f(n)$，对所有 n 成立.

证： 显然，对每个非负实数 k，函数 $f(n) = n^k$ 是问题的解. 我们将证明：这些是所有解.

注意 $f(1) = 1$，所以 $f(n) \geq 1$，对所有 n 成立. 考虑 $g(n) = \log f(n)$，于是有 $g(n+1) \geq g(n)$ 和 $g(mn) = g(m) + g(n)$.

固定两个不同素数 p, q，考虑任意正整数 a, b. 若 $p^a \leq q^b$，则 $g(p^a) \leq g(q^b)$，说明 $ag(p) \leq bg(q)$，等价地 $\frac{a}{b} \leq \frac{g(q)}{g(p)}$. 因此，只要有理数 $x = \frac{a}{b}$ 满足 $x \leq \frac{\log q}{\log p}$，则有 $x \leq \frac{g(q)}{g(p)}$. 因为实数 $\frac{\log q}{\log p}$ 可以被有理数任意逼近，我们知道 $\frac{\log q}{\log p} \leq \frac{g(q)}{g(p)}$. 由对称性，我们也能得到 $\frac{\log p}{\log q} \leq \frac{g(p)}{g(q)}$，因此 $\frac{\log q}{\log p} = \frac{g(q)}{g(p)}$.

现在 $\frac{g(p)}{\log p}$ 与素数 p 无关，设为常数 $k \geq 0$. 即 $f(p) = p^k$，对所有素数 p 成立. 因为 f 是完全积性的，我们得到 $f(n) = n^k$，对所有正整数 n 成立. □

题 3.44. （Erdös）设 $f : \mathbf{N} \to \mathbf{R}$ 是非零积性函数，满足 $f(n+1) \geq f(n)$，$n \geq 1$. 则存在非零实数 k，使得 $f(n) = n^k$，对所有 n 成立.

证： 因为 f 是积性函数，不恒等于 0，因此 $f(1) = 1$，再利用题目的条件，可得 $f(n) \geq 1$，对所有 $n \geq 1$ 成立. 我们将证明：f 是完全积性函数，然后利用上一个题目得到结论. 为此，我们要证明：对每个素数 p 和整数 $k \geq 1$，有 $f(p^{k+1}) = f(p)f(p^k)$.

固定 p 和 $k \geq 1$. 对每个与 p 互素的整数 $n \geq 1$，有

$$f(n+p)f(p^k)f(p) = f(np^k + p^{k+1})f(p) \geq f(p^k n + 1)f(p)$$
$$= f(p^{k+1}n + p) \geq f(p^{k+1}n) = f(p^{k+1})f(n).$$

类似地，

$$f(p^{k+1})f(n+p) = f(p^{k+1}n + p^{k+2}) \geq f(p^{k+1}n + p)$$
$$= f(p)f(p^kn + 1) \geq f(p)f(p^kn) = f(p)f(p^k)f(n).$$

记 $a = \dfrac{f(p^{k+1})}{f(p)f(p^k)}$, $b = \dfrac{1}{a} = \dfrac{f(p)f(p^k)}{f(p^{k+1})}$, 有

$$f(n+p) \geq af(n), \quad f(n+p) \geq bf(n)$$

对所有与 p 互素的 n 成立.

将第一个不等式迭代给出 $f(n+jp) \geq a^j f(n)$. 取 $j = \left\lfloor \frac{n}{p} \right\rfloor$, 有 $f(n+jp) \leq f(2n)$, 所以 $f(2n) \geq a^{\left\lfloor \frac{n}{p} \right\rfloor} f(n)$. 选 n 是奇数, 则有 $a^{\left\lfloor \frac{n}{p} \right\rfloor} \leq f(2)$.

取 n 足够大 (保证与 $2p$ 互素), 可得 $a \leq 1$. 类似地, 可得 $b \leq 1$, 因此 $a = b = 1$, $f(p^{k+1}) = f(p)f(p^k)$. 因为 p 可以是任意素数, k 是任意正整数, 可得 f 是完全积性函数. $\qquad\square$

题 3.45. 是否有无穷多 $n > 1$, 使得 $n \mid 2^{\sigma(n)} - 1$?

证: 设 F_i 是第 i 个费马数, 分别任选 $F_0, F_1, \cdots$ 的素因子 $q_0, q_1, \cdots$. 例如 $q_0 = 3$, $q_1 = 5$, 等等. 定义 $n_d = q_0 q_1 \cdots q_d$, $d \geq 1$.

我们声明 $n_d \mid 2^{\sigma(n_d)} - 1$. 因为 $\sigma(n_d)$ 是 2^{d+1} 的倍数, 只需证明: $q_0 q_1 \cdots q_d \mid 2^{2^{d+1}} - 1$.

因为费马数两两互素, 只需分别证明 $q_0, \cdots, q_d$ 每一个整除 $2^{2^{d+1}} - 1$. 这是显然的, 因为 $2^{2^{d+1}} - 1$ 是 F_i 的倍数, 对 $i \leq d$ 都成立. $\qquad\square$

题 3.46. 整数 $n > 1$ 被称作完全数, 若 $\sigma(n) = 2n$. 证明: 偶数 $n > 1$ 是完全数当且仅当 $n = 2^{p-1}(2^p - 1)$, 其中 $2^p - 1$ 素数.

证: 假设 $n = 2^{p-1}(2^p - 1)$, $2^p - 1$ 素数. 因为 σ 是积性函数, 有

$$\sigma(n) = \sigma(2^{p-1}) \cdot \sigma(2^p - 1) = \frac{2^p - 1}{2 - 1} \cdot 2^p = 2n,$$

因此 n 是完全数.

逆命题更难. 假设 $n = 2^k m$ 是完全数, $k \geq 1$, m 是奇数. 根据 σ 是积性函数, 有

$$2^{k+1}m = 2n = \sigma(2^k)\sigma(m) = (2^{k+1} - 1)\sigma(m).$$

因为 $\gcd(2^{k+1}, 2^{k+1} - 1) = 1$, 所以存在 a, $m = a(2^{k+1} - 1)$, $\sigma(m) = 2^{k+1}a$. 若 $a > 1$, 则 $1, a$ 和 m 都是 m 的因子, 于是 $\sigma(m) \geq 1 + a + m = 1 + 2^{k+1}a$, 矛盾. 因此 $a = 1$, $m = 2^{k+1} - 1$, $\sigma(m) = 2^{k+1} = m + 1$. 最后的等式说明 m 是素数, 完成了证明, 此时 $n = 2^k m = 2^k(2^{k+1} - 1)$. $\qquad\square$

题 3.47. 设 n 是正偶数. 证明: $\sigma(\sigma(n)) = 2n$ 当且仅当存在素数 p, 使得 $2^p - 1$ 是素数而 $n = 2^{p-1}$.

证: 假设 $n = 2^{p-1}$, $2^p - 1$ 素数. 则 $\sigma(n) = 2^p - 1$, $\sigma(\sigma(n)) = 1 + 2^p - 1 = 2^p = 2n$.

反之, 假设 $\sigma(\sigma(n)) = 2n$, 记 $n = 2^k m$, $k \geq 1$, m 是奇数.

如果 $m > 1$, 注意 $\sigma(\sigma(n)) = 2n$ 可以写成

$$\sigma((2^{k+1} - 1)\sigma(m)) = 2^{k+1} m.$$

因为 $1, \sigma(m)$ 和 $(2^{k+1} - 1)\sigma(m)$ 是 $(2^{k+1} - 1)\sigma(m)$ 的不同因子, 所以

$$2^{k+1} m \geq 1 + \sigma(m) + (2^{k+1} - 1)\sigma(m) > 2^{k+1}\sigma(m) > 2^{k+1} m,$$

矛盾.

因此 $m = 1$, $n = 2^{k+1}$, $\sigma(2^{k+1} - 1) = 2^{k+1}$. 这说明 $2^{k+1} - 1$ 是素数, 因此 $k + 1 = p$ 也是素数. $\square$

题 3.48. (罗马尼亚TST2010) 证明: 对每个正整数 a, 存在无穷多正整数 n, 使得 $\sigma(an) < \sigma(an + 1)$.

证: 思想是选择素数 n (于是 an 因子比较少), 满足 $an + 1$ 有很多素因子.

假设 $p_1, \cdots, p_k$ 是两两不同的素数, 都不整除 a 而且 $n > a$ 是素数, 使得 $an + 1 \equiv 0 \pmod{p_1 \cdots p_k}$. 则

$$\sigma(an + 1) \geq (an + 1) \cdot \prod_{i=1}^{k}\left(1 + \frac{1}{p_i}\right) > an \cdot \prod_{i=1}^{k}\left(1 + \frac{1}{p_i}\right).$$

另一方面

$$\sigma(an) = \sigma(a)\sigma(n) = \sigma(a)(1 + n) < 2\sigma(a)n.$$

因此只需保证

$$\prod_{i=1}^{k}\left(1 + \frac{1}{p_i}\right) > \frac{2\sigma(a)}{a},$$

即可得到 $\sigma(an) < \sigma(an + 1)$.

现在比较清楚如何继续: 设 $p_1, p_2, \cdots$ 是不整除 a 的素数的递增序列. 因为只有有限个素数整除 a, 根据定理 3.76 存在 k 使得

$$\prod_{i=1}^{k}\left(1 + \frac{1}{p_i}\right) > \sum_{i=1}^{k}\frac{1}{p_i} > \frac{2\sigma(a)}{a}.$$

固定这样的一个 k, Dirichlet 定理给出, 存在无穷多素数 n, 使得 $an + 1 \equiv 0 \pmod{p_1 p_2 \cdots p_k}$. 问题得证. $\square$

题 3.49. （IMOSL2004）证明：对无穷多正整数 a，方程 $\tau(an) = n$ 没有正整数解.

证： 我们将证明：若 $a = p^{p-1}$，$p > 3$，则方程无解.

假设 n 是一个解，$m = an$，于是 $a\tau(m) = m$. 因为 a 整除 m，我们可以写 $m = p^r s$，$r \geq p-1$，s 与 p 互素.

方程变成 $(r+1)\tau(s) = p^{r-p+1}s$. 因此 $r \geq p$（否则 $r = p-1$，右端不是 p 的倍数，左端是 p 的倍数）. 设 $k = r - p + 1$，$k \geq 1$，有 $(k+p)\tau(s) = p^k s$. 因为 $\tau(s) \leq s$，可得 $k + p \geq p^k$. 假设 $k \geq 2$，则 $p^k - p = p(p^{k-1} - 1) \geq 3(3^{k-1} - 1) \geq 3 \cdot 2(k-1) > k$，矛盾.

因此 $k = 1$，方程为 $(p+1)\tau(s) = ps$. 设 $s = p_1^{a_1} \cdots p_d^{a_d}$，任取一个 $1 \leq i \leq d$，则

$$\frac{p}{p+1} = \frac{\tau(s)}{s} = \prod_j \frac{a_j + 1}{p_j^{a_j}} \leq \frac{a_i + 1}{p_i^{a_i}} \leq \frac{a_i + 1}{2^{a_i}}.$$

另一方面，$\frac{a_i + 1}{2^{a_i}}$ 当 $a_i \geq 1$ 时递减，前几个值为 $1, 3/4, 1/2, \cdots$. 而当 $p \geq 4$ 时，有 $\frac{p}{p+1} \geq 4/5$. 因此必有 $a_i = 1$. 由 i 的任意性，$\tau(s) = 2^d$. 方程 $(p+1)\tau(s) = ps$ 变成 $(p+1)2^d = p \cdot p_1 \cdots p_d$，可得 $p \mid 2^d(p+1)$，显然矛盾.

因此这样的 a 方程无解，题目得证. $\square$

题 3.50. （IMO）设 $\tau(n)$ 表示 n 的因子个数. 求所有正整数 k，使得存在 n，使得 $k = \frac{\tau(n^2)}{\tau(n)}$.

证： 答案：k 是所有正奇数.

设 $k = \frac{\tau(n^2)}{\tau(n)}$，对某个 n 成立. 若 $n = 1$，则 $k = 1$. 若 $n > 1$，$n = p_1^{r_1} \cdots p_s^{r_s}$ 是素因子分解式，则 $\tau(n^2) = (2r_1 + 1) \cdots (2r_s + 1)$ 是奇数，因此 k 是奇数.

反之，设 $k = 2m + 1$ 是奇数. 我们对 m 归纳证明，存在 $r_1, \cdots, r_s$ 使得

$$k = \frac{(2r_1 + 1) \cdots (2r_s + 1)}{(r_1 + 1) \cdots (r_s + 1)}.$$

若 $m = 1$，则

$$3 = \frac{(2 \cdot 2 + 1)(2 \cdot 4 + 1)}{(2+1)(4+1)}.$$

假设对所有 $m < M$，我们可以将 $2m + 1$ 写成所需的分数形式. 现在考虑 $k = 2M + 1$. 若 $k + 1 = 2^l \cdot t$，其中 t 是奇数. 考虑

$$r_1 = 2^l t - t - 1, r_2 = 2r_1, \cdots, r_l = 2^{l-1}r_1.$$

有

$$\frac{2r_1+1}{r_1+1}\frac{2r_2+1}{r_2+1}\cdots\frac{2r_l+1}{r_l+1}=\frac{2r_l+1}{r_1+1}=\frac{2^l t-1}{t}=\frac{k}{t}.$$

因为 t 是奇数，$t \leq \frac{k+1}{2} < k$，根据归纳假设，t 可以写成 $\frac{2r+1}{r+1}$ 类型数的乘积. 结合上面的式子，k 可以写成 $\frac{2r+1}{r+1}$ 类型的分数的乘积. 归纳完毕.

设 $k = \prod_{i \leq d}\frac{2r_i+1}{r_i+1}$，取 d 个不同的素数 $p_i, i \leq d$. 令 $n = \prod_{i \leq d}p_i^{r_i}$，则显然有 $\frac{\tau(n^2)}{\tau(n)} = k$. $\qquad\square$

题 3.51. 正整数 a 称作是超可除的，如果 $\tau(a) > \tau(b), \forall 1 \leq b < a$. 若 p 是素数，$a > 1$ 是整数，记 $v_p(a)$ 为 a 的素因子分解中 p 的幂次. 证明：

(a) 存在无穷多超可除数.

(b) 若 a 是超可除数，$p < q$ 是素数，则 $v_p(a) \geq v_q(a)$.

(c) 设 p, q 是素数，使得 $p^k < q$，k 是正整数. 证明：若 a 是超可除数，且是 q 的倍数，则 a 是 p^k 的倍数.

(d) 设 p, q 是素数，k 是正整数，使得 $p^k > q$. 证明：若 p^{2k} 整除某超可除数 a，则 q 整除 a.

(e) （CTST2012）设 n 是正整数. 证明：所有足够大的超可除数是 n 的倍数.

证： 我们将使用公式 $\tau(x) = \prod_{p|x}(1 + v_p(x))$ 来计算 x 的素因子个数，乘积对所有 x 的素因子进行.

(a) 假设存在最大的超可除数 a. 则对任何 $b > a$，有 $\tau(b) \leq \max_{j<b}\tau(j)$，因此序列 $(\tau(b))_{b>a}$ 有界，显然不可能.

(b) 若 $v_p(a) < v_q(a)$，则

$$b = \frac{a}{p^{v_p(a)}q^{v_q(a)}}p^{v_q(a)}q^{v_p(a)}$$

小于 a 但是 $\tau(b) = \tau(a)$，矛盾.

(c) 设 $b = \frac{ap^k}{q}$，则 $b < a$，因此 $\tau(b) < \tau(a)$. 可得

$$v_q(a)(v_p(a) + k + 1) < (1 + v_p(a))(1 + v_q(a)),$$

化简为 $kv_q(a) < 1 + v_p(a)$. 因为 $v_q(a) \geq 1$，所以 $v_p(a) \geq k$，即 p^k 整除 a.

(d) 假设 q 不整除 a，令 $b = \frac{aq}{p^k}$. 于是 $b < a$，因此 $\tau(b) < \tau(a)$，列出式子为 $(1 + v_p(a) - k)(2 + v_q(a)) < 1 + v_p(a)$. 因为 $v_q(a) = 0$，式子化简为 $1 + v_p(a) < 2k$，与 p^{2k} 整除 a 矛盾.

(e) 设 $p_1, p_2, \cdots$ 是所有素数的递增序列. 只需证明对所有的 n 和 k, 足够大的超可除数是 $(p_1 \cdots p_n)^k$ 的倍数. 根据(b), 只需保证这样的数是 p_n^k 的倍数.

假设这不成立, 则有无穷多超可除数 $a_i, i = 1, 2, \cdots$, 不是 p_n^k 的倍数. 根据(c), a_i 不含任何素因子 $q > p_n^k$. 设 $p_1, \cdots, p_s$ 是所有小于 p_n^k 的素数. 则 p_{s+1} 不整除每个 a_i. 根据(d), 对于每个 $j \le s$, 取 m 使 $p_j^m > p_{s+1}$, 若 $p_j^{2m} \mid a_i$, 则 $p_{s+1} \mid a_i$, 矛盾. 因此, 对每个 $j \le s$, $v_{p_j}(a_i) \le 2 \left\lceil \frac{\ln p_{s+1}}{\ln p_j} \right\rceil$. 这样 a_i 的素因子有界, 而且每个素因子幂次有界, 所以 a_i 有界, 矛盾. $\qquad\square$

题 3.52. 设 $n > 1$ 是整数. 计算 $\sum_{d|n}(-1)^{\frac{n}{d}}\varphi(d)$.

证： 若 n 是奇数, 则 $\frac{n}{d}$ 都是奇数. 因此根据高斯定理 3.114,

$$\sum_{d|n}(-1)^{\frac{n}{d}}\varphi(d) = -\sum_{d|n}\varphi(d) = -n.$$

若 n 是偶数, 记 $n = 2^k m$, m 是奇数. 则 $\frac{n}{d}$ 是奇数当且仅当 $v_2(d) = k$, 即 $d = 2^k e$, $e \mid m$. 因此

$$\sum_{d|n}(-1)^{\frac{n}{d}}\varphi(d) = \sum_{\substack{d|n \\ v_2(d)<k}}\varphi(d) - \sum_{e|m}\varphi(2^k e) = \sum_{d|n}\varphi(d) - 2\sum_{e|m}2^{k-1}\varphi(e).$$

利用高斯定理 3.114, 可得 $\sum_{d|n}(-1)^{\frac{n}{d}}\varphi(d) = n - 2^k m = 0$. $\qquad\square$

题 3.53. （IMO1991）设 $1 = a_1 < a_2 < \cdots < a_{\varphi(n)}$ 是 $n > 1$ 的所有互素子. 证明：$a_1, a_2, \cdots, a_{\varphi(n)}$ 构成等差数列当且仅当 n 是 6, 素数或者 2 的幂.

证： 显然, 若 $n = 6$, 素数或 2 的幂, 则 $a_1, \cdots, a_{\varphi(n)}$ 构成了等差数列, 现在我们证明逆命题. $n \le 6$ 的情形简单, 直接验证即可. 现在假设 $n \ge 7$. 则 $\varphi(n) \ge 3$.

若 $a_2 = 2$, 则 $a_1, a_2, \cdots, a_{\varphi(n)}$ 必须是连续的数, 因为 $a_{\varphi(n)} = n - 1$, 所以 $\varphi(n) = n - 1$. 因此 n 和 $1, 2, \cdots, n - 1$ 都互素, n 是素数.

若 $a_2 = 3$, 则我们必有 $a_j = 2j - 1$, 对所有 j 成立. 所以 $n - 1 = 2\varphi(n) - 1$ 和 $n = 2\varphi(n)$. 记 $n = 2^k m$, m 是奇数, 则 $m = \varphi(m)$, 必有 $m = 1$, 然后 n 是 2 的幂.

假设 $a_2 > 3$, 则 n 是 6 的倍数, 而且

$$n - 1 = a_{\varphi(n)} = 1 + (\varphi(n) - 1)(a_2 - 1).$$

因为 $3 \nmid a_2$, $3 \mid n$, 最后的式子说明 3 不整除 $a_2 - 1$, 因此 $a_2 \equiv 2 \pmod 3$. 然后 $a_3 = 2a_2 - 1 \equiv 0 \pmod 3$, 与 $\gcd(a_3, n) = 1$ 矛盾. 因此这个情况无解, 问题得证. $\qquad\square$

题 3.54. 设 $n \geq 2$. 证明：n 是素数当且仅当 $\varphi(n) \mid n - 1$ 且 $n + 1 \mid \sigma(n)$ （回忆 $\sigma(n)$ 表示 n 的正因子的和）.

证： 一个方向是显然的. 现在假设 $\varphi(n) \mid n - 1$ 及 $n + 1 \mid \sigma(n)$ 成立, 设 $p_1, \cdots, p_k$ 是 n 的两两不同的素因子.

若存在 i, 使得 $p_i^2 \mid n$, 则 $p_i \mid \varphi(n) \mid n - 1$, 矛盾. 因此 $n = p_1 p_2 \cdots p_k$.

假设 $k > 1$. 因为 $\varphi(n)$ 是偶数, $\varphi(n) \mid n - 1$, 所以 n 是奇数. 因此所有 p_i 是奇数, $2^k \mid \varphi(n) = (p_1 - 1) \cdots (p_k - 1)$. 特别地, $4 \mid \varphi(n) \mid n - 1$, 所以 4 不整除 $n + 1$. 还有 $2^k \mid \sigma(n) = (p_1 + 1) \cdots (p_k + 1)$. 结合上面两个性质, 2^{k-1} 整除 $\frac{\sigma(n)}{n+1}$, 因此 $\frac{\sigma(n)}{n+1} \geq 2^{k-1}$. 这是不可能的, 因为

$$\frac{\sigma(n)}{n+1} < \frac{\sigma(n)}{n} = \left(1 + \frac{1}{p_1}\right) \cdot \ldots \cdot \left(1 + \frac{1}{p_k}\right) \leq \left(\frac{4}{3}\right)^k < 2^{k-1}. \qquad \square$$

注释 7.13. *Lehmer* 的一个著名的猜想是：整数 $n > 1$ 是素数当且仅当 $\varphi(n)$ 整除 $n - 1$ （当然只有一个方向是困难的）. 这还是未解决问题, 人们已经知道可能的反例会非常巨大.

题 3.55. 设 k 是正整数. 证明：存在正整数 n 使得 $\varphi(n) = \varphi(n + k)$.

证： 设 p 是最小的不整除 k 的素数, 取 $n = (p - 1)k$.

$\varphi(n + k) = \varphi(pk) = (p - 1)\varphi(k)$. 另一方面,

$$\varphi(n) = \varphi((p - 1)k) = (p - 1)k \prod_{q \mid (p-1)k} \left(1 - \frac{1}{q}\right)$$

而 $p - 1$ 的所有素因子 q 都是 k 的素因子 （根据 p 的取法）, 可得

$$\varphi(n) = (p - 1)k \prod_{q \mid k} \left(1 - \frac{1}{q}\right) = (p - 1)\varphi(k) = \varphi(n + k). \qquad \square$$

题 3.56. 证明：对所有 $n \geq 1$, 有

$$\frac{\varphi(1)}{2^1 - 1} + \frac{\varphi(2)}{2^2 - 1} + \cdots + \frac{\varphi(n)}{2^n - 1} < 2.$$

证： 关键的发现是

$$\frac{\varphi(k)}{2^k - 1} = \frac{\varphi(k)}{2^k} \cdot \frac{1}{1 - \frac{1}{2^k}} = \varphi(k) \sum_{j \geq 1} \frac{1}{2^{jk}}.$$

因此

$$\sum_{k=1}^{n} \frac{\varphi(k)}{2^k - 1} = \sum_{k=1}^{n} \sum_{j \geq 1} \frac{\varphi(k)}{2^{jk}} = \sum_{d \geq 1} \frac{1}{2^d} \sum_{jk=d, \, k \leq n} \varphi(k).$$

现在对所有 $d \geq 1$，根据高斯定理 3.114，有

$$\sum_{jk=d,\, k \leq n} \varphi(k) \leq \sum_{k \mid d} \varphi(k) = d,$$

因此 $\sum_{k=1}^n \frac{\varphi(k)}{2^k-1} \leq \sum_{d \geq 1} \frac{d}{2^d}$. 又因为

$$x + 2x^2 + \cdots + nx^n = \frac{nx^{n+2} - (n+1)x^{n+1} + x}{(x-1)^2},$$

取 $x = 1/2$，令 $n \to \infty$，得到 $\sum_{d=1}^\infty \frac{d}{2^d} = 2$，结论得证.   □

注释 7.14. 证明中给出了 $\sum_{n \geq 1} \frac{\varphi(n)}{2^n-1} = 2$，还有更一般地，对 $x \in (-1, 1)$，

$$\sum_{n \geq 1} \varphi(n) \frac{x^n}{1-x^n} = \frac{x}{(1-x)^2}.$$

题 3.57. (a) 证明：存在无穷多整数 $n > 1$，使得 $\varphi(n) \geq \varphi(k) + \varphi(n-k)$，对所有 $1 \leq k \leq n-1$ 成立.

(b) 是否有无穷多 $n > 1$，使得 $\varphi(n) \leq \varphi(k) + \varphi(n-k)$，对所有 $1 \leq k \leq n-1$ 成立?

证： (a) 我们说明任何奇素数 p 有这个性质. 实际上，有

$$\varphi(k) + \varphi(p-k) \leq k - 1 + p - k - 1 = p - 2 < \varphi(p) = p - 1.$$

(b) 答案是肯定的. 设 $p_1, p_2, \cdots$ 是素数的递增序列，定义 $n_d = p_1 p_2 \cdots p_d$. 我们将证明 $d \geq 2$ 时，这是题目的解.

任取 $k \in \{1, 2, \cdots, n_d - 1\}$，设 $q_1 < q_2 < \cdots < q_l$ 是 k 的素因子. 注意 $q_1 \geq p_1, q_2 \geq p_2, \cdots$，而且因为

$$p_1 \cdots p_d = n_d > k \geq q_1 \cdots q_l \geq p_1 p_2 \cdots p_l$$

必然有 $l < d$. 可得

$$\frac{\varphi(k)}{k} = \prod_{i=1}^l \left(1 - \frac{1}{q_i}\right) \geq \prod_{i=1}^d \left(1 - \frac{1}{p_i}\right) = \frac{\varphi(n_d)}{n_d}.$$

因为类似地对 $n_d - k$ 也有相同的估计，因此

$$\varphi(k) + \varphi(n_d - k) \geq k \cdot \frac{\varphi(n_d)}{n_d} + (n_d - k) \cdot \frac{\varphi(n_d)}{n_d} = \varphi(n_d),$$

证明了 n_d 是问题的解.   □

题 3.58. (AMM11544) 证明: 对每个整数 $m > 1$, 有

$$\sum_{k=0}^{m-1} \varphi(2k+1) \left\lfloor \frac{m+k}{2k+1} \right\rfloor = m^2.$$

证: 设 x_m 是等式的左端. 则

$$x_{m+1} - x_m = \varphi(2m+1) + \sum_{k=0}^{m-1} \varphi(2k+1) \left(\left\lfloor \frac{m+k+1}{2k+1} \right\rfloor - \left\lfloor \frac{m+k}{2k+1} \right\rfloor \right).$$

回忆一般情况下, 有 $\left\lfloor \frac{n+1}{k} \right\rfloor - \left\lfloor \frac{n}{k} \right\rfloor = 1$ 当且仅当 $k \mid n+1$, 因此

$$x_{m+1} - x_m = \varphi(2m+1) + \sum_{\substack{0 \le k \le m-1 \\ 2k+1 \mid m+k+1}} \varphi(2k+1).$$

条件 $2k+1 \mid m+k+1$ 等价于 $2k+1 \mid 2(m+k+1)$, 或者 $2k+1 \mid 2m+1$. 因为所有 $2m+1$ 的正因子是奇数, 可得

$$\varphi(2m+1) + \sum_{\substack{0 \le k \le m-1 \\ 2k+1 \mid m+k+1}} \varphi(2k+1) = \sum_{d \mid 2m+1} \varphi(d) = 2m+1,$$

最后的式子是用了高斯定理 3.114. 因此 $x_{m+1} - x_m = 2m+1$, 根据归纳法, 题目得证. $\qquad\square$

题 3.59. (a) 证明: 对所有 $n > 1$, 有

$$2 \sum_{k=1}^{n} \varphi(k) = 1 + \sum_{k=1}^{n} \mu(k) \left\lfloor \frac{n}{k} \right\rfloor^2.$$

(b) 证明: 对所有 $n > 1$, 有

$$\left| \varphi(1) + \varphi(2) + \cdots + \varphi(n) - \frac{3}{\pi^2} n^2 \right| < 2n + n \log n.$$

证: (a) 恒等式 $\varphi(k) = k \cdot \sum_{d \mid k} \frac{\mu(d)}{d}$ 给出

$$\sum_{k=1}^{n} \varphi(k) = \sum_{k=1}^{n} k \cdot \sum_{d \mid k} \frac{\mu(d)}{d} = \sum_{d=1}^{n} \frac{\mu(d)}{d} \sum_{\substack{k \le n \\ d \mid k}} k$$

$$= \sum_{d=1}^{n} \frac{\mu(d)}{d} \sum_{j \le \lfloor \frac{n}{k} \rfloor} (jd) = \sum_{d=1}^{n} \mu(d) \frac{\left\lfloor \frac{n}{d} \right\rfloor \left(\left\lfloor \frac{n}{d} \right\rfloor + 1 \right)}{2}.$$

因此，只需证明 $\sum_{d=1}^{n} \mu(d) \left\lfloor \frac{n}{d} \right\rfloor = 1$，对 $n > 1$ 成立. 利用类似的方法，可得

$$\sum_{d=1}^{n} \mu(d) \left\lfloor \frac{n}{d} \right\rfloor = \sum_{d=1}^{n} \mu(d) \sum_{\substack{k \le n \\ d|k}} 1 = \sum_{k=1}^{n} \sum_{d|k} \mu(d) = 1.$$

最后用了 $\sum_{d|k} \mu(d) = \delta_{1k}$.

(b) 我们将利用不等式

$$\left| \sum_{k \le n} \frac{\mu(k)}{k^2} - \frac{6}{\pi^2} \right| \le \frac{1}{n}.$$

这个不等式可以用定理 3.132 证明中类似的方法证明. 再利用不等式 $x^2 - \lfloor x \rfloor^2 \le 2x$ 和(a)部分的结果，可得

$$\left| \varphi(1) + \varphi(2) + \cdots + \varphi(n) - \frac{3}{\pi^2} n^2 \right| = \frac{1}{2} \left| 1 + \sum_{k=1}^{n} \mu(k) \left\lfloor \frac{n}{k} \right\rfloor^2 - \frac{6}{\pi^2} n^2 \right|$$

$$< \frac{n+1}{2} + \sum_{k=1}^{n} \frac{1}{2} \left(\frac{n^2}{k^2} - \left\lfloor \frac{n}{k} \right\rfloor^2 \right) \le \frac{n+1}{2} + \sum_{k=1}^{n} \frac{n}{k} < 2n + n \log n,$$

最后利用了不等式 $\sum_{k=1}^{n} \frac{1}{k} \le 1 + \log n$. $\qquad\square$

题 3.60. 设 $a_1, \cdots, a_{\varphi(n)}$ 是 $n > 1$ 的互素子.

(a) 证明：对所有 $m \ge 1$，有

$$a_1^m + a_2^m + \cdots + a_{\varphi(n)}^m = \sum_{d|n} \mu(d) d^m \left(1^m + 2^m + \cdots + \left(\frac{n}{d} \right)^m \right).$$

(b) 计算 $a_1^2 + a_2^2 + \cdots + a_{\varphi(n)}^2$.

证： (a) 注意

$$\sum_{k=1}^{n} k^m = \sum_{d|n} \sum_{\substack{1 \le k \le n \\ \gcd(k,n)=d}} k^m = \sum_{d|n} d^m \sum_{\substack{1 \le j \le \frac{n}{d} \\ \gcd(j, \frac{n}{d})=1}} j^m.$$

也就是说，若 $S_m(n) = \sum_{\substack{1 \le k \le n \\ \gcd(k,n)=1}} k^m$，则

$$\frac{1}{n^m} \sum_{k=1}^{n} k^m = \sum_{d|n} \frac{S_m\left(\frac{n}{d}\right)}{\left(\frac{n}{d}\right)^m} = \sum_{d|n} \frac{S_m(d)}{d^m}.$$

要证的恒等式可以从莫比乌斯反演公式得到.

(b) 在(a)中取 $m = 2$ 给出

$$a_1^2 + a_2^2 + \cdots + a_{\varphi(n)}^2 = \sum_{d|n} \mu(d)d^2 \left(1^2 + \cdots + \frac{n^2}{d^2}\right)$$

$$= \sum_{d|n} \mu(d)d^2 \cdot \frac{\frac{n}{d}\left(\frac{n}{d}+1\right)\left(\frac{2n}{d}+1\right)}{6}$$

$$= \frac{n^3}{3}\sum_{d|n}\frac{\mu(d)}{d} + \frac{n^2}{2}\sum_{d|n}\mu(d) + \frac{n}{6}\sum_{d|n}d\mu(d).$$

利用下面恒等式（第二个用到假设 $n > 1$）

$$\sum_{d|n}\frac{\mu(d)}{d} = \frac{\varphi(n)}{n}, \quad \sum_{d|n}\mu(d) = 0, \quad \sum_{d|n}d\mu(d) = \prod_{p|n}(1-p),$$

我们得到 $a_1^2 + a_2^2 + \cdots + a_{\varphi(n)}^2 = \frac{n^2\varphi(n)}{3} + \frac{n}{6}\prod_{p|n}(1-p).$ □

注释 7.15. (a)部分得到的恒等式可以用来证明当 $n \to \infty$ 时，数

$$\frac{a_1}{n}, \frac{a_2}{n}, \cdots, \frac{a_{\varphi(n)}}{n}$$

的均匀分布问题. 这个意思是, 对每个区间 $I \subset [0,1]$, 有

$$\lim_{n\to\infty} \frac{|I \cap \{\frac{a_1}{n}, \frac{a_2}{n}, \cdots, \frac{a_{\varphi(n)}}{n}\}|}{\varphi(n)} = |I|$$

或者等价地

$$\lim_{n\to\infty} \frac{1}{\varphi(n)} \sum_{i=1}^{\varphi(n)} f\left(\frac{a_i}{n}\right) = \int_0^1 f(x)\mathrm{d}x$$

对所有连续函数 $f : [0,1] \to \mathbf{R}$ 成立. 用 *Weierstrass* 逼近定理, 最后的积分式子化简到证明

$$\lim_{n\to\infty} \frac{1}{\varphi(n)} \sum_{i=1}^{\varphi(n)} \left(\frac{a_i}{n}\right)^m = \frac{1}{m+1}$$

对所有 $m \geq 0$ 成立. 这个命题并不太难（虽然技术性较强）, 是上一个题目的(a)部分的推论.

题 3.61. （Serbia 2011）证明: 若 $n > 1$ 是奇数, 并且 $\varphi(n)$, $\varphi(n+1)$ 是 2 的幂, 则 $n+1$ 是 2 的幂或 $n = 5$.

证： 首先注意到，若 a 是奇整数，满足 $\varphi(a)$ 是 2 的幂，则 a 无平方因子，并且它的所有素因子是费马数．实际上设 $a = p_1^{k_1} \cdots p_r^{k_r}$ 是素因子分解式，则 $p_1^{k_1-1} \cdots p_r^{k_r-1}(p_1-1)\cdots(p_r-1)$ 是 2 的幂，必有 $k_1 = \cdots = k_r = 1$，和所有 $p_i - 1$ 是 2 的幂，即 p_i 是费马素数．

因此，我们可以写 $a = p_1 \cdots p_r$，并且假设 $p_1 < \cdots < p_r$，可得 $p_{i+1} - 1 \geq (p_i - 1)^2$（因为 $p_i = 2^{2^{a_i}} + 1$，对某个 $a_1 < \cdots < a_r$ 成立）．可得

$$\frac{p_1}{p_1 - 1} \leq \frac{a}{\varphi(a)} = \prod_{i=1}^{r} \frac{p_i}{p_i - 1}$$

$$\leq \left(1 + \frac{1}{p_1 - 1}\right) \cdot \left(1 + \frac{1}{(p_1 - 1)^2}\right) \cdot \left(1 + \frac{1}{(p_1 - 1)^4}\right) \cdots = \frac{p_1 - 1}{p_1 - 2},$$

最后的不等式应用了一般的公式

$$(1 + x)(1 + x^2)(1 + x^4) \cdots = \frac{1}{1 - x},$$

的推论，这个公式对 $x \in (0, 1)$ 成立，可以用平方差公式直接证明．

我们得到结论，若 a 是奇整数，使得 $\varphi(a)$ 是 2 的幂，则

$$\varphi(a) \frac{p_1}{p_1 - 1} \leq a \leq \varphi(a) \cdot \frac{p_1 - 1}{p_1 - 2},$$

其中 p_1 是 a 的最小的素因子．

现在回到我们的题目，记 $\varphi(n) = 2^A$ 和 $\varphi(n + 1) = 2^B$，则应用前面的讨论，可得

$$2^A < 2^A \frac{p_1}{p_1 - 1} \leq n < 2^A \cdot \frac{p_1 - 1}{p_1 - 2},$$

$$2^{B+1} < 2^{B+1} \frac{q_1}{q_1 - 1} \leq n + 1 < 2^{B+1} \frac{q_1 - 1}{q_1 - 2},$$

其中 p_1，q_1 分别是 n 和 $n+1$ 的最小的奇素数因子．（假定 $n+1$ 不是 2 的幂）．因为 $p_1, q_1 \geq 3$，有 $\frac{p_1 - 1}{p_1 - 2} \leq 2$ 和对 q_1 的类似结论．可得

$$2^A < n < 2^{B+2}, \quad 2^{B+1} \leq n < 2^{A+1},$$

因此 $A = B + 1$．结合前面的不等式得到

$$\frac{q_1 - 1}{q_1 - 2} > \frac{p_1}{p_1 - 1}, \frac{n + 1}{n} > \frac{q_1}{q_1 - 1} \cdot \frac{p_1 - 2}{p_1 - 1}.$$

第一个不等式给出 $p_1 > q_1 - 1$，第二个不等式可以重写为

$$\frac{1}{n} > \frac{p_1 - q_1 - 1}{(p_1 - 1)(q_1 - 1)}.$$

因为 $\gcd(n, n+1) = 1$，所以 $p_1 \neq q_1$，因此必有 $p_1 \geq q_1 + 2$（因为 p_1, q_1 是奇数）。我们得到 $n < (p_1 - 1)(q_1 - 1) < p_1^2$。因为 p_1 是 n 的最小的素因子，可得 $n = p_1$。

因此 $p_1 = 1 + 2^A$，而 $\varphi(2^A + 2) = 2^B$。因为我们假设 $n + 1$ 不是 2 的幂，有 $A > 1$，因此 $\varphi(2^{A-1} + 1) = 2^B$。则 $2^{A-1} + 1$ 是不同费马素数的乘积。利用二进制展开的唯一性，我们容易得到 $2^{A-1} + 1$ 本身就是一个费马素数，即 $A - 1$ 是 2 的幂。但是因为 $1 + 2^A = p_1$ 也是素数，A 也是 2 的幂。我们于是得到 $A = 2$ 和 $n = 5$，问题证毕。 □

题 3.62. （Komal A 492）设 A 是正整数的有限集。证明：

$$\sum_{S \subset A} (-2)^{|S|-1} \gcd(S) > 0,$$

求和对 A 的所有非空子集进行，$\gcd(S)$ 表示 S 的所有元素的最大公约数。

证： 设 $a_1 < \cdots < a_n$ 是 A 中的所有元素，设 N 是它们的最小公倍数。定义 $1_{u|a_i}$ 当 $u \mid a_i$ 时取值为 1，否则取值为 0。

下面的关系可直接从高斯公式得到

$$\gcd(a_{i_1}, \cdots, a_{i_k}) = \sum_{u|\gcd(a_{i_1}, \cdots, a_{i_k})} \varphi(u) = \sum_{u|N} \varphi(u) \cdot 1_{u|a_{i_1}} \cdot \ldots \cdot 1_{u|a_{i_k}}.$$

可得

$$\sum_{S \subset A} (-2)^{|S|-1} \gcd(S) = \sum_{k=1}^{n} \sum_{i_1 < \cdots < i_k} (-2)^{k-1} \gcd(a_{i_1}, \cdots, a_{i_k})$$

$$= \sum_{k=1}^{n} (-2)^{k-1} \sum_{i_1 < \cdots < i_k} \sum_{u|N} \varphi(u) \cdot 1_{u|a_{i_1}} \cdot \ldots \cdot 1_{u|a_{i_k}}$$

$$= \sum_{u|N} \varphi(u) \cdot \sum_{k=1}^{n} (-2)^{k-1} \sum_{i_1 < \cdots < i_k} 1_{u|a_{i_1}} \cdot \ldots \cdot 1_{u|a_{i_k}}$$

$$= \sum_{u|N} \varphi(u) \cdot \frac{1 - (1 - 2 \cdot 1_{u|a_1})(1 - 2 \cdot 1_{u|a_2}) \cdots (1 - 2 \cdot 1_{u|a_n})}{2}.$$

前面求和中的所有项是非负的，对应于 $u = a_n$ 的项等于 $\varphi(a_n)$。于是我们有

$$\sum_{S \subset A} (-2)^{|S|-1} \gcd(S) \geq \varphi(a_n) > 0. \qquad \square$$

第四章 模素数的同余式

题 4.1. 证明：对所有素数 p, $\underbrace{11\cdots1}_{p}\underbrace{22\cdots2}_{p}\cdots\underbrace{99\cdots9}_{p} - \overline{12\cdots9}$ 被 p 整除.

证： 结论对 $p=2$ 和 $p=3$ 是显然的，后者只需计算数码和即可. 现在假设 $p > 3$. 根据定义

$$\underbrace{11\cdots1}_{p}\underbrace{22\cdots2}_{p}\cdots\underbrace{99\cdots9}_{p}=10^{8p}\cdot\frac{10^p-1}{9}+2\cdot10^{7p}\cdot\frac{10^p-1}{9}+\cdots+9\cdot\frac{10^p-1}{9}.$$

因此，我们需要证明

$$10^{8p}\cdot\frac{10^p-1}{9}-10^8+2\left(10^{7p}\cdot\frac{10^p-1}{9}-10^7\right)+\cdots+9\left(\frac{10^p-1}{9}-1\right)$$

是 p 的倍数. 只需证明 $10^{kp}\cdot\frac{10^p-1}{9}\equiv10^k\pmod{p}$，对所有 $k\geq0$ 成立. 根据费马小定理，有 $10^{kp}\equiv10^k\pmod{p}$，以及 $\frac{10^p-10}{9}\equiv0\pmod{p}$，得证. $\square$

题 4.2. （Baltic 2009）设 p 是 $6k-1$ 型素数，a,b,c 是整数，使得 $p\mid a+b+c$，$p\mid a^4+b^4+c^4$. 证明：$p\mid a,b,c$.

证： 首先有 $a\equiv-b-c\pmod{p}$，于是 $b^4+c^4+(b+c)^4\equiv0\pmod{p}$，还可以写成 $2(b^2+bc+c^2)^2\equiv0\pmod{p}$. 因此 $p\mid b^2+bc+c^2$，根据推论 4.30，$p\mid b,c$，于是也整除 a. $\square$

题 4.3. （波兰2010）设 p 是 $3k+2$ 型奇素数. 证明：

$$\prod_{k=1}^{p-1}(k^2+k+1)\equiv3\pmod{p}.$$

证： 因为 $p\equiv2\pmod3$，根据推论 4.30，映射 $x\mapsto x^3\pmod{p}$ 是 $\{0,\cdots,p-1\}$ 上的置换. 这个置换保持 $0,1$ 不动，因此也是 $\{2,\cdots,p-1\}$ 上的置换. 计算

$$\prod_{k=1}^{p-1}(k^2+k+1)=3\cdot\prod_{k=2}^{p-1}\frac{k^3-1}{k-1}\equiv3\pmod{p}.$$

中间我们用到 $\gcd((p-2)!,p)=1$. $\square$

题 4.4. （伊朗2004）设 f 是整系数多项式，使得对所有正整数 m,n，存在整数 a，使得 $n\mid f(a^m)$. 证明：0 或 1 是 f 的根.

证： 设 p 是素数，取 $n = p$ 和 $m = p - 1$. 根据题目条件，存在 a，使得 $p \mid f(a^{p-1})$. 因为 $a^{p-1} \equiv 0, 1 \pmod{p}$，有

$$f(a^{p-1}) \equiv f(0), f(1) \pmod{p}.$$

因此 $p \mid f(0)f(1)$，对所有素数 p 成立. 可得 $f(0)f(1) = 0$. $\square$

题 4.5. （Cippola，Rotkiewicz）证明：若 $n_1 > n_2 > \cdots > n_k > 1$ 是整数，$k > 1$，$2^{n_k} > n_1$，则 $F_{n_1} \cdots F_{n_k}$ 和 $(2^{F_{n_1}} - 1) \cdots (2^{F_{n_k}} - 1)$ 是伪素数，其中 $F_n = 2^{2^n} + 1$ 是第 n 个费马数.

证： 显然两个数都是合数，记 $n = F_{n_1} \cdots F_{n_k}$，我们需要证明 $n \mid 2^{n-1} - 1$. 因为 $F_{n_1}, \cdots, F_{n_k}$ 两两互素（见例 2.12），只需证明 $F_{n_i} \mid 2^{n-1} - 1$，对所有 $1 \leq i \leq k$ 成立.

因为 $F_{n_i} \mid 2^{2^{n_i+1}} - 1$，我们化为要证 $2^{2^{n_i+1}} - 1 \mid 2^{n-1} - 1$，或等价地 $2^{n_i+1} \mid n - 1$. 因为 $F_{n_j} = 2^{2^{n_j}} + 1$，而 $2^{n_k} > n_1$，所以 $F_{n_j} \equiv 1 \pmod{2^{n_1+1}}$. 因此 $n - 1 = F_{n_1} \cdots F_{n_k} - 1 \equiv 0 \pmod{2^{n_1+1}}$，证明了第一个数是伪素数.

现在设 $m = (2^{F_{n_1}} - 1) \cdots (2^{F_{n_k}} - 1)$. 因为 $F_{n_1}, \cdots, F_{n_k}$ 两两互素，$2^{F_{n_1}} - 1, \cdots, 2^{F_{n_k}} - 1$ 也是. 只需证明 $2^{F_{n_j}} - 1 \mid 2^{m-1} - 1$，对所有 j 成立，或者等价地，$F_{n_j} \mid m - 1$，对所有 j 成立. 只需

$$2^{F_{n_u}} - 1 \equiv 1 \pmod{F_{n_j}}, 1 \leq u, j \leq k$$
$$\iff \quad F_{n_j} \mid 2^{F_{n_u}-1} - 1 \iff 2^{n_j+1} \mid F_{n_u} - 1. \qquad \square$$

题 4.6. （印度 TST2014）求所有整系数多项式 f，满足 $f(n)$ 和 $f(2^n)$ 互素，对所有正整数 n 成立.

证： 若 f 是常数，则 f 是问题的解当且仅当 $f = 1$ 或 $f = -1$，现在假设 f 不是常数.

存在 $N > 1$，使得 $|f(2^N)| > 1$. 设 p 是 $f(2^N)$ 的素因子. 对每个正整数 k，有 $p \mid f(2^N + kp)$. 根据题目条件，p 不整除 $f(2^{2^N+kp})$.

注意 $2^N + kp \equiv N \pmod{p-1}$ 有正整数解 k，则根据费马小定理，$2^{2^N+kp} \equiv 2^N \pmod{p}$. 于是 $f(2^{2^N+kp}) \equiv f(2^N) \equiv 0 \pmod{p}$（即使 $p = 2$ 也成立），矛盾.

因此问题只有常数解 $f = 1$ 和 $f = -1$. $\square$

题 4.7. （Rotkiewicz）若整数 $n > 1$ 是合数，$n \mid 2^n - 2$，则 n 被称作伪素数. 证明：若 p, q 是不同的奇素数，则下面的叙述等价：

(a) pq 是伪素数.

(b) $p \mid 2^{q-1} - 1$，$q \mid 2^{p-1} - 1$.

(c) $(2^p - 1)(2^q - 1)$ 是伪素数.

证：设 $n = (2^p - 1)(2^q - 1)$.

假设 pq 是伪素数，先证明(b). 由对称性，只需证明：$p \mid 2^{q-1} - 1$. 因为 pq 是伪素数，$pq \mid 2^{pq} - 2$，因此 $2^{pq} \equiv 2 \pmod{p}$. 另一方面，根据费马小定理 $2^{pq} \equiv 2^q \pmod{p}$，所以 $2^q \equiv 2 \pmod{p}$，(b)成立.

假设(b)成立，我们证明 n 是伪素数. 因为 $2^p - 1$ 和 $2^q - 1$ 互素，只需证明每个都整除 $2^{n-1} - 1$，等价于 $p \mid n - 1$，$q \mid n - 1$. 根据费马小定理和(b)，$n - 1 \equiv 2^q - 1 - 1 = 2^q - 2 \pmod{p}$，可得 $p \mid n - 1$. 同理有 $q \mid n - 1$.

最后，假设(c)成立. 则 $2^p - 1 \mid n \mid 2^{n-1} - 1$，因此 $p \mid n - 1$. 和上一段一样 $n - 1 \equiv 2^q - 2 \pmod{p}$，所以 $p \mid 2^q - 2$. 现在费马小定理给出 $2^{pq} = (2^p)^q \equiv 2^q \equiv 2 \pmod{p}$. 类似地 $2^{pq} \equiv 2 \pmod{q}$，因此 $pq \mid 2^{pq} - 2$，(a)成立.　　□

题 4.8. （Gazeta Matematica）求所有奇素数 p，使得 $\dfrac{2^{p-1} - 1}{p}$ 是整数高次幂.

证：容易检验 $p = 3$ 和 $p = 7$ 是问题的解（1看成1的高次幂），我们将证明这些是所有的解. 记 $2^{p-1} - 1 = px^n$，$x, n > 1$，我们讨论两个情况.

若 n 是偶数. 设 $n = 2k$，$z = x^k$，则 $(2^{\frac{p-1}{2}} - 1)(2^{\frac{p-1}{2}} + 1) = pz^2$. 因为 $2^{\frac{p-1}{2}} - 1$ 和 $2^{\frac{p-1}{2}} + 1$ 互素，存在 $r \in \{-1, 1\}$，使得

$$2^{\frac{p-1}{2}} + r = u^2, \quad 2^{\frac{p-1}{2}} - r = pv^2$$

其中正整数 u, v 满足 $uv = z$. 若 $r = 1$，则 $u^2 - 1$ 是 2 的幂，说明 $u = 3$ 和 $p = 7$. 若 $r = -1$，则 $2^{\frac{p-1}{2}} \mid u^2 + 1$. 而 $u^2 + 1$ 不是 4 的倍数，因此 $u = 1$，$p = 3$.

若 $n > 1$ 是奇数. 类似的论述给出，存在 $r \in \{-1, 1\}$ 和 $u, v > 0$，使得 $2^{\frac{p-1}{2}} + r = u^n$ 及 $2^{\frac{p-1}{2}} - r = pv^n$. 则

$$2^{\frac{p-1}{2}} = u^n - r = u^n - r^n = (u - r)(u^{n-1} + \cdots + r^{n-1}),$$

而 $u^{n-1} + \cdots + r^{n-1}$ 是奇数，必然是 1. 所以 $u = 1$，$r = -1$ 和 $p = 3$.　　□

题 4.9. （IMOSL2012）定义 $\mathrm{rad}(0) = \mathrm{rad}(1) = 1$，对 $n \geq 2$，令 $\mathrm{rad}(n)$ 是 n 的所有不同素因子的乘积. 求所有非负整系数多项式 $f(x)$，满足 $\mathrm{rad}(f(n))$ 整除 $\mathrm{rad}(f(n^{\mathrm{rad}(n)}))$，对所有非负整数 n 成立.

证：设多项式 f 是问题的非零解，注意 $\mathrm{rad}(n^k) = \mathrm{rad}(n)$.

设 n 是非负整数，定义 $x_0 = n$，$x_{k+1} = x_k^{\mathrm{rad}(x_k)}$. 则根据假设 $\mathrm{rad}(f(x_k))$ 整除 $\mathrm{rad}(f(x_{k+1}))$，对所有 k 成立.

另一方面，$\mathrm{rad}(x_{k+1}) = \mathrm{rad}(x_k) = \mathrm{rad}(n)$，因此 $x_k = n^{\mathrm{rad}(n)^k}$. 我们得到 $\mathrm{rad}(f(n))$ 整除 $\mathrm{rad}(f(n^{\mathrm{rad}(n)^k}))$ 对所有 n 和所有 k 成立.

因为 f 不是零多项式，系数非负. 必然有 $f(1) \neq 0$. 设 p 是大于 $f(1)$ 的任何素数，假设 p 整除某个 $f(n)$. 我们将证明 p 整除 n.

选取适当的 m，将 n 替换成 $n + pm$，我们可以假设 $p-1$ 整除 n. 因此对足够大的 k，有 $p-1 \mid \mathrm{rad}(n)^k$. 若 p 不整除 n，则费马小定理给出 $n^{\mathrm{rad}(n)^k} \equiv 1 \pmod{p}$. 因此 $f(n^{\mathrm{rad}(n)^k}) \equiv f(1) \pmod{p}$，和 $p \mid \mathrm{rad}(f(n)) \mid \mathrm{rad}(f(n^{\mathrm{rad}(n)^k}))$ 矛盾. 因此 p 整除 $f(n)$.

我们证明了，对所有素数 $p > f(1)$，$p \mid f(n)$ 推出 $p \mid n$. 假设 $f(X) = X^k g(X)$，k 是非负整数，g 是多项式，常数项非零. 我们声明 g 是常数. 实际上，如果 g 不是常数，根据舒尔定理3.69，存在无穷多素数 $p > f(1)$，使得 $p \mid g(n)$，对某个 n 成立. 根据前面结果，每个这样的 p 整除 n，所以整除 $g(0)$. 则 $g(0) = 0$，矛盾. 因此 g 是常数.

$f(X) = cX^k$，对某个非负整数 c 成立. 所有这样的多项式显然是问题的解，证毕. □

题 4.10. （土耳其TST2013）求所有正整数对 (m, n)，使得

$$2^n + (n - \varphi(n) - 1)! = n^m + 1.$$

证： 设 n, m 是问题的解，则 $n > 1$. 设 p 是 n 的最小素因子，则

$$n - \varphi(n) \geq \frac{n}{p},$$

因为在 1 和 n 之间，p 的所有倍数和 n 不互素.

若 $p \leq n - \varphi(n) - 1$，则将原始方程模 p 给出 $p \mid 2^n - 1$. 费马小定理又有 $p \mid 2^{p-1} - 1$，利用 p 是 n 的最小素因子可得 $p \mid 2^{\gcd(n, p-1)} - 1 = 1$，矛盾. 因此我们有 $p \geq n - \varphi(n) \geq \frac{n}{p}$，于是 $n \leq p^2$. 因为 p 是 n 的最小的素因子，所以 $n = p$ 或 $n = p^2$.

若 $n = p$，方程变为 $2^n = n^m$，因此 $n = 2$，$m = 2$.

若 $n = p^2$，方程为 $2^{p^2} + (p-1)! = p^{2m} + 1$. 若 $p > 3$，则方程左边为 4 的倍数，但是右边不是. 因此 $p \leq 3$. 对 $p = 2$，可得 $m = 2$. 对 $p = 3$，可得 $513 = 9^m$，无解.

因此问题的解是 $(m, n) = (2, 2), (2, 4)$. □

题 4.11.（Serbia 2015）求所有非负整数 x, y 使得

$$(2^{2\,015} + 1)^x + 2^{2\,015} = 2^y + 1.$$

证： 存在两个明显的解，即 $(x, y) = (0, 2\,015)$ 和 $(x, y) = (1, 2\,016)$.

现在假设 (x, y) 是一个解，$x > 1$. 则 $2^y > (2^{2\,015} + 1)^2$，$y > 4\,030$. 将方程模 $2^{4\,030}$ 给出

$$1 + 2^{2\,015} x + 2^{2\,015} \equiv 1 + 2^y \equiv 1 \pmod{2^{4\,030}},$$

给出 $x + 1$ 是 $2^{2\,015}$ 的倍数，特别地，有 $16 \mid x + 1$.

接下来，我们模 17 计算. $2^4 \equiv -1 \pmod{17}$，因此

$$2^{2\,015} \equiv 2^{4 \cdot 503 + 3} \equiv -8 \equiv 9 \pmod{17}.$$

可得 $10^x + 8 \equiv 2^y \pmod{17}$. 因为 $x \equiv -1 \pmod{16}$，根据费马小定理 $10^x \equiv 10^{-1} \equiv -5 \pmod{17}$. 我们得到 $2^y \equiv 3 \pmod{17}$.

但是 $2^y \pmod{17}$ 只能取 8 个值 $\{1, 2, 4, 8, 16, 15, 13, 9\}$，因此方程在 $x > 1$ 情况下无解. $\qquad\square$

题 4.12.（Italy 2010）若 n 是正整数，设

$$a_n = 2^{n^3+1} - 3^{n^2+1} + 5^{n+1}.$$

证明：有无穷多素数整除 $a_1, a_2, \cdots$ 中至少一项.

证： 假设结论不成立，设 $p_1, \cdots, p_k$ 是整除 $a_1, a_2, \cdots$ 中至少一项的所有奇素数.

取 $n = s(p_1 - 1) \cdots (p_k - 1)$，$s$ 是正整数. 注意因为 $a_1 = 20$，5 在 $p_1, \cdots, p_k$ 中，所以 $4 \mid n$. 因此有 $a_n \equiv 2 \pmod{4}$，$a_n \equiv 1 \pmod{3}$ 及 $a_n \equiv 4 \pmod{5}$. 特别地，若 $a_n > 2$（只要 $s \geq 1$ 即可），则必有素因子 p 大于 5.

根据假设这个素因子属于 $p_1, \cdots, p_k$，所以 $p - 1 \mid n$. 利用费马小定理可得 $a_n \equiv 2 - 3 + 5 \equiv 4 \pmod{p}$，矛盾. $\qquad\square$

题 4.13.（CTST2010）求所有正整数 $m, n \geq 2$，使得

(a) $m + 1$ 是 $4k - 1$ 型素数；

(b) 存在素数 p 和非负整数 a，使得

$$\frac{m^{2^n-1} - 1}{m - 1} = m^n + p^a.$$

证: 设 $q = m + 1$, 根据假设 $m \equiv 2 \pmod 4$. 将方程模 4 给出 $3 \equiv p^a \pmod 4$, 因此 a 是奇数, 且 $p \equiv 3 \pmod 4$.

接下来, 将方程写成

$$\frac{m^{2^n} - 1}{m - 1} - (m^{n+1} + 1) = m p^a.$$

假设 $n + 1$ 是偶数, 记 $v_2(n+1) = r$, 则显然 $r < n$. 所以 $m^{2^r} + 1$ 同时整除 $\frac{m^{2^n} - 1}{m - 1}$ 及 $m^{n+1} + 1$. 因此 $m^{2^r} + 1 \mid m p^a$, 但是 $\gcd(m^{2^r} + 1, m) = 1$, 所以 $m^{2^r} + 1$ 是 p 的幂. 而 $p \mid m^{2^r} + 1$ 与 $p \equiv 3 \pmod 4$ 矛盾.

因此 $n + 1$ 是奇数. 则 $q = m + 1$ 同时整除 $\frac{m^{2^n} - 1}{m - 1}$ 及 $m^{n+1} + 1$, 因此 $q \mid p^a$. 必然有 $q = p$.

现在方程写成

$$q + m^2 + m^3 + \cdots + m^{2^n - 2} = m^n + q^a.$$

若 $n \geq 3$, 则方程左边模 8 是 $q + 4$, 而方程右端模 8 是 q (利用 a 是奇数), 矛盾. 因此 $n = 2$, 方程变成 $m + 1 = p^a$, 必然有 $a = 1$.

因此问题的解是 $(m, n) = (q - 1, 2)$, 其中 q 是 $4k - 1$ 型素数. □

题 4.14. 设 p 是素数. 证明: 存在正整数 n, 使得 p 是 $n! + 1$ 的最小素因子.

证: 取 $n = p - 1$. 根据威尔逊定理 $p \mid n! + 1$. 若素数 $q < n = p - 1$, 则 $q \mid n!$, $q \nmid n! + 1$. □

题 4.15. 设 $n > 1$, 假设存在 $k \in \{0, 1, \cdots, n - 1\}$, 使得

$$k!(n - k - 1)! + (-1)^k \equiv 0 \pmod n.$$

证明: n 是素数.

证: 假设 n 是合数, p 是它的最小素因子. 则 $p \leq \sqrt{n}$. 另一方面, 根据假设 p 不整除 $k!(n - k - 1)!$, 因此 $p \geq k + 1$ 且 $p \geq n - k$. 可得 $2p \geq n + 1 \geq p^2 + 1$, 矛盾. 因此 n 是素数. □

题 4.16. 对每个正整数 n, 求 $n! + 1$ 和 $(n + 1)!$ 的最大公约数.

证: $n! + 1$ 的素因子都大于 n, 而 $(n + 1)!$ 的素因子都不超过 $n + 1$. 因此若有素数 p 同时整除二者, 必然 $p = n + 1$.

当 $n + 1 = p$ 是素数时, 根据威尔逊定理, $p \mid n! + 1$. 而显然 $v_p((n+1)!) = 1$, 所以 $\gcd(n! + 1, (n + 1)!) = n + 1$.

其他情况下, $\gcd(n! + 1, (n + 1)!) = 1$. □

题 4.17. 设 p 是素数，$a_1, a_2, \cdots, a_{p-1}$ 是连续整数.

(a) $a_1 a_2 \cdots a_{p-1}$ 除以 p 的余数可能是多少？

(b) 假设 $p \equiv 3 \pmod 4$. 证明：$a_1, \cdots, a_{p-1}$ 不能分成两部分，乘积相同.

证： (a) 若 a_i 之一是 p 的倍数，则连乘积 $a_1 a_2 \cdots a_{p-1}$ 除以 p 的余数是 0.

否则，连续整数 $a_1, \cdots, a_{p-1}$ 模 p 的余数恰好是 $1, 2, \cdots, p-1$，根据威尔逊定理，乘积 $a_1 a_2 \cdots a_{p-1}$ 模 p 余数是 -1.

(b) 假设能分成两个集合，设 x, y 分别是两个集合中元素的乘积.

若 $a_1, \cdots, a_{p-1}$ 中有 p 的倍数，则恰有一个是 p 的倍数，则 x, y 中一个被 p 整除，另一个不被 p 整除，不可能相同，矛盾.

若 $a_1, \cdots, a_{p-1}$ 中没有 p 的倍数，则根据假设 $x = y$ 和威尔逊定理

$$x^2 = xy = a_1 a_2 \cdots a_{p-1} = -1.$$

与 $p \equiv 3 \pmod 4$ 及 -1 不是模 p 平方剩余矛盾. $\qquad\square$

题 4.18. 找到两个素数 p，都满足 $(p-1)! + 1 \equiv 0 \pmod{p^2}$.

证： 显然 $p = 5$ 是问题的解. 可以通过繁琐计算验证 $p = 13$ 也是一个解.

还有一个比较有技巧性的方法计算 $12!$，写作

$$12! = (2 \cdot 3 \cdot 4 \cdot 7) \cdot (6 \cdot 11 \cdot 8 \cdot 2 \cdot 4) \cdot (5 \cdot 9 \cdot 5 \cdot 3)$$

每个括号中的数的乘积都同余于 $-1 \pmod{169}$. 对于第二个括号，

$$6 \cdot 11 \cdot 8 \cdot 2 \cdot 4 = 64 \cdot 66 = 65^2 - 1 \equiv -1 \pmod{13^2}$$

第三个括号有

$$5 \cdot 9 \cdot 5 \cdot 3 = 25 \cdot 27 = 26^2 - 1 \equiv -1 \pmod{13^2}.$$

这类素数，在 $2 \cdot 10^{13}$ 以内的，已知有 $5, 13, 563$. $\qquad\square$

题 4.19. 求所有正整数序列 $a_1, a_2, \cdots$，使得对所有正整数 m, n，有

$$m! + n! \mid a_m! + a_n!.$$

证： 显然 $n! \mid a_n!$，因此 $a_n \geq n$，对所有 $n \geq 1$ 成立.

其次，若 p 是素数则威尔逊定理给出 $p \mid 1! + (p-1)! \mid a_1! + a_{p-1}!$. 若 $p > a_1$，则 p 不整除 $a_1!$，因此也不整除 $a_{p-1}!$. 又因为 $a_{p-1} \geq p - 1$，所以 $a_{p-1} = p - 1$，对所有 $p > a_1$ 成立.

因此，对所有 $n \geq 1$ 和所有素数 $p > a_1$，有 $(p-1)! + n! \mid (p-1)! + a_n!$. 因此 $(p-1)! + n! \mid a_n! - n!$. 固定 $n \geq 1$，取足够大的 p，给出 $a_n! = n!$.

因此问题的解是 $a_n = n$，对所有 $n \geq 1$ 成立. $\square$

题 4.20. 设 p 是奇素数. $\mathbf{Z}$ 的子集 A 如果包含 $p-1$ 个整数，除以 p 给出两两不同的非零余数，则称为模 p 的既约剩余系（简称缩系）. 证明：若 $\{a_1, \cdots, a_{p-1}\}$ 和 $\{b_1, \cdots, b_{p-1}\}$ 分别是模 p 的缩系，则 $\{a_1 b_1, \cdots, a_{p-1} b_{p-1}\}$ 不是模 p 的缩系.

证： 利用题目 4.17，对每个模 p 的缩系，有 $\prod_{a \in A} a \equiv -1 \pmod{p}$. 因此

$$\prod_{i=1}^{p-1} a_i \equiv \prod_{i=1}^{p-1} b_i \equiv -1 \pmod{p}, \qquad \prod_{i=1}^{p-1} (a_i b_i) \equiv 1 \neq -1 \pmod{p},$$

所以 $\{a_1 b_1, \cdots, a_{p-1} b_{p-1}\}$ 不是模 p 的缩系. $\square$

题 4.21. （Clement 准则）设 $n > 2$ 是整数. 证明：n 和 $n+2$ 都是素数当且仅当

$$4((n-1)! + 1) + n \equiv 0 \pmod{n(n+2)}.$$

证： 假设 n 和 $n+2$ 都是素数. 根据威尔逊定理，$4((n-1)!+1)+n \equiv 0 \pmod{n}$. 根据定理 4.49，有 $2(n-1)! \equiv -1 \pmod{n+2}$，因此

$$4((n-1)! + 1) + n \equiv -2 + 4 + n \equiv 0 \pmod{n+2}.$$

因为 $\gcd(n, n+2) = 1$，这证明了一个方向.

现在假设 $4((n-1)!+1)+n \equiv 0 \pmod{n(n+2)}$，特别地，$n \mid 4((n-1)!+1)$. 首先证明 n 必然是奇数. 记 $v_2(x)$ 为 x 的素因子分解式中 2 的幂次.

若 n 是偶数，则 $v_2(n) \leq v_2(4((n-1)!+1)) = 2$. 进一步，若 d 是 n 最大的奇数因子，则 $d < n$，$d \mid (n-1)!$. 因为 $d \mid n \mid 4((n-1)!+1)$，所以 $d \mid 4$，则 $d = 1$，n 是 2 的幂. 因为 $v_2(n) \leq 2$，$n = 2$ 或 $n = 4$. 但是两个都不满足 $4((n-1)!+1)+n \equiv 0 \pmod{n(n+2)}$.

因此 n 是奇数. 因为 $n \mid 4((n-1)!+1)$ 可得 $n \mid (n-1)!+1$，因此 n 是素数.

接下来，设 $k = n+2$，则

$$k \mid 4((k-3)! + 1) + k - 2 = 4(k-3)! + k + 2,$$

因此 $k \mid 4(k-3)! + 2$. 因为 k 是奇数，可得 $k \mid 2(k-3)! + 1$. 但是

$$(k-1)! = (k-3)!(k-2)(k-1) \equiv 2(k-3)! \equiv -1 \pmod{k},$$

因此 k 是素数，证毕. $\square$

题 4.22. 设 $n > 1$ 是整数．证明：存在正整数 k 和 $\varepsilon \in \{-1, 1\}$，使得 $2k+1 \mid n + \varepsilon k!$.

证： 设 p 是 n^2+1 的一个奇素数因子（因为 n^2+1 不被 4 整除，p 存在）．则 $p \equiv 1 \pmod 4$，取 $k = \frac{p-1}{2}$.

有 $p = 2k+1 \mid (k!)^2+1$ 和 $p \mid n^2+1$，因此 $p \mid (k!)^2 - n^2$. 因为 p 是素数，所以 p 整除 $n + k!$ 或 $n - k!$，证毕． $\square$

题 4.23. （MoldovaTST2007）证明：对无穷多素数 p，存在正整数 n，使得 n 不整除 $p-1$ 及 $p \mid n! + 1$.

证： 关键是定理 4.49 中得到的恒等式

$$k!(p-1-k)! \equiv (-1)^{k-1} \pmod p$$

取 k 是偶数，假设 $p \mid k! - 1$. 必然有 $p > k$，上面的恒等式给出 $p \mid (p-k-1)! + 1$.

我们想要保证 $p-k-1$ 不整除 $p-1$. 若 $p-k-1 \mid p-1$，则 $p-1-k \mid k$. 若之前选定 $k = 2q$，$q > 2$ 是素数，则 $k = 2q$ 的偶数因子 $p-1-k$ 是 2 或 $2q$.

若 $p-1-k = 2$，则前面的方程 $p \mid 2! + 1 = 3$ 给出 $p = 3$，与 $p > k = 2q$ 矛盾．

若 $p-1-2q = 2q$，则 $p = 1+4q$. 为了避免这种情况，可以取 p 是 $k! - 1$ 的 $4t+3$ 型素因子．因为 $k! - 1 \equiv -1 \pmod 4$，这样的 p 是存在的．

因此对每个奇素数 q，选择 $(2q)! - 1$ 的 $4k+3$ 型素因子 p，则 p 是问题的解．因为 $p > 2q$ 无上界，问题有无穷多解． $\square$

题 4.24. 求所有整系数多项式 f，使得对所有素数 p，有 $f(p) \mid (p-1)! + 1$.

证： 若 f 是常数，$f = c$，则 $c \mid 2$，$c \mid 3$，因此 $c = \pm 1$. 反之，常数多项式 ± 1 是问题的解，现在假设 f 不是常数．将 f 替换成 $-f$ 我们可以假设 f 的首项系数是正数．若 p 是足够大的素数，则 $f(p) > 1$.

设 q 是 $f(p)$ 的素因子，假设 $q \neq p$. 根据 Dirichlet 定理，存在无穷多素数 $r \equiv p \pmod q$，则 $f(r) \equiv f(p) \equiv 0 \pmod q$. 于是 $q \mid f(r) \mid (r-1)! + 1$，给出 $q \geq r$ 对无穷多素数 r 成立，矛盾．

因此对 p 是足够大的素数，$f(p)$ 是 p 的幂，设 $f(p) = p^{a_p}$，对某个正整数 a_p 成立．若 $d = \deg f$，则存在常数 $c > 0$，使得 $f(x) < cx^d$，对所有 $x > 1$ 成立．因此 $p^{a_p} < cp^d$ 对所有充分大素数成立 p，于是序列 (a_p) 有界．根据抽屉原则，存在正整数 a，使得 $f(p) = p^a$ 对无穷多充分大素数 p 成立．因此 $f(x) = x^a$ 对所有

x 成立. 可得 $p^a \mid (p-1)! + 1$ 对所有素数 p 成立, 特别地, $2^a \mid 2$. 因此 $a = 1$ 和 $f(x) = x$.

问题的解是 $\pm 1, \pm X$. □

题 4.25. （改编自 Serbia 2010）设 a, n 是正整数, 满足 $a > 1$, $a^n + a^{n-1} + \cdots + a + 1$ 整除 $a^{n!} + a^{(n-1)!} + \cdots + a^{1!} + 1$. 证明: $n = 1$ 或者 $n = 2$.

证: 一般地, 假设 $a^n + a^{n-1} + \cdots + a + 1$ 整除 $a^{k_1} + \cdots + a^{k_n} + 1$, k_i 是整数. 设 r_i 是 k_i 模 $n+1$ 的余数. 因为 $a^n + \cdots + a + 1 \mid a^{n+1} - 1$, 因此 $a^n + \cdots + a + 1 \mid a^{r_1} + \cdots + a^{r_n} + 1$. 设 c_i 是使 $r_j, 1 \le j \le n$ 等于 i 的 j 的个数. 于是有 $c_0 + \cdots + c_n = n$ 和 $a^n + \cdots + a + 1 \mid c_n a^n + \cdots + c_1 a + c_0 + 1$.

现在考虑 $n+1$ 数组 $(b_0, \cdots, b_n)$ 满足

$$a^n + \cdots + a + 1 \mid b_n a^n + \cdots + b_1 a + b_0, b_0 + \cdots + b_n \text{最小}$$

如果某个 $b_i \ge a$, 则将 b_i 替换为 $b_i - a$ 及 b_{i+1} 替换为 $b_{i+1} + 1$, 则 $b_n a^n + \cdots + b_1 a + b_0$ 保持不变, 但 $b_0 + \cdots + b_n$ 变小, 与最小性矛盾. 因此所有 b_i 小于 a, 然后 $b_n a^n + \cdots + b_1 a + b_0 = r(a^n + \cdots + a + 1)$, 对某个 $r < a$ 成立. 在 a 进制下整数表示的唯一性给出 $b_n = \cdots = b_0 = r$. 我们得到最小的一组 $(b_0, \cdots, b_n)$ 满足 $b_0 + \cdots + b_n = n + 1$, 而且只能是 $b_0 = \cdots = b_n = 1$. 和前面一段结合, 得到 $c_n = \cdots = c_0 = 1$, 所以 $r_1, \cdots, r_n$ 是 $1, 2, \cdots, n$ 的一个排列.

应用于我们原始的问题, 可得 $1!, 2!, \cdots, n!$ 模 $n+1$ 的余数是 $1, 2, \cdots, n$ 的一个排列. 若 $n > 3$, $n+1$ 是合数, 则 $n!$ 模 $n+1$ 是 0, 矛盾. 若 $n+1$ 是素数 $p > 3$, 则威尔逊定理给出 $(n-1)! \equiv 1 \pmod{n+1}$, 矛盾.

因此必然有 $n = 1$ 或 $n = 2$. □

题 4.26. 设 p 是素数. 证明: $1, 2^2, 3^3, 4^4, \cdots$ 的模 p 余数序列是周期的, 求此周期.

证: 要证周期性, 注意

$$(n + p^2 - p)^{n + p^2 - p} \equiv n^{n + p^2 - p} \equiv n^n \pmod{p},$$

最后的同余关系用了费马小定理. 这说明了序列是周期的, 并且周期整除 $p^2 - p$.

我们现在需要找到最小正整数 T, 使得 $(n + T)^{n+T} \equiv n^n \pmod{p}$ 对所有 n 成立. 取 $n = p$, 可得 $(p + T)^{p+T} \equiv p^p \pmod{p}$, 因此 $T \equiv 0 \pmod{p}$. 于是

$n^n \equiv (n+T)^{n+T} \equiv n^{n+T} \pmod{p}$，对所有 n 成立. 因此 $p \mid n^n(n^T - 1) \pmod{p}$，于是 $n^T \equiv 1 \pmod{p}$ 对所有与 p 互素的 n 成立. 根据推论 4.76，$p - 1 \mid T$.

因此，最小的周期是 $p(p-1)$.   □

题 4.27.（Don Zagier）某人将费马小定理记错成：同余式 $a^{n+1} \equiv a \pmod{n}$ 对所有整数 a 成立. 描述使这个性质成立的整数 n 构成的集合.

证： 答案是 $1, 2, 6, 42, 1\,806$.

设 n 是这样的整数，则 n 无平方因子：若 $p \mid n$，我们取 $a = p$，得到 $n \mid p(p^n - 1)$，因此 p^2 不整除 n.

现在假设 $n > 1$（注意 $n = 1$ 显然是一个解）. 我们可以写 $n = p_1 \cdots p_k$，$p_1 < \cdots < p_k$ 不同的素数. 固定 $i \in \{1, 2, \cdots, k\}$. 根据假设对每个与 p_i 互素的 a，有 $p_i \mid n \mid a(a^n - 1)$，则 $p_i \mid a^n - 1$. 我们根据推论 4.76 得到 $p_i - 1 \mid n$.

特别地 $p_1 - 1 \mid n$，而 p_1 是 n 的最小素因子，必有 $p_1 - 1 = 1$，$p_1 = 2$. 类似地，若有 $p_2 - 1 \mid n$，则 $p_2 - 1 \mid p_1$，因此 $p_2 = 3$（若 $k \geq 2$）. 类似地，可得 $p_3 = 7$（若 $k \geq 3$）；$p_4 = 43$（若 $k \geq 4$）. 若 $k \geq 5$，可得 $p_5 - 1 \mid 1\,806$. 枚举验证这样的素数 p_5 不存在，因此 $k \leq 4$.

不难利用费马小定理验证，若 n 无平方因子，$p - 1 \mid n$ 对所有素数 $p \mid n$ 成立，则 n 是问题的解.

答案是 $1, 2, 2 \cdot 3, 2 \cdot 3 \cdot 7, 2 \cdot 3 \cdot 7 \cdot 43$，即 $1, 2, 6, 42, 1\,806$.   □

题 4.28. 设 p 是奇素数. 求满足下列性质的多项式 f 的最大次数.

(a) $\deg f < p$.

(b) f 的系数是整数，在 0 和 $p - 1$ 之间.

(c) 若 m, n 是整数，p 不整除 $m - n$，则 p 不整除 $f(m) - f(n)$.

证： 首先 $f(X) = X^{p-2}$ 是问题的解. 实际上，假设 $p \mid m^{p-2} - n^{p-2}$，p 不整除 $m - n$，则 p 不整除 mn. 利用费马小定理，可得 $m^{-1} \equiv n^{-1} \pmod{p}$，因此 $m \equiv n \pmod{p}$，矛盾.

我们证明：不存在 $p - 1$ 次多项式 f 满足 (a)，(b) 和 (c). 假设存在这样的多项式，记 $f = cX^{p-1} + g$，$c \in \{1, 2, \cdots, p-1\}$，$\deg(g) \leq p - 2$. 根据条件 (c)

$$f(0) + f(1) + \cdots + f(p-1) \equiv 0 + 1 + \cdots + (p-1) = \frac{p(p-1)}{2} \equiv 0 \pmod{p}.$$

另一方面，费马小定理结合推论 4.77 给出

$$
\begin{aligned}
f(0) + f(1) + \cdots + f(p-1) &= c(1^{p-1} + 2^{p-1} + \cdots + (p-1)^{p-1}) \\
&\quad + g(0) + g(1) + \cdots + g(p-1) \\
&\equiv c(1 + 1 + \cdots + 1) + 0 \equiv -c \pmod{p},
\end{aligned}
$$

矛盾. 因此题目的答案是 $p - 2$. $\qquad\square$

题 4.29. （伊朗 TST2012）设 $p > 2$ 是奇素数. 若 $i \in \{0, 1, \cdots, p-1\}$, $f = a_0 + a_1 X + \cdots + a_n X^n$ 是整系数多项式，如果

$$
\sum_{j > 0,\, p-1 | j} a_j \equiv i \pmod{p},
$$

则称 f 是余数 i 多项式. 证明：下面的叙述等价.

(a) $f, f^2, \cdots, f^{p-2}$ 都是余数 0 多项式，而 f^{p-1} 是余数 1 多项式.

(b) $f(0), f(1), \cdots, f(p-1)$ 是模 p 完系.

证： 推论 4.77 表明，对每个整系数多项式 $f = a_0 + a_1 X + \cdots + a_n X^n$,

$$
\begin{aligned}
f(0) + f(1) + \cdots + f(p-1) &= \sum_{j=0}^{n} a_j (0^j + 1^j + \cdots + (p-1)^j) \\
&\equiv - \sum_{j > 0,\, p-1 | j} a_j \pmod{p}.
\end{aligned}
$$

因此 f 是余数 i 多项式，当且仅当

$$
f(0) + f(1) + \cdots + f(p-1) \equiv -i \pmod{p}.
$$

如果 $f(0), f(1), \cdots, f(p-1)$ 构成模 p 的完系. 我们要证 $f(0)^j + \cdots + f(p-1)^j \equiv 0 \pmod{p}$ 对 $1 \leq j \leq p-2$ 成立，和 $f(0)^{p-1} + \cdots + f(p-1)^{p-1} \equiv -1 \pmod{p}$. 但是

$$
f(0)^j + f(1)^j + \cdots + f(p-1)^j \equiv 0^j + 1^j + \cdots + (p-1)^j \pmod{p},
$$

因此由推论 4.77 得证.

反之，假设 $f, f^2, \cdots, f^{p-2}$ 是余数 0 多项式，而 f^{p-1} 是余数 1 多项式. 根据

$$
f(0)^{p-1} + \cdots + f(p-1)^{p-1} \equiv -1 \pmod{p}
$$

和费马小定理，$f(0), \cdots, f(p-1)$ 中恰好一个是 p 的倍数．类似地，对任何 c，

$$\sum_{k=0}^{p-1}(f(k)-c)^{p-1} = \sum_{k=0}^{p-1}f(k)^{p-1} - \binom{p-1}{1}c\sum_{k=0}^{p-1}f(k)^{p-2} + \cdots + p(-c)^{p-1}$$

$$\equiv -1 \pmod p$$

因此 $f(0)-c, \cdots, f(p-1)-c$ 中恰有一个是 p 的倍数．因此 $f(0), \cdots, f(p-1)$ 构成一个模 p 的完系．$\qquad\square$

题 4.30. *求所有整数 $n>2$，使得 $n \mid 2^n+3^n+\cdots+(n-1)^n$．*

证： 设 n 是这样的整数，p 是 n 的一个素因子，记 $n=kp$．注意到

$$1^n+2^n+\cdots+(n-1)^n \equiv k(1^n+2^n+\cdots+(p-1)^n) \pmod p,$$

可得

$$k(1^n+2^n+\cdots+(p-1)^n) \equiv 1 \pmod p.$$

特别地，p 不整除 k，因此 n 没有平方因子．

另一方面，根据推论 4.77，$1^n+2^n+\cdots+(p-1)^n$ 仅当 $p-1 \mid n$ 时不被 p 整除．此时 $1^n+\cdots+(p-1)^n \equiv -1 \pmod p$，因此 $k \equiv -1 \pmod p$．也就是说 $p-1 \mid n$，且 $p \mid \frac{n}{p}+1$，对所有 $p \mid n$ 成立．

题目 4.27 的解答说明，第一个条件已经限制 $n=6, 42$ 或 $1\,806$．不难验证，这几个数都是问题的解：只需 $p-1 \mid n$ 和 $p \mid \frac{n}{p}+1$ 对每个 $p \mid n$ 成立．$\qquad\square$

题 4.31. （Alon，Dubiner）*设 p 是素数，$a_1, \cdots, a_{3p}, b_1, \cdots, b_{3p}$ 是整数，使得*

$$\sum_{i=1}^{3p}a_i \equiv \sum_{i=1}^{3p}b_i \equiv 0 \pmod p.$$

证明：存在集合 $I \subset \{1, 2, \cdots, 3p\}$，含 p 个元素，使得

$$\sum_{i\in I}a_i \equiv \sum_{i\in I}b_i \equiv 0 \pmod p.$$

证： 考虑同余方程组

$$\sum_{i=1}^{3p-1}a_ix_i^{p-1} \equiv \sum_{i=1}^{3p-1}b_ix_i^{p-1} \equiv \sum_{i=1}^{3p-1}x_i^{p-1} \equiv 0 \pmod p.$$

因为 $3(p-1) < 3p-1$，$x_1=x_2=\cdots=x_{3p-1}=0$ 是一个解，根据推论 4.88，方程组有非平凡解 $(x_i)_{1\le i\le 3p-1}$．

设 $I = \{i \mid 1 \le i \le 3p - 1, x_i \not\equiv 0 \pmod{p}\}$，则费马小定理给出

$$\sum_{i \in I} a_i \equiv 0 \pmod{p}, \qquad \sum_{i \in I} b_i \equiv 0 \pmod{p}.$$

进一步，有 p 整除 $|I|$，因此 $|I| = p$ 或 $|I| = 2p$. 第一种情况，只需选取集合 I 就是问题的解. 第二种情况，选取它的补集即可. □

题 4.32. 证明：对每个 $n > 1$，$\binom{n}{0}^4 + \binom{n}{1}^4 + \cdots + \binom{n}{n}^4$ 是 $(n, \frac{4}{3}n]$ 内任何素数的倍数.

证： 设 p 是这个范围内的一个素数，$A = (n+1)(n+2)\cdots(p-1)$，若 $p = n+1$，约定 $A = 1$. 对所有 $j \in \{0, 1, \cdots, n\}$，有

$$A \binom{n}{j} = \frac{(p-1) \cdot \ldots \cdot n(n-1) \cdots (n-j+1)}{j!}$$

$$= (n-j+1) \cdot \ldots \cdot (p-1-j) \cdot \frac{(p-j)(p-j+1)\cdots(p-1)}{j!}.$$

因为 $(p-j)(p-j+1)\cdots(p-1)$ 模 p 是 $(-1)^j \cdot j!$，可得

$$A^4 \cdot \sum_{j=0}^{n} \binom{n}{j}^4 \equiv \sum_{j=0}^{n} f(j) \pmod{p},$$

其中 $f(X) = (n-X+1)^4 \cdot \ldots \cdot (p-X-1)^4$. 注意根据题目条件有 $\deg(f) = 4(p-1-n) < p-1$，而 $f(n+1) = \cdots = f(p-1) = 0$，因此，利用推论 4.77

$$\sum_{j=0}^{n} f(j) \equiv \sum_{j=0}^{p-1} f(j) \equiv 0 \pmod{p}$$

因此 $A^4 \cdot \sum_{j=0}^{n} \binom{n}{j}^4$ 是 p 的倍数，又因为 A 不是 p 的倍数，题目结论成立. □

题 4.33. 设 f 是 $n \ge 1$ 次首一整系数多项式. 假设 $b_1, \cdots, b_n$ 是两两不同的整数而且对无穷多素数 p，同余方程组

$$f(x + b_1) \equiv f(x + b_2) \equiv \cdots \equiv f(x + b_n) \equiv 0 \pmod{p}$$

有解. 证明：方程

$$f(x + b_1) = \cdots = f(x + b_n) = 0$$

有整数解.

证： 因为 $b_1, \cdots, b_n$ 两两不同，对足够大的素数 p，它们模 p 余数互不相同．下面我们只考虑这样的素数 p．根据题目条件对于无穷多这样的素数 p，可以找到 x_p，使得 $f(x_p + b_i) \equiv 0 \pmod{p}$，对所有 $1 \le i \le n$ 成立．

利用拉格朗日定理，可得

$$f(X) \equiv \prod_{i=1}^{n}(X - x_p - b_i) \pmod{p},$$

因为等式两边之差是次数不超过 $n-1$ 的整系数多项式，模 p 有至少 n 个不同的根（即 $x_p + b_i, 1 \le i \le n$）．

将 $f(X)$ 写成 $f(X) = X^n + a_{n-1}X^{n-1} + \cdots + a_0$，可得

$$a_{n-1} \equiv -nx_p - \sum_{i=1}^{n} b_i \pmod{p}.$$

令 $A = -a_{n-1} - \sum_{i=1}^{n} b_i$，则 $nx_p \equiv A \pmod{p}$．因为 $nx_p \equiv A \pmod{p}$，而 $f(x_p + b_i) \equiv 0 \pmod{p}$，所以对所有 $1 \le i \le n$ 有

$$n^d f\left(\frac{A}{n} + b_i\right) \equiv 0 \pmod{p}.$$

左端和 p 无关，而同余式对无穷多素数成立，因此 $f\left(\frac{A}{n} + b_i\right) = 0$ 对 $1 \le i \le n$ 成立．根据有理根定理 $\frac{A}{n} + b_i$ 是整数，因此 $x := \frac{A}{n}$ 是整数，且满足 $f(x + b_i) = 0, 1 \le i \le n$．题目得证． $\square$

题 4.34.（罗马尼亚TST2016）给定素数 p，证明：仅对有限个素数 q

$$\sum_{k=1}^{\left\lfloor \frac{q}{p} \right\rfloor} k^{p-1}$$

是 q 的倍数．

证： 因为每个素数 $q \ne p$ 有 $q = pn + r$ 的形式，$1 \le r \le p-1$．只需证明，对每个这样的 r 存在有限多个 n 使得 $pn + r \mid 1^{p-1} + 2^{p-1} + \cdots + n^{p-1}$．固定 $r \in \{1, 2, \cdots, p-1\}$，假设 $pn + r \mid 1^{p-1} + \cdots + n^{p-1}$ 对无穷多 n 成立．

第一个发现是，对每个 $k \ge 1$ 存在 $k+1$ 次有理系数多项式 f_k，首项系数为 $\frac{1}{k+1}$，使得

$$1^k + 2^k + \cdots + n^k = f_k(n)$$

对所有 $n \ge 1$ 成立．这可以对 k 用归纳法简单证明，利用下面的关系

$$(n+1)^{k+1} - 1 = \binom{k+1}{1}(1^k + \cdots + n^k) + \binom{k+1}{2}(1^{k-1} + \cdots + n^{k-1}) + \cdots + n.$$

这个关系是将下面的关系（用二项式定理给出）

$$(j+1)^{k+1} - j^{k+1} = \binom{k+1}{1}j^k + \binom{k+2}{2}j^{k-1} + \cdots + 1$$

对 $1 \le j \le n$ 求和得到.

设 $f = f_{p-1}$，使得

$$1^{p-1} + 2^{p-1} + \cdots + n^{p-1} = f(n) = \frac{n^p}{p} + \cdots$$

取最小的 $M \ge 1$，使得 Mf 的系数为整数，则 $p \mid M$. 我们知道对无穷多 n，有 $pn + r \mid Mf(n)$. 但是 $pn + r$ 也整除

$$p^p\left(Mf(n) - Mf\left(-\frac{r}{p}\right)\right).$$

因此 $pn + r$ 整除 $p^p Mf(-\frac{r}{p})$，对无穷多 n 成立. 这给出 $Mf(-\frac{r}{p}) = 0$.

利用例 2.65，可知存在整系数多项式 g，使得 $Mf(n) = (pn + r)g(n)$. 因为 $f(n)$ 是整数，$p \mid M$，$\gcd(p, pn + r) = 1$，所以 $p \mid g(n)$，对所有 n 成立. 但是 $\deg g = \deg f - 1 = p - 1$，因此拉格朗日定理给出 $g \equiv 0 \pmod{p}$. 这样 $\frac{M}{p} \cdot f(X) = (pX + r) \cdot \frac{g(X)}{p}$ 是整系数多项式，与 M 的最小性矛盾. 题目得证.

（最后一段还可以这样论述，f 是 p 次整值多项式，首项系数为 $1/p$. 因此根据定理 1.58

$$f(n) = (p-1)!\binom{n}{p} + a_{p-1}\binom{n}{p-1} + \cdots + a_0,$$

其中 a_i 是整数. 除去上式右边第一项分母被 p 整除不被 p^2 整除，其他所有项的系数分母不被 p 整除，因此当 Mf 是整系数多项式，M 最小时，Mf 的首项不是 p 的倍数. 根据有理根定理，Mf 不可能有有理根 $\frac{r}{p}$. ——译者注）$\qquad\square$

题 4.35.（中国2016）设 p 是奇素数，$a_1, a_2, \cdots, a_p$ 是整数. 证明：下面两个条件等价：

(a) 存在不超过 $\le \frac{p-1}{2}$ 次多项式 P，使得 $P(i) \equiv a_i \pmod{p}$，对所有 $1 \le i \le p$ 成立；

(b) 对每个 $1 \le d \le \frac{p-1}{2}$，$\sum_{i=1}^{p}(a_{i+d} - a_i)^2 \equiv 0 \pmod{p}$，其中指标模 p 考虑.

证： (a)推出(b)的部分比较简单. 实际上，若 $a_i \equiv P(i) \pmod{p}$ 及 $\deg P \le \frac{p-1}{2}$，则多项式 $Q(X) = P(X + d) - P(X)$ 次数 $\deg Q \le \frac{p-3}{2}$，因此 $\deg(Q^2) < p - 1$，根据推论 4.77

$$\sum_{i=1}^{p} Q(i)^2 \equiv 0 \pmod{p},$$

恰好是(b)的内容.

现在是另一方向的蕴含关系. 注意因为 p 是奇数，以及 $1+d, 2+d, \cdots, p+d$ 构成模 p 完系，(b)中的同余式等价于

$$\sum_{i=1}^{p} a_i^2 \equiv \sum_{i=1}^{p} a_i a_{i+d}$$

对所有 $1 \le d \le \frac{p-1}{2}$ 成立.

取多项式 P，次数不超过 $p-1$，使得 $P(i) \equiv a_i \pmod{p}$，对 $1 \le i \le p$ 成立（P 是唯一的）. 不难构造这样的多项式，取 b_i 满足 $b_i \prod_{j \ne i}(i-j) \equiv 1 \pmod{p}$，令 $P(X) = \sum_{i=1}^{p} a_i b_i \prod_{j \ne i}(X-j)$ 即可（即拉格朗日插值公式）.

考虑 $Q(X) = \sum_{i=1}^{p} P(i)P(X+i)$. 题目假设说明 $Q(d) \equiv Q(0) \pmod{p}$，对 $1 \le d \le \frac{p-1}{2}$ 成立. 对这样的 d，$1-d, \cdots, p-d$ 也是模 p 的完系，因此

$$Q(-d) = \sum_{i=1}^{p} P(i)P(i-d) \equiv \sum_{j=1}^{p} P(j+d)P(j) = Q(d) \equiv Q(0) \pmod{p}.$$

因此同余式 $Q(X) - Q(0) \equiv 0 \pmod{p}$ 至少有 p 个解. 因为 $\deg Q \le p-1$，拉格朗日定理给出 $Q \equiv Q(0) \pmod{p}$，即多项式 $Q - Q(0)$ 的系数都被 p 整除.

最后，将 $P(X)$ 写作

$$P(X) \equiv \alpha X^r + \beta X^{r-1} + \cdots \pmod{p},$$

其中 $\alpha \not\equiv 0 \pmod{p}$，$r \le p-1$. 假设 $r > \frac{p-1}{2}$，记 $k = 2r - (p-1)$，则 $k > 0$，$k \le r$. 因为

$$Q(X) = \sum_{i=1}^{p} P(i)[\alpha(X+i)^r + \beta(X+i)^{r-1} + \cdots],$$

$Q(X) - Q(0)$ 中 X^k 的系数是

$$\sum_{i=1}^{p} P(i)\left(\alpha \binom{r}{k} i^{r-k} + \beta \binom{r-1}{k} i^{r-k-1} + \cdots\right)$$

根据上一段的讨论，这个模 p 是 0，因此

$$\alpha \binom{r}{k} \sum_{i=1}^{p} P(i) i^{r-k} + \beta \binom{r-1}{k} \sum_{i=1}^{p} P(i) i^{r-k-1} + \cdots \equiv 0 \pmod{p}.$$

注意 $\deg(P \cdot X^{r-k-j}) = 2r - k - j = p - 1 - j$，根据推论 4.77

$$\sum_{i=1}^{p} P(i) i^{r-k} \equiv -\alpha \pmod{p}, \quad \sum_{i=1}^{p} P(i) i^{r-k-1} \equiv 0 \pmod{p}, \cdots$$

这样我们得到 $\alpha^2 \binom{r}{k} \equiv 0 \pmod{p}$，与 $\alpha \not\equiv 0 \pmod{p}$ 及 $r \le p-1$ 矛盾. $\qquad\square$

题 4.36. （USAMO 1999）设 p 是奇素数，a, b, c, d 是不被 p 整除的整数，使得

$$\left\{\frac{ra}{p}\right\} + \left\{\frac{rb}{p}\right\} + \left\{\frac{rc}{p}\right\} + \left\{\frac{rd}{p}\right\} = 2$$

对所有不被 p 整除的整数 r 成立（其中 $\{x\}$ 表示 x 的小数部分）. 证明：$\{a+b, a+c, a+d, b+c, b+d, c+d\}$ 中至少两个数被 p 整除.

证： 这是非常困难的问题！用 $r(x) \in \{0, 1, \cdots, p-1\}$ 表示 x 模 p 的余数，题目条件说明 $r(an) + r(bn) + r(cn) + r(dn) = 2p$ 对任何与 p 互素的 n 成立. 称这样的 4 数组 (a, b, c, d) 为好数组. 显然，若 (a, b, c, d) 是好数组，k 不是 p 的倍数，则 (ka, kb, kc, kd) 也是好数组.

还注意到，若 (a, b, c, d) 是好数组，则因为 $r(a)+r(b)+r(c)+r(d) = 2p \equiv 0 \pmod{p}$，$a + b + c + d \equiv 0 \pmod{p}$.

设

$$Q(x) = \frac{2r(x) - r(2x)}{p} = \begin{cases} 0, & 1 \le r(x) \le (p-1)/2, \\ 1, & (p-1)/2 < r(x) < p, \end{cases}$$

从第一段可以看出 $Q(ka) + Q(kb) + Q(kc) + Q(kd) = 2$，对所有 $1 \le k < p$，和所有好数组 (a, b, c, d) 成立.

其次，根据拉格朗日插值定理，存在次数不超过 $p-2$ 的整系数多项式 $P(X)$，使得 $P(x) \equiv Q(x) \pmod{p}$，对所有不被 p 整除的 x 成立. 定义 $R(X) = P(X+1) - P(X)$. 则 $R(x) \equiv 0 \pmod{p}$ 对

$$x = 1, \cdots, \frac{p-3}{2}, \frac{p+1}{2}, \cdots, p-2$$

成立，而 $R(\frac{p-1}{2})$ 不是 p 的倍数. 我们从拉格朗日定理得出，R 中 X^{p-3} 的系数不是 p 的倍数. 因此 P 中 X^{p-2} 的系数不是 p 的倍数.

接下来，设 $S(X) = P(Xa) + P(Xb) + P(Xc) + P(Xd)$，同余式 $S(x) \equiv 2 \pmod{p}$ 至少有 $p-1$ 个解，而 $\deg S \le p-2$. 我们从拉格朗日定理推出 $S(X) \equiv 2 \pmod{p}$，因此 S 中 X^{p-2} 的系数是 p 的倍数. 结合这两个结果给出

$$a^{p-2} + b^{p-2} + c^{p-2} + d^{p-2} \equiv 0 \pmod{p},$$

根据费马小定理，也可以写成

$$a^{-1} + b^{-1} + c^{-1} + d^{-1} \equiv 0 \pmod{p}.$$

因为 $a + b + c + d \equiv 0 \pmod{p}$，所以

$$a^{-1} + b^{-1} + c^{-1} \equiv (a + b + c)^{-1} \pmod{p}$$

两边乘以 $abc(a+b+c)$，我们马上得到 $(a+b)(b+c)(c+a) \equiv 0 \pmod{p}$. 由对称性，不妨设 $a+b \equiv 0 \pmod{p}$. 因为 $a+b+c+d \equiv 0 \pmod{p}$，我们还有 $c+d \equiv 0 \pmod{p}$，结论成立. □

题 4.37. 设 n 是正整数，满足 $p = 4n+1$ 是素数. 证明：$n^n \equiv 1 \pmod{p}$.

证： 因为 $4n \equiv -1 \pmod{p}$，所以 $4^n \cdot n^n \equiv (-1)^n \pmod{p}$. 只需证明 $4^n \equiv (-1)^n \pmod{p}$. 但是

$$4^n = 2^{\frac{p-1}{2}} \equiv (-1)^{\frac{p^2-1}{8}} = (-1)^{2n^2+n} = (-1)^n \pmod{p}.$$ □

题 4.38. 设 p 是奇素数. 证明：满足 $n \in \{1, 2, \cdots, p-2\}$，$n$ 和 $n+1$ 都是模 p 的平方剩余的 n 的个数是 $\frac{p-(-1)^{\frac{p-1}{2}}}{4} - 1$.

证： 设 N 是所求的个数，于是

$$N = \sum_{n=1}^{p-2} \frac{1}{4} \left(1 + \left(\frac{n}{p}\right)\right) \cdot \left(1 + \left(\frac{n+1}{p}\right)\right),$$

这是因为被求和项为 1，当且仅当 $n, n+1$ 都是模 p 平方剩余，否则为 0. 将乘积展开得到

$$N = \frac{p-2}{4} + \frac{1}{4}\sum_{n=1}^{p-2}\left(\frac{n}{p}\right) + \frac{1}{4}\sum_{n=1}^{p-2}\left(\frac{n+1}{p}\right) + \frac{1}{4}\sum_{n=1}^{p-2}\left(\frac{n(n+1)}{p}\right).$$

另一方面，我们有

$$\sum_{n=1}^{p-2}\left(\frac{n}{p}\right) = -\left(\frac{-1}{p}\right) = -(-1)^{\frac{p-1}{2}}, \quad \sum_{n=1}^{p-2}\left(\frac{n+1}{p}\right) = -1,$$

而且命题 4.111 给出

$$\sum_{n=1}^{p-2}\left(\frac{n(n+1)}{p}\right) = \sum_{n=1}^{p-1}\left(\frac{n(n+1)}{p}\right) = -1.$$

这些关系结合得到题目结论. □

注释 7.16. 还可以通过细致研究方程 $y^2 - x^2 \equiv 1 \pmod{p}$ 的解，给出结果的一个直接证明.

题 4.39. （Gazeta Matematica）证明：对每个 $n \geq 1$，$3^n + 2$ 没有 $24k + 13$ 型的素因子.

证：假设 $p \equiv 13 \pmod{24}$ 是某个 $3^n + 2$ 的素因子．因为 $p \equiv 1 \pmod 4$ 和 $p \equiv 1 \pmod 3$，我们根据二次互反律得到 $\left(\frac{3}{p}\right) = \left(\frac{p}{3}\right) = 1$．然而 $p \equiv 5 \pmod 8$，我们还得到 $\left(\frac{-2}{p}\right) = \left(\frac{-1}{p}\right)\left(\frac{2}{p}\right) = -1$．这样和 $3^n \equiv -2 \pmod p$ 矛盾，因为左边是平方剩余的乘积，右边不是平方剩余．$\qquad\square$

题 4.40. 证明：*存在无穷多素数 $p \equiv -1 \pmod 5$．*

证：设 $n > 1$ 和考虑 $N = 5(n!)^2 - 1$ 的素因子 p，使得 p 模 5 不是 1．因为 N 模 5 不是 1，这样的 p 存在．

因为 $p \mid N$，有 $5 \equiv (5n!)^2 \pmod p$，因此 5 是模 p 的平方剩余．二次互反律给出 p 是模 5 的平方剩余，但是 p 模 5 不是 1，因此 $p \equiv -1 \pmod 5$．

因为 $p > n$，将 n 变动，可以得到无穷多素数 $p \equiv -1 \pmod 5$．$\qquad\square$

题 4.41. 设奇素数 $p = a^2 + b^2$，a 是奇数．证明：a 是模 p 的平方剩余．

证：只需证明任何 a 的任何素因子 q 是模 p 的平方剩余．注意 $q \neq p$ 而且 $p \equiv b^2 \pmod q$，因此 $\left(\frac{p}{q}\right) = 1$．利用二次互反律和 $p \equiv 1 \pmod 4$，可得 $\left(\frac{q}{p}\right) = 1$．$\qquad\square$

题 4.42. 设 n 是正整数，a 是 $36n^4 - 8n^2 + 1$ 的约数，满足 5 不整除 a．证明：$a \equiv 1, 9 \pmod{20}$．

证：只需对 a 的每个素因子证明同样结论，因此，我们假设 $a = p$ 是素数．首先，因为 $p \mid (6n^2 - 1)^2 + (2n)^2$，$p$ 不同时整除 $6n^2 - 1$ 和 $2n$，可得 $p \equiv 1 \pmod 4$．

还要证明 $p \equiv 1 \pmod 5$．因为 $p \neq 5$，根据二次互反律，只需证明 $\left(\frac{5}{p}\right) = 1$，即 5 是模 p 的平方剩余．但是 $p \mid (6n^2 + 1)^2 - 5 \cdot (2n)^2$，而 p 不整除 $2n$（否则也整除 $6n^2 + 1$，矛盾），所以 5 是模 p 的平方剩余．证毕．$\qquad\square$

题 4.43. 是否存在正整数 x, y, z，使得 $8xy = x + y + z^2$？

证：假设有这样的 x, y，于是

$$(8x - 1)(8y - 1) = 8z^2 + 1.$$

若 p 是 $8x - 1$ 或 $8y - 1$ 的一个素因子，则 $p \mid 8z^2 + 1$．因此 $(4z)^2 \equiv -2 \pmod p$，-2 是模 p 的平方剩余，$p \equiv 1, 3 \pmod 8$．因为 $3 \cdot 3 \equiv 1 \pmod 8$，$8k + 1$ 型或 $8k + 3$ 的数的乘积模 8 只能是 1 或 3，矛盾．

因此方程无解．$\qquad\square$

题 4.44. （Komal A 618）证明：不存在整数 x, y 使得

$$x^3 - x + 9 = 5y^2.$$

证： 假设 x, y 是这样的整数. 注意左端是奇数和且是 3 的倍数, 因此 y 是奇数, 也是 3 的倍数, 记 $y = 3t$.

$x^3 - x + 9 \equiv 5y^2 \equiv 5 \pmod 8$, 因此 $x^3 - x + 4 \equiv 0 \pmod 8$, 说明 x 是偶数, 进一步有 $4 \mid x$. 记 $x = 4z$. 注意 z 是奇数, 因为 $x \equiv 4 \pmod 8$.

方程现在写成

$$4z(16z^2 - 1) = 9(5t^2 - 1).$$

注意 $5t^2 - 1$ 总不是 3 的倍数, 右端 3 的幂次是 2, 因此 z 和 $16z^2 - 1$ 之一是 9 的倍数, 另一个与 3 互素.

若 $p \neq 3$ 是 z 或 $16z^2 - 1$ 的因子, 则 $p \mid 5t^2 - 1$, 因此 5 是模 p 的平方剩余. 二次互反律给出 (注意 $p \neq 2$, 因为 z 和 $16z^2 - 1$ 是奇数) $p \equiv \pm 1 \pmod 5$. 因此 z 和 $16z^2 - 1$ 的因子除了 3 都模 5 为 ± 1. 因为 z 或者与 3 互素具有形式 $9u$ 而 u 与 3 互素, 所以 $z \equiv \pm 1 \pmod 5$. 然后 $16z^2 - 1 \equiv 0 \pmod 5$, 与 $9(5t^2 - 1)$ 不是 5 的倍数矛盾. 因此方程无解. $\qquad\square$

题 4.45. 设 p 是 $n^4 - n^3 + 2n^2 + n + 1$ 的奇素数因子, 其中 $n > 1$. 证明: $p \equiv 1, 4 \pmod{15}$.

证： 设 $f(n) = 4(n^4 - n^3 + 2n^2 + n + 1)$, 可以检验

$$f(n) = (2n^2 - n + 1)^2 + 3(n + 1)^2 = (2n^2 - n + 3)^2 - 5(n - 1)^2.$$

注意 $2n^2 - n + 1$ 不能是 3 的倍数, $2n^2 - n + 3$ 不能是 5 的倍数. 因此 $p \neq 3, 5$.

计算 $\gcd(2n^2 - n + 1, n + 1) = \gcd(4, n + 1)$, $\gcd(2n^2 - n + 3, n - 1) = \gcd(4, n - 1)$. 根据题目条件, p 不整除 $2n^2 - n + 1$, $n + 1$, $2n^2 - n + 3$, $n - 1$ 中任何一个. 因此 $\left(\frac{-3}{p}\right) = 1$, 二次互反律给出 $\left(\frac{p}{3}\right) = 1$, $p \equiv 1 \pmod 3$. 类似地, $\left(\frac{5}{p}\right) = 1$, 二次互反律给出 $\left(\frac{p}{5}\right) = 1$, $p \equiv 1, 4 \pmod 5$.

二者结合得到 $p \equiv 1, 4 \pmod{15}$. $\qquad\square$

题 4.46. 证明: 存在无穷多素数不整除任何 $2^{n^2+1} - 3^n$, $n \geq 1$.

证： 假设素数 $p > 3$ 整除 $2^{n^2+1} - 3^n$, 对某个 n 成立. 因此 $2^{n^2+1} \equiv 3^n \pmod p$. 注意 n 和 $n^2 + 1$ 的奇偶性不同, 因此 $\left(\frac{2}{p}\right) = 1$ 或 $\left(\frac{3}{p}\right) = 1$. 前者给出 $p \equiv \pm 1 \pmod 8$, 后者给出 $p \equiv \pm 1 \pmod{12}$. 我们因此得到 p 必然模 24 同余于 1, 7, 11, 13, 17, 23 之一.

根据 Dirichlet 定理, 有无穷多素数模 24 余 5, 于是不整除任何 $2^{n^2+1} - 3^n$ 型数. $\qquad\square$

题 4.47. (a) （高斯）证明：奇素数 p 可以写成 $a^2 + 2b^2$, $a, b \in \mathbf{Z}$ 的形式，当且仅当 $p \equiv 1, 3 \pmod 8$.

(b) （欧拉，拉格朗日）证明：素数 $p \neq 3$ 可以写成 $a^2 + 3b^2$ 形式当且仅当 $p \equiv 1 \pmod 3$.

证: (a) 假设 $p = a^2 + 2b^2$. 则 $a^2 \equiv -2b^2 \pmod p$, 而 $p \nmid b$, 所以 $\left(\frac{-2}{p}\right) = 1$, 说明 $p \equiv 1, 3 \pmod 8$.

反之，若 $p \equiv 1, 3 \pmod 8$, -2 是模 p 的平方剩余. u 是整数，满足 $u^2 \equiv -2 \pmod p$. 利用 Thue 引理（见定理 4.59），我们可以找到不全为 0 的整数 a, b, 使得 $|a|, |b| < \sqrt{p}$, 及 $a \equiv ub \pmod p$ 成立. 则 $a^2 \equiv u^2 b^2 \equiv -2b^2 \pmod p$, 因此 $p \mid a^2 + 2b^2$.

因为 $a^2 + 2b^2 < 3p$, 可得 $p = a^2 + 2b^2$ 或 $2p = a^2 + 2b^2$. 第一种情况结论已经成立. 若 $2p = a^2 + 2b^2$, 则 $a = 2c$, $p = b^2 + 2c^2$, 结论也成立.

(b) 证明和(a)十分相似，细节留给读者. 关键点是 -3 是模 p 的平方剩余当且仅当 $p \equiv 1 \pmod 3$（直接从二次互反律得到）.

反之，利用 Thue 引理得到整数 a, b 使得 $|a|, |b| < \sqrt{p}$, a, b 不全为 0 和 $p \mid a^2 + 3b^2$. 若 $p = a^2 + 3b^2$ 或 $3p = a^2 + 3b^2$, 和前面一样得到结论. 若 $2p = a^2 + 3b^2$, 模 3 得到矛盾. $\square$

注释 7.17. 用类似的方法（技术细节更多），可以证明拉格朗日和高斯的下面结果：若 $p \neq 5$ 是素数，则 p 可以写成 $a^2 + 5b^2$ 当且仅当 $p \equiv 1, 9 \pmod{20}$, 并且 $2p$ 可以写成 $a^2 + 5b^2$ 当且仅当 $p \equiv 3, 7 \pmod{20}$. 一般地，给定整数 $n > 1$ 描述可以写成 $x^2 + ny^2$ 形式的素数是很微妙的问题.

题 4.48. （ MoldovaTST2005）设函数 $f, g: \mathbf{N} \to \mathbf{N}$ 满足： (a) g 是满射; (b) $2f(n)^2 = n^2 + g(n)^2$ 对所有正整数 n 成立. (c) $|f(n) - n| \leq 2\,004\sqrt{n}$, 对所有 $n \in \mathbf{N}$ 成立. 证明：f 有无穷多不动点.

证: 设 p_n 是 $8k + 3$ 型的素数构成的序列（根据 Dirichlet 定理知道有无穷多这样的数，或者从例 4.131 得到），则 $\left(\frac{2}{p_n}\right) = -1$.

设 x_n 是整数，使得 $g(x_n) = p_n$, 可得 $2f(x_n)^2 = x_n^2 + p_n^2$. 因此 $2f(x_n)^2 \equiv x_n^2 \pmod{p_n}$, 但是因为 $\left(\frac{2}{p_n}\right) = -1$, 所以 $p_n | x_n$, $p_n | f(x_n)$. 因此存在正整数序列 a_n, b_n, 使得 $x_n = a_n p_n$, $f(x_n) = b_n p_n$.

利用(b), 可得 $2b_n^2 = a_n^2 + 1$, 而(c)给出

$$\frac{2\,004}{\sqrt{x_n}} \geq \left| \frac{f(x_n)}{x_n} - 1 \right| = \left| \frac{b_n}{a_n} - 1 \right|.$$

上式左端当 $n \to \infty$ 时趋向于 0，因此 $\lim\limits_{n\to\infty}\frac{b_n}{a_n}=1$，进而 $\lim\limits_{n\to\infty}a_n=1$. 存在 N，当 $n > N$ 时有 $a_n = 1 = b_n$，于是 $f(p_n) = p_n$，对 $n > N$ 成立. $\qquad\square$

题 4.49. （罗马尼亚TST2004）设 p 是奇素数，令 $f(X) = \sum_{i=1}^{p-1}\left(\frac{i}{p}\right)X^{i-1}$.

(a) 证明：$X-1 \mid f$，$(X-1)^2 \nmid f$，当且仅当 $p \equiv 3 \pmod 4$；

(b) 证明：若 $p \equiv 5 \pmod 8$，则 $(X-1)^2 \mid f$，$(X-1)^3 \nmid f$.

证： (a) 注意 $f(1) = \sum_{i=1}^{p-1}\left(\frac{i}{p}\right) = 0$ 及

$$f'(1) = \sum_{i=1}^{p-1}(i-1)\left(\frac{i}{p}\right) = \sum_{i=1}^{p-1}i\left(\frac{i}{p}\right) = \sum_{i=1}^{p-1}(p-i)\left(\frac{p-i}{p}\right)$$

$$= (-1)^{\frac{p-1}{2}}\sum_{i=1}^{p-1}(p-i)\left(\frac{i}{p}\right) = -(-1)^{\frac{p-1}{2}}f'(1).$$

因此对 $p \equiv 1 \pmod 4$，有 $f'(1) = 0$ 及 f 被 $(X-1)^2$ 整除.

若 $p \equiv 3 \pmod 4$，则

$$f'(1) = \sum_{i=1}^{p-1}i\left(\frac{i}{p}\right) \equiv \sum_{i=1}^{p-1}i = \frac{p(p-1)}{2} \equiv 1 \pmod 2,$$

因此 f 被 $X-1$ 整除，不被 $(X-1)^2$ 整除.

(b) 利用 (a)，可得

$$f''(1) = \sum_{i=1}^{p-1}(i^2 - 3i + 2)\left(\frac{i}{p}\right) = \sum_{i=1}^{p-1}i^2\left(\frac{i}{p}\right)$$

我们要证，这是非零的. 我们实际证明 $f''(1) \equiv 4 \pmod 8$. 因为 $i^2\left(\frac{2i}{p}\right) \equiv i$ (mod 2) 及 $(2i-1)^2 \equiv 1 \pmod 8$，所以

$$f''(1) = \sum_{i=1}^{\frac{p-1}{2}}4i^2\left(\frac{2i}{p}\right) + \sum_{i=1}^{\frac{p-1}{2}}(2i-1)^2\left(\frac{2i-1}{p}\right)$$

$$\equiv 4\sum_{i=1}^{\frac{p-1}{2}}i + \sum_{i=1}^{\frac{p-1}{2}}\left(\frac{2i-1}{p}\right) \equiv 4 + \sum_{i=1}^{\frac{p-1}{2}}\left(\frac{2i-1}{p}\right) \pmod 8,$$

其中用到 $\sum_{i=1}^{\frac{p-1}{2}}i = \frac{p^2-1}{8} \equiv 1 \pmod 2$. 只需证明恒等式 $\sum_{i=1}^{\frac{p-1}{2}}\left(\frac{2i-1}{p}\right) = 0$. 这只需注意 $p \equiv 1 \pmod 4$，有

$$\sum_{i=1}^{\frac{p-1}{2}}\left(\frac{2i-1}{p}\right) = \sum_{i=1}^{\frac{p-1}{2}}\left(\frac{p-(2i-1)}{p}\right) = \sum_{i=1}^{\frac{p-1}{2}}\left(\frac{2i}{p}\right) = -\sum_{i=1}^{\frac{p-1}{2}}\left(\frac{i}{p}\right)$$

因为 $2\sum_{i=1}^{(p-1)/2}\left(\frac{i}{p}\right) = \sum_{i=1}^{p-1}\left(\frac{i}{p}\right) = 0$. ，问题得证. $\qquad\square$

题 4.50. 对奇素数 p，设 $f(p)$ 是同余方程 $y^2 \equiv x^3 - x \pmod{p}$ 的解数.

(a) 证明：$f(p) = p$ 对 $p \equiv 3 \pmod 4$ 成立.

(b) 证明：若 $p \equiv 1 \pmod 4$，则

$$f(p) \equiv (-1)^{\frac{p+3}{4}} \binom{\frac{p-1}{2}}{\frac{p-1}{4}} \pmod{p}.$$

(c) 对哪些素数 p，有 $f(p) = p$ 成立？

证： 我们有 $f(p) = \sum_{x=0}^{p-1} \left(1 + \left(\frac{x^3-x}{p}\right)\right) = p + \sum_{x=1}^{p-1} \left(\frac{x^3-x}{p}\right)$.

(a) 若 $p \equiv 3 \pmod 4$，则对所有 x，有

$$\left(\frac{(-x)^3-(-x)}{p}\right) = \left(\frac{-1}{p}\right) \cdot \left(\frac{x^3-x}{p}\right) = -\left(\frac{x^3-x}{p}\right),$$

因此有

$$\sum_{x=1}^{p-1} \left(\frac{x^3-x}{p}\right) = \sum_{x=1}^{\frac{p-1}{2}} \left(\frac{x^3-x}{p}\right) + \sum_{x=1}^{\frac{p-1}{2}} \left(\frac{(-x)^3-(-x)}{p}\right) = 0$$

及 $f(p) = p$.

(b) 记 $p - 1 = 4l$，利用二项式定理和欧拉准则

$$\sum_{x=1}^{p-1} \left(\frac{x^3-x}{p}\right) \equiv \sum_{x=1}^{p-1} (x^3-x)^{\frac{p-1}{2}} \equiv \sum_{x=1}^{p-1} \sum_{k=0}^{2l} \binom{2l}{k} x^{p-1+2l-2k} (-1)^k$$

$$= \sum_{k=0}^{2l} (-1)^k \binom{2l}{k} \sum_{x=1}^{p-1} x^{p-1+2(l-k)} \pmod{p}.$$

注意

$$\sum_{x=1}^{p-1} x^{p-1+2(l-k)} \equiv \sum_{x=1}^{p-1} x^{2(l-k)} \pmod{p}$$

以及推论 4.77，最后的求和模 p 同余于 0，除了 $l = k$ 时同余于 -1（只有这个情况下 $p - 1 \mid 2(l-k)$）. 我们因此得到

$$\sum_{x=1}^{p-1} \left(\frac{x^3-x}{p}\right) \equiv (-1)^{l+1} \binom{2l}{l} \pmod{p}.$$

(c) 因为 $(-1)^{\frac{p+3}{4}} \binom{\frac{p-1}{2}}{\frac{p-1}{4}}$ 显然不是 p 的倍数，我们得到没有 $p \equiv 1 \pmod 4$ 是问题的解. 结合(a)可知，解是 $4k + 3$ 型素数. $\qquad\square$

题 4.51. 是否存在 5 次整系数多项式 f，f 没有有理根，而 $f(x) \equiv 0 \pmod{p}$ 对每个素数 p 有解？

证： 答案是肯定的，我们将证明：$f(X) = (X^2 + 3)(X^3 + 2)$ 是问题的解．显然 f 次数是 5，没有有理根．

若 $p = 2$，则 $f(0) \equiv 0 \pmod{p}$．

若 $p \equiv 1 \pmod{3}$，则二次互反律给出 $\left(\frac{-3}{p}\right) = 1$ 所以 $x^2 + 3 \equiv 0 \pmod{p}$ 有解．

若 $p \equiv 2 \pmod{3}$，则映射 $x \mapsto x^3 \pmod{p}$ 是双射（见定理 4.29），所以同余方程 $x^3 + 2 \equiv 0 \pmod{p}$ 是有解．因此 f 是问题的解． $\qquad \square$

注释 7.18. 要得到更多相关内容，读者可以参考论文 "*Polynomials $(x^3 - n)(x^2 + 3)$ solvable modulo any integer*" by A. M. Hyde, P. D. Lee and B. K. Spearman, published in the American Mathematical Monthly, vol. 121, no. 4, p. 355-358.

题 4.52. 设 p 是奇素数，整数 a 与 p 互素．设 $N(a)$ 是同余方程 $y^2 \equiv x^3 + ax \pmod{p}$ 解的个数，$S(a) = \sum_{k=0}^{p-1} \left(\frac{k^3 + ak}{p}\right)$．

(a) 证明：$N(a) = p + S(a)$．

(b) 证明：若 $p \equiv 3 \pmod{4}$，则对所有 a，$S(a) = 0$．因此 $N(a) = p$．

后面假设 $p \equiv 1 \pmod{4}$．

(c) 证明：若 b 不是 p 的倍数，则 $S(ab^2) = \left(\frac{b}{p}\right) S(a)$．

(d) 证明：$\sum_{a=0}^{p-1} S(a)^2 = 2p(p-1)$．若 $A = S(-1)$，$B = S(a)$，其中 a 是平方非剩余，则 $A^2 + B^2 = 4p$．

(e) 证明：$A \equiv -(p+1) \pmod{8}$．

(f) 推导 *Jacobsthal* 的下面定理：设 $p \equiv 1 \pmod{4}$ 是素数，$p = a^2 + b^2$，a, b 是整数，a 是奇数，$a \equiv -\frac{p+1}{2} \pmod{4}$．则同余式 $y^2 \equiv x^3 - x \pmod{p}$ 有 $p + 2a$ 个解．

证： (a) 因为对每个 x 同余方程 $y^2 \equiv x^3 + ax \pmod{p}$ 中 y 的解数是 $1 + \left(\frac{x^3 + ax}{p}\right)$，因此结论显然．

(b) 因为 $(p-k)^3 + a(p-k) \equiv -(k^3 + ak) \pmod{p}$，当 $p \equiv 3 \pmod{4}$ 时，可得 $\left(\frac{(p-k)^3 + a(p-k)}{p}\right) = -\left(\frac{k^3 + ak}{p}\right)$．将式子对 $k = 0, 1, \cdots, \frac{p-1}{2}$ 求和得到 $S(a) = 0$ 和 $N(a) = p$．

(c) 因为 $0, b, 2b, \cdots, (p-1)b$ 构成模 p 的完系，所以

$$S(ab^2) = \sum_{k=0}^{p-1} \left(\frac{k^3 + ab^2 k}{p} \right) = \sum_{k=0}^{p-1} \left(\frac{(kb)^3 + ab^2(kb)}{p} \right) = \sum_{k=0}^{p-1} \left(\frac{b^3(k^3 + ak)}{p} \right)$$

$$= \left(\frac{b}{p} \right) \sum_{k=0}^{p-1} \left(\frac{k^3 + ak}{p} \right) = \left(\frac{b}{p} \right) S(a).$$

(d) 我们有

$$\sum_{a=0}^{p-1} S(a)^2 = \sum_{a=0}^{p-1} \sum_{k,l=0}^{p-1} \left(\frac{k}{p} \right) \cdot \left(\frac{k^2 + a}{p} \right) \cdot \left(\frac{l}{p} \right) \cdot \left(\frac{l^2 + b}{p} \right)$$

$$= \sum_{k,l=0}^{p-1} \left(\frac{kl}{p} \right) \sum_{a=0}^{p-1} \left(\frac{(k^2 + a)(l^2 + a)}{p} \right).$$

对固定的 k, l，根据命题 4.111，内层求和 $\sum_{a=0}^{p-1} \left(\frac{(k^2+a)(l^2+a)}{p} \right)$ 当 k^2 与 l^2 模 p 不同时为 -1；相同时为 $p-1$. 因此

$$\sum_{a=0}^{p-1} S(a)^2 = p \sum_{\substack{0 \le k,l \le p-1 \\ k^2 \equiv l^2 \pmod{p}}} \left(\frac{kl}{p} \right) - \sum_{k,l=0}^{p-1} \left(\frac{kl}{p} \right).$$

接下来，有

$$\sum_{k,l=0}^{p-1} \left(\frac{kl}{p} \right) = \left(\sum_{k=0}^{p-1} \left(\frac{k}{p} \right) \right)^2 = 0.$$

最后，注意到若 $k^2 \equiv l^2 \pmod{p}$，k, l 不是 p 的倍数，则 $\left(\frac{kl}{p} \right) = \left(\frac{\pm k^2}{p} \right) = 1$. 因此

$$\sum_{\substack{0 \le k,l \le p-1 \\ k^2 \equiv l^2 \pmod{p}}} \left(\frac{kl}{p} \right) = 2(p-1)$$

然后得到 $\sum_{a=0}^{p-1} S(a)^2 = 2p(p-1)$.

因为当 $\left(\frac{a}{p} \right) = 1$ 时，$S(a) = \pm A$；当 $\left(\frac{a}{p} \right) = -1$ 时 $S(a) = \pm B$；而且 $S(0) = 0$，所以

$$\sum_{a=0}^{p-1} S(a)^2 = S(0)^2 + \frac{p-1}{2}(A^2 + B^2) = \frac{p-1}{2}(A^2 + B^2).$$

(e) 注意

$$A = \sum_{k=0}^{p-1} \left(\frac{k^3 - k}{p} \right) = \sum_{k=0}^{p-1} \left(\frac{k-1}{p} \right) \cdot \left(\frac{k}{p} \right) \cdot \left(\frac{k+1}{p} \right).$$

接下来，考虑

$$E = \sum_{k=0}^{p-1} \left(1 + \left(\frac{k-1}{p}\right)\right) \cdot \left(1 + \left(\frac{k}{p}\right)\right) \cdot \left(1 + \left(\frac{k+1}{p}\right)\right),$$

注意对 $k \neq 0, 1, p-1$，上面对应的求和项是三个偶数的乘积，是 8 的倍数. 当 $k = 0, 1, p-1$ 时，利用 $\left(\frac{-1}{p}\right) = 1$ 得到

$$E \equiv 4 + 4\left(1 + \left(\frac{2}{p}\right)\right) \equiv 4 \pmod{8}.$$

另一方面，强制展开并利用命题 4.111，可得

$$E = p + \sum_{j \in \{-1,0,1\}} \sum_{k=0}^{p-1} \left(\frac{k+j}{p}\right) + \sum_{i < j \in \{-1,0,1\}} \sum_{k=0}^{p-1} \left(\frac{(k+i)(k+j)}{p}\right) + A$$

$$= p + \sum_{j \in \{-1,0,1\}} 0 + \sum_{i < j \in \{-1,0,1\}} (-1) + A = p - 3 + A.$$

因此 $p - 3 + A \equiv 4 \pmod{p}$，$A \equiv -(p+1) \pmod{8}$.

(f) 容易看出 A 和 B 是偶数，因此 $p = \left(\frac{A}{2}\right)^2 + \left(\frac{B}{2}\right)^2$. 是将 p 写成平方形式的唯一方式. 上一段给出 $A/2$ 是奇数，因此 $A/2 = a$，结论成立.　　　　□

题 4.53. （数学反思）求所有素数 p 满足下面性质：只要 a, b, c 是整数，$p \mid a^2b^2 + b^2c^2 + c^2a^2 + 1$，则有 $p \mid a^2b^2c^2(a^2 + b^2 + c^2 + a^2b^2c^2)$.

证： 这是非常难的问题！答案是 $2, 3, 5, 13$ 和 17. 定义 $X_1(p)$ 为同余方程

$$a^2b^2 + b^2c^2 + c^2a^2 + 1 \equiv 0 \pmod{p}$$

在 $\{0, 1, \cdots, p-1\}^3$ 的解的集合. 类似地，$X_2(p)$ 是

$$a^2b^2c^2(a^2 + b^2 + c^2 + a^2b^2c^2) \equiv 0 \pmod{p}$$

的解的集合. 我们要找到 p，使得 $X_1(p) \subset X_2(p)$.

首先证明 $2, 3, 5, 13$ 和 17 是问题的解. 假设 $(a, b, c) \in X_1(p) \setminus X_2(p)$，$p$ 是素数. 令 $x = a^2$，$y = b^2$，$z = c^2$，于是 x, y, z 是模 p 的平方剩余，

$$xy + yz + zx + 1 \equiv 0 \pmod{p}, \quad xyz(x + y + z + xyz) \not\equiv 0 \pmod{p}.$$

因为

$$\varepsilon(xy + yz + zx + 1) + (x + y + z + xyz) = (x + \varepsilon)(y + \varepsilon)(z + \varepsilon)$$

对 $\varepsilon = \pm 1$ 成立，可得 x, y, z 模 p 都不是 0 或 ± 1。这样就已经排除了 $p = 2$，$p = 3$ 和 $p = 5$。

进一步，我们不能有 $x + y \equiv 0 \pmod{p}$（以及交换变量得到的其他两个同余方程），否则有 $xy + 1 \equiv 0 \pmod{p}$ 与 $x + y + z + xyz \not\equiv 0 \pmod{p}$ 矛盾。

类似地，也不会有 $xy + 1 \equiv 0 \pmod{p}$（以及变量交换后的相应式子）。

最后，若 $p \in \{13, 17\}$，x, y, z 必须两两不同，因为可以检验同余方程 $x^2 + 2zx + 1 \equiv 0 \pmod{p}$ 没有解 x, z 是平方剩余且不同于 $0, \pm 1$。

写下模 13 和模 17 的平方剩余，然后枚举检验，不存在 (x, y, z) 满足前面所有的性质，因此 $2, 3, 5, 13$ 和 17 是问题的解。

接下来，我们证明：若 $p > 3$ 是 $4k + 3$ 型素数，则 $X_1(p)$ 非空且与 $X_2(p)$ 不相交，因此 p 不是问题的解。

选整数 c 使得 c^2 模 p 不是余 0 或 1 mod p（这样的 c 对 $p > 3$ 是存在的）。注意若 $a \in \{0, 1, \cdots, \frac{p-1}{2}\}$，则 p 不整除 $a^2 + c^2$（因为 $p \equiv 3 \pmod{4}$，p 不整除 c）。因此，我们可以定义映射 $f : \{0, 1, \cdots, \frac{p-1}{2}\} \to \{0, 1, \cdots, p-1\}$，

$$f(a)(a^2 + c^2) \equiv -(a^2 c^2 + 1) \pmod{p}.$$

我们声明这个映射是单射。实际上若 $f(a) = f(a_1)$，则简单计算给出 $(a^2 - a_1^2)(c^4 - 1) \equiv 0 \pmod{p}$，因此 $a \equiv a_1 \pmod{p}$（因为 $p \nmid c^2 \pm 1$）。因为 f 是单射，而一共有 $\frac{p+1}{2}$ 个模 p 的平方剩余，存在 $a, b \in \{0, 1, \cdots, p-1\}$，使得 $f(a) \equiv b^2 \pmod{p}$，等价于说 $(a, b, c) \in X_1(p)$。因此 $X_1(p) \neq \emptyset$。

接下来，假设 $(a, b, c) \in X_1(p) \cap X_2(p)$。因为 $p \equiv 3 \pmod{4}$，p 不整除 abc。因此 $a^2(b^2 c^2 + 1) + b^2 + c^2 \equiv 0 \pmod{p}$ 及 $a^2(b^2 + c^2) + b^2 c^2 + 1 \equiv 0 \pmod{p}$，给出 $(a^4 - 1)(b^2 + c^2) \equiv 0 \pmod{p}$，则 $a^2 \equiv 1 \pmod{p}$，$(1 + b^2)(1 + c^2) \equiv 0 \pmod{p}$，矛盾。

最后，假设 $p \equiv 1 \pmod{4}$，$p > 17$。我们将构造 $X_1(p)$ 的一个元素不在 $X_2(p)$ 中，由此完成题目证明。因为 $p \equiv 1 \pmod{4}$，存在 $x \in \mathbf{Z}$，使得 $x^2 + 1 \equiv 0 \pmod{p}$。我们需要下面的结果

引理 7.19. 同余方程 $a^2 + ab + b^2 \equiv x \pmod{p}$ 至少有 $p - 1$ 个解。

证： 将同余方程写作 $(2a + b)^2 + 3b^2 \equiv 4x \pmod{p}$。因此只需证明：对 p 不整除 t，$u^2 + 3v^2 \equiv t \pmod{p}$ 有至少 $p - 1$ 个解。但是解的数量是 $p + \sum_{v=0}^{p-1} \left(\frac{t - 3v^2}{p} \right)$，结论从命题 4.111 得到。 $\qquad\square$

现在，设 S 是前面同余式的解。对 $(a, b) \in S$，有 $X_1(p)$ 中的元素 (a, b, c)，

其中 $c = -a - b$. 实际上，此时

$$a^2b^2 + b^2c^2 + c^2a^2 + 1 \equiv (ab + bc + ca)^2 + 1 \equiv (a^2 + ab + b^2)^2 + 1$$
$$\equiv x^2 + 1 \equiv 0 \pmod{p},$$

因此 $(a, b, c) \in X_1(p)$.

现在我们计算这样的 (a, b, c) 出现在 $X_2(p)$ 中的个数. 假设 $(a, b, c) \in X_2(p)$. 若 $a \equiv 0 \pmod{p}$，则 $b^2 \equiv x \pmod{p}$ 和 (a, b) 模 p 至多有两个值. 类似地，$b \equiv 0 \pmod{p}$ 和 $c \equiv 0 \pmod{p}$ 每个给出 (a, b) 模 p 的至多 2 个值. 因此至多有 6 个这样的值在 $X_2(p)$ 中.

其他情形是 $a^2 + b^2 + c^2 + a^2b^2c^2 \equiv 0 \pmod{p}$. 由

$$a^2 + b^2 + c^2 \equiv 2(a^2 + b^2 + ab) \equiv 2x \pmod{p},$$
$$a^2c^2 \equiv (a(a+b))^2 \equiv (x - b^2)^2 \pmod{p},$$

可得 $2x + b^2(x - b^2)^2 \equiv 0 \pmod{p}$. 这个同余方程根据拉格朗日定理，模 p 至多有 6 个解（这是关于 b 的 6 次多项式）. 而每个 b 至多对应两个对 (a, b). 因此 $X_2(p)$ 至多包含 12 个这样类型的元素.

因此 $X_2(p)$ 至多有 18 个 $X_1(p)$ 的此类元素. 因为 $p > 17$ 和 $p \equiv 1 \pmod{4}$，至少有 $X_1(p)$ 中的一个元素不在 $X_2(p)$ 中. $\square$

题 4.54. 设 n 是正整数，$p \geq 2n + 1$ 是素数. 证明：

$$\binom{2n}{n} \equiv (-4)^n \binom{\frac{p-1}{2}}{n} \pmod{p}.$$

证： 我们有

$$\binom{2n}{n} = \frac{(2n)!}{n!^2} = \frac{2 \cdot 4 \cdot \ldots \cdot (2n)}{n!} \cdot \frac{1 \cdot 3 \cdot \ldots \cdot (2n-1)}{n!}$$
$$= 2^n \cdot \frac{1 \cdot 3 \cdot \ldots \cdot (2n-1)}{n!}.$$

因为 $n < p$，所以 $\gcd(n!, p) = 1$，目标同余式（乘以 $n!$，除以 2^n 后）等价于

$$1 \cdot 3 \cdot \ldots \cdot (2n-1) \equiv (-2)^n \cdot \frac{p-1}{2}\left(\frac{p-1}{2} - 1\right) \cdot \ldots \cdot \left(\frac{p-1}{2} - n + 1\right) \pmod{p}.$$

可以从 $(-2)\left(\frac{p-1}{2} - j\right) \equiv 2j + 1 \pmod{p}$，对 $0 \leq j \leq n - 1$ 连乘得到. $\square$

题 4.55. （数学反思 O 96）证明：若 $q \geq p$ 是素数，则

$$pq \mid \binom{p+q}{p} - \binom{q}{p} - 1.$$

证： 若 $p = q$, 这等价于 $\binom{2p}{p} \equiv 2 \pmod{p^2}$, 已经证明过（见例 4.157）. 假设 $q > p$. 根据范德蒙恒等式

$$\binom{p+q}{p} = \binom{p}{p}\binom{q}{0} + \binom{p}{p-1}\binom{q}{1} + \cdots + \binom{p}{0}\binom{q}{p}$$

而除了第一项和最后一项，都被 pq 整除. □

题 4.56. （Hewgill）设 $n = n_0 + 2n_1 + \cdots + 2^d n_d$ 是整数 $n > 1$ 的二进制表达式, 设 S 是 $\{0, 1, \cdots, n\}$ 的子集, 包含所有的 k, 使得 $\binom{n}{k}$ 是奇数. 证明

$$\sum_{k \in S} 2^k = F_0^{n_0} F_1^{n_1} \cdots F_d^{n_d},$$

其中 $F_k = 2^{2^k} + 1$ 是第 k 个费马数.

证： 根据卢卡斯定理, S 中的元素恰好是

$$k = k_0 + 2k_1 + \cdots + 2^d k_d \in \{0, 1, \cdots, n\},$$

满足 $0 \le k_i \le n_i$ 对所有 $0 \le i \le d$ 成立. 可得

$$\sum_{k \in S} 2^k = \sum_{k_0=0}^{n_0} \sum_{k_1=0}^{n_1} \cdots \sum_{k_d=0}^{n_d} 2^{k_0} \cdot 2^{2k_1} \cdot \ldots \cdot 2^{2^d k_d} = \left(\sum_{k_0=0}^{n_0} 2^{k_0}\right) \cdot \ldots \cdot \left(\sum_{k_d=0}^{n_d} 2^{2^d k_d}\right).$$

只需看到, 因为 $n_0, \cdots, n_d \in \{0, 1\}$, 有

$$\sum_{k_0=0}^{n_0} 2^k = (2+1)^{n_0}, \cdots, \sum_{k_d=0}^{n_d} 2^{2^d k_d} = (2^{2^d} + 1)^{n_d}.$$ □

题 4.57. （Calkin）设 a 是正整数, $x_n = \sum_{k=0}^{n} \binom{n}{k}^a$. 设 p 是素数, 有 p 进制表达式 $n = n_0 + pn_1 + \cdots + p^d n_d$. 证明： $x_n \equiv \prod_{i=0}^{d} x_{n_i} \pmod{p}$.

证： 显然 $x_n \equiv \sum_{k \in S_n} \binom{n}{k}^a \pmod{p}$, 其中 S_n 是满足 $p \nmid \binom{n}{k}$ 的数 $0 \le k \le n$ 构成的集合. 根据卢卡斯定理, 集合 S_n 包含数 $k = k_0 + pk_1 + \cdots + p^d k_d$, 满足 $0 \le k_i \le n_i$, 对所有 $0 \le i \le d$ 成立.

进一步, 对每个 $k \in S$, 有 $\binom{n}{k} \equiv \prod_{i=0}^{d} \binom{n_i}{k_i} \pmod{p}$, 于是可得

$$x_n \equiv \sum_{k_0=0}^{n_0} \cdots \sum_{k_d=0}^{n_d} \prod_{i=0}^{d} \binom{n_i}{k_i}^a = \prod_{i=0}^{d} \left(\sum_{k_i=0}^{n_i} \binom{n_i}{k_i}^a\right) = \prod_{i=0}^{d} x_{n_i} \pmod{p}.$$ □

题 4.58. 设 p 是素数，k 是奇整数，使得 $p-1$ 不整除 $k+1$. 证明：

$$\sum_{j=1}^{p-1} \frac{1}{j^k} \equiv 0 \pmod{p^2}.$$

证： 显然 $p \neq 2$. 只需证明 $2\sum_{j=1}^{p-1} \frac{1}{j^k} \equiv 0 \pmod{p^2}$. 可以看出

$$2\sum_{j=1}^{p-1} \frac{1}{j^k} = \sum_{j=1}^{p-1}\left(\frac{1}{j^k} + \frac{1}{(p-j)^k}\right) = \sum_{j=1}^{p-1} \frac{j^k + (p-j)^k}{j^k(p-j)^k}$$

而且因为 k 是奇数，二项式定理给出 $j^k + (p-j)^k \equiv kpj^{k-1} \pmod{p^2}$. 因此只需证明 $\sum_{j=1}^{p-1} \frac{1}{j(p-j)^k} \equiv 0 \pmod{p}$，或者等价地 $\sum_{j=1}^{p-1} \frac{1}{j^{k+1}} \equiv 0 \pmod{p}$. 这个从命题 4.149 得出. $\qquad\square$

题 4.59. （Tuymaada 2012）设 $p = 4k+3$ 是素数，记

$$\frac{1}{0^2+1} + \frac{1}{1^2+1} + \cdots + \frac{1}{(p-1)^2+1} = \frac{m}{n}$$

其中 m, n 是互素整数. 证明：$p \mid 2m - n$.

证： 因为 $p \equiv 3 \pmod 4$，根据推论 4.28，$0^2+1, 1^2+1, \cdots, (p-1)^2+1$ 都不是 p 的倍数.

接下来，我们像威尔逊定理证明中一样论述，构造成对的数 (x, y)，$x, y \in \{2, 3, \cdots, p-2\}$ 由 $xy \equiv 1 \pmod p$ 唯一确定. 对于这样的一对 (x, y)，

$$\frac{1}{x^2+1} + \frac{1}{y^2+1} \equiv \frac{1}{x^2+1} + \frac{1}{1+\frac{1}{x^2}} \equiv 1 \pmod p.$$

因为同余式 $x^2 \equiv 1 \pmod p$ 在 $\{2, \cdots, p-2\}$ 中无解，可得

$$\frac{1}{2^2+1} + \cdots + \frac{1}{(p-2)^2+1} \equiv \frac{p-3}{2} \pmod p,$$

因此

$$\frac{1}{0^2+1} + \cdots + \frac{1}{(p-1)^2+1} \equiv \frac{p-3}{2} + 1 + 2 \cdot \frac{1}{2} = \frac{p+1}{2} \pmod p. \qquad\square$$

题 4.60. （IMOSL2012）求所有整数 $m \geq 2$，使得 $n \mid \binom{n}{m-2n}$ 对每个整数 $n \in \left[\frac{m}{3}, \frac{m}{2}\right]$ 成立.

证： 我们将证明：问题的解恰好是素数. 若 m 是素数，则对每个 $n \in [\frac{m}{3}, \frac{m}{2}]$,

$$(m-2n)\binom{n}{m-2n} = n\binom{n-1}{m-2n-1}$$

是 n 的倍数. 而且因为 $\gcd(n, m-2n)=1$, 可得 $n \mid \binom{n}{m-2n}$.

反之，设 m 是问题的解. 若 m 是偶数，取 $n=\frac{m}{2}$ 给出 $\frac{m}{2} \mid 1$, 所以 $m=2$.

假设 m 是奇合数，其最小的素因子 $p \leq \frac{m}{3}$. 设 $n=\frac{m-p}{2}$, 则 $n \in [\frac{m}{3}, \frac{m}{2}]$, 根据假设 $n \mid \binom{n}{p}$. 可得 $p \mid (n-1)(n-2)\cdots(n-p+1)$, 这和 $p \mid n$ 矛盾.

因此 m 必须是素数. $\qquad\square$

题 4.61. （普特南 1991）证明：对所有奇素数 p, 满足

$$\sum_{k=0}^{p} \binom{p}{k}\binom{p+k}{k} \equiv 2^p + 1 \pmod{p^2}.$$

证： 对 $1 \leq k \leq p-1$, 有

$$\binom{p+k}{k} = \frac{(p+1)(p+2)\cdots(p+k)}{k!} \equiv 1 \pmod{p}.$$

及 $\binom{p}{k} \equiv 0 \pmod{p}$, 所以 $\binom{p}{k}\binom{p+k}{k} \equiv \binom{p}{k} \pmod{p^2}$. 因此要证的同余式等价于

$$1 + \binom{2p}{p} + \sum_{k=1}^{p-1}\binom{p}{k} \equiv 2^p + 1 \pmod{p^2}$$

利用二项式定理，这等价于 $\binom{2p}{p} \equiv 2 \pmod{p^2}$, 最后这个式子在例 4.157 中证明了. $\qquad\square$

题 4.62. （ ELMOSL 2011）证明：若 $p > 3$ 是素数，则

$$\sum_{k=0}^{\frac{p-1}{2}} \binom{p}{k} 3^k \equiv 2^p - 1 \pmod{p^2}.$$

证： 对 $1 \leq k \leq \frac{p-1}{2}$, 我们有

$$\binom{p}{k} \equiv \frac{p}{k}(-1)^{k-1} \equiv 2(-1)^k \frac{p}{2k}(-1)^{2k-1} \equiv 2(-1)^k\binom{p}{2k} \pmod{p^2}.$$

要证的同余式因此等价于

$$1 + 2\sum_{k=1}^{\frac{p-1}{2}} \binom{p}{2k}(-3)^k \equiv 2^p - 1 \pmod{p^2}$$

或者

$$2\sum_{k=0}^{\frac{p-1}{2}}\binom{p}{2k}(-3)^k \equiv 2^p \pmod{p^2}.$$

设 $\alpha = i\sqrt{3} \in \mathbf{C}$，则 $-3 = \alpha^2$．二项式定理给出

$$2\sum_{k=0}^{\frac{p-1}{2}}\binom{p}{2k}\alpha^{2k} = (1+\alpha)^p + (1-\alpha)^p.$$

题目结论于是从恒等式 $(1+\alpha)^p + (1-\alpha)^p = 2^p$ 得到．最后这个式子从 $1+\alpha = 2e^{\frac{i\pi}{3}}$，$1-\alpha = 2e^{-\frac{i\pi}{3}}$ 及 $\cos\left(\frac{\pi p}{3}\right) = \frac{1}{2}$ 得到（注意 $p \equiv \pm 1 \pmod 6$）． $\qquad\square$

题 4.63.（Ibero 2005）设 $p > 3$ 是素数．证明：

$$\sum_{i=1}^{p-1}\frac{1}{i^p} \equiv 0 \pmod{p^3}.$$

证： 设 S 表示左边，则

$$2S = \sum_{i=1}^{p-1}\left(\frac{1}{i^p} + \frac{1}{(p-i)^p}\right) = \sum_{i=1}^{p-1}\frac{i^p + (p-i)^p}{i^p(p-i)^p}.$$

利用二项式定理，可得

$$i^p + (p-i)^p \equiv p^2(-i)^{p-1} = p^2 i^{p-1} \pmod{p^3},$$

因此只需证 $\sum_{i=1}^{p-1}\frac{1}{i(p-i)^p} \equiv 0 \pmod p$．因为 $(p-i)^p \equiv p - i \equiv -i \pmod p$，我们化归到证明 $\sum_{i=1}^{p-1}\frac{1}{i^2} \equiv 0 \pmod p$．这已经在命题 4.149 中证明了． $\qquad\square$

题 4.64.（AMM）设 $C_n = \frac{1}{n+1}\binom{2n}{n}$ 是第 n 个卡特兰数，证明：

$$C_1 + C_2 + \cdots + C_n \equiv 1 \pmod 3$$

当且仅当 $n+1$ 的三进制表达式至少有一个数码 2．

证： 很容易验证等式 $\binom{2k+2}{k+1} - 4\binom{2k}{k} = -2C_k$，因此 $C_k \equiv \binom{2k+2}{k+1} - \binom{2k}{k} \pmod 3$，于是

$$C_1 + C_2 + \cdots + C_n \equiv \binom{2n+2}{n+1} - \binom{2}{1} = 1 + \binom{2n+2}{n+1} \pmod 3.$$

因此，我们需要证明：$3 \mid \binom{2n+2}{n+1}$ 当且仅当 $n+1$ 在三进制下至少有一个数字 2．这直接从例 4.146 得到． $\qquad\square$

题 4.65. 证明：对每个素数 $p > 5$，有

$$\left(1 + p\sum_{k=1}^{p-1}\frac{1}{k}\right)^2 \equiv 1 - p^2\sum_{k=1}^{p-1}\frac{1}{k^2} \pmod{p^5}.$$

证： 设 $x_j = \sum_{k=1}^{p-1}\frac{1}{k^j}$，要证的同余式则等价于 $2x_1 + p(x_1^2 + x_2) \equiv 0 \pmod{p^4}$。因为 $x_1 \equiv 0 \pmod{p^2}$，这进一步化简到 $2x_1 + px_2 \equiv 0 \pmod{p^4}$。注意

$$2x_1 = \sum_{k=1}^{p-1}\left(\frac{1}{k} + \frac{1}{p-k}\right) = -p\sum_{k=1}^{p-1}\frac{1}{k^2\left(1 - \frac{p}{k}\right)}.$$

注意到（这个的想法来源于恒等式 $\frac{1}{1-z} = 1+z+z^2+\cdots$），若 $z \equiv 0 \pmod{p}$，则 $\frac{1}{1-z} \equiv 1 + z + z^2 \pmod{p^3}$。

结合 $x_3 \equiv 0 \pmod{p^2}$（见例 4.58）和 $x_4 \equiv 0 \pmod{p}$，可得

$$2x_1 \equiv -p\sum_{k=1}^{p-1}\frac{1}{k^2}\left(1 + \frac{p}{k} + \frac{p^2}{k^2}\right) = -px_2 - p^2 x_3 - p^3 x_4 \equiv -px_2 \pmod{p^4}. \qquad \square$$

题 4.66. （USATST2002）设 $p > 5$ 是素数。对每个整数 x，定义

$$f_p(x) = \sum_{k=1}^{p-1}\frac{1}{(px+k)^2}$$

证明：$f_p(x) \equiv f_p(y) \pmod{p^3}$，对所有正整数 x, y 成立。

证： 由恒等式 $\frac{1}{(1-z)^2} = 1 + 2z + 3z^2 + \cdots$ 得到同余式 $\frac{1}{(1-z)^2} \equiv 1 + 2z + 3z^2 \pmod{p^3}$，其中要求 $z \equiv 0 \pmod{p}$。这个同余关系可以直接展开证明。

应用这个同余关系可得

$$f(x) \equiv \sum_{k=1}^{p-1}\frac{1}{k^2} \cdot \frac{1}{\left(1 - \left(-\frac{px}{k}\right)\right)^2} \equiv \sum_{k=1}^{p-1}\frac{1}{k^2}\left(1 - \frac{2px}{k} + \frac{3p^2x^2}{k^2}\right) \pmod{p^3}.$$

因为

$$\sum_{k=1}^{p-1}\frac{1}{k^3} \equiv 0 \pmod{p^2}, \qquad \sum_{k=1}^{p-1}\frac{1}{k^4} \equiv 0 \pmod{p},$$

我们得出结论 $f_p(x) \equiv \sum_{k=1}^{p-1}\frac{1}{k^2} \equiv f_p(y) \pmod{p^3}$，对所有 x, y 成立。 $\qquad \square$

第五章 p 进赋值和素数分布

题 5.1. （俄罗斯2000）证明：可以将 $\mathbf{N}$ 分割成100个集合，使得若 $a, b, c \in \mathbf{N}$ 满足 $a + 99b = c$，则 a, b, c 中至少有两个数属于同一个集合.

证： 令第 i 个集合包含所有的 n，满足 $v_2(n) \equiv i \pmod{100}$，$1 \leq i \leq 100$.

若 $a + 99b = c$，则 $v_2(a), v_2(b), v_2(c)$ 不会两两不同. 否则 $v_2(a) \neq v_2(b)$，根据强三角不等式 $v_2(c) = \min(v_2(a), v_2(99b)) = \min(v_2(a), v_2(b))$，矛盾. □

题 5.2. （伊朗2012）证明：对每个正整数 t，存在与 t 互素的整数 $n > 1$，使得 $n + t, n^2 + t, n^3 + t, \cdots$ 都不是整数幂.

证： 设 p 是 $t+1$ 的素因子，$k = v_p(1+t)$. 我们选择 n，使得 $n \equiv 1 \pmod{p^{k+1}}$，则 $n^j + t \equiv 1 + t \pmod{p^{k+1}}$，对所有 $j \geq 1$ 成立. 因此 $v_p(n^j + t) = k$. 假设 $n^j + t$ 是整数幂，根据前面的关系，一定是 a^N 型数，$N \mid k$.

现在取 $n = x^{k!}$，$x \equiv 1 \pmod{p^{k+1}}$. 若 $n^j + t = a^N$，则 $a^N = t + b^N$，其中 $b = x^{\frac{k!}{N}}$. 因此 $a \geq b + 1$，于是

$$t \geq (b+1)^N - b^N > Nb > x.$$

如果选取 $x > t$，则前面选取的 n 给出问题的一个解. □

题 5.3. 证明：若 n, k 是正整数，则无论如何选择符号

$$\pm \frac{1}{k} \pm \frac{1}{k+1} \pm \cdots \pm \frac{1}{k+n}$$

都不是整数.

证： 设 $r = \max_{k \leq j \leq k+n} v_2(j)$，固定 $j \in \{k, \cdots, k+n\}$ 使得 $v_2(j) = r$. 我们声明没有其他的 $j' \in \{k, \cdots, k+n\}$，使得 $v_2(j') = r$. 实际上，我们假设这样的 $j' > j$，则 $j = 2^r \cdot a$，$j' = 2^r \cdot b$，a, b 是奇数. 则 $2^r(a+1)$ 在 j, j' 之间，也属于 $\{k, \cdots, k+n\}$，而 $v_2(2^r(a+1)) \geq r+1$，和 j 的 2 进赋值最大性矛盾.

因此，存在唯一的 $j \in \{k, \cdots, k+n\}$，使 $v_2(j) = r$ 取最大值. 现在可以将求和写成

$$\pm \frac{1}{k} \pm \frac{1}{k+1} \pm \cdots \pm \frac{1}{k+n} = \frac{x}{y} \pm \frac{1}{j},$$

其中 x, y 是整数，满足 $v_2(y) < r$. 因为 $v_2(j) = r$，根据强三角不等式，$\frac{x}{y} \pm \frac{1}{j} = \frac{xj \pm y}{yj}$ 分子的 2 进赋值等于 $v_2(y) < v_2(yj)$，比分母的 2 进赋值小，不可能是整数！ □

题 5.4. （罗马尼亚TST2007）设 $n \geq 3$，正整数 $a_1, \cdots, a_n$ 的最大公约数是1，且 $\mathrm{lcm}(a_1, \cdots, a_n) \mid a_1 + \cdots + a_n$. 证明：$a_1 a_2 \cdots a_n \mid (a_1 + a_2 + \cdots + a_n)^{n-2}$.

证： 只需证明对每个素数 $p \mid a_1 \cdots a_n$，有

$$v_p(a_1 \cdots a_n) \leq (n-2) v_p(a_1 + \cdots + a_n).$$

设 $x_i = v_p(a_i)$，不妨设 $x_1 \geq \cdots \geq x_n$. 因为 $\gcd(a_1, \cdots, a_n) = 1$，我们有 $x_n = 0$. 又根据题目条件

$$v_p(a_1 + \cdots + a_n) \geq \max_{1 \leq i \leq n} x_i > 0.$$

若 $x_{n-1} \neq 0$，则强三角不等式给出 $v_p(a_1 + \cdots + a_n) = x_n = 0$，矛盾. 因此 $x_{n-1} = 0$，然后

$$v_p(a_1 \cdots a_n) = x_1 + \cdots + x_n = x_1 + \cdots + x_{n-2} \leq (n-2) \max_{1 \leq i \leq n} x_i$$

$$\leq (n-2) v_p(a_1 + \cdots + a_n). \qquad \square$$

题 5.5. （*Erdös-Turan*）设 p 是奇素数，S 是 n 个正整数构成的集合. 证明：可以找到 S 的子集 T，含至少 $\lceil \frac{n}{2} \rceil$ 个元素，满足对所有不同的 $a, b \in T$，有

$$v_p(a + b) = \min(v_p(a), v_p(b)).$$

证： 设 $a_1 < \cdots < a_n$ 是 S 中的所有元素. 记 $k_i = v_p(a_i)$，$a_i = p^{k_i} b_i$，$b_i > 0$ 不是 p 的倍数.

设 I 是满足 b_i 模 p 余数小于 $\frac{p}{2}$ 的 $i \in \{1, 2, \cdots, n\}$ 构成的集合，J 是 I 的补集. 若 $i, j \in I$ 或者 $i, j \in J$，则 $b_i + b_j$ 不是 p 的倍数. I, J 之一至少有 $\lceil \frac{n}{2} \rceil$ 的元素，不妨设是 I.

取 $T = \{a_i \mid i \in I\}$. 若 $i \neq j \in I$，且 $k_i \neq k_j$，则根据强三角不等式 $v_p(a_i + a_j) = \min(v_p(a_i), v_p(a_j))$. 若 $i \neq j \in I$，且 $k_i = k_j$，则

$$v_p(a_i + a_j) = k_i + v_p(b_i + b_j) = k_i = \min(k_i, k_j),$$

也成立. $\qquad \square$

题 5.6. （*Ostrowski*）求所有函数 $f : \mathbf{Q} \to [0, \infty)$ 使得：

  i) $f(x) = 0$ 当且仅当 $x = 0$；

  ii) $f(xy) = f(x) \cdot f(y)$ 和 $f(x + y) \leq \max(f(x), f(y))$，对所有 x, y 成立.

证： 首先 $f(1) = f(1) \cdot f(1)$ 和 $f(1) > 0$ 给出 $f(1) = 1$. 类似地，$f(-1)^2 = 1$ 给出 $f(-1) = 1$. 特别地，$f(-x) = f(x)$，对所有 x 成立.

因为 $f(n) \le \max(f(n-1), f(1)) = \max(f(n-1), 1)$，归纳马上给出 $f(n) \le 1$ 对 $n \ge 1$ 成立. 而 $f(-x) = f(x)$，可得 $f(x) \le 1$ 对 $x \in \mathbf{Z}$ 成立.

首先假设对所有非零整数有 $f(n) = 1$. 则 $x \in \mathbf{Q}^*$ 可以写成 $x = a/b, a, b \in \mathbf{Z}^*$，于是 $1 = f(bx) = f(b)f(x) = f(x)$. 因此 $f(x) = 1$ 对所有非零 x 成立. 这个函数是问题的解.

现在假设存在 $n \in \mathbf{Z}^*$，使得 $f(n) < 1$. 取最小的这样的正整数 n. 若 $n = ab$ 是合数，$1 < a, b < n$. 由 n 的最小性，$f(a) = f(b) = 1$，有 $f(n) = f(ab) = f(a)f(b) = 1$，矛盾.

所以 n 是素数，记为 p. 若有和 p 互素的数 a，使得 $f(a) < 1$，则根据裴蜀定理，可以有整数 x, y，使得 $1 = ax + py$. 于是 $f(ax) = f(a)f(x) < 1$，$f(py) = f(p)f(y) < 1$，然后 $f(1) \le \max(f(ax), f(py)) < 1$，矛盾.

因此对所有 a 和 p 互素，有 $f(a) = 1$. 不难由 $f(xy) = f(x)f(y)$ 归纳得出，对一般的整数 x，$f(x) = f(p)^{v_p(x)}$. 对于有理数 $x = \frac{m}{n}$，有

$$f(x) = \frac{f(m)}{f(n)} = f(p)^{v_p(m) - v_p(n)}.$$

反之，若 $a \in (0, 1)$，p 是素数. 对非零整数 m, n，令 $f\left(\frac{m}{n}\right) = a^{v_p(m) - v_p(n)}$ 给出问题的解，只需利用 v_p 的基本性质即可得出. □

题 5.7. 求所有整数 $n > 1$，使得

$$n^n \mid (n-1)^{n^{n+1}} + (n+1)^{n^{n-1}}.$$

证： 若 n 是问题的解，则 $n \mid (n-1)^{n^{n+1}} + (n+1)^{n^{n-1}}$. 若 n 是偶数，则

$$(n-1)^{n^{n+1}} + (n+1)^{n^{n-1}} \equiv (-1)^{n^{n+1}} + 1 \equiv 2 \pmod{n},$$

因此 $n = 2$. 但是经检验这不是问题的解，因此所有解都是奇数.

反之，我们将证明：奇数都是问题的解. 我们将证明，当 n 是奇数时，有

$$n^n \mid (n-1)^{n^{n+1}} + 1, \, n^n \mid (n+1)^{n^{n-1}} - 1.$$

设 p 是 n 的素因子. 则 p 是奇数，根据升幂定理有

$$v_p((n-1)^{n^{n+1}} + 1) = v_p(n) + v_p(n^{n+1}) = (n+2)v_p(n) > nv_p(n) = v_p(n^n)$$

及 $v_p((n+1)^{n^{n-1}} - 1) = v_p(n) + v_p(n^{n-1}) = v_p(n^n)$，因此结论成立. □

题 5.8. （Mathlinks）设 a, b 是不同的正有理数，满足 $a^n - b^n \in \mathbf{Z}$ 对无穷多正整数 n 成立. 证明：$a, b \in \mathbf{Z}$.

证：将 a, b 通分，我们转化成问题：若 a, b, c 是正整数，$a \neq b$，使得 $c^n \mid a^n - b^n$ 对无穷多 n 成立，则有 $c \mid a$ 和 $c \mid b$.

对 c 的每个素因子分别考虑，可以假设 c 是素数. 因此要证：若 a, b 是不同的正整数，使得 p^n 整除 $a^n - b^n$ 对无穷多 n 成立，则 p 整除 a 和 b.

假设 p 不整除 a，则 p 也不整除 b. 于是

$$n \leq v_p(a^n - b^n) \leq v_p(a^{(p-1)n} - b^{(p-1)n}) \leq v_p(a^{2(p-1)} - b^{2(p-1)}) + v_p(n)$$
$$\leq c_1 + c_2 \log n$$

其中常数 c_1, c_2 和 a, b, p 有关. 最后的式子对于足够大的 n 不成立. $\qquad\square$

题 5.9. （圣彼得堡）求所有正整数 m, n，使得 $m^n \mid n^m - 1$.

证：设 p 是 m 的最小的素因子. 则 $p \mid n^m - 1$ 说明 $p \nmid n$，于是 $p \mid n^{p-1} - 1$. 因此 p 整除 $n^{\gcd(m, p-1)} - 1 = n - 1$.

接下来，假设 $p > 2$，则升幂定理给出

$$n v_p(m) \leq v_p(n^m - 1) = v_p(n - 1) + v_p(m),$$

得到 $n - 1 \leq v_p(n - 1)$，于是 $n - 1 \geq p^{n-1} \geq 3^{n-1}$，矛盾.

因此 $p = 2$，n 是奇数. 再利用升幂定理给出

$$n v_2(m) \leq v_2(n^m - 1) = v_2(n^2 - 1) - 1 + v_2(m),$$

因此 $(n-1)v_2(m) \leq v_2(n^2 - 1) - 1$. 于是 $n^2 - 2 \geq 2^{n-1}$，解得只有 $n = 3$，并且 $v_2(m) = 1$.

接下来，方程为 m^3 整除 $3^m - 1$. 假设 $m > 2$，q 是 $m/2$ 的最小素因子. 则 q 是奇数，$q > 3$，q 整除 $9^{\gcd(q-1, m/2)} - 1 = 8$，矛盾.

因此 $n = 3$ 及 $m = 2$ 是唯一解. $\qquad\square$

题 5.10. （Balkan 1993）设 p 是素数，$m \geq 2$ 是整数. 证明：若方程

$$\frac{x^p + y^p}{2} = \left(\frac{x + y}{2}\right)^m$$

有正整数解 $(x, y) \neq (1, 1)$，则 $m = p$.

证： 先假设 $p = 2$ 和 $m \geq 3$. 则

$$\frac{(x+y)^2}{2} > \frac{x^2 + y^2}{2} = \left(\frac{x+y}{2}\right)^m \geq \left(\frac{x+y}{2}\right)^3,$$

给出 $x + y < 4$. 因为 $(x, y) \neq (1, 1)$，我们必有 $x = 1, y = 2$ 或者 $x = 2, y = 1$. 容易检验两种情况都不是问题的解.

现在假设 $p > 2$，有凸函数 $x \mapsto x^p$，琴声不等式给出 $\frac{x^p + y^p}{2} \geq \left(\frac{x+y}{2}\right)^p$，因此有 $m \geq p > 2$.

设 $x = du, y = dv$，$\gcd(u, v) = 1$，给定方程变成

$$d^{m-p}(u+v)^m = 2^{m-1}(u^p + v^p).$$

若 $u + v$ 有奇素数因子 q，则升幂定理给出

$$mv_q(u+v) \leq v_q(u^p + v^p) = v_q(p) + v_q(u+v) \leq 1 + v_q(u+v),$$

与 $m > 2$ 矛盾.

因此 $u + v$ 是 2 的幂，$v_2(u^p + v^p) = v_2(u+v)$，则

$$mv_2(u+v) \leq v_2(u+v) + m - 1,$$

给出 $u + v = 2$，$u = v = 1$，然后 $x = y$，$m = p$. □

题 5.11.（CTST2004）设 a 是正整数. 证明：方程 $n! = a^b - a^c$ 只有有限组正整数解 (n, b, c).

证： 设 (n, b, c) 是一个解. 注意 $a > 1$，设 p 是不整除 a 的一个奇素数. 利用升幂定理和费马小定理，可得

$$v_p(a^b - a^c) = v_p(a^{b-c} - 1) \leq v_p((a^{p-1})^{b-c} - 1) = v_p(a^{p-1} - 1) + v_p(b - c).$$

因此 $v_p(a^{p-1} - 1) + v_p(b - c) \geq v_p(n!) > \frac{n}{p} - 1$，于是 $v_p(b - c) \geq \frac{n}{p} - k$，$k$ 是与 n 无关的某个常数. 令 $\epsilon = p^{-k} > 0$，我们得到 $b - c \geq \epsilon p^{n/p}$. 因此

$$n^n > n! = a^b - a^c > a^{b-c} \geq a^{\epsilon p^{n/p}}.$$

求对数，得到 n 有一个和 a 有关的上界. 又因为 $c, b - c < n!$，结论成立. □

题 5.12.（CTST2016）设 $c, d > 1$ 是整数. 定义序列 $(a_n)_{n \geq 1}$：

$$a_1 = c, a_{n+1} = a_n^d + c, n \geq 1.$$

证明：对每个 $n \geq 2$ 存在素数 p 整除 a_n，但不整除 $a_1 a_2 \cdots a_{n-1}$.

证： 假设，对某个 $n > 1$，不存在这样的素数 p。取 p 是 a_n 的任何素因子。根据假设存在 $j < n$，使得 $p \mid a_j$。取最小的这样的 j。我们声明 $j \mid n$。

实际上，$a_{j+1} = a_j^d + c \equiv a_1 \pmod{p}$，直接归纳得到 $a_{j+u} \equiv a_u \pmod{p}$，对所有 $u \geq 1$ 成立。也就是说，序列 $(a_n)_{n \geq 1}$ 模 p 具有正周期 j。用带余除法写 $n = qj + r$，可得 $a_r \equiv a_{qj+r} = a_n \equiv 0 \pmod{p}$，因此 $p \mid a_r$。由 j 的最小性，$r = 0$，因此 $j \mid n$。

接下来，我们声明 $v_p(a_n) = v_p(a_j)$。设 $r = v_p(a_j)$。则

$$a_{j+1} = a_j^d + c \equiv c = a_1 \pmod{p^{rd}}$$

归纳得到 $(a_n)_{n \geq 1}$ 模 p^{rd} 有周期 j。特别地，因为 $j \mid n$，有 $a_n \equiv a_j \pmod{p^{dr}}$。因为 $v_p(a_j) = r < dr$，所以 $v_p(a_n) = r$。

上面证明了：对每个素数 $p \mid a_n$ 我们可以找到 $j_p < n$，使得 $v_p(a_n) = v_p(a_{j_p})$。说明 a_n 整除 $a_1 a_2 \cdots a_{n-1}$，特别地，$a_n \leq a_1 a_2 \cdots a_{n-1}$。

但是直接归纳可以得出 $a_n > a_1 \cdots a_{n-1}$，对 $n \geq 2$ 成立。实际上，对 $n = 2$ 这是显然的。假设命题对 n 成立，则利用 $d > 1$

$$a_{n+1} = a_n^d + c > a_n \cdot a_n > a_n \cdot a_1 \cdots a_{n-1}.$$

这样和上一段结论矛盾，因此 a_n 有素因子不整除 $a_1 a_2 \cdots a_{n-1}$。 □

题 5.13. （Kvant 1687）集合 $\{2^n - 1 \mid n \in \mathbf{Z}\}$ 中最多可以有多少项，同时属于某个等比数列？

证： 我们将证明：一个等比数列至多有两项在集合 $S = \{2^n - 1 \mid n \in \mathbf{Z}\}$ 中。

假设命题不成立，则有两两不同的整数 a, b, c，满足

$$2^a - 1 = a_1 q^\alpha, \quad 2^b - 1 = a_1 q^\beta, \quad 2^c - 1 = a_1 q^\gamma,$$

其中正整数 $\alpha > \beta > \gamma \geq 0$。

取正整数 $n > m$，满足 $n(\beta - \gamma) = m(\alpha - \gamma)$。则前面的等式给出

$$(2^b - 1)^n = (2^a - 1)^m (2^c - 1)^{n-m}.$$

利用恒等式 $2^x(2^{-x} - 1) = 1 - 2^x$ 并取绝对值（还需要约掉 2 的幂。——译者注），可以得到 $(2^B - 1)^n = (2^A - 1)^m (2^C - 1)^{n-m}$，其中 A, B, C 是两两不同的正整数。这马上得出 $\max(A, C) > B$。

另一方面，这个等式说明 $2^A - 1$ 的任何素因子整除 $2^B - 1$，$2^C - 1$ 的任何素因子整除 $2^B - 1$。我们可以假设 $A > B$。$2^A - 1$ 的素因子整除 $2^B - 1$，所以整除

$2^d - 1$，其中 $d = \gcd(A, B) < A$. 因为 $2^d - 1 \mid 2^A - 1$，所以 $2^d - 1$ 和 $2^A - 1$ 有相同的素因子. 这和例 5.31 中的结果矛盾. $\qquad\square$

题 5.14. （伊朗 TST 2009）设 a 是正整数. 证明：存在无穷多素数整除数列 $2^{2^1} + a$, $2^{2^2} + a$, $2^{2^3} + a$, $\cdots$ 中至少一项.

证： 我们用反证法证明，假设只存在有限多这样的素数，记为 $p_1, \cdots, p_d$.

固定任意正整数 k 和 N，使得对所有 $n \geq N$，有 $2^{2^n} + a > (p_1 \cdots p_d)^k$. 特别地，对每个 $n \geq N$，存在 $i_n \in \{1, \cdots, d\}$，使得 $v_{p_{i_n}}(2^{2^n} + a) > k$. 因为 $2^{2^n} + a$ 的所有素因子在 $p_1, \cdots, p_d$ 中，在 $d + 1$ 个数 $i_N, i_{N+1}, \cdots, i_{N+d} \in \{1, \cdots, d\}$ 中，有两个相同，比如说 $i_n = i_m$，$N \leq n < m \leq N + d$.

则有 $p_{i_n}^k \mid 2^{2^n} + a$ 及 $p_{i_n}^k = p_{i_m}^k \mid 2^{2^m} + a$. 注意若整数 s 整除 $2^{2^n} + a$ 和 $2^{2^m} + a$，则

$$-a \equiv 2^{2^m} = 2^{2^n \cdot 2^{m-n}} \equiv (-a)^{2^{m-n}} \pmod{s}$$

即 s 整除 $a^{2^{m-n}} + a$.

因此 $p_{i_n}^k \mid a^{2^{m-n}} + a$，根据我们的选择 $N \leq n < m \leq N + d$，

$$2^k \leq p_{i_n}^k \leq a^{2^{m-n}} + a < a^{2^d} + a.$$

因为 k 是任意的，而 a 和 d 是固定的，矛盾. $\qquad\square$

题 5.15. （CTST 2016）坐标平面上一点如果两个坐标都是有理数，则称为有理点. 给定正整数 n，是否可以将所有有理点涂成 n 种颜色，使得：

(a) 每个点只有一种颜色；

(b) 端点都是有理点的任何线段上面包含每种颜色的点？

证： 将原点 $O = (0, 0)$ 涂成 0 号色（或者 0 到 $n - 1$ 的任意颜色）. 将 v_2 延拓到有理数集 $\mathbf{Q}^*$ 上，定义 $v_2(x/y) = v_2(x) - v_2(y)$，$x, y$ 是非零整数. 这个定义是恰当的，满足 v_2 在 $\mathbf{Z}$ 上同样的性质（强三角不等式）.

若 $P \neq O$ 有有理数坐标 x, y，将 P 的颜色定义为 $\min(v_2(x), v_2(y))$ 除以 n 的余数.

考虑一个线段 I，端点坐标是 $P_1 = (x_1, y_1)$ 和 $P_2 = (x_2, y_2)$. 固定

$$i \in \{0, 1, \cdots, n - 1\},$$

我们考察 I 上的点是否可以有颜色 i.

我们不妨设，$v_2(x_1 - x_2) \le v_2(y_1 - y_2)$，特别地，$x_1 \ne x_2$. 取 k 足够大，保证 $v_2(x_1 - x_2) - k < v_2(x_2)$，而且若 $y_1 \ne y_2$，还满足 $v_2(y_1 - y_2) - k < v_2(y_2)$. 令

$$Q_k = \frac{1}{2^k} P_1 + \left(1 - \frac{1}{2^k}\right) P_2 = \left(\frac{x_1 - x_2}{2^k} + x_2, \frac{y_1 - y_2}{2^k} + y_2\right).$$

注意 Q_k 是 I 上的点，对足够大的 k，Q_k 不是原点 O. 记 u_k, v_k 是 Q_k 的坐标，则

$$u_k = \frac{x_1 - x_2}{2^k} + x_2, \quad v_k = \frac{y_1 - y_2}{2^k} + y_2.$$

根据 k 的选取，有 $v_2(u_k) = v_2\left(\frac{x_1 - x_2}{2^k}\right) = v_2(x_1 - x_2) - k$. 若 $y_1 = y_2$，则 $v_2(v_k) = v_2(y_2)$. 若 $y_1 \ne y_2$，则类似论述给出 $v_2(v_k) = v_2(y_1 - y_2) - k$.

在所有情况下，利用 $v_2(x_1 - x_2) \le v_2(y_1 - y_2)$ 可知，对足够大的 k，有

$$\min(v_2(u_k), v_2(v_k)) = v_2(u_k) = v_2(x_1 - x_2) - k.$$

只要取足够大 k 满足时 $v_2(x_1 - x_2) - k \equiv i \pmod n$，则 Q_k 具有颜色 i. $\qquad\square$

题 5.16. （CTST2010）设 $k > 1$ 是整数，$n = 2^{k+1}$. 证明：对每个正整数 $a_1 < a_2 < \cdots < a_n$，数 $\prod_{1 \le i < j \le n}(a_i + a_j)$ 至少有 $k + 1$ 个不同的素因子.

证： 我们将证明一个更强的结果，用 $n = 2^k + 1$ 而不是 2^{k+1}. 假设 $n = 2^k + 1$ 而且 $N = \prod_{1 \le i < j \le n}(a_i + a_j)$ 至多有 k 素因子. 注意 N 显然是偶数，设 $2, q_1, \cdots, q_r$ 是 N 的所有素因子，$r \le k - 1$.

根据题目 5.5，我们可以在 a_i 中找到至少 $2^{k-1} + 1$ 整数 $b_1, \cdots, b_{2^{k-1}+1}$，使得 $v_{q_1}(b_i + b_j) = \min(v_{q_1}(b_i), v_{q_1}(b_j))$，对 $i \ne j$ 成立. 注意 $\prod_{1 \le i < j \le 2^{k-1}+1}(b_i + b_j)$ 的所有素因子包含于 $2, q_1, \cdots, q_r$.

再利用题目 5.5，在 $b_1, \cdots, b_{2^{k-1}} + 1$ 中，我们可以找到至少 $2^{k-2} + 1$ 个数，记为 $c_1, \cdots, c_{2^{k-2}+1}$ 使得 $v_{q_2}(c_i + c_j) = \min(v_{q_2}(c_i), v_{q_2}(c_j))$，对 $i \ne j$ 成立. 当然，我们也有 $v_{q_1}(c_i + c_j) = \min(v_{q_1}(c_i), v_{q_1}(c_j))$ 对 $i \ne j$ 成立. 一直这样下去，我们得到三个数所有 a_i 中 x_1, x_2, x_3，满足

$$v_{q_k}(x_i + x_j) = \min(v_{q_k}(x_i), v_{q_k}(x_j))$$

对所有 $i \ne j$ 和 $1 \le k \le r$ 成立.

我们将证明：这是不可能的.

设 $x_1 + x_2 = 2^A q_1^{\alpha_1} \cdots q_r^{\alpha_r}$，而 x_1, x_2 都是 $q_1^{\alpha_1} \cdots q_r^{\alpha_r}$ 的倍数.

若 $v_2(x_1) \ne v_2(x_2)$，则 $A = v_2(x_1 + x_2) = \min(v_2(x_1), v_2(x_2))$，于是 x_1, x_2 也都是 2^A 的倍数，因此 x_1, x_2 是 $x_1 + x_2$ 的倍数，矛盾.

因此 $v_2(x_1) = v_2(x_2)$，根据对称性，有 $v_2(x_1) = v_2(x_2) = v_2(x_3)$. 设这个公共数是 B，记 $x_i = 2^B y_i$，y_i 是奇数. 则

$$y_1 + y_2 = 2^{A-B} q_1^{\alpha_1} \cdots q_r^{\alpha_r}.$$

而 y_1, y_2 是奇数，有 $A - B \geq 1$. 若 $A - B = 1$，则 $2x_1, 2x_2$ 都是 $x_1 + x_2$ 的倍数，矛盾. 因此 $A - B \geq 2$，$4 \mid y_1 + y_2$. 同理有，$4 \mid y_2 + y_3$ 和 $4 \mid y_3 + y_1$. 这和 y_1, y_2, y_3 都是奇数矛盾. $\square$

题 5.17. （Komal）哪些组合数是素数的幂？

证： 若 $\binom{n}{k} = p^t$，则根据定理 5.44，$p^t \leq n$. 因此 $\binom{n}{k} \leq n$. 如果 $2 \leq k \leq n-2$，则

$$\binom{n}{k} = n \cdot \frac{(n-1)(n-2) \cdots (n-k+1)}{k!} \geq n \cdot \frac{(k+1)k \cdots 3}{k!} = n \frac{k+1}{2} > n,$$

矛盾.

因此 $k = 1$ 或 $k = n-1$，最终 $n = p^t$ 时结论成立. $\square$

题 5.18. 证明：$\binom{2n}{n} \mid \mathrm{lcm}(1, 2, \cdots, 2n)$ 对所有正整数 n 成立.

证： 设 p 是任何素数，$k = v_p(\binom{2n}{n})$. 则根据定理 5.44，$p^k \leq 2n$，因此 $p^k \mid \mathrm{lcm}(1, 2, \cdots, 2n)$. 由 p 的任意性，题目结论成立. $\square$

题 5.19. 证明：对所有正整数 n 和所有整数 a，有

$$\frac{1}{n!}(a^n - 1)(a^n - a) \cdots (a^n - a^{n-1}) \in \mathbf{Z}.$$

证： 我们可以假设 $n > 1$. 只需证明对每个素数 p，有

$$v_p(n!) \leq v_p(a^n - 1) + v_p(a^n - a) + \cdots + v_p(a^n - a^{n-1}).$$

定理 5.49 给出 $v_p(n!) \leq \left\lfloor \frac{n-1}{p-1} \right\rfloor$，因此只需证明

$$\sum_{k=0}^{n-1} v_p(a^n - a^k) \geq \left\lfloor \frac{n-1}{p-1} \right\rfloor.$$

若 $p \mid a$，则 $v_p(a^n - a^k) \geq k$，因此上式左端至少是 $\frac{n(n-1)}{2} \geq n - 1 \geq \left\lfloor \frac{n-1}{p-1} \right\rfloor$. 若 p 不整除 a，根据费马小定理，p 整除 $a^{k(p-1)} - 1$，对 $1 \leq k \leq \left\lfloor \frac{n-1}{p-1} \right\rfloor$ 成立. 因此

$$\sum_{k=0}^{n-1} v_p(a^n - a^k) = \sum_{k=1}^{n} v_p(a^k - 1) \geq \left\lfloor \frac{n-1}{p-1} \right\rfloor. \qquad \square$$

题 5.20. 证明: 若 $k < n$, 则

$$n\binom{n-1}{k} \mid \operatorname{lcm}(n, n-1, \cdots, n-k).$$

证: 只需证明对每个素数 p, 有

$$v_p(n(n-1)\cdots(n-k)) \le v_p(k!) + \max_{n-k \le j \le n} v_p(j).$$

设 $N = \max_{n-k \le j \le n} v_p(j)$. 对每个 $j \le N$, 连续正整数 $n, n-1, \cdots, n-k$ 中存在至多有 $1 + \left\lfloor \frac{k}{p^j} \right\rfloor$ 个 p^j 的倍数. 因此

$$v_p(n(n-1)\cdots(n-k)) \le \sum_{j=1}^{N} \left(1 + \left\lfloor \frac{k}{p^j} \right\rfloor\right) = N + \sum_{j=1}^{N} \left\lfloor \frac{k}{p^j} \right\rfloor \le N + v_p(k!),$$

题目得证. $\qquad\square$

题 5.21. (数学反思 $S\,206$) 求所有整数 $n > 1$ 及它的素因子 p, 使得 $v_p(n!) \mid n-1$.

证: 记 $n = kp$ 根据勒让德公式

$$v_p(n!) = k + \left\lfloor \frac{n}{p^2} \right\rfloor + \cdots \ge k.$$

因此 (回忆 $S_p(n)$ 是 n 在 p 进制下的数码和)

$$p = \frac{n}{k} > \frac{n-1}{k} \ge \frac{n-1}{v_p(n!)} \ge \frac{n - S_p(n)}{v_p(n!)} = p - 1,$$

最后的等式是定理 5.49 的结论. 因为 $\frac{n-1}{v_p(n!)}$ 是区间 $[p-1, p)$ 内的整数, 因此必然是 $p-1$. 前面式子等号成立时有 $S_p(n) = 1$, 因此 n 是素数的幂.

反之, 若 $n = p^k$, 则 $v_p(n!) = \frac{n-1}{p-1}$ 确实是 $n-1$ 的因子. 因此题目答案是所有素数的幂. $\qquad\square$

题 5.22. (罗马尼亚 TST2015) 设 $k > 1$ 是整数. 当 n 遍历大于等于 k 的整数时, $\binom{n}{k}$ 最多有多少个因子属于 $\{n-k+1, n-k+2, \cdots, n\}$?

证: 因为

$$\binom{n}{k} = \frac{n(n-1)\cdots(n-k+1)}{k!} = \frac{n}{k!}(n-1)\cdots(n-k+1),$$

所以若 n 是 $k!$ 的倍数 $\binom{n}{k}$ 可以被 $n-1, n-2, \cdots, n-k+1$ 整除. 如果我们能证明 $\binom{n}{k}$ 不可能被 $n, n-1, \cdots, n-k+1$ 中所有数整除, 则答案就是 $k-1$.

固定素数 $p \mid k$，设

$$u = \max(v_p(n), v_p(n-1), \cdots, v_p(n-k+1)).$$

回忆

$$v_p(\binom{n}{k}) = \sum_{j \geq 1} x_j, \qquad x_j = \left\lfloor \frac{n}{p^j} \right\rfloor - \left\lfloor \frac{k}{p^j} \right\rfloor - \left\lfloor \frac{n-k}{p^j} \right\rfloor.$$

每个 x_j 等于 0 或 1．因为 $p \mid k$，有

$$x_1 = \left\lfloor \frac{n}{p} \right\rfloor - \frac{k}{p} - \left\lfloor \frac{n}{p} - \frac{k}{p} \right\rfloor = 0.$$

若 $j > u$，则根据 u 的定义，$n, n-1, \cdots, n-k+1$ 都不是 p^j 的倍数．因为 $\left\lfloor \frac{m}{p^j} \right\rfloor$ 表示了不超过 m 的 p^j 的倍数个数，因此 $\left\lfloor \frac{n}{p^j} \right\rfloor = \left\lfloor \frac{n-k}{p^j} \right\rfloor$．所以对 $j > u$ 有 $x_j = 0$．因此

$$v_p(\binom{n}{k}) = \sum_{j=2}^{u} x_j \leq u - 1.$$

因此 $n, n-1, \cdots, n-k+1$ 中至少有一个数不能整除 $\binom{n}{k}$． $\square$

题 5.23. （数学反思 O 285）定义序列 $(a_n)_{n \geq 1}$ 为

$$a_1 = 1, a_{n+1} = 2^n(2^{a_n} - 1), n \geq 1.$$

证明：$n! \mid a_n$，对所有 $n \geq 1$ 成立．

证：我们对 n 归纳证明更强的结论：对素数 $p \leq n+1$，$v_p(a_n) \geq n - p + 1$．

注意这个蕴含了题目结论，因为对每个素数 $p \leq n$，定理 5.49 说明

$$v_p(n!) \leq \frac{n-1}{p-1} = \frac{n-p}{p-1} + 1 \leq n - p + 1 \leq v_p(a_n),$$

于是蕴含 $n! \mid a_n$．

现在要证所声明了的结果．$n = 1$ 的情形是显然的．假设命题对 n 成立，现在要对 $n+1$ 证明．设 $p \leq n+2$ 是素数，我们要证明 $v_p(a_{n+1}) \geq n - p + 2$．若 $p = n+2$ 无需证明．命题对 $p = 2$ 也是显然的．现在假设奇素数 $p \leq n+1$．

根据归纳假设和上一段结果，我们知道 $n!$ 整除 a_n，特别地，$p - 1 \mid a_n$．利用升幂定理 5.22 和费马小定理可得

$$v_p(a_{n+1}) = v_p(2^{a_n} - 1) = v_p((2^{p-1})^{\frac{a_n}{p-1}} - 1) \geq v_p(2^{p-1} - 1) + v_p\left(\frac{a_n}{p-1}\right)$$

$$\geq 1 + v_p(a_n) \geq 1 + n - p + 1 = n - p + 2,$$

最后一步用了归纳假设，因此完成了证明． $\square$

题 5.24. （中国2015）对哪些整数 k 存在无穷多正整数 n 使得 $n+k$ 不整除 $\binom{2n}{n}$？

证： 因为卡特兰数是整数（见例1.54），$k=1$ 不是问题的解. 我们将直接构造证明：任何整数 $k \neq 1$ 是一个解.

先假设 $k \geq 2$，p 是 k 的一个素因子. 取 j，使得 $p^j > k$，令 $n = p^j - k$. 因为在 p 进制下 $2n$ 至多有 j 位，而 n 的最后一位是 0，当计算 $n+n$ 时，至多有 $j-1$ 个进位. 因此根据 Kummer 定理，$p^j = n+k$ 不能整除 $\binom{2n}{n}$.

假设 $k \leq 0$，取任何奇素数 $p > 2|k|$. 令 $n = p - k$，在 p 进制下计算 $n+n$ 不发生进位，因此 $n+k$ 不整除 $\binom{2n}{n}$. □

注释 7.20. 这个结果，已经有很多其他有趣的问题，出现于论文

"Divisors of the Middle Binomial Coefficient" by Carl Pomerance, published in the American Mathematical Monthly, vol.122, No.7 (2015), pp 636-644.

论文的作者还证明了下面两个有趣的结果（证明比上一个题目更有技巧性）：对每个 $k \geq 1$，几乎所有正整数（在渐进密度的意义下）满足 $n+k \mid \binom{2n}{n}$. 对每个 $k > 0$，满足 $n-k \mid \binom{2n}{n}$ 的 n 构成的集合是无限集，其密度上界不超过 $\frac{1}{3}$.

题 5.25. （罗马尼亚TST2007）求所有正整数 x, y，使得

$$x^{2\,007} - y^{2\,007} = x! - y!.$$

证： 我们将证明：方程只有平凡解 (x, x)，x 是正整数.

假设 $x > y$ 满足 $x^{2\,007} - y^{2\,007} = x! - y!$. 显然 $y > 1$，因此 y 有素因子 p. 考虑方程模 p，可得 $p \mid x$. 于是根据定理 5.39 得到

$$2\,007 \leq v_p(x^{2\,007} - y^{2\,007}) = v_p\left(y!\left(\frac{x!}{y!} - 1\right)\right) = v_p(y!) < y.$$

接下来，选取任何素数 $q < 2\,007$，使得 $\gcd(2\,007, q-1) = 1$. 则因为 $y > 2\,007$，$q \mid x! - y!$. 可得 $q \mid x^{2\,007} - y^{2\,007}$. 又 $q \mid x^{q-1} - y^{q-1}$，可得 $q \mid x - y$（这里同时考虑了 $q \mid x$ 和 $q \nmid x$ 的情形. ——译者注）. 变动 q，我们容易得到 $x > y + 2\,007$.

因此

$$x! - y! = y!\left(\frac{x!}{y!} - 1\right) > 2\,007! \cdot x(x-1)\cdots(x-2\,006) > x^{2\,007},$$

矛盾. 问题无非平凡解. □

题 5.26. (a) 证明：对所有 $n \geq 2$, 有

$$v_2\left(\binom{4n}{2n} - (-1)^n \binom{2n}{n}\right) = S_2(n) + 2 + 3v_2(n),$$

其中 $S_2(n)$ 是 n 的二进制数码和.

(b) （AMME2640）求 $\binom{2^{n+1}}{2^n} - \binom{2^n}{2^{n-1}}$ 的素因子分解式中 2 的幂次.

证： (a) 注意

$$\frac{\binom{4n}{2n}}{\binom{2n}{n}} = \frac{(4n)!}{(2n)!} \cdot \left(\frac{n!}{(2n)!}\right)^2$$

而且对所有 k, 又

$$\frac{(2k)!}{k!} = \frac{2 \cdot 4 \cdot \ldots \cdot 2k \cdot 1 \cdot 3 \cdot \ldots \cdot (2k-1)}{k!} = 2^k \cdot 1 \cdot 3 \cdot \ldots \cdot (2k-1).$$

我们得到

$$\binom{4n}{2n} - (-1)^n \binom{2n}{n} = \binom{2n}{n} \frac{F_n(4n)}{(2n-1)!!},$$

其中 $(2n-1)!! = 1 \cdot 3 \cdot \ldots \cdot (2n-1)$ 及

$$F_n(X) = (X-1) \cdot (X-3) \cdot \ldots \cdot (X-2n+1) - (-1) \cdot (-3) \cdot \ldots \cdot (1-2n).$$

强制展开得到

$$F_n(X) = -n^2 X + \frac{1}{6}n(1 - 4n + 3n^2)X^2 + \cdots,$$

因此

$$F_n(4n) = -4n^3 + \frac{8}{3}n^3(1 - 4n + 3n^2) + \cdots.$$

第一项有 $v_2(4n^3) = 2 + 3v_2(n)$, 下一项有 $v_2 \geq 3 + 3v_2(n)$, 而其余所有项是 $(4n)^3$ 的倍数. 强三角不等式给出

$$v_2(F_n(4n)) = 2 + 3v_2(n).$$

结合 $v_2\left(\binom{2n}{n}\right) = S_2(n)$ 给出要求的结果.

(b) 答案是 $3n$, 直接从 (a) 得到. $\square$

题 5.27. （CTST2016）定义函数 $f : \mathbf{N} \to \mathbf{Q}^*$ 如下：设有正整数 $n = 2^k m$, m 是奇数，则定义 $f(n) = m^{1-k}$. 证明：对所有 $n \geq 1$, $f(1)f(2)\cdots f(n)$ 是整数，且被任何不超过 n 的正奇数整除.

证：对每个素数 p 我们延拓 v_p 定义到 $\mathbf{Q}^*$，方式为

$$v_p(x/y) = v_p(x) - v_p(y),\, x, y \in \mathbf{Z}^*$$

固定奇素数 $p \leq n$，设 S_j 是满足 $v_2(k) \geq j$ 的所有 $k \in \{1, 2, \cdots, n\}$ 构成的集合，即 $1, 2, \cdots, n$ 中 2^j 的所有倍数.

注意若 $k = 2^r m$，m 是奇数，则

$$v_p(f(k)) = v_p(m^{1-r}) = (1-r)v_p(m) = (1-r)v_p(k) = (1-v_2(k))v_p(k),$$

最后一步用了 p 是奇数. 因此

$$v_p(f(1)f(2)\cdots f(n)) = \sum_{k=1}^{n}(1-v_2(k))v_p(k) = \sum_{j\geq 0}(1-j)\sum_{v_2(k)=j}v_p(k)$$
$$= \sum_{j\geq 0}(1-j)\Big(\sum_{k\in S_j}v_p(k) - \sum_{k\in S_{j+1}}v_p(k)\Big).$$

设

$$x_j = \sum_{k\in S_j}v_p(k) = \sum_{l=1}^{\left\lfloor \frac{n}{2^j}\right\rfloor}v_p(2^j l) = v_p\big(\big\lfloor \tfrac{n}{2^j}\big\rfloor!\big).$$

则前面的等式给出

$$v_p(f(1)f(2)\cdots f(n)) = \sum_{j\geq 0}(1-j)(x_j - x_{j+1})$$
$$= x_0 - x_1 - (x_2 - x_3) - 2(x_3 - x_4) - 3(x_4 - x_5) - \cdots$$
$$= x_0 - x_1 - x_2 - \cdots$$

利用勒让德公式和前面的结果（以及很容易检验的恒等式 $\left\lfloor \frac{x}{n}\right\rfloor = \left\lfloor \frac{\lfloor x\rfloor}{n}\right\rfloor$，其中 x 是任意实数），我们得到

$$v_p(f(1)f(2)\cdots f(n)) = \sum_{s\geq 1}\left(\left\lfloor \frac{n}{p^s}\right\rfloor - \sum_{j\geq 1}\left\lfloor \frac{n}{2^j p^s}\right\rfloor\right)$$

只需证明：最后这个量不超过 $N := \lfloor \log_p(n)\rfloor$ 即可（当 a 是不超过 n 的正奇数时，N 是 $v_p(a)$ 可取到的极大值），令

$$y_s = \left\lfloor \frac{n}{p^s}\right\rfloor - \sum_{j\geq 1}\left\lfloor \frac{n}{2^j p^s}\right\rfloor,$$

只需证明：$y_s \geq 0$ 对所有 s 成立，而 $y_s \geq 1$ 对 $1 \leq s \leq N$ 成立.

固定任何 $s \geq 1$, $x = \lfloor \frac{n}{p^s} \rfloor$. 利用等式 $\lfloor \frac{x}{n} \rfloor = \lfloor \frac{\lfloor x \rfloor}{n} \rfloor$, 对所有 $x \subset \mathbf{R}$ 成立, 可得 $y_s = x - \sum_{j \geq 1} \lfloor \frac{x}{2^j} \rfloor$. 因为 $\lfloor \frac{x}{2^j} \rfloor \leq \frac{x}{2^j}$, 显然 $y_s \geq 0$. 进一步, 若 $s \leq N$, 则 $x \geq 1$, 所以 $\sum_{j \geq 1} \lfloor \frac{x}{2^j} \rfloor < \sum_{j \geq 1} \frac{x}{2^j} = x$. 至少一个 2^j 不整除 x, 所以不等式是严格的. 而 y_s 是整数, 所以 $y_s \geq 1$.

我们因此证明了 $v_p(f(1) \cdots f(n)) \geq v_p(a)$, 对每个奇素数 p 和每个不超过 n 的奇数 a 成立, 题目得证. $\qquad\square$

题 5.28. （IMOSL2014）若 x 是实数, 记 $\|x\|$ 为 x 和离它最近的整数的距离. 证明: 若 a, b 是正整数, 则可以找到素数 $p > 2$ 和正整数 k 使得

$$\left\|\frac{a}{p^k}\right\| + \left\|\frac{b}{p^k}\right\| + \left\|\frac{a+b}{p^k}\right\| = 1.$$

证: 因为 $\lfloor x + \frac{1}{2} \rfloor$ 是到 x 最近的整数, 所以

$$\|x\| = \left|\left\lfloor x + \frac{1}{2}\right\rfloor - x\right|.$$

可得对所有 a, b, p, k, 有

$$\left\lfloor \frac{a+b}{p^k} + \frac{1}{2} \right\rfloor - \left\lfloor \frac{a}{p^k} + \frac{1}{2} \right\rfloor - \left\lfloor \frac{b}{p^k} + \frac{1}{2} \right\rfloor = \pm \left\|\frac{a+b}{p^k}\right\| \pm \left\|\frac{a}{p^k}\right\| \pm \left\|\frac{b}{p^k}\right\|.$$

假设我们能证明左端对某个素数 $p > 2$ 和整数 $k \geq 1$ 不小于 1, 右端每一项绝对值小于 $1/2$, 因此唯一可能是右边所有符号是正号, 然后题目结论成立.

我们需要证明存在素数 $p > 2$ 和 $k \geq 1$, 使得

$$f(p, k) = \left\lfloor \frac{a+b}{p^k} + \frac{1}{2} \right\rfloor - \left\lfloor \frac{a}{p^k} + \frac{1}{2} \right\rfloor - \left\lfloor \frac{b}{p^k} + \frac{1}{2} \right\rfloor$$

是正数. 容易验证恒等式 $\lfloor x + \frac{1}{2} \rfloor = \lfloor 2x \rfloor - \lfloor x \rfloor$, 而勒让德公式给出

$$\sum_{k \geq 1} f(p, k) = \sum_{k \geq 1} \left\lfloor \frac{2(a+b)}{p^k} \right\rfloor - \sum_{k \geq 1} \left\lfloor \frac{a+b}{p^k} \right\rfloor$$

$$- \sum_{k \geq 1} \left\lfloor \frac{2a}{p^k} \right\rfloor + \sum_{k \geq 1} \left\lfloor \frac{a}{p^k} \right\rfloor - \sum_{k \geq 1} \left\lfloor \frac{2b}{p^k} \right\rfloor + \sum_{k \geq 1} \left\lfloor \frac{b}{p^k} \right\rfloor$$

$$= v_p((2a+2b)!) - v_p((a+b)!) - v_p((2a)!) - v_p((2b)!) + v_p(a!) + v_p(b!)$$

$$= v_p\left(\frac{(2a+2b)! a! b!}{(2a)!(2b)!(a+b)!}\right).$$

因为对所有 $n \geq 1$, 有 $\frac{(2n)!}{n!} = 2^n \cdot 1 \cdot 3 \cdot \ldots \cdot (2n-1)$, 我们可以写

$$A := \frac{(2a+2b)! a! b!}{(2a)!(2b)!(a+b)!} = \frac{1 \cdot 3 \cdot \ldots \cdot (2a+2b-1)}{1 \cdot 3 \cdot \ldots \cdot (2a-1) \cdot 1 \cdot 3 \cdot \ldots \cdot (2b-1)}$$

$$= \frac{(2a+1)(2a+3)\cdots(2a+2b-1)}{1 \cdot 3 \cdot \ldots \cdot (2b-1)}.$$

这证明了 $A > 1$，而且 A 是有理数，分子分母都是奇数. 因此存在奇素数 p，使得 $v_p(A) > 0$. 对于这个 p，可得 $\sum_{k \geq 1} f(p, k) > 0$，因此 $f(p, k) \geq 1$ 对至少一个 $k \geq 1$ 成立，这就完成了证明. $\qquad\square$

题 5.29. （Erdös-Palfy-Szegedy定理）设 a, b 是正整数，满足 a 被任何素数 p 除的余数不超过 b 被同一个素数 p 除的余数. 证明：$a = b$.

证： 取素数 p 超过 a 和 b，则显然 $a \leq b$.

假设 $a < b$. 注意若 q 是 $b(b-1)\cdots(b-a+1)$ 的一个素因子，则 b 被 q 除的余数在 0 到 $a-1$ 之间，因此根据题目条件有 $q \leq a$（否则 a 被 q 除的余数是 $a > a-1$，矛盾）.

因此 $b(b-1)\cdots(b-a+1)$ 的所有素因子在 1 到 a 之间. 设 P 是 1 和 a 之间的素数的集合. 对每个 $p \in P$ 和 $k \geq 1$，设

$$x(k, p) = \left\lfloor \frac{b}{p^k} \right\rfloor - \left\lfloor \frac{a}{p^k} \right\rfloor - \left\lfloor \frac{b-a}{p^k} \right\rfloor.$$

则 $x(k, p)$ 是 0 或 1.

考虑带余除法 $a = qp + r$ 和 $b = q'p + r'$，根据题目假设 $r' \geq r$，所以

$$x(1, p) = q' - q - \left\lfloor q' - q + \frac{r' - r}{p} \right\rfloor = 0.$$

设 k_p 是最大的 k，使得 $x(k, p) = 1$. 结合勒让德公式给出

$$v_p\left(\binom{b}{a}\right) = x(1, p) + x(2, p) + \cdots \leq k_p - 1.$$

因此 $\binom{b}{a}$ 整除 $\prod_{p \in P} p^{k_p - 1}$，所以

$$\frac{b(b-1)\cdots(b-a+1)}{\prod_{p \in P} p^{k_p}} \,\Big|\, \frac{a!}{\prod_{p \in P} p}.$$

接下来，因为 $x(k_p, p) > 0$，有 $\left\lfloor \frac{b}{p^{k_p}} \right\rfloor - \left\lfloor \frac{b-a}{p^{k_p}} \right\rfloor > 0$，因此 $b-a+1, b-a+2, \cdots, b$ 中有 p^{k_p} 的倍数. 因为这对所有 $p \in P$ 都成立，可得

$$\frac{b(b-1)\cdots(b-a+1)}{\prod_{p \in P} p^{k_p}} \geq (b-a+1)^{a-|P|}.$$

实际上，将分子中相应素数幂次倍数和分母约掉后，还剩至少 $a-|P|$ 个因子，每个至少是 $b-a+1$.

另一方面，显然 $\frac{a!}{\prod_{p \in P} p} \leq a^{a-|P|}$，我们于是得到 $b-a+1 \leq a$，即 $2a > b$.

然而，注意若 $a < b$ 是题目的解，则 $b-a, b$ 也是问题的解. 上述论述同样会给出 $2(b-a) > b$，这两个结果矛盾. 因此 $a = b$. $\qquad\square$

注释 7.21. 这个结果来自论文

"$a \pmod{p} \leq b \pmod{p}$ *for all primes* p *implies* $a = b$" *of P. Erdös, P. P. Palfy and M. Szegedy, published in the American Mathematical Monthly, Vol. 94, No. 2 (1987), pp. 169-170.*

题 5.30. 证明：存在两个连续的平方数，使得它们之间至少有 $2\,000$ 个素数.

证： 设 $k = 2\,000$. 假设任何两个连续平方数中至多有 k 素数，则 1 及 n 之间至多有 $k \cdot (1 + \lfloor\sqrt{n}\rfloor)$ 个素数. 因此对所有 n,

$$\pi(n) \leq k \cdot (1 + \lfloor\sqrt{n}\rfloor) \leq 2k\sqrt{n}.$$

另一方面，定理 5.63 给出 $\pi(n) \geq \frac{\ln 2}{2} \frac{n}{\ln n}$. 因此，可得 $\sqrt{n} \leq \frac{4k}{\ln 2}\ln n$, 这对足够大的 n 不成立. $\qquad\square$

题 5.31. 一个有限长的连续正整数序列包含至少一个素数，证明：这个序列包含一项，和其他项都互素.

证： 设 $x, x+1, \cdots, y$ 是这个序列的项. 设 p 是数列中出现的最大的素数. 则 $2p > y$, 否则根据 Bertrand 假设，存在更大的素数 p 和 $2p$ 之间，和 p 的最大性矛盾. 因为，序列中没有其他的 p 的倍数，所以其他项都和 p 互素. $\qquad\square$

注释 7.22. 这个结论看起来简单，实际上将其应用于序列 $2, 3, \cdots, 2n$ 马上蕴含 *Bertrand* 假设，所以它和 *Bertrand* 假设等价！

题 5.32. 证明：$2p_{n+1} \geq p_n + p_{n+2}$ 对无穷多个 n 成立，其中 p_n 是第 n 个素数.

证： 假设命题不成立，则 $2p_{n+1} < p_n + p_{n+2}$, 对所有 $n \geq N$ 成立. 因为 $-2p_{n+1} + p_n + p_{n+2}$ 是偶数，我们实际上有 $p_n + p_{n+2} \geq 2p_{n+1} + 2$. 设 $x_n = p_{n+1} - p_n$, 则前面的不等式可以写成 $x_{n+1} \geq x_n + 2$. 因此 $x_n \geq x_N + 2(n - N) > 2(n - N)$, 然后

$$\sum_{k=N}^{n-1} (p_{k+1} - p_k) \geq 2(1 + 2 + \cdots + (n-1-N)) > (n-1-N)^2$$

对 $n > N$ 成立. 因此 $p_n > (n-1-N)^2$, 和例 5.64 中的结果矛盾. $\qquad\square$

题 5.33. （AMM）求所有整数 $m, n > 1$, 使得

$$1! \cdot 3! \cdot \ldots \cdot (2n-1)! = m!.$$

证： 显然 $(n, m) = (1, 1), (2, 3)$ 是问题的解. 等式

$$3! \cdot 5! = 6!, \quad 3! \cdot 5! \cdot 7! = 720 \cdot 7! = 8 \cdot 9 \cdot 10 \cdot 7! = 10!$$

说明 $(n, m) = (3, 6)$ 和 $(n, m) = (4, 10)$ 也是问题的解. 我们将证明没有其他解.

注意若 $3! \cdot 5! \cdot 7! \cdot 9! = m!$, 则 $m! > 11!$, 所以 $11 \mid m! = 3! \cdot 5! \cdot 7! \cdot 9!$, 矛盾. 类似地, 可以证明 $n = 6, 7, 8$ 不是问题的解.

假设 $n \geq 9$. 若 p 是 $m!$ 的素因子, 则 p 整除 $1! \cdot 3! \cdot \ldots \cdot (2n - 1)!$, 所以 $p \leq 2n - 1$. 因此, 任何素数不超过 m, 也不超过 $2n - 1$. 根据 Bertrand 假设, 存在 $p \in (\frac{m}{2}, m)$, 所以 $m < 2(2n - 1)$. 另一方面, 我们有

$$m > v_2(m!) = \sum_{i=1}^{n} v_2((2i - 1)!) \geq \sum_{i=1}^{n} (i - 1) = \frac{n(n-1)}{2}.$$

因此有 $n(n - 1) < 4(2n - 1)$, 和 $n > 8$ 矛盾.

因此问题的解只有 $(n, m) = (1, 1), (2, 3), (3, 6), (4, 10)$. $\quad\square$

题 5.34. （EMMO 2016）设 $a_1 < a_2 < \cdots$ 是递增的正整数无穷序列, 满足序列 $\left(\frac{a_n}{n}\right)_{n \geq 1}$ 是有界的. 证明: 对无穷多 n, a_n 整除 $\mathrm{lcm}(a_1, \cdots, a_{n-1})$.

证： 我们用反证法, 假设 a_n 不整除 $\mathrm{lcm}(a_1, \cdots, a_{n-1})$, 对 $n \geq N$ 成立. 因此对每个 $n \geq N$ 我们可以找到素数 p_n 整除 a_n, 使得

$$v_{p_n}(a_n) > v_{p_n}(\mathrm{lcm}(a_1, \cdots, a_{n-1})) = \max_{j < n} v_{p_n}(a_j).$$

设 $x_n = p_n^{v_{p_n}(a_n)}$ 是整除 a_n 的最大的 p_n 的幂.

选取 $k \geq 1$, 使得 $a_n \leq kn$, 对所有 $n \geq 1$ 成立. 因此 $x_n \leq kn$.

另一方面, 前面的不等式说明 a_n 中 p_n 的幂比前面项中 p_n 的幂都大, 马上得出对不同的 $n, m \geq N$, 有 $x_n \neq x_m$. 因此对 $n \geq N$, 集合中 $\{1, 2, \cdots, kn\}$ 有至少 $n - N + 1$ 项两两不同的素数幂, 即 $x_N, \cdots, x_n$.

然而, 可以估计 $\{1, 2, \cdots, kn\}$ 中素数幂的上界是

$$\pi(kn) + \sqrt{kn} + \sqrt[3]{kn} + \cdots \leq \pi(kn) + \log_2(kn) \cdot \sqrt{kn} \leq c\frac{n}{\log n},$$

对和 k 有关的某个常数 c 成立（用到定理 5.62）. 因此对 $n \geq N$, 有 $n - N + 1 \leq c\frac{n}{\log n}$, 矛盾. $\quad\square$

注释 7.23. 从题目中可以看出, 只需 a_i 两两不同, 而且 a_n 的增长性小于 $n \log n$ 即可.

题 5.35. 方程 $x! = y!(y+1)!$ 是否有无穷多正整数解？

证： 答案是否定的. 若 $x > 8$，根据 Bertrand 假设，可选择素数 $q \in (\frac{x}{2}, x]$，则 $v_q(x!) = 1 = 2v_q(y!) + v_q(y+1)$. 因此 $v_q(y!) = 0$ 及 $v_q(y+1) = 1$，只能是 $y = q - 1$.

特别地，$(x/2, x]$ 中存在唯一的素数 q，即 $y+1$. 令 $n = \lfloor \frac{x}{2} \rfloor$，可得

$$P_n := \prod_{n < p \le 2n-1} p = q = y+1 \le x < 2n+2.$$

定理 5.69 得出这对于足够大的 n 不成立. 因此 x 有界，方程只有有限多解. $\square$

注释 7.24. 利用前面的论述和具体的估计，不难（计算量大）证明：问题的正整数解只有 $(x, y) = (2, 1)$ 和 $(10, 6)$.

题 5.36. （Richert定理）证明：任何大于 6 的整数是不同的素数的和.

证： 我们将对 $n \ge 5$ 归纳证明下面的命题：$7, 8, \cdots, 19 + p_6 + \cdots + p_n$ 中每个数是 $p_1, \cdots, p_n$ 中不同素数的求和（p_n 表示第 n 个素数）. 对 $n = 5$，我们要证 $7, 8, \cdots, 19$ 是 $2, 3, 5, 7, 11$ 中不同素数的求和，枚举可证（把英文版一堆具体式子删掉了，实际可写到21. ——译者注）.

现在假设命题对 n 成立，要证其对 $n+1$ 成立. 记

$$x_n = 19 + p_6 + \cdots + p_n.$$

考虑 $N \in [7, x_{n+1}]$. 若 $N \in [7, x_n]$，我们用归纳假设即可. 若 $x_n < N \le x_{n+1}$，可得

$$x_n - p_{n+1} < N - p_{n+1} \le x_n.$$

若我们能证明 $x_n - p_{n+1} \ge 6$，则归纳假设可以将 $N - p_{n+1}$ 写成 $p_1, \cdots, p_n$ 中不同素数的求和，于是 N 是 $p_1, \cdots, p_{n+1}$ 中不同的素数的求和.

我们现在证 $x_n - p_{n+1} \ge 6$，我们还是用归纳法证明. 实际上，对 $n = 5$，这化为等式 $19 - 13 = 6$. 若已有 $x_n - p_{n+1} \ge 6$，则根据 Bertrand 假设

$$x_{n+1} - p_{n+2} > x_{n+1} - 2p_{n+1} = x_n - p_{n+1} \ge 6. \qquad \square$$

注释 7.25. *Schnirelman* 在 1930 年证明，存在 k，使得任何 $n > 1$ 是至多 k 个素数之和. *Riesel* 和 *Vaughan* 证明了每个正偶数是至多 18 个素数之和，因此整数 $n > 1$ 是至多 19 个素数之和.

题 5.37. （CTST2015）证明：*存在无穷多整数 n，使得 n^2+1 无平方因子.*

证： 我们固定一个大整数 N，然后计算 $n \in \{1, 2, \cdots, N\}$ 的个数，使得 n^2+1 有平方因子. 若 n 是这样的数，因为 4 不整除 n^2+1，必然有奇素数 p 使得 $p^2 \mid n^2+1$. 则 $p^2 \le N^2+1$，$p \le N$.

现在固定奇素数 $p \le N$，看有多少 $n \in \{1, 2, \cdots, N\}$ 满足 $p^2 \mid n^2+1$. 若 n, m 是两个这样的整数，则 p 不整除 mn 且 $p^2 \mid (m-n)(m+n)$. 因为 p 不能同时整除 $m-n$ 和 $m+n$，可得 $p^2 \mid m-n$ 或者 $p^2 \mid m+n$. 因此任何两个这样的整数 m, n 模 p^2 相同或相反. 不难推出存在至多有 $2\left(1+\frac{N}{p^2}\right)$ 个这样的整数 n.

因此满足 n^2+1 无平方因子的 $n \in \{1, 2, \cdots, N\}$ 的个数至少是

$$N - \sum_{2<p\le N} 2\left(1+\frac{N}{p^2}\right) > N - 2\pi(N) - 2N\sum_{2<p\le N}\frac{1}{p^2}.$$

另一方面

$$2\sum_{2<p\le N}\frac{1}{p^2} \le 2\sum_{k=3}^{N}\frac{1}{k^2} < 2\left(\frac{1}{3^2}+\frac{1}{3\cdot4}+\frac{1}{4\cdot5}+\cdots\right) = 2\left(\frac{1}{3^2}+\frac{1}{3}\right) = \frac{8}{9}.$$

因此使 n^2+1 无平方因子的 $n \in \{1, 2, \cdots, N\}$ 至少有

$$N - \frac{8}{9}N - 2\pi(N) = \frac{N}{9} - 2\pi(N).$$

因为 $\pi(N) < \frac{N}{10}$ 对足够大 N 成立，题目得证. $\qquad\square$

题 5.38. （USAMO 2014）证明：*存在常数 $c > 0$ 满足若 a, b, n 是正整数，且 $\gcd(a+i, b+j) > 1$，对所有 $i, j \in \{0, 1, \cdots n\}$ 成立，则*

$$\min\{a, b\} > c^n \cdot n^{\frac{n}{2}}.$$

证： 我们将证明更强的命题，将 $c^n n^{\frac{n}{2}}$ 替换成 $c^n n^n$，$c > 0$ 是常数. 注意只需对足够大的 n 建立这样的不等式即可，因为我们总是可以将 c 替换成一个较小的常数，于是不等式对所有的 n 成立. 我们总是假定 n 是足够大的.

想法是比较简单的，考虑 $(n+1) \times (n+1)$ 的表格，将 $\gcd(a+i, b+j)$ 的任意素因子 p 放入 (i, j)，$0 \le i, j \le n$. 我们将证明：当 n 足够大时，表格中至少一半的素数超过 $0.001n^2$. 这会是证明的技术细节部分.

先假设这个已经证明了，看看如何完成题目证明. 根据这个结论，存在指标 $i \in \{0, 1, \cdots, n\}$，使得对至少一半的指标 $j \in \{0, 1, \cdots, n\}$ 方格 (i, j) 中的素数超过 $0.001n^2$. 所有这样的素数都整除 $a+i$ 而且两两不同（否则会有一个超过

$0.001n^2$ 的素数整除某 $b+j_1$ 和 $b+j_2$，与 $0 \le j_1 < j_2 \le n$ 矛盾）．因此 $a+i$ 至少有 $\frac{n}{2}$ 个超过 $0.001n^2$ 的不同素因子，因此

$$a + n > (0.001n^2)^{\frac{n}{2}},$$

马上给出了题目关于 a 的结论，对称性给出关于 b 的结论．

现在，我们来证明表格中至少一半的素数超过 $0.001n^2$．设 $M = \lfloor 0.001n^2 \rfloor$，设 S 是不超过 M 的素数集合．

我们来估计多少方格被素数 $p \in S$ 占据．若 p 占据 (i_1, j_1) 和 (i_2, j_2)，则 p 整除 $i_2 - i_1$ 和 $j_2 - j_1$，因为它整除 $a+i_1, a+i_2, b+j_1, b+j_2$．在 0 和 n 之间存在至多 $1 + \frac{n+1}{p}$ 个两两模 p 同余的数，因此被 p 占据的格子个数不超过 $\left(1 + \frac{n+1}{p}\right)^2$．

因此只需证明，对足够大 n，有

$$\sum_{p \in S} \left(1 + \frac{n+1}{p}\right)^2 < \frac{(n+1)^2}{2}.$$

左端展开相当于要证

$$(n+1)^2 \sum_{p \in S} \frac{1}{p^2} + 2(n+1) \sum_{p \in S} \frac{1}{p} + |S| < \frac{(n+1)^2}{2}.$$

现在根据例 3.79，第一项不超过 $0.49(n+1)^2$．$|S|$ 由定义不超过 $0.001n^2$．第二项不超过

$$(n+1) \sum_{k=1}^{M} \frac{1}{k} < (n+1) \log M < 2(n+1) \log n$$

对足够大的 n，这不超过 $(0.5 - 0.49 - 0.001)n^2$．   □

题 5.39. （Mertens）证明：对所有 $n > 1$，有

$$-6 < \sum_{p \le n} \frac{\ln p}{p} - \ln n < 4.$$

证： 我们将使用 $n!$ 的素因子分解式，它的对数给出

$$\log n! = \sum_{p \le n} v_p(n!) \log p.$$

根据定理 5.39，有

$$\frac{n}{p} - 1 < v_p(n!) \le \frac{n}{p-1}.$$

结合不等式 $n \log n > \log n!$，可得

$$n \log n > \log n! = \sum_{p \leq n} v_p(n!) \log p > n \sum_{p \leq n} \frac{\log p}{p} - \log \prod_{p \leq n} p.$$

利用 Erdös 不等式（定理 5.57）给出所需的

$$\sum_{p \leq n} \frac{\log p}{p} - \log n < 4.$$

接下来，类似的论述（利用不等式 $v_p(n!) < \frac{n}{p-1}$）给出

$$\frac{\log n!}{n} < \sum_{p \leq n} \frac{\log p}{p} + \sum_{p \leq n} \frac{\log p}{p(p-1)}.$$

为了给出右边第二个求和的上界，我们用不等式 $\log p < \sqrt{2p}$（是 $e^x > \frac{x^2}{2}$, $x \geq 0$ 的推论）得到

$$\sum_{p \leq n} \frac{\log p}{p(p-1)} < \sum_{p \leq n} \frac{\sqrt{2p}}{p(p-1)} \leq \sqrt{2} \sum_{k=2}^{n} \frac{1}{\sqrt{k}(k-1)}.$$

最后，我们留给读者作为练习证明不等式

$$\sum_{k=2}^{n} \frac{1}{\sqrt{k}(k-1)} < 3.$$

综合在一起给出所需的另一边不等式. □

题 5.40. （Mertens）证明：序列

$$a_n = \sum_{p \leq n} \frac{1}{p} - \ln \ln n, \ n \geq 2$$

是有界的，其中求和对所有不超过 n 的素数进行.

证： 序列有下界是欧拉定理 3.76 的直接推论. 要证明数列有上界，我们对 $2 \leq k \leq n$，定义

$$u_k = \begin{cases} \frac{\ln k}{k}, & k \text{是素数,} \\ 0, & \text{其他.} \end{cases}$$

令 $S_1 = 0$ 和 $S_k = u_2 + \cdots + u_k$, $2 \leq k \leq n$. 有

$$\sum_{p \leq n} \frac{1}{p} = \sum_{k=2}^{n} \frac{u_k}{\ln k} = \sum_{k=2}^{n} \frac{S_k - S_{k-1}}{\ln k} = \sum_{k=2}^{n-1} S_k \left(\frac{1}{\ln k} - \frac{1}{\ln(k+1)} \right) + \frac{S_n}{\ln n}.$$

根据上一个题目

$$S_k = \sum_{p \leq k} \frac{\ln p}{p} < \ln k + 4, \quad 2 \leq k \leq n$$

于是

$$\sum_{p \leq n} \frac{1}{p} < \frac{4}{\ln 2} + \sum_{k=2}^{n-1} \left(1 - \frac{\ln k}{\ln(k+1)} \right) + \frac{\ln n + 4}{\ln n}.$$

另一方面，对每个 $4 \leq k \leq n-1$，利用函数 $f(x) = \ln\ln x$，可得

$$1 - \frac{\ln k}{\ln(k+1)} = \frac{\ln\left(1 + \frac{1}{k}\right)}{\ln(k+1)} < \frac{1}{k\ln(k+1)} < \frac{1}{k\ln k} < \ln\ln k - \ln\ln(k-1).$$

前面的不等式相加可以得到题目结论（最后的求和用裂项法）. □

第六章　模合数的同余式

题 6.1. （波兰2003）整系数多项式 f 满足存在 $a \neq b$，$\gcd(f(a), f(b)) = 1$. 证明：存在无限整数集 S，使得任意 $m \neq n \in S$，有 $\gcd(f(m), f(n)) = 1$.

证： 只需证明：若 $a_1, \cdots, a_k$ 是整数，满足 $\gcd(f(a_i), f(a_j)) = 1, 1 \leq i \neq j \leq k$，则存在整数 a_{k+1}，与 $a_1, \cdots, a_k$ 都不同，满足 $\gcd(f(a_i), f(a_{k+1})) = 1, 1 \leq i \leq k$.

取 a_{k+1}，使得

$$a_{k+1} \equiv a_i \pmod{f(a_{i+1})}, 1 \leq i \leq k-1, a_{k+1} \equiv a_k \pmod{f(a_1)}.$$

根据中国剩余定理这是可能的. 则 $f(a_{k+1}) \equiv f(a_i) \pmod{f(a_{i+1})}, 1 \leq i < k$，因此 $\gcd(f(a_{k+1}), f(a_{i+1})) = \gcd(f(a_i), f(a_{i+1})) = 1$. 类似地，$f(a_{k+1})$ 与 $f(a_1)$ 也互素. □

注释 7.26. 特别地，考虑两个互素整数 a, b. 则题目推出在等差数列 $(an+b)_{n \geq 0}$ 中存在无穷多两两互素的数. 这当然也可以从 Dirichlet 定理得到. 这个题目是用了初等的方法给出证明，而且方法适用高次多项式，而 Dirichlet 定理还没有高次多项式的相关类比结果.

题 6.2. 证明：对所有正整数 k 和 n，存在 n 个连续的的正整数构成的集合 S，使得任何 $x \in S$ 有至少 k 个不同的素因子不整除 S 中其他元素.

证: 考虑 n 行 k 列矩阵 $(p_{ij})_{\substack{1 \leq i \leq n \\ 1 \leq j \leq k}}$，矩阵元素是两两不同的大于 n 的素数. 设 R_i 是矩阵第 i 行元素的乘积，$1 \leq i \leq n$. 根据中国剩余定理，存在正整数 x，满足同余方程组 $x \equiv -i \pmod{R_i}, 1 \leq i \leq n$.

则 $x + i$ 至少有 k 不同的素因子，即矩阵第 i 行的元素. 矩阵中任何元素不会同时整除两个数 $x + i$ 和 $x + j$，$1 \leq i \neq j \leq n$，否则这个素数也整除 $i - j$，与矩阵元素都大于 n 矛盾.

因此 $x + 1, \cdots, x + n$ 满足所有要求的性质. $\qquad \square$

题 6.3. 一个格点如果两个坐标互素，则称为可见格点. 证明：对每个正整数 k，存在一个格点和每个可见格点距离超过 k.

证: 只需证明：对每个 k 我们可以找到格点正方形，边长为 k，边与坐标轴平行，内部只包含不可见格点. 也就是说，我们要找到整数 x, y，使得 $\gcd(x+i, y+j) > 1$ 对 $1 \leq i, j \leq k$ 成立.

考虑一个 $k \times k$ 的矩阵，元素 $(p_{ij})_{1 \leq i, j \leq k}$ 是两两不同的素数. 设 R_1，$\cdots$，R_k，C_1，$\cdots$，C_k 分别表示同行，同列元素的连乘积.

$R_1, \cdots, R_k$ 两两互素，$C_1, \cdots, C_k$ 也两两互素. 根据中国剩余定理，存在整数 $x \neq y$，使得

$$x \equiv -i \pmod{R_i}, 1 \leq i \leq k, \quad y \equiv -j \pmod{C_j}, 1 \leq j \leq k.$$

素数 p_{ij} 同时整除 $x + i$ 和 $y + j$，因此 $\gcd(x+i, y+j) > 1$. $\qquad \square$

题 6.4. (a) 证明：对所有 $n \geq 1$，存在正整数 a 使得 $a, 2a, \cdots, na$ 都是整数的幂.

(b)（Balkan 2000）证明：对所有 $n \geq 1$，存在 n 个正整数构成的集合 A，使得对所有 $1 \leq k \leq n$ 和所有 $x_1, x_2, \cdots, x_k \in A$，$\frac{x_1 + x_2 + \cdots + x_k}{k}$ 是整数幂.

证: (a) 取两两不同的素数 $p_1, \cdots, p_n$. 我们将证明：存在 $a > 1$ 使得对每个 $1 \leq i \leq n$，ia 是正整数的 p_i 次幂.

设 $q_1, \cdots, q_k$ 是所有不超过 n 的素数. 我们可以将每个 $1 \leq i \leq n$ 写成 $i = q_1^{\alpha_{i1}} \cdots q_k^{\alpha_{ik}}$ 的形式. 我们希望 a 具有形式 $a = q_1^{x_1} \cdots q_k^{x_k}$ 型. 若 $1 \leq i \leq n$，则 $ia = q_1^{\alpha_{i1} + x_1} \cdots q_k^{\alpha_{ik} + x_k}$. ia 要是 p_i 次幂，只需 $\alpha_{ij} + x_j \equiv 0 \pmod{p_i}$ 对 $1 \leq j \leq k$ 成立.

每个 $x_j, 1 \leq j \leq k$ 满足 n 个同余方程，其模分别是 $p_1, \cdots, p_n$. 因此根据中国剩余定理，我们可以找到正整数 x_j 满足上面所有同余方程，问题得证.

我们指出，还有一个非常简洁的归纳证明：我们对 n 归纳. 当 $n = 1$ 时，取 $a = 4$. 假设已经找到 a，使得 $ka = x_k^{y_k}, 1 \le k \le n$，其中 x_k, y_k 是大于 1 的整数.

设 m 是 $y_1, \cdots, y_n$ 的最小公倍数. 取 $b = (n+1)^m a^{m+1}$. 对 $1 \le k \le n$，$kb = ka(a(n+1))^m$ 还是 y_k 次幂. 另一方面，$(n+1)b = ((n+1)a)^{m+1}$ 是 $m+1$ 次幂，证毕.

(b) 根据(a)，存在正整数 a，使得 $a, 2a, \cdots, n \cdot n!a$ 都是整数高次幂. 取 $A = \{n!a, 2n!a, \cdots, nn!a\}$.

若 $x_1, \cdots, x_k \in A, 1 \le k \le n$，则 $\frac{x_1 + \cdots + x_k}{k}$ 可写成 $\frac{n!}{k}am, 1 \le m \le nk$ 是 a 的倍数，不超过 $an \cdot n!$. 根据 a 的取法，$\frac{x_1 + \cdots + x_k}{k}$ 实际上是整数的高次幂. $\qquad \square$

题 6.5. 设 a, b, c 是两两不同的正整数. 证明：存在整数 n，使得 $a+n, b+n, c+n$ 两两互素.

证： 不难看出，存在 k，使得 $a+k, b+k, c+k$ 中至少两个数是奇数. 将 a, b, c 替换成 $a+k, b+k, c+k$ 并进行适当排列，不妨设 a 及 b 是奇数.

设 $p_1, \cdots, p_m$ 是 $(a-b)(b-c)(c-a)$ 的所有奇素数因子.（我们允许 $m = 0$）. 对所有的 $1 \le i \le m$，a, b, c 模 p_i 至多有两个不同的余数（因为 p_i 整除 $a-b, b-c, c-a$ 之一，a, b, c 中有两个数余数相同）. 因此存在整数 n_i，使得 $a+n_i, b+n_i, c+n_i$ 都不是 p_i 的倍数. 根据中国剩余定理，我们可以找到偶数 n，使得 $n \equiv n_i \pmod{p_i}, 1 \le i \le m$.

则 $n+a, n+b, n+c$ 是两两互素：3 个数中有 2 奇 1 偶，不会有公约数 2. 若 p 是其中两个的约数，则 p 整除两个数的差，进而整除 $(a-b)(b-c)(c-a)$. 说明 p 是前面某个 p_i. 但是根据构造，$a+n_i, b+n_i, c+n_i$ 都不被 p_i 整除. $\qquad \square$

题 6.6. （AMM）证明：存在任意长连续整数的序列，其中任何一个都不能写成两个整数的平方和.

证： 设 n 是正整数，我们将构造正整数 x，使得 $x+1, \cdots, x+n$ 都不能写成两个整数的平方和.

我们选择两两不同的 $4k+3$ 型素数 $p_1, \cdots, p_n$（根据例 3.58，这是可能的）. 根据中国剩余定理，可以找到 x 使得

$$x+1 \equiv p_1 \pmod{p_1^2}, \ x+2 \equiv p_2 \pmod{p_2^2}, \ \cdots, \ x+n \equiv p_n \pmod{p_n^2}.$$

成立. 根据定理 4.60 $x+1, \cdots, x+n$ 都不能写成两个整数的平方和. $\qquad \square$

题 6.7. 设 f 是非常数整系数多项式，n 和 k 是正整数. 证明：存在正整数 a，使得 $f(a), f(a+1), \cdots, f(a+n-1)$ 中每个数有至少 k 个不同的素因子.

证： 选择两两不同的素数 $(p_{ij})_{1 \le i \le n, 1 \le j \le k}$，使得存在正整数 x_{ij}，$f(x_{ij}) \equiv 0 \pmod{p_{ij}}$，这根据舒尔定理 3.69 是可能的. 应用中国剩余定理，可以找到 $a \ge 1$ 使得 $a + i - 1 \equiv x_{ij} \pmod{p_{ij}}$，对所有 i, j 成立.

则 $f(a + i - 1) \equiv f(x_{ij}) \equiv 0 \pmod{p_{ij}}$ 对所有 i, j 成立. 说明 $f(a), f(a+1), \cdots, f(a+n-1)$ 中每个数至少有 k 个不同的素因子 p_{ij}，$1 \le j \le k$. $\qquad\square$

题 6.8. （IMC 2013）设 p 和 q 是互素的正整数. 证明：

$$\sum_{k=0}^{pq-1} (-1)^{\left\lfloor \frac{k}{p} \right\rfloor + \left\lfloor \frac{k}{q} \right\rfloor} = \begin{cases} 0, & 2 \mid pq, \\ 1, & 2 \nmid pq. \end{cases}$$

证： 记

$$f(k) = \left\lfloor \frac{k}{p} \right\rfloor + \left\lfloor \frac{k}{q} \right\rfloor, 0 \le k \le pq - 1.$$

先假设 pq 是偶数. 若 $k \in \{0, 1, \cdots, pq-1\}$，记 $k = \alpha p + r$，$0 \le r < p$，则有

$$\left\lfloor \frac{pq - 1 - k}{p} \right\rfloor = q + \left\lfloor \frac{-k-1}{p} \right\rfloor = q - \alpha - 1 = q - 1 - \left\lfloor \frac{k}{p} \right\rfloor$$

类似地将 p 替换为 q 也有相应的公式. 因为这个情况（pq 是偶数，p, q 互素）下 $p + q$ 必然是奇数，因此

$$f(pq - 1 - k) = q + p - 2 - f(k) \equiv 1 + f(k) \pmod 2,$$

将 $(-1)^{f(k)}$ 与 $(-1)^{f(pq-1-k)}$ 配对求和，马上给出 $\sum_{k=0}^{pq-1} (-1)^{f(k)} = 0$.

现在假设 pq 是奇数. 将 $k \in \{0, 1, \cdots, pq-1\}$ 对 p 和 q 做带余除法，分别得到 $k = a_k p + r_k$ 和 $k = b_k q + R_k$，可得（因为 p 和 q 是奇数）

$$f(k) = a_k + b_k \equiv k - r_k + k - R_k \equiv r_k + R_k \pmod 2.$$

接下来，对每个 $(r, R) \in \{0, 1, \cdots, p-1\} \times \{0, 1, \cdots, q-1\}$ 中国剩余定理唯一给出 $k \in \{0, 1, \cdots, pq-1\}$，使得 $(r_k, R_k) = (r, R)$. 因此

$$\sum_{k=0}^{pq-1} (-1)^{f(k)} = \sum_{a=0}^{p-1} \sum_{b=0}^{q-1} (-1)^{a+b} = \sum_{a=0}^{p-1} (-1)^a \cdot \sum_{b=0}^{q-1} (-1)^b = 1. \qquad\square$$

题 6.9. （IMOSL1999）求所有正整数 n，使得存在整数 m，$2^n - 1 \mid m^2 + 9$.

证：显然 $n = 1$ 是问题的解，现在假设 $n \geq 2$. 若 $2^n - 1 \mid m^2 + 9$ 对某个 m 成立，则根据推论 4.28，$2^n - 1$ 没有大于 3 的 $4k + 3$ 型素因子. 但是对于奇数 $d > 1$，$2^d - 1 \equiv -1 \pmod 4$，而且 $3 \nmid 2^d - 1$，必有大于 3 的 $4k + 3$ 型素因子. 因此 n 没有大于 1 的奇数因子，即 n 是 2 的幂.

反之，若 n 是 2 的幂，则 n 是问题的解. 实际上，记 $n = 2^k$ 注意到

$$2^n - 1 = 3 \cdot (2^2 + 1)(2^4 + 1) \cdots (2^{2^{k-1}} + 1).$$

取 $m = 3a$，只需找到 a，使得 $(2^2 + 1)(2^4 + 1) \cdots (2^{2^{k-1}} + 1)$ 整除 $a^2 + 1$.

因为费马数 $2^{2^i} + 1$ 两两互素（根据例 2.12），根据中国剩余定理，存在整数 a，使得 $a \equiv 2^{2^{i-1}} \pmod{2^{2^i} + 1}$，$1 \leq i \leq k - 1$. 则 $a^2 + 1 \equiv 0 \pmod{2^{2^i} + 1}$ 对 $1 \leq i \leq k - 1$ 成立，因此 $(2^2 + 1)(2^4 + 1) \cdots (2^{2^{k-1}} + 1)$ 整除 $a^2 + 1$.

问题的解是所有 2 的幂. $\qquad\square$

题 6.10. （保加利亚 2003）正整数的有限集 C 被称为好集，如果对每个 $k \in \mathbf{Z}$，存在 $a \neq b \in C$，使得 $\gcd(a + k, b + k) > 1$. 证明：若一个好集 C 的所有元素之和是 $2\,003$，则存在 $c \in C$，使得集合 $C - \{c\}$ 也是好集.

证：我们称素数 p 对一个集合 $C \subset \mathbf{Z}$ 是好的，若对每个 $i \in \{0, 1, \cdots, p - 1\}$ 至少有两个 C 中元素满足同余式 $x \equiv i \pmod p$.

很明显，如果存在素数 p 对集合 C 是好的，则 C 是好集. 关键部分是这个性质的逆也是对的. 实际上，设 S 是所有不超过 $\max(C)$ 的素数的集合. 假设任何素数 p 对 C 都不是好的. 对所有 $p \in S$，可以找到 $i_p \in \{0, 1, \cdots, p - 1\}$，使得 $x \equiv i_p \pmod p$ 对至多一个 $x \in C$ 成立. 利用中国剩余定理，存在整数 k，使得 $k \equiv -i_p \pmod p$，对所有 $p \in S$ 成立.

因为 C 是好集，存在 $a \neq b \in C$，使得 $\gcd(a + k, b + k) > 1$. 若 p 是 $\gcd(a + k, b + k)$ 的素因子，则 $p \mid b - a$，所以 $p \in S$. 但是有 $a \equiv -k \equiv i_p \pmod p$ 及 $b \equiv i_p \pmod p$，和 i_p 的选择矛盾. 这就证明了上面性质的逆.

现在很容易解决题目. 设 p 是素数对 C 是好的，则对每个 $0 \leq i < p$，存在 $a_i \neq b_i \in C$，使得 $a_i \equiv b_i \equiv i \pmod p$. 如果 C 中只有 $a_i, b_i, 0 \leq i \leq p - 1$ 这些数，则 C 中元素之和模 p 同余于

$$\sum_{i=0}^{p-1}(a_i + b_i) \equiv 2\sum_{i=0}^{p-1} i \equiv 0 \pmod p,$$

并且这个和不小于 $p(p + 1)$. 因为题目所给 C 中元素之和为 $2\,003$，是素数，只有 $p = 2\,003$，不可能. 因此 C 中有多余的数，题目得证. $\qquad\square$

题 6.11. 是否存在 101 个连续奇数的序列, 使得其中任何一项包含不超过 103 的素因子?

证: 这样的序列存在. 设 d 是所有不超过 47 的素数的乘积. 设 x 是 d 的一个奇数倍, 考虑 101 个连续的奇数

$$x - 100, x - 98, x - 96, \cdots, x, x + 2, \cdots, x + 100.$$

若 $1 \le j \le 50$ 不是 2 的幂, 则这个序列的项 $x \pm 2j$ 与 d 不互素 (有共同的奇素数因子).

序列中还有 12 项需要考虑, 即 $x \pm 2^j, 1 \le j \le 6$. 记这些项是 $x - a_1, \cdots, x - a_{12}$, 设 $p_1 = 53, \cdots, p_{12} = 103$ 是 $(47, 103]$ 之间的所有素数. 根据中国剩余定理, 可以选取 x, 使得 $x \equiv a_i \pmod{p_i}$, 对 $1 \le i \le 12$ 成立. 这样的 x 给出所需的序列. $\qquad \square$

题 6.12. (USATST2010) 序列 $(a_n)_{n \ge 1}$ 满足 $a_1 = 1$ 及

$$a_n = a_{\lfloor n/2 \rfloor} + a_{\lfloor n/3 \rfloor} + \cdots + a_{\lfloor n/n \rfloor} + 1$$

对所有 $n \ge 2$ 成立. 证明: 对无穷多 n, $a_n \equiv n \pmod{2^{2\,010}}$.

证: 对 $n \ge 3$, 有

$$a_n - a_{n-1} = \sum_{k=2}^{n} a_{\lfloor \frac{n}{k} \rfloor} - \sum_{k=2}^{n-1} a_{\lfloor \frac{n-1}{k} \rfloor} = 1 + \sum_{k=2}^{n-1} (a_{\lfloor \frac{n}{k} \rfloor} - a_{\lfloor \frac{n-1}{k} \rfloor}).$$

因为 $\lfloor \frac{n}{k} \rfloor - \lfloor \frac{n-1}{k} \rfloor$ 在 $k \mid n$ 时为 1, 其他时候为 0, 所以

$$a_n - a_{n-1} = 1 + \sum_{\substack{2 \le d < n \\ d \mid n}} (a_d - a_{d-1}),$$

而且对 $n = 2$ 也成立. 定义序列 $x_1 = 1$ 和 $x_n = a_n - a_{n-1}, n > 1$. 前面的关系对 $n \ge 2$ 变成 $x_n = \sum_{\substack{d \mid n \\ d < n}} x_d$.

接下来, 我们对 n 用第二数学归纳法证明 $2^{\max_{p \mid n} v_p(n) - 1} \mid x_n$. 当 $n = 1$ 和 $n = 2$ 时这是显然的, 所以假设 $n > 2$, 并且前面的整除对 $1, \cdots, n - 1$ 都成立. 取任何素数 $p \mid n$, $k = v_p(n)$. 有 (不妨设 $n \ne p$, 否则很简单)

$$x_n = \sum_{d \mid \frac{n}{p}} x_d + \sum_{\substack{p^k \mid d \\ d < n}} x_d = 2 x_{\frac{n}{p}} + \sum_{\substack{p^k \mid d \\ d < n}} x_d.$$

根据归纳假设，2^{k-1} 整除 $2x_{n/p}$ 和 x_d，其中 $d < n$ 满足 $p^k \mid d$. 因此 $2^{k-1} \mid x_n$，归纳步骤完成.

现在可以完成证明. 设 $N = 2^{2\,010} - 1$. 取两两不同素数 $p_1, \cdots, p_N$. 根据中国剩余定理，存在无穷多整数 $z > 1$，使得 $z \equiv -i \pmod{p_i^{2\,011}}$，对所有 $1 \le i \le N$ 成立. 前面一段说明 $2^{2\,010} \mid x_{z+i}$，对 $1 \le i \le N$ 成立，因此 $a_{z+i} \equiv a_{z+i-1} \pmod{2^{2\,010}}$ $1 \le i \le N$. 因为 $z, z+1, \cdots, z+N$ 之一模 $2^{2\,010}$ 同余于 a_z，所以对每个这样的 z 我们可以找到 $n \in \{z, z+1, \cdots, z+2^{2\,010}-1\}$，使得 $a_n \equiv n \pmod{2^{2\,010}}$，证明了题目结论 □

题 6.13. （CTST2014）函数 $f : \mathbf{N} \to \mathbf{N}$ 满足对所有 $m, n \ge 1$，有

$$\gcd(f(m), f(n)) \le \gcd(m, n)^{2\,014}, n \le f(n) \le n + 2\,014.$$

证明： 存在正整数 N，使得 $f(n) = n$ 对 $n \ge N$ 成立.

证： 记 $k = 2\,014$，我们将证明：我们可以取 $N = k^k$.

首先，注意到 f 在 (k^k, ∞) 范围内必须是单射. 若 $f(a) = f(b)$，$a > b > k^k$，则 $a \le f(a) = f(b) \le b + k$. 因此

$$a \le f(a) = \gcd(f(a), f(b)) \le \gcd(a, b)^k \le (a - b)^k = k^k,$$

矛盾.

单射的性质和不等式 $n \le f(n) \le n + k$ 归纳可给出如下结果：若 $x > k^k$，且 $f(x + i) = x + i$，对所有 $1 \le i \le k$ 成立，则 $f(n) = n$ 对所有 $n \in (k^k, x]$ 成立. 因此只需证明，存在无穷多 x，使得 $f(x + i) = x + i$，对所有 $1 \le i \le k$ 成立.

设 $n > 1$ 是整数，满足 $f(n) \ne n$. 根据例 6.8 我们知道 $f(n)$ 的所有素因子 p 整除 n，所以也整除 $f(n) - n$. 因为 $n + 1 \le f(n) \le n + k$，所以这样的素数 p 不超过 k.

如果一个整数 $n > 1$ 至少有一个素因子超过 k，我们称其为好数，前面说明好数 n 总是满足 $f(n) = n$. 因此要完成证明，只需说明：存在无穷多连续的 k 个好数. 这可以从中国剩余定理得到：选取 k 个不同的大于 k 的素数 $q_1, \cdots, q_k$，然后取 x 满足同余方程组 $x + i \equiv 0 \pmod{q_i}$，$1 \le i \le k$ 即可. □

题 6.14. （伊朗2007）设 n 是正整数，满足 $\gcd(n, 2(2^{1\,386} - 1)) = 1$. a_1，a_2，$\cdots$，$a_{\varphi(n)}$ 是模 n 的缩系. 证明：

$$n \mid a_1^{1\,386} + a_2^{1\,386} + \cdots + a_{\varphi(n)}^{1\,386}$$

证： 因为 n 是奇数， $2a_1, 2a_2, \cdots, 2a_{\varphi(n)}$ 也是模 n 的缩系. 因此

$$a_1^{1\,386} + a_2^{1\,386} + \cdots + a_{\varphi(n)}^{1\,386} \equiv (2a_1)^{1\,386} + (2a_2)^{1\,386} + \cdots + (2a_{\varphi(n)})^{1\,386} \pmod{n}.$$

因为 n 与 $2^{1\,386} - 1$ 互素，两端相减约去 $2^{1\,386} - 1$，题目得证. $\qquad\square$

题 6.15. 设 $n > 1$ 是整数，$r_1, r_2, \cdots, r_{\varphi(n)}$ 是模 n 缩系. 对哪些整数 a，$r_1 + a, r_2 + a, \cdots, r_{\varphi(n)} + a$ 也是模 n 的缩系？

证： 注意 $r_1 + a, \cdots, r_{\varphi(n)} + a$ 模 n 是两两不同的，因此它们构成缩系当且仅当它们都和 n 互素.

设 $N = \prod_{p|n} p$ 是 n 的所有素因子的乘积. 若 $N \mid a$，则显然 $\gcd(x+a, n) = 1$ 当且仅当 $\gcd(x, n) = 1$，这样的 a 是问题的解.

反之，设 a 是一个解，N 不整除 a. 则存在 n 的素因子 p 不整除 a，记 $n = p^r k$，k 与 p 互素. 利用中国剩余定理，取 x，使得 $x \equiv -a \pmod{p}$ 和 $x \equiv 1 \pmod{k}$. $\gcd(x, n) = 1$，所以存在 i，$x \equiv r_i \pmod{n}$. 于是 $r_i + a \equiv x + a \equiv 0 \pmod{n}$ 和 n 不互素，与 a 是一个解矛盾.

因此题目的解是：所有 $\prod_{p|n} p$ 的倍数. $\qquad\square$

题 6.16. 证明：任何正整数 n 都有一个倍数，其数码和也是 n.

证： 记 $n = 2^a \cdot 5^b \cdot m$，$\gcd(m, 10) = 1$. 考虑

$$A = 10^{a+b}(10^{\varphi(m)} + 10^{2\varphi(m)} + \cdots + 10^{n\varphi(m)}).$$

显然 A 的数码和是 n. 根据欧拉定理，$10^{\varphi(m)} \equiv 1 \pmod{m}$，于是

$$10^{\varphi(m)} + \cdots + 10^{n\varphi(m)} \equiv 1 + \cdots + 1 \equiv 0 \pmod{m}.$$

又有 $2^a \cdot 5^b \mid 10^{a+b}$，因此 A 是 n 的倍数. $\qquad\square$

题 6.17. 对哪些整数 $n > 1$，存在整系数多项式 f，满足 $f(k) \equiv 0 \pmod{n}$ 或 $f(k) \equiv 1 \pmod{n}$ 对每个整数 k 成立，而且两个同余式都有解？

证： 若 n 是素数幂，则欧拉定理表明 $X^{\varphi(n)}$ 是问题的解.

若 n 不是素数幂，我们记 $n = ab$，$a, b > 1$，$\gcd(a, b) = 1$. 固定 r, s，使得 $f(r) \equiv 0 \pmod{n}$ 和 $f(s) \equiv 1 \pmod{n}$. 中国剩余定理给出，存在 t，满足 $t \equiv r \pmod{a}$ 和 $t \equiv s \pmod{b}$. 则 $f(t) \equiv f(r) \equiv 0 \pmod{a}$ 和 $f(t) \equiv f(s) \equiv 1 \pmod{b}$. 但是 $f(t)$ 模 n 既不是 0 也不是 1，矛盾.

因此问题的解恰好是素数的幂. $\qquad\square$

题 6.18. （圣彼得堡1998）是否存在整系数非常数多项式 f，和整数 $a > 1$，使得

$$f(a), f(a^2), f(a^3), \cdots$$

两两互素？

证： 答案是否定的．假设 $f(a), f(a^2), f(a^3), \cdots$ 是两两互素．$\gcd(a, f(0))$ 整除 $f(a)$ 和 $f(a^2)$，因此 $\gcd(a, f(0)) = 1$．

取正整数 i，使得 $|f(a^i)| > 2$，因为 f 非常数，这是可以办到的．注意

$$\gcd(a, f(a^i)) = \gcd(a, f(0)) = 1,$$

令 $j = i + \varphi(|f(a^i)|)$，欧拉定理给出 $a^j \equiv a^i \pmod{f(a^i)}$，于是 $f(a^j) \equiv f(a^i) \equiv 0 \pmod{f(a^i)}$．因此 $\gcd(f(a^i), f(a^j)) \neq 1$，矛盾． $\square$

题 6.19. (a) （IMO1971）证明：序列 $(2^n - 3)_{n \geq 1}$ 中包含一个无穷子序列，其中任何两项互素．

(b) （罗马尼亚TST1997）设 $a > 1$ 是正整数．对序列 $(a^{n+1} + a^n - 1)_{n \geq 1}$ 证明(a)中同样的结果．

证： (a) 我们对 $k \geq 2$ 归纳证明存在递增序列 $n_1 < \cdots < n_k$，使得 $\gcd(2^{n_i} - 3, 2^{n_j} - 3) = 1$ 对所有 $i \neq j \in \{1, 2, \cdots, k\}$ 成立．对 $k = 2$，取 $n_1 = 1$ 和 $n_2 = 2$．假设已构造 $n_1 < \cdots < n_k$，要找 $n_{k+1} > n_k$，使得 $2^{n_{k+1}} - 3$ 与 $N := \prod_{j=1}^{k}(2^{n_j} - 3)$ 互素．

取 $n_{k+1} = (n_k + 1)\varphi(N)$．注意到 $n_{k+1} > n_k$，根据欧拉定理 $2^{n_{k+1}} - 3 \equiv -2 \pmod{N}$．因为 N 是奇数，$2^{n_{k+1}} - 3$ 与 N 互素，证明了题目．

(b) 设 $x_n = a^{n+1} + a^n - 1$．像(a)中一样，我们对 $k \geq 1$ 归纳证明，存在递增序列 $n_1 < \cdots < n_k$，使得 $x_{n_1}, \cdots, x_{n_k}$ 两两互素．$k = 1$ 的情形不用做任何事情．假设已有 $n_1 < \cdots < n_k$．

设 $N = x_{n_1} \cdots x_{n_k}$，注意 $\gcd(N, a) = 1$．取 $n_{k+1} = (n_k + 1)\varphi(N)$，则根据欧拉定理，$x_{n_{k+1}} \equiv a \pmod{N}$，所以 $\gcd(x_{n_{k+1}}, N) = 1$，证明了归纳步骤． $\square$

题 6.20. （CTST2005）整数 $a_0, a_1, \cdots, a_n$ 和 $x_0, x_1, \cdots, x_n$ 满足

$$a_0 x_0^k + a_1 x_1^k + \cdots + a_n x_n^k = 0,$$

对所有 $1 \leq k \leq r$ 成立，其中 r 是正整数．证明：m 整除 $a_0 x_0^m + a_1 x_1^m + \cdots + a_n x_n^m$，对所有 $r + 1 \leq m \leq 2r + 1$ 成立．

证: 取 $r+1 \le m \le 2r+1$, 设 p 是 m 的一个素因子, $u = v_p(m)$. 只需证明 $p^u \mid \sum_{j=0}^n a_j x_j^m$. 我们声明 $x_j^m \equiv x_j^{\frac{m}{p}} \pmod{p^u}$, 对 $0 \le j \le n$ 成立.

若这个声明成立, 我们得到

$$\sum_{j=0}^n a_j x_j^m \equiv \sum_{j=0}^n a_j x_j^{\frac{m}{p}} \pmod{p^u}$$

因为 $\frac{m}{p} \in \{1, 2, \cdots, r\}$, 最后的求和根据假设是 0.

要证明声明, 讨论两个情形. 若 $p \mid x_j$, 则因为 $\frac{m}{p} \ge p^{u-1} \ge u$, 所以 $p^u \mid x_j^{\frac{m}{p}}$. 若 p 不整除 x_j, 则 $\varphi(p^u) \mid m - \frac{m}{p}$. 所以根据欧拉定理 $x_j^m \equiv x_j^{\frac{m}{p}} \pmod{p^u}$. 这样就证明了声明, 也解决了问题. $\square$

题 6.21. (中国香港2010) 设 $n > 1$ 是整数, $1 \le a_1 < \cdots < a_k \le n$ 是 n 的所有互素子. 证明: 对任何与 n 互素的整数 a, 有

$$\frac{a^{\phi(n)} - 1}{n} \equiv \sum_{i=1}^k \frac{1}{aa_i} \left\lfloor \frac{aa_i}{n} \right\rfloor \pmod{n}$$

证: 考虑带余除法 $aa_i = q_i n + r_i$. 因为 a 与 n 互素, 而 $(a_1, \cdots, a_k)$ 构成模 n 的缩系, 所以 $(aa_1, \cdots, aa_k)$ 也构成缩系. 因此 $r_1, \cdots, r_k$ 是 $a_1, \cdots, a_k$ 的排列. 特别地, $\prod_{i=1}^k a_i = \prod_{i=1}^k r_i$.

接下来, 计算关系式 $aa_i = q_i n + r_i$ 的连乘得到

$$a^{\varphi(n)} a_1 \cdots a_k = (q_1 n + r_1) \cdots (q_k n + r_k).$$

将右端展开并模 n^2 给出

$$a^{\varphi(n)} a_1 \cdots a_k \equiv r_1 \cdots r_k + r_2 \cdots r_k q_1 n + \cdots + r_1 \cdots r_{k-1} q_k n \pmod{n^2}.$$

因为 $\prod_{i=1}^k a_i = \prod_{i=1}^k r_i$, 可得等价的同余式

$$\frac{a^{\varphi(n)} - 1}{n} \equiv \frac{q_1}{r_1} + \cdots + \frac{q_k}{r_k} \pmod{n}.$$

最后利用 $\frac{q_i}{r_i} \equiv \frac{q_i}{aa_i} \pmod{n}$ 而且 $q_i = \left\lfloor \frac{aa_i}{n} \right\rfloor$ 结束证明. $\square$

题 6.22. (Komal) 设 $x_1, x_2, \cdots, x_n$ 是整数, 满足 $\gcd(x_1, \cdots, x_n) = 1$, 设 $s_i = x_1^i + x_2^i + \cdots + x_n^i$. 证明:

$$\gcd(s_1, s_2, \cdots, s_n) \mid \operatorname{lcm}(1, 2, \cdots, n).$$

证：根据例 5.7，只需证明：对每个素数 p，若 $p^d \mid \gcd(s_1, \cdots, s_n), d > 0$，则 $p^d \le n$.

记 $(X - x_1) \cdots (X - x_n) = X^n + a_{n-1}X^{n-1} + \cdots + a_0$，$a_0, \cdots, a_n$ 是整数. 则 $x_i^n + a_{n-1}x_i^{n-1} + \cdots + a_0 = 0$ 对 $1 \le i \le n$ 成立. 将这个关系乘以 x_i^r（r 是任意非负整数），并求和，可得

$$s_{n+r} + a_{n-1}s_{n+r-1} + \cdots + a_0 s_r = 0, r \ge 0$$

因为 p^d 整除 $s_1, \cdots, s_n$，直接归纳得到 p^d 整除所有的 s_r.

令 $r = d \cdot \varphi(p^d)$，可得

$$x_1^{d\varphi(p^d)} + \cdots + x_n^{d\varphi(p^d)} \equiv 0 \pmod{p^d}.$$

根据欧拉定理，每一项 $x_i^{d\varphi(p^d)}$ 模 p^d 为 0 或 1. 而 $\gcd(x_1, \cdots, x_n) = 1$，至少有一个非零项 $x_i^{d\varphi(p^d)} \pmod{p^d}$. 因此 $p^d \le n$，问题于是得证. $\qquad\square$

题 6.23.（巴西2005）设 a 和 c 是正整数. 证明：对每个整数 b，存在正整数 x，使得

$$a^x + x \equiv b \pmod{c}.$$

证：解答和例 6.55 很相似. 我们对 c 用第二数学归纳法证明：对所有整数 b 和所有 $a \ge 1$，存在 $x \ge 1$，使得 $a^x + x \equiv b \pmod{c}$.

$c = 1$ 的情形是显然的. 假设命题对直到 $c - 1$ 都成立，我们来证明 c 的情形. 固定 $a \ge 1$ 和整数 b. 因为 $\varphi(c) < c$，根据归纳假设，存在无穷多 $x \ge 1$ 使得 $\varphi(c) \mid a^x + x - b$. 我们选择这样的 x，满足 $x \ge \max_{p|c} v_p(c)$ 和 $x \ge b$. 则类似例 6.55 的论述，可得 $a^{x+k\varphi(c)} \equiv a^x \pmod{c}$，对所有 $k \ge 1$ 成立. 记 $a^x + x - b = d\varphi(c)$，设 $y_k = x + (kc - d)\varphi(c)$. 则

$$a^{y_k} + y_k \equiv a^x + y_k \equiv a^x + x - d\varphi(c) \equiv b \pmod{c},$$

因此所有 $(y_k)_{k>d}$ 是同余方程 $a^y + y \equiv b \pmod{c}$ 的解，证明了归纳步骤. $\qquad\square$

题 6.24.（Ibero 2012）证明：对每个整数 $n > 1$，存在 n 个连续的正整数，每一个都不被自己的数码和整除.

证：记 $S(x)$ 为 x 的数码和. 取不同的素数 $5 < p_1 < p_2 < \cdots < p_n$，令 $P = p_1 p_2 \cdots p_n$. 考虑

$$B = 10^{\varphi(P)} \frac{10^{(P-10)\varphi(P)} - 1}{10^{\varphi(P)} - 1} + 10.$$

则根据欧拉定理，B 是 P 的倍数，并且 $S(B) = P - 9$.

因为 $\gcd(P-9, p_i) = 1$，根据中国剩余定理，存在正整数 t，使得 $t(P-9) + S(i) \equiv 0 \pmod{p_i}$，$1 \leq i \leq n$ 成立. 定义 $C = BB\cdots B$（t 个 B 接连写出），对足够大 x，有

$$S(10^x C + i) = S(C) + S(i) \equiv 0 \pmod{p_i}$$

则 $10^x C + 1, \cdots, 10^x C + n$ 是连续的数，每个都不是自己数码和的倍数. 实际上 $p_i \mid S(10^x C + i)$，而 $10^x C + i \equiv i \pmod{p_i}$. $\quad\square$

题 6.25. （俄罗斯2006）设 x 和 y 是纯循环十进制分数，满足 $x + y$ 和 xy 也是纯循环十进制分数，周期为 T. 证明：x 和 y 的周期不超过 T.

证： 设有 $x = \frac{a}{b}$ 和 $y = \frac{c}{d}$，满足 $c, d > 0$ 和 $\gcd(a, b) = \gcd(c, d) = 1$. 设

$$x + y = \frac{a}{b} + \frac{c}{d} = \frac{ad + bc}{bd} = \frac{e}{f}, \quad xy = \frac{ac}{bd} = \frac{g}{h}$$

是最简形式.

根据假设有 $f \mid 10^T - 1$ 和 $h \mid 10^T - 1$. 因为 $f(ad + bc) = ebd$，可得 $b \mid fad$，所以 $b \mid fd \mid d(10^T - 1)$. 接下来，因为 $ach = bdg$，所以 $b \mid ach$，然后 $b \mid ch \mid c(10^T - 1)$. 因此 $b \mid \gcd(c(10^T-1), d(10^T-1)) = 10^T - 1$. 类似地，有 $d \mid 10^T - 1$. 结论成立.

还有另一个证明：根据假设，多项式

$$P(X) = (10^T - 1)(X - x)(X - y)$$

的系数为整数，且有有理数解 x 和 y. 根据有理根定理，x 和 y 的分母整除 $P(X)$ 的首项系数 $10^T - 1$，因此它们的周期整除 T. $\quad\square$

题 6.26. （伊朗2013）设 p 是奇素数，$d \mid p - 1$. 设 S 是满足 $\mathrm{ord}_p(x) = d$ 的 $x \in \{1, 2, \cdots, p-1\}$ 构成的集合. 求 $\prod_{x \in S} x$ 模 p 的余数.

证： 对每个 $x \in S$ 存在唯一的 $y \in \{1, 2, \cdots, p-1\}$，使得 $xy \equiv 1 \pmod p$. 若 k 是正整数，则 $x^k \equiv 1 \pmod p$ 等价于 $(xy)^k \equiv y^k \pmod p$ 或 $y^k \equiv 1 \pmod p$. 因此，x 和 y 模 p 的阶相同，所以 $y \in S$.

若 $x = y$，则 $x^2 \equiv 1 \pmod p$，$d = 1$ 或 $d = 2$. 进一步，根据条件 $xy \equiv 1 \pmod p$. 因此，对所有 $d > 2$，集合 S 可以如上分成一些对 (x, y) 且没有不动点，然后 $\prod_{x \in S} x \equiv 1 \pmod p$. 若 $d = 1$，则 $S = \{1\}$，答案是 1. 若 $d = 2$，则 $S = \{1, p-1\}$，答案是 -1. $\quad\square$

题 6.27. 设 a, b, n 是正整数, $a \neq b$. 证明:

$$2n \mid \varphi(a^n + b^n), \quad n \mid \varphi\left(\frac{a^n - b^n}{a - b}\right).$$

证: 注意我们可以将 a 和 b 替换成 $\frac{a}{\gcd(a,b)}$ 和 $\frac{b}{\gcd(a,b)}$, 从而假定 $\gcd(a, b) = 1$. 由对称性, 我们不妨设 $a > b$.

我们先证明 $2n \mid \varphi(a^n + b^n)$. 设 c 是正整数, 满足 $bc \equiv 1 \pmod{a^n + b^n}$ (因为 $\gcd(b, a^n + b^n) = 1$, 所以 c 存在). 注意 $\gcd(ac, a^n + b^n) = 1$, 若 $k \geq 1$ 同余式 $(ac)^k \equiv 1 \pmod{a^n + b^n}$ 等价于 $(abc)^k \equiv b^k \pmod{a^n + b^n}$, 或者 $a^k \equiv b^k \pmod{a^n + b^n}$.

设 d 是 ac 模 $a^n + b^n$ 的阶. 因为 $a^{2n} \equiv b^{2n} \pmod{a^n + b^n}$, 前面讨论给出 $d \mid 2n$ 且 $a^n + b^n \mid a^d - b^d$, 因此 $d > n$, 然后可得 $d = 2n$. 因为 $d \mid \varphi(a^n + b^n)$, 结论成立.

我们接下来证明 $n \mid \varphi\left(\frac{a^n - b^n}{a - b}\right)$. 设

$$N = \frac{a^n - b^n}{a - b} = a^{n-1} + a^{n-2}b + \cdots + b^{n-1}.$$

因为 $\gcd(ab, N) = 1$, 存在正整数 c, 使得 $bc \equiv 1 \pmod{N}$, 而且 $\gcd(ac, N) = 1$.

和前一部分类似论述, 可以证明 ac 模 N 的阶等于 n, 因此 $n \mid \varphi(N)$. □

题 6.28. 求所有素数 p 和 q, 使得 $p^2 + 1 \mid 2\,003^q + 1$ 及 $q^2 + 1 \mid 2\,003^p + 1$.

证: 我们不妨设 $p \leq q$. 若 $p = 2$, 则 $5 \mid 2\,003^q + 1$, 于是 $q = 2$, 得到解 $(2, 2)$.

假设 $p > 2$. 若 r 是 $p^2 + 1$ 的素因子, 则 $r \mid 2\,003^{2q} - 1$, 因此 $\mathrm{ord}_r(2\,003) \mid 2q$.

若 $\gcd(q, \mathrm{ord}_r(2\,003)) = 1$, 我们会得到

$$r \mid 2\,003^2 - 1 = 2^3 \cdot 3 \cdot 7 \cdot 11 \cdot 13 \cdot 167.$$

因为 $r \mid p^2 + 1$, 由推论 4.28 知 $r = 2$ 或 $r = 13$. 我们不能有 $r = 13$, 因为 $r \mid 2\,003^q + 1$, 而 $2\,003^q + 1 \equiv 2 \pmod{13}$. 我们因此得到 $r = 2$.

若 r 是 $p^2 + 1$ 的奇素数因子, 必有 $q \mid \mathrm{ord}_r(2\,003) \mid r - 1$. 结合 $v_2(p^2 + 1) = 1$, 因此有 $p^2 + 1 \equiv 2 \pmod{q}$, 所以 $q \mid (p - 1)(p + 1)$. 这是不可能的, 因为 $q \geq p$, 而 p 是奇数.

因此题目的唯一解是 $(2, 2)$. □

题 6.29. （MOSP 2001）设 p 是素数，m, n 是大于 1 的整数，使得 $n \mid m^{p(n-1)} - 1$. 证明：$\gcd(m^{n-1} - 1, n) > 1$.

证： 假设 $\gcd(m^{n-1} - 1, n) = 1$. 设 $a = v_p(n-1)$，设 q 是 n 的任何素因子，最后设 d 是 m 模 q 的阶.

因为 $q \nmid m^{n-1} - 1$，所以 $d \nmid n - 1$. 因为 q 整除 $m^{p(n-1)} - 1$，所以 d 整除 $p(n-1)$. 因此 $v_p(d) > a$，又因为 $d \mid q - 1$，可得 $v_p(q-1) \geq a + 1$.

因为这对 n 的所有素因子 q 成立，所以 $n \equiv 1 \pmod{p^{a+1}}$，与 $v_p(n-1) = a$ 矛盾. 题目得证. $\square$

题 6.30. (a) （$Pepin$ 测试）设 n 是正整数，$k = 2^{2^n} + 1$. 证明：k 是素数当且仅当 $k \mid 3^{\frac{k-1}{2}} + 1$.

(b) （欧拉—拉格朗日）设 $p \equiv -1 \pmod 4$ 是素数. 证明：$2p + 1$ 是素数当且仅当 $2p + 1 \mid 2^p - 1$.

证： (a) 假设 k 是素数和我们证明 $k \mid 3^{\frac{k-1}{2}} + 1$. 根据欧拉准则（定理 4.99）这等价于证明 $\left(\frac{3}{k}\right) = -1$，而根据二次互反律（定理 4.124），从 $(-1)^{\frac{k-1}{2}} \cdot \left(\frac{k}{3}\right) = -1$ 得出，我们用到了 $k \equiv 1 \pmod 4$ 和 $k \equiv 2 \pmod 3$.

现在假设 $k \mid 3^{\frac{k-1}{2}} + 1$，$p$ 是 k 的素因子. 因为 $p \mid k \mid 3^{k-1} - 1$，3 模 p 的阶 d 整除 $k - 1 = 2^{2^n}$，所以 d 是 2 的幂.

若 $d < k - 1$，则有 $d \mid \frac{k-1}{2}$ 及 $p \mid 3^{\frac{k-1}{2}} - 1$，与 $p \mid k \mid 3^{\frac{k-1}{2}} + 1$ 矛盾.

因此 $d = k - 1$，而由于 $d \mid p - 1$，可得 $k \leq p$，因此 $p = k$，k 是素数.

(b) 论述过程很相似. 若 $q = 2p + 1$ 是素数，我们要证明：$q \mid 2^{\frac{q-1}{2}} - 1$，即 $\left(\frac{2}{q}\right) = 1$，这从 $q \equiv -1 \pmod 8$ 和定理 4.125 得到.

反之，若 $q \mid 2^p - 1$，则 2 模 q 的阶必然是 p（因为不能是 1 而且这个阶整除 p）. 这对 q 的每个素因子 l 都成立，因此 $p \mid l - 1$，$l \geq 2p + 1$. 至多只有一个这样的 l（算重数），题目得证. $\square$

注释 7.27. $Pepin$ 测试可以用来证明例如：每个数 $F_{13}, F_{14}, F_{20}, F_{22}, F_{24}$ 都是合数，其中 $F_n = 2^{2^n} + 1$.

题 6.31. 设 $p > 2$ 是奇素数，a 是模 p 原根. 证明：$a^{\frac{p-1}{2}} \equiv -1 \pmod p$.

证： 根据费马小定理，有 $a^{p-1} \equiv 1 \pmod p$，因此

$$(a^{\frac{p-1}{2}} - 1)(a^{\frac{p-1}{2}} + 1) \equiv 0 \pmod p.$$

我们不能有 $a^{\frac{p-1}{2}} \equiv 1 \pmod p$，否则 a 模 p 的阶不超过 $\frac{p-1}{2}$，和原根条件矛盾. 因此 $a^{\frac{p-1}{2}} + 1 \equiv 0 \pmod p$，得证. $\square$

题 6.32. 假设 $n > 1$ 是整数，使得存在模 n 原根．证明：集合 $\{1, 2, \cdots, n\}$ 恰好包含 $\varphi(\varphi(n))$ 个模 n 的原根．

证： 取模 n 的原根 g．则另一个原根 $a \equiv g^k \pmod{n}$，其中 $0 \le k \le \varphi(n)$．

因为 g 模 n 的阶是 $\varphi(n)$，命题 6.66 说明当且仅当 $\gcd(k, \varphi(n)) = 1$ 时，才有 $\mathrm{ord}_n(g^k) = \varphi(n)$．因此模 n 原根恰好是 $g^{a_1}, \cdots, g^{a_k}$，其中 $a_1, \cdots, a_k$ 是 $\varphi(n)$ 的互素子．它们的总数是 $k = \varphi(\varphi(n))$．$\qquad\square$

题 6.33. 设 p 是奇素数．证明：p 是费马素数（即 $2^n + 1$ 型素数，$n \ge 1$），当且仅当每个模 p 的平方非剩余是模 p 的原根．

证： 存在 $\frac{p-1}{2}$ 个模 p 的平方非剩余，以及 $\varphi(p-1)$ 个模 p 的原根（使用前面的命题或者定理 6.104）．

如果任何模 p 的平方非剩余是模 p 的原根，我们必然有 $\varphi(p-1) \ge \frac{p-1}{2}$．记 $p-1 = 2^k m$，$k \ge 1$ 和 m 是奇数．则前面的不等式变成 $\varphi(m) \ge m$，必有 $m = 1$．因此 p 是费马素数．

反之，如果 p 是费马素数，则因为 $p-1$ 是 2 的幂，所以 $\varphi(p-1) = \frac{p-1}{2}$．因为任何原根总是平方非剩余，因此现在二者个数相同时，两个集合完全一样，证毕．$\qquad\square$

题 6.34. 设 $\lambda(n)$ 是最小的正整数 k，使得 $x^k \equiv 1 \pmod{n}$，对所有与 n 互素的 x 成立．证明：

(a) 若 k 是正整数，满足 $x^k \equiv 1 \pmod{n}$，对所有与 n 互素的 x 成立，则 k 是 $\lambda(n)$ 的倍数．

(b) 若 m, n 互素，$\lambda(mn) = \mathrm{lcm}(\lambda(m), \lambda(n))$．

(c) 当 $n = 2, 4$ 或奇素数的幂，$\lambda(n) = \varphi(n)$；$\lambda(2^n) = 2^{n-2}$ 对 $n \ge 3$ 成立．

(d) 对每个 n，集合 $\{\mathrm{ord}_n(x) \mid \gcd(x, n) = 1\}$ 恰好是 $\lambda(n)$ 的所有正因子集合．

证： (a) 记 $k = q\lambda(n) + r$，$0 \le r < \lambda(n)$．假设 $r > 0$．则对所有与 n 互素的 x，有

$$1 \equiv x^k = (x^{\lambda(n)})^q \cdot x^r \equiv x^r \pmod{n}.$$

与 $\lambda(n)$ 定义矛盾．

(b) 设 $M = \mathrm{lcm}(\lambda(m), \lambda(n))$．假设 x 与 mn 互素，则它和 m 及 n 都互素．根据 M 的定义，有 $x^M \equiv 1 \pmod{n}$ 及 $x^M \equiv 1 \pmod{m}$，由于 $\gcd(m, n) = 1$，因此 $x^M \equiv 1 \pmod{mn}$．由 x 的任意性，根据 (a)，$\lambda(mn) \mid M$．

反之，要证 $M \mid \lambda(mn)$，利用(a)和对称性，只需 $x^{\lambda(mn)} \equiv 1 \pmod{n}$，对所有与 n 互素的 x 成立即可.

取这样的一个 x，注意 x 不一定与 m 互素. 但是因为 $\gcd(m, n) = 1$，我们可以找到 y，使得 $y \equiv x \pmod{n}$ 和 $y \equiv 1 \pmod{m}$（中国剩余定理）.

现在 y 与 mn 互素，因此 $n \mid mn \mid y^{\lambda(mn)} - 1$. 然后 $x^{\lambda(mn)} \equiv y^{\lambda(mn)} \equiv 1 \pmod{n}$，完成了证明.

(c) 在所有情形下 $\lambda(n) \mid \varphi(n)$，这用了(a)部分和和欧拉定理.

假设 n 是 $2, 4$ 或奇素数的幂. 我们可以找到一个模 n 的原根 g. 因为 $g^{\lambda(n)} \equiv 1 \pmod{n}$，而 g 模 n 的阶是 $\varphi(n)$. 因此 $\varphi(n) \mid \lambda(n)$. 结合第一段，给出 $\varphi(n) = \lambda(n)$，对上述的 n 成立.

现在考虑 $2^n, n \geq 3$. 根据第一段，$\lambda(2^n)$ 整除 $\varphi(2^n) = 2^{n-1}$，因此是 2 的幂，设为 2^k. 因此我们需要找到最小的 k，使得 $x^{2^k} \equiv 1 \pmod{2^n}$ 对所有奇数 x 成立. 我们已经见过几次（用升幂定理），有 $k = n - 2$.

(d) 设 x 是整数，与 n 互素，$d = \mathrm{ord}_n(x)$. 因为 $x^{\lambda(n)} \equiv 1 \pmod{n}$，可得 $d \mid \lambda(n)$.

反之，设 $d \mid \lambda(n)$. 要找 x 与 n 互素，使得 $\mathrm{ord}_n(x) = d$. 设 $n = p_1^{k_1} \cdots p_s^{k_s}$. 根据(b)和(c)，有 $\lambda(n) = \mathrm{lcm}(\varphi(p_1^{k_1}), \cdots, \varphi(p_s^{k_s}))$. 设 $d_i = \gcd(d, \varphi(p_i^{k_i}))$. 因为 d 的每个素数幂因子必然整除某个 $\varphi(p_i^{k_i})$，有 $d = \mathrm{lcm}(d_1, \cdots, d_s)$.

设 a_i 是模 $p_i^{k_i}$ 的一个原根（当 $p_i = 2$，$k_i > 2$ 时，a_i 要取阶达到 2^{k_i-2} 的一个数，例如 3）. 则 $x_i = a_i^{\varphi(p_i^{k_i})/d_i}$ 模 $p_i^{k_i}$ 的阶是 d_i.

利用中国剩余定理，我们找到整数 x 使得 $x \equiv x_i \pmod{p_i^{k_i}}$，对所有 i 成立. 则 x 显然和 n 互素，它模 $p_i^{k_i}$ 的阶是 d_i.

$$x^k \equiv 1 \pmod{n} \iff x^k \equiv 1 \pmod{p_i^{k_i}}, 1 \leq i \leq s$$
$$\iff d_i \mid k, 1 \leq i \leq s \iff d \mid k$$

由阶的最小性，x 模 n 的阶是 d. $\qquad\qquad\square$

题 6.35. 设 $p > 2$ 是素数，a 是模 p 原根. 证明：$-a$ 是模 p 原根当且仅当 $p \equiv 1 \pmod 4$.

证： 注意若 x 是模 p 原根，则 x 不是模 p 的平方剩余，根据欧拉准则 $x^{\frac{p-1}{2}} \equiv -1 \pmod{p}$.

若 $-a$ 是模 p 原根，则 $a, -a$ 都是模 p 的平方非剩余，因此商 -1 是模 p 平方剩余，$p \equiv 1 \pmod 4$.

反之，假设 $p \equiv 1 \pmod 4$，则 $-a \equiv a^{\frac{p+1}{2}} \pmod p$. 因为 $\gcd(p \mid 1, 2p - 2) = 2$，所以 $\gcd(\frac{p+1}{2}, p-1) = 1$. 根据命题6.66，$-a$ 是模 p 原根. $\qquad \square$

题 6.36. （Unesco 1995）设 m, n 是大于1的整数. 证明：$1^n, 2^n, \cdots, m^n$ 模 m 的余数两两不同当且仅当 m 无平方因子且 n 与 $\varphi(m)$ 互素.

证： 假设 $1^n, 2^n, \cdots, m^n$ 模 m 的余数两两不同.

如果存在素数 p，使得 $p^2 \mid m$，则 m^n 和 $(m/p)^n$ 模 m 都是 0，矛盾. 因此 m 无平方因子，设 $m = p_1 \cdots p_k$.

我们要证 n 与每个 $p_i - 1$ 互素，因为 $\varphi(m) = (p_1 - 1) \cdots (p_k - 1)$. 假设 $d_i = \gcd(p_i - 1, n) > 1$，对某个 i，取模 p_i 的一个原根 g. 则 $x = g^{\frac{p_i-1}{d_i}}$ 满足 $x^n \equiv 1 \pmod{p_i}$，而 x 模 p_i 不是 1.

根据中国剩余定理，存在 y，使 $y \equiv 1 \pmod{p_j}$，$j \neq i$；$y \equiv x \pmod{p_i}$. 则 $y^n \equiv 1 \pmod m$ 而 y 模 m 不是 1，矛盾. 这样证明了一个方向.

接下来，假设 $m = p_1 \cdots p_k$ 无平方因子，$\gcd(n, \varphi(m)) = 1$. 若 $i^n \equiv j^n \pmod m$，则 $i^n \equiv j^n \pmod{p_r}$，对所有 r 成立. 因为 $p_r - 1$ 和 n 互素，所以 $i \equiv j \pmod{p_r}$. 由 r 任意性，有 $i \equiv j \pmod m$. 这样证明了另一个方向，完成了题目证明. $\qquad \square$

题 6.37. （Tuymaada 2011改编）证明：在 2 500 个连续正整数中，存在整数 n，使得 $\frac{1}{n}$ 的十进制表达式周期大于 2 011.

证： 我们要保证 10 模 n 的周期大于 2 011. 只需证明：存在 $d \in \{1, 2, \cdots, 2\,500\}$，使得 10 模 d 的周期大于 2 011. 实际上，若这样的 d 存在，则任何连续的 2 500 个正整数中，有一个是 d 的倍数，则结论成立.

我们首先找到素数 p，使得 10 是模 p 的原根. 试验较小的素数给出 $p = 7$. 现在我们看看 10 是否是模 49 的原根. 10 模 49 的阶是 6 的倍数，还是 $\varphi(49) = 42$ 的因子. 只需试验 6 和 42，发现

$$10^6 - 1 = (10^3 - 1)(10^3 + 1) = 3^3 \cdot 37 \cdot 7 \cdot 11 \cdot 13 \not\equiv 0 \pmod{49},$$

10 确实是模 49 的原根. 因此根据定理6.108，10 也是模 7^n 的原根. 不难发现有 $\varphi(7^4) > 2\,011$ 及 $7^4 \leq 2\,500$. 因此取 $d = 7^4$ 即可，题目证毕. $\qquad \square$

题 6.38. 是否存在正整数，被它的数码乘积 P 整除，而 P 是 7 的一个幂，大于 $10^{2\,016}$？

证： 固定正整数 k. 我们将证明：存在 x 被它的数码乘积 P 整除，而且 $P = 7^k$. 我们在上一题看到 10 是模 7^k 的原根.

考虑 $a = \overline{66\cdots6} = 6 \cdot \frac{10^k-1}{9}$，则 $1 - 9a = 7 - 6 \cdot 10^k$ 与 7 互素. 存在无穷多 n，使得 $10^n \equiv 1 - 9a \pmod{7^k}$.

取这样的 $n > k$，则 $\frac{10^n-1}{9} + a$ 的数码乘积是 7^k，而且是 7^k 的倍数. □

题 6.39. 设 m, n 是正整数. 证明：存在正整数 k，使得 $2^k \equiv 1\,999 \pmod{3^m}$ 和 $2^k \equiv 2\,009 \pmod{5^n}$.

证： 利用定理 6.108，容易得到 2 是模 3^m 和模 5^n 的原根. 因此我们可以找到正整数 k_1, k_2，使得 $2^{k_1} \equiv 1\,999 \pmod{3^m}$ 和 $2^{k_2} \equiv 2\,009 \pmod{5^n}$ 成立.

两个同余式分别看成模 3 和模 5 的同余式，可以得到 k_1 和 k_2 是偶数. 中国剩余定理给出，存在正整数 $a \equiv \frac{k_1}{2} \pmod{3^{m-1}}$ 且 $a \equiv \frac{k_2}{2} \pmod{2 \cdot 5^{n-1}}$. 令 $k = 2a$，利用欧拉定理，可得 $2^k \equiv 1\,999 \pmod{3^m}$ 和 $2^k \equiv 2\,009 \pmod{5^n}$，是题目的解. □

题 6.40. （伊朗2012）设 p 是奇素数. 证明：存在正整数 x，使得 x 和 $4x$ 都是模 p 的原根.

证： 固定一个模 p 的原根 g，设 $2 \equiv g^k \pmod{p}$. 若我们能找到正整数 a，使得 a 和 $a + 2k$ 都与 $p - 1$ 互素，则 $x = g^a$ 和 $4x \equiv g^{a+2k} \pmod{p}$ 都是模 p 原根（见命题 6.66）.

设 $q_1, \cdots, q_s$ 是 $p - 1$ 的素因子，$q_1 = 2$. 若 $i > 1$，则存在 $q_i > 2$. 因此 $a_i \in \{0, 1, \cdots, q_i - 1\}$ 不同于 0 和 $-2k \pmod{q_i}$. 再令 $a_1 = 1$. 根据中国剩余定理，可以找到 a，使得 $a \equiv a_i \pmod{q_i}$，对所有 $1 \le i \le s$ 成立. 则根据定义方式 a 及 $a + 2k$ 不被任何 q_i 整除，它们与 $p - 1$ 互素. 题目结论成立. □

题 6.41. （巴西2009）设 p, q 是奇素数，满足 $q = 2p + 1$. 证明：存在 q 的倍数，其数码和是 1, 2 或 3.

证： 10 模 q 的阶 d 整除 $q - 1 = 2p$，因此是 1, 2, p 或 $2p$.

若 $d = 1$，则 q 整除 9，$q = 3$，不可能.

若 $d = 2$，则 q 整除 99，$q = 11$，可以取 11 为所求的倍数.

若 $d = 2p$，则 $q \mid 10^p + 1$，我们可以取 $10^p + 1$ 作为 q 的倍数，其数码和为 2.

若 $d = p$. $10^p = 10^{(q-1)/2} \equiv 1 \pmod{q}$，因此 10 是模 q 的平方剩余. 于是 10 的所有幂次都是模 q 的平方剩余. 但是模 q 不同的 10 的幂有 p 个，等于平方剩余的个数，因此所有模 q 的平方剩余都同余于 10 的幂.

如果我们能找到整数 x, y 均与 q 互素，且 $q \mid x^2 + y^2 + 1$，则可以找到整数 a 和 b，使得 $q \mid 10^a + 10^b + 1$. 得到满足题目条件的倍数.

考虑集合 A 为所有的模 q 平方剩余，$B = \{-1 - a \mid a \in A\}$，则两个集合都有 $\frac{q+1}{2}$ 个数. 根据抽屉原则，$A \cap B \neq \emptyset$（都看成 $\{0, 1, \cdots, q-1\}$ 的子集）. 因此存在整数 x, y，使得 $q \mid x^2 + y^2 + 1$. 因为 $q \equiv 3 \pmod 4$（从 $q = 2p + 1$，p 是奇数得到），推论 4.28 说明 x 和 y 都和 p 互素. 这样完成了题目所需步骤.（其实抽屉原则可以在一开始知道 10 模 q 的阶是 p，对 A 为 10 的幂的余数构成的集合适用. 不必经过二次剩余的一个转换，这里使用二次剩余可能的一个原因是 $x^2 + y^2 + 1 \equiv 0 \pmod q$ 对一般的素数 q 也有解. ——译者注） $\square$

题 6.42. （巴西2012）求最小的正整数 n，使得存在正整数 k，n^k 的十进制表达式的最后 2012 位数都是 1.

证： 设 $s = \frac{10^{2\,012} - 1}{9}$. 我们要研究同余方程 $n^k \equiv s \pmod{10^{2\,012}}$. 注意 $9s \equiv -1 \pmod{10^{2\,012}}$，特别地，有 $9s \equiv -1 \pmod{16}$ 和 $9s \equiv -1 \pmod 5$，得到 $s \equiv 7 \pmod{16}$ 和 $s \equiv 1 \pmod 5$. 因此 n 必须是奇数，k 也是奇数（否则 $n^k \equiv 0, 1 \pmod 4$，矛盾）

因此 $n^k \equiv n \pmod 8$，然后 $n \equiv 7 \pmod 8$，$n^2 \equiv 1 \pmod{16}$，于是 $n \equiv 7 \pmod{16}$.

因为 $n^k \equiv 1 \pmod 5$，n 模 5 的阶同时整除 4 和 k，而 k 是奇数，这个阶是 1，即 $n \equiv 1 \pmod 5$.

两个同余式结合，得到 $n \equiv 71 \pmod{80}$，所以 $n \geq 71$.

接下来是技术细节部分，我们证明 $n = 71$ 是问题的解，即存在 $k \geq 1$，使得 $9 \cdot 71^k \equiv -1 \pmod{10^{2\,012}}$.

首先，命题 6.66 给出 $\mathrm{ord}_{2^N}(71) = 2^{N-3}$ 和 $\mathrm{ord}_{5^N}(71) = 5^{N-1}$，对所有 $N \geq 2$ 成立.

接下来，我们将在下一段证明，对所有的 $N \geq 4$，可以找到 $l \geq 1$，使得 $9 \cdot 71^l \equiv -1 \pmod{2^N}$ 及 $m \geq 1$，使得 $9 \cdot 71^m \equiv -1 \pmod{5^N}$. 假设这个成立，则利用中国剩余定理，可以得到整数，$k \geq 1$，使得 $k \equiv l \pmod{2^{N-3}}$ 和 $k \equiv m \pmod{5^{N-1}}$. 于是 $9 \cdot 71^k \equiv -1 \pmod{10^N}$，取 $N = 2012$ 完成题目证明.

要证 l 和 m 的存在性. 因为 $\mathrm{ord}_{2^N}(71) = 2^{N-3}$，所以 $1, 71, \cdots, 71^{2^{N-3}-1}$ 模 2^N 是互不相同的 2^{N-3} 个数. 而 $71 \equiv 7 \pmod{16}$，$71^2 \equiv 1 \pmod{16}$，这些数都是 $7 + 16r$ 型或者 $1 + 16r$ 型. 另一方面，模 2^N 恰好存在 2^{N-4} 个 $7 + 16r$ 型余数和 2^{N-4} 个 $1 + 16r$ 型余数. 因此 $1, 71, \cdots, 71^{2^{N-3}-1}$ 模 2^N 恰好是所有 $7 + 16r$ 型和 $1 + 16r$ 型余数. 因为 $s \equiv 7 \pmod{16}$，这给出了 l 的存在性. 类似地，71

的幂模 5^N 恰好是所有的模 5 余 1 的余数，也证明了 m 的存在性.

因此题目的答案是 $n = 71$. $\qquad\square$

题 6.43. （Nieuw Archief voor Wiskunde）假设 $\alpha \geq \frac{\log 10}{\log 5} = 1.430\,67\cdots$. 证明：对每个 $n \geq 1$，任何 n 个数字序列（在 0 和 9 之间），可以作为连续的数字出现在 2 的某个幂次的十进制表达式最后 $\lceil \alpha n \rceil$ 位中.

证： 考虑 $a_0, \cdots, a_{n-1} \in \{0, 1, \cdots, 9\}$ 令

$$A = a_0 + 10a_1 + \cdots + 10^{n-1}a_{n-1} = \overline{a_{n-1}\cdots a_0}.$$

我们将证明：可以找到 $\lceil \alpha n \rceil - n \geq s \geq 1$ 个数码 $\alpha_1, \cdots, \alpha_s$ 以及 $k \geq n + s$，使得

$$B = \overline{A\alpha_1\cdots\alpha_s} = A \cdot 10^s + \alpha_1 \cdot 10^{s-1} + \cdots + \alpha_s$$

满足 $2^k \equiv B \pmod{10^{n+s}}$.

若我们能证明这个结果，则 2^k 的最后 $n + s \leq \lceil \alpha n \rceil$ 个数字包含 A 的数码.

设 $r = \lceil \alpha n \rceil - n$，根据题目假设 $5^{\lceil \alpha n \rceil} > 10^n$，因此 $2^{n+r} < 10^r$. 存在 2^{n+r} 的倍数 Y 在区间 $(A \cdot 10^r, (A+1) \cdot 10^r)$ 中.

设 s 是最小正整数，使得我们可以找到 2^{n+s} 的倍数 B 在 $(A\cdot 10^s, (A+1)\cdot 10^s)$ 中. 刚刚我们得到 $s \leq r = \lceil \alpha n \rceil - n$.

我们声明 5 不整除 B. 实际上，若 $10 \mid B$，则 $s \geq 2$，有 $\frac{B}{10} \in (A \cdot 10^{s-1}, (A+1) \cdot 10^{s-1})$ 及 $2^{n+s-1} \mid \frac{B}{10}$，与 s 最小性矛盾.

因为 2 是模 5^n 的原根（用定理 6.108），所以存在整数 $k \geq n + s$，使得 $B \equiv 2^k \pmod{5^{n+s}}$. 显然 $B \equiv 2^k \pmod{10^{n+s}}$，题目结论成立. $\qquad\square$

注释 7.28. 可以证明：$\frac{\log 10}{\log 5}$ 是最小的满足题目性质的数.

题 6.44. 求所有正整数序列 $(a_n)_{n\geq 1}$ 使得：

(a) $m - n \mid a_m - a_n$ 对所有正整数 m, n 成立；

(b) 若 m, n 是互素，则 a_m 和 a_n 也互素.

证： 我们先证明对每个素数 p，a_p 是 p 的幂. 假设有素数 $q \neq p$，$q \mid a_p$. 因为 $q \mid a_{p+q} - a_p$，所以 $q \mid a_{p+q}$，于是 $\gcd(a_p, a_{p+q}) > 1$ 而 $\gcd(p, p+q) = 1$，矛盾. 因此，我们可以找到非负整数序列 $(n_p)_p$，指标为奇素数，满足 $a_p = p^{n_p}$，对所有 p 成立.

接下来，我们证明：$n_p = n_q$ 对所有奇素数 p, q 成立. 固定正整数 m，设 $u = \frac{p^{2^m}+1}{2}$. u 是奇数，因为 4 不整除 $p^{2^m} + 1$. 选取整数 $n \geq m$，使得 $v =$

$\frac{q^{2^n}+1}{2}$ 与 u 互素（这样的 n 存在，因为用例 2.12 中一样的证明可得 $(\frac{q^{2^n}+1}{2})_{n\geq 1}$ 两两互素）.

利用中国剩余定理和 Dirichlet 定理给出存在素数 r，满足

$$r \equiv p \pmod{u}, r \equiv q \pmod{v}.$$

于是 $u \mid r-p \mid a_r - a_p = r^{n_r} - p^{n_p}$ 以及 $u \mid r-p \mid r^{n_r} - p^{n_r}$ 推出 $u \mid p^{n_p} - p^{n_r}$. 因为 p 模 u 的阶是 2^{m+1}，所以 $2^{m+1} \mid n_p - n_r$.

同理可得 $2^{n+1} \mid n_q - n_r$，而因为 $n \geq m$，所以 $2^{m+1} \mid n_p - n_q$. 因为 m 是任意的，因此 $n_p = n_q$，声明证完.

设 n 是 n_p 的共同值，则对所有奇素数 p，有 $a_p = p^n$. 若 k 是正整数，p 是奇素数，则 $p-k \mid a_p - a_k = p^n - a_k$. 又有 $p-k \mid p^n - k^n$，因此 $p-k \mid a_k - k^n$. 因为这对每个奇素数 p 成立，可得 $a_k = k^n$，对所有 $k \geq 1$ 成立.

反之，显然数列 $(a_k = k^n)_{k\geq 1}$ 满足题目的性质. $\qquad\square$

题 6.45. （CTST2012改编）设 $n > 1$ 是整数. 求所有函数 $f : \mathbf{Z} \to \{1, \cdots, n\}$，使得对任何 $k \in \{1, 2, \cdots, n-1\}$ 存在 $j(k) \in \mathbf{Z}$，满足对所有整数 m，有

$$f(m + j(k)) \equiv f(m + k) - f(m) \pmod{n+1}.$$

证： 设 f 是问题的解. 因为 f 取值在 1 和 n 之间. 给定的同余式说明 $f(m+k) \neq f(m)$，对所有 m 和所有 $1 \leq k \leq n-1$ 成立. 因此对所有 $m \in \mathbf{Z}$，$f(m), f(m+1), \cdots, f(m+n-1)$ 模 $n+1$ 两两不同，是 $1, 2, \cdots, n$ 的排列. 这个性质应用于 m 和 $m+1$，可得 $f(m+n) = f(m)$，对所有 m 成立.

因此 f 是周期函数，周期为 n. 特别地，我们可以假设 $0 \leq j(k) \leq n-1$，对所有 $1 \leq k \leq n-1$ 成立.

注意若 f 是问题的解，则对于固定的 a，新映射 $x \mapsto f(x+a)$ 也是问题的解（j 映射不变）. 特别地，我们可以假设 $f(0) = 1$，因为第一段说明 f 可以取到 1.

取 $0 \leq b_i \leq n-1$，使 $f(b_i) = i, 1 \leq i \leq n$，则 $b_1 = 0$. 题目条件中令 $k = b_2$，$m = 0$ 可得

$$f(j(b_2)) \equiv f(b_2) - f(0) = 1 \pmod{n+1},$$

因此 $j(b_2) = 0 = b_1$. 类似地，令 $k = b_i$ 得 $f(j(b_i)) = f(b_i) - f(0) = i-1$，因此 $j(b_i) = b_{i-1}, i = 2, \cdots, n$. 对一般的 m，则有

$$f(m + b_i) = f(m + j(b_i)) + f(m) = f(m + b_{i-1}) + f(m) \pmod{n+1}.$$

利用 $b_1 = 0$，归纳可得 $f(m + b_i) \equiv if(m) \pmod{n+1}$，对所有 $1 \le i \le n$ 和所有 m 成立.

现在证明 $n+1$ 是素数，否则 $n+1 = uv, 1 < u \le n$. $f(m + b_u) \equiv uf(m) \pmod{n+1}$，说明所有 $f(m)$ 被 u 整除，矛盾.

因为 $i \mapsto b_i$ 给出一一映射，设 $b_k = 1$. 则 $f(m+1) \equiv kf(m) \pmod{n+1}$，及 $f(0), f(1), \cdots, f(n-1)$ 构成模 $n+1$ 缩系说明， k 是模 $n+1$ 的原根.

前面用过函数自变量的一个平移，使 $f(0) = 1$，去掉这个变换， $f(0)$ 可以取 $\{1, 2, \cdots, n\}$ 中的任何值. 因此函数由素数 $n+1$， $f(0) \in \{1, 2, \cdots, n\}$，以及模 $n+1$ 的原根 $k = f(2)/f(1)$ 决定. 此时 $f(m) \equiv f(0)k^m \pmod{n+1}$.

反之，对如上定义的函数，设 $p = n+1$，题设方程等价于对任何 $y \in \{1, 2, \cdots, p-2\}$，存在整数 x，使得

$$f(0)k^{m+x} \equiv f(0)k^{m+y} - f(0)k^m \pmod{p}$$

成立. 由 $p-1 \nmid y$， $k^y - 1$ 与 p 互素，因此由原根性质，存在这样的 x.

所以问题的解是 $f(x) = ag^x \pmod{n+1}$，其中 $n+1$ 必须是素数（否则无解）， $a \in \{1, 2, \cdots, n\}$， g 是模 $n+1$ 的原根. $\square$

参考文献

[1] V. Boju, L. Funar, *The Math Problems Notebook*, Birkhauser, 2007.

[2] Z. I. Borevich, I. R. Shafarevich, *Number Theory*, Academic Press (New York), 1966.

[3] H. Davenport, *Multiplicative Number Theory*, 2nd ed., Springer-Verlag (New York), 1980.

[4] T. Andreescu, G. Dospinescu, *Problems from the Book*, XYZ Press, 2008.

[5] C. F. Gauss, *Disquisitiones Arithmeticae (Discourses on Arithmetic)*, English ed., Yale University Press (New Haven), 1966.

[6] G. H. Hardy, E. M. Wright, *An Introduction to the Theory of Numbers*, 5th ed., Clarendon Press (Oxford), 1979.

[7] K. Ireland, M. Rosen, *A Classical Introduction to Modern Number Theory*, Springer-Verlag (New York), 1982.

[8] E. Landau, *Elementary Number Theory*, Chelsea (New York), 1958.

[9] T. Nagell, *Introduction to Number Theory*, Chelsea (New York), 1981.

[10] I. Niven, H. S. Zuckerman, H. L. Montgomery, *An Introduction to the Theory of Numbers*, fifth edition, John Wiley Sons, Inc.

[11] G. Pólya, G. Szegö, *Problems and Theorems in Analysis*, Vol. I, Springer-Verlag (New York), 1972.

[12] G. Pólya, G. Szegö, *Problems and Theorems in Analysis*, Vol. II, Springer-Verlag (New York), 1976.

[13] K. H. Rosen, *Elementary Number Theory and Its Applications*, Addison-Wesley (Reading), 1984.

[14] W. Sierpinski, *Elementary Theory of Numbers*, Polski Academic Nauk, Warsaw, 1964.

[15] W. Sierpinski, *250 Problems in Elementary Number Theory*, American Elsevier Publishing Company, Inc., New York, Warsaw, 1970.

[16] J. P. Serre, *A Course In Arithmetic*, Springer-Verlag (New York), 1973.

刘培杰数学工作室
已出版(即将出版)图书目录——初等数学

书　　名	出版时间	定　价	编号
新编中学数学解题方法全书(高中版)上卷(第2版)	2018-08	58.00	951
新编中学数学解题方法全书(高中版)中卷(第2版)	2018-08	68.00	952
新编中学数学解题方法全书(高中版)下卷(一)(第2版)	2018-08	58.00	953
新编中学数学解题方法全书(高中版)下卷(二)(第2版)	2018-08	58.00	954
新编中学数学解题方法全书(高中版)下卷(三)(第2版)	2018-08	68.00	955
新编中学数学解题方法全书(初中版)上卷	2008-01	28.00	29
新编中学数学解题方法全书(初中版)中卷	2010-07	38.00	75
新编中学数学解题方法全书(高考复习卷)	2010-01	48.00	67
新编中学数学解题方法全书(高考真题卷)	2010-01	38.00	62
新编中学数学解题方法全书(高考精华卷)	2011-03	68.00	118
新编平面解析几何解题方法全书(专题讲座卷)	2010-01	18.00	61
新编中学数学解题方法全书(自主招生卷)	2013-08	88.00	261
数学奥林匹克与数学文化(第一辑)	2006-05	48.00	4
数学奥林匹克与数学文化(第二辑)(竞赛卷)	2008-01	48.00	19
数学奥林匹克与数学文化(第二辑)(文化卷)	2008-07	58.00	36′
数学奥林匹克与数学文化(第三辑)(竞赛卷)	2010-01	48.00	59
数学奥林匹克与数学文化(第四辑)(竞赛卷)	2011-08	58.00	87
数学奥林匹克与数学文化(第五辑)	2015-06	98.00	370
世界著名平面几何经典著作钩沉——几何作图专题卷(共3卷)	2022-01	198.00	1460
世界著名平面几何经典著作钩沉(民国平面几何老课本)	2011-03	38.00	113
世界著名平面几何经典著作钩沉(建国初期平面三角老课本)	2015-08	38.00	507
世界著名解析几何经典著作钩沉——平面解析几何卷	2014-01	38.00	264
世界著名数论经典著作钩沉(算术卷)	2012-01	28.00	125
世界著名数学经典著作钩沉——立体几何卷	2011-02	28.00	88
世界著名三角学经典著作钩沉(平面三角卷Ⅰ)	2010-06	28.00	69
世界著名三角学经典著作钩沉(平面三角卷Ⅱ)	2011-01	38.00	78
世界著名初等数论经典著作钩沉(理论和实用算术卷)	2011-07	38.00	126
世界著名几何经典著作钩沉(解析几何卷)	2022-10	68.00	1564
发展你的空间想象力(第3版)	2021-01	98.00	1464
空间想象力进阶	2019-05	68.00	1062
走向国际数学奥林匹克的平面几何试题诠释.第1卷	2019-07	88.00	1043
走向国际数学奥林匹克的平面几何试题诠释.第2卷	2019-09	78.00	1044
走向国际数学奥林匹克的平面几何试题诠释.第3卷	2019-03	78.00	1045
走向国际数学奥林匹克的平面几何试题诠释.第4卷	2019-09	98.00	1046
平面几何证明方法全书	2007-08	35.00	1
平面几何证明方法全书习题解答(第2版)	2006-12	18.00	10
平面几何天天练上卷·基础篇(直线型)	2013-01	58.00	208
平面几何天天练中卷·基础篇(涉及圆)	2013-01	28.00	234
平面几何天天练下卷·提高篇	2013-01	58.00	237
平面几何专题研究	2013-07	98.00	258
平面几何解题之道.第1卷	2022-05	38.00	1494
几何学习题集	2020-10	48.00	1217
通过解题学习代数几何	2021-04	88.00	1301
圆锥曲线的奥秘	2022-06	88.00	1541

书　名	出版时间	定　价	编号
最新世界各国数学奥林匹克中的平面几何试题	2007-09	38.00	14
数学竞赛平面几何典型题及新颖解	2010-07	48.00	74
初等数学复习及研究(平面几何)	2008-09	68.00	38
初等数学复习及研究(立体几何)	2010-06	38.00	71
初等数学复习及研究(平面几何)习题解答	2009-01	58.00	42
几何学教程(平面几何卷)	2011-03	68.00	90
几何学教程(立体几何卷)	2011-07	68.00	130
几何变换与几何证题	2010-06	88.00	70
计算方法与几何证题	2011-06	28.00	129
立体几何技巧与方法(第2版)	2022-10	168.00	1572
几何瑰宝——平面几何500名题暨1500条定理(上、下)	2021-07	168.00	1358
三角形的解法与应用	2012-07	18.00	183
近代的三角形几何学	2012-07	48.00	184
一般折线几何学	2015-08	48.00	503
三角形的五心	2009-06	28.00	51
三角形的六心及其应用	2015-10	68.00	542
三角形趣谈	2012-08	28.00	212
解三角形	2014-01	28.00	265
探秘三角形:一次数学旅行	2021-10	68.00	1387
三角学专门教程	2014-09	28.00	387
图天下几何新题试卷.初中(第2版)	2017-11	58.00	855
圆锥曲线习题集(上册)	2013-06	68.00	255
圆锥曲线习题集(中册)	2015-01	78.00	434
圆锥曲线习题集(下册·第1卷)	2016-10	78.00	683
圆锥曲线习题集(下册·第2卷)	2018-01	98.00	853
圆锥曲线习题集(下册·第3卷)	2019-10	128.00	1113
圆锥曲线的思想方法	2021-08	48.00	1379
圆锥曲线的八个主要问题	2021-10	48.00	1415
论九点圆	2015-05	88.00	645
近代欧氏几何学	2012-03	48.00	162
罗巴切夫斯基几何学及几何基础概要	2012-07	28.00	188
罗巴切夫斯基几何学初步	2015-06	28.00	474
用三角、解析几何、复数、向量计算解数学竞赛几何题	2015-03	48.00	455
用解析法研究圆锥曲线的几何理论	2022-05	48.00	1495
美国中学几何教程	2015-04	88.00	458
三线坐标与三角形特征点	2015-04	98.00	460
坐标几何学基础.第1卷,笛卡儿坐标	2021-08	48.00	1398
坐标几何学基础.第2卷,三线坐标	2021-09	28.00	1399
平面解析几何方法与研究(第1卷)	2015-05	18.00	471
平面解析几何方法与研究(第2卷)	2015-06	18.00	472
平面解析几何方法与研究(第3卷)	2015-07	18.00	473
解析几何研究	2015-01	38.00	425
解析几何学教程.上	2016-01	38.00	574
解析几何学教程.下	2016-01	38.00	575
几何学基础	2016-01	58.00	581
初等几何研究	2015-02	58.00	444
十九和二十世纪欧氏几何学中的片段	2017-01	58.00	696
平面几何中考.高考.奥数一本通	2017-07	28.00	820
几何学简史	2017-08	28.00	833
四面体	2018-01	48.00	880
平面几何证明方法思路	2018-12	68.00	913
折纸中的几何练习	2022-09	48.00	1559
中学新几何学(英文)	2022-10	98.00	1562

刘培杰数学工作室
已出版（即将出版）图书目录——初等数学

书　名	出版时间	定　价	编号
平面几何图形特性新析.上篇	2019-01	68.00	911
平面几何图形特性新析.下篇	2018-06	88.00	912
平面几何范例多解探究.上篇	2018-04	48.00	910
平面几何范例多解探究.下篇	2018-12	68.00	914
从分析解题过程学解题:竞赛中的几何问题研究	2018-07	68.00	946
从分析解题过程学解题:竞赛中的向量几何与不等式研究(全2册)	2019-06	138.00	1090
从分析解题过程学解题:竞赛中的不等式问题	2021-01	48.00	1249
二维,三维欧氏几何的对偶原理	2018-12	38.00	990
星形大观及闭折线论	2019-03	68.00	1020
立体几何的问题和方法	2019-11	58.00	1127
三角代换论	2021-05	58.00	1313
俄罗斯平面几何问题集	2009-08	88.00	55
俄罗斯立体几何问题集	2014-03	58.00	283
俄罗斯几何大师——沙雷金论数学及其他	2014-01	48.00	271
来自俄罗斯的5000道几何习题及解答	2011-03	58.00	89
俄罗斯初等数学问题集	2012-05	38.00	177
俄罗斯函数问题集	2011-03	38.00	103
俄罗斯组合分析问题集	2011-01	48.00	79
俄罗斯初等数学万题选——三角卷	2012-11	38.00	222
俄罗斯初等数学万题选——代数卷	2013-08	68.00	225
俄罗斯初等数学万题选——几何卷	2014-01	68.00	226
俄罗斯《量子》杂志数学征解问题100题选	2018-08	48.00	969
俄罗斯《量子》杂志数学征解问题又100题选	2018-08	48.00	970
俄罗斯《量子》杂志数学征解问题	2020-05	48.00	1138
463个俄罗斯几何老问题	2012-01	28.00	152
《量子》数学短文精粹	2018-09	38.00	972
用三角、解析几何等计算解来自俄罗斯的几何题	2019-11	88.00	1119
基谢廖夫平面几何	2022-01	48.00	1461
基谢廖夫立体几何	2023-04	48.00	1599
数学:代数、数学分析和几何(10—11年级)	2021-01	48.00	1250
立体几何.10—11年级	2022-01	58.00	1472
直观几何学:5—6年级	2022-04	58.00	1508
平面几何:9—11年级	2022-10	48.00	1571
谈谈素数	2011-03	18.00	91
平方和	2011-03	18.00	92
整数论	2011-05	38.00	120
从整数谈起	2015-10	28.00	538
数与多项式	2016-01	38.00	558
谈谈不定方程	2011-05	28.00	119
质数漫谈	2022-07	68.00	1529
解析不等式新论	2009-06	68.00	48
建立不等式的方法	2011-03	98.00	104
数学奥林匹克不等式研究(第2版)	2020-07	68.00	1181
不等式研究(第二辑)	2012-02	68.00	153
不等式的秘密(第一卷)(第2版)	2014-02	38.00	286
不等式的秘密(第二卷)	2014-01	38.00	268
初等不等式的证明方法	2010-06	38.00	123
初等不等式的证明方法(第二版)	2014-11	38.00	407
不等式·理论·方法(基础卷)	2015-07	38.00	496
不等式·理论·方法(经典不等式卷)	2015-07	38.00	497
不等式·理论·方法(特殊类型不等式卷)	2015-07	48.00	498
不等式探究	2016-03	38.00	582
不等式探秘	2017-01	88.00	689
四面体不等式	2017-01	68.00	715
数学奥林匹克中常见重要不等式	2017-09	38.00	845

刘培杰数学工作室
已出版（即将出版）图书目录——初等数学

书　　名	出版时间	定　价	编号
三正弦不等式	2018-09	98.00	974
函数方程与不等式：解法与稳定性结果	2019-04	68.00	1058
数学不等式.第1卷,对称多项式不等式	2022-05	78.00	1455
数学不等式.第2卷,对称有理不等式与对称无理不等式	2022-05	88.00	1456
数学不等式.第3卷,循环不等式与非循环不等式	2022-05	88.00	1457
数学不等式.第4卷,Jensen 不等式的扩展与加细	2022-05	88.00	1458
数学不等式.第5卷,创建不等式与解不等式的其他方法	2022-05	88.00	1459
同余理论	2012-05	38.00	163
$[x]$ 与 $\{x\}$	2015-04	48.00	476
极值与最值.上卷	2015-06	28.00	486
极值与最值.中卷	2015-06	38.00	487
极值与最值.下卷	2015-06	28.00	488
整数的性质	2012-11	38.00	192
完全平方数及其应用	2015-08	78.00	506
多项式理论	2015-10	88.00	541
奇数、偶数、奇偶分析法	2018-01	98.00	876
不定方程及其应用.上	2018-12	58.00	992
不定方程及其应用.中	2019-01	78.00	993
不定方程及其应用.下	2019-02	98.00	994
Nesbitt 不等式加强式的研究	2022-06	128.00	1527
最值定理与分析不等式	2023-02	78.00	1567
一类积分不等式	2023-02	88.00	1579

书　　名	出版时间	定　价	编号
历届美国中学生数学竞赛试题及解答（第一卷）1950-1954	2014-07	18.00	277
历届美国中学生数学竞赛试题及解答（第二卷）1955-1959	2014-04	18.00	278
历届美国中学生数学竞赛试题及解答（第三卷）1960-1964	2014-06	18.00	279
历届美国中学生数学竞赛试题及解答（第四卷）1965-1969	2014-04	28.00	280
历届美国中学生数学竞赛试题及解答（第五卷）1970-1972	2014-06	18.00	281
历届美国中学生数学竞赛试题及解答（第六卷）1973-1980	2017-07	18.00	768
历届美国中学生数学竞赛试题及解答（第七卷）1981-1986	2015-01	18.00	424
历届美国中学生数学竞赛试题及解答（第八卷）1987-1990	2017-05	18.00	769

书　　名	出版时间	定　价	编号
历届中国数学奥林匹克试题集(第3版)	2021-10	58.00	1440
历届加拿大数学奥林匹克试题集	2012-08	38.00	215
历届美国数学奥林匹克试题集:1972～2019	2020-04	88.00	1135
历届波兰数学竞赛试题集.第1卷,1949～1963	2015-03	18.00	453
历届波兰数学竞赛试题集.第2卷,1964～1976	2015-03	18.00	454
历届巴尔干数学奥林匹克试题集	2015-05	38.00	466
保加利亚数学奥林匹克	2014-10	38.00	393
圣彼得堡数学奥林匹克试题集	2015-01	38.00	429
匈牙利奥林匹克数学竞赛题解.第1卷	2016-05	28.00	593
匈牙利奥林匹克数学竞赛题解.第2卷	2016-05	28.00	594
历届美国数学邀请赛试题集(第2版)	2017-10	78.00	851
普林斯顿大学数学竞赛	2016-06	38.00	669
亚太地区数学奥林匹克竞赛题	2015-07	18.00	492
日本历届(初级)广中杯数学竞赛试题及解答.第1卷(2000～2007)	2016-05	28.00	641
日本历届(初级)广中杯数学竞赛试题及解答.第2卷(2008～2015)	2016-05	38.00	642
越南数学奥林匹克题选:1962-2009	2021-07	48.00	1370
360 个数学竞赛问题	2016-08	58.00	677
奥数最佳实战题.上卷	2017-06	38.00	760
奥数最佳实战题.下卷	2017-05	58.00	761
哈尔滨市早期中学数学竞赛试题汇编	2016-07	28.00	672
全国高中数学联赛试题及解答:1981—2019(第4版)	2020-07	138.00	1176
2022 年全国高中数学联合竞赛模拟题集	2022-06	30.00	1521

刘培杰数学工作室
已出版(即将出版)图书目录——初等数学

书　名	出版时间	定　价	编号
20 世纪 50 年代全国部分城市数学竞赛试题汇编	2017-07	28.00	797
国内外数学竞赛题及精解:2018~2019	2020-08	45.00	1192
国内外数学竞赛题及精解:2019~2020	2021-11	58.00	1439
许康华竞赛优学精选集.第一辑	2018-08	68.00	949
天问叶班数学问题征解 100 题. Ⅰ ,2016-2018	2019-05	88.00	1075
天问叶班数学问题征解 100 题. Ⅱ ,2017-2019	2020-07	98.00	1177
美国初中数学竞赛:AMC8 准备(共 6 卷)	2019-07	138.00	1089
美国高中数学竞赛:AMC10 准备(共 6 卷)	2019-08	158.00	1105
王连笑教你怎样学数学:高考选择题解题策略与客观题实用训练	2014-01	48.00	262
王连笑教你怎样学数学:高考数学高层次讲座	2015-02	48.00	432
高考数学的理论与实践	2009-08	38.00	53
高考数学核心题型解题方法与技巧	2010-01	28.00	86
高考思维新平台	2014-03	38.00	259
高考数学压轴题解题诀窍(上)(第 2 版)	2018-01	58.00	874
高考数学压轴题解题诀窍(下)(第 2 版)	2018-01	48.00	875
北京市五区文科数学三年高考模拟题详解:2013~2015	2015-08	48.00	500
北京市五区理科数学三年高考模拟题详解:2013~2015	2015-09	68.00	505
向量法巧解数学高考题	2009-08	28.00	54
高中数学课堂教学的实践与反思	2021-11	48.00	791
数学高考参考	2016-01	78.00	589
新课程标准高考数学解答题各种题型解法指导	2020-08	78.00	1196
全国及各省市高考数学试题审题要津与解法研究	2015-02	48.00	450
高中数学章节起始课的教学研究与案例设计	2019-05	28.00	1064
新课标高考数学——五年试题分章详解(2007~2011)(上、下)	2011-10	78.00	140,141
全国中考数学压轴题审题要津与解法研究	2013-04	78.00	248
新编全国及各省市中考数学压轴题审题要津与解法研究	2014-05	58.00	342
全国及各省市 5 年中考数学压轴题审题要津与解法研究(2015 版)	2015-04	58.00	462
中考数学专题总复习	2007-04	28.00	6
中考数学较难题常考题型解题方法与技巧	2016-09	48.00	681
中考数学难题常考题型解题方法与技巧	2016-09	48.00	682
中考数学中档题常考题型解题方法与技巧	2017-08	68.00	835
中考数学选择填空压轴好题妙解365	2017-05	38.00	759
中考数学:三类重点考题的解法例析与习题	2020-04	48.00	1140
中小学数学的历史文化	2019-11	48.00	1124
初中平面几何百题多思创新解	2020-01	58.00	1125
初中数学中考备考	2020-01	58.00	1126
高考数学之九章演义	2019-08	68.00	1044
高考数学之难题谈笑间	2022-06	68.00	1519
化学可以这样学:高中化学知识方法智慧感悟疑难辨析	2019-07	58.00	1103
如何成为学习高手	2019-09	58.00	1107
高考数学:经典真题分类解析	2020-04	78.00	1134
高考数学解答题破解策略	2020-11	58.00	1221
从分析解题过程学解题:高考压轴题与竞赛题之关系探究	2020-08	88.00	1179
教学新思考:单元整体视角下的初中数学教学设计	2021-03	58.00	1278
思维再拓展:2020 年经典几何题的多解探究与思考	即将出版		1279
中考数学小压轴汇编初讲	2017-07	48.00	788
中考数学大压轴专题微言	2017-09	48.00	846
怎么解中考平面几何探索题	2019-06	48.00	1093
北京中考数学压轴题解题方法突破(第 8 版)	2022-11	78.00	1577
助你高考成功的数学解题智慧:知识是智慧的基础	2016-01	58.00	596
助你高考成功的数学解题智慧:错误是智慧的试金石	2016-04	58.00	643
助你高考成功的数学解题智慧:方法是智慧的推手	2016-04	68.00	657
高考数学奇思妙解	2016-04	38.00	610
高考数学解题策略	2016-05	48.00	670

书　名	出版时间	定　价	编号
数学解题泄天机(第2版)	2017-10	48.00	850
高考物理压轴题全解	2017-04	58.00	746
高中物理经典问题25讲	2017-05	28.00	764
高中物理教学讲义	2018-01	48.00	871
高中物理教学讲义:全模块	2022-03	98.00	1492
高中物理答疑解惑65篇	2021-11	48.00	1462
中学物理基础问题解析	2020-08	48.00	1183
2017年高考理科数学真题研究	2018-01	58.00	867
2017年高考文科数学真题研究	2018-01	48.00	868
初中数学、高中数学脱节知识补缺教材	2017-06	48.00	766
高考数学小题抢分必练	2017-10	48.00	834
高考数学核心素养解读	2017-09	38.00	839
高考数学客观题解题方法和技巧	2017-10	38.00	847
十年高考数学精品试题审题要津与解法研究	2021-10	98.00	1427
中国历届高考数学试题及解答.1949—1979	2018-01	38.00	877
历届中国高考数学试题及解答.第二卷,1980—1989	2018-10	28.00	975
历届中国高考数学试题及解答.第三卷,1990—1999	2018-10	48.00	976
数学文化与高考研究	2018-03	48.00	882
跟我学解高中数学题	2018-07	58.00	926
中学数学研究的方法及案例	2018-05	58.00	869
高考数学抢分技能	2018-07	68.00	934
高一新生常用数学方法和重要数学思想提升教材	2018-06	38.00	921
2018年高考数学真题研究	2019-01	68.00	1000
2019年高考数学真题研究	2020-05	88.00	1137
高考数学全国卷六道解答题常考题型解题诀窍:理科(全2册)	2019-07	78.00	1101
高考数学全国卷16道选择、填空题常考题型解题诀窍.理科	2018-09	88.00	971
高考数学全国卷16道选择、填空题常考题型解题诀窍.文科	2020-01	88.00	1123
高中数学一题多解	2019-06	58.00	1087
历届中国高考数学试题及解答:1917—1999	2021-08	98.00	1371
2000~2003年全国及各省市高考数学试题及解答	2022-05	88.00	1499
2004年全国及各省市高考数学试题及解答	2022-07	78.00	1500
突破高原:高中数学解题思维探究	2021-08	48.00	1375
高考数学中的"取值范围"	2021-10	48.00	1429
新课程标准高中数学各种题型解法大全.必修一分册	2021-06	58.00	1315
新课程标准高中数学各种题型解法大全.必修二分册	2022-01	68.00	1471
高中数学各种题型解法大全.选择性必修一分册	2022-06	68.00	1525
高中数学各种题型解法大全.选择性必修二分册	2023-01	58.00	1600

新编640个世界著名数学智力趣题	2014-01	88.00	242
500个最新世界著名数学智力趣题	2008-06	48.00	3
400个最新世界著名数学最值问题	2008-09	48.00	36
500个世界著名数学征解问题	2009-06	48.00	52
400个中国最佳初等数学征解老问题	2010-01	48.00	60
500个俄罗斯数学经典老题	2011-01	28.00	81
1000个国外中学物理好题	2012-04	48.00	174
300个日本高考数学题	2012-05	38.00	142
700个早期日本高考数学试题	2017-02	88.00	752
500个前苏联早期高考数学试题及解答	2012-05	28.00	185
546个早期俄罗斯大学生数学竞赛题	2014-03	38.00	285
548个来自美苏的数学好问题	2014-11	28.00	396
20所苏联著名大学早期入学试题	2015-02	18.00	452
161道德国工科大学生必做的微分方程习题	2015-05	28.00	469
500个德国工科大学生必做的高数习题	2015-06	28.00	478
360个数学竞赛问题	2016-08	58.00	677
200个趣味数学故事	2018-02	48.00	857
470个数学奥林匹克中的最值问题	2018-10	88.00	985
德国讲义日本考题.微积分卷	2015-04	48.00	456
德国讲义日本考题.微分方程卷	2015-04	38.00	457
二十世纪中叶中、英、美、日、法、俄高考数学试题精选	2017-06	38.00	783

刘培杰数学工作室
已出版(即将出版)图书目录——初等数学

书　名	出版时间	定　价	编号
中国初等数学研究　2009 卷(第 1 辑)	2009-05	20.00	45
中国初等数学研究　2010 卷(第 2 辑)	2010-05	30.00	68
中国初等数学研究　2011 卷(第 3 辑)	2011-07	60.00	127
中国初等数学研究　2012 卷(第 4 辑)	2012-07	48.00	190
中国初等数学研究　2014 卷(第 5 辑)	2014-02	48.00	288
中国初等数学研究　2015 卷(第 6 辑)	2015-06	68.00	493
中国初等数学研究　2016 卷(第 7 辑)	2016-04	68.00	609
中国初等数学研究　2017 卷(第 8 辑)	2017-01	98.00	712
初等数学研究在中国.第 1 辑	2019-03	158.00	1024
初等数学研究在中国.第 2 辑	2019-10	158.00	1116
初等数学研究在中国.第 3 辑	2021-05	158.00	1306
初等数学研究在中国.第 4 辑	2022-06	158.00	1520
几何变换(Ⅰ)	2014-07	28.00	353
几何变换(Ⅱ)	2015-06	28.00	354
几何变换(Ⅲ)	2015-01	38.00	355
几何变换(Ⅳ)	2015-12	38.00	356
初等数论难题集(第一卷)	2009-05	68.00	44
初等数论难题集(第二卷)(上、下)	2011-02	128.00	82,83
数论概貌	2011-03	18.00	93
代数数论(第二版)	2013-08	58.00	94
代数多项式	2014-06	38.00	289
初等数论的知识与问题	2011-02	28.00	95
超越数论基础	2011-03	28.00	96
数论初等教程	2011-03	28.00	97
数论基础	2011-03	18.00	98
数论基础与维诺格拉多夫	2014-03	18.00	292
解析数论基础	2012-08	28.00	216
解析数论基础(第二版)	2014-01	48.00	287
解析数论问题集(第二版)(原版引进)	2014-05	88.00	343
解析数论问题集(第二版)(中译本)	2016-04	88.00	607
解析数论基础(潘承洞,潘承彪著)	2016-07	98.00	673
解析数论导引	2016-07	58.00	674
数论入门	2011-03	38.00	99
代数数论入门	2015-03	38.00	448
数论开篇	2012-07	28.00	194
解析数论引论	2011-03	48.00	100
Barban Davenport Halberstam 均值和	2009-01	40.00	33
基础数论	2011-03	28.00	101
初等数论 100 例	2011-05	18.00	122
初等数论经典例题	2012-07	18.00	204
最新世界各国数学奥林匹克中的初等数论试题(上、下)	2012-01	138.00	144,145
初等数论(Ⅰ)	2012-01	18.00	156
初等数论(Ⅱ)	2012-01	18.00	157
初等数论(Ⅲ)	2012-01	28.00	158

刘培杰数学工作室
已出版（即将出版）图书目录——初等数学

书　名	出版时间	定　价	编号
平面几何与数论中未解决的新老问题	2013−01	68.00	229
代数数论简史	2014−11	28.00	408
代数数论	2015−09	88.00	532
代数、数论及分析习题集	2016−11	98.00	695
数论导引提要及习题解答	2016−01	48.00	559
素数定理的初等证明.第2版	2016−09	48.00	686
数论中的模函数与狄利克雷级数(第二版)	2017−11	78.00	837
数论:数学导引	2018−01	68.00	849
范氏大代数	2019−02	98.00	1016
解析数学讲义.第一卷,导来式及微分、积分、级数	2019−04	88.00	1021
解析数学讲义.第二卷,关于几何的应用	2019−04	68.00	1022
解析数学讲义.第三卷,解析函数论	2019−04	78.00	1023
分析·组合·数论纵横谈	2019−04	58.00	1039
Hall代数:民国时期的中学数学课本:英文	2019−08	88.00	1106
基谢廖夫初等代数	2022−07	38.00	1531
数学精神巡礼	2019−01	58.00	731
数学眼光透视(第2版)	2017−06	78.00	732
数学思想领悟(第2版)	2018−01	68.00	733
数学方法溯源(第2版)	2018−08	68.00	734
数学解题引论	2017−05	58.00	735
数学史话览胜(第2版)	2017−01	48.00	736
数学应用展观(第2版)	2017−08	68.00	737
数学建模尝试	2018−04	48.00	738
数学竞赛采风	2018−01	68.00	739
数学测评探营	2019−05	58.00	740
数学技能操握	2018−03	48.00	741
数学欣赏拾趣	2018−02	48.00	742
从毕达哥拉斯到怀尔斯	2007−10	48.00	9
从迪利克雷到维斯卡尔迪	2008−01	48.00	21
从哥德巴赫到陈景润	2008−05	98.00	35
从庞加莱到佩雷尔曼	2011−08	138.00	136
博弈论精粹	2008−03	58.00	30
博弈论精粹.第二版(精装)	2015−01	88.00	461
数学 我爱你	2008−01	28.00	20
精神的圣徒　别样的人生——60位中国数学家成长的历程	2008−09	48.00	39
数学史概论	2009−06	78.00	50
数学史概论(精装)	2013−03	158.00	272
数学史选讲	2016−01	48.00	544
斐波那契数列	2010−02	28.00	65
数学拼盘和斐波那契魔方	2010−07	38.00	72
斐波那契数列欣赏(第2版)	2018−08	58.00	948
Fibonacci数列中的明珠	2018−06	58.00	928
数学的创造	2011−02	48.00	85
数学美与创造力	2016−01	48.00	595
数海拾贝	2016−01	48.00	590
数学中的美(第2版)	2019−04	68.00	1057
数论中的美学	2014−12	38.00	351

刘培杰数学工作室
已出版（即将出版）图书目录——初等数学

书　名	出版时间	定　价	编号
数学王者　科学巨人——高斯	2015-01	28.00	428
振兴祖国数学的圆梦之旅：中国初等数学研究史话	2015-06	98.00	490
二十世纪中国数学史料研究	2015-10	48.00	536
数字谜、数阵图与棋盘覆盖	2016-01	58.00	298
时间的形状	2016-01	38.00	556
数学发现的艺术：数学探索中的合情推理	2016-07	58.00	671
活跃在数学中的参数	2016-07	48.00	675
数海趣史	2021-05	98.00	1314
数学解题——靠数学思想给力（上）	2011-07	38.00	131
数学解题——靠数学思想给力（中）	2011-07	48.00	132
数学解题——靠数学思想给力（下）	2011-07	38.00	133
我怎样解题	2013-01	48.00	227
数学解题中的物理方法	2011-06	28.00	114
数学解题的特殊方法	2011-06	48.00	115
中学数学计算技巧（第2版）	2020-10	48.00	1220
中学数学证明方法	2012-01	58.00	117
数学趣题巧解	2012-03	28.00	128
高中数学教学通鉴	2015-05	58.00	479
和高中生漫谈：数学与哲学的故事	2014-08	28.00	369
算术问题集	2017-03	38.00	789
张教授讲数学	2018-07	38.00	933
陈永明实话实说数学教学	2020-04	68.00	1132
中学数学学科知识与教学能力	2020-06	58.00	1155
怎样把课讲好：大罕数学教学随笔	2022-03	58.00	1484
中国高考评价体系下高考数学探秘	2022-03	48.00	1487
自主招生考试中的参数方程问题	2015-01	28.00	435
自主招生考试中的极坐标问题	2015-04	28.00	463
近年全国重点大学自主招生数学试题全解及研究．华约卷	2015-02	38.00	441
近年全国重点大学自主招生数学试题全解及研究．北约卷	2016-05	38.00	619
自主招生数学解证宝典	2015-09	48.00	535
中国科学技术大学创新班数学真题解析	2022-03	48.00	1488
中国科学技术大学创新班物理真题解析	2022-03	58.00	1489
格点和面积	2012-07	18.00	191
射影几何趣谈	2012-04	28.00	175
斯潘纳尔引理——从一道加拿大数学奥林匹克试题谈起	2014-01	28.00	228
李普希兹条件——从几道近年高考数学试题谈起	2012-10	18.00	221
拉格朗日中值定理——从一道北京高考试题的解法谈起	2015-10	18.00	197
闵科夫斯基定理——从一道清华大学自主招生试题谈起	2014-01	28.00	198
哈尔测度——从一道冬令营试题的背景谈起	2012-08	28.00	202
切比雪夫逼近问题——从一道中国台北数学奥林匹克试题谈起	2013-04	38.00	238
伯恩斯坦多项式与贝齐尔曲面——从一道全国高中数学联赛试题谈起	2013-03	38.00	236
卡塔兰猜想——从一道普特南竞赛试题谈起	2013-06	18.00	256
麦卡锡函数和阿克曼函数——从一道前南斯拉夫数学奥林匹克试题谈起	2012-08	18.00	201
贝蒂定理与拉姆贝克莫斯尔定理——从一个拣石子游戏谈起	2012-08	18.00	217
皮亚诺曲线和豪斯道夫分球定理——从无限集谈起	2012-08	18.00	211
平面凸图形与凸多面体	2012-10	28.00	218
斯坦因豪斯问题——从一道二十五省市自治区中学数学竞赛试题谈起	2012-07	18.00	196

刘培杰数学工作室
已出版（即将出版）图书目录——初等数学

书　名	出版时间	定　价	编号
纽结理论中的亚历山大多项式与琼斯多项式——从一道北京市高一数学竞赛试题谈起	2012-07	28.00	195
原则与策略——从波利亚"解题表"谈起	2013-04	38.00	244
转化与化归——从三大尺规作图不能问题谈起	2012-08	28.00	214
代数几何中的贝祖定理（第一版）——从一道IMO试题的解法谈起	2013-08	18.00	193
成功连贯理论与约当块理论——从一道比利时数学竞赛试题谈起	2012-04	18.00	180
素数判定与大数分解	2014-08	18.00	199
置换多项式及其应用	2012-10	18.00	220
椭圆函数与模函数——从一道美国加州大学洛杉矶分校（UCLA）博士资格考题谈起	2012-10	28.00	219
差分方程的拉格朗日方法——从一道2011年全国高考理科试题的解法谈起	2012-08	28.00	200
力学在几何中的一些应用	2013-01	38.00	240
从根式解到伽罗华理论	2020-01	48.00	1121
康托洛维奇不等式——从一道全国高中联赛试题谈起	2013-03	28.00	337
西格尔引理——从一道第18届IMO试题的解法谈起	即将出版		
罗斯定理——从一道前苏联数学竞赛试题谈起	即将出版		
拉克斯定理和阿廷定理——从一道IMO试题的解法谈起	2014-01	58.00	246
毕卡大定理——从一道美国大学数学竞赛试题谈起	2014-07	18.00	350
贝齐尔曲线——从一道全国高中联赛试题谈起	即将出版		
拉格朗日乘子定理——从一道2005年全国高中联赛试题的高等数学解法谈起	2015-05	28.00	480
雅可比定理——从一道日本数学奥林匹克试题谈起	2013-04	48.00	249
李天岩-约克定理——从一道波兰数学竞赛试题谈起	2014-06	28.00	349
受控理论与初等不等式：从一道IMO试题的解法谈起	2023-03	48.00	1601
布劳维不动点定理——从一道前苏联数学奥林匹克试题谈起	2014-01	38.00	273
伯恩赛德定理——从一道英国数学奥林匹克试题谈起	即将出版		
布查特-莫斯特定理——从一道上海市初中竞赛试题谈起	即将出版		
数论中的同余数问题——从一道普特南竞赛试题谈起	即将出版		
范·德蒙行列式——从一道美国数学奥林匹克试题谈起	即将出版		
中国剩余定理：总数法构建中国历史年表	2015-01	28.00	430
牛顿程序与方程求根——从一道全国高考试题解法谈起	即将出版		
库默尔定理——从一道IMO预选试题谈起	即将出版		
卢丁定理——从一道冬令营试题的解法谈起	即将出版		
沃斯滕霍姆定理——从一道IMO预选试题谈起	即将出版		
卡尔松不等式——从一道莫斯科数学奥林匹克试题谈起	即将出版		
信息论中的香农熵——从一道近年高考压轴题谈起	即将出版		
约当不等式——从一道希望杯竞赛试题谈起	即将出版		
拉比诺维奇定理	即将出版		
刘维尔定理——从一道《美国数学月刊》征解问题的解法谈起	即将出版		
卡塔兰恒等式与级数求和——从一道IMO试题的解法谈起	即将出版		
勒让德猜想与素数分布——从一道爱尔兰竞赛试题谈起	即将出版		
天平称重与信息论——从一道基辅市数学奥林匹克试题谈起	即将出版		
哈密尔顿-凯莱定理：从一道高中数学联赛试题的解法谈起	2014-09	18.00	376
艾思特曼定理——从一道CMO试题的解法谈起	即将出版		

刘培杰数学工作室
已出版（即将出版）图书目录——初等数学

书　　名	出版时间	定　价	编号
阿贝尔恒等式与经典不等式及应用	2018－06	98.00	923
迪利克雷除数问题	2018－07	48.00	930
幻方、幻立方与拉丁方	2019－08	48.00	1092
帕斯卡三角形	2014－03	18.00	294
蒲丰投针问题——从2009年清华大学的一道自主招生试题谈起	2014－01	38.00	295
斯图姆定理——从一道"华约"自主招生试题的解法谈起	2014－01	18.00	296
许瓦兹引理——从一道加利福尼亚大学伯克利分校数学系博士生试题谈起	2014－08	18.00	297
拉姆塞定理——从王诗宬院士的一个问题谈起	2016－04	48.00	299
坐标法	2013－12	28.00	332
数论三角形	2014－04	38.00	341
毕克定理	2014－07	18.00	352
数林掠影	2014－09	48.00	389
我们周围的概率	2014－10	38.00	390
凸函数最值定理：从一道华约自主招生题的解法谈起	2014－10	28.00	391
易学与数学奥林匹克	2014－10	38.00	392
生物数学趣谈	2015－01	18.00	409
反演	2015－01	28.00	420
因式分解与圆锥曲线	2015－01	18.00	426
轨迹	2015－01	28.00	427
面积原理：从常庚哲命的一道CMO试题的积分解法谈起	2015－01	48.00	431
形形色色的不动点定理：从一道28届IMO试题谈起	2015－01	38.00	439
柯西函数方程：从一道上海交大自主招生的试题谈起	2015－02	28.00	440
三角恒等式	2015－02	28.00	442
无理性判定：从一道2014年"北约"自主招生试题谈起	2015－01	38.00	443
数学归纳法	2015－03	18.00	451
极端原理与解题	2015－04	28.00	464
法雷级数	2014－08	18.00	367
摆线族	2015－01	38.00	438
函数方程及其解法	2015－05	38.00	470
含参数的方程和不等式	2012－09	28.00	213
希尔伯特第十问题	2016－01	38.00	543
无穷小量的求和	2016－01	28.00	545
切比雪夫多项式：从一道清华大学金秋营试题谈起	2016－01	38.00	583
泽肯多夫定理	2016－03	38.00	599
代数等式证题法	2016－01	28.00	600
三角等式证题法	2016－01	28.00	601
吴大任教授藏书中的一个因式分解公式：从一道美国数学邀请赛试题的解法谈起	2016－06	28.00	656
易卦——类万物的数学模型	2017－08	68.00	838
"不可思议"的数与数系可持续发展	2018－01	38.00	878
最短线	2018－01	38.00	879
数学在天文、地理、光学、机械力学中的一些应用	2023－03	88.00	1576
从阿基米德三角形谈起	2023－01	28.00	1578
幻方和魔方（第一卷）	2012－05	68.00	173
尘封的经典——初等数学经典文献选读（第一卷）	2012－07	48.00	205
尘封的经典——初等数学经典文献选读（第二卷）	2012－07	38.00	206
初级方程式论	2011－03	28.00	106
初等数学研究（Ⅰ）	2008－09	68.00	37
初等数学研究（Ⅱ）（上、下）	2009－05	118.00	46,47
初等数学专题研究	2022－10	68.00	1568

刘培杰数学工作室
已出版（即将出版）图书目录——初等数学

书　名	出版时间	定　价	编号
趣味初等方程妙题集锦	2014-09	48.00	388
趣味初等数论选美与欣赏	2015-02	48.00	445
耕读笔记(上卷)：一位农民数学爱好者的初数探索	2015-04	28.00	459
耕读笔记(中卷)：一位农民数学爱好者的初数探索	2015-05	28.00	483
耕读笔记(下卷)：一位农民数学爱好者的初数探索	2015-05	28.00	484
几何不等式研究与欣赏.上卷	2016-01	88.00	547
几何不等式研究与欣赏.下卷	2016-01	48.00	552
初等数列研究与欣赏·上	2016-01	48.00	570
初等数列研究与欣赏·下	2016-01	48.00	571
趣味初等函数研究与欣赏.上	2016-09	48.00	684
趣味初等函数研究与欣赏.下	2018-09	48.00	685
三角不等式研究与欣赏	2020-10	68.00	1197
新编平面解析几何解题方法研究与欣赏	2021-10	78.00	1426
火柴游戏(第2版)	2022-05	38.00	1493
智力解谜.第1卷	2017-07	38.00	613
智力解谜.第2卷	2017-07	38.00	614
故事智力	2016-07	48.00	615
名人们喜欢的智力问题	2020-01	48.00	616
数学大师的发现、创造与失误	2018-01	48.00	617
异曲同工	2018-09	48.00	618
数学的味道	2018-01	58.00	798
数学千字文	2018-10	68.00	977
数贝偶拾——高考数学题研究	2014-04	28.00	274
数贝偶拾——初等数学研究	2014-04	38.00	275
数贝偶拾——奥数题研究	2014-04	48.00	276
钱昌本教你快乐学数学(上)	2011-12	48.00	155
钱昌本教你快乐学数学(下)	2012-03	58.00	171
集合、函数与方程	2014-01	28.00	300
数列与不等式	2014-01	38.00	301
三角与平面向量	2014-01	28.00	302
平面解析几何	2014-01	38.00	303
立体几何与组合	2014-01	28.00	304
极限与导数、数学归纳法	2014-01	38.00	305
趣味数学	2014-03	28.00	306
教材教法	2014-04	68.00	307
自主招生	2014-05	58.00	308
高考压轴题(上)	2015-01	48.00	309
高考压轴题(下)	2014-10	68.00	310
从费马到怀尔斯——费马大定理的历史	2013-10	198.00	I
从庞加莱到佩雷尔曼——庞加莱猜想的历史	2013-10	298.00	II
从切比雪夫到爱尔特希(上)——素数定理的初等证明	2013-07	48.00	III
从切比雪夫到爱尔特希(下)——素数定理100年	2012-12	98.00	III
从高斯到盖尔方特——二次域的高斯猜想	2013-10	198.00	IV
从库默尔到朗兰兹——朗兰兹猜想的历史	2014-01	98.00	V
从比勃巴赫到德布朗斯——比勃巴赫猜想的历史	2014-02	298.00	VI
从麦比乌斯到陈省身——麦比乌斯变换与麦比乌斯带	2014-02	298.00	VII
从布尔到豪斯道夫——布尔方程与格论漫谈	2013-10	198.00	VIII
从开普勒到阿诺德——三体问题的历史	2014-05	298.00	IX
从华林到华罗庚——华林问题的历史	2013-10	298.00	X

刘培杰数学工作室
已出版(即将出版)图书目录——初等数学

书　名	出版时间	定　价	编号
美国高中数学竞赛五十讲.第1卷(英文)	2014-08	28.00	357
美国高中数学竞赛五十讲.第2卷(英文)	2014-08	28.00	358
美国高中数学竞赛五十讲.第3卷(英文)	2014-09	28.00	359
美国高中数学竞赛五十讲.第4卷(英文)	2014-09	28.00	360
美国高中数学竞赛五十讲.第5卷(英文)	2014-10	28.00	361
美国高中数学竞赛五十讲.第6卷(英文)	2014-11	28.00	362
美国高中数学竞赛五十讲.第7卷(英文)	2014-12	28.00	363
美国高中数学竞赛五十讲.第8卷(英文)	2015-01	28.00	364
美国高中数学竞赛五十讲.第9卷(英文)	2015-01	28.00	365
美国高中数学竞赛五十讲.第10卷(英文)	2015-02	38.00	366
三角函数(第2版)	2017-04	38.00	626
不等式	2014-01	38.00	312
数列	2014-01	38.00	313
方程(第2版)	2017-04	38.00	624
排列和组合	2014-01	28.00	315
极限与导数(第2版)	2016-04	38.00	635
向量(第2版)	2018-08	58.00	627
复数及其应用	2014-08	28.00	318
函数	2014-01	38.00	319
集合	2020-01	48.00	320
直线与平面	2014-01	28.00	321
立体几何(第2版)	2016-04	38.00	629
解三角形	即将出版		323
直线与圆(第2版)	2016-11	38.00	631
圆锥曲线(第2版)	2016-09	48.00	632
解题通法(一)	2014-07	38.00	326
解题通法(二)	2014-07	38.00	327
解题通法(三)	2014-05	38.00	328
概率与统计	2014-01	28.00	329
信息迁移与算法	即将出版		330
IMO 50 年.第1卷(1959-1963)	2014-11	28.00	377
IMO 50 年.第2卷(1964-1968)	2014-11	28.00	378
IMO 50 年.第3卷(1969-1973)	2014-09	28.00	379
IMO 50 年.第4卷(1974-1978)	2016-04	38.00	380
IMO 50 年.第5卷(1979-1984)	2015-04	38.00	381
IMO 50 年.第6卷(1985-1989)	2015-04	58.00	382
IMO 50 年.第7卷(1990-1994)	2016-01	48.00	383
IMO 50 年.第8卷(1995-1999)	2016-06	38.00	384
IMO 50 年.第9卷(2000-2004)	2015-04	58.00	385
IMO 50 年.第10卷(2005-2009)	2016-01	48.00	386
IMO 50 年.第11卷(2010-2015)	2017-03	48.00	646

刘培杰数学工作室
已出版（即将出版）图书目录——初等数学

书　名	出版时间	定　价	编号
数学反思(2006—2007)	2020-09	88.00	915
数学反思(2008—2009)	2019-01	68.00	917
数学反思(2010—2011)	2018-05	58.00	916
数学反思(2012—2013)	2019-01	58.00	918
数学反思(2014—2015)	2019-03	78.00	919
数学反思(2016—2017)	2021-03	58.00	1286
数学反思(2018—2019)	2023-01	88.00	1593
历届美国大学生数学竞赛试题集.第一卷(1938—1949)	2015-01	28.00	397
历届美国大学生数学竞赛试题集.第二卷(1950—1959)	2015-01	28.00	398
历届美国大学生数学竞赛试题集.第三卷(1960—1969)	2015-01	28.00	399
历届美国大学生数学竞赛试题集.第四卷(1970—1979)	2015-01	18.00	400
历届美国大学生数学竞赛试题集.第五卷(1980—1989)	2015-01	28.00	401
历届美国大学生数学竞赛试题集.第六卷(1990—1999)	2015-01	28.00	402
历届美国大学生数学竞赛试题集.第七卷(2000—2009)	2015-08	18.00	403
历届美国大学生数学竞赛试题集.第八卷(2010—2012)	2015-01	18.00	404
新课标高考数学创新题解题诀窍:总论	2014-09	28.00	372
新课标高考数学创新题解题诀窍:必修1~5分册	2014-08	38.00	373
新课标高考数学创新题解题诀窍:选修2-1,2-2,1-1,1-2分册	2014-09	38.00	374
新课标高考数学创新题解题诀窍:选修2-3,4-4,4-5分册	2014-09	18.00	375
全国重点大学自主招生英文数学试题全攻略:词汇卷	2015-07	48.00	410
全国重点大学自主招生英文数学试题全攻略:概念卷	2015-01	28.00	411
全国重点大学自主招生英文数学试题全攻略:文章选读卷(上)	2016-09	38.00	412
全国重点大学自主招生英文数学试题全攻略:文章选读卷(下)	2017-01	58.00	413
全国重点大学自主招生英文数学试题全攻略:试题卷	2015-07	38.00	414
全国重点大学自主招生英文数学试题全攻略:名著欣赏卷	2017-03	48.00	415
劳埃德数学趣题大全.题目卷.1:英文	2016-01	18.00	516
劳埃德数学趣题大全.题目卷.2:英文	2016-01	18.00	517
劳埃德数学趣题大全.题目卷.3:英文	2016-01	18.00	518
劳埃德数学趣题大全.题目卷.4:英文	2016-01	18.00	519
劳埃德数学趣题大全.题目卷.5:英文	2016-01	18.00	520
劳埃德数学趣题大全.答案卷:英文	2016-01	18.00	521
李成章教练奥数笔记.第1卷	2016-01	48.00	522
李成章教练奥数笔记.第2卷	2016-01	48.00	523
李成章教练奥数笔记.第3卷	2016-01	38.00	524
李成章教练奥数笔记.第4卷	2016-01	38.00	525
李成章教练奥数笔记.第5卷	2016-01	38.00	526
李成章教练奥数笔记.第6卷	2016-01	38.00	527
李成章教练奥数笔记.第7卷	2016-01	38.00	528
李成章教练奥数笔记.第8卷	2016-01	48.00	529
李成章教练奥数笔记.第9卷	2016-01	28.00	530

刘培杰数学工作室
已出版（即将出版）图书目录——初等数学

书　　名	出版时间	定　价	编号
第19~23届"希望杯"全国数学邀请赛试题审题要津详细评注(初一版)	2014-03	28.00	333
第19~23届"希望杯"全国数学邀请赛试题审题要津详细评注(初二、初三版)	2014-03	38.00	334
第19~23届"希望杯"全国数学邀请赛试题审题要津详细评注(高一版)	2014-03	28.00	335
第19~23届"希望杯"全国数学邀请赛试题审题要津详细评注(高二版)	2014-03	38.00	336
第19~25届"希望杯"全国数学邀请赛试题审题要津详细评注(初一版)	2015-01	38.00	416
第19~25届"希望杯"全国数学邀请赛试题审题要津详细评注(初二、初三版)	2015-01	58.00	417
第19~25届"希望杯"全国数学邀请赛试题审题要津详细评注(高一版)	2015-01	48.00	418
第19~25届"希望杯"全国数学邀请赛试题审题要津详细评注(高二版)	2015-01	48.00	419
物理奥林匹克竞赛大题典——力学卷	2014-11	48.00	405
物理奥林匹克竞赛大题典——热学卷	2014-04	28.00	339
物理奥林匹克竞赛大题典——电磁学卷	2015-07	48.00	406
物理奥林匹克竞赛大题典——光学与近代物理卷	2014-06	28.00	345
历届中国东南地区数学奥林匹克试题集(2004~2012)	2014-06	18.00	346
历届中国西部地区数学奥林匹克试题集(2001~2012)	2014-07	18.00	347
历届中国女子数学奥林匹克试题集(2002~2012)	2014-08	18.00	348
数学奥林匹克在中国	2014-06	98.00	344
数学奥林匹克问题集	2014-01	38.00	267
数学奥林匹克不等式散论	2010-06	38.00	124
数学奥林匹克不等式欣赏	2011-09	38.00	138
数学奥林匹克超级题库(初中卷上)	2010-01	58.00	66
数学奥林匹克不等式证明方法和技巧(上、下)	2011-08	158.00	134,135
他们学什么：原民主德国中学数学课本	2016-09	38.00	658
他们学什么：英国中学数学课本	2016-09	38.00	659
他们学什么：法国中学数学课本.1	2016-09	38.00	660
他们学什么：法国中学数学课本.2	2016-09	28.00	661
他们学什么：法国中学数学课本.3	2016-09	38.00	662
他们学什么：苏联中学数学课本	2016-09	28.00	679
高中数学题典——集合与简易逻辑·函数	2016-07	48.00	647
高中数学题典——导数	2016-07	48.00	648
高中数学题典——三角函数·平面向量	2016-07	48.00	649
高中数学题典——数列	2016-07	58.00	650
高中数学题典——不等式·推理与证明	2016-07	38.00	651
高中数学题典——立体几何	2016-07	48.00	652
高中数学题典——平面解析几何	2016-07	78.00	653
高中数学题典——计数原理·统计·概率·复数	2016-07	48.00	654
高中数学题典——算法·平面几何·初等数论·组合数学·其他	2016-07	68.00	655

刘培杰数学工作室
已出版（即将出版）图书目录——初等数学

书　　名	出版时间	定　价	编号
台湾地区奥林匹克数学竞赛试题.小学一年级	2017-03	38.00	722
台湾地区奥林匹克数学竞赛试题.小学二年级	2017-03	38.00	723
台湾地区奥林匹克数学竞赛试题.小学三年级	2017-03	38.00	724
台湾地区奥林匹克数学竞赛试题.小学四年级	2017-03	38.00	725
台湾地区奥林匹克数学竞赛试题.小学五年级	2017-03	38.00	726
台湾地区奥林匹克数学竞赛试题.小学六年级	2017-03	38.00	727
台湾地区奥林匹克数学竞赛试题.初中一年级	2017-03	38.00	728
台湾地区奥林匹克数学竞赛试题.初中二年级	2017-03	38.00	729
台湾地区奥林匹克数学竞赛试题.初中三年级	2017-03	28.00	730
不等式证题法	2017-04	28.00	747
平面几何培优教程	2019-08	88.00	748
奥数鼎级培优教程.高一分册	2018-09	88.00	749
奥数鼎级培优教程.高二分册.上	2018-04	68.00	750
奥数鼎级培优教程.高二分册.下	2018-04	68.00	751
高中数学竞赛冲刺宝典	2019-04	68.00	883
初中尖子生数学超级题典.实数	2017-07	58.00	792
初中尖子生数学超级题典.式、方程与不等式	2017-08	58.00	793
初中尖子生数学超级题典.圆、面积	2017-08	38.00	794
初中尖子生数学超级题典.函数、逻辑推理	2017-08	48.00	795
初中尖子生数学超级题典.角、线段、三角形与多边形	2017-07	58.00	796
数学王子——高斯	2018-01	48.00	858
坎坷奇星——阿贝尔	2018-01	48.00	859
闪烁奇星——伽罗瓦	2018-01	58.00	860
无穷统帅——康托尔	2018-01	48.00	861
科学公主——柯瓦列夫斯卡娅	2018-01	48.00	862
抽象代数之母——埃米·诺特	2018-01	48.00	863
电脑先驱——图灵	2018-01	58.00	864
昔日神童——维纳	2018-01	48.00	865
数坛怪侠——爱尔特希	2018-01	68.00	866
传奇数学家徐利治	2019-09	88.00	1110
当代世界中的数学.数学思想与数学基础	2019-01	38.00	892
当代世界中的数学.数学问题	2019-01	38.00	893
当代世界中的数学.应用数学与数学应用	2019-01	38.00	894
当代世界中的数学.数学王国的新疆域（一）	2019-01	38.00	895
当代世界中的数学.数学王国的新疆域（二）	2019-01	38.00	896
当代世界中的数学.数林撷英（一）	2019-01	38.00	897
当代世界中的数学.数林撷英（二）	2019-01	48.00	898
当代世界中的数学.数学之路	2019-01	38.00	899

刘培杰数学工作室
已出版(即将出版)图书目录——初等数学

书　　名	出版时间	定　价	编号
105 个代数问题:来自 AwesomeMath 夏季课程	2019-02	58.00	956
106 个几何问题:来自 AwesomeMath 夏季课程	2020-07	58.00	957
107 个几何问题:来自 AwesomeMath 全年课程	2020-07	58.00	958
108 个代数问题:来自 AwesomeMath 全年课程	2019-01	68.00	959
109 个不等式:来自 AwesomeMath 夏季课程	2019-04	58.00	960
国际数学奥林匹克中的 110 个几何问题	即将出版		961
111 个代数和数论问题	2019-05	58.00	962
112 个组合问题:来自 AwesomeMath 夏季课程	2019-05	58.00	963
113 个几何不等式:来自 AwesomeMath 夏季课程	2020-08	58.00	964
114 个指数和对数问题:来自 AwesomeMath 夏季课程	2019-09	48.00	965
115 个三角问题:来自 AwesomeMath 夏季课程	2019-09	58.00	966
116 个代数不等式:来自 AwesomeMath 全年课程	2019-04	58.00	967
117 个多项式问题:来自 AwesomeMath 夏季课程	2021-09	58.00	1409
118 个数学竞赛不等式	2022-08	78.00	1526
紫色彗星国际数学竞赛试题	2019-02	58.00	999
数学竞赛中的数学:为数学爱好者、父母、教师和教练准备的丰富资源. 第一部	2020-04	58.00	1141
数学竞赛中的数学:为数学爱好者、父母、教师和教练准备的丰富资源. 第二部	2020-07	48.00	1142
和与积	2020-10	38.00	1219
数论:概念和问题	2020-12	68.00	1257
初等数学问题研究	2021-03	48.00	1270
数学奥林匹克中的欧几里得几何	2021-10	68.00	1413
数学奥林匹克题解新编	2022-01	58.00	1430
图论入门	2022-09	58.00	1554
澳大利亚中学数学竞赛试题及解答(初级卷)1978~1984	2019-02	28.00	1002
澳大利亚中学数学竞赛试题及解答(初级卷)1985~1991	2019-02	28.00	1003
澳大利亚中学数学竞赛试题及解答(初级卷)1992~1998	2019-02	28.00	1004
澳大利亚中学数学竞赛试题及解答(初级卷)1999~2005	2019-02	28.00	1005
澳大利亚中学数学竞赛试题及解答(中级卷)1978~1984	2019-03	28.00	1006
澳大利亚中学数学竞赛试题及解答(中级卷)1985~1991	2019-03	28.00	1007
澳大利亚中学数学竞赛试题及解答(中级卷)1992~1998	2019-03	28.00	1008
澳大利亚中学数学竞赛试题及解答(中级卷)1999~2005	2019-03	28.00	1009
澳大利亚中学数学竞赛试题及解答(高级卷)1978~1984	2019-05	28.00	1010
澳大利亚中学数学竞赛试题及解答(高级卷)1985~1991	2019-05	28.00	1011
澳大利亚中学数学竞赛试题及解答(高级卷)1992~1998	2019-05	28.00	1012
澳大利亚中学数学竞赛试题及解答(高级卷)1999~2005	2019-05	28.00	1013
天才中小学生智力测验题. 第一卷	2019-03	38.00	1026
天才中小学生智力测验题. 第二卷	2019-03	38.00	1027
天才中小学生智力测验题. 第三卷	2019-03	38.00	1028
天才中小学生智力测验题. 第四卷	2019-03	38.00	1029
天才中小学生智力测验题. 第五卷	2019-03	38.00	1030
天才中小学生智力测验题. 第六卷	2019-03	38.00	1031
天才中小学生智力测验题. 第七卷	2019-03	38.00	1032
天才中小学生智力测验题. 第八卷	2019-03	38.00	1033
天才中小学生智力测验题. 第九卷	2019-03	38.00	1034
天才中小学生智力测验题. 第十卷	2019-03	38.00	1035
天才中小学生智力测验题. 第十一卷	2019-03	38.00	1036
天才中小学生智力测验题. 第十二卷	2019-03	38.00	1037
天才中小学生智力测验题. 第十三卷	2019-03	38.00	1038

刘培杰数学工作室
已出版(即将出版)图书目录——初等数学

书　名	出版时间	定　价	编号
重点大学自主招生数学备考全书:函数	2020-05	48.00	1047
重点大学自主招生数学备考全书:导数	2020-08	48.00	1048
重点大学自主招生数学备考全书:数列与不等式	2019-10	78.00	1049
重点大学自主招生数学备考全书:三角函数与平面向量	2020-08	68.00	1050
重点大学自主招生数学备考全书:平面解析几何	2020-07	58.00	1051
重点大学自主招生数学备考全书:立体几何与平面几何	2019-08	48.00	1052
重点大学自主招生数学备考全书:排列组合·概率统计·复数	2019-09	48.00	1053
重点大学自主招生数学备考全书:初等数论与组合数学	2019-08	48.00	1054
重点大学自主招生数学备考全书:重点大学自主招生真题.上	2019-04	68.00	1055
重点大学自主招生数学备考全书:重点大学自主招生真题.下	2019-04	58.00	1056
高中数学竞赛培训教程:平面几何问题的求解方法与策略.上	2018-05	68.00	906
高中数学竞赛培训教程:平面几何问题的求解方法与策略.下	2018-06	78.00	907
高中数学竞赛培训教程:整除与同余以及不定方程	2018-01	88.00	908
高中数学竞赛培训教程:组合计数与组合极值	2018-04	48.00	909
高中数学竞赛培训教程:初等代数	2019-04	78.00	1042
高中数学讲座:数学竞赛基础教程(第一册)	2019-06	48.00	1094
高中数学讲座:数学竞赛基础教程(第二册)	即将出版		1095
高中数学讲座:数学竞赛基础教程(第三册)	即将出版		1096
高中数学讲座:数学竞赛基础教程(第四册)	即将出版		1097
新编中学数学解题方法1000招丛书.实数(初中版)	2022-05	58.00	1291
新编中学数学解题方法1000招丛书.式(初中版)	2022-05	48.00	1292
新编中学数学解题方法1000招丛书.方程与不等式(初中版)	2021-04	58.00	1293
新编中学数学解题方法1000招丛书.函数(初中版)	2022-05	38.00	1294
新编中学数学解题方法1000招丛书.角(初中版)	2022-05	48.00	1295
新编中学数学解题方法1000招丛书.线段(初中版)	2022-05	48.00	1296
新编中学数学解题方法1000招丛书.三角形与多边形(初中版)	2021-04	48.00	1297
新编中学数学解题方法1000招丛书.圆(初中版)	2022-05	48.00	1298
新编中学数学解题方法1000招丛书.面积(初中版)	2021-07	28.00	1299
新编中学数学解题方法1000招丛书.逻辑推理(初中版)	2022-06	48.00	1300
高中数学题典精编.第一辑.函数	2022-01	58.00	1444
高中数学题典精编.第一辑.导数	2022-01	68.00	1445
高中数学题典精编.第一辑.三角函数·平面向量	2022-01	68.00	1446
高中数学题典精编.第一辑.数列	2022-01	58.00	1447
高中数学题典精编.第一辑.不等式·推理与证明	2022-01	58.00	1448
高中数学题典精编.第一辑.立体几何	2022-01	58.00	1449
高中数学题典精编.第一辑.平面解析几何	2022-01	68.00	1450
高中数学题典精编.第一辑.统计·概率·平面几何	2022-01	58.00	1451
高中数学题典精编.第一辑.初等数论·组合数学·数学文化·解题方法	2022-01	58.00	1452
历届全国初中数学竞赛试题分类解析.初等代数	2022-09	98.00	1555
历届全国初中数学竞赛试题分类解析.初等数论	2022-09	48.00	1556
历届全国初中数学竞赛试题分类解析.平面几何	2022-09	38.00	1557
历届全国初中数学竞赛试题分类解析.组合	2022-09	38.00	1558

联系地址:哈尔滨市南岗区复华四道街10号　哈尔滨工业大学出版社刘培杰数学工作室
网　址:http://lpj.hit.edu.cn/
邮　编:150006
联系电话:0451-86281378　　13904613167
E-mail:lpj1378@163.com